# 빛과 수의 시대 1

# 빛과 수의 시대 1

**힘과 미적분으로 세운 근대의 세계** ——— 고의관 지음

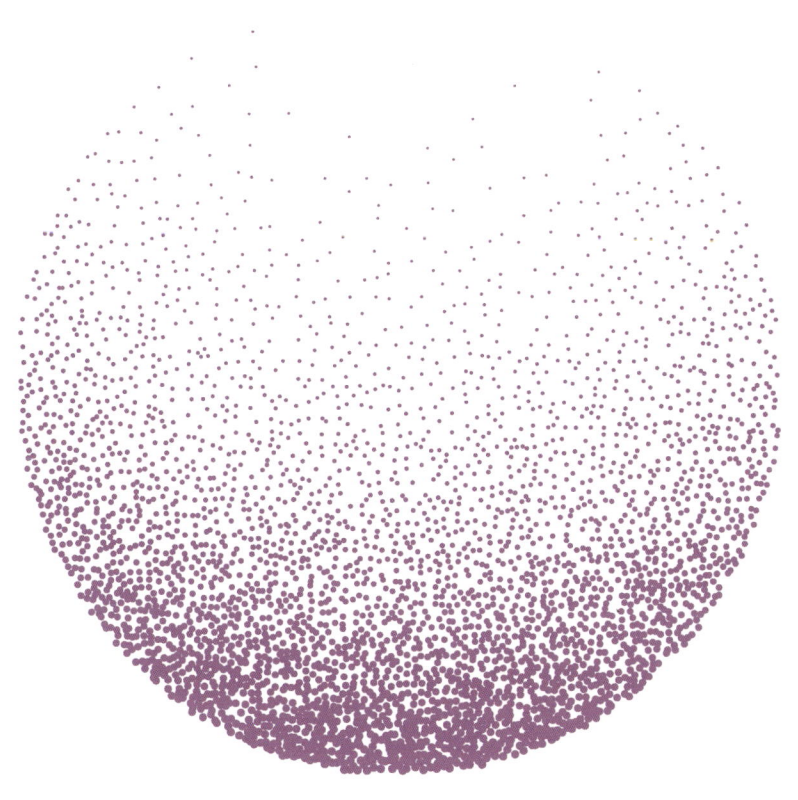

궁리
KungRee

　　스마트폰과 MRI, 방사능 치료 등 우리가 지금 누리고 있는 문명 발전에 가장 혁혁한 공헌을 하였고 미래에도 그 위세가 꺾이지 않을, 그래서 인간에게 가장 많은 영향을 미치는 학문은 무엇일까? 우리 주변의 물체들부터 지구 밖의 우주 그리고 눈으로 볼 수 없는 원자의 세계까지 모든 만물의 이치를 탐구하는 물리학이 바로 그것이다. 물리학은 과학의 근간을 이루면서 동시에 미래를 주도할 최전선의 학문임에도 어렵다는 인식이 강하다.

　　왜 사람들은 물리학을 어려워할까? 학문의 특성상 자연 현상을 실험으로 재현하여 확인하는 과정이 필요하지만 직접적인 체험 없이 주로 책으로만 접하기 때문에 공감하기 어렵다는 점을 들 수 있다. 그리고 무엇보다 물리학이 수학이라는 언어를 사용한다는 점일 것이다. 수학 자체도 이해하기 쉽지 않은데 수학으로 소통하는 물리학을 배우는 것은 더더욱 만만치 않다. 이런 연유로 전공서적이 아닌 교양서적들은 대부분 수식을 최대한 배제하고 서술되지만 이때 물리학은 영혼 없는 육체처럼 공허하기 그지없다. 자신의 존재를 주장할 언어가 없으니 그 본질을 설명하는 데 한계가 있는 것이다.

　　물리학 서적을 쓰기로 마음먹은 저자의 입장에서 이런 문제점을 어떻게 극복할 수 있을까 고민을 거듭했고, 다음의 세 가지 틀을 마련했다.

첫 번째는 정공법이다. 수학을 떼어놓고 물리학 책을 쓰지 않겠다는 것이다. 그래서 이 책은 수학적인 내용을 많이 포함하고 있어 결코 쉽지 않다. 그럼에도 그런 길을 걷기로 한 것은 뉴턴과 아인슈타인 이후 최고의 천재라 인정받는 물리학자 리처드 파인만이 남긴 명언이 힘이 되었기 때문이다.

> "수학을 알지 못하는 사람들은 자연의 아름다움, 궁극의 아름다움에 도달한 느낌을 갖기 힘들 것이다. 자연을 배우고 싶다면, 자연을 정말로 이해하고 싶다면, 자연이 말하고 있는 언어를 이해할 필요가 있다."

실제 수학과 물리학은 떼려야 뗄 수 없는 관계이다. 과거로 거슬러가서 보더라도 두 학문은 각자의 길을 걸어가다가도 연합전선을 형성하여 인류에게 주어진 숙원의 문제를 해결하는 데 앞장섰다.

고대부터 수학은 곡선의 길이 혹은 곡선으로 둘러싸인 넓이, 곡면으로 구성된 부피 등, 곡선으로 얽힌 문제가 해결되지 않아 발전 속도가 매우 더뎠다. 몇 가지 곡선 문제를 기발한 방법으로 풀어냈지만 보편적인 방법은 아니었기에 제한적으로 쓰일 수밖에 없었다. 한편 물리학 역시 무거운 물체가 먼저 떨어진다는 등, 잘못된 개념으로 채워진 아리스토텔레스의 운동론이 근 2,000년간 지배한 탓에 인류 지성의 발전이 지연되었다. 그러다가 르네상스 시대를 거치며 인간의 지성이 조금씩 깨어나면서 물체가 왜 땅으로 떨어지는

지, 달이나 화성 같은 행성이 왜 타원 궤도로 운동하는지 등이 밝혀지면서 자연 현상에 대한 지식이 조금씩 축적되기 시작하였다.

1600년대 아이작 뉴턴은 "사과는 떨어지는데 달은 왜 지구로 떨어지지 않을까?"라는 의문을 품었다. 인류가 탄생한 이후 큰 변화 없이 수만 년 동안 거의 정체기를 걸어왔던 문명을, 이후 500년이라는 짧은 시간에 혁명적인 변화를 이끈 단초를 제공한, 인류 역사상 가장 위대한 의문이 바로 뉴턴의 이 질문이다. 뉴턴은 이 의문을 해결하기 위해 수학의 필요성을 절감했다. 그리고 수학에서의 곡선과 물리학에서의 운동은 놀랍게도 공통적인 문제였음을 위대한 의문을 통해 깨닫게 되었고, 뉴턴은 자신보다 앞선 시대의 거인들이 이뤄낸 업적과 그만의 천재적인 능력을 발휘하여 미적분을 만들어낼 수 있었다. 미적분의 위력은 너무도 대단해서 힘의 법칙과 동기화되어 타원 궤도 등 우주 만물의 운동을 설명하는 데 결정적 공헌을 하였다.

미적분을 장착한 수학은 벡터와 미분기하학 그리고 행렬 등 다양한 이론을 탄생시켰고, 2,000년간 지지부진하며 정체기를 걸었던 물리학 역시 미적분의 도움으로 전자기학, 열역학 등 자연의 여러 비밀을 밝히는 이론을 만들어낼 수 있었다. 그러던 두 학문은 아인슈타인의 휘어진 공간을 해석함에 있어 미분기하학이라는 수학의 도움으로 중력의 근원적인 본질을 밝혀낸 인류 최고의 걸작인 일반 상대성 이론을 완성시킬 수 있었다. 이후 물리학은 수학 분야 행렬의 도움을 받아 양자세계를 설명하는 하이젠베르크의 행렬역학의 탄생을 불러일으켰다.

이렇게 수학의 도움을 받아 폭발적인 발전을 이룬 물리학을 수학 없이 이해할 수 있다는 것은 어불성설이다. 고차원의 수학은 아니더라도 최소한의 기본적인 수학, 바로 핵심 중의 핵심이라 할 수 있는 미적분 정도는 제대로 알아둘 필요가 있다. 수학에서도 당연하지만 물리학에서도 미적분은 매우 중요하다. 뉴턴의 힘의 법칙, 맥스웰의 전자기 방정식, 아인슈타인의 중력방정식, 양자역학의 파동방정식의 공통점이 무엇일까? 바로 미적분의 언어로 쓰인 미분방정식이다. 물리학은 어떤 현상을 미분방정식으로 세우고 방정식의 해를 통해 자연을 이해하는 방식을 보통 취한다. 이런 기교를 이용하는 이유는 미분방정식이 지나온 과거를 알 수 있게 하고 아직 오지 않은 미래의 예측을 가능케 하는 가공할 잠재력이 있기 때문이다. 그래서 미분방정식은 비단 물리학이라는 학문적 영역에만 국한하지 않는다. 인구의 변화, 돈의 흐름 등 사회 전반적인 문제를 해결하는 데 가장 우선적으로 활용된다. 미적분이 이처럼 광범위하게 사용되는 이유는 수천 년간 축적된 인간의 지혜가 담긴 인류 최고의 정신적 산물이기 때문이다.

그렇다고 이 책의 목표가 독자들에게 미적분을 정확히 이해시키고 물리학 이론의 활용 능력을 배양하기 위함이 아님을 분명히 해둔다. 수식 하나가 추가될 때마다 책을 읽는 독자의 수가 급감한다는 속설 아닌 속설이 있지만 주저 없이 수식을 사용하기로 마음먹은 이유는 이어질 두 번째, 세 번째의 틀 때문이다.

이 책의 두 번째 틀은 바로 주어진 정보로부터 문제 해결로 나아가기 위한 지혜가 어떻게 발현되는지를 역사적 맥락에 따라 서술하는 것이다.

저자는 물리학을 전공해서 박사 학위까지 취득했는데도 솔직히 물리에 자신이 없었다. 물리학보다는 물리학의 언어인 수학 실력이 뛰어나다는 자신감으로 학업을 이어나갔지만 마음속에서는 뭔가 부족하다는 생각을 떨칠 수 없었다. 나중에 이런 느낌을 받게 된 결정적 이유가 교육과정에 있다는 것을 깨달았다.

새로운 물리 현상을 접할 때 왜 이런 현상이 일어나는지를 해석하려면 앞서 정리한 이론들을 바탕으로 활발하고 다양한 담론을 통해 새로운 이론을 형성해나가는 것이 바람직하다. 시대의 맥락을 무시하고서 법칙이나 수식이 지닌 물리적 의미를 이해하기가 참으로 어려운 경우가 많다. 하나의 예를 든다면 양자역학에서 불확정성 원리는 당시 물리학계를 혼돈으로 몰아넣어 마침내 역사에 남을 만한 아인슈타인과 보어 두 천재의 격렬한 논쟁을 야기하였고, 결국 현 시대의 모든 문명 발전의 초석이 되는 양자역학의 완성을 이끌어냈다. 하지만 불확정성 원리의 탄생 배경이나 이후 벌어진 두 천재의 논쟁에 대해 접하지 않은 채 배웠던 나는 고민 없이 단순히 식으로만 불확정성 원리를 이해했을 뿐 식에 담긴 진정한 함의를 인지하지 못했다.

이런 폐단은 교과과정 전반에 나타난다. 학교 교육은 이미 이뤄진 결과를 우리 머릿속에 집어넣기를 반복하면서 더 이상의 의구심이 싹틀 기회를 빼앗고 있다. 그리고 정형화된 방식으로 습득하게 된 지식은 지혜로 잘 발현되지 않는다. 선행학습이 대표적인 예이다. 시행착오보다는 답에 이르는 길만 배우는 학생은 시험에서 바로 효과를 볼 수 있지만 학년이 올라가면서 창의성을 잃고 오직 정답에 길들여져 문제 해결 능력이 부족해지고 결국엔 수학 과목을 포기하게 된다.

물리학이나 수학을 조금이나마 더 잘 이해하기 위해서는 그 역사를 배워야 한다. 특히 역사 속에 숨어 있는 지혜를 볼줄 알아야 한다. 단순하게 어떤 위인들의 생애와 업적이 나열된 이야기가 아니라 그들이 의문점을 해결하기 위해 어떤 고뇌를 하였고 어떻게 방법을 고안해냈는지에 대한 과정을 통찰해야 한다. 이것이 저자가 물리학을 전공하면서 얻은 교훈이다. 완성된 학문의 이론을 처음부터 익히는 것보다 그 이론이 탄생하던 당시의 역사적 맥락과 함께 배웠으면 어땠을까 하는 아쉬움, 그리고 교육과정도 그렇게 바뀌었으면 하는 소망, 이러한 복합적 경험들이 쌓여 이 책을 오랫동안 쓸 수 있었다.

이 책의 세 번째 틀은 시각화이다. 아무리 글로 잘 설명해도 그림 하나가 훨씬 나을 때가 있다. 속담에도 "백문이 불여일견"이라는 말이 있지 않은가! 추상적인 수식보다 그림으로 설명 가능한 것은 그림으로 표현하려고 애썼다. 데카르트가 만든 좌표계가 따로 연구되어왔던 대수학과 기하학을 하나의 공간에서 만나게 하면서 미적분과 해석학 탄생의 밑거름이 되었다는 것을 굳이 강조하지 않더라도 시각화가 얼마나 중요한지는 누구나 공감하시리라. 그래서 이 책에서도 수식의 남용을 막기 위해 상당히 많은 양의 그림이 포함되어 있다. 모든 그림이 그렇지는 않지만 현상을 설명하는 데에 최대한 수식을 절제하면서 시각화라는 정보에 함축적으로 담기 위해 고심을 많이 했다.

이 책은 이렇게 수학으로만 물리 문제를 해결하려 했던 지난날 저자의 우매한 공부 방식을 후회하고 시대적 맥락에 맞춰 물리학자들이 함께 써내려간 지혜의 역사를 소개하려고 한다. 파인만의 조언을 받아 최소한 기본적인 미적분 정도의 수학을 사용하였다. 어리숙했던 개인기로 모든 것을 해결하려다 경기를 망친 축구 선수가 어느새 체력 문제로 개인 기량은 쇠퇴했지만 성숙해진 모습으로 필드 위의 모든 움직임을 조망하면서 경기를 조율하는 지휘자의 능력을 지니게 된 것처럼 이제는 물리를 어떻게 접해야 할지 조금이나마 깨달은 한 물리학 박사가 자신의 경험을 바탕으로 독자들께 전하는 미적분과 물리학 책이라고 이 책을 보아주시면 좋겠다.

고의관

이 책은 총 20부로 구성된 상당히 방대한 양이라 두 권으로 나누게 되었다. 아마도 분량에 압도되실 수도 있겠지만, 미적분을 포함하여 고전역학, 전자기학, 상대성이론, 열역학, 양자역학 등 물리학의 각 분야를 설명하는 데 보통 책 한 권 이상이 소요된다는 점을 감안하면, 오히려 두 권이라는 분량은 상대적으로 가뿐하게 느껴질 수도 있다. 많은 주제를 다루었지만 기초적인 미적분과 그것으로 해결이 가능한 수준에서 물리학의 지혜를 충실하게 담으려 노력했다.

1부는 2,000년간 지속되었던 아리스토텔레스 운동론의 틀을 깨뜨리고 마침내 잠들어 있던 인간의 지성이 깨어나면서 갈릴레이와 케플러 등이 지상과 천상에서 펼쳐지는 운동의 비밀을 어떻게 찾아내는지로부터 시작된다. 특히 케플러의 법칙 중 하나인 행성의 궤도가 타원임을 입증해가는 그 역사적 과정을 커다란 이야기의 기둥으로 삼았다. 아울러 2부에서는 데카르트를 거쳐 운동의 본질인 관성의 진정한 의미를 깨우친 뉴턴이 보편적 규칙인 힘의 법칙을 발견하는 이야기를 담았다. 3부는 우주를 움직이는 근원이 대칭이고 또한 대칭에는 반드시 보존되는 물리량이 있다는 뇌터의 정리로부터 에너지보존과 운동량보존 등을 살펴본다.

4부부터 물체의 운동은 곧 변화를 다루는 것이기에 이에 적합한 수학의 필요성을 절감한 뉴턴이 수학의 꽃인 미적분을 어떻게 만들어내는지를 보여준다. 이를 위해 먼저 미적분이 인간의 지혜의 산물이라면 이것을 담을 실재하는 육체에 해당하는 함수를 알기 위해 4부에서는 변덕스러운 소수에 숨어 있는 규칙을 가우스가 찾아내 수학의 언어로 표현하는 것으로부터 함수의 의미를 알아본다.

5부에서는 곡선을 정복하기 위한 수학자들의 여정이 시작된다. 특히 가장 완벽한 대칭이자 곡선의 대표 주자인 원의 넓이와 원주율을 계산해내는 아르키메데스가 등장한다. 그리고 그가 은연중에 사용한 불가분량의 개념은 카발리에리의 원리의 탄생을 이끌어내며 분할과 조립이 곡선 문제의 해결책으로 등장한다. 이후 분할과 조립은 미적분의 본질에 해당하는 무한소를 창안하였다.

6부에서 무한소가 미적분의 유전자가 되어 미적분의 완성을 이끌며 동시에 곡선과 문제를 정복하게 되는 과정을 뉴턴의 운동학적인 시각에서 다루었다. 그런데 미적분은 뉴턴 외에도 라이프니츠가 또 다른 창시자로 인정받고 있다. 뉴턴이 힘의 역학 관계로 미적분을 창안했다면 라이프니츠는 기호, 즉 수학의 식으로 미적분을 만들어냈다.

7부는 뉴턴이 아닌 라이프니츠의 관점에서 미적분을 들여다본다. 수학의 기호는 많은 사람들의 고뇌와 지혜가 함축되어 있고, 기호가 스스로 진화하여 새로운 이론의 탄생의 씨앗이 될 수 있다는 것을 보여준다. 이러한 수학 기호의 중요성을 알리며 파인만이 수학의 언어로 물리학을 이해해야 한다는 주장에 공감할 수 있을 것이다.

힘의 법칙으로 행성의 궤도가 타원임을 입증하기 위해 그리고 나아가 2권에서 전개될 물리학의 내용을 이해하기 위해 필요한 미적분을 실제적으로 활용하는 미분방정식에 대한 내용이 전개된다. 미적분이 찬양받을 수밖에 없도록 하는 존재이자 실제적 활용의 정점인 미분방정식의 의미를 깨달으면서 우리가 왜 미적분과 물리학을 배워야 하는지를 알게 될 것이다.

이를 위해 8부는 함수를 미분하는 방법을 익히고, 9부와 10부는 각각 삼각함수와 지수 및 로그함수의 미분과 적분 방법에 대해 알아본다. 그리고 11부에서 빗방울의 운동방정식과 토끼의 번식 과정을 미분방정식으로 표현하여 빗방울의 운동과 토끼의 개체 수 변화를 해석하면서 미분방정식의 강력한 힘을 느낄 수 있다.

미적분이 수학의 꽃이라면 미적분학으로 이뤄낸 최고봉의 이론이라 할 수 있는 테일러급수가 12부에서 13부까지 이어진다. 12부는 이 급수가 탄생하기 이전의 역사적 배경을 통해 테일러급수의 본질적 의미를 이해하고, 13부에서 본격적으로 테일러급수를 익히고 활용해 수학 분야의 난제인 바젤 문제의 해법과 '과학의 아버지' 갈릴레이가 던진 화두인 단진자 운동의 해석을 다룬다.

2권은 미적분이라는 무기와 물리학의 역사와 궤를 같이하여 전자기학, 상대성이론, 열역학과 양자역학에 대한 소개로, 이를 위해 자석이 왜 자력을 가지는지에 대한 수수께끼를 해결하는 것을 큰 주제로 삼아 이야기를 끌고 간다. 새로운 이야기의 시작인 14부는 오래 묵혀두었던 행성이 타원 궤도라는 사실을 미적분과 뉴턴의 중력 법칙이 지닌 아주 기본적인 사실만을 가지고 마법처럼 해결하는 천재 물리학자 파인만의 기법의 도움을 받아 입증한다.

15부부터 본격적으로 이어질 물리학은 그동안 행성의 궤도가 타원임을 입증하려는 것처럼 스토리텔링을 이끌 소재로 자석의 비밀을 이야기의 기둥으로 삼아 전개된다. 15부는 실험으로 밝혀진 전기와 자기의 여러 현상과 특히 실험의 제왕으로 군림하게 된 패러데이의 전자기 유도 등 전기와 자기의 성질에 대해 살펴본다. 16부에서는 이와 같은 전자기 현상을 수학의 언어로 구현하기 위해 상상이 가능한 모형으로 전자기 현상을 구체화하여 전자기의 모든 현상들의 설명이 가능한 4개의 방정식을 이끌어낸 천재 맥스웰의 뇌를 들여다본다.

　　17부는 아인슈타인이 전 우주의 현상을 시간과 공간이라는 매개체로 해석한 특수 상대성 이론과 일반 상대성 이론을 다룬다. 18부는 자연계에서 일어나는 모든 변화의 방향을 결정한다는 엔트로피에 대해 열역학적 관점과 특히 양자 시대의 개막에 커다란 밑거름이 된 볼츠만의 해석을 비교하면서 엔트로피의 의미를 들여다본다. 그리고 물리학의 최첨단인 양자역학을 총 2부에 걸쳐 살펴본다.

　　19부는 플랑크가 열어젖힌 양자의 세계에서 보이는 기이한 현상과 이를 모형화하여 해석하기 위한 여러 물리학자들의 분투를 그려낸다. 그리고 20부는 양자 현상을 하나의 이론으로 묶은 하이젠베르크의 행렬역학과 슈뢰딩거의 파동역학, 그리고 체계가 잡히지 않아 실타래처럼 얽힌 여러 양자역학의 해석을 정리하여 체계를 잡은 코펜하겐 해석을 둘러싼 보어와 아인슈타인의 논쟁을 통해 양자역학의 개념을 이해하고, 마침내 맨 마지막 장은 자석의 비밀을 이해하며 긴 여정을 마치게 된다.

# 차례

## 1권

시작하면서   5

이 책의 구성   12

### 1부   뉴턴의 거인들

**1장   아리스토텔레스의 운동관**   29

이상한 과학 시간 · 29 / 아리스토텔레스의 운동론 · 34

**2장   '과학의 아버지' 갈릴레오 갈릴레이**   39

갈릴레이의 사고 실험 · 39 / 낙하의 법칙 · 42 / 운동의 본질에 한 걸음 다가서다 · 45 / 진자시계 · 47

**3장   케플러의 행성법칙**   51

역행 현상 · 51 / 프톨레마이오스의 우주론 · 53 / 시대를 앞서간 아리스타르코스의 지동설 · 56 / 코페르니쿠스적 전환 · 60 / 화성의 궤도는 타원 · 64

### 2부   힘의 법칙

**4장   관성은 운동의 본질**   71

공리 · 71 / 갈릴레이의 상대성 원리 · 74 / 데카르트가 찾아낸 운동의 본질 · 77

**5장   운동량 보존**   81

보존의 속성을 지닌 자연 · 81 / 운동량 보존의 법칙 · 83

**6장   위대한 의문**   87

자전거 바퀴자국 · 87 / 힘의 정의 · 91 / 원운동 · 94 / 벡터 · 96 / 포탄의 궤적 · 101 / 작용 반작용 · 106

**7장**  **프린키피아**  109

만유인력의 법칙 · 109 / 뉴턴의 구각 정리 · 113 / 《프린키피아》의 탄생 일화 · 117 / 미래를 내다보는 운동방정식 · 121

**3부  우주를 지배하는 대칭**

**8장**  **대칭과 보존**  127

빛의 속도에 대한 의문 · 127 / 뇌터의 정리 · 133 / 병진 대칭과 운동량 보존법칙 · 136

**9장**  **시간 대칭과 에너지 보존**  141

일이란 무엇인가? · 141 / 일의 양은 벡터의 내적 · 144 / 라이프니츠의 활력의 개념 · 145 / 에너지 보존 · 149 / 엔트로피 · 152

**4부  함수 이야기**

**10장**  **소수의 세계**  159

변덕스러운 소수 · 159 / 소수 계단 · 164 / 소수 계량 함수 · 167

**11장**  **좌표계는 함수의 놀이터**  173

대수학과 기하학 · 173 / 멀어지는 달 · 176

## 5부 미적분의 전략, 분할과 조립

**12장 회전의 원리**                                                       183

회전력 · 183 / 지구를 들어 올리는 아르키메데스 · 186 / 무게중심 · 188

**13장 분할과 조립**                                                       193

분할의 이점 · 193 / 분할과 조립 · 196 / 원주율의 값 · 200 / 점화식 · 204

**14장 불가분량**                                                          211

스타인메츠 다면체 · 211 / 카발리에리의 원리 · 214 / 불가분량의 개념 ·
216 / 평형법 · 219 / 포물선의 넓이 · 223


## 6부 무한소는 미적분의 유전자

**15장 극한을 상상하다**                                                   229

속도와 거리의 관계 · 229 / 등비급수 · 233 / 낙타 나누기 · 236

**16장 단위에 대하여**                                                     241

물리의 기초, 단위 · 241 / 단위의 오해가 부른 참사 · 243

**17장 불가분량인 순간속도**                                               249

제논의 역설 · 249 / 거인의 어깨 위에서 본 세계 · 253

**18장 극한의 수학적 의미**                                                257

역방향 · 257 / 거리에서 속도로 · 259 / 수학적 귀납법 · 263 / 무한을 무한
으로 다스리는 엡실론-델타 논법 · 266

# 7부 미적분학의 기본 정리

## 19장 미적분 기호의 창시자, 라이프니츠     273

기호의 대가, 라이프니츠 · 273 / 미적분의 창시자 · 276 / 미분과 적분의 차이 · 279 / 불가분량의 껍질을 벗고 탄생한 무한소 · 282 / 미적분의 유전자 '$d$' · 285

## 20장 통찰에서 이끌어낸 도함수의 기호     289

무한소의 넓이 $dS(x)$ · 289 / 너머의 세계 · 292 / $dx$ 진법 · 296

## 21장 미적분학의 기본 정리     301

미분과 적분은 역연산 관계 · 301 / 미적분의 기본 정리 1 · 304 / 미적분의 기본 정리 2 · 307

# 8부 함수의 미분법

## 22장 미분법칙     317

미적분과 함수는 정신과 육체의 관계 · 317 / 다항함수의 도함수와 원시함수 · 321 / 적분상수 · 325 / 합과 곱의 미분법 · 328 / 합성함수의 미분법칙 · 333

## 23장 유리함수와 무리함수     339

충격력 · 339 / 유리함수의 도함수 · 342 / 진자의 주기와 무리함수 · 344

## 9부    삼각함수

**24장  삼각비**                                                    349

빌딩의 높이 측정 · 349 / 삼각법 · 351 / 삼각법의 기호 · 354 / 연주시차 · 357 / 삼각비의 계산 · 361

**25장  삼각함수는 삼각비의 확장**                                   365

기하학의 울타리에서 벗어난 삼각비 · 365 / 호도법 · 369 / 실생활에서는 60분법, 수학에서는 라디안 · 371 / 접선의 기울기로 삼각함수 도함수 구하기 · 374 / 무한소를 이용하는 방법 · 377

**26장  푸코의 진자**                                               381

각속도 · 381 / 코리올리 효과 · 384 / 회전하는 푸코의 진자 · 388

## 10부   지수와 로그함수

**27장  세상에서 가장 큰 수**                                        397

기하급수 · 397 / 그레이엄 수 $g(64)$ · 400

**28장  지수와 로그**                                               405

지수의 확장 · 405 / 뉴턴-랩슨 방법 · 407 / 지수법칙 · 411 / 네이피어의 마법의 상자 · 414 / 상용로그 · 418 / 베버-페히너 법칙 · 423

**29장  수의 여왕 자연 상수**                                        427

자연 상수 · 427 / 지수함수의 도함수의 유추 · 431 / 자연 상수의 다른 얼굴 · 434

**30장  로그함수의 도함수**                                          441

역함수 · 441 / 로그함수의 도함수 · 444

## 11부  미분 방정식은 과거의 미래의 연결고리

**31장  바젤 문제**                                                                                451

카드의 탑과 조화급수 · 451 / 바젤 문제 · 455

**32장  미래를 내다보는 미분방정식**                                                459

빗방울의 운동방정식 · 459 / 미분 방정식의 해법 · 462

**33장  미분과 최적화**                                                                      465

로지스틱 함수 · 465 / 인공지능의 대명사 '알파고' · 469 / 변곡점 · 472

**34장  가공할 적분의 힘**                                                                 477

적분을 이용한 무게중심 구하기 · 477 / 치환적분 · 480 / 부분적분 · 484 /
파인만의 기법 · 489


## 12부  뉴턴의 이항정리

**35장  모든 함수는 다항함수로 통한다**                                         495

미래의 예측 · 495 / 모든 함수를 다항함수로 · 498

**36장  월리스의 보간법**                                                                   503

일반화된 이항정리 · 503 / 카발리에리의 곡선의 넓이 구하는 기교 · 505 /
월리스의 보간법 · 509 / 월리스의 공식 · 512

**37장  뉴턴의 이항정리**                                                                   517

음의 영역으로 확장한 이항정리 · 517 / 뉴턴의 보간법 · 520 / 뉴턴의 이항
정리 · 524

# 13부 테일러급수의 활용

**38장 테일러급수**     531

다항함수로 바꾸는 첫 단계 · 531 / 무한을 무한으로 덮다 · 535 / 오차의 근원 · 538 / 테일러급수 · 541

**39장 바젤 문제의 해법**     547

$\sin x$의 테일러급수 · 547 / 바젤 문제 · 550 / 로피탈 정리 · 554

**40장 수학과 물리학을 연결시키는 변덕스러운 소수**     559

리만 제타 함수 · 559 / 리만 가설 · 562

**41장 계승의 근삿값**     569

감마함수 · 569 / 스털링 근사 · 572

**42장 갈릴레이의 단진자**     577

훅의 법칙 · 577 / 단진자 운동 · 581 / 힘든 여정 · 584

**참고자료**     587

**인물연표**     596

**찾아보기**     602

## 2권

### 14부  파인만의 잃어버린 강의

**43장  극좌표**

작도 가능한 정다각형은? / 극좌표는 곡선의 놀이터 / 극좌표에서 속도의 표현 / 구심 가속도

**44장  관성계와 비관성계**

관성력 / 원심력은 관성력이다 / 관성질량

**45장  각운동량 보존의 법칙**

위치에너지 / 탈출속도 / 각운동량의 보존

**46장  파인만의 잃어버린 강의**

행성의 궤도 / 파인만의 잃어버린 강의 / 면적속도 일정의 법칙과 각운동량 보존 / 기본적 사실

**47장  대칭의 틀에 움직이는 우주**

파인만의 기본적인 사실이 지닌 물리적 의미 / 원안에 갇힌 행성의 운동 / 원 안에 타원이 내재

### 15부  전기와 자기의 원리

**48장  공존하는 전기와 자기**

움직일 때만 불이 켜지는 킥보드의 바퀴 / 외르스테드의 뜻하지 않은 실험 결과 / 전기와 자기의 간략한 역사 / 정전기학에서 동전기학으로 / 전류가 자기력을 만들어낸다 / 불가분의 관계인 전기력과 자기력 / 비오–사바르 법칙

**49장  패러데이의 전자기 유도**

트루 폴(True pole) / 모터의 효시 / 자기력선과 자기장 / 전자기 유도 / 뉴턴의 역학에 위배되는 역선의 도입

## 16부   맥스웰 방정식

**50장   빛에 대하여**

빛은 입자일까 파동일까? / 빛은 파동이다 / 패러데이 효과

**51장   유비(類比)의 제왕, 맥스웰**

'랭글러' 맥스웰의 등장 / 힘의 선을 유체로 비유 / 소용돌이 격자모델 / 전자기 유도를 구현하는 맥스웰의 가상의 기계

**52장   전자기학의 공리인 맥스웰 방정식**

맥스웰 방정식 / 맥스웰 방정식의 의미 / 앙페르-맥스웰 법칙 / 앙페르 법칙이 성립하지 않는 축전기 / 변위전류 / 빛의 실체 / 헤르츠가 찾아낸 전자파 / 뉴턴 역학에 균열을 가한 전자기학

## 17부   상대론에 관하여

**53장   광속 불변의 원리**

뉴턴 역학과 맥스웰 전자기학의 충돌 / 빛의 매개체 에테르 / 마이컬슨-몰리 실험 / 로렌츠의 가설

**54장   운동하는 물체의 전기동역학**

로렌츠 힘 / '운동하는 물체의 전기동역학에 관하여' / 전기력과 자기력의 관계

**55장   특수 상대론**

특수 상대론의 공리 / 시간의 팽창 / 쌍둥이 역설 / 에너지-질량 등가원리 E=MC2

**56장   일반 상대론의 탄생을 불러일으킨 등가원리**

시공간 간격 / 시간의 축은 허수 / 허수의 물리적 의미 / 등가원리 / 관성력에 불만인 아인슈타인 / 중력질량과 관성질량 / 휘어지는 빛 / 중력이 시간지연을 발생시킨다

**57장   중력방정식**

휘어진 시공간 / 다양체 / 비유클리드 기하학 / 휘어진 공간의 시각화 / 곡률과 측지선 / 휘어진 곡면에서의 운동 / 계량텐서 / 중력장 방정식 / 뉴턴이여, 나를 용서하시길!

## 18부　우주의 운동을 결정하는 엔트로피

**58장　열역학**

코펜하겐 해석 / 열에너지와 온도의 차이 / 관성과 같은 공리인 열평형 상태 / 보온병의 원리

**59장　클라우지우스의 엔트로피**

에너지 보존법칙을 주장한 세 과학자 / 카르노 기관 / 엔트로피의 발견

**60장　볼츠만의 엔트로피**

모든 물질은 원자로 이루어졌다 / 맥스웰이 구한 기체의 운동에너지의 분포함수 / 미시상태와 거시상태 / 비중에 물리적 색을 입히자 / 라그랑주 승수법 / 맥스웰-볼츠만 분포 / 에너지 등분배법칙

**61장　물리학계의 이단아 볼츠만**

볼츠만의 묘비에 새겨진 엔트로피 S=klogW / 맥스웰의 도깨비 / 너무 시대를 앞서간 볼츠만


## 19부　양자의 시대

**62장　양자시대의 서막을 알린 흑체복사**

양자역학을 들어가면서 / 흑체 복사 / 빈의 변위 법칙 / 자외선파탄으로 파국을 맞은 레일리-진스 법칙 / 자신의 흑체 복사 공식으로 고민에 빠진 플랑크 / 플랑크의 복사법칙에 숨어 있는 의미

**63장　빛은 파동이자 입자**

기이한 광전효과 / 빛은 입자인가 파동인가? / 콤프턴 산란, 그리고 산란의 의미

**64장　원자 모형**

전자의 발견 / 러더퍼드의 원자 모형 / 분광학 / 보어가 제시한 원자 모형 / 보어 모형의 한계 / 제이만 효과 / 보어-조머펠트 이론

**65장　스핀의 시대**

물질파 / 멘델레예프의 주기율표 / 보어가 재조정한 주기율표 / 파울리의 배타원리 / 스핀의 등장 / 슈테른-게를라흐 실험

## 20부   솔베이 전쟁

**66장   2개의 양자이론**

괴이한 이중 슬릿 실험 / 하이젠베르크의 행렬 역학 / 슈뢰딩거의 파동역학 / 파동함수의 물리적 의미

**67장   철학인가 물리학인가?**

불확정성원리 / 보어의 철학 / 상보성 원리 / 미래가 과거를 바꿔버리는 양자 괴물 / 최소작용의 원리

**68장   솔베이 전쟁**

1차 솔베이 전쟁: 상보성 원리의 공격 / 광자 상자 사고 실험 / 양자 얽힘 / EPR 역설

**69장   자석에 대하여**

전자에 대하여 / 보존과 페르미온 / 궤도담금질 / 교환상호작용 / 반자성체와 상자성체 / 강자성체 / 영구자석

# 1부

# 뉴턴의
# 거인들

1장 아리스토텔레스의 운동관
2장 '과학의 아버지' 갈릴레오 갈릴레이
3장 케플러의 행성법칙

천동설 등 우주의 구조와 자연 현상의 잘못된 개념을 관찰과 실험,
측정과 수학을 통해 무너뜨리며 현대적 과학관을 정립한 코페르니쿠스,
갈릴레이와 케플러…. 뉴턴이 우주의 운동법칙을 완성하는 데 결정적
기여를 한 거인들의 업적을 살펴본다.

2천 년간 인간의 사고에 깊이 뿌리박힌 천동설을 뒤엎고
태양 중심의 지동설을 주장한 코페르니쿠스

# 1장 아리스토텔레스의 운동관

## 이상한 과학 시간

"선생님, 왜 무거운 물체가 가벼운 물체보다 더 빨리 떨어지나요?"

학생의 질문에 선생님은 차분하게 설명을 시작했다.

"그것은 세상의 모든 물질이 흙(고체), 물(액체), 공기(기체), 불(플라즈마)의 4가지 원소로 구성되어 있기 때문이지. 이 원소들 각각은 자신들이 지닌 잠재적 성질을 현실화하는 방향으로 움직이거든. 그래서 무거운 물체가 더 빨리 떨어지는 거야."

학생이 고개를 갸우뚱하자 선생님은 잠시 생각을 정리하고 설명을 이어나갔다.

▲ 그림 1.1 물질을 구성하는 4가지 원소

"4개의 원소 각각을 한번 살펴볼까? 먼저 물이나 흙은 무거우니까 아래로, 공기나 불은 가벼운 성질 때문에 위로 올라가는 잠재적인 속성이 있겠지. 모든 물체는 이렇게 이들 원소가 어떤 비율로 구성되었느냐에 따라 그 움직임이 달라지게 돼. 돌멩이와 깃털을 비교해볼까? 돌멩이는 깃털보다 훨씬 많은 흙으로 구성되어 있거든. 그래서 아래로 가려는, 그러니까 자신이 속한 땅으로 돌아가려는 속성이 강해서 더 빠르게 땅으로 향하겠지. 반면 깃털은 흙의 성분도 있지만 촘촘하지 않고 듬성듬성한 구조라 상당한 양의 공기도 포함하고 있어. 그래서 위로 올라가려는 성질을 지닌 공기 때문에 깃털은 돌멩이보다 천천히 땅으로 떨어져. 이것이 무거운 물체가 더 빨리 떨어지는 이유야. 알겠지?"

"아, 그렇군요." 선생님의 말을 되새기며 학생은 질문을 이어나갔다. "그러면 수증기가 위로 올라가는 이유는 물의 성질을 지니고 있지만 내부에 불의 성분인 열이 더 많아서 상승한다고 해석할 수 있겠네요?"

학생이 다른 사례를 들어 질문하자 선생님은 흡족한 모습을 감출 수 없었다.

"그렇지! 아주 훌륭해."

선생님의 칭찬에 한층 고무된 학생이 새로운 질문을 던졌다.

"목욕탕에서 수증기가 천장에 맺혀 있다 바닥으로 떨어지는 것은 불의 성분이 사라져서 물의 성분만 남아 일어나는 현상인가요?"

"맞아."

"그러면 물체의 구성 성분이 변할 수도 있어요?"

"당연하지. 수증기가 물로 변하는 것은 사람이 나이가 들거나 혹은 쇠가 녹슨다든지 나뭇잎에 단풍이 드는 것과 같은 이치야. 세상

만물은 모두 시간이 흘러가면 변하기 마련이거든. 그래서 물질의 구성 성분 비율이 변하는 것을 우리는 '변화'라고 불러. 이 변화는 자연계의 모든 현상을 설명하는 '운동'의 한 범주이기도 해."

"변화가 운동이라고요?"

"그렇지. 자연계의 운동은 이 변화를 포함해 총 4가지로 구분할 수 있는데, 변화가 운동의 첫 번째 항목이라면, 두 번째 운동으로는 좀 전에 말했던 4가지 원소의 구성 성분에 따라 물체가 위로 올라가거나 아래로 떨어지는 운동이야. 이를 '수직 운동'이라 일컫지. 세 번째 범주는 굴러가는 공처럼 옆으로 움직이는 '수평 운동'을 말해. 이건 수직 운동과 비교하면 자연스러운 운동은 아니야. 수직 운동은 공을 가만히 놓아도 저절로 땅을 향해 떨어지듯 지극히 자연스럽게 발생하지만 수평 운동은 손으로 던진다든지 발로 찬다든지 해야지만 발생하잖니. 그래서 수평 운동은 강제적인 외부의 요인에 의해서만 발생하는 운동이라 영원히 지속될 수 없고, 언젠가는 멈추게 될 수밖에 없어."

잠시 생각에 잠긴 학생이 고개를 갸웃거리며 수평 운동에 대한 의문점을 이야기했다.

"좀 이상해요. 선생님 말씀대로라면 손으로 던진 공은 손에서 떨어지는 순간 더 이상 외부 요인이 사라지는 거잖아요. 그러면 수평 운동이 사라진 거라 즉시 아래로 낙하하는 수직 운동만 해야 하지 않을까요? 하지만 공은 마치 외부 요인이 계속 존재하는 것처럼 수평 운동을 지속하다 땅으로 떨어지는데, 왜 그렇죠?"

학생의 질문은 상당히 날카로웠다. 논리적인 설명이 뒷받침되어야 지금까지의 설명에 타당성이 부여될 것 같았다. 선생님은 이에 대한 질문의 대답도 준비되었는지 바로 칠판에 그림을 그려나갔다.

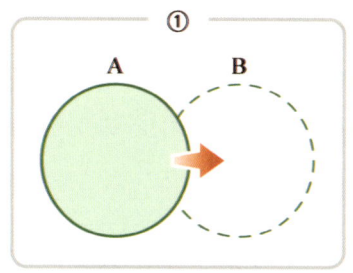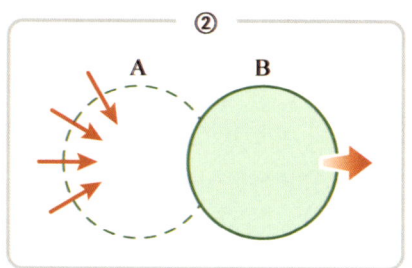

▲ **그림 1.2** ① 던져진 공이 A에서 B의 위치로 이동할 때, ② 처음에 공이 위치한 A의 공간은 진공 상태가 되어 공기가 유입된다.

"내가 공을 던졌다고 하자. 움직임은 연속적이겠지만 위의 그림처럼 A지점에서 B지점으로 순간 이동했다고 가정하자고. 그리고 그림 ②만 살펴보면, 원래 A지점에서 공이 차지하고 있던 공간은 공기가 없는 진공 상태가 될 것 아니겠어? 따라서 주변 공기가 진공인 공간을 메우기 위해 밀려들어오면서 공의 뒤쪽에 추진력을 가하는 외부 요인으로 작용하게 되는데 그 힘이 일정 거리를 움직일 수 있게 하는 거야."

"아!"

"이와 같은 현상을 직접 느낄 때가 있어. 상당히 위험스러운 상황이라 피해야겠지만, 대형 트럭이나 버스가 네가 서 있는 옆을 빠른 속도로 지나가는 경우를 경험해보았을 거야. 그때 차 쪽으로 몸이 당겨지는 힘을 느끼는 이유가 바로 이 현상 때문에 그래. 다행스럽게도 차가 지나간 뒤의 공간에 네가 서 있고 넘어질 정도로 그 힘이 강하지 않아서 문제는 없겠지만, 만약 넘어졌을 때 뒤에 다른 차가 오고 있다면 아주 위험하겠지. 그래서 차량 바로 옆에서 다니면 절대 안 돼."

선생님의 차근차근하고 친절한 설명에 학생은 연신 고개를 끄덕였다.

"덧붙이자면 변화라는 운동과는 달리 수평이나 수직 운동은 모두 하나의 목적, 즉 움직임을 멈추기 위해 자신의 위치를 찾아가는 운동으로 정리할 수 있어."

"예, 그렇겠네요."

"마지막, 네 번째 운동은 바로 하늘에 떠 있는 별들의 운동과 같은 '천체 운동'이야. 그런데 천상계는 지상과 달리 영원히 썩지 않고 변하지 않는 '에테르'*라는 물질로 채워져 있어. 그래서 변화와 강제적 운동 등으로 시시각각 변하는 불안정한 지상과는 달리 천상계의 운동은 변화 없이 항상 일정하게 운동을 해. 왜? 영원불멸의 에테르로 이뤄진 완벽한 세계이니까!"

선생님은 잠시 숨을 고르고 한 가지 질문을 던졌다.

"네가 생각하는 완벽한 대칭의 형태를 지닌 도형은 무엇이지?"

"원이나 공이라고 생각합니다."

"맞아. 실제 눈으로 볼 수 있는 달이나 태양에서 확인할 수 있듯이 천체에 존재하는 모든 물체의 모양은 한결같이 완전한 형태의 도형인 구형이잖아. 또한 이들은 지구를 중심으로 완전한 대칭의 도형인 원의 궤도로 돌고 있어. 이처럼 우리가 사는 지상 세계는 불안정한 세상이지만 천상은 완벽하고 고결한 세상이야."

"그럼 우리가 살고 있는 지구는 움직이지 않는 것인가요?"

"당연하지 않겠어! 지금 책상에 앉아 있는 네가 움직이고 있다고 생각해?"

"아니요. 정지해 있습니다."

---

* 아리스토텔레스가 지상의 물질을 구성하는 4개의 원소 외에 천체를 구성하는 물질이라 주장하는 제5원소

"지구가 움직이지 않는 우주의 중심이라는 사실은 모든 물체의 가장 자연스러운 운동인 수직 운동에서 충분히 유추가 가능해. 공을 아주 똑바르게 수직 위로 던졌을 때를 생각해볼까? 던진 위치인 제자리로 떨어지잖아. 만일 공이 올라갔다 내려오는 동안 지구가 움직였다면 제자리로 다시 떨어질 수 있을까?"

"우와, 진짜 그러네요!"

학생은 자신이 전혀 몰랐던 새로운 사실을 하나씩 깨닫자 감동하며 선생님의 설명을 온전히 받아들인다.

"우리가 살고 있는 지구는 움직이지 않는 우주의 중심이고, 모든 행성은 지구를 중심으로 원 운동하고 있다는 것을 명심해."

## 아리스토텔레스의 운동론

위의 이야기를 어떻게 읽으셨는가? 꽤 논리적인 설명처럼 느껴지는 부분도 있겠지만 전혀 받아들일 수 없는 궤변으로 가득한 내용이다. 사실 위의 선생님의 말이 잘못되었다는 것은 초등학생도 알 수 있다. 만물이 흙, 물 등 4가지 요소로 구성되었다든지, 무거운 물체가 더 빨리 떨어진다든지, 지구가 움직이지 않고 우주의 중심이라는 식의 설명이 잘못되었음을 말이다.

그런데 왜 잘못되었다고 생각하는가? 지구가 움직이거나 둥글다는 것을 직접 보거나 경험한 적이 있기 때문인가? 그렇지 않다. 그럼에도 여러분은 믿고 있다. 왜? 이미 우리 머릿속에 모든 물체는 무게에 상관없이 동시에 떨어진다든지 지구가 태양을 중심으로 공전한다든지 하는 지식이 교육 과정이나 여러 매체를 통해 진실로 자리 잡아 단단히 뿌리를 박고 있기 때문이다.

　극히 적은 수이지만 지평설*을 믿는 소수의 사람들이 지금도 존재한다. 만약 그들의 생각을 바꾸고 싶다면? 최고의 방법은 우주선을 타고 달이나 우주에서 지구를 쳐다보게 하면 모든 것이 해결되리라.

　사람들은 대체로 자신이 직접 보거나 체험을 통해 습득한 것을 믿는다. 하지만 모든 것을 체험하는 것은 불가능하며 주로 교육을 통해 주입된다. 지구가 둥글다는 것 역시 우리 모두가 직접 눈으로 확인하지 않고 여러 간접적인 증거나 교육으로 믿게 된 것처럼 말이다. 지평설 이야기를 꺼낸 이유는 바로 물리학의 속성이 사람들에게 공감을 사기 힘들다는 점을 말하기 위해서다. 그나마 '1권'에서 소개할 아이작 뉴턴(1642~1726)의 역학은 실제 눈으로 확인 가능한 현상들이 어느 정도 존재하기에 공감대가 형성될 여지가 많지만, '2권'에서 전개할 전자기학, 상대성 이론, 양자역학은 높은 난이도의 내용들로 가득 차 있다.

　공감대 부족을 극복하는 최선의 방법은 눈으로 직접 보는 관찰이나 실험을 통한 체험 등이다. 하지만 일반인들에게는 쉬운 일이 아니기에 다른 방법을 모색해야 하는데 그것이 바로 수학이다. 자연 현상을 인간이 이해하도록 만들어진 언어가 수학이기 때문에 이것을 통해 간접적인 경험이 가능하다. 우리가 책을 통해 다른 사람의 경험을 간접적으로 체험하듯이 수학의 언어로 쓰인 물리책으로 자연을 이해할 수 있다.

---

＊땅(earth)의 모양이 구체(globe)가 아니고 납작한 평면의 형태를 띠고 있다는 '지평설'을 주장하고 이를 믿는 사람들을 '지평인'이라 부른다. (출처: 위키백과)

만약에 사전 지식이 없고 자신의 눈으로 보며 몸으로 느끼는 직관적인 경험에 의존하는 어린아이에게 앞에서처럼 무거운 물체가 빨리 떨어지고 지구가 우주의 중심이라는 엉터리 과학 이론을 설명한다면 진리로 받아들이지 않을까? 우리가 기본적으로 알고 있는 과학 지식은 500여 년 정도 되었고, 앞의 내용이 진리라고 여기며 살아온 인류의 시간은 2,000년에 달한다. 그 시기를 살아온 인류가 현 시대를 살고 있는 우리보다 어리석다고 할 수는 없지 않는가!

자, 이제 500년 전까지 사람들이 믿고 있던 앞의 과학 이론들을 인류의 천재들이 어떻게 깨뜨려가면서 지금의 과학 이론을 정립했는지 알아보는 긴 여정을 시작하려 한다. 그전에 여러분의 머릿속에 박혀 있는 기존의 지식을 모두 던져버리고 어린아이의 상태로 돌아가도록 하자. 이것저것 아무거나 주워 담아 무엇이 진리인지 감별하지 못하는 여러분의 뇌를 창조의 놀이터로 만들자는 것이다. 새로운 자기를 창조하는 어린아이와 같은 마음으로, 그리고 이 책에서 소개하는 다양한 사고 실험과 수학을 통한 간접적인 체험을 통해 진리를 발견하도록 하자.

까마득한 옛날부터 인간은 자연과 더불어 살아가는 존재로서 자연계의 운동과 변화에 대한 호기심을 지니고 있었다. 과학이 발전하지 못했던 고대에는 오직 눈과 감각, 소박한 경험에 의지해 자연현상을 해석할 수밖에 없었다. 고대 그리스에서 물질의 운동에 지대한 관심을 보이며 자연학의 체계를 세운 대표적 인물이 우리에게 잘 알려져 있는 아리스토텔레스(기원전 384~322)이다. 그가 세운 논리학, 철학, 윤리학, 과학 등의 이론들은 인간이 삶의 등불로 삼았을 정도로 서양 철학사에서 절대적 위치를 차지하였다. 앞에서 선생이 학생에게 설명한 이론이 바로 아리스토텔레스가 정립하여

2,000년 가까이 인간이 절대적 진리로 믿어온 과학개념이다.

참과 거짓을 명확하게 구분하기 힘든 철학에 관한 아리스토텔레스의 이론이 수많은 세월 동안 권위를 유지하는 것은 어느 정도 이해할 수 있지만 완전히 잘못되었다고 입증된 그의 과학 이론은 어떻게 오랫동안 진리로 남아 있을 수 있었을까? 그의 절대적인 권위나 신을 숭배하는 사회 분위기를 비롯해 여러 이유가 있겠지만 무엇보다 아리스토텔레스의 설명이 사람들의 직관과 잘 맞아떨어져 이해하기 쉬웠다는 점이 있다. 무거운 물체가 더 빠르게 떨어진다거나, 지구가 움직이지 않는다는 것 등 앞의 과학 이론들은 직관적으로 충분히 받아들여질 만했기 때문이다. 그래서 그의 이론이 해체되기 전까지 사람들은 아리스토텔레스의 과학 이론을 맹목적으로 따르며 믿어왔다.

절대적 진리라는 두꺼운 벽 안에서 보호받던 아리스토텔레스 운동관의 틀이 확실히 금이 가기 시작한 것은 15세기부터 유럽 전역에 변화의 바람이 불면서였다. 유럽은 오랫동안 '신'을 중심으로 하는 사회로 사람들이 자신의 감정이나 욕망을 절제하며 신과 교황의 가르침에 따라 살아갔다. 하지만 이 시기부터 서서히 그 중심이 신에서 인간으로 옮아갔다. 바로 르네상스 시대가 도래한 것이다.

이때를 과학혁명의 시작을 알리는 도화선이라 일컬을 수 있는 이유는 근대철학의 개척자로 평가받는 프랜시스 베이컨(1561~1626)의 주장에서 충분히 엿볼 수 있다. 1620년에 출간한 《신기관》에서 그는 가만히 앉아서 자연을 관조하던 당시의 세계관을 벗어나, 자연 속에서 움직이고 있는 현상의 원인과 법칙을 이해해야 인간에게 강력한 힘을 부여할 수 있다는 혁신적인 사상을 전파하였다. 과거에 머물러 안주하던 인간을 일깨우며 새로운 과학이라는 대양을 향해 항해를 시작하라는 메시지를 인류에게 전파한 것이다. 이때부터 잠들어 있던 인간의 지성이 서서히 깨어나면서 수학과 과학의 폭발적인 발전이 이뤄졌다.

# 2<sub>장</sub> '과학의 아버지' 갈릴레오 갈릴레이

## 갈릴레이의 사고 실험

한 계단, 한 계단, 마침내 사탑의 꼭대기에 다다른 갈릴레오 갈릴레이(1564~1642)는 깊게 심호흡을 하며 차분히 아래를 내려다봤다. 사탑 앞에는 대학교수와 학생 등 수많은 군중이 그가 보여줄 실험을 구경하려고 모여 있었다. 하지만 그들 대부분은 갈릴레이가 선보일 퍼포먼스를 의심의 눈초리로 바라보았다. 당연하다. 그들이 보기에 인류 최고의 철학자인 아리스토텔레스의 이론이 틀리다는 것을 보여주려는 미치광이가 벌이는 쇼에 불과했기 때문이다.

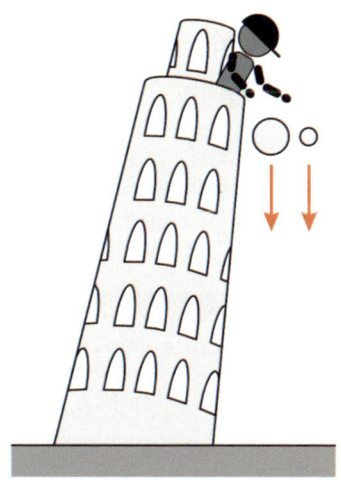

▲ **그림 1.3** 피사의 사탑에서 낙하 실험하는 갈릴레이

앞에서 다뤘지만 아리스토텔레스가 주장한 대표적 과학 이론 중 하나, 무거운 물체가 가벼운 물체보다 더 빨리 낙하한다는 것은 당시에 누구나 믿고 아무도 의심하지 않는 절대적 진리였다. 그런데 갈릴레이는 무게와 상관없이 모든 물체는 동시에 떨어진다고 주장하며 그것을 직접 보여주겠노라고 사람들을 피사의 사탑 앞에 불러 모은 것이다.

사탑의 꼭대기에서 그는 1kg과 10kg 쇠공을 동시에 떨어뜨렸다. 아리스토텔레스의 이론대로라면 10kg의 쇠공이 빨리 떨어질 것이고, 반면 그가 주장한 대로라면 동시에 떨어져야 한다. 과연 그 결과는?

사실 갈릴레이가 그곳에서 낙하실험을 했다는 기록은 없다. 갈릴레이의 애제자가 쓴 갈릴레이 전기에서 나온 일화일 뿐이다. 중요한 것은 이 이야기의 진위가 아니다. 어떻게 갈릴레이는 근 2,000년간 보편적인 진리라 여겨지며 모든 사람들의 눈을 덮고 있던 모포를 걷어낼 수 있었을까? 이것은 말이 쉽지 정말로 어려운 일이다. 평범한 인간인 내가 위대한 과학자인 갈릴레이의 내면을 들여다볼 수는 없지만, 최대한 그가 절대적 진리에 의문을 가지게 된 계기가 무엇일까 하는 상상을 해보았다. 똑같은 종이 2장이 있다. 하나는 펼쳐져 있고, 하나는 구겨져 있다. 혹시 펼쳐진 종이와 구겨진 종이가 떨어지는 빠르기의 차이에서 기존의 진리에 대한 의심의 싹이 트지 않았을까? 종이가 구겨졌다고 무게가 더 나갈 리 없음에도 구겨진 종이가 더 빨리 떨어진다는 것은 누구나 쉽게 알 수 있는 사실이다. 아리스토텔레스의 이론이 뭔가 근본부터 잘못되었다고 보아야 할 결정적 사례이다.

어떤 과정이었든 그의 머리에 싹튼 의심의 씨앗은 커지기 시작했다. 그리고 그는 하나의 사고 실험*을 통해 물체가 떨어지는 데 걸리는 시간은 무게와 상관없다는 결론에 이르렀다.

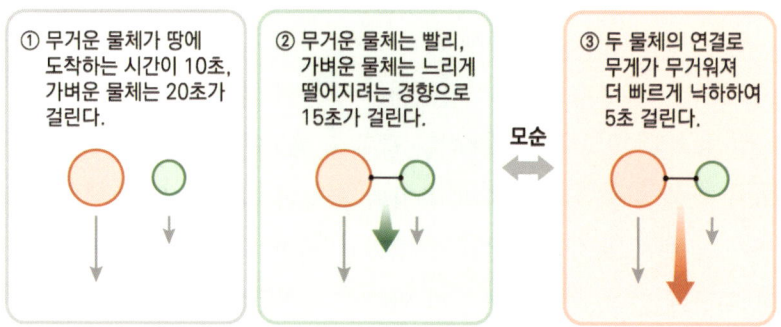

▲ 그림 1.4 ① 예를 들어 큰 돌이 움직이는 속력이 8이라 하고, 작은 돌이 움직이는 속력이 4라고 하세. ② 이 둘을 묶으면 전체의 속력이 8보다 느리게 되겠지. ③ 하지만 두 돌을 합쳤으니, 속력 8로 움직이던 돌보다 더 무거운 돌이 되었잖아?**

위의 사고 실험만으로 아리스토텔레스의 이론에 분명한 모순이 있다는 것이 확실하다. 그림 ②의 해석대로라면 무거운 물체는 빠르게, 가벼운 물체는 느리게 떨어지려는 상충된 운동으로 8보다 느린 속력으로 떨어지겠지만, 반대로 ③의 해석이라면 무게가 더 무거워졌으므로 더 빨리 떨어져야 옳다. 2개의 모순된 해석을 해결하는 방법은 한 가지이다. 무게와 상관없이 모든 물체가 동시에 떨어진다고 볼 수밖에. 하지만 아직은 그저 생각에 의한 가설에 불과하기에 정당한지 아닌지 실험으로 확인할 필요가 있었다.

---

* 사고 실험(思考實驗, 독일어 gedanken experiment, 영어 thought experiment)은 사물의 실체나 개념을 이해하기 위해 가상의 시나리오를 이용하는 것이다. (출처: 위키백과)
** 갈릴레이가 자신의 연구 결과를 정리한 《새로운 두 과학》의 한국어판에서 발췌

## 낙하의 법칙

물체가 무게와 상관없이 동시에 땅에 떨어지는지의 여부를 알기 위한 실험을 하려면 무게에 따른 낙하 시간의 관계를 뽑아내야 한다. 구겨진 종이가 더 빨리 떨어지는 것은 공기의 저항이 적어서 일어난 효과인 것처럼 갈릴레이는 낙하 실험이라는 본질적 취지를 살리기 위해 비본질적 요소인 공기의 저항과 같은 잡음을 제거해야 했다. 주변의 복잡한 조건에 영향받는 결과는 잘못된 해석을 도출할 수밖에 없다는 것을 충분히 인지하고 있었다.

물체의 낙하에 담긴 수수께끼를 파헤치기 위해 공기가 없는 진공 상태를 만들어야 했지만 당시의 기술로는 이 요소를 제거할 수 없는 노릇이었다. 그래서 그는 차선책으로 무게는 다르더라도 구형의 공을 선택함으로써 공기 저항이나 바닥과의 마찰 등 낙하에 영향을 끼칠 외부의 요인을 균일하게 함으로써 측정하고자 하는 본질적인 목적에 영향을 주지 않도록 세심한 주의를 기울였다. 한편으로 스톱워치같이 시간을 정확하게 측정할 장비가 전무하였던 때라 웬만한 높이가 아니고서는 물체가 지면에 도달하는 시간이 짧아 낙하 시간을 측정하는 데 따르는 어려움이 있었다. 여기서 갈릴레이는 아주 훌륭한 해결책을 생각해냈다. 기울어진 빗면을 이용하여 떨어지는 데 걸리는 시간을 최대한 늦추게 하여 시간 측정에 어려움이 발생하지 않도록 구상한 것이었다.

이렇게 설계를 하고 자신이 직접 제작한 진자시계, 그러니까 실의 맨 끝에 추를 매달고 왕복 운동하는 진자를 이용하여 낙하 시간을 측정하였다. 진자에 담긴 과학적 사실은 뒤에서 곧 소개할 예정이다. 실험 결과는 무게와 상관없이 떨어지는 데 소요되는 시간이

▲ **그림 1.5** 경사가 있는 빗면에 물체를 굴러가게 한다. 기울기가 작을수록 공이 바닥에 도착하는 데 걸리는 시간이 더 길어지기 때문에 시간 측정이 용이하다. 갈릴레이는 빗면의 기울기를 조절하여 공의 하강 속도를 통제하여 낙하하는 시간을 측정하였다.*

동일하다는 자신의 추론에 정당성을 제공하였다. 과연 물체는 무게와 상관없이 동시에 낙하한 것이다. 그리고 갈릴레이는 이 실험에서 또 다른 결과를 추가로 알아냈다. 정지 상태에서 떨어지는 물체가 동일한 시간 간격 동안 떨어진 거리는 1, 3, 5, …의 홀수의 비율, 즉 속도는 시간에 비례하여 증가하고, 표현을 달리하면 떨어지는 물체가 낙하하는 거리는 시간의 제곱에 관계된다는 사실을 알아낸 것이다.

갈릴레이는 베이컨이 제시한 근대인, 즉 자연을 관조하던 세계관에서 벗어나 자연 현상의 법칙을 이해하기 위해 과학적 방법을 실천에 옮긴 최초의 사람이었다. 그가 행한 빗면의 실험에서 알 수 있지만 시간과 낙하의 거리 관계라는 본질적 목적을 뽑아내기 위해 쓸데없는 외부의 변수들을 제거하는 방법론은 자연의 현상을 해석하기 위해 도전하는 후대 과학자들의 교본이었다. 또한 자연계 운

---

\*    그림 출처: daviddarling, https://www.daviddarling.info/encyclopedia/G/GalileoG.html

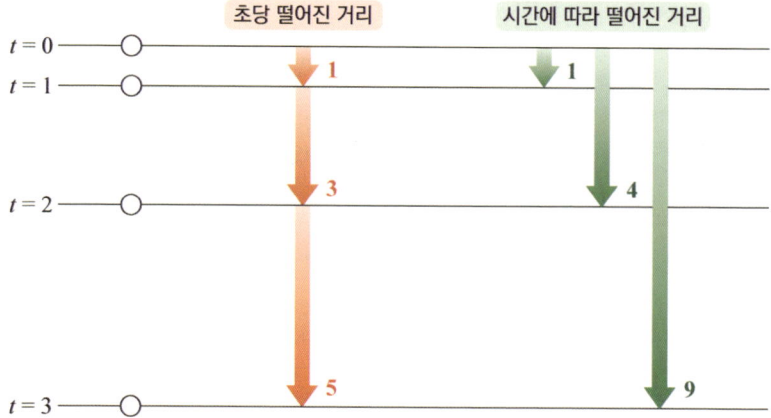

**초당 떨어진 거리**

**시간에 따라 떨어진 거리**

$t = 0$

$t = 1$    1          1

$t = 2$    3          4

$t = 3$    5          9

▲ **그림 1.6** 1초 동안 떨어진 거리는 시간에 따라 1, 3, 5, …씩 증가한다. 따라서 총 시간 동안 떨어진 거리는 시간의 제곱, 즉 2초 동안은 $2^2$, 3초 동안 떨어진 거리는 $3^2$처럼 명확한 제곱의 규칙을 가지고 낙하한다.

동의 규칙적인 패턴을 수학이라는 학문으로 해석하려는 그의 자세도 배워야 할 점이었다. 원래부터 그는 기본적으로 자연 현상이 규칙과 패턴이 존재하리라는 확고한 믿음을 가지고 있어서 수학을 매우 중시하였다. 그렇기에 떨어지는 물체의 시간과 낙하하는 거리 사이에는 명확한 규칙이 숨어 있을 것이라는 판단 아래 제곱의 규칙을 찾아낼 수 있었다. 그리고 이런 실험의 결과는 자신의 신념을 더욱 확고하게 다지는 순간으로 다가왔을 것이다.

그런데 물체의 낙하는 갈릴레이의 생각처럼 왜 이렇게 규칙적인 결과를 만들어내는 것일까? 하지만 이제 인간이 신의 중심에서 벗어나 자유로운 지성을 펼치는 시기가 막 도래한 터라 이유를 밝히는 데 필요한 수학과 과학의 발전이 이뤄지지 못한 상태였다. 어쩔 수 없이 갈릴레이는 이 의문을 다음 세대로 넘길 수밖에 없었다.

## 운동의 본질에 한 걸음 다가서다

그는 빗면의 실험에서 얻어진 경험을 토대로 자연계의 운동의 비밀을 밝히는 위대한 첫걸음을 내딛기 위한 또 하나의 기념비적인 업적을 이루게 된다. 그는 실험 시스템을 한층 업그레이드해서 양 끝이 휘어져 있는 U자형의 빗면실험 장치를 제작해 공을 떨어뜨리는 실험을 행하였다.

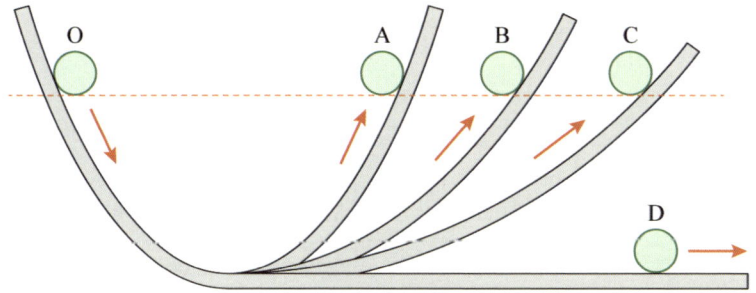

▲ **그림 1.7** O의 지점에서 떨어뜨린 공은 빗면이 완만해질수록 더 많은 시간과 거리를 이동하는 것일 뿐, 변함없는 사실은 올라간 높이(A, B, C의 경우)가 모두 동일하다는 것이다. 그러면 완전히 수평(D의 경우)일 때는?

실제 실험을 수행하면 O에서 떨어뜨린 공은 공기의 저항과 바닥과의 마찰 등으로 반대편 빗면으로 올라간 높이를 약간 미치지 못한다. 하지만 이런 소음과 같은 외부 요인을 무시하면 분명 빗면의 기울기에 상관없이 O에서 떨어뜨린 공은 모두 같은 높이의 A, B, C까지 도달한다. 왜 그럴까? 이 의문점은 뒤에서 다루기로 하고 지금은 D의 경우를 살펴보자. 빗면의 기울기에 상관없이 항상 같은 높이에 도달한다면 완전히 눕혀진 D의 빗면을 따라 내려온 공은 어떻게 될까? 앞의 경우와 같은 결과를 얻기 위해서는 동일한 높이에 도달할 때까지 굴러야 할 것이다. 그런데 D의 빗면에는 도달할 높이가 존재하지 않는다. 그렇다면 공은 바닥에 닿았을 때의 속도로 무한히 멀리 굴러가게 될 수밖에 없지 않을까?

〈그림 1.7〉의 D의 빗면에서 바닥에 도달한 공은 이후 바닥을 따라 일정한 속도로 영원한 운동을 한다는 사실을 가리키고 있다. 이 운동 해석은 지상에서 움직이는 물체의 수평 운동은 반드시 정지한다고 해석한 아리스토텔레스의 또 다른 운동관을 산산이 부숴버렸다. 또한 당시까지 인간이 믿고 있던 운동에 대한 인식을 바꾸는 혁명적인 인식의 전환이자 향후 인류의 위대한 천재 뉴턴이 힘의 법칙을 발견하는 결정적 계기가 되었다. 수직 운동과는 달리 특별한 외부의 요인이 없어도 이미 가지고 있는 속도를 유지하며 수평 운동을 한다는 운동의 기본적인 속성은 운동의 가장 근원이 되는 개념을 품고 있는 것이었다. 무엇일까? 안타깝게도 갈릴레이는 자신이 얻어낸 실험 결과에서 그 진정한 의미까지 깨닫지는 못하였다.

자연의 현상을 밝히고자 하는 그의 탐구 열정은 계속되었다. 그는 빗면의 실험 결과를 가지고 던져진 물체의 운동, 그러니까 포탄과 같은 투사체가 어떤 궤적을 그리는지 연구를 진행하였다. 바다 위를 일정한 속도로 항해하는 배 위에서 사람이 사과를 똑바로 위로 던져 다시 받았을 때 사과의 운동은 제곱의 법칙을 따르며 자신의 머리 위에 올라갔다가 다시 떨어지는 수직 운동만을 하게 된다. 하지만 배 위가 아닌 항구에 위치한 사람에게는 〈그림 1.6〉의 제곱의 법칙을 따르는 수직 낙하 운동과 〈그림 1.7〉 D와 같이 일정한 속도로 영원히 움직이는 수평 운동이 합성되어 만들어진 포물선 궤적으로 보인다.

사과의 궤적이 포물선을 형성한다는 갈릴레이의 실험 결과는 지상에서의 운동이 일정한 속도로 움직이는 수평 운동과 제곱의 법칙

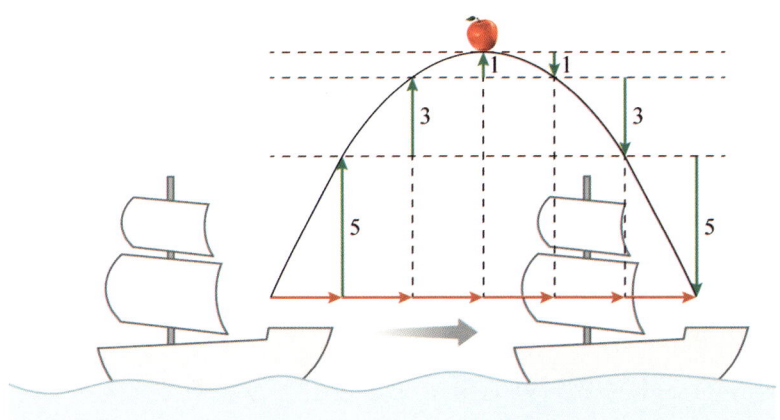

▲ **그림 1.8** 던져진 사과의 수평 운동은 일정한 시간 간격에 따라 같은 거리(붉은색의 화살표)를 움직이고, 수직 운동은 제곱의 법칙을 따른다.(초록색 화살표) 따라서 사과의 궤적은 포물선이다.

을 따르는 수직 운동으로 나눠서 해석되어야 한다는 분명한 지침을 만들어준 셈이다.

## 진자시계

갈릴레이가 관찰과 실험을 통해 자연을 바라보는 자세를 가지게 된 계기는 십대 때 피사 성당의 천장에서 진자처럼 흔들리는 샹들리에에서 시작되었다는 일화가 있다. 우연찮게 흔들리는 샹들리에의 움직임을 유심히 살펴보던 갈릴레이에게 매우 특이한 현상이 눈에 띄었다. 샹들리에가 왕복하는 데 걸리는 시간을 자신의 맥박 횟수를 이용하여 측정한 결과 크게 흔들리건 작게 흔들리건 상관없이 항상 동일하였다. 직감적으로는 크게 흔들릴수록 시간이 더 많이 소요될 것 같은데 실제는 그렇지 않았다. 왜 그럴까? 강한 호기심에 이끌린 갈릴레이는 줄에 물체를 매달고 조건을 달리하면서 진자 실험을 수천 번 시행하였다.

실험 결과, 놀랍게도 진자의 주기는 진폭 외에 매달린 물체의 무게와도 전혀 상관없었다. 그러니까 움직이는 폭이 크건 작건 혹은 더 무거운 물체를 매달건 진자의 왕복주기는 변함이 없었던 것이다. 진자의 주기는 〈그림 1.9〉의 ④와 같이 오직 줄의 길이에 의해서만 달라졌을 뿐이다.

이렇게 추의 운동이 지닌 규칙을 파악한 갈릴레이는 빗면의 실험 당시 자신이 제작한 진자시계를 활용하였다. 진자의 왕복 시간에 영향을 주는 진자의 길이는 고정한 채 적당한 무게를 지닌 추를 임의적인 위치에서 떨어뜨리면 항상 일정한 시간 간격으로 왕복할 것이므로 빗면에서 굴러 내려오는 공의 시간을 측정하는 데 아주

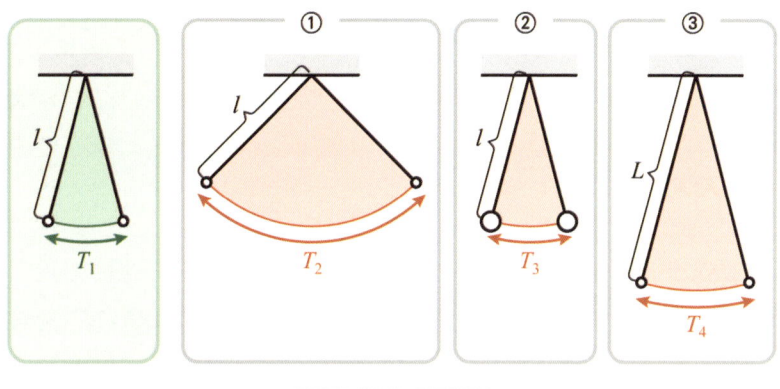

$$T_1 = T_2 = T_3 < T_4$$

▲ **그림 1.9** 길이 $l$의 진자의 주기가 $T_1$일 때, ① 같은 길이 $l$이지만 진폭이 더 큰 진자의 주기 $T_2$와* ② 같은 길이 $l$에 질량이 더 무거운 추가 매달린 진자의 주기 $T_3$는 모두 같다($T_1 = T_2 = T_3$). ③ 하지만 줄의 길이가 더 길어진 $L$일 때 왕복하는 데 걸리는 주기 $T_4$는 더 크다($T_1 < T_4$).

---

* 진자의 등시성이라 한다. 하지만 엄밀하게 말하면 정답은 아니다. 진자의 움직이는 폭이 작을 때에는 성립하지만 진폭이 커질수록 진자의 등시성은 위배된다. 41장에서 자세히 다룰 것이다.

안성맞춤이었다.

그는 진자 실험에서 또 하나의 사실을 알아냈다. 낙하 운동에서와 같이 줄의 길이가 1m일 때 왕복 시간이 1초라면, 4m일 때 2초, 9m일 때 3초와 같이 진동 주기 $T$와 줄의 길이 $l$은 낙하법칙처럼 제곱에 비례하는 법칙 $T^2 \propto l$을 따르고 있었던 것이다. 자연의 운동은 갈릴레이의 기대처럼 놀라울 정도로 수학의 언어를 따르고 있었다. 이런 연유로 그는 신의 계획으로 만들어진 세계가 수학의 언어로 쓰인 책이라 믿게 되었고, 그 책에 쓰인 수학을 이해해야 책의 내용, 즉 우주를 알 수 있다고 생각하였다.

사실 위에서 소개한 업적들보다 갈릴레이를 위대한 과학자로 역사에 남게 한 것은 과학을 다루는 그의 접근법에서 찾을 수 있다. 바로 빗면의 실험, 진자의 실험 등에서 보듯, 갈릴레이는 세심한 관찰과 주변의 소음을 제거하고 측정하고자 하는 본질만을 뽑아내는 과학적 접근으로 자연의 현상을 분석하여 수학의 언어로 해석하려고 했다. 정녕 갈릴레이 이전의 시대에는 찾아볼 수 없는 접근법이었다. 어린 시절 진자실험 등에서 습득한 탐구정신이 갈릴레이에게 변화하고 운동하는 역동적인 자연의 현상을 다루는 자양분이 되었을 것이다.

그의 과학적 실험법은 이후 이 시대까지 과학자들이 자연 현상을 분석할 때 어떤 자세로 임해야 하는지 알려주는 지침서가 되고 있다. 그래서 새로운 과학의 문을 열어젖힌 개척가로서 과학 발전의 초석을 다진 그에게 후대인들은 '과학의 아버지'라는 영예로운 칭호를 부여하였다. 갈릴레이는 수천 년간 인간의 사고를 지배했던 해묵은 진리 아닌 진리를 하나하나 혁파하며 진정한 자연의 진리를 차곡차곡 밝혀낸 위대한 과학자였다.

# 3장 케플러의 행성법칙

## 역행 현상

인류가 오랜 세월 믿어왔던 지상 세계의 여러 자연 현상에 관한 기존의 진리가 갈릴레이를 필두로 뒤엎어지고 새로운 과학의 세계가 펼쳐질 때 천상계 역시 변화의 물결이 일고 있었다. 당시 사람들이 믿어 의심치 않던 천상의 운동은 우주의 중심이 정지한 지구이고, 태양을 비롯한 모든 전체들이 지구를 중심으로 완벽한 원의 궤도로 돌고 있다는 지구 중심의 천동설이었다.

천동설은 2세기경 프톨레마이오스(83년경~ 168년경)가 당시까지 인류가 관측한 모든 우주 체계를 집대성하여 더욱 체계적으로

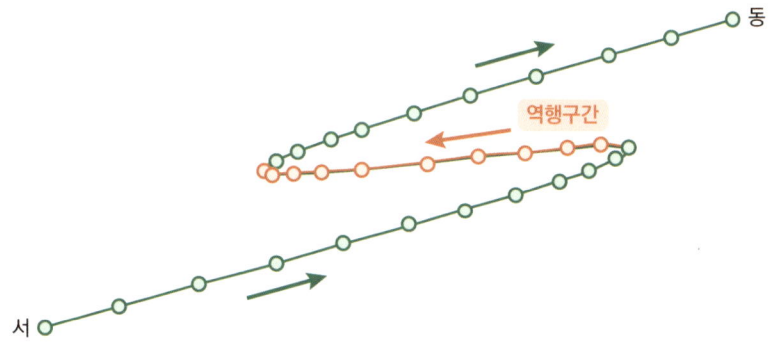

▲ 그림 1.10 역행 운동이란 화성과 같은 행성의 운동 방향이 서에서 동으로 운행하다 갑자기 동에서 서의 반대 방향으로 움직이다 다시 원래 방향으로 되돌아가는 현상이다.

해석한 내용을 담은 《알마게스트》라는 책을 출간하면서 확고한 진리로 자리매김하였다. 특히 그의 천동설이 인정받을 수 있었던 대표적 이유는 행성의 역행 운동을 깔끔하게 설명했기 때문이다.

관측을 통해 눈으로 직접 확인된 화성의 역행 운동은 불가사의

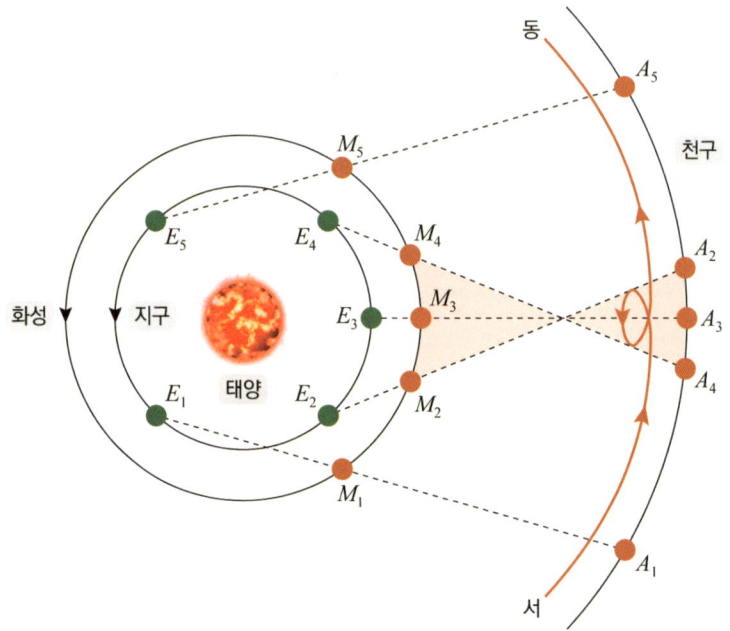

▲ **그림 1.11** 지구가 태양 주위를 $E_1$, $E_2$, $\cdots$, $E_5$로, 화성 역시 $M_1$, $M_2$, $\cdots$, $M_5$로 태양을 중심으로 모두 시계 반대 방향으로 공전하고 있다. 이때 $E_1$에서 우리 눈에 보이는 화성 $M_1$은 천구 $A_1$에 위치한다.[*] 마찬가지로 $E_2$에서 화성은 $A_2$, $\cdots$, $E_5$에서는 $A_5$이다. 따라서 실제 화성은 $M_1$ → $M_2$ → $\cdots$ → $M_5$로 움직이지만, 우리의 눈에 보이는 화성의 움직임은 $A_1$ → $A_2$ → $\cdots$ → $A_5$의 붉은색의 곡선 경로로서 붉은색이 칠해진 $A_2$ → $A_3$ → $A_4$의 역행 운동이 나타난다.

---

[*] 행성은 정확한 위치가 아닌 천구에 놓인 것으로 보이는데, 그 이유는 시차 때문에 생기는 현상이다. 아주 멀리 있는 물체는 관찰자에게 거리에 대한 식별을 불가능하게 만들어 모두 같은 거리에 있는 듯한 착시현상을 불러일으키는데 이를 시차라 한다. 더 자세한 내용은 24장의 삼각함수에서 설명하겠다. 지금은 지구에서 엄청나게 멀리 떨어진 행성들은 모두 천구라는 가상의 면에 모두 위치한다고 생각하도록 하자.

하였다. 천상계에 위치한 모든 행성들이 지구를 중심으로 완전한 원운동을 한다는, 절대적 권위자 아리스토텔레스가 정립한 과학관으로는 역행 운동을 설명하는 것은 불가능하였다. 상상해보시라. 지구를 중심으로 화성이 원운동하고 있는데 어떻게 갑자기 방향을 바꿀 수 있다는 말인가! 도저히 이해할 수 없는 현상이다. 사실 이와 같은 역행 운동은 태양을 중심으로 운동한다는 지동설을 바탕으로 하면 쉽게 설명이 가능한 문제이다.

〈그림 1.11〉처럼 지동설이라면 역행 운동이 발생하는 이유는 간단하게 설명이 된다. 하지만 지구를 우주의 중심으로 놓고 해석하자니 멀쩡히 한 방향으로 움직이던 화성이 특정 구간에서 반대 방향으로 움직이는 현상을 설명하기가 난해했다. 그렇다면 어떻게 역행 운동을 설명해야 할까? 프톨레마이오스는 곧바로 지동설로 생각의 전환을 이루었을까? 이미 천동설로 사고가 자리 잡힌 이들에게는 결코 쉬운 일이 아니다. 지구가 움직인다는 것은 인간의 직감으로 받아들이기 쉽지 않을 뿐더러 무엇보다 오랜 세월 진리로 삼아온 아리스토텔레스의 과학관에 반기를 드는 일이었기에 감히 누구도 상상할 수조차 없었다. 그렇다면 프톨레마이오스는 어떻게 천동설로 화성의 역행 운동을 설명할 수 있었을까?

## 프톨레마이오스의 우주론

프톨레마이오스 역시 천상의 세계는 완전하고 영원불멸하다는 고대의 세계관을 믿고 있었기 때문에 모든 천체는 완전무결한 원의 궤도로 운동한다는 고정관념에서 탈피하지 못하였다. 그래서 그는

천체들이 완벽한 원운동을 해야 한다는 조건과 지구가 우주의 중심
에 놓여 있다는 2가지 기초 개념을 유지하며 관측해서 나온 결과를
일치시키려고 노력하였다. 그는 어떻게 이 두 개념을 깨뜨리지 않
은 채 역행 운동을 설명하였을까?

그는 기원전 2세기에 천문학자 히파르코스(기원전 190~120)가
처음 제안했던 '주전원의 모델'에 착안하여 설명하였다. 이 모델은
각 행성들이 지구 주위를 공전하면서 동시에 주전원이라는 작은 원
을 회전한다는 모델이다.

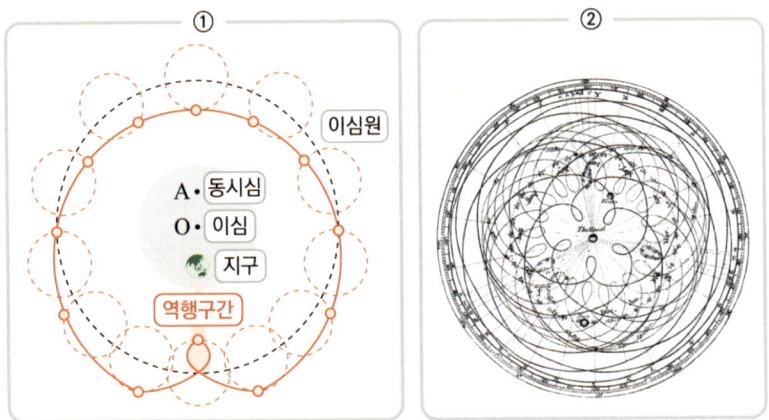

▲ 그림 1.12 ① 행성이 작은 원의 궤도(붉은색의 점선)로 회전하면서 동시에 지구 주위를 공전
(검은색의 점선)한다. 붉은색 점선의 원을 주전원이라 하며, 옅은 붉은색 영역에서 역행 현상이 발
생한다. ② 프톨레마이오스는 지구를 중심으로 놓고 화성을 비롯하여 여러 행성에서 발생하는 역
행 현상을 설명하기 위해 많은 주전원을 도입하였다.[*]

주전원이란 개념은 확실히 억지스러운 면이 있다. 지구 주위를
원의 궤도로 공전하면서 자체적으로 원운동 한다는 것은 아무리 생
각해도 쉽게 납득하기 힘들다. 하지만 지구가 우주의 중심이고 모

---

[*] 그림출처: 나무위키, 다시 제작함

든 천체는 원의 궤도로 지구 중심을 공전한다는 아리스토텔레스의 우주체계에 흠집을 내지 않으면서 행성들의 역행 운동을 설명하는 아이디어로 이만한 대안을 찾기 힘들었기에 환영을 받았다.

그런데 역행 문제를 해결하기 위해 도입된 주전원 개념이 오히려 역효과를 낳았다. 천체의 다른 관측 결과를 해석하는 데 걸림돌이 된 것이다. 잘못된 사실을 전제로 시작하다보니 꼬리에 꼬리를 물듯 하나를 해석하면 설명하기 곤란한 또 다른 사례가 줄을 이었다. 무엇보다 지구가 우주의 중심이므로 행성이 지구 주위를 공전하는 검은 점선의 주전원 중심 O에 지구가 위치해야 함에도 실제 관측 결과는 다른 곳에 위치하고 있었다. 그래서 그는 할 수 없이 지구가 중심 O로부터 떨어진 곳에 위치하고 있고, 화성은 점 O를 중심으로 공전한다고 할 수밖에 없었다. 그리고 중심 O를 이심이라 하였고, 공전 궤도를 이심원이라 불렀다.

그러자 또 다른 문제가 발생했다. 이심 O를 중심으로 원의 궤도로 회전한다면 주전원의 중심의 속도는 상식적으로 일정한 속도여야 한다. 원운동에 대해 뒤에서 자세히 다루겠지만 이 운동을 하는 물체의 속도는 변하지 않아야 한다. 하지만 실세 관측 결과는 위치에 따라 속도의 차이가 있었던 것이다. 그래서 그는 이 문제를 해결하기 위해 그림 ①의 동시심이라 불리는 점 A를 추가하여 주전원의 중심이 이 점을 중심으로 일정한 속도로 운동한다는 다소 이해하기 힘든 또 다른 엉뚱한 개념을 도입하였다. 이심이나 동시심이 왜 존재해야 하는지에 대한 논리적 설명은 전혀 이뤄지지 않은 채 말이다. 이 모든 원인은 잘못된 전제, 즉 천동설을 기반으로 관측 결과를 여기에 꿰맞추다보니 어쩔 수 없이 여러 개념을 무원칙적으로 도입하며 설명해나간 탓이었다. 결국 그의 우주체계는 〈그림 1.12〉 ②

와 같이 너무도 복잡해졌다. 13세기 카스티야 왕국(현재 스페인)의 왕인 알폰소 10세가 프톨레마이오스가 세운 천체 운동의 복잡성에 질려 "신이 세상을 창조할 때 나에게 물어봤으면 참 좋았을 텐데"라며 한탄할 정도였으니 말이다.

어쨌든 프톨레마이오스는 행성들과 별들의 겉보기 운동 등 당대에 알려진 천문학의 모든 것을 집대성한 총 13권으로 이뤄진 《알마게스트》를 완성할 수 있었다. 이 책으로 천동설을 기반으로 해석한 지구 중심 모형은 널리 인정받아 1,000년이 넘는 세월 동안 진리로 받아들여지게 되었다.

## 시대를 앞서간 아리스타르코스의 지동설

현재의 관점으로 프톨레마이오스의 천체 운동의 해석은 엉터리이지만, 당시의 관측 결과와 대체적으로 훌륭하게 들어맞았기에 지구를 중심으로 놓은 천동설은 절대적이고 보편적인 진리로 인간의 사고에 깊이 자리를 잡았다. 하지만 1,000년 이상의 긴 시간의 터널을 지나면서 굳건했던 천동설의 신화는 한 인물의 등장으로 무너진다. 그 주인공은 바로 니콜라우스 코페르니쿠스(1473~1543)이다. 그가 보기에 행성들이 각자 주전원을 회전하며 지구 주위를 공전한다는 프톨레마이오스 체계는 전혀 이치에 맞지 않아 보였다. 한 마디로 우주를 총체적이고 일관되게 그리고 보편적으로 설명하는 이론적 토대 없이 주먹구구식으로 여겨졌던 것이다.

프톨레마이오스의 체계가 마음에 들지 않았어도 코페르니쿠스 역시 처음에는 지구가 우주의 중심이라고 믿으면서 다른 방식으로 역행 문제를 해결할 방법을 모색했다. 하지만 도저히 더 나은 체계를 찾지 못하다가 기원전 3세기에 고대 그리스의 아리스타르코스(기원전 310년경~기원전 230년경)가 제안한 태양 중심설에 착안하여 직관의 반대편으로 사고를 바꿀 수 있었다.

수학뿐만 아니라 천문학 관측 자료도 형편없었던 기원전 3세기에 아리스타르코스는 아무도 생각하지 못했던 태양 중심설을 떠올렸다. 그는 어떤 근거로 태양 중심설을 주장할 수 있게 되었을까? 지구와 태양 그리고 달이 함께 벌이는 우주의 쇼인 일식과 월식현상에 특별한 관심을 지녀왔던 아리스타르코스는 불현듯 달과 태양의 크기가 얼마나 되는지가 궁금하였다. 그때 그가 지닌 정보는 일식현상으로부터 태양이 달보다 지구에 더 멀리 있다는 사실뿐이었다. 그래서 그는 먼저 개기 월식이 발생하는 날을 활용하여 지구와 달의 상대적 크기를 계산하였다. 개기 월식을 택한 이유는 달에 비친 지구의 그림자로 달과 지구의 상대적 크기를 알아낼 수 있었기 때문이다.

〈그림 1.13〉에서 상자로 따로 떼어낸 그림은 반경 $R$의 초록색 원인 지구의 그림자로 가려진 달의 모양을 도식화하였다. 아리스타르코스는 이 그림자의 곡률로 지구와 달의 상대적 크기를 측정하여

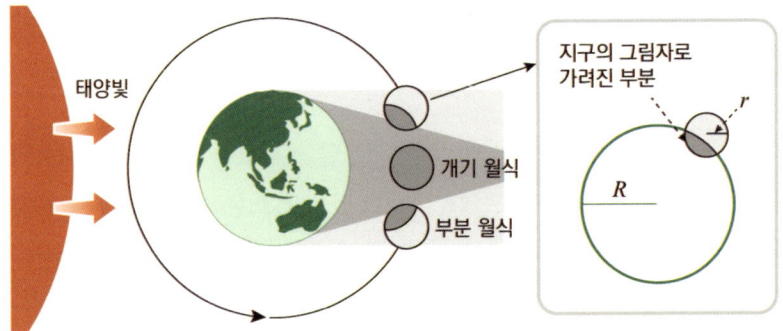

▲ **그림 1.13** 지구에 의해 완전히 가려져 생긴 본그림자(개기 월식)와 태양빛의 일부가 비춰지는 반그림자의 영역(부분 월식)

달이 지구의 약 1/3의 크기임을 알아냈다. 아무런 장비도 없이 육안만으로 관측한 결과라 정확한 수치인 1/4과 차이가 있지만 말이다. 이어서 그는 달이 지구와 태양 사이의 위치에 놓여 달이 태양을 완전히 덮어버리는 개기 일식에 주목하였다. 달의 가장자리에서 태양의 빛이 어슴푸레 보이는 것으로부터 육안으로 보이는 달과 태양의 겉보기 크기는 같았다. 달보다 훨씬 큰 태양이 지구에서 매우 멀리 위치하기 때문에 육안으로는 같은 크기로 보이는 것이 자연스러운 현상이다. 이 두 가지 사실을 가지고 아리스타르코스는 반달이 되었을 때를 이용하여 놀라운 방법으로 태양의 상대적 크기를 구할 수 있었다.

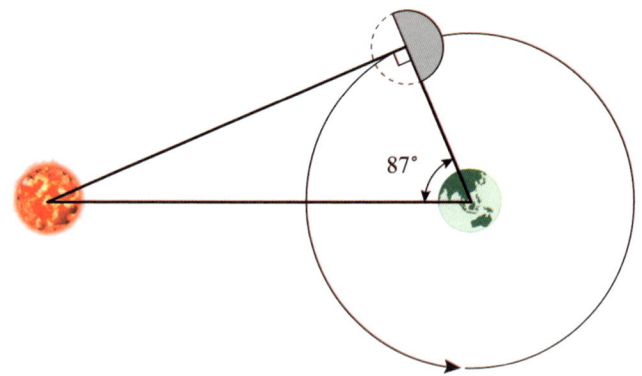

▲ **그림 1.14** 달의 모양이 반달이 되는 때 태양, 달, 지구가 직각삼각형을 형성한다.

위와 같이 형성된 직각삼각형으로 달－지구－태양이 이루는 각을 측정하여 87°임을 확인한 아리스타르코스는 삼각비*를 활용하여 태양이 달보다 지구에서 19배 멀리 떨어진 위치에 놓였다는 사실을 계산해냈다. 이 결과는 태양이 달보다 약 19배 크고, 달보다 3

---

＊삼각비는 9부에서 다루게 된다.

배 정도 더 큰 지구보다 약 7배 크다는 사실을 말하고 있다. 물론 실제의 값과는 확연한 차이를 보인다. 먼저 달－지구－태양이 이루는 각은 87°가 아닌 89.85°이고 태양이 달보다 400배 크다는 점 등 상당한 오차를 보이지만, 망원경도 없던 시대에 오직 육안으로만 확인하며 태양의 크기를 계산하는 과학적 방법은 너무도 놀랍고 참신하다고 할 수 있다.

그는 이렇게 자신이 얻어낸 결과를 바탕으로 지구보다 훨씬 큰 태양이 우주의 중심에 놓이는 것이 훨씬 이치에 맞고, 지구는 태양 주위를 1년에 1회 공전하며 하루에 1회 자전한다는 그 누구도 생각하지 못한 급진적인 주장을 펼쳤다. 하지만 물체가 낙하할 때 지면에 수직으로 낙하하는 현상, 지구의 자전을 우리가 인식할 수 없는 점 등의 자연 현상을 설명하기에는 어려움이 따랐다. 무엇보다 아리스타르코스의 주장이 받아들여지지 못한 결정적 이유는 태양 중심설이라 가정할 때 지구가 공전함에 따라 오리온자리 별의 크기가 거리에 따라 달라져야 하는데 아무리 관측을 해도 그런 현상이 일어나지 않았기 때문이었다.

거리가 멀어질수록 사물의 크기가 작아져야 함에도 거리의 차이가 확연히 있는 A와 B의 지점에서 바라본 오리온자리의 별의 크기가 동일하다는 점은 확실히 모순이었다. 그런데 오리온자리가 1,600광년*이라는 상상을 초월할 정도로 멀리 떨어진 거리라는 점을 생각하면 별의 크기가 차이가 없게 보이는 것은 너무도 당연하다. 하지만 당시에는 오리온자리가 이렇게 멀리 위치하고 있는지 알 수 없었기에 설명이 불가능했다.

---

*광년은 빛이 1년 동안 간 거리로 약 9조 4,608억km이다.

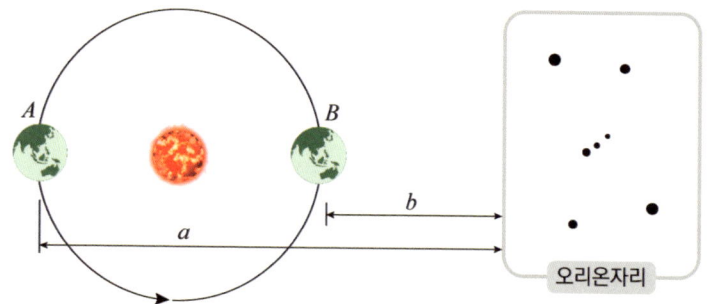

▲ **그림 1.15** 태양 중심설일 때 A와 B 지점에서 오리온자리와의 거리가 각각 $a$와 $b$로 거리의 차이가 확연히 있음에도 별의 크기가 같다는 사실 때문에 그의 가설은 인정받지 못했다.

아리스타르코스가 얻어낸 결과는 시대를 초월한 혁신적인 성과로 역사 속에 묻힐 수밖에 없는 운명이었지만, 여러 환경적인 조건을 생각할 때 그가 알아낸 사실은 천문학사에 길이 남을 위대한 업적이다. 그래서 인류는 달 표면의 구덩이에서 가장 밝은 중심의 봉우리의 이름을 아리스타르코스라 명명하며 그를 기억하고 있다.

## 코페르니쿠스적 전환

프톨레마이오스가 천체의 운동을 설명하기 위해 도입한 이심과 동시심은 코페르니쿠스에게는 너무도 이상한 개념이었다. 지구를 중심이라 하면서 화성 궤도의 주전원의 중심이 그리는 원의 중심이 지구가 아닌 다른 지점인 이심에 있다고 하는 것은 아무리 생각해도 앞뒤 맥락이 맞지 않는 주장이었다. 또한 화성의 속도가 변한다는 이유로 동시심을 도입한 것도 매우 어색하였다. 그는 이심과 동시심이라는 개념이 너무도 작위적인 것으로 판단한 것이다. 그러던 코페르니쿠스가 이탈리아 유학 중에 2,000년 가까이 묻혀 있던 아리스타르코스의 논문*을 운 좋게 접하고 나서 자신의 의문이 결코 허황되지 않다는 것을 확신하게 되었다.

코페르니쿠스는 억지스러운 천동설을 과감하게 폐기하고, 태양을 중심으로 지구를 포함한 행성이 원의 궤도를 회전하는 것이 타당할 뿐더러 우아하다는 판단하에 지동설로 천체의 운동을 재해석하였다. 이러한 생각의 전환은 화성의 역행 운동을 설명하기 위해 억지로 이상한 개념을 도입할 필요 없이 〈그림 1.11〉처럼 자연스럽게 해결할 수 있었다. 하지만 행성들이 원의 궤도를 따라 속도가 변하는 현상을 설명하기란 녹록지 않았다. 원의 궤도로 움직이는 물체의 속도가 변한다는 것은 완전히 모순인데 관측 결과는 화성을 비롯한 행성의 속도가 일정하지 않다는 것이 명백하였다. 이 수수께끼의 해석을 위해 코페르니쿠스 역시 어쩔 수 없이 프톨레마이오스의 주전원 개념만큼은 수용해야 했다.

코페르니쿠스는 태양을 중심으로 하는 새로운 모델로 프톨레마이오스의 것보다 훨씬 더 우아하고 간결하게 행성들의 공전 주기 등을 설명할 수 있었다. 그의 제자인 레티쿠스는 시계 제조 장인일수록 최소한의 톱니바퀴들로 시계를 만들어내는 것처럼 자연의 창조주인 신도 불필요한 톱니바퀴를 쑤셔 넣으면서 천체를 구성하지 않았을 것이라면서 그의 스승이 이뤄낸 천체 운동의 간결함을 극찬하였다. 우주의 세계는 알폰소 10세가 불평했던 복잡함을 일부 떨쳐낼 수 있게 되었다. 하지만 아쉽게도 주전원의 존재는 여전히 불필요한 톱니바퀴를 남아 있게 만든 원인이 되었다.

---

* Aristarchus of Samos, 《History of greek Astronomy to Aristarchus together with Aristarchus's treatise on the sizes and distances of the sun and moon》, Oxford at the Clarendon Press(1913)

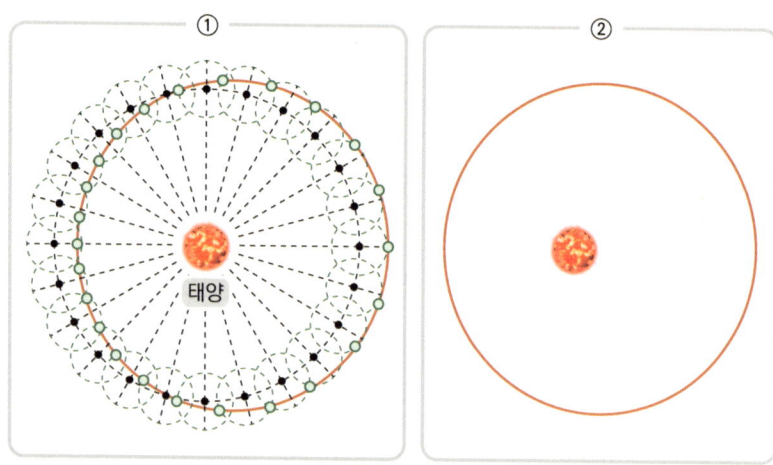

▲ **그림 1.16** ① 주전원의 중심이 태양을 중심으로 일정한 속도로 1회전 하는 동안(검은색의 점들과 점선의 원) 동시에 행성(초록색의 점) 역시 일정 속도로 주전원을 1회전 하였을 때의 행성의 운동 궤적(붉은색의 원). ② 주전원을 배제하였을 때 행성의 궤도.

　사실 코페르니쿠스가 만들어낸 위의 그림 ①에는 엄청난 보물이 숨어 있었다. 주전원의 중심이 일정한 속도로 태양을 1회전 공전하는 동안 행성 역시 검정색 점선의 주전원을 속도의 변화 없이 1회전하였을 때 그려진 행성의 궤적인 그림 ②의 붉은색 곡선을 주목해보자. 어떤 모양인가? 바로 타원이다. 행성의 궤도가 원이 아닌 타원이라는 점을 알려주고 있다. 안타깝게도 코페르니쿠스가 이 사실을 발견해내지는 못했다. 만약 그가 행성의 공전 궤도가 원전한 원이 되어야 한다는 고정관념에서 벗어났더라면 〈그림 1.16〉 ①에 숨어 있는 엄청난 비밀, 즉 주전원이라는 불필요한 개념을 벗어버리고 그림 ②와 같이 행성의 궤도가 타원이라는 천상의 비밀을 깨냈을지도 모른다. 그렇게 되었다면 불필요한 톱니바퀴가 완전히 제거된 시계 제작을 완성할 수 있었을 것이다. 코페르니쿠스는 지동설까지 사고의 전환을 이루었지만 행성이 원의 궤도를 이룬다는 기존의 사고에서 더 나아가지는 못했다.

코페르니쿠스의 체계가 완벽하지는 않았지만 상당히 일리가 있었음에도 당시 사람들에게 커다란 호응을 이끌어내지는 못하였다. 아리스타르코스의 주장이 받아들여지지 못했던 것과 마찬가지로 별들의 겉보기 크기에 차이가 나지 않는다는 것이 이유였다.

이것 말고도 또 다른 결정적 이유가 있다. 낮과 밤의 현상을 설명하기 위해서는 지구가 태양을 회전하며 동시에 24시간을 주기로 자전을 해야 했는데 이것은 당시 사람들에게 큰 거부감을 낳는 주장이었다. 왜냐하면 지구가 자전하고 있다면 회전에 의해 지상의 모든 물체와 인간이 지구 밖으로 튕겨 나가야 마땅했기 때문이다. 우산을 빙빙 돌리면 빗방울이 밖으로 튀어 나가듯이 말이다. 그런데 그렇지 않다는 섯은 당시 사람들의 직관적 경험과 엄청난 괴리가 있었다. 태양 중심설은 확실히 천체의 운동을 설명하는 데 모자람이 없어 보이지만 지구가 자전해야만 가능한 가설이기에 코페르니쿠스로서는 넘기 힘든 벽에 직면한 셈이었다.

난관에 봉착한 그에게 오늘날의 우리가 내밀 수 있는 최고의 카드는 뉴턴이 찾아낸 중력이다. 그런데 놀랍게도 코페르니쿠스는 지구를 포함하여 다른 천체 모두 중력을 갖는다고 주장했다. 하지만 그의 중력 개념은 논리가 부족하였다. 뉴턴의 중력과 달리 천체와 천체 사이에 작용하는 것은 아니고, 각 천체의 중심으로 단순히 뭉치려는 성질이 있다는 것으로 해석하였다. 하지만 왜 뭉쳐야 하는지에 대한 이유가 없어 억지스러운 주장으로 남았다. 다행히 이 발상은 100여 년이 지나 뉴턴의 중력 법칙 탄생의 씨앗이 될 수 있었다.

코페르니쿠스가 주장한 지동설은 세상을 뒤집는 혁명과 같은 생각이었다. 1,000년 이상의 긴 시간 동안 정설로 굳어진 프톨레마이오스의 천동설이 틀리고 지구가 움직인다는 상상을 하는 것은 당시로서는 거의 불가능한 일이었다. 그래서 코페르니쿠스가 이뤄낸 놀라운 사고의 전환에 대해 18세기 독일 철학자 칸트가 '코페르니쿠스적 전환'이라는 상용구를 만들어냈다. 이는 고대 아리스토텔레스와 프톨레마이오스로부터 이어진 지구 중심의 천문학에서 태양 중심의 천문학으로 변혁을 이룬 것을 칭송하면서, 사고방식이나 견해가 종래와는 근본적으로 바뀌는 혁명적 사고의 변화를 일컫는 말이다. 우리는 이 책에서 코페르니쿠스적 발상의 전환을 이뤄낸 여러 천재들을 만나게 될 것이다.

## 화성의 궤도는 타원

코페르니쿠스의 태양 중심설은 우주의 운동을 제대로 해석하는 첫걸음이었다. 하지만 완벽한 것은 아니었다. 억지스럽게 도입한 중력의 개념은 그렇다고 해도 지동설을 기반으로 한 그의 운동 해석은 실제 관측한 자료를 설명하는 데에는 명확한 한계가 있었다. 오차가 발생하는 가장 큰 이유는 모든 천체가 원의 궤도로 공전한다는 수천 년간 이어져 내려온 고정 관념에서 비롯되었다. 상상하기 힘든 사고의 전환을 이뤄냈던 그도 이 관념은 탈피하지 못했던 것이다.

코페르니쿠스가 해결하지 못한 문제는 천상의 운동에 관심을 가진 또 한 명의 천재 요하네스 케플러(1571~1630)가 자신만의 '코페르니쿠스적 전환'의 발상을 통해 밝혀냈다. 그가 행성의 궤도가 타원임을 발견하게 된 것은 그의 스승 티코 브라헤(1546~1601) 덕이었다. 덴마크 출신인 브라헤는 '별자리의 아버지'라 불릴 정도로 순전히 눈으로만 수백 개 이상의 항성의 위치를 정확하게 관측하는 등, 매우 정밀한 천문 기록을 남긴 대단한 인물로 알려져 있다. 그는 손재주도 뛰어나서 자신이 직접 개발한 망원경으로 하늘을 관측하였는데 2′(분)*의 각도를 구분할 수 있을 정도로 당대에 가장 높은 수준의 분해능을 지녔다. 뛰어난 시력과 함께 당시 최고의 장비로 무장한 브라헤는 가장 높은 정확도를 띤 방대한 양의 천문 관측 데이터를 확보할 수 있었다. 이런 천문 자료를 손에 쥔 이가 브라헤의 제자 케플러였다. 그는 스승의 자료에서 특히 화성의 운동을 집중적으로 조사하였다. 이때 화성에 대해 조사한 것이 천상계의 운동의 규칙을 찾을 수 있게 한 신의 한 수였다. 그 이유는 타원의 이심률에 있다.

　케플러 역시 처음에는 코페르니쿠스처럼 행성이 원의 궤도라 믿어 의심하지 않았다. 그래서 그의 초기 분석 과정은 원만치 않았다. 그는 데이터를 일일이 수작업으로 계산해 화성의 궤도를 원에 맞춰 보았는데 약 8′ 정도의 오차를 보였다. 숱하게 검증을 하였지만 분명히 이 오차는 변하지 않았다. 이 시점이 케플러가 위대한 발견을 이루느냐 아니냐의 가장 큰 갈림길이었을지도 모른다. 8′의 크기는 약 0.13°이다. 당시의 기술 수준으로 본다면 그냥 무시하고 지나갔을 정도의 오차에 불과하다. 하지만 케플러는 이 오차를 용납하지 않았다.

　오차의 원인은 2가지 관점에서 살펴볼 수 있다. 하나는 브라헤

---

* 1′은 1/60°를 말한다.

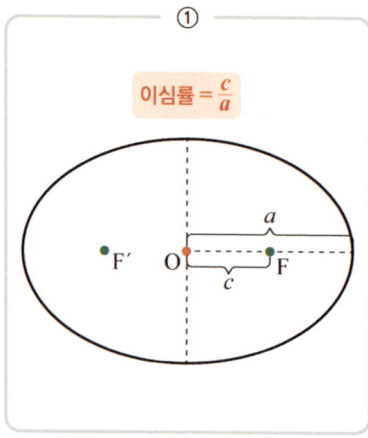
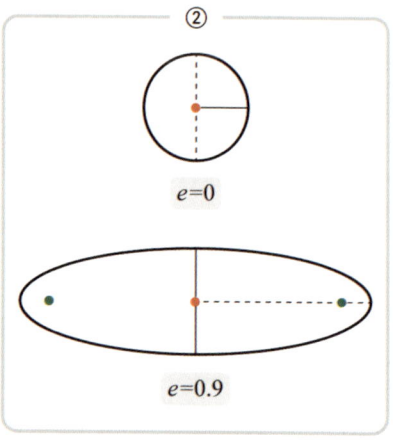

▲ **그림 1.17** ① 2개의 점 F와 F′에 대해 거리의 합이 일정한 점들의 궤적이 만들어내는 도형을 타원이라 한다. 이때 점 F와 F′을 초점이라 하며, 이심률 $e$는 타원의 중심 O에서 초점 F(혹은 또 다른 초점 F′)에 이르는 길이 $c$를 중심 O에서 타원에 이르는 가장 긴 $a$로 나눈 $c/a$이다. ② 원의 경우 $c = 0$이므로 이심률 $e = 0$이다. 그리고 이심률의 값이 1의 값에 가까워질수록 더욱 찌그러진 타원의 모양이 된다.

의 관측 자료에서 발생한 오차이다. 그가 아무리 뛰어난 천문학자일지라도 오차는 존재했을 것이다. 또 하나는 화성이 원의 궤도가 아닐 수도 있을 것이라는 생각이다. 그런데 케플러 자신도 우주가 완벽한 기하학의 체계로 믿었기에 행성이 원의 궤도가 아니라는 생각에 이르기는 쉬운 일이 아니었다.

숱한 시행착오를 거듭하며 마침내 그는 화성이 원의 궤도가 아닐 수 있지 않을까를 의심하며 평생의 신념을 던져버렸다. 그는 어떻게 '코페르니쿠스의 전환'을 하였을까? 타원의 성질을 충분히 인지하고 있던 케플러는 먼저 태양을 타원의 정중앙에 놓고 계산했지만 만족스럽지 못한 결과를 얻었다. 몇 번의 시행착오를 거듭한 끝에 드디어 케플러는 태양이 타원의 두 초점 중 어느 하나에 위치했을 때로 설정하자 관측한 자료와 정확하게 일치하는 결과를 얻었다. 이 순간에 케플러가 느꼈을 환희는 감히 짐작조차 할 수 없다. 숱한 시간 동안 인간에게 보여주지 않았던 천상의 비밀을 마침내 그의 손으로 밝혀냈으니까. 그는 1609년 《새 천문학》이라는 저서에 행성이 타원 궤도로 운동한다는 연구 결과를 발표하였다.

케플러가 화성을 연구한 것이 신의 한 수라고 한 이유를 이심률에서 찾을 수 있다고 말했다. 바로 화성의 이심률이 다른 행성보다 크기 때문이다. 금성은 0.0068, 목성은 0.0484, 토성은 0.0541로 화성의 이심률 0.0934와 비교하면 훨씬 원에 가까운 타원 궤도이다. 즉, 화성이 원의 궤도에서 제법 벗어난 타원궤도이기 때문에 케플러가 화성을 원의 궤도로 놓았을 때 관측 자료와 오차가 발생한 것이었다.

만약 금성으로 조사했다면? 앞서 케플러가 화성의 궤도를 원에 맞춰 계산하니 8´의 오차가 생겼다고 하였다. 브라헤의 망원경은 2´

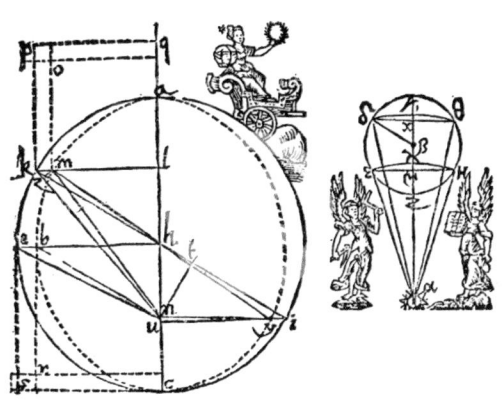

▲ 그림 1.18 점선의 궤도가 케플러가 분석하여 얻어낸 화성의 타원 궤도.*

---

* 출처: Oxford Science Archive/Heritage Images

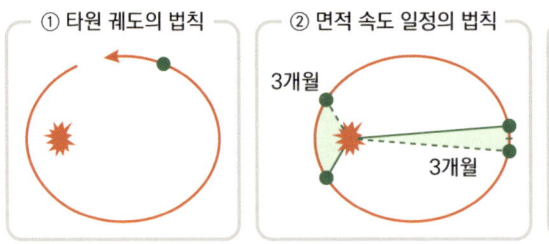
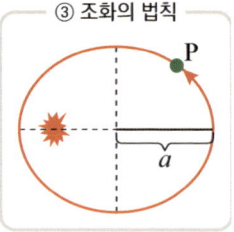

① 타원 궤도의 법칙　　　② 면적 속도 일정의 법칙　　　③ 조화의 법칙

3개월

3개월

P

$a$

▲ **그림 1.19** ① 제1법칙(타원 궤도의 법칙): 행성의 궤도는 타원. ② 제2법칙(면적 속도 일정의 법칙): 동일한 시간 동안 행성의 움직인 거리는 다르더라도 휩쓸고 지나간 초록색의 넓이는 같다. ③ 제3법칙(조화의 법칙): P지점에서 한 바퀴 공전하여 다시 P지점으로 돌아오는 데 걸리는 시간을 $T$, 타원의 중심에서 가장 긴 길이를 $a$라 할 때 $T^2$과 $a^3$은 비례한다. 즉, $T^2 \propto a^3$.

의 차이의 구분이 가능한 해상도를 지녔기에 관측 자료가 이 오차를 담아낼 수 있었다. 그런데 금성의 이심률은 화성보다 1/10의 수준으로 원에 훨씬 더 근접한 타원이다. 아마 브라헤가 제작한 망원경의 해상도로 측정한 자료는 금성의 궤도를 원으로 놓고 해석해도 만족할 만한 결과를 제공하였을 것이다. 그래서 케플러가 금성으로 조사했다면 행성의 궤도가 타원일 것이라는 발상의 전환에 이르지 못했을지 모른다.

그는 천체를 관측한 수많은 자료들을 분석하여 행성의 궤도가 타원이라는 사실을 제1법칙으로 하여 총 3가지의 행성운동법칙을 이끌어냈다. 그것은 정량적 관측과 정확도가 보증된 데이터를 바탕으로 수학적 언어로 표현된 천문학 역사상 최초의 근대 물리학 법칙이다.

**2**부

# 힘의 법칙

4장 관성은 운동의 본질

5장 운동량 보존

6장 위대한 의문

7장 프린키피아

갈릴레이와 데카르트 등 자신보다 앞선 시대의 거인들의 업적을
바탕으로 명철한 사유와 실험을 통해 운동의 본질이 관성임을 밝히며
마침내 우주를 움직이는 근본 원리인 힘의 법칙을 완성하게 된
뉴턴의 지혜를 소개한다.

사과와 포탄에서 시작된 위대한 의문을 해결하며 우주의 법칙을 완성한 뉴턴

# 4장 관성은 운동의 본질

## 공리

여러분에게 영국의 왕립학회로부터 행성의 궤도가 왜 타원인지에 대한 문제를 해결하라는 임무가 부여되었다고 하자. 대다수 사람들은 어이없는 탄식과 함께 막막함이 앞설 것이다. 이 과제가 본인의 능력 밖의 일처럼 여겨지기 때문이다. 우주의 운동에 질서를 세우라는 신의 영역에 도전하는 것과 같을 테니까. 뉴턴 역시 마찬가지로 이 질문을 받고 암울한 어둠에 직면한 것과 같은 느낌을 받지 않았을까? 그럼에도 그는 힘의 법칙과 미적분을 직접 만들어서 결국 위의 문제를 해결하였다. 과연 어떻게? 우리가 뉴턴의 머릿속을 들여다볼 수는 없지만 최대한 뉴턴의 사고 열차에 탑승해 그의 지혜를 추적해볼 수는 있다.

뉴턴은 이 과제를 성공적으로 수행하기 위해 먼저 운동의 본질을 정립해야 한다고 판단하였다. 운동의 궁극적인 본질*이 무엇인가를 알아야 이후의 일을 진행할 수 있다고 여긴 것이다. 이제 뉴턴이 운동의 본질을 찾기 위한 그 첫 번째 단계의 이야기를 시작하겠다.

옥스퍼드 영영사전에서 '물리학'이라는 단어인 'physics'를 찾아보면 "the scientific study of forces such as heats, light, sound,

---

\* '본질'이란 말의 사전적 의미는 '본디부터 가지고 있는 사물 자체의 성질이나 모습'이다.

etc., of relationships between them, and how they affect objects" 라고 설명되어 있다. 이 영어 문장에서 'relationship'의 단어를 모르더라도 사전에서 금방 그 의미를 찾아낼 수 있다. 그런데 'relationship'을 설명하는 문장에서 또 모르는 단어가 튀어나오면 다시 그 단어를 찾아야 하고, 이런 과정을 수없이 반복하는 순환의 고리에 빠질 수 있다. 하지만 어느 정도의 영어 단어를 습득하고 있다면 이 악순환에서 벗어날 수 있다. 그 개수가 100개라고 하면 이것을 토대로 새로운 단어의 뜻을 하나씩 알아가면서 아는 단어가 200개가 되고 1,000개가 된다. 처음 100개의 단어는 새로운 영어 단어를 알기 위한 씨앗인 셈이다.

이 기본적인 100개의 단어를 수학에 비유하면 '공리'라고 할 수 있다. 수학에서의 모든 이론은 무에서 창조되는 것이 절대 아니다. 반드시 기초에 해당하는 진리를 먼저 설정한 후에 그것을 바탕으로 새로운 이론들이 만들어지고, 그 이론들이 조합되어 또 다른 이론이 하나씩 추가된다. 역사상 가장 유명한 공리는 〈표 2.1〉의 유클리드의 공리이다. 고대 수학자 유클리드(기원전 330년경~275년경)가 기하학의 내용을 집대성한 저서 《원론》에 언급한 것과 같이, 공리는 증명할 필요 없이 당연한 진리로 인정되는 명제*로서 새로운 명제를 추가하는 연료가 된다. 가령 〈표 2.1〉 공리들로부터 삼각형의 내각의 합이 180°라는 새로운 명제를 만들어낼 수 있다. 유클리드 원론에 담겨 있는 방대한 내용 모두가 5가지의 기본 공리에서 시작하여 얻어진 것이다.

다시 영어 단어 이야기로 돌아와서, 만약 처음 알게 된 영어 단

---

* 논리적으로 그리고 객관적으로 '참' 혹은 '거짓'의 판단이 가능한 문장을 말한다.

1. 임의의 점과 다른 한 점을 연결하는 직선은 단 하나뿐이다.
2. 임의의 선분은 양끝으로 얼마든지 연장할 수 있다.
3. 임의의 점을 중심으로 하고 임의의 길이를 반지름으로 하는 원을 그릴 수 있다.
4. 모든 직각은 서로 같다.
5. 한 직선이 서로 다른 두 직선과 교차할 때, 두 내각의 합이 180°보다 작은 쪽으로 두 직선을 무한히 연장하면 교차한다.

어 100개가 일상생활에서 잘 사용하지 않는 단어, 예를 들어 'calculus', 'diamagnetic', 'quantum'* 등으로 구성되어 있다면? 이런 단어들로는 아마 새로운 단어의 의미를 이해하는 것은 요원한 일이 될 것이다. 비유하자면 첫 단추를 잘못 끼운 것과 같다. 마치 아리스토텔레스가 모든 운동은 멈춘다는 전제에서, 프톨레미이오스가 우주의 중심이 지구라는 전제에서, 코페르니쿠스가 모든 행성의 궤도를 원이라고 규정한 전제에서 출발하였기에 천체의 운동을 정확하게 해석할 수 없었던 것처럼 말이다.

그래서 수학이나 물리학에서 공리는 잡다한 사실을 모두 제거한 가장 순수하고 단순한 형태로 핵심적인 의미를 내포한 진리여야 하고, 무엇보다 이들로부터 다른 명제를 만들어서 확산할 수 있는 잠재력을 가지고 있어야 공리로서의 순기능을 하게 된다. 말이야 쉽지만 이런 조건을 만족하는 공리, 다른 명제를 증명하는 데 시작점이 되는 원리들을 찾기란 결코 쉬운 일이 아니다. 〈표 2.1〉의 유클리드 공리에서 보듯이, 사실 공리의 내용 자체는 너무도 명확하고 단순함에도 말이다.

---

* 순서대로 '미적분', '반자성', '양자'의 뜻

뉴턴은 유클리드처럼 행성의 궤도 문제를 해결하기 위해서는 운동에 대한 공리가 필요하다고 판단하였다. 운동에 대한 공리를 제대로만 찾아내면 유클리드의 5가지 공리가 모든 기하학의 법칙을 만들어내는 엄청난 힘을 발휘한 것처럼 운동을 설명할 수 있는 이론 체계를 완성시킬 수 있을 것이라 믿었다. 물론 우리는 그가 성공했다는 것을 알고 있다.

그런데 이런 상상을 해보자. 혹시 여러분께서 아직 그가 찾아낸 공리를 알지 못하고 있다면 직접 찾아내보는 것은 어떨까? 왜냐하면 공리를 세우는 것이 매우 어려운 일이기는 하지만 반면 누구에게나 열려 있기 때문이다. 뉴턴 역시 당시까지 존재하지 않았던 운동의 공리를 이끌어내지 않았나! 그런 점에서 수학이나 물리의 세계는 매우 자유로우며 영역의 한계란 존재하지 않는다. 누구나 공리를 구성하여 새로운 영역을 조각해낼 수 있기 때문이다. 혹시 뉴턴과는 완전히 다른 공리로 우주의 운동을 설명할 수 있을지 누가 알겠는가!

## 갈릴레이의 상대성 원리

뉴턴이 운동의 공리에 해당하는 힘의 법칙을 세우는 데 도움을 준 거인들 중 한 명은 르네 데카르트(1596~1650)이다. 데카르트는 운동의 공리를 정립하기 위해 노력한 최초의 인물로 뉴턴에게 가장 큰 영향을 미쳤다. 운동의 초기 개념이 데카르트에 의해 정리되었지만, 데카르트가 세운 운동의 공리는 새로운 명제를 창출해내는 생명력이 부족하였다. 뉴턴은 데카르트의 운동의 공리를 더욱 정교하게 수정 및 보충하여 마침내 모든 운동의 해석이 가능하도록 작동되는 운동의 공리를 완성할 수 있었다.

17세기를 대표하는 철학자 데카르트는 자연의 힘을 인간이 이용하기 위해서는 수학만이 세계를 이해하고 통제하는 가장 훌륭한 도구라 여기며 이렇게 주장했다. '수학은 인간에게 전해 내려오는 그 어떤 것보다도 더욱 강력한 지식의 도구'라고. 모든 만물이 무질서하게 움직이는 것처럼 보이는 자연의 현상을 대수와 기하라는 수학의 언어를 이용해 조화롭고 질서정연한 운동으로 해석할 수 있다고 본 것이다. '기계론적 세계관*'이라 불리는 이러한 데카르트의 세계관은 이후 사람들의 사고 체계에 상당한 영향을 미쳤다. 그때까지 삶의 길잡이로 삼았던 종교라는 그늘에서 벗어나 인간이 지닌 이성으로 자연을 해석하는 과학이란 학문이 사람들의 마음에 자리 잡는 데 데카르트의 세계관이 크게 기여했다.

데카르트가 바라본 당대 철학의 세계는 서로 자신의 이론이 옳다고 주장하는 혼돈이었다. 그 이유가 철학의 원리가 존재하지 않기 때문이라고 여긴 데카르트는 이를 찾기 위해 끝없는 사유의 길을 걸었다. 바로 철학의 공리를 찾기 위해서 말이다. 그것이 "나는 생각한다. 그러므로 나는 존재한다"라는 명제이다. 데카르트는 여기에서 시작하여 철학의 이론을 펼쳐나갔다.

운동에 대해서도 같은 맥락으로 접근하였다. 운동의 공리를 찾아야 지상과 천상의 운동의 해석이 가능하다고 판단한 것이다. 그는 변화무쌍한 운동에서 모호하고 불명확한 모든 복잡한 개념들이

---

＊ "가시적 세계 전체는 단순히 하나의 기계이며, 거기서는 그 부분들의 형상과 운동밖에는 고찰할 것이 없다"라고 《철학의 원리》에서 적혀 있듯이 데카르트는 자연을 거대한 기계로 간주하였다.

제거되었을 때 남게 되는 운동의 본연의 모습을 상상하였고, 마침내 정지와 등속도 운동*을 같은 운동으로 보는 결론에 이르게 된다. 일정하게 움직이는 것과 멈춰 있는 것이 같은 운동이다? 얼른 받아들이기 힘든 데카르트의 주장을 이해하기 위해서는 갈릴레이의 또 다른 업적인 상대성 원리를 알아야 할 필요가 있다.

〈그림 2.2〉처럼 관측자의 위치에 따라 운동 상태가 다른 현상을 상대성 원리라 한다. 1장의 〈그림 1.8〉에서 일정하게 움직이는 배 위에 승선한 사람이 수직으로 던진 사과의 궤적과 배 밖에 있는 관측자가 바라보는 사과의 궤적이 다르다고 이야기한 것도 상대성 원리가 적용된 예이다.

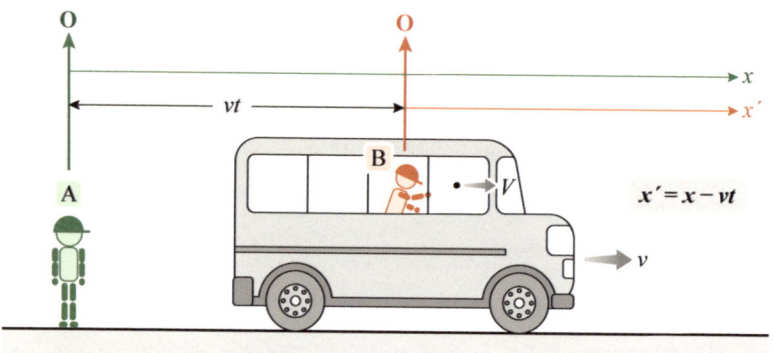

▲ **그림 2.2** 관측자 A는 버스 밖에서, 관측자 B는 일정한 속도 $v$로 움직이는 버스 안에 있다. A가 보았을 때 B는 버스의 속도 $v$로 움직이지만, B의 입장에서는 자신이 정지해 있고 오히려 A가 속도 $v$로 반대 방향으로 움직인다.

관측자 A의 좌표계는 거리를 $x$, 시간을 $t$로 하는 초록색 좌표계 $\mathrm{O}(x, t)$라 하고, 버스 안의 B의 좌표계는 거리를 $x'$, 시간을 $t'$인 붉은색의 $\mathrm{O}'(x', t')$으로 놓겠다. 좌표계는 기준을 잡는 역할을 하는

---

*속도의 변화 없이 일정한 속도로 움직이는 운동

것이라 운동을 기술할 때 가장 우선해야 매우 중요한 기틀로, 좌표계 O´이 속도 $v$로 좌표계 O에서 멀어지므로 서로의 좌표 간에는 $x' = x - vt$의 관계가 성립한다. 시간이 달라질 수 없으므로 $t' = t$가 되는 것은 당연하다.

이때 버스 안의 B가 $V$의 속도로 공을 던졌다고 하자. 좌표계 O´ $(x', t')$에 위치한 B가 바라보는 공의 속도는 변하지 않을 것이므로 시간 $t'$초 후의 공의 위치는 $x' = Vt'$가 된다. 반면 버스 밖 좌표계 O$(x, t)$에 있는 관측자 A는 두 좌표계 사이의 관계식 $x' = x - vt$으로부터 공의 위치가 $x = (v + V)t$가 된다. 즉, 공의 속도가 $v + V$이다. 직관적으로도 $v$로 달리는 버스 안에서 $V$의 속도로 던져진 공의 속도가 $v + V$가 되는 것은 당연하다. 이렇게 하나의 좌표계에서 다른 쇄표셰로 이동하는 것을 변환이라 하고 두 좌표 사이에 $x' = x - vt$의 변환관계식을 갈릴레이 변환이라 한다.

직관적으로 충분히 이해가 되는 개념이다. 17부에서 다루게 되겠지만, 갈릴레이의 상대성 원리는 뉴턴 이후 또 한 명의 위대한 물리학자 아인슈타인에 의해 철퇴를 맞으면서 물리학 전체를 뒤흔들게 하는 원인의 씨앗이 되었다.

## 데카르트가 찾아낸 운동의 본질

정지와 등속도운동이 같다는 데카르트의 주장은 타당한 것일까? 〈그림 2.2〉에서 방향은 다르지만 정지한 A가 보았을 때 B는 $v$의 속도로 움직이고, 반대로 B의 입장에서는 자신이 정지한 것처럼 여겨지며 방향만 반대일 뿐 A가 속도 $v$로 운동하는 것으로 보이는 것은 당연하다. 하지만 기준을 어디에 두냐에 따라 정지와 등속도의 주체가 달라진다는 점만으로 두 운동이 동일한 상태라고 주장하는 것은 쉽게 납득이 가지 않는다. 그의 주장을 더 잘 이해하기 위해 주행하는 버스 안에 매달린 손잡이의 운동에 대해 살펴보겠다.

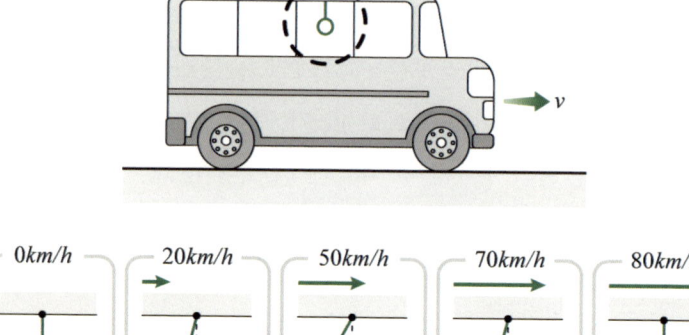

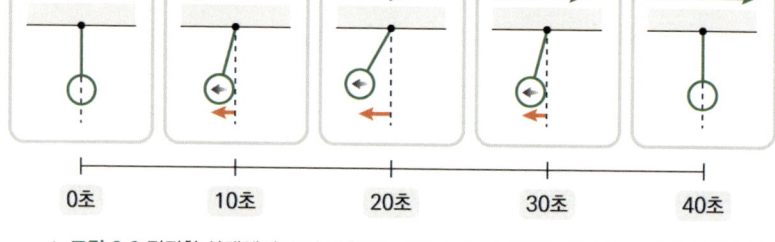

▲ 그림 2.3 정지한 상태에서 수직 방향으로 멈춰 있던 손잡이는 버스의 속도의 변화량에 비례하여 기울어지는 폭이 결정된다.

10초 후 시속 20km가 되었을 때 손잡이는 붉은 화살표의 크기만큼 왼쪽으로 치우친다. 다시 10초가 경과하는 동안 버스는 시속 50km가 되었다. 처음 10초보다 더 많은 속도의 변화가 발생하여 손잡이는 왼쪽으로 더 기울어졌다. 다음 10초 동안 시속 70km로 속도는 증가했지만 속도의 변화 폭이 작아지면서 손잡이의 기울어지는 정도는 작아졌다. 시속 80km에 도달한 이후에는 일정하게 버스가 움직이자 손잡이는 원래의 상태로 돌아와 유지한다.

손잡이는 속도의 변화가 일어나는 구간에서만 움직이고, 또 동일한 시간의 간격 동안 발생한 속도의 변화량의 크기에 따라 움직임의 폭도 달라지고 있다. 움직임에 대해서는 뒤에서 다루고 지금은 시속 80km에 도달한 후 일정하게 달릴 때 손잡이가 멈춰 있는 지점에만 관심을 가져보겠다. 버스가 정지할 때처럼 기울어지지 않는다. 손잡이의 움직임만을 보았을 때 두 운동은 같다고 볼 수 있다. 바로 이 사실 때문에 정지와 일정 속도로 움직이는 등속도운동이 같다고 데카르트가 주장한 것이다.

위의 손잡이 변화는 여러분이 버스나 지하철을 탔을 때 느끼는 것과 동일하다. 버스가 출발하거나 멈추는 과정에서 몸이 앞뒤로 쏠려 중심을 잡기가 힘들어진다. 반면 버스가 울퉁불퉁한 바닥이 아닌 평평한 포장도로에서 일정 속도로 직선 방향으로 주행할 때는 정지한 경우처럼 버스 안에서 편안하게 걸어 다닐 수 있다. 이론적으로는 당구도 칠 수 있다. 정지나 등속도는 정말로 같은 운동이다.

의심을 완전히 지우기 위해 눈길을 지상이 아닌 우주로 돌려보자. 우리가 직접 날아가 체험할 수 없지만 영화의 장면에서 대리 경험을 할 수 있다. 앤디 위어의 소설을 원작으로 한 리들리 스콧 감독의 SF 영화 〈마션〉(2015)에는 주인공 마크 와트니가 우주에서 떠돌아다니며 구조선으로 향하기 위해 안간힘을 쓰는 긴박한 장면이 있다. 망망한 우주 공간에서 그는 아무리 발버둥을 쳐도 방향을 전환할 수가 없었다. 영원히 우주의 미아로 전락할 순간 그는 또 다른 영화의 주인공 '아이언맨'처럼 장갑에 구멍을 뚫어 뿜어져 나오는 산소의 힘으로 방향을 바꿔 원하는 위치로 갈 수 있었다.

우주 공간에서 한 번 시작된 운동은 멈추지 않고 일정한 속도로 한 방향으로 영원히 운동하게 된다. 와트니가 장갑에 구멍을 뚫지 않았다면 그는 방향을 전환할 수 없어서 우주의 고아가 될 수밖에 없다. 물론 산소가 모두 빠져나가기 전에 목적지에 도달해야 살 수

▲ **그림 2.4** 영화 〈마션〉의 한 장면

있겠지만.

버스 안 손잡이의 운동과 우주에서 떠도는 와트니의 운동에는 분명한 공통점이 있다. 버스 안의 손잡이를 움직이게 하는 속도의 변화나 와트니의 방향 전환을 가능케 한 장갑에서 뿜어 나오는 공기와 같이 운동의 상태를 변화시키는 요인이 없다면 손잡이나 와트니의 운동 상태는 변하지 않고 유지된다는 점이다.

그렇다! 다시 강조하지만 정지나 등속도는 본질적으로 같은 운동이다. 이 점을 정확하게 간파하였던 데카르트는 운동의 가장 기본적인 속성, 즉 운동의 본질을 정지와 등속도로 정의한 것이다. 정지 상태, 혹은 한 번 발생한 속도를 유지하려는 운동의 성질이 '관성의 법칙'이다. 이 성질은 인류가 처음으로 제대로 알아낸 자연계 운동의 비밀이다. 또한 1장에서 소개한 갈릴레이의 U자의 빗면 실험에서 한쪽이 수평으로 놓인 빗면을 구르는 공이 영원히 굴러갈 수밖에 없는 이유가 관성이라는 운동의 고유한 성질에 기인한 것이다.

## 5 장

# 운동량 보존

## 보존의 속성을 지닌 자연

데카르트는 관성의 법칙 외에 또 다른 운동의 본질을 찾아내야
했다. 관성을 운동의 기본 속성으로 정하였다고 한들 세상의 복잡
다단한 운동을 설명하기에는 턱없이 부족했기 때문이다. 기하학을
집대성하기 위해 유클리드가 여러 개의 공리를 사용한 것처럼 지상
과 우주에서 벌어지는 모든 운동을 연역적*으로 이끌어내기 위해
서는 더 추가적인 공리가 필요하였다.

데카르트는 외부로부터 힘이 가해지지 않는 이상 모든 물체가
일정한 속도로 움직이는 관성 상태를 유지할 수 있는 원동력이 무
엇일까에 주목하였다. 그리고 운동을 영원히 유지하도록 보존시키
는 어떤 물리량이 존재하기에 가능하지 않을까라는 획기적인 발상
을 떠올렸다.

▲ **그림 2.5** 속도 $v$로 등속 운동하는 물체 A가 정지하여 있는 동등한 물체 B에 정면으로 충돌한
후, 물체 A는 정지한 반면 정지한 물체 B는 속도 $v$로 운동한다.

---

＊이미 사실로 밝혀진 전제들을 이용해 필연적인 결론을 도출하는 방법론

자연계가 기본적으로 '무엇'인가 보존된다는 개념이 작동된다면 두 물체가 충돌하면서 전과 후가 완벽히 같아야 할 것이다. 위의 그림에서 충돌 후 물체 B의 속도가 충돌 전 물체 A의 속도와 같을 때 비록 움직이는 주체가 바뀌긴 했지만 속도가 손실 없이 그대로 전달된 것이므로 속도가 보존된 셈이다. 그럼 속도가 데카르트가 찾고자 하는 보존되는 물리량일까? 아니다. 위의 경우는 질량이 같은 두 물체의 충돌에서만 살펴보았을 뿐이다. 좀 더 일반화시키기 위해서는 질량이 다른 두 물체가 충돌할 때도 알아야 한다.

▲ 그림 2.6 질량 $m$의 물체 A가 정지한 질량 $2m$의 물체 B에 충돌 후 A는 속도 $v_1$으로 반대 방향으로 되튀고 B는 속도 $v_2$로 움직인다.

머릿속에 〈그림 2.6〉의 충돌 상황을 그려보자. 같은 질량의 두 물체가 충돌한 경우와는 달리 질량 $m$의 A는 속도 $v_1$의 반대 방향으로 되튀게 될 것 같고, 정지했던 질량 $2m$의 물체 B는 $v$보다는 작은 속도 $v_2$로 진행될 것으로 추측된다. 사고 실험이다 보니 정확한 것은 아니겠지만 충돌 전후에서 속도가 보존된다고 하는 것은 착각임이 확실하다. 물체의 질량 역시 데카르트가 찾고 있는 보존되는 '무엇'에 중요한 역할을 하고 있는 것처럼 보인다.

데카르트가 사유를 거듭하면서 보존되는 물리량으로 찾아낸 것이 질량 $m$과 속도 $v$의 곱이라는 운동량 $p = mv$의 개념이다. 사실 데카르트는 질량을 크기*의 관점으로 보았기에 제대로 정의한 것은 아니다. 이후 뉴턴이 질량이라는 개념을 도입하여 크기를 질량으로 바꿔서 운동량의 개념을 더욱 정확하게 정의하였고, 우리 역시 질량으로 바로 다루도록 하겠다.

데카르트의 운동량으로 〈그림 2.6〉의 충돌 전과 후를 비교해보겠다. 충돌 전은 질량 $m$의 물체만 속도 $v$로 움직이므로 $mv$이다. 충돌 후 질량 $2m$의 속도가 $v_2$이고, 질량 $m$은 방향이 반대이므로 음의 부호를 추가하여 속도 $-v_1$으로 바꾸겠다. 따라서 충돌 전과 후의 운동량이 보존되므로 아래와 같이 식을 놓을 수 있다.

〈식 2.7〉 $mv = -mv_1 + 2mv_2$

그런데 위의 식에서 질량 $m$과 처음 속도 $v$는 알고 있는 정보이지만 속노 $v_1$과 $v_2$는 미지수이다. 중학교 교괴 과정에서 나오는 간단한 연립방정식을 풀어야 하는 상황으로 미지수가 2개라 답을 알기 위해서는 또 다른 식이 하나 더 필요하다. 어디서 끄집어낼까? 혹시 보존되는 물리량이 더 존재할까?*

## 운동량 보존의 법칙

질량과 속도의 곱으로 정의된 운동량의 의미가 정확히 와 닿지 않을 것이다. 이를 위해 여러분이 누군가가 던진 어떤 물체에 맞았다고 상상해보자. 이때 느끼게 될 아픔의 강도는 무엇에 의해 결정

---

＊데카르트는 물질을 색깔, 온도, 강도 등 우리의 감각으로 받아들여지는 고유한 속성들을 무시하고 단지 기하학적 공간을 점유하고 있는 양적인 것으로 규정하였다. 가장 근원적인 본질은 단순함에 있다는 자신의 원칙에 따라 얻어진 결론이지만, 이 주장은 모든 실체가 동일한 물질로 구성되었을 때에만 가능한 이야기라 모순점을 안고 있었다. 후에 뉴턴이 질량으로 대체했다.

＊ '9장'에서 나머지 식을 하나 얻어내 속도 $v_1$과 $v_2$를 구하는 시간을 가지겠다.

될까? 얼마나 딱딱한지 혹은 뾰족한지 등 물체의 상태도 직접적인 요인이 되겠지만, 이러한 통제 불가능한 조건들을 모두 고려하면 너무 많은 변수에 포위되어 결과를 해석하기가 어려워진다. 그래서 과학의 아버지인 갈릴레이의 가르침에 따라 소음과 같은 여러 요인들을 모두 제거하여 운동량의 본질적인 속성만을 빼내기 위해 똑같은 재질의 통나무를 깎아 만든 크기가 다른 여러 개의 나무공을 준비하였다고 가정하자. 이제 거칠기 등 모든 조건이 동일하므로 어떤 조건이 변할 때 더 아프게 될지 구분이 가능하다. 속도와 질량이라는 두 변수로 따졌을 때 속도가 빠를수록, 질량이 클수록 우리에게 가하는 충격이 더 클 것이다. 속도와 질량 두 요인이 모두 아픔의 강도를 결정한다. 따라서 운동량은 물체가 우리에게 얼마나 크게 상해를 입히게 하는 운동을 하는지를 숫자로 구현한 척도로 해석하면 되겠다.

> 신은 태초에 물질을 창조할 때 그것을 운동하고 있는 것 또는 정지하고 있는 것으로 창조하였다. 그러나 지금에 와서는 운동과 정지의 양만을 보존하고 있을 뿐 다른 것에는 관여하지 않는다. 그리고 이 양은 우주 전체로 볼 때 항상 일정하다.[*]

운동량에 관련하여 데카르트가 얻어낸 이 결과가 물리학에서 대표적 보존법칙의 하나인 '운동량 보존의 법칙'이다. 이 개념을 우주 전체로 확산하면 외부로부터 운동량이 추가될 일이 없으므로 전체 운동량이 항상 일정하다는 법칙이다. 이렇게 데카르트는 운동량 보존법칙을 또 하나의 공리로 삼았다. 물체의 운동의 원인과 결과는

---

[*] 그의 저서 《철학의 원리》의 한국어판 《방법서설/성찰/철학의 원리》(동서문화사)에서 발췌

오직 자연계의 내부에서만 발생하여 사라지거나 생성되지 않고 고정된 양으로 순환된다는 것이다.

보통 관성을 제대로 이해한 최초의 과학자는 갈릴레이로 알려져 있지만, 사실은 데카르트이다. 실험을 통해 논리 있게 보여주었지만 갈릴레이가 한 가지 점에서 착오를 범했기 때문이다. 그는 공이 굴러가는 수평면이 지구의 표면과 평행을 이룬다고 판단하여 물체는 영원한 원 궤도 운동을 하는 것이 자연의 법칙이라고 생각하였다. 아마 시대의 정신을 앞서가는 갈릴레이였어도 코페르니쿠스처럼 원이 가장 완벽한 기하학 도형이라는 인식에서 벗어나지 못한 것이 착오를 일으킨 원인이 되었으리라.

반면 데카르트는 관성에 의한 운동은 원이 아닌 직선이라고 보았다. 직선과 원이라는 차이점으로 관성의 원리는 오히려 데카르트에게 돌아간 것이다. 분명 갈릴레이의 U자형 빗면 실험에서 이끌어낸 공리였을 것이었음에도 관성에 관련된 영광은 데카르트의 몫이 되었다. 관성의 운동을 원이 아닌 직선 운동으로 한정한 이유는 원운동이 운동의 방향을 끊임없이 바꿔나가야 가능한 운동이기 때문이다. 우리가 원형의 궤도를 일정한 속도로 달리는 상황을 상상해보면 이해가 된다. 직선으로 달리는 것보다 우리 몸에 부자연스러운 힘을 주며 달리게 된다. 움직임을 멈춘다거나 속도를 변화시키기 위해서는 힘을 가해야 하듯 운동의 방향을 바꾸기 위해서도 마찬가지로 힘이 작동되어야 가능하다. 원운동은 관성에 의한 운동과는 질적으로 다른 운동인 것이다. 뛰어난 철학자이기도 한 데카르트는 직선의 운동과 원의 운동이 근본적으로 다른 운동이라는 것을 정확하게 꿰뚫어 본 것이다. 그는 저서《철학원리》에서 "신은 운동의 제1원인이며, 그는 항상 우주 속에 같은 양의 운동을 보존하고 있다"는 명제를 역학의 출발점으로 삼은 것이다. 그리고 이러한 사실들을 모아 아래의 3개의 법칙인 이른바 '데카르트의 역학 원리'를 도출했다.

▼ 표 2.8 데카르트의 역학 원리*

- 제1법칙: 모든 물질은 가능한 한 항상 같은 상태를 유지하려고 한다. 따라서 한 번 움직여지면 언제까지나 계속 움직인다.
- 제2법칙: 모든 운동은 그 자신으로서는 직선적이다. 따라서 원 운동하는 물질은 자신이 그리는 원의 중심으로부터 항상 멀어지려 한다.
- 제3법칙: 어떤 물체가 다른 물체를 밀 때 그 물체가 동시에 자기의 운동을 똑같이 잃지 않는 한 다른 물체에 어떠한 운동도 줄 수 없으며, 또 자신의 운동이 똑같이 증가하지 않는 한 다른 물체의 운동을 빼앗을 수 없다.

제1법칙은 정지와 등속도가 운동의 본질인 관성의 법칙을, 제2법칙은 관성에 의한 운동은 직선 운동이라는 점을, 그리고 제3법칙은 운동량 보존을 말한다.

하지만 수학으로 자연계의 운동을 해석하는 기계론적 세계관을 지닌 데카르트가 운동의 공리로 세운 위의 역학 원리 각각은 진리이지만 이들로부터 새로운 명제를 창출해내는 공리로서의 생명력은 지니고 있지 못하였다. 데카르트의 공리는 우주에서 펼쳐지는 운동을 설명하기에는 중요한 무엇인가가 빠져 있었다. 최소한 하나 이상의 공리가 더 필요한 것이다. 이런 불완전한 데카르트의 공리를 더욱 정교하게 수정 및 보완하여 모든 운동의 해석이 가능하도록 하는 공리를 완성한 이가 이 책의 주인공 뉴턴이다. 이제 그가 갈릴레이, 케플러, 데카르트 등 자신보다 앞선 시대의 거인들의 어깨 위에서 무엇을 바라보았는지 알아볼 순서이다.

---

* 《방법서설/성찰/철학의 원리》(동서문학사)에서 발췌

# 6장 위대한 의문

## 자전거 바퀴자국*

프린스턴 대학의 어느 수학 강의시간에 돌돌 말린 커다란 두루마리 종이와 자전거를 가지고 3명의 교수가 강의실에 들어왔다. 교수들은 준비한 종이를 강의실 바닥에 펼치고, 바퀴에 초록과 붉은색 물감을 칠한 자전거를 타고 종이 위를 날렵하게 달려 나갔다. 그러고는 어느 한 장의 종이를 펼쳐 보이며 학생들에게 질문을 던졌다.

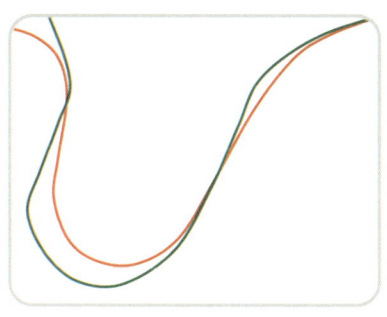

▲ 그림 2.9 자전거 바퀴자국

"이 바퀴자국으로 자전거가 어느 방향으로 진행하고 있는지 알 수 있겠어?"

---

* 벤 올린의 저서 《Change Is the Only Constant: The Wisdom of Calculus in a Madcap World》에 실린 내용이다. 국내 번역서는 《더 이상한 수학책》(이경민 옮김)

여러분들도 이 강의에 참석한 학생이다. 위의 바퀴자국의 그림만으로 자전거가 어느 쪽 방향으로 진행하였는지 풀어보시라.

이런 기발한 강의는 미적분학을 어려워하는 대학 초년생들을 위해 빌 서스턴 교수가 피터 도일리와 존 콘웨이와 함께 만든 수학 강의였다. 그들은 강의시간에 다양한 도구를 가지고 놀이하듯 수업을 진행하며, 학생들에게 수학이 지닌 의미를 깨닫고 친숙함을 느끼도록 많은 노력을 기울였다. 위의 자전거 바퀴자국의 문제도 그중 하나이다.

이 문제를 해결하기 위해서는 먼저 자전거 구조적 특성에서 발생하는 앞바퀴와 뒷바퀴의 움직임을 이해해야 한다. 아래의 그림은 초록색을 뒷바퀴, 붉은색을 앞바퀴로 가정하고 자전거를 위에서 바라본 형태이다.

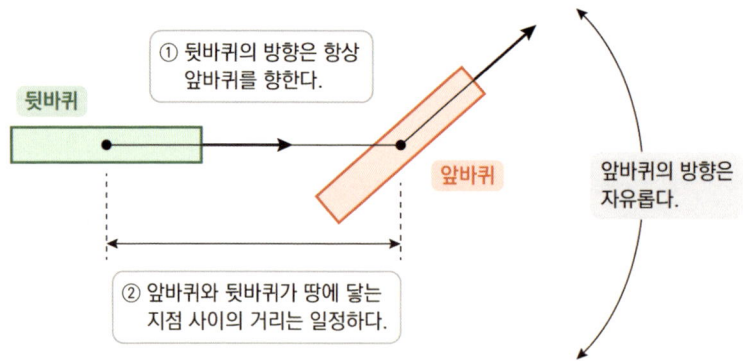

▲ 그림 2.10 ① 뒷바퀴가 가리키는 방향은 앞바퀴를 좌우로 회전시켜도 항상 앞바퀴가 땅에 닿는 지점을 향한다. ② 두 바퀴가 땅에 닿는 지점 사이의 거리는 항상 일정하다.

자전거가 지닌 위의 특성 말고도 자전거의 방향을 결정짓는 문제를 해결하기 위해서는 한 가지 중요한 사실이 더 필요한데, 그것은 바퀴의 운동 방향은 항상 궤도의 접선 방향이어야 한다는 점이다. 이를 이해하기 위해 육상경기의 한 종목인 해머 던지기에서 선수가 해머를 놓은 순간의 위치를 살펴보자.

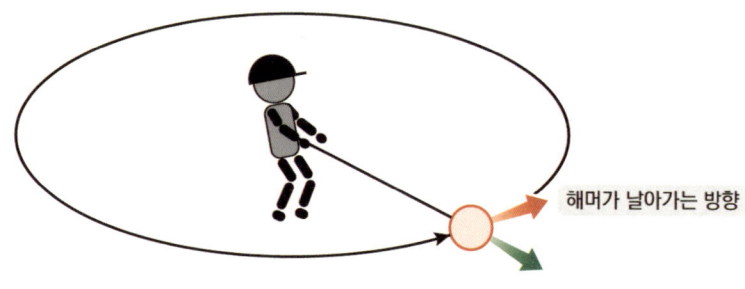

▲ 그림 2.11 해머가 날아가는 방향

해머가 날아가는 방향은 해머가 그리는 원의 궤적의 접선 방향인 붉은색의 화살표 방향이 된다. 이유는 무엇일까? 관성 때문이다. 만약 여러분이 기둥에 줄을 묶고서 기둥 주변을 빙빙 회전하며 신나게 앞을 보며 달리다가 어느 순간 줄이 끊어졌다고 상상해보자. 이때 몸이 관성에 의해 달리는 방향으로 향하게 되는데 그 방향이 그림과 같이 해머가 날아가는 붉은색 방향과 일치한다. 해머를 예로 들었지만 실제 모든 운동은 움직이는 직선 방향의 등속도로 운동하려는 관성이 우선이다. 그래서 관성을 모든 운동의 본질로 삼은 이유가 되기도 한다. 어느 때고 항상 내재되어 있는 관성에 의한 직선 운동을 하고 있는 해머를 줄이라는 외부 인자가 끊임없이 잡아당기므로 직선으로 진행하지 못하고 회전하는 것뿐이다. 하지만 줄을 놓는 순간 외부 요인에서 자유로워진 해머는 관성에 의한 직선 운동만을 하게 되고, 이때 그 방향이 궤도의 접선 방향이 된다.

자전거의 바퀴 역시 관성에 의해 항상 궤적의 접선 방향으로 운동한다. 이 점에 착안하여 〈그림 2.9〉의 두 곡선 중 임의적으로 하나의 곡선을 뒷바퀴가 만든 자국으로 삼아 접선을 그려보겠다.

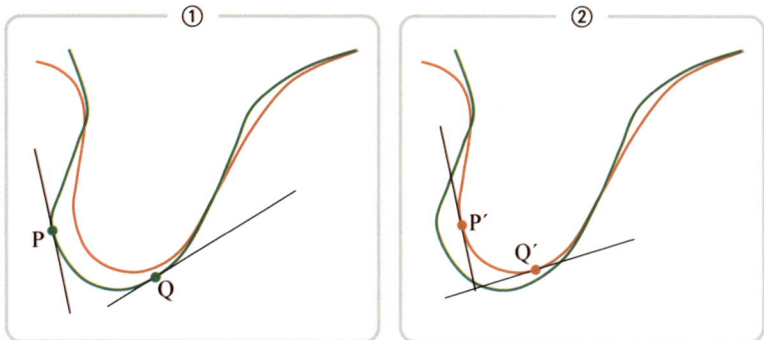

▲ **그림 2.12** ① 초록색 곡선이 뒷바퀴가 그린 곡선이라 할 때 점 P와 Q에서의 접선이 붉은색의 곡선과 만나지 않는다. ② 붉은색의 곡선 위의 점 P′과 Q′ 등 모든 지점에서의 접선이 초록색의 곡선과 만난다.

    뒷바퀴를 초록색의 곡선이라 가정하였을 때의 그림 ①은 자전거의 특성 〈그림 2.10〉 ①에 명백히 위배된다. 반면 빨간색 곡선이 뒷바퀴가 만들어낸 궤적이라 하였을 때 그림의 점 P′과 Q′뿐만 아니라 어느 점에서건 접선은 항상 초록색 곡선과 만나게 된다. 따라서 빨간색의 곡선이 뒷바퀴가 만들어낸 곡선이다. 이제 남은 것은 자전거가 왼쪽에서 오른쪽으로 진행했는지 아니면 그 반대인지 판단하는 일만 남았다.

    자전거의 구조상 앞바퀴와 뒷바퀴의 길이가 일정해야 될 것인데 위의 그림 ①은 고무줄마냥 길이가 늘어났다 줄어들고 있다. 하지만 ②의 그림은 자전거의 특성 〈그림 2.10〉 ②의 조건을 정확하게 충족시키고 있다. 이로써 두 바퀴가 만들어낸 흔적으로부터 자전거가 오른쪽에서 왼쪽으로 움직이고 있다는 사실을 이끌어낼 수 있게 되었다.

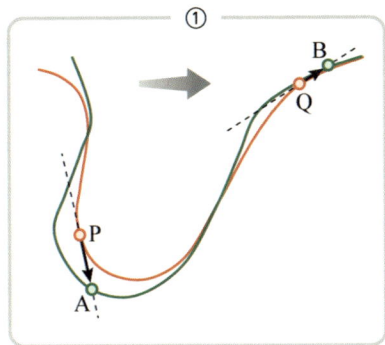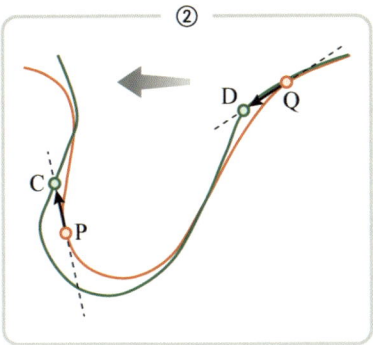

▲ 그림 2.13 ① 왼쪽에서 오른쪽으로 자전거가 지나간다고 하고, 뒷바퀴에 해당하는 붉은색 곡선 위 임의의 두 점 P, Q에서 접선을 그어 초록색의 곡선과 만난점을 각각 A, B로 할 때 선분 $\overline{PA}$ 와 $\overline{QB}$의 길이가 다르다. ② 반대로 오른쪽에서 왼쪽으로 진행했을 때 두 점 P, Q에서 앞바퀴의 곡선과 만난 다른 두 점 C, D로 한 선분 $\overline{PC}$와 $\overline{QD}$의 길이가 같다.

뜬금없이 자전거와 해머 이야기가 나와 의아하게 여기는 분들도 있겠지만 뉴턴이 중력의 실체를 깨달으면서 나아가 힘의 법칙과 미적분을 창안하기까지 원동력이 된 개념인 관성을 더욱 극적으로 설명하기 위함이었다. 뉴턴의 놀라운 착상은 데카르트가 정의한 관성을 좀 더 명확히 이해하려는 과정에서 비롯된 것이기도 했다. 이제 뉴턴이 관성으로부터 어떻게 우주 삼라만상에서 펼쳐지는 모든 운동을 해석하였는지 본격적으로 들여다볼 때가 되었다.

## 힘의 정의

관성의 의미를 설명하면서 언급했던 버스 손잡이의 예 〈그림 2.3〉로 돌아가자. 앞에서는 관성을 설명하기 위해 출발 전과 등속도의 두 운동 구간만을 비교하였는데 이번엔 그때 다루지 않았던 손잡이가 뒤로 젖혀진 구간, 즉 운동의 고유 성질인 관성이 깨진 구간을 살펴보겠다. 손잡이는 버스의 속도의 변화가 일어날 때만 뒤로 젖혀지고, 또한 속도의 변화의 폭이 클수록 더 많이 기울어짐을 볼 수 있었다.

우리 주변에서 정지하지 않고 움직이는 모든 운동 중 사실 관성이라고 할 수 있는 운동은 없다고 봐야 한다. 빙판 위에서 달리다가 어느 정도의 속도에 이른 후 움직임을 멈췄을 때도 그러하다. 원래는 운동의 본질인 관성에 의해 멈춘 그 순간의 속도로 영원히 진행할 수밖에 없겠지만 현실은 공기의 저항과 얼음과의 마찰로 관성에 의한 운동이 지속되지 못하고 어느 정도 진행하다 정지한다. 사례들은 각각 다르겠지만 지상에서 관측되는 모든 운동이 관성에 의한 운동을 해야겠지만 항상 이를 방해하는 외부 요인들이 작용하면서 운동이 이뤄지고 있다. 그래서 아리스토텔레스가 모든 운동은 정지라는 목적지를 향해 진행한다고 한 것이 우리의 직관과는 더 어울리는 해석이다.

그런데 아리스토텔레스가 정의한 운동관과는 달리 일정한 속도로 움직인다는 관성의 원리를 운동의 제1원리로 삼음에 따라 데카르트의 공리에서 빠진 것이 무엇인지가 한층 명확해졌다. 운동을 해석하기 위해서는 운동을 방해하는, 즉 관성을 깨뜨리는 외부 요인을 포함시키는 또 하나의 공리가 필요하다는 것이다. 그래야 주변에서 일어나는 각양각색의 운동의 해석이 가능하다. 그런데 수많은 외부 요인 하나하나를 모두 개별적으로 살펴보아야 할 것인가? 이것은 참으로 번거로운 일일뿐더러 매우 비효율적이며, 어찌어찌하여 얻어냈다고 해도 공리로의 기능이 상실된 잘못된 공리가 될 확률이 다분하다. 그렇다고 각각의 경우마다 공리들을 추가하게 되면 공리가 갖추어야 할 기본적 품격인 간결성과도 동떨어지고, 무엇보다 새로운 명제를 이끌어낼 수 있어야 한다는 공리의 조건에 부합하지 못할 수 있다. 그것은 외부 요인들을 모두 아우르며 보편적으로 적용할 수 있는 본질만을 빼내 운동의 해석이 가능하도록 하는 공리가 되어야 한다.

뉴턴은 갈릴레이의 가르침에 따라 본질을 방해하는 요소들을 제거하며 운동의 핵심에 서서히 다가갔다. 그는 버스 안에서 손잡이를 젖히게 하고, 빙판 위에서 움직임을 멈추게 하는 공기의 저항이나 얼음과의 마찰 등 관성을 방해하는 외부 요인들은 천차만별이지만, 공통점은 하나같이 속도의 변화를 수반한다는 점에 주목하였다. 결코 쉽게 얻을 수 없는 놀라운 통찰이라 할 수 있다. 표면의 거칠기나 점성 등 관성을 방해하는 요인 모두를 오직 속도라는 물리량에서 늘여다본 섯이다. 손잡이를 앞뒤로 흔들리게 하는 경우 역시 오직 버스가 가속이나 감속할 때이지 않은가! 뉴턴은 속도의 변화량을 힘이라 규정하면서, 속도의 변화량이 크면 대상 물체에 힘이 강하게, 그렇지 않으면 힘이 약하게 작용된 것이라 해석하였다. 이것은 주변의 잡다한 소음에 영향을 받지 않고 가장 근원적인 핵심에 집중하는 접근이 만들어낸 통찰이었다.

속도의 변화량이라는 것은 바로 가속도이다. 그러므로 1초 동안 속도의 변화가 크면 가속도가 크다는 것이고, 이것은 곧 물체에 힘이 많이 작용했다는 의미이다. 힘이 가속도와 절대적으로 관계된다는 우주의 비밀을 밝혀낸 것이다. 뉴턴은 실험을 통해 자신의 추론에 확신을 가지면서 또한 물체의 질량도 힘에 관계된다는 사실을 이끌어냈다. 서로 같은 속도로 움직이지만 질량이 다른 두 물체를 멈추게 하는 데 필요한 힘을 비교해보라. 동일한 시간의 간격 동안 두 물체를 동시에 멈추게 하기 위해서는 질량이 클수록 많은 힘이 필요하다. 또한 같은 힘으로 두 물체를 멈추게 할 때 질량이 클수록 더 많은 거리를 움직이고 시간도 더 소요될 것이다. 데카르트가 운동량을 정의할 때처럼 질량은 힘의 중요한 성분이다. 이런 모든 것을 통찰한 뉴턴은 마침내 물체에 가해지는 힘 $F$는 질량 $m$과 가속도 $a$의 곱 $F = ma$라는 결론에 이르게 된다. 그 유명한 뉴턴의 제2의 법칙인 힘의 법칙이라는 공리를 찾아낸 것이다.

그가 찾아낸 관성과 힘의 법칙이 공리로서 또 다른 명제를 도출해내는지 확인하기 위해 손에서 가만히 떨어뜨린 공의 운동을 보자. 공에 어떤 작용을 하지 않았기에 손에서 벗어난 공은 관성으로 정지해 있어야 마땅하다. 하지만 공은 땅을 향해 떨어지면서 갈릴레이의 낙하 법칙을 따라 속도가 일정하게 증가한다. 뉴턴이 정한 관성과 힘의 법칙이라는 공리의 렌즈를 통해 해석하면, 낙하하는 공은 지구에서 뿜어 나오는 힘에 의해 움직인다는 결론에 자연스레 도달한다. 낙하하는 속도를 계속 증가시켰다는 점에서 이 힘은 위치에 상관없이 물체를 잡아당기고 있다는 명백한 사실도 드러내고 있다. 뉴턴은 자신이 규명한 공리를 통해 손에서 놓은 물체가 정지하고 있으려는 관성을 깨뜨리는 힘, 즉 지구가 잡아당기는 힘의 존재를 연역한 것이다. 이 힘이 바로 중력이다.

## 원운동

뉴턴이 데카르트의 공리에서 빠져 있는 힘의 법칙이라는 우주의 비밀을 찾아내는 데 혁혁한 기여를 한 것이 해머 던지기와 같은 원운동이었다.

버스 손잡이가 버스의 속도 변화가 있을 때만 기울어지는 것과

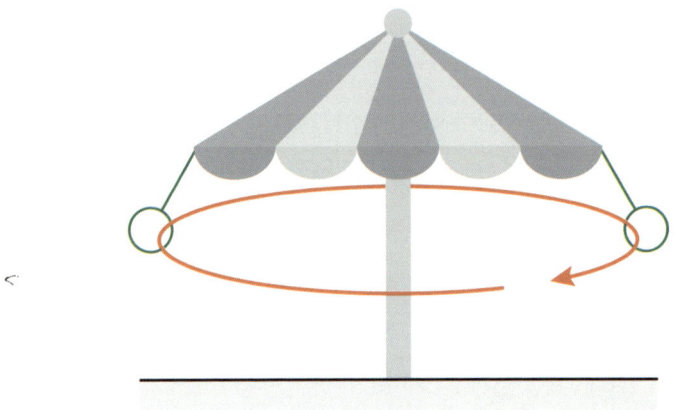

▲ **그림 2.14** 회전목마 끝에 매달린 손잡이는 항상 기울어진 상태로 회전 운동을 한다.

달리, 회전목마의 손잡이는 항상 기울어진 채 돌아간다. 이는 무엇을 뜻하는 것일까? 관성의 정의로부터 회전목마에서는 어떤 힘이 지속적으로 손잡이에 가해지고 있음을 단번에 알 수 있다. 또한 버스 안의 손잡이와 달리 회전목마에 매달린 손잡이는 방향 또한 계속 달라진다는 점에서 확실히 버스와는 다른 힘의 논리가 작용하고 있다. 그나마 기울어진 각도가 변하지 않으므로 힘의 크기가 일정하다는 것이 위안이라고나 할까? 어쨌든 회전목마에 매달린 손잡이로부터 이루어지는 회전 운동은 끊임없이 방향을 바꾸는 일정한 크기의 힘의 영향을 받는 운동이라 할 수 있다.

우리 몸의 반응을 보더라도 그렇다. 회전목마를 타면 바깥으로 튕겨 나갈 것 같은 힘을 항상 느낀다. 눈을 감고 있으면 하늘이 뱅뱅 돌고 어지러움과 멀미가 나타난다. 멀미는 불규칙한 움직임, 그러니까 속도의 변화로 인한 힘이 귓속 반고리관 내의 림프액의 출렁임으로 일어나는 생체 현상이다. 회전목마를 탔을 때 항상 기울어져 있는 손잡이와 같이 끊임없이 방향을 바꾸는 힘의 영향을 받으므로 가끔 속도의 변화를 일으키는 버스 안에서보다 더 어지러움을 느끼게 되는 것이다.

원운동을 더 잘 이해하기 위해 여러분이 원형의 궤도를 힘차게 달리는 상황을 상상해보시라. 아마 의식적으로 몸을 중심 쪽으로 기울이며 달릴 것이다. 이때 달리는 속도를 늦추거나 더 속도를 증가시키면 의도적으로 원 위를 유지하기 위한 힘을 쓰지 않는 한 자연스럽게 원에서 벗어나게 된다. 그렇다. 완벽한 원형의 궤도를 따라 운동하기 위해서는 방향은 계속 바뀌어야 되지만 속도의 변화 없이 달려야 가능하다. 회전목마의 손잡이가 왜 일정한 각도를 유지하는지를 알 수 있다. 손잡이가 완벽한 원의 운동을 하기 위해서는 회전목마의 속도가 일정해야지, 빨라지거나 느려지면 손잡이의 기울어지는 각도가 달라질 것임은 쉽게 알 수 있다. 코페르니쿠스가 프톨레마이오스의 동시심을 마뜩찮아 했었다는 점은 정확한 판단이었다.

## 벡터

원운동을 더욱 분석적으로 이해하고, 나아가 앞으로 더 풍부한 물리학과 수학의 내용을 이해하기 위해서 수학의 언어인 벡터에 대해 다루고 가야겠다. 벡터는 물리학이든 수학이든, 모든 학문 분야에서 중요한 개념이며, 특히 이 책에서 다루는 힘의 법칙과 미적분에 벡터가 빠지면 속 빈 강정이 되고 말 것이다.

벡터와 비교되는 것이 스칼라이다. 키, 몸무게, 온도, 질량 등과 같이 크기로만 표현할 수 있는 물리량이 스칼라이다. 반면 벡터는 크기 외에 방향도 중요한 성분이다. 힘이나 속도가 대표적인 벡터이다. 같은 속도로 부는 바람이어도 동쪽으로 부느냐 북쪽으로 부느냐에 따라 종류는 다르다. 100m 달리기 선수들이 맞바람을 맞으며 달리면 자칫 20초 이상 걸릴 수 있지만 뒤에서 바람이 제대로만 불어주면 어렵지 않게 10초 안에 주파하고 세계 신기록을 세울 수도 있다. 이렇게 속도처럼 크기와 방향이 포함되어 있는 물리량을 다루기 위해선 벡터가 필요하다.

벡터는 화살표로 시각화한다. 속도나 힘처럼 눈에 보이지 않는 추상적인 물리량을 숫자로만 표현하는 것보다 시각화하면 이해의 폭이 훨씬 넓어지고 활용도도 커진다. 수학이든 물리학이든 눈에 보이지 않는 추상적인 개념을 시각화하는 것은 너무도 중요하다. 그래서 이 책도 그림으로 표현할 수 있는 것은 글보다는 그림으로 최대한 표현하려고 노력했다.

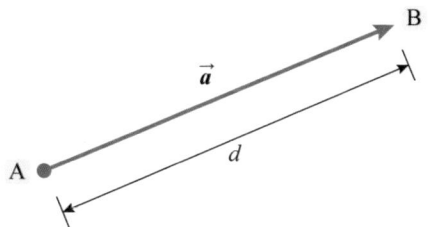

▲ 그림 2.15 화살표의 시점(A)과 종점(B)으로 방향을 나타내고, 문자 위에 화살표를 붙여 '$\vec{a}$'로 표기한다. 이때 벡터의 크기는 선분의 길이 $d$로 $|\vec{a}| = d$로 표기한다.

보트를 타고 정확하게 강의 맞은편으로 건너갈 때 흐르지 않는 강이라면 목표지점을 향해 출발한 보트는 한 치의 오차 없이 도착이 가능하다. 하지만 강은 항상 한 방향으로 흐르게 되므로 목표 지점과 상당히 떨어진 지점에 도착하게 된다. 벡터로 해석하자면 아래로 흐르는 강의 속도의 벡터와 강을 가로지르는 보트의 속도의 벡터가 크기는 다르지만 결정적으로 방향이 다르기 때문에 보트의 속도 벡터의 방향이 바뀌게 된다. 2개의 상이한 벡터가 합해져서 새로운 벡터를 만들어낸 것이다.

이러한 벡터가 수학의 세계에 입문하기 위해서는 연산이라는 관문을 통과해야 한다. 연산이란 2개의 성분으로 또 다른 성분을 만들어내는 과정이다. 연산의 대표적인 사례가 숫자들의 덧셈이다. 2와 3을 더하면 5이듯 덧셈은 2개의 수를 하나의 수로 연결시켜주는 기능을 하는 것으로 +처럼 연산을 수행하는 기호를 연산자라고 부른다. 물론 뺄셈, 곱셈, 나눗셈도 마찬가지이다. 그래서 덧셈과 함께 뺄셈, 곱셈, 나눗셈을 사칙연산이라고 한다.

수학에서 연산이 가지는 의미는 너무도 중요하다. 수들이 단지 개수를 세는 정도의 기능만 가졌다면 아무 의미가 없었겠지만 수들을 서로 연결시켜주는 연산이 개발되면서 수들로 이야기할 수 있는 세계가 형성되었고, 이후 미적분 등 여러 수학 분야가 탄생하는 초석이 되었다. 그래서 수학자들은 수들처럼 어떤 원소들로 이뤄진 집합체계에서 원소들을 의미 있게 연결시켜주는 연산도 같이 개발한다. 벡터도 예외일 수 없다.

수와는 다른 벡터의 연산은 덧셈과 뺄셈 외에 내적과 외적이라는 연산이 존재하는데 내적과 외적에 대해서는 이후에 다루기로 하겠다.

〈그림 2.16〉에 대해 설명하자면, ②의 $\vec{a}$와 ③의 $\vec{d}$는 시작점이 달라도 방향과 크기가 같으므로 같은 벡터로 처리한다. 또한 $\vec{a}+\vec{b}=\vec{c}$이므로 $\vec{c}$와 $\vec{b}$의 차 $\vec{c}-\vec{b}=\vec{a}$라는 관계도 성립하듯 뺄셈은 덧셈과 같은 방법으로 처리하면 된다. 이제 벡터를 이용하여 앞서

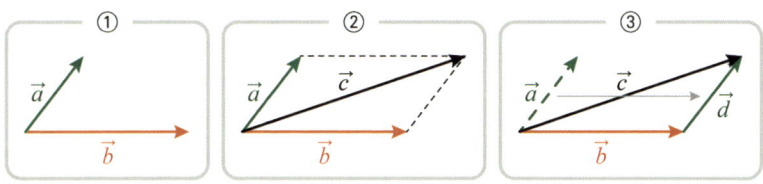

▲ **그림 2.16** ① 붉은색과 초록색의 두 벡터의 합 $\vec{a}+\vec{b}$는, ② 두 벡터로 이뤄진 평행사변형을 이용하여 얻은 검은색 벡터 $\vec{c}$이거나, ③ 하나의 벡터의 끝점과 또 다른 벡터의 시작점을 일치시켜 합의 벡터를 구한다. 물론 ②와 ③의 결과는 같다.

강을 가로질러 향하는 보트의 도착지점을 벡터의 연산으로 알아낼 수 있다.

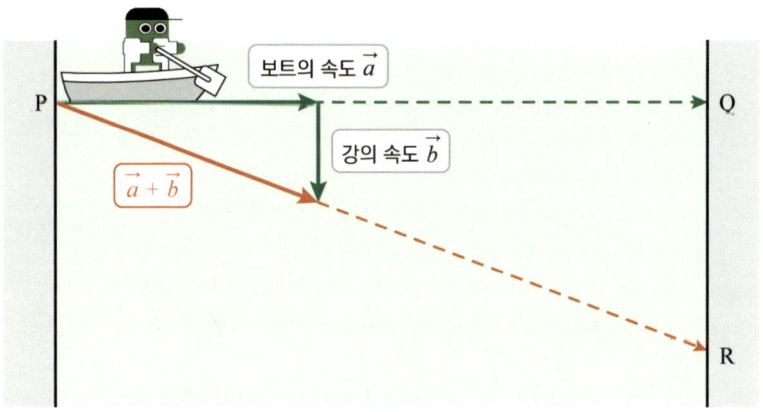

▲ **그림 2.17** 보트가 $\vec{a}$의 속도로 P 지점에서 Q 지점을 향해 나아가지만 강의 흐르는 속도 $\vec{b}$의 영향을 받아 보트는 두 벡터의 합인 붉은색의 벡터 $\vec{a}+\vec{b}$의 방향으로 진행하여 R의 지점에 도착한다.

보트의 방향이 달라지는 이유를 위의 그림처럼 벡터로 해석하니 한결 이해하기가 편해졌다. 이때 보트의 속도의 크기 $|\vec{a}+\vec{b}|$는 그림에서 $\vec{a}$와 $\vec{b}$의 두 벡터와 $\vec{a}+\vec{b}$로 이뤄진 직각삼각형의 빗변의 길이가 되며 간단하게 피타고라스 정리*로 얻을 수 있다. 즉, $|\vec{a}+\vec{b}|=$

---

\* "직각삼각형의 밑변과 높이의 제곱의 합은 빗변의 제곱과 같다"는 정리로 기원전 570년경에

$\sqrt{|\vec{a}|^2 + |\vec{b}|^2}$ 이다.

　벡터에 대한 기본적인 연산을 알아보았으니 원운동을 벡터로 해석해보겠다. 원운동 하는 물체는 속도의 변화가 없다고 하였다. 그런데 여기에서 혼돈이 발생한다. 속도의 변화가 없으므로 힘의 정의에 따라 힘이 존재하지 않는다고 볼 수도 있겠지만 이는 크게 착각하는 것이다. 자전거가 진행하는 접선 방향이 속도이고 원에서 접선은 위치마다 다르기 때문에 직선 운동하며 속도가 변하지 않은 운동이라고 데카르트가 관성을 정의한 것과 위배된다. 회전목마에 매달린 손잡이가 기울어진 것이나 우리가 원의 궤도를 힘차게 달릴 때 중심 쪽으로 몸을 기울이는 것을 보더라도 원운동에는 분명히 힘이 존재한다.

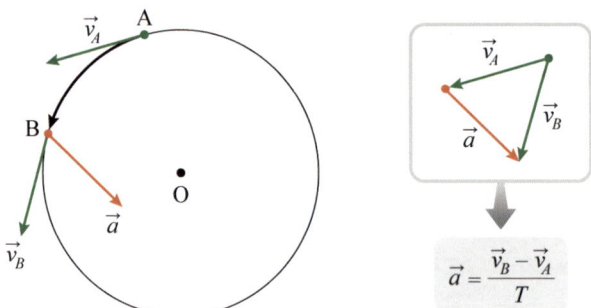

▲ 그림 2.18 O를 중심으로 회전하는 공이 시간 $T$초 동안 A에서 B로 이동하였다. 이때 관성으로 점 A에서 속도는 원의 접선 방향의 $\vec{v}_A$이고 점 B에서 속도는 $\vec{v}_B$일 때 속도의 변화량을 도시한 상자 안의 붉은색 화살표가 속도의 변화량인 가속도 $\vec{a}$이다.

태어난 그리스 철학자 피타고라스의 이름을 따서 붙여졌다. 자신의 정리에 따라 한 변의 길이가 1인 정사각형의 대각선의 길이는 $\sqrt{2}$가 되지만, 모든 자연과 우주를 수로 설명할 수 있다고 믿었던 피타고라스는 제곱해서 2가 되는 $\sqrt{2}$를 수로 표현할 방법이 없음을 알고 좌절하게 된다. 오늘날 우리는 이런 수들을 '무리수'라고 부른다.

A에서 B까지 공이 진행하는 시간 $T$초 동안의 속도의 변화량이 $\vec{v}_B - \vec{v}_A$이므로 가속도 $\vec{a}$는 붉은색 화살표인 $(\vec{v}_B - \vec{v}_A)/T$이다. 그런데 원래 원운동에서 속도의 변화량인 가속도 $\vec{a}$는 원의 중심을 향해야 하지만 그림에서는 벗어나 있다. A에서 B까지 다소 떨어진 두 지점에서 가속도를 구하다보니 이런 결과가 나올 것이다. 하지만 두 지점의 거리가 가까울수록 가속도의 방향은 원의 중심 O를 향하게 된다. 일정한 속도로 원의 주위를 회전할 때 방향의 변화가 원의 중심 쪽으로 당겨지는 힘의 존재를 입증한다는 점은, 태양 주위를 공전하는 지구가 태양 쪽으로 힘을 받고, 지구 주위를 공전하는 달은 지구 쪽으로 당겨지는 힘의 존재를 방증하는 것으로 곧 가속도가 원의 중심을 향함을 입증하고 있다.

## 포탄의 궤적

땅으로 떨어지는 사과와 달리 달은 왜 지구로 떨어지지 않을까? 달과 달리 사과는 왜 옆으로는 움직이지 않는 것일까?

2010년 영국 왕립학회가 공개한 영국의 과학자 윌리엄 스터클리가 쓴 《아이작 뉴턴경의 삶에 대한 회고록(Memoirs of Sir Isaac Newton's life)》*에 따르면, 1726년 봄 어느 날 오후 뉴턴은 사과나무에서 떨어지는 사과를 보며 스터클리에게 위와 같이 말했다는 내용이 나온다. 그는 왜 이런 질문을 자신에게 던진 것일까?

---

* Steve Connor, The core of truth behind Sir Isaac Newton's apple, Independent, 18 January 2010, https://www.independent.co.uk/news/science/the-core-of-truth-behind-sir-isaac-newtons-apple-1870915.html

달이 지구를 도는 것처럼 모든 행성은 태양을 중심으로 공전한다. 태양계가 탄생하던 시기에 어떤 원인이 행성의 운동을 발생시켰고, 이후 행성을 미는 요인이 더 이상 존재하지 않음에도 각 행성은 태양을 중심으로 회전하고 있는 것이다. 무엇이 행성들을 이처럼 정확하게 자신들의 공전 궤도를 따라 쉼 없이 움직이게 하는 것일까? 천상과 지상의 운동을 다르게 해석해야 하는 것일까? 이런 식으로 운동에 관한 수많은 궁금증이 뉴턴의 머릿속을 지배하였다. 그러다 우연찮게(?) 나무에서 떨어지는 사과를 보며 자신이 그동안 가졌던 모든 의문들이 하나로 모인 위의 질문이 떠오르게 된 것이다. 이 질문은 지상과 천상에서 펼쳐지는 운동의 핵심적인 의미를 모두 함축하고 있고, 만유인력의 법칙과 미적분 탄생을 불러일으킨 결정적 계기로 작동되었기에 "역사상 가장 위대한 의문"이라는 칭호가 붙었다.

정말로 지상에서의 모든 물체와는 달리 왜 달은 떨어지지 않는 것일까? 달이 추락하지 않는 이유를 찾던 뉴턴의 사유는 지구를 벗

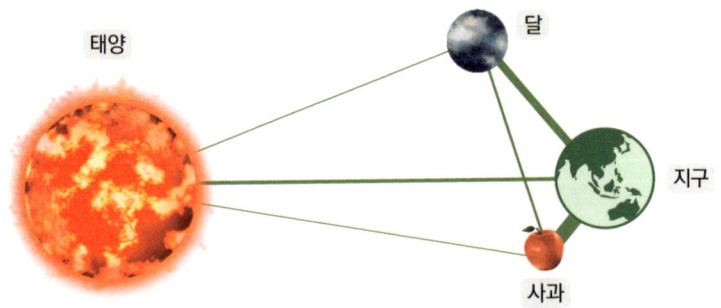

▲ **그림 2.19** 지구는 사과를 잡아당기는 보이지 않는 끈이 있고, 이 끈은 지구와 한참 떨어진 밤하늘에 있는 달까지 이를 것이라는 가정에 이른다. 달을 잡아당길 수 있다면 더 멀리 떨어져 있지만 태양이라고 못 잡아당길까? 바꿔 말하면 태양도 지구를 잡아당길 수 있다. 그러므로 달도 지구를, 사과도 지구를 잡아당기고 있다.

어나 우주로 뻗어나가며 또 다른 위대한 유추를 완성했다. 관성을 운동의 기본 원리로 삼으면서 자연스럽게 연역된 중력의 존재, 그리고 사과를 매개로 사고를 확장하여 떠오른 위대한 의문을 통해 지구와 달, 달과 태양, 태양과 지구 사이, 아니 더 나아가 행성을 포함한 모든 물체들은 본질적으로 동일하게 서로 잡아당기는 힘이 존재할 것이라는 결론을 도출하게 된 뉴턴. 몇 번을 생각해도 대단한 유추이다. 그러면서 뉴턴은 지상에서 발사되는 포탄의 궤적이 어떻게 될지에 대한 기발한 사고 실험을 머릿속에서 수행하였다.

공기의 저항 등 외부 요인이 전혀 없을 때 지상에서 수평 방향으로 발사된 포탄은 관성에 의해 그림의 붉은색 화살표 방향으로 직선 운동을 하게 된다. 하지만 현실은 얼마 못 가서 땅으로 곤두박질치게 된다. 그 이유는 관성을 제1의 법칙으로 삼으면서 자연스레 연

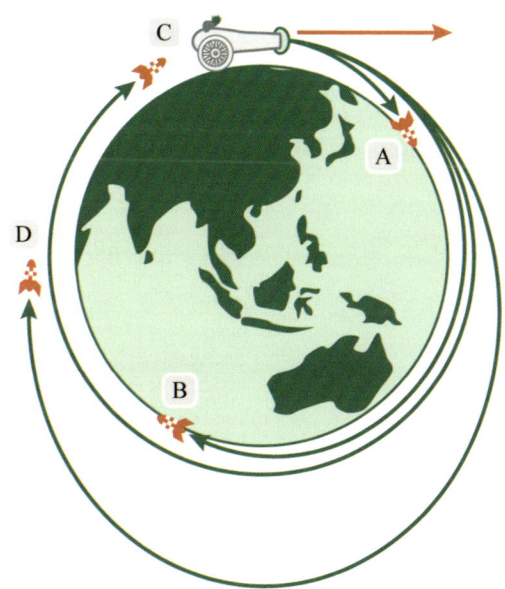

▲ 그림 2.20 발사되는 속도에 따른 포탄의 궤적

역되었던 지구가 당기는 힘, 바로 중력 때문이다. 발사된 포탄은 관성에 의해 붉은색 화살표의 방향으로 운동해야 하지만 중력의 영향으로 A의 곡선을 그리며 추락한다. 더 세게 발사하면 좀 더 멀리 나아가겠지만 역시 B의 곡선을 따라 땅 혹은 바다로 떨어진다. 더욱 멀리 쏘아 보내기 위해 포의 위력을 증대시켜 나가다 보면 어느 순간 영화나 만화에서 나올 법한 최첨단 포에서 발사된 포탄이 마침내 지상으로 떨어지지 않고 완전한 원의 궤도 C를 그리며 다시 제자리로 오게 될 것이다. 이렇게 제자리로 돌아온 포탄은 초기 속도를 그대로 유지하므로 다시 원의 궤도를 그리며 영원히 지구 주위를 돌게 된다.

C의 궤도 회전을 가능하게 하는 속도보다 더욱 크게 발사된 포탄은 분명 원의 궤도를 벗어나게 된다. 이때 포탄은 지구를 완전히 벗어나게 될까? 아니면 다시 원래의 자리로 돌아올 수 있을까? 이 순간 뉴턴은 행성이 타원의 궤도가 될 수밖에 없는 이유를 깨달았을 것이다. 포탄은 D의 곡선을 그리며 다시 제자리로 돌아오게 되며 이때 포탄이 그리는 궤적이 타원이기 때문이었다. 물론 원운동과는 다르므로 궤도를 따라 속도의 변화가 있을 것이기에 더 복잡한 운동이 될 것이고, 정말로 타원의 궤도를 따라갈 것인지는 수학적으로 입증할 필요가 있겠지만 직감적으로 타원의 궤적을 가질 것임은 확신하였다. 물론 더욱 강력한 포에서 발사된 포탄은 실제로 지구의 중력을 벗어나 우주 멀리 나아가게 된다.

뉴턴이 깨달은 것은 포탄이 D의 타원의 궤도를 그리는 원리가 곧 케플러가 밝혀낸 행성이 타원의 궤도로 공전할 수밖에 없는 이유와 같았다. 무엇보다 타원의 궤도가 원의 궤도보다 훨씬 안정적이라는 것이다. 일정한 속도로 움직여야 가능한 원의 궤도보다 어느 정도의 속도 변화를 포용할 수 있는 타원의 궤도가 행성이 안정적으로 태양 주위를 공전하는 궤도가 될 확률이 더 높기 때문에 모든 행성이 타원의 궤도로 움직이게 된다고 예상했다.

지상과 우주에서의 운동은 근본적으로 동일한 법칙에 의해 움직인다고 믿고 있던 뉴턴에게 포탄을 매개로 한 자신의 사고 실험은 그에게 확신을 심어주었다. 지상에서의 운동은 공기의 저항 등 통제하기 힘든 너무 많은 소음들로 가득한 세상이지만 천상은 지상에서 존재하는 소음이 전혀 없기에 행성들이 태양 주위를 공전할 수 있다. 지상에서도 운동을 방해하는 소음들이 없으면 당연히 포탄도 지구 밖의 행성처럼 영원히 원 혹은 타원 궤도로 운동하리라. 뉴턴의 사고 실험의 주인공인 포탄은 우리가 살고 있는 지구를 포함한 전 우주에서 작동되는 운동의 법칙이 동일하다는 사실과 자연에서 펼쳐지는 운동은 관성과 이를 방해하는 힘이라는 2개의 요인으로 충분히 해석할 수 있다는 천상의 비밀을 뉴턴에게 알려주었다.

위대한 의문을 풀기 위한 포탄의 사고 실험은 판도라의 상자에 숨어 있던 운동의 모든 비밀을 끄집어내게 하면서 뉴턴에게 또 다른 임무를 부여했다. 그것은 자신이 만들어낸 힘의 법칙으로 포탄과 행성의 궤도가 타원이라는 사실을 수학적으로 입증하는 일이었다. 그런데 이 시점에서 멈칫할 수밖에 없었다. 왜냐하면 힘의 법칙을 해석할 수 있는 수학의 도구가 없었기 때문이다. 시간이라는 변수에서 시시각각 위치를 바꾸는 변화를 다룰 언어가 존재하지 않았던 것이다. 그래서 뉴턴은 무엇을 하였는가? 바로 이 책의 주제인 수학의 언어 '미적분학'을 만들어냈다. 미적분학은 달이 지구로 떨어지지 않는 이유를 밝히는 문제처럼, 시간에 따라 변화하는 물체의 운동을 설명할 수 있도록 뉴턴이 이끌어낸 수학 이론이다.

## 작용 반작용

　뉴턴은 이쯤에서 고민에 빠졌다. 운동을 설명하는 데 두 가지 공리만으로 충분한지 아니면 추가로 더 필요한지. 확실히 자신이 도출해낸 관성과 힘의 법칙이 모든 운동을 설명함에 있어 부족함이 없어 보였지만 뭔가 께름칙한 기분을 떨칠 수가 없었다. 이유는 데카르트 때문이었다. 신이 자연의 운동을 유지하기 위해 운동량이라는 물리량을 보존한다는 그의 주장은 상당히 일리가 있었기 때문이다. 물체의 충돌에서 벌어지는 운동의 변화를 함축하는 운동량이라는 물리량은 또 하나의 공리의 필요성을 외치는 것 같았다.

　우주에서 멈춰 있는 와트니의 탈출 상황을 다시 떠올려보겠다. 중력 등 외부의 힘이 미치지 못하고 공기도 전혀 없는 공간이므로 아무리 발버둥을 쳐도 하염없이 그 자리에서 움직이지 못하게 되거나 한 번 발생한 운동으로 영원히 그 방향을 향해 움직일 수밖에 없다. 완벽하게 관성의 운동만이 존재하는 세상이다. 그래서 그는 상황에서 벗어나기 위한 고육지책으로 자신의 장갑에 구멍을 뚫고 그곳에서 뿜어 나온 산소의 힘을 추진력 삼아 움직일 수 있게 되었다.

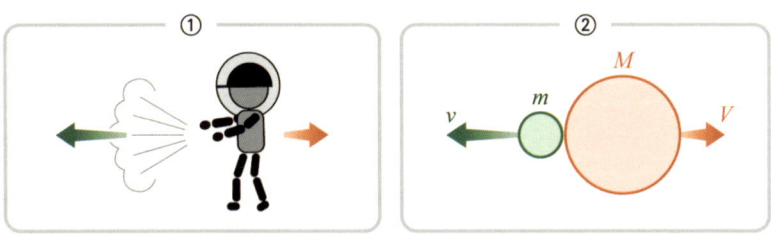

▲ **그림 2.21** ① 장갑에서 나온 산소에 의해 발생한 힘은 초록색 화살표이다. 이때 와트니는 이 힘의 반대 방향인 붉은색 화살표의 힘을 받게 된다. ② 뿜어져 나오는 산소의 질량과 속도를 $m$과 $v$, 와트니의 질량과 속도를 $M$과 $V$라 할 때, 산소와 와트니의 운동량은 각각 $mv$와 $MV$로 같은 값이다.

중력과는 다른 종류의 힘으로 말이다.

　산소를 내뿜기 전 정지한 상황에서 속도는 0이므로 운동량은 당연히 0이다. 하지만 산소를 내뿜었을 때 산소와 와트니의 운동량은 $mv$와 $MV$이고 운동량 보존의 원리에 의해 두 운동량의 합은 0이 되어야 할 것이다.

$$mv + MV = 0 \text{ 혹은 } mv = -MV$$

　산소가 속도 0에서 $v$로 바뀌는 변화는 산소가 내뿜는 시간 $T$초 동안 발생한 사건이다. 이 시간은 당연히 와트니가 0에서 $V$로 바뀌는 소요 시간과 같을 수밖에 없다. 주어진 시간 동안 변화된 속도의 양이 바로 가속도이므로, 산소의 속도 변화량인 가속도는 $a = v/T$, 와트니의 가속도는 $A = V/T$라 놓을 수 있으므로 아래의 식이 만들어진다.

$$ma = -MA$$

　위의 식이 뉴턴의 제3법칙인 작용 반작용 원리이다. 산소가 일으킨 힘이 와트니에 가해진 것이므로 이런 이름을 얻게 되었다. 물리학에서는 산소통을 매고 우주복을 입은 와트니 전체를 하나의 계로 보고 이때 내부의 알짜힘*은 존재하지 않는다고 말한다. 그리고 산소를 내뿜는다는 것은 계의 내부에서 없었던 힘을 발생시키는 것으로, 계의 알짜힘이 0인 상태를 유지하기 위해 와트니는 반대 방향

---

\* 계 내부에 존재하는 모든 힘들을 합한 힘을 일컫는다.

의 같은 힘을 받게 된다.

뉴턴은 이렇게 만들어진 공리를 제3법칙으로 추가함으로써 마침내 세 가지의 법칙만으로 지상과 천상의 모든 운동을 완벽하게 해석할 수 있다는 결론에 도달하였다. 그는 이렇게 놀라울 정도로 아주 깔끔하고 완벽한 세 가지 운동의 공리를 그의 저서인 《프린키피아》*에 소개하였다. 이 책에서 다룬 물체의 운동과 우주론을 기술하는 세 가지 법칙은 과학 이론의 전형이라는 명예로운 호칭으로 불리며, 지금까지도 인류가 만들어낸 가장 완성도가 높은 이론으로 평가받고 있다.

---

* 원제는 《Philisophiae Naturalis Principia Mathematica》로 줄여서 《Principia》라고 한다. '자연 철학의 수학적 원리'라는 제목 그대로 자연에서 일어나고 있는 모든 운동을 수학적 원리로 해석한 책이다.

## 7장

# 프린키피아

## 만유인력의 법칙

'보편적'이란 말은 물리학자들이 예나 지금이나 무척 좋아하는 단어로 궁극적인 목표의 지점을 칭할 때 주로 사용된다. 데카르트의 기계론적인 관념에서 비롯된 것인지 몰라도 미시적이건 거시적이건 자연 현상을 하나로 설명할 수 있는 절대적 법칙이 존재할 것이라는 오랜 믿음이 과학계에 있다. 뉴턴 역시 지상과 천상의 모든 자연 현상을 하나의 보편적 원리로 해석이 가능할 것이라는 신념이 있었다.

그런 믿음 속에서 뉴턴은 자신의 위대한 의문과 유추를 통해 지구이건 화성이건 우주 어디에서든, 그리고 과거이긴 미래이건 어느

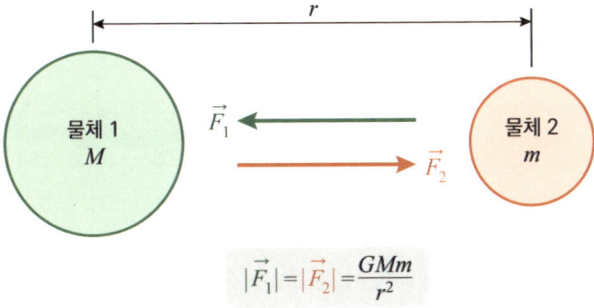

$$|\vec{F_1}| = |\vec{F_2}| = \frac{GMm}{r^2}$$

▲ 그림 2.22 모든 물체는 거리의 제곱에 반비례하는 서로 잡아당기는 힘 $F_1$과 $F_2$가 존재하며 크기는 같고 방향은 반대이다. 여기서 $G$는 중력상수로 변하지 않는 상수이다.

시점에서든 성립하는 범우주적 성격의 보편 법칙을 만들어내게 된다. 즉, 천상계와 지상계에는 전혀 다른 법칙이 적용된다는 아리스토텔레스부터 이어져오던 과학론을 깨뜨리고 뉴턴은 자신의 중력 법칙으로 천상계와 지상계를 하나로 통합했다.

〈그림 2.22〉와 같이 모든 물체는 서로 잡아당기는 힘이 존재한다는 법칙이 그 유명한 '만유인력의 법칙(universal law)'이다. 'universal'이라는 단어가 붙어 있듯 과거나 미래, 우주 어디이건 시간과 공간을 초월하며 성립하는 절대적인 단 하나의 보편적인 법칙이라는 의미를 내포하고 있다.

뉴턴은 어떻게 만유인력의 법칙을 이끌어냈을까? 우리도 머릿속에서 최대한 상상을 하면서 그의 지혜를 추적해보자. 지구가 사과를 잡아당긴다면 사과도 지구를 잡아당긴다는 뉴턴이 행한 유추의 결과는 곧 지구와 달, 달과 사과, 사과와 태양, 태양과 지구 사이에도 동등한 원리가 적용된다는 해석으로 이어진다. 그런데 달이 더 무거운 태양이 아닌 지구 주위를 공전하는 것은 거리가 멀수록 잡아당기는 힘이 크게 약해진다는 의미이다. 이러한 관계는 만유인력 식에서 힘은 거리의 제곱 $r^2$에 반비례한다는 결과로 나오게 된다. 물론 왜 거리의 제곱에 반비례하는지는 얼른 이해하기 힘들지만 거리가 멀어지면 당기는 힘도 약해지리라는 것은 직감적으로 받아들일 수 있다.

케플러의 제2법칙인 '면적일정법칙'을 만족시키기 위해서는 같은 시간 동안 거리가 먼 지점 P에서 행성이 움직인 호의 길이 $\overset{\frown}{PQ}$가 더 가까운 R의 지점에서 움직인 호의 길이 $\overset{\frown}{RS}$보다 짧아야 붉은색 영역의 A와 초록색 영역의 B의 넓이가 같게 된다. 조금 자세히 들여다본다면 행성이 점 P에 위치할 경우 관성의 법칙으로 접선 방향

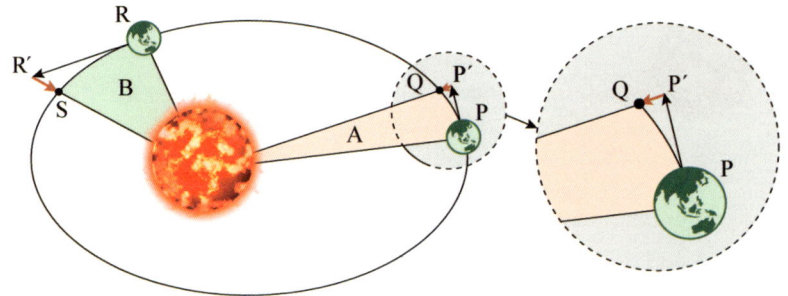

▲ 그림 2.23 같은 시간의 간격에서 지구가 쓸고 지나가는 A지역과 B지역의 넓이는 같다.
(케플러 제2법칙)

의 직선 운동을 해야 하지만 태양이 당기는 힘에 의해 직선의 방향
인 P′에 이르지 못하고 타원의 궤도를 따라 태양의 방향으로 꺾여
Q의 지점에 위치하게 된다. 관성과 만유인력의 조화가 케플러의 제
1법칙인 타원궤도를 만족시키고 있다. 이때 행성이 관성의 운동에
서 벗어난 거리는 P′Q이다. 마찬가지로 태양과 가까운 초록색 지
점 B에 놓인 점 R에서 S까지 행성이 운동하면서 관성으로 벗어난
거리는 R′S이다. 그림으로도 명확하지만 태양이 당기는 중력으로
인해 B 영역에서 행성이 움직인 길이 R′S가 A의 영역보다 더 길다
는 것은 곧 가까운 지점의 힘이 더 크다는 것을 말한다.

　이는 직감적으로도 당연하다 하겠다. 당기는 힘이 센 곳에서 태
양에 끌려가지 않으려면 빨리 달려야 하고, 힘이 약한 곳에서 너무
빠르면 태양에서 벗어나게 된다. 따라서 중력의 크기가 거리에 반
비례하는, 즉 거리의 항이 분모에 들어가야 한다는 점은 명백한 사
실이다. 남은 수수께끼는 왜 거리의 제곱이어야 하는가이다. 물론
그는 직감적으로 그 사실을 인지하였다.

　각각의 초록색 사각형을 지나는 빛의 붉은 선의 개수를 비교하
면 그림의 설명이 더욱 쉽게 이해된다. 하지만 이는 직감에 의존한

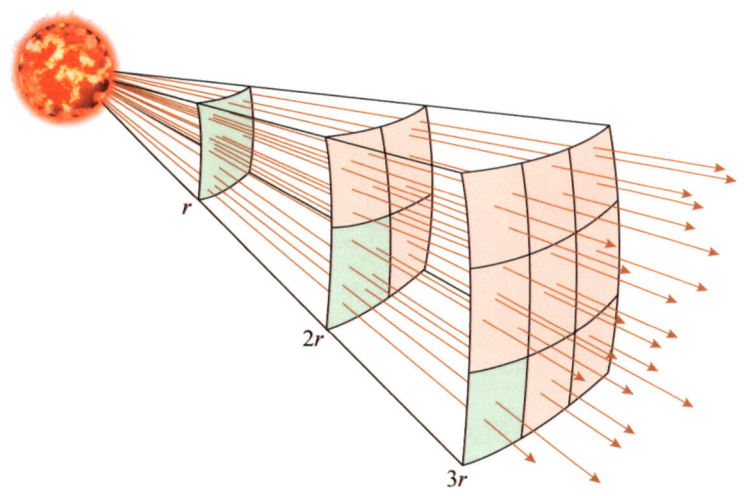

▲ **그림 2.24** 거리 $r$에서 초록색의 사각형에 비치는 빛의 세기에 비해 거리 $2r$에서 같은 넓이의 초록색의 사각형에 비치는 빛의 세기는 $1/2^2$로 줄어든다. 거리가 $3r$이면 빛의 세기는 $1/3^2$로 줄어든다.

추측에 불과하므로 명확한 입증, 즉 실제적인 사실과 일치한다는 입증이 필요하다. 우리는 달의 공전 주기를 뉴턴이 주장하는 거리의 역제곱이 타당하다는 증거자료로 충분히 활용할 수 있다.

〈그림 2.23〉에서 태양을 지구로, 지구를 달로 바꿔 생각하겠다. 달은 지구가 당기는 힘을 받으면서 지구 주위로 타원 궤도를 그리며 운동한다. 계산의 복잡성을 줄이기 위해서도 또 실제로 거의 원에 가까운 궤도이므로 지구 반지름 $R$의 약 60배 떨어진 달이 반지름 $60R$의 원의 궤도로 운동한다고 가정해도 문제가 없다. 그리고 거리의 제곱에 반비례한다는 가설에 따라 달이 지구에 의해 당겨지는 힘은 지상에 비해 60의 제곱인 3,600배 더 약하게 된다. 마지막으로 포탄처럼 달이 원운동하기 위해서는 일정한 접선 방향의 속도로 회전해야 된다. 이런 조건으로 달이 지구 주위를 1회전 하는 데

걸리는 공전 주기의 계산이 충분히 가능한데 그 수치는 약 27일이다.[*] 실제 달의 공전 주기와 거의 일치하므로 중력이 거리의 제곱에 반비례한다는 결정적인 증거이다.

## 뉴턴의 구각 정리

달의 공전 주기 계산에는 몇 가지 지식이 필요한데, 그중에서 지구가 지상의 사과를 잡아당기는 힘에 대해 먼저 알아보겠다. 〈그림 2.22〉 만유인력의 식에는 두 물체의 질량의 곱이 포함되어 있다. 이때 사과의 질량을 $m$이라 하면 뉴턴의 힘의 법칙 $F = ma$에 의해 사과가 느끼는 가속도는 $GM/r^2$이다. 물론 $M$은 지구의 질량이다. 그런데 $r$은 지구와 사과의 거리인데 이것이 꽤나 애매하다. 지구의 어느 지점을 기준으로 한 거리인가? 지구 위의 북극에서일까 아니면 지구의 중심일까? 당연히 지구의 중심이고 이게 맞는 얘기이지만 뭐든지 함부로 단정 짓는 것은 위험하니 왜 그런지 찬찬히 살펴보자.

반지름이 $R$이고 균일한 밀도 $\rho$로 구성된 구의 질량 $M$은 부피 $4\pi R^3/3$와 밀도 $\rho$를 곱한 값이 된다. 이제 구를 무한히 작은 부피 요소들로 분할하여 마치 양파 껍질처럼 겹겹이 구각(구의 껍질)들로 구가 이루어졌다고 하겠다.

구를 아주 얇은 구각들로 분할한 것이 〈그림 2.25〉 왼쪽 그림이고, 그중 하나인 초록색 구각만을 떼어내 오른쪽 그림에 도시하였다. 2차원 평면에 구각을 그림으로 표현하기가 만만치 않아 좀 더 그럴싸하게 보이도록 한쪽이 잘려진 구각으로 그려놓았다. 이렇게

---

[*] 이에 대한 자세한 계산은 '25장' 삼각함수에서 다룬다.

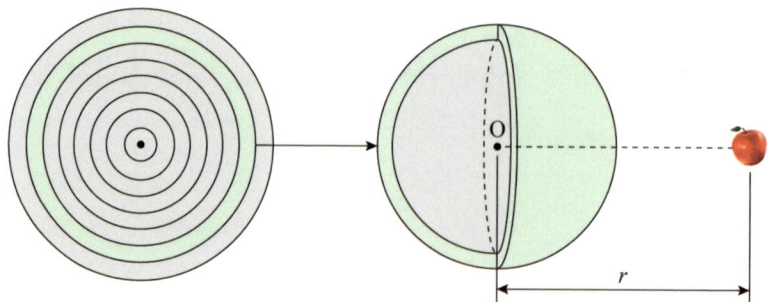

▲ 그림 2.25 지구를 얇은 구각으로 분할하고, 하나의 구각과 사과 사이의 거리는 구각의 중심에서 사과에 이르는 거리이다.

구를 분할한 하나하나의 구각과 외부에 있는 사과 사이의 만유인력들을 각각 모두 구하여 합하게 되면 당연히 원래의 구와 사과 사이의 만유인력과 동일하게 될 것이다. 이때 초록색 구각과 사과 사이의 만유인력은 구각의 질량이 그림 ②의 원점 O에 집중되어 있다고 하여 원점 O와 사과 사이의 거리 $r$로 만유인력의 크기를 계산해낼 수 있다. 이렇게 모든 구각은 항상 원점 O에 질량이 놓여 있게 되고, 이들 구각을 다시 조립하면 원래의 구로 바뀌어 결과적으로 구의 중심과 사과 사이의 거리로 만유인력을 계산해낼 수 있다. 너무 당연한 이야기를 빙빙 돌려 이야기하고 있다.

어쨌든 결론적으로는 구의 형태를 지닌 지구의 모든 질량이 하나의 점, 즉 중심에 집중되어 있다고 가정하여 계산하는데 실제의 결과와도 차이가 없다. 이렇게 모든 질량이 모인 하나의 점을 질점이라 한다.

보통 $g$라는 기호로 표기되는 중력가속도는 〈그림 2.26〉의 방법으로 얻어낸 값이다. 지구의 중력에 의해 사과는 매초 9.78m/sec로 속도가 증가한다.

대상을 사과에서 달로 바꿔서 지구가 달에 어느 정도의 중력이

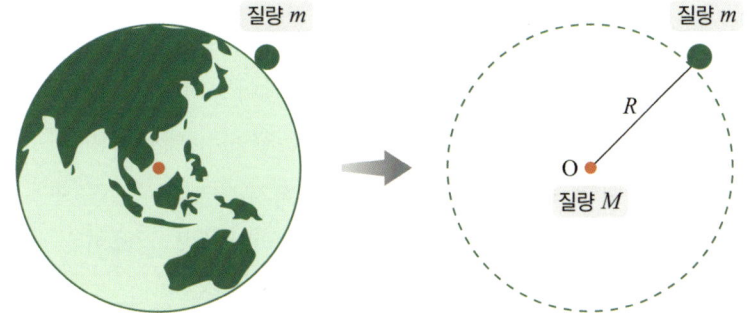

▲ 그림 2.26 왼쪽의 지구를 오른쪽 그림처럼 중심 O에 지구의 질량 M이 모두 모인 하나의 질점으로 처리한다. 이때 지상에 놓인 사과의 질량 $m$과 지구 사이의 만유인력은 뉴턴의 힘의 법칙을 따르기 때문에 아래와 같이 놓을 수 있다.

$$ma = \frac{GmM}{R^2} \text{ 혹은 } a = \frac{GM}{R^2}$$

중력상수** $G = 6.67 \times 10^{-11} \, \mathrm{m^3/(kg \cdot sec^2)}$, 지구질량 $M = 5.97 \times 10^{24} \, \mathrm{kg}$, 지구 반지름 $R = 6.38 \times 10^6 \mathrm{m}$을 위의 식에 대입하면 $a \approx 9.78 \mathrm{m/sec^2}$을 얻게 된다.

미치는지 알아보자. 일단 달이 워낙에 멀리 위치하기 때문에 달이 받는 중력가속도는 지상에 비해 매우 작은 값이 될 것이다. 중력가속도는 거리의 제곱에 반비례하는 함수이고, 지구와 달 사이의 거리는 약 $3.84 \times 10^8 \mathrm{m}$로 지구의 반지름 $R(6.37 \times 10^6 \mathrm{m})$의 60배 정도이므로 달이 받는 중력가속도는 3,600배가 더 적은 $0.0027 \mathrm{m/sec^2}$이다. 그런데 만약 달이 접선 방향의 속도가 없으면 원의 궤도를 이루지 못하여 지구로 추락하게 될 것이다. 이때 중력가속도는 거리의 제곱에 반비례하는 함수이므로 지구와 가까워질수록 중력가속도가 커져 속도가 계속 증가하여 지구와 충돌하게 될 것이다.*

---

＊저자가 쓴 《작은 수학자의 생각실험》 1권에서 이 주제를 다뤘으며, 공기의 저항 등의 효과를 무시하였을 때 달은 약 116시간 후에 지구와 충돌하게 된다.

＊＊중력상수는 중력의 세기를 나타내는 기초상수로 시간과 공간에 관계없이 변하지 않는 수로, 헨리 캐번디시가 실험을 통해 정교하게 측정하였다.

중력의 존재는 뉴턴 이전에도 어느 정도 알려져 있었다. 하지만 당시의 중력은 코페르니쿠스가 생각해낸 아이디어에서 크게 벗어나지 못한 채 지상에서 한정하여 물체를 잡아당기는 힘 정도로 인식하고 있을 뿐이었다. 지구를 벗어나 달, 멀게는 태양까지 지구가 당긴다는 뉴턴의 중력은 누구도 생각해내지 못했다. 그런 연유로 뉴턴의 중력 개념은 데카르트주의자들로부터 상당한 비판을 받았고, 이후에도 후대 물리학자들의 공격에 시달려야 했다.

데카르트의 업적과 그의 기계론적 우주관을 신봉하는 데카르트주의자들은 힘이 물질의 충돌 등 직접적인 접촉으로만 전달된다고 믿었다. 그랬기에 매개체 없이 아무리 멀리 떨어져 있는 물체 사이에서도 힘이 작동한다는 뉴턴의 주장은 받아들여지기 어려웠다. 그들은 뉴턴의 주장을 신비주의나 마술이라고 비웃으며 "도대체 아무런 접촉 없이 힘이 우주 공간을 관통한다는 게 말이 되느냐, 그렇다면 중력의 원인은 무엇이냐?"면서 뉴턴을 공박했다. 지구가 사과를 잡아당긴다는 사실도 받아들이기 힘든 시절에 사과도 지구를 잡아당긴다는 뉴턴의 주장은 황당무계한 발상이었다. 뉴턴 역시 중력의 본질을 밝혀내지 못했다고 스스로 인정했지만 그럼에도 중력이 있다는 가설 하에 관측결과의 해석이 너무 잘 일치하므로 중력의 존재는 부인할 수 없다고 강조했다. 그래서 그는 《프린키피아》의 「일반주해」에서 그의 신념을 분명히 밝히는 글을 적어놓았다.

> 나는 아무런 가설도 세우지 않겠다. 왜냐하면 현상을 바탕으로 이끌어내지 않는 것은 가설에 불과하기 때문이다. … (중략) … 우리 입장에서 보면, 중력이 실제로 존재하고, 그 중력이 우리가 설명한 법칙들에 따라서 작용하며, 또 그 중력이 천체들과 바다의 모든 움직임을 잘 설명하고 있으니 그것으로 충분하다.

## 《프린키피아》의 탄생 일화

케플러가 제시한 수수께끼, 즉 행성의 궤도가 타원이 되는 이유에 관한 문제는 뉴턴 시대에 가장 뜨거운 주제로 떠올라 뉴턴을 비롯한 당시 수많은 과학자들의 도전이 되었다. 그러나 모든 경쟁자들을 물리치고 뉴턴만이 그 이유를 밝혀낸다. 왜 그랬을까? 뉴턴이 케플러, 데카르트 등 자신보다 앞선 시대의 사람들이 이뤄낸 수많은 연구 결과가 무엇을 의미하는지 완벽하게 통찰하였고, 그러한 기존의 지식들을 조합하여 새로운 세상을 보는 혜안을 발휘했기 때문이라고 생각한다.

"구슬이 서 말이라도 꿰어야 보배"라는 속담이 있듯, 단지 구슬을 지니고 있는 것에 그치지 않고 구슬이 지닌 의미를 통찰하였을 때 이들을 꿸 수 있는 능력이 생기는 것이다. 운동과 변화를 기술할 수 있는 미적분만 해도, 그 당시 미적분을 탄생시킬 만한 충분한 지식과 사회적 맥락이 존재하였고, 그래서 이러한 정보의 구슬들을 모아 미적분이라는 보배를 만들어낼 수 있는 기반은 이미 갖춰져 있었다. 그리고 이들의 의미를 통찰한 뉴턴과 동시대에 활동한 라이프니츠만이 인간 지혜의 최고의 결정체라 불리는 미적분을 창시할 수 있었던 것이다. 독자분들은 앞으로 이 책에서 수많은 천재들을 만나면서 그들이 혼자만의 힘이 아니라 기존의 정보를 조합하여 사물을 꿰뚫어보는 통찰을 발휘해 위대한 업적을 이루는 이야기를 계속 접하게 될 것이다.

뉴턴이 이룩한 모든 업적을 정리한 책이 현재에도 최고의 물리학 책으로 손꼽히는 《프린키피아》이다. 1687년에 출판된 이 책에는 그 유명한 $F = ma$를 포함한 '뉴턴의 운동법칙'과, 질량이 있는 물

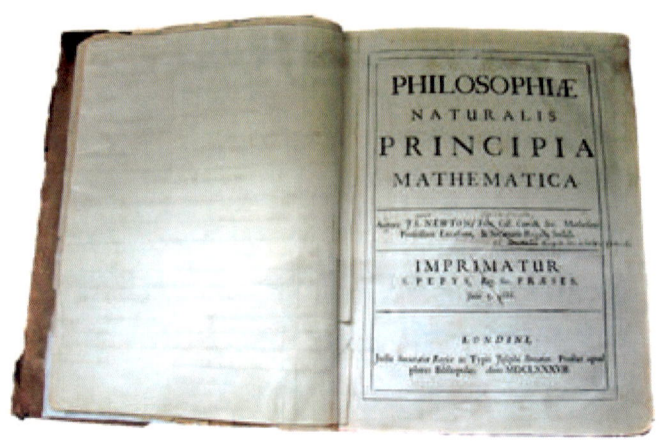

체는 서로를 끌어당긴다는 '만유인력의 법칙'이 고스란히 담겨 있다. 하지만 이 책은 가장 난해한 책이기도 하다. 출판 당시부터 어렵기로 악명 높아서, 케임브리지 대학의 한 학생이 지나가는 뉴턴을 보고 "다른 사람은 물론 자기 자신도 이해하지 못하는 책을 쓴 사람"이라고 말했다는 일화가 있을 정도이다.

뉴턴은 왜 이렇게 어렵게 책을 쓴 것일까? 그는 그 이유에 대해 "소인배들의 수박 겉핧기식 접근을 막기 위해서"라고 답했다고 한다. 이 말에는 그의 성격이 묻어 있기도 하다. 그는 어쩌면 자신의 능력이 최고라는 자긍심으로 가득 찬 인물이었는지 모른다. 자신에 대한 남의 비판에 대해 매우 민감하게 반응하였고, 이러한 날카로운 성향이 자신의 연구 성과 공개를 극도로 꺼리는 폐쇄성과 완벽주의로 이어졌다. 결국 이왕 발표하는 연구 결과는 웬만한 전문가

* 출처: 위키백과

가 아니면 이해조차 힘들게 함으로써 자신에게 쏟아질 수 있는 비판을 원천적으로 막으려 하였다.

최고의 지혜를 듬뿍 담고 있던 《프린키피아》는 그의 성격으로 난해한 책이 되었지만 '핼리 혜성'으로 유명한 에드먼드 핼리(1656~1742)가 없었다면 이마저도 세상에 알려지지 않은 채 사장될 뻔했다. 28세이던 핼리는 41세의 나이로 케임브리지 대학 교수였던 뉴턴을 만나는 기회가 있었다. 핼리는 당시 과학계에서 가장 큰 이슈이자 엄청난 상금이 걸려 있던, 케플러가 주장한 행성의 궤도 문제를 물어보았다. 그런데 놀랍게도 뉴턴은 20년 전에 이미 해결하였다는 것이다. 그러니까 그의 나이 20대 초반에 이미 미적분학을 정립하였고, 만유인력의 법칙을 발견했으며, 핼리뿐만 아니라 과학계에 종사하던 수많은 사람들이 궁금해하던 행성의 궤도기 타원이라는 증명에 성공한 상황이었다. 그럼에도 뉴턴은 엄청난 상금까지 걸린 이런 어마어마한 업적을 전혀 발표하지 않고 있었다. 바로 뉴턴의 소심하면서도 괴팍한 성격이 한몫을 하고 있었다.

뉴턴이 남의 비판을 쉽게 받아들이지 못하고 더욱 자기방어적인 성격을 가지게 된 계기는 1670년 교수 임용 당시 광학 연구 결과를 발표하는 과정에서 더욱 강해졌다고 한다. 왕립학회에서 인정받을 정도로 훌륭한 연구 결과였지만 이를 두고 선배였던 로버트 훅(1635~1703)은 뉴턴이 자신의 아이디어를 도용했다는 의혹을 제기하며 수차례 비판하였다. 그의 공격이 상당하였는지 뉴턴은 정신적 상처를 입어 신경 쇠약을 앓았고, 그렇지 않아도 자신의 연구 결과에 대한 비판과 그로 인한 스트레스를 받기 싫었던 뉴턴은 이후 그 어떤 연구 결과도 발표하지 않게 되었다. 그래서 뉴턴의 모든 위대한 연구는 핼리가 찾아오기 전까지 그저 자신의 방 안에 잠들어 있었다.

햀리는 뉴턴이 행성 궤도 문제의 해법을 정리한 9쪽 분량의 논문을 보고 케플러의 행성법칙이 정말로 완벽하게 증명되었을 뿐만 아니라 거기에 담긴 연구 결과가 세상을 뒤집어놓으리라는 것을 깨달았다. 마침 왕립학회에서 서기로 활동하던 햀리가 뉴턴에게 책으로 출간할 것을 설득하면서 마침내 역사상 가장 위대한 물리학 책인《프린키피아》가 제작되기 시작했다.

그런데 1권이 완성된 후 뉴턴이 극도로 싫어하는 로버트 훅이 또 한 번 그에게 딴죽을 걸었다. '행성을 끌어당기는 역제곱의 법칙', 즉 중력이란 아이디어는 본인이 원조인데, 뉴턴이 이를 도용했다는 것이다. 실제 훅은 1677년 혜성을 관측한 논문《코메타(Cometa)》를 발표하면서 천체의 운동이 역제곱 법칙에 따른다는 가설을 뉴턴보다 먼저 언급하였다. 하지만 중력에 대한 훅의 주장이 단순한 가설에 불과하였다면 뉴턴은 과학적 측정 사실에 기반으로 한 체계화된 이론으로서 표절 시비를 걸기에는 무리였다. 18세기 프랑스의 수학자 클레로는 이 논쟁을 '힐끗 본 것(로버트 훅)과 증명한 것(뉴턴)의 차이'라고 깔끔하게 논평했다.

어쨌든 훅의 주장은 뉴턴의 기분을 매우 상하게 했었나 보다. 그래서 그는 훅에게 간접적으로 자신의 생각을 전달하기 위해 "내가 더 멀리 볼 수 있었던 것은 거인들의 어깨 위에 서 있었기 때문이다."라는 문장이 쓰인 편지를 훅에게 보냈다, 자신은 갈릴레이, 케플러, 데카르트 등 많은 훌륭한 학자들의 어깨 위에서 연구 결과를 얻은 것이지, 훅의 어깨에 기대지 않았다는 취지였다.

한편 이전부터 혜성에 관심이 많았던 햀리는 자신이 발견한 어떤 혜성의 궤도에 뉴턴이 발견한 힘의 법칙을 적용하였더니 지구를 주기적으로 지나간다는 점을 알아냈다. 그 주기는 대략 76년이며, 따라서 이 혜성은 1758~59년 사이에 지구를 지나가리라고 예측했다. 과연 1758년 크리스마스에 혜성이 관측되면서 핼리의 예언은 현실이 되었다. 바로 그 혜성이 그의 이름을 딴 유명한 '핼리 혜성'이다. 핼리의 예언 실현은 그의 업적이지만, 순전히 뉴턴의 이론 위에서 이루어진 결과로 뉴턴 이론의 완벽한 검증을 뜻하기도 했다. 뉴턴으로 인해 감히 아무도 접근하지 못했던 천체의 세계는 힘의 법칙과 미적분을 통해 마치 톱니바퀴처럼 맞물린 수학의 언어로 읽힐 수 있는 확실한 존재가 되었다.

## 미래를 내다보는 운동방정식

뉴턴은 자신의 과학 방법론을 "운동 현상으로부터 자연의 힘을 구하고 이를 일반 법칙으로 만들어 다른 현상을 해석한다."로 요약하고 있다. 뉴턴이 언급한 방법론은 '귀납 추론' 혹은 '귀납법'으로 "각각의 현상에서 인과 관계를 확정하면서 일반적인 결론, 즉 보편적인 명제를 추론하는 방법"을 지칭한다. 이미 참이라 밝혀진 보편적인 명제에서 개별적인 명제를 이끌어내는 연역법과는 반대의 방식으로, 수많은 자연의 현상을 면밀히 검토하며 보편적 명제를 이끌어내는 논법이다.

뉴턴이 자연의 수많은 현상을 면밀히 검토하여 '귀납법'으로 이끌어낸 3가지의 법칙 중 가장 중요한 힘의 법칙 $F = ma$는 '운동방정식'으로 불리는데 미적분과 떼려야 뗄 수 없는 관계로 물리학적으로도, 수학적으로도 너무도 심대한 의미를 내포하고 있다. 미적분을 다룬 후에야 진정한 가치를 알 수 있게 될 뉴턴의 운동방정식은 아인슈타인의 에너지 – 질량 등가식인 $E = mc^2$과 함께 가장 위대한 식으로 꼽히고 있다.

미적분을 아직 다루지 않았지만 미리 소개하자면 가속도는 속도를 미분해서 얻어진다. 질량과 가속도를 곱하는 운동방정식에는 이미 미분이 포함되어 있다는 것이다. 뉴턴은 미적분을 따로 연구해서 만들어낸 것이라기보다 지상과 천상의 운동의 비밀을 파헤치기 위한 과정 중에 미적분을 만들었고, 그 언어로 쓰인 운동방정식이라는 위대한 결실을 얻게 된 것이다. 그래서 뉴턴의 운동방정식은 '미분방정식'이라고도 불린다. 이 책이 미적분을 주제로 하는데도 '1부'를 물리학 이야기로 채운 이유가 여기에 있다. 책에서 뉴턴의 힘의 법칙, 운동방정식, 그리고 미분방정식의 3개의 용어를 혼용해서 쓰고 있지만 모두 같은 방정식이다.

뉴턴의 운동방정식은 왜 그렇게 칭송을 받는 것일까? 행성의 궤도와 같이 지상과 천상에서 펼쳐지는 모든 운동을 해석할 수 있다는 이유가 대표적이겠지만 과거와 미래를 연결하는 통로로 미래의 정보를 한 치의 오차 없이 예측이 가능하도록 하는, 더 거창하게 표현한다면 우주의 모든 운동을 관장하는 설계자 역할을 하기 때문이다. 핼리가 발견한 혜성이 우리 눈앞에 다시 등장하게 될 시기를 알게 된 것도 미분방정식이 알려주었기에 가능한 것이었다.

그런데 운동방정식이 미래를 내다보는 힘을 지녔기에 위대하다고 하였지만 현재를 사는 일반인들은 그 중요성에 대해 거의 무지하다. 운동방정식으로 자연에서 일어나는 복잡한 현상을 해석하는 것은 물리학자나 수학자만으로 충분하다고 여기는 듯하다. 하지만 운동방정식을 사용할 수 있느냐의 여부가 미래를 주도하는 주도권 싸움의 중요한 열쇠의 하나이다.

운동방정식은 물체의 운동에만 적용되는 것이 아니다. 우리의 감각 기관, 주식 시장의 흐름, 날씨 변화 등 우리가 살면서 접할 수밖에 없는 너무도 많은 분야에서 활용되고 있다. 단적으로 현재 가장 핫한 주제인 '인공지능'이 신경망의 개념과 결합한 미분방정식으로 구동된다. 미래를 선도하는 주인공으로 나서고 싶다면 미분방정식을 상식적인 차원에서 머무르지 않고 그 이상의 내용을 알아야 할 필요가 있다. 이 책은 몇 가지 사례를 들어 어떻게 운동방정식을 세우고 또 미적분으로 해법을 찾는지, 실제 적용하는 방법과 지혜를 알려주는 것이 또 하나의 목적이 될 수 있겠다.

뉴턴이 위대한 의문을 밑거름 삼아 직선과는 명백히 다른 원운동의 해석과 포탄의 사고 실험 등을 통해 힘의 법칙이라는 인류 최대의 업적을 이뤄내는 과정을 지금까지 다뤄왔다. 하지만 나사가 빠진 듯 허전함을 떨쳐내기 어렵다. 그 이유는 이 책의 과제인 행성의 궤도가 정말로 타원인지에 대한 수수께끼를 뉴턴은 해결했는지 몰라도 이 책을 읽는 독자들에게는 아직 미해결 문제로 남아 있기 때문이다. 포탄의 운동을 통해 직감적으로 받아들이긴 하지만 충분한 이해가 아니다. 또한 결정적으로 미적분이 여기에서 어떤 역할을 하는지에 대한 내용도 전혀 없기 때문이다. 이제 이 책에서 할 일은 명백하다. 뉴턴의 업적들이 미적분과 조우하면서 어떻게 행성의 비밀을 밝혀내는지의 이야기가 전개되어야 한다. 그러기 위해 우리도 미적분을 알아야겠다. 뉴턴처럼 그의 앞 시대에 이뤄진 업적들을 쫓으면서 우리 역시 통찰이라는 달콤한 열매를 얻어야 할 것이다.

# 3부

# 우주를 지배하는 대칭

8장 대칭과 보존

9장 시간 대칭과 에너지 보존

**"**

위대한 여성 수학자 에미 뇌터가 창시한 '뇌터의 정리'는
자연의 현상이 대칭에 의해 움직이고, 대칭이 있으면 보존법칙이
존재한다는 사실을 알려주었다. 뇌터의 정리로부터 대칭은 자연의
신비로운 수수께끼를 해결하는 방법을 찾는 등대 역할을 자처하며
대칭의 관점에서 자연의 현상을 들여다보라는 지침서가 되었다.

**"**

우주 만물이 대칭으로 움직인다는 사실을 밝힌 에미 뇌터

# 대칭과 보존

## 빛의 속도에 대한 의문

지상과 천상의 모든 운동을 완벽하게 기술해내는 뉴턴의 운동법칙이 발견된 이후 사람들은 우주가 거대하고 정교한 시계처럼 결정된 길을 따라 작동된다는 것을 아무도 의심하지 않았다. 어느 정도였냐면 뉴턴 이후 19세기 말까지 물리학자들은 이제 물리학이 완성된 학문으로 더 이상 할 일이 없다고 한탄하는 분위기였을 만큼 뉴턴이 이뤄낸 업적은 당시의 과학계를 지배하였다. 그런데 아직 자연은 인간에게 모든 비밀을 알려주지 않았다. 뉴턴의 이론으로는 설명하기 곤란한 실험 결과들이 이즈음부터 속속 발견되면서 물리학계는 서서히 혼돈 속에 빠지게 되었다. 모든 것을 설명할 수 있고 보편적 원리라 믿고 있던 뉴턴의 역학 체계가 조금씩 무너져 내리고 있었다. 아리스토텔레스의 운동관이 무너지는 것과 비슷한 전조라고나 할까. 뉴턴의 이론을 위험에 처하게 한 첫 번째 사건은 빛의 속도가 일정하다는 사실에 기인되었다.

과거의 천문학자들은 빛의 속도가 무한하다고 여겼다. 그러니까 아무리 먼 곳이라도 빛이 비치는 순간 동시에 반대편 지점에 빛이 도달할 것이라 믿었다. 그러나 기존의 진리에 의심을 품으며 빛은 유한한 속도이지 않을까 하는 코페르니쿠스적 전환과 같은 파격적인 생각을 하는 사람들이 등장하기 시작하였다. 그중의 한 사람이 앞에서 등장한 위대한 물리학자 갈릴레이였다. 그는 빛이 유한한 속도를 가질 것이라는 가정하에 최초로 빛의 속도를 재려고 시도하였다.

갈릴레이는 조수와 함께 각자 덮개가 씌워진 램프를 들고 제법 멀리 떨어진, 서로 다른 산꼭대기 위에 올라갔다. 그리고 그가 먼저 덮개를 벗겨 빛을 새어 나가게 하고 그 순간을 관측한 조수가 바로 자기의 램프 덮개를 벗길 때의 시간 지연을 측정하여 빛의 속도를 구하고자 하였다. 이 실험은 너무 많은 모순이 있었다. 이 실험이 가능하려면 빛을 보자마자 바로 덮개를 열어 신호를 보내야 하는데 어찌 인간이 빛의 속도보다 더 빠르게 반응할 수 있겠는가! 설혹 가능하더라도 시간을 어떻게 측정할 것인가?

갈릴레이는 왜 이 같은 황당한 방법으로 빛의 속도를 측정하는 실험을 했을까? 당시로서는 빛의 속도가 어느 정도인지 전혀 알 길이 없었던 그는 빛이 빠르긴 해도 충분히 측정 가능한 속도라고 여겼다. 비록 빛의 속도 측정에는 당연히 실패했지만 빛의 속도를 측정하려는 노력의 시발점이었다는 점에서 큰 의의가 있는 도전이었다.

이후 빛의 속도가 유한하며 어느 정도인지를 밝힌 이가 덴마크의 천문학자 올레 뢰머(1644~1710)였다. 그는 갈릴레이가 최초로 관측하여 발견한 목성의 위성 이오를 이용하여 구해냈다. 갈릴레이는 망원경으로 천체의 운동을 관측하는 연구도 수행하여 목성의 위성 4개를 발견하였는데 이오는 그중의 하나였다. 목성의 위성 중 공전 궤도가 가장 안쪽에 위치한 이오는 1.8일의 주기로 거의 완벽한 원의 궤도를 운동하면서 목성의 그림자에 숨었다가 나타나기를 반복하였다. 뉴턴의 법칙으로 언제 목성의 그림자로 들어가고 언제 빠져나오는지 정확하게 예측이 가능했던 이오의 운동을 면밀히 관측하던 뢰머는 이오의 공전 주기가 일정하지 않다는 사실에 주목하였다. 어떨 때는 1.8일보다 길었다가 어떨 때는 더 짧아지기도 하는 이오의 운동을 이해하기가 힘들었다. 그러니까 목성에 가려지는 시간이 지구와 목성 사이의 거리에 따라 차이가 나는 것이었다. 왜 이런 현상이 생기는 것일까? 많은 과학자들은 수수께끼 같은 이 현상을 인간이 가볼 수 없는 목성의 주위에 알 수 없는 현상이 발생해 이오의 운동이 목성 주위를 일정하게 회전하지 못하는 것이라고 둘러댔다.

그런데 뢰머는 달랐다. 세심히 검토한 결과 지구가 목성에서 가장 가까울 때와 비교하여 가장 멀리 떨어져 있을 때 22분(실제의 시간지연은 16분 36초)이라는 시간 지연이 발생하는 것을 확인했다. 그리고 이런 과정은 1년의 주기를 가지고 반복되었다. 왜 시간 지연이 일어나는 것일까? 뢰머는 이오의 운행에 문제가 있다고 생각하지

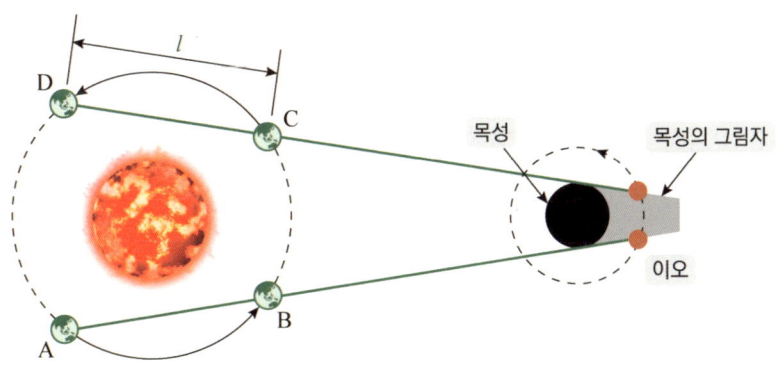

▲ **그림 3.1** 지구와 목성의 그림자에 가려지는 이오와 지구의 상대적 위치 관계

않고 우리가 위치한 지구의 운행에서 그 답을 찾으려고 노력했다. 그러니까 지구, 태양, 목성과 이오의 상대적 위치에서 발생된 문제라는 관점에서 들여다본 것이다. 마침내 그는 여러 가능성을 검토한 결과 이오에서 출발한 빛이 유한한 속도를 가진다는 전제하에서만 현상의 설명이 가능한 일임을 알게 되었다.

그의 생각을 풀이한다면 〈그림 3.1〉과 같다. 지구와 이오의 상대적 위치에 따른 운동을 관측하는 것이므로 태양과 목성을 고정시켜도 논의에 문제가 없다. 이제 지구와 이오는 각각 고정된 태양과 목성 주위를 반시계 방향으로 공전한다. 이때 태양에 의해 목성 뒤쪽에 드리어진 그림자 내에 이오가 들어갔을 때에는 보이지 않고 그림자에서 벗어날 때 관측이 되므로, 점 A와 C에서 이오가 나타났다가 점 B와 D에서 사라진다. 즉 호 $\overset{\frown}{AB}$와 $\overset{\frown}{CD}$에서 이오가 관측이 되고 그 외의 궤도에서는 보이지 않는다.

지구가 목성에서 가장 가까울 때인 점 B에서 이오가 사라지는 시간을 측정하고 지구가 점 C 근처에 있을 때 이오가 나타나는 시간을 측정하여 이오가 목성의 그림자에 있는 시간을 계산하였다. 마찬가지로 가장 멀리 떨어져 있는 A에서 이오가 사라지는 시간과 D에서 이오가 나타나는 시간으로 이오가 목성의 그림자에 있는 시간을 계산하였다. 그런데 두 경우에서 측정한 시간에 명백한 차이가 있었던 것이다. 분명히 목성의 그림자 크기에 변화가 없으므로 그림자 내에 있는 시간 동안은 차이가 없어야 함에도 22분의 시간 차이가 발생한 것이다. 왜 그럴까? 뢰머는 그 이유를 빛이 유한한 속도를 지니고 있기 때문이라고 해석하였다.

가령 B에서 이오를 향해 야구공을 던졌고, 공을 받은 이오가 C의 지점으로 공을 던졌다는 말도 안 되는 상상을 해보자. 사고 실험은 자유니까 말이다. 이번에는 A에서 던지고 D에서 받았다고 하자. 이렇게 두 경우에서 공을 주고받는 시간을 측정하였다면 당연히 거리가 짧은 앞의 사례가 시간이 더 짧다. 이오의 관측의 시간에 차이가 있는 이유는 빛이 야구공처럼 일정한 속도이기 때문에 시간 차이가 발생한 것으로 해석할 수 있었던 것이다. 만약 빛의 속도가 무한하다면, 혹은 던져진 야구공의 속도가 무한하다면 던진 순간 바로 도착하므로 두 경우에는 시간 차이가 존재하지 않게 되는 것이 맞다. 그래서 빛의 속도는 유한할 수밖에 없다는 논리가 적용된다.

유한한 빛의 속도를 측정하기 위해서는 뢰머에게 한 가지의 물리량이 더 필요했다. 속도를 알기 위해서는 거리와 시간의 물리량이 필요한데, 시간은 이미 측정되었으므로 〈그림 3.1〉의 $\ell$, 즉 거리의 값이다. 그림에서는 이해하기 편하게 그리다 보니 왜곡된 면이 있지만 사실 $\ell$ 은 공전 궤도 지름에 해당한다. 여기서 우리는 이 지름의 값을 계산하기 위해 현대적인 감각에 맞춰 '천문단위(astronomical unit, AU)'를 사용하여 알아보도록 하겠다. 이 단위

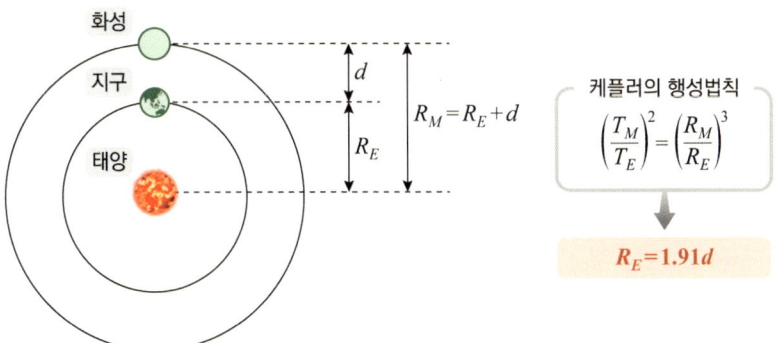

▲ 그림 3.2 케플러의 행성법칙에 따른 지구의 주기 $T_E$와 궤도반지름 $R_E$, 그리고 화성의 주기 $T_M$과 궤도반지름 $R_M$의 관계

는 우주라는 엄청나게 큰 공간에서 주로 사용하는 단위로, 천문학에서 매우 중요한 기준이 되는 거리의 단위로 많이 사용하고 있다. 가령 태양에서 약 7억 7,800만km 떨어져 있는 목성의 거리는 매번 이 수치로 표현하는 불편함도 따르지만 얼마나 먼 거리인지 느낌도 잘 오지 않는다. 하지만 태양에서 지구에 이르는 거리의 5.2배의 거리(5.2AU)에 목성이 위치한다고 했을 때 숫자도 간단하지만 어느 정도의 거리인지도 조금 더 느낌이 온다.

1AU는 직접적인 측정이 아닌 기존의 정보를 활용하는 방법으로 알아낼 수 있다. 화성의 주기 $T_M = 1.88$년, 지구와 화성까지의 거리 $d = 7,900$만km임을 이미 알고 있다고 하였을 때 1AU는 단지 케플러의 행성운동법칙만으로 계산해낼 수 있다.

케플러의 행성법칙에 대한 식 하나만으로 지구와 화성의 거리 $d$의 1.91배가 지구의 궤도반지름 $R_E$로, 약 1억 4,800만km라는 값을 얻을 수 있고 이 값이 곧 1AU이다.* 빛이 1AU를 지나가는 데 약 11분이라는 시간이 소요된다는 점에 따라 빛의 속도는 약 212,000 km/sec라는 값이 나왔다. 뢰머가 계산한 이 수치는 현재 가장 정확한 관측기계로 밝혀낸 빛의 속도 299,792,458km/sec와는 오차가 있긴 하지만, 빛이 유한한 속도라는 것을 밝힌 최초의 성과였다는 점에서 역사적 의미가 크다.

---

* 2013년 기준으로 1AU의 값은 149,597,870.7km이다.

## 뇌터의 정리

빛의 속도 $c^*$를 구하는 과정을 이번 장 서두에 꺼낸 것은 이 대목에서 위대한 수학자 한 명을 소개하기 위해서이다. 그 전에 빛 이야기를 조금 더 이어가보도록 하겠다.

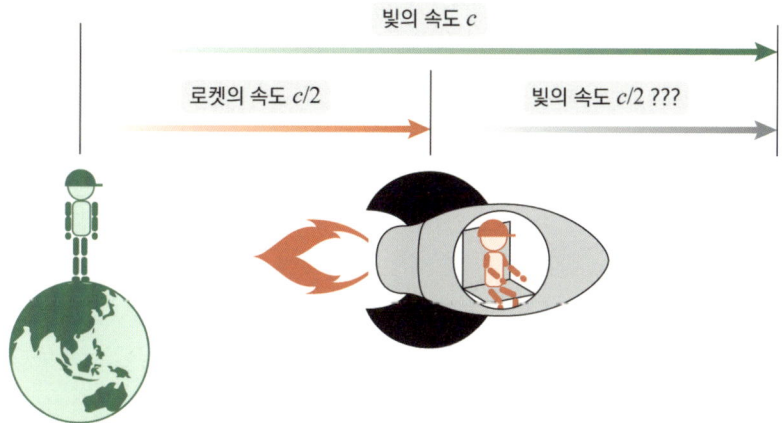

▲ 그림 3.3 지구에서 발사된 빛의 속도는 지구 위 관측자가 바라볼 때 당연히 $c$이다. 그런데 $c/2$로 달리는 우주선 안의 우주인이 보는 빛의 속도 역시 $c$이다.

우리가 직감적으로 이해할 수 있는 갈릴레이의 상대성 원리로 해석하면 우주선 안의 우주인이 보는 빛의 속도는 $c/2$이어야 한다. 그런데 우주인이 보기에도 지구에서의 관측자와 똑같이 빛의 속도는 $c$이다. 도저히 불가능한 현상처럼 보이지만 분명한 진실이다. 갈릴레이의 상대성 원리에 위배되는 광속 불변 현상은 결정적으로 뉴턴 역학의 체계를 뒤흔드는 사건으로 당시 모든 물리학자들을 혼돈의 세계로 몰아넣었다.

---

\* 빛의 속도는 보통 $c$라는 기호로 나타낸다.

뉴턴이 세운 역학의 법칙은 아리스토텔레스와 같은 길을 걸을 운명에 처하였다. 하지만 다행히 그런 우려는 기우에 불과했다. 뉴턴과 함께 또 한 명의 불세출의 천재 물리학자 아인슈타인이 있었기에 커다란 위험에 빠질 수 있는 물리학계는 구원을 받을 수 있었다. 그는 본질적으로 우리가 보고 느끼는 시간과 공간의 개념을 완전히 뒤엎은 발상으로 새로운 차원의 물리학의 시작을 알렸다. 여러분들의 시공간과 나의 시공간은 다르다는 관점에서 시작하여 그가 완성한 물리법칙이 특수 상대성 이론이다. 1905년《움직이는 물체의 전기역학에 관하여》라는 논문에 실린 이 이론에 따르면 뉴턴의 힘의 법칙은 빛의 속도에 가깝게 운동하는 세계에서 분명 통용되지 않았다. 하지만 빛의 속도보다 현저히 떨어지는 속도로 움직이는 세계에서는 문제될 것이 없었다. 뉴턴은 아리스토텔레스의 길을 걷지 않았다. 아인슈타인이 만들어낸 상대성 이론은 뉴턴보다 더 확장된 보편적인 원리로 빛의 속도에 가까운 운동을 설명할 수 있을뿐더러 빛보다 훨씬 작은 속도의 세계에서는 뉴턴의 이론으로 회귀되는 더욱 포괄적인 이론인 것이다.

특수 상대성 이론은 '특수'라는 단어에서 풍기듯 아주 특별한 경우에만 성립하는 법칙이다. 그래서 아인슈타인은 일반적인 상황에서도 성립되는 '일반화된 상대성 이론 및 중력 이론의 개요'의 논문을 1913년에 발표하였다. 하지만 아인슈타인은 논문의 내용을 불만족스러워했다. 물리적으로 오류가 가득했기 때문이다. 그런데 이이론이 얼마나 어려웠던지 아무도 오류가 있다는 사실을 몰랐고, 심지어 그 오류를 알아낸 사람도 아인슈타인 자신이었다. 하지만 오류를 바로잡는 것은 그리 쉬운 일이 아니었다. 아인슈타인은 당대 최고의 수학자였던 다비드 힐베르트(1862~1943)와 펠릭스 클라인(1849~1925)의 도움을 받으면서 작업을 이어나갔지만 해결 방안을 찾는 길은 상당한 난항을 거듭하였다. 그들은 마침내 이 문제의 해결을 위해서는 불변량에 관한 최고의 전문가로 알려진 에미 뇌터(1882~1935)의 도움이 절실하다고 판단하였다. 그들의 판단은 정확했고, 그녀의 도움으로 마침내 1915년 이론 물리학에서 가장 우아하고 가장 혁신적인 일반 상대성 이론의 결실을 맺게 되었다.

이번 장의 주인공이 바로 일반 상대성 이론의 완성에 혁혁한 공헌을 한 에미 뇌터이다. 뇌터는 유대인이라는 인종적 차별, 여성이라는 성차별이 만연했던 시대에 온갖 고난을 극복하고 '추상대수학'이라는 수학의 한 분야를 창조했고, 더불어 물리학의 역사를 바꾼 '뇌터의 정리'를 만들어낸 인물이다. 대칭성과 보존법칙 사이의 일대일 대응 관계를 나타내는 이 법칙은 아직도 20세기 물리학의 주요 업적으로 거론되고 있으며 수학자들 사이에선 "대수학의 이론을 정립했다"는 평가를 받을 정도로 대단한 이론이다.

에미 뇌터의 천재성 그리고 수학과 물리학에 끼친 영향에 감복한 아인슈타인은 그녀가 세상을 떠난 1935년 《뉴욕타임스》에 '에미 뇌터가 여성 고등교육이 시작된 이래 나타난 가장 위대하고 창의적인 수학적 천재'임을 알리는 추모의 글을 남겼다. 비록 수학계의 노벨상인 필즈상이 창설된 해가 1936년이어서 상을 받을 수 없었지만, "수학자가 얻을 수 있는 가장 큰 명예는 필즈상이 아니라, 자신의 이름이 하나의 형용사가 되어 수학사 속에 영원히 남는 것이다"라는 유명한 말이 그녀가 수학사에 끼친 영향이 얼마나 지대한지를 가늠하게 해준다.*

---

* Runde, V., "Noethe", 5 Jun (2002), https://arxiv.org/abs/math/0206043

물리법칙의 모든 미분 가능한 연속 대칭에는 저마다 상응하는
보존법칙이 존재한다.

이처럼 대단하다는 평가를 받는 뇌터의 정리를 쉽게 설명하자면, 보존법칙이 있는 곳에서는 반드시 대칭의 성질이 있고, 역으로 대칭이 있는 세계에서는 반드시 물리적으로 보존되는 양이 존재한다는 사실을 천명하는 이론이다. 한 마디로 대칭과 보존법칙의 개념을 통합함으로써 대칭이야말로 가장 직접적으로 자연의 세계를 정확하게 표현할 수 있는 통로임을 공식화한 것이다.

20세기 이전까지 물리학자는 대칭의 관점에서 크게 사고하지 않았다. 그들은 대칭을 특정한 물리 문제를 단순화하는 데 가끔 도움을 줄 수 있는 도구로 보았으며, 물리적 세계의 심오한 역학적 구조에서는 의미가 없다고 생각했다. 그런데 뇌터의 정리가 발표된 이후 물리학은 대칭이 자연계의 가장 깊숙한 구조를 이해하는 가장 중요한 등대지기라는 사실을 인식하였다.

## 병진 대칭과 운동량 보존법칙

뇌터의 정리의 증명 과정을 이해하기는 매우 힘들다. 상당한 수준의 물리와 수학의 내공을 갖춰야 따라갈 수 있다. 그래서 우리는 이론을 창시한 뇌터를 비롯하여 수많은 수학자와 물리학자들을 믿고 뇌터의 정리의 결과만을 활용하자. 대칭이 있으면 보존이 있고, 보존이 있으면 대칭성이 존재한다는 커다란 틀 안에서 우주의 삼라만상이 움직인다는 사실을 말이다.

대칭이 무엇인지는 누구나 알고 있다. 하지만 자연 현상을 설명

하는 도구로 대칭이 활용되기 위해서는 그에 맞는 수학적인 옷으로 치장해야 한다. 그러니까 추상적인 대칭의 개념을 물리학이나 수학에서 활용할 수 있는 언어로 정의하여야 할 필요성이 있다는 것이다. 이들 학문에서는 "무언가가 어떠한 변환 또는 연산에 대해서도 불변"일 때 대칭이라 정의한다.

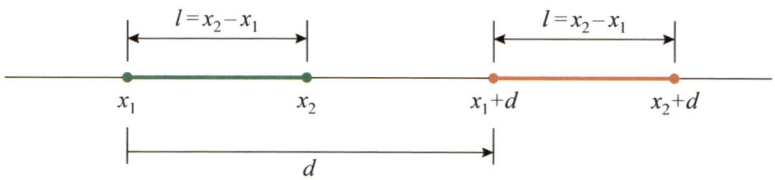

▲ 그림 3.4 수직선상에 놓인 길이 $l$의 막대기를 임의의 양 $d$만큼 이동시켜도 길이의 변화는 발생하지 않는다.

이동에 의해 막대기의 길이가 영향을 받지 않는다는 것은 너무 당연해서 이런 사실도 중요한 개념인가 의구심이 들 정도이다. 어쨌든 1차원의 수직선 위에서 이동시키는 연산에 대해 막대기의 길이가 불변인 것과 같은 변환을 병진 대칭이라 한다. 이 대칭을 뉴턴이 품은 위대한 의문에 적용하여 보겠다.

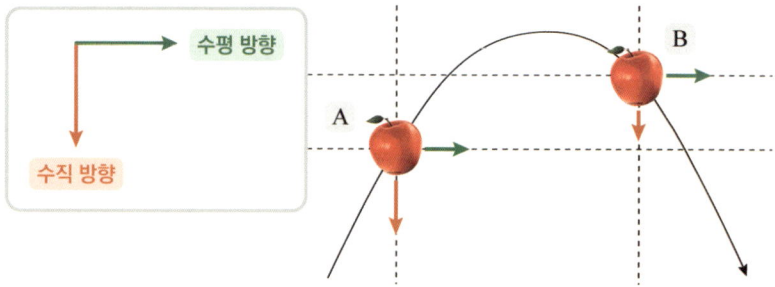

▲ 그림 3.5 화살표의 방향과 길이가 사과가 움직이는 속도의 방향과 크기로 할 때, A와 B의 수직방향의 두 붉은색의 화살표는 높이에 따라 다르지만, 수평 방향의 초록색 화살표의 길이는 변하지 않는다.

사과를 들어 올려 가만히 놓아보면 아래로만 향해 떨어진다. 뉴턴이 의심했듯 왜 옆으로 움직이지 않을까? 물론 우리는 이 의문에서 뉴턴이 관성으로부터 중력의 존재를 밝혀냈다는 사실을 이미 다루었지만, 이번에는 대칭이라는 관점에서 들여다보겠다. 이를 위해 '갈릴레이의 배' 위에서 던져진 '뉴턴의 사과'가 포물선의 궤적을 그리며 날아가는 〈그림 1.8〉의 상황을 좀더 세밀하게 묘사한 〈그림 3.57〉을 들여다보자.

수직 방향의 붉은색 화살표 2개의 길이가 달라졌다는 사실은 병진 대칭이 성립하지 않다는 의미이다. 대칭이 깨지는 이유는 당연히 중력에 의한 것으로 해석이 가능하다. 반면 수평 방향의 2개의 초록색 화살표의 길이는 변함이 없다. 이동에 의해 막대기의 길이가 변하지 않듯 속도의 변화가 없다. 즉 두 지점에서 초록색의 두 벡터는 동일한 벡터임을 말하는 것으로 수평 방향으로 어떤 힘도 존재하지 않는 대칭의 공간이라는 의미이다. 뉴턴이 가만히 떨어뜨린 사과가 옆으로 움직이지 않는 이유가 병진 대칭이 성립하는 수평 방향의 속도가 0이므로 사과가 옆으로 움직이지 않는 것이다.

따라서 초록색 화살표를 품고 지면에 평행한 2차원 평면에서 특정한 위치란 것이 없다. 어떤 곳이건 속도의 방향이나 길이가 바뀌지 않는 병진 대칭이 성립하는 공간이다. 이때 뇌터의 정리는 반드시 어떤 물리량이 보존해야 한다고 항변한다. 화살표가 곧 속도를 나타내고 있기에 우리는 그 물리량의 존재는 데카르트가 찾아낸 운동량이라 유추할 수 있고, 실제 뇌터의 이론으로 병진 대칭이 성립하는 평면상에서 운동량이 보존된다는 사실이 입증되었다. 바로 데카르트가 찾아낸 운동량 보존법칙은 뇌터의 정리로 공증을 받은 셈이다.

우리는 병진 대칭과 운동량의 보존관계의 대응으로 물리학에서 대칭을 어떤 관점으로 바라보고 있는지를 엿볼 수 있다. 던져진 사과의 수평 방향의 속도가 위치를 바꾸더라도 변하지 않는다는 것을 물리학적 관점에서 확대하여 정의한다면, 어떤 물리량이 변환을 겪더라도 형태, 구성, 배열 등이 같은 상태를 유지할 때 '대칭을 가진다'라고 이야기한다. 그래서 수평 방향의 속도가 이동이라는 변환에 대해 항구성을 지니고 있기에 병진 대칭이라고 하는 것이고, 또한 이 대칭으로 운동량이 보존되어야 한다는 물리법칙은 물체를 제멋대로 움직이도록 놔두지 않고 명확한 체계를 따라 질서를 가지고 움직임이도록 통제하는 신의 계시와 같은 명령서인 것이다. 대칭은 시간과 공간의 구애 없이 우주의 탄생부터 지금까지 변함없이 물체의 운동을 관장하며 물질의 구조를 통제하고 있는 우주의 법칙이다.

대칭성이 깨진 사과의 수직 방향의 운동도 제곱의 법칙으로 움직이므로 자연이 운동을 조절하고 있다는 의미로 볼 수 있다. 자칫 오해를 불러일으킬 수 있는 수직 운동도 엄연히 대칭에 의한 운동인 것이다. 중력이라는 물리법칙에 의해 운동하게 되는 사과의 수직 방향의 변환은 시간 대칭에 대응되는 에너지 보존법칙에 의한 것이다. 또한 이 책의 궁극적인 목적이라 할 수 있는 행성의 운동도 타원 궤도로 움직이도록 강요하는 대칭이 존재하니 그것은 회전 대칭으로 각운동량 보존이라는 물리법칙에 대응된다. 이렇게 우주에는 여러 종류의 대칭이 존재하며, 각 대칭에 대응되는 보존되는 물리량의 법칙으로 우리를 둘러싼 자연의 세계를 수학의 언어로 표현하여 이해할 수가 있다. 그래서 물리학은 대칭의 눈으로 자연을 바라보고 분석하는 학문이다.

# 9장 시간 대칭과 에너지 보존

## 일이란 무엇인가?

17세기 후반부터 18세기 전반에 유럽에서 두 명의 대 수학자가 운동에 관련해 각각 달리 주장한 물리량의 개념으로 상당한 논쟁을 벌인 일이 있었다. 그들 중 한 명은 뛰어난 직관과 사고로 운동량 보존법칙이라는 위대한 이론을 주장한 데카르트, 또 다른 수학자는 그의 운동량에 대한 주장을 받아들이지 않는 학자들 중 뉴턴과 함께 미적분을 창시한 인물로 인정받고 있는 독일의 빌헬름 라이프니츠(1646~1716)이다.

그런데 우리는 뇌터의 정리와 뉴턴의 운동법칙을 통해 운동량 보존이 우주를 지배하는 눌리법칙임을 알고 있어서 라이프니츠가 뭔가 대단히 착각하고 있지 않은가 여겨질 법도 하다. 하지만 그의 항변을 들어보고 무엇을 잘못 판단했는지 확인해볼 필요는 있겠다. 라이프니츠의 주장을 이해하기 위해서는 먼저 '일'이라는 물리량에 대한 개념을 알아야 한다.

인간은 세상에 태어나서 먹고 살기 위해 정신적, 육체적 자원을 투입하며 일을 한다. 그렇다면 일이란 무엇인가? 이것이 철학적 질문이라면 정의 내리기가 힘들 수 있다. 다행인 것은 이 책이 수학과 물리학의 놀이터라는 점이다. 물리학에서는 일을 명확하게 정의하고 있다. 예를 들어 짐을 들어 올리는 것 같은 행동이 일을 하는 것이다. 무거울수록 또 높이 들어 올릴수록 더 많은 일을 하게 된다. 어려운 점은 이것을 수학의 언어로 표현하는 것이다.

우리는 일을 몸에 있는 에너지를 사용한다고 표현한다. 그 점에서 에너지가 바로 일이라는 것을 알 수 있다. 물체를 밀 때도 마찬가지이다. 미는 반대 방향으로 생기는 마찰력을 이겨내는 힘으로 밀어야 물체가 움직일 수 있다. 그러므로 마찰력이 많을수록, 즉 저항하는 힘이 클수록 소모되는 일이 많다. 또한 물체를 움직이게 하는 거리가 클수록 혹은 더 높이 들어 올릴수록 일을 더 많이 한다. 이쯤에서 여러분도 물리학자의 눈으로 일을 들여다보았을 때 어떻게 정의하는 게 좋을지 감이 잡힐 것이다. 아마 어렵지 않게 일이란 물체에 가하는 힘과 그 방향으로 움직인 거리의 곱으로 정의한다는 것을 이끌어내셨으리라.

▲ 그림 3.6 일 $W$는 힘 $F$와 움직인 거리의 곱으로 왼쪽은 $Fh$, 오른쪽은 $Fs$의 일을 하였다.

질량 $m$인 물체를 바닥에서 $h$만큼 들어 올렸을 때 지구가 당기는 힘인 중력의 크기가 $mg$이므로 $mgh$가 일의 양이다. 물리학적 정의에 의한 이 계산은 어려울 것이 없고 경험적으로도 일치한다. 바위 덩어리를 밀 때는 바위와 바닥 사이에서 발생한 마찰력보다 더 큰 힘으로 밀어줘야 한다. 그러니까 바위의 무게보다 바닥의 상태에 따라 다르게 발생하는 마찰력이 얼마나 많은 힘으로 밀어줘야 하는지를 결정하는 주요 인자가 된다. 같은 바위여도 흙 위에서 밀 때와 얼음 위에서 밀 때가 다르듯이 말이다.

그런데 물리 시간에 위와 같은 일의 정의를 처음 배우면서 어떤 의문점이 든 적이 있지 않았는가? 가령 들어 올린 물체를 가만히 들고 있기만 해도 시간이 지나면 너무도 힘이 든다. 움직이지 않았으므로 물리학적 정의에 따르면 아무런 일도 하지 않았음에도 말이다. 온 힘을 주고 바위를 밀었지만 꿈쩍도 하지 않았을 때도 그렇다. 정의에 따라 일은 전혀 하지 않았다. 바위가 움직인 거리는 0이기 때문이다. 하지만 바위를 민 사람은 끙끙대다 보니 모든 기력이 다 빠져나갔다. 두 가지 사례 모두 분명 몸의 에너지가 소진되었는데 왜 일을 하지 않았다는 것일까? 물리학적으로 정의된 일과 우리가 육체적으로 직접 행한 일이 다른 개념인가?

물리학적 정의에 의한 계산상으로 두 경우 모두 분명 일을 하였다. 그런데도 이런 모순이 발생한 것은 모든 물체를 하나의 질점으로 생각한 데서 오는 착각이다. 질점은 앞의 '2부'에서 중력가속도를 구할 때 지구의 질량을 중심의 한 점에 모였다고 간주하고 구하였을 때의 점이다. 지구를 질점으로 처리하여 중력가속도의 크기를 손쉽게 구할 수 있었던 것처럼 질점은 자연의 현상을 단순화시켜 해석하는 데 있어 상당한 효력을 지닌다. 바위를 밀 때 분명 움직이지 않았으므로 물리학적으로는 일을 안 한 것이 맞다. 하지만 우리의 몸은 일을 하였다. 이런 모순적인 상황이 발생한 이유는 우리 몸을 질점으로 처리하였기 때문이다. 우리 몸은 수많은 세포로 구성된 생명체가 아닌가? 혈액이 우리 몸을 감싸며 돌고 있고 심장은 끊임없이 펌프질하고 있다. 우리 몸속을 들여다보면 하나하나의 세포, 근육의 섬유질 등 수많은 질점들로 이뤄진 세계이다. 바위를 미는 과정에서 신체 내에서는 더욱 강력한 심장의 펌프질과 근육의 수축, 이완 등 수많은 작은 질점들이 힘을 받고 위치의 변화가 일어난다. 겉으로 봤을 때 물리학적 일은 없어 보이지만 우리 몸속에서는 엄청난 일을 한 것이다. 흘리는 땀이 그 증거가 아니겠는가. 몸속에서 발생한 일이 열에너지로 바뀌어 우리 몸을 달구게 되고, 자연스러운 생체 반응으로 땀이 흘러나와 몸의 열을 식히고 있는 것이다.

## 일의 양은 벡터의 내적

물리학에서 정의한 일의 개념이 우리의 직감과도 전혀 괴리가 없이 일치한다는 사실을 앞의 절의 설명으로 이제는 받아들일 수 있겠다. 그러면 또 다른 사례를 들어 중요한 수학의 정의 하나를 살펴보자.

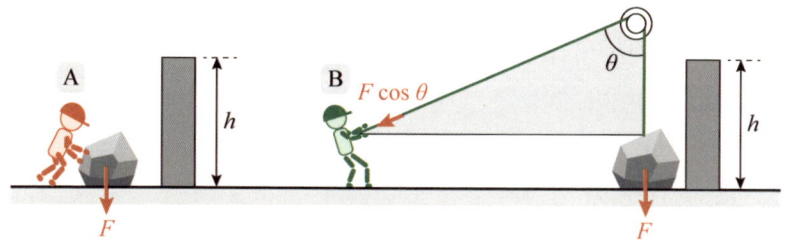

▲ 그림 3.7 ① 질량 $m$인 물체를 바로 $h$만큼 올렸을 때와, ② 도르래를 이용하였을 때의 일

A는 힘이 장사라서 질량이 $m$인 물체의 중력 $F(=mg)$만큼의 힘으로 높이 $h$의 선반에 올려놓았다. 그가 행한 일은 정의에 의해 당연히 $Fh$이다. 그런데 B는 힘이 달려서 바로 들지 못하여 물체를 실로 묶은 후 도르래를 이용하였다. 도르래는 힘을 절약할 수 있는 장

점이 있어서 더 적은 힘인 $F\cos\theta$로 어렵지 않게 물체를 잡아당길 수가 있다. 이때 B는 A보다 일을 더 많이 하였을까 적게 하였을까? 사실 상황을 조금만 신경쓰면 일의 양은 변하지 않을 것임을 바로 알 수 있다. 도르래를 이용했지만 어차피 물체를 $h$만큼 올리는 만큼의 일의 양을 하게 될 것이므로 동일할 수밖에 없는 것이다. 이유는 B가 비록 A보다 힘을 덜 쓰지만 반대로 힘을 쓰는 길이가 $h/\cos\theta$로 길어지게 되기 때문이다.

결국 일은 물체가 움직이는 방향으로 실제적인 힘이 얼마이냐가 중요하다. 그래서 물체의 중력의 방향과 움직이는 방향과 일치시키는 힘을 구하기 위해 $\cos\theta$를 곱한 것이다. 이런 계산을 매번 말로써 일일이 설명할 수 없기 때문에 이 의미를 함축적으로 표현하는 수학의 기호가 필요하다. 그것이 벡터의 '내적'이다. 앞서 벡터를 실명하면서 벡터끼리의 연산은 덧셈과 뺄셈 외에 내적과 외적이 정의되어 있다고 했을 때 바로 그 연산자들 중 하나이다. 벡터의 내적의 기호는 '·'으로 힘의 벡터가 $\vec{F}$이고 거리의 벡터가 $\vec{s}$일 때 두 벡터의 내적은 $\vec{F}\cdot\vec{s}$으로 곧 $Fs\cos\theta$으로 정의하고 있다. 따라서 일 $W$는 엄밀하게는 $\vec{F}\cdot\vec{s}$가 정확한 표현이다.

## 라이프니츠의 활력의 개념

라이프니츠는 데카르트의 운동량 개념을 반대하는 논문을 발표하며, 데카르트의 운동량 개념에 물체가 움직이는 일과 불일치하는 면이 존재한다면서 운동량은 잘못된 물리량이라고 주장하였다.[*]

---

[*] 라이프니츠는《형이상학 논고》에서 데카르트의 오류를 지적한 논증을 발표했다.

라이프니츠의 주장을 들어보자.

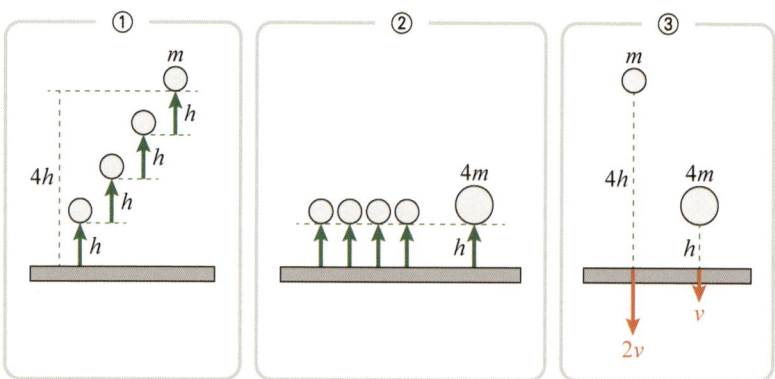

▲ 그림 3.8 ① 질량 $m$을 지상에서 높이 $h$로 올리는 일 $w(=mgh)$와 높이 $h$에서 $2h$로 올리는 일은 같다. 따라서 높이 $4h$로 올리는 일의 총량은 $4w$이다. ② 지상에 놓인 질량 $m$의 4개의 물체를 $h$의 높이로 올리는 일의 총량은 $4w$로 질량 $4m$을 높이 $h$로 올리는 일과 같다. ③ ①과 ②로부터 질량 $m$을 높이 $4h$로, 질량 $4m$의 물체를 높이 $h$로 올리는 일은 같다.

단계적으로 설명하다 보니 내용이 길어졌지만, 〈그림 3.8〉은 $m$과 $4m$의 두 물체를 각각 $4h$와 $h$의 높이에 올리는 일의 양이 같다는 것을 나타낸 것이다. 이제 두 물체를 그대로 낙하시켜보겠다. 갈릴레이의 낙하법칙에 따라 $h$의 높이에 떨어진 무게 $4m$의 물체의 속도가 $v$이면, 높이 $4h$에서 떨어뜨린 무게 $m$의 물체가 지상에 도달했을 때의 속도는 $2v$이다. 따라서 운동량은 각각 $4mv$와 $2mv$이다. 이상하다. 같은 일을 하여 같은 에너지를 가지고 있는데 왜 운동량이 다르게 나온 것일까? 어디서 착오가 발생하였을까? 일의 양이 같음에도 운동량이 다르다는 서로 상충된 결과가 발생한 것이다. 이 점 때문에 라이프니츠는 운동량이 물리적으로 아무런 의미가 없는 개념으로 폐기 처분해야 한다고 주장하면서, 대안으로 질량 $m$과 속도의 제곱 $v^2$의 곱인 $mv^2$이라는 '활력(vis viva)'이라는 새로운 물리량의 개념을 주장하였다. 위의 그림 ③에서 질량 $4m$의 속도는 $v$이므로 활력은 $4mv^2$이고, 또한 속도가 $2v$인 질량 $m$의 활력 또한 $4mv^2$으로 동일한 값을 가지게 되어 모순점이 사라지기 때문이다.

라이프니츠는 운동량이 아닌 질량과 속도의 제곱의 곱인 활력이 일을 할 수 있는 능력에 대응되는 진정한 물리량으로, 일과 활력이 서로 모순 없이 대응되어 보존이라는 자연계의 특성을 유지할 수 있다고 주장하였다. 그런데 그 당시는 뇌터의 이론이 나오기 전이긴 하여도 뉴턴이 작용반작용을 통해 운동량 보존법칙을 명확하게 정립해놓았던 때라 많은 과학자들은 라이프니츠의 활력 개념에 의문을 품었다. 그럼에도 라이프니츠의 주장은 일견 충분히 일리가 있었다.

이후 이미 입증된 운동량 보존법칙으로 설명하기 어렵지만 활력의 개념으로 설명이 가능한 자연 현상 사례가 등장하면서 과학자들은 활력의 개념에 차츰 동의하였다. 그리고 마침내 1743년 프랑스의 수학자 달랑베르에 의해 데카르트의 '운동량'과 라이프니츠의 '활력'은 서로 다른 개념으로 모두 정당한 물리량이라고 인정받게 되었다. 데카르트와 라이프니츠의 주장 모두 정당성을 부여받은 것이다.

잠시 라이프니츠가 정의한 활력에 대해 짚고 넘어갈 부분이 있다. 중력가속도 $g$의 크기를 10m/sec²으로 놓고, 다음의 예를 살펴보자.

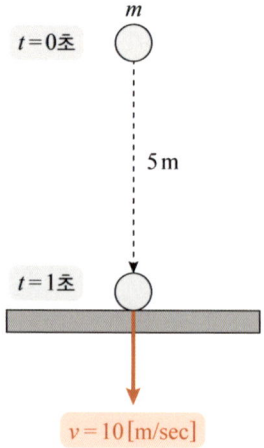

▲ 그림 3.9 질량 $m$의 물체를 높이 5m에서 낙하시켰을 때 1초 후의 속도는 10m/sec이다.

활력은 질량과 속도의 제곱이므로 다음과 같다.

$$활력 = m \times 10^2 = 100m$$

그런데 질량 $m$의 물체를 높이 5m로 올렸을 때 일의 양과는 차이가 발생한다.

$$일 = m \times 10m/sec^2 \times 5 = 50m$$

2개의 값에 차이가 있다. 일의 값은 정의에 의해 정확하게 계산되었다면, 잘못 계산된 것은 활력이다. 왜 상이한 결과가 발생한 것일까? 라이프니츠의 활력에 오류가 있는 것인가? 하지만 활력이 정당한 물리량으로 입증되었다면 우리가 오류를 범하고 있다고밖에 볼 수 없다.

이유는 속도가 처음부터 10m/sec가 아니었다는 점에서 발생한다. 정지한 상태에서 속도 0에서 가속되어 1초 후에 10이 되었음에도 중간과정을 모두 무시하고 최종적인 값만 취한 데서 나온 모순인 것이다. 처음 위치에서 속도는 분명 0으로 지속적으로 증가한 것이지 않은가! 그래서 활력은 처음과 나중의 평균값을 취한 $mv^2/2$이 되어야 모순 없이 작동한다.

## 에너지 보존

라이프니츠가 제시한 활력이 바로 현대의 물리량인 운동에너지이다. 데카르트의 운동량과는 다른 개념이다. 히지만 용어에 공통적으로 '운동'이라는 단어가 들어 있어 그런지 개념적으로는 매우 유사하다는 느낌이 들어 혼돈을 야기한다. 차이를 구분한다면 두 물리량은 현실과 비현실의 세계를 넘나드는 물리량이라고 할까? 운동량은 실제적인 현실이고 운동에너지는 실체화되기 전의 잠재된 상태로 이해하면 된다. 즉 어떤 물체가 잠재된 상태의 $mv^2/2$의 운동에너지를 가지고 있다는 것은 이 에너지가 실체화되었을 때 속도 $v$를 가지게 된다는 의미이다.

우리가 5층 높이에서 아래로 뛰어내리는 아찔한 상황을 생각해보자. 2층 높이라면 과감하게 시도해볼 수도 있겠지만 5층은 절대 엄두가 나지 않는 높이이다. 지상에 닿을 때 처음에 없던 속도가 중력의 영향으로 저절로 생기면서 지상에 도달할 때에는 상당한 속도가 될 것임을 본능적으로 알기 때문이다. 결과적으로 5층 높이에서 이미 지상에서 얼마의 속도가 될 것인지가 결정된 상황으로, 추상적인 운동에너지가 잠재되어 있다가 실제의 운동의 강도를 나타내는 운동량으로 바뀌게 됨을 뜻한다. 이처럼 에너지는 마치 잔뜩 웅크린 용수철처럼 수축되어 있다가 당장은 운동하지 않지만 운동의 가능성을 담보한, 잠재된 개념으로 보면 된다.

라이프니츠의 활력 개념을 설명한 앞의 절을 떠올린다면, 운동

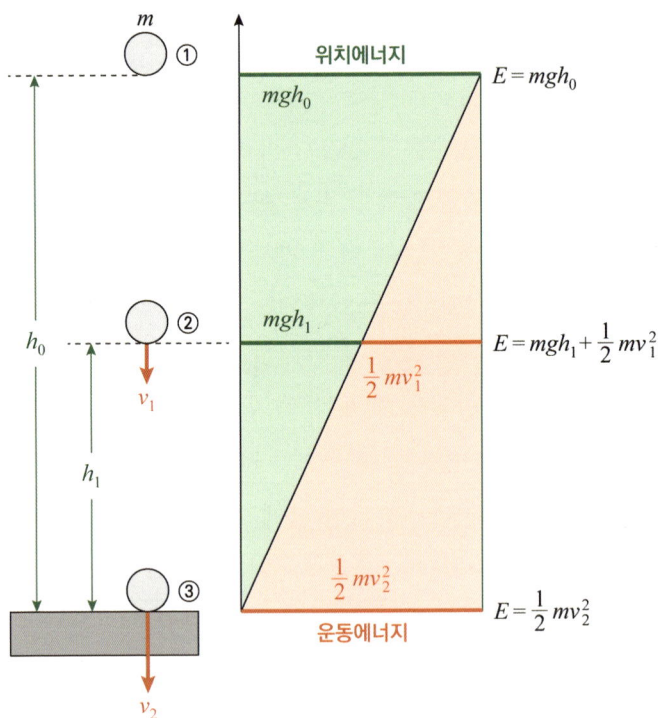

▲ 그림 3.10 ① 높이 $h_0$에 있는 물체의 위치에너지는 $mgh_0$이다. ② 높이 $h_1$에 있을 때 위치에너지는 $mgh_1$이다. 감소된 위치에너지만큼 속도 $v_1$의 운동에너지로 전환된다. ③ 지상에 도달했을 때 높이는 0이므로 위치에너지는 모두 소실되어 $mv_2^2/2$의 운동에너지로 바뀌었다. 이때 ①~③의 위치에너지와 운동에너지의 합은 모두 같다.

$$\text{에너지 보존법칙} \quad mgh_0 = mgh_1 + \frac{1}{2}mv_1^2 = \frac{1}{2}mv_2^2$$

에너지의 크기는 물체를 들어 올릴 때 행한 일, 즉 중력 $mg$를 거슬러 높이 $h$까지 물체를 들어 올렸을 때 행한 일의 양 $mgh$와 같다. 이때의 에너지가 곧 위치에너지이고, 높이 $h$에서 속도는 0이므로 운동에너지는 존재하지 않는다. 그런데 뛰어내려 바닥에 닿았을 때는 없던 속도가 발생하고 반면 높이가 0이어서 위치에너지는 존재하지 않게 된다. 즉 높이 $h$에서 위치에너지는 바닥에서 속도 $v$를 만들어낼 수 있는 운동에너지와 동일한 에너지가 된다. 이처럼 운동에너지와 위치에너지는 서로 상보적인 관계로 두 에너지의 합은 일정하다는 것이 에너지 보존법칙이다.

위치에너지와 운동에너지의 관계는 갈릴레이의 낙하법칙을 에너지가 보존된다는 의미에서 물리량으로 멋들어지게 표현한 것이기도 하다. 낙하하는 거리와 속도가 제곱의 관계가 있다는 것이 곧 에너지 보존법칙을 말하고 있는 것이다.

그렇다면 뇌터의 정리에 따라 에너지 보존을 성립하게 하는 대칭이 자연계에 존재해야 한다. 어떤 대칭일까? 그것은 시간 진행에 대한 대칭(time translational symmetry)이다. 약간은 생소하게 들리는 시간 진행 대칭은 과거와 미래 사이에 대칭이 있다는 것으로, 과거와 미래를 서로 뒤바꿀 수 있는 변환을 말한다. 한 번에 이해가 잘 되지 않을 것이다. 우리가 과거를 거슬러 갈수도 없을뿐더러 미래로 점프할 수도 없는데 미래와 과거가 대칭의 세계라니….

위의 의문은 다음 절에서 이야기를 계속하기로 하고, 2장에서 남겨둔 의문을 해결하고 넘어가겠다. 관성을 실험적으로 발견한 갈릴레이의 U자형 빗면 실험에서 빗면을 따라 굴러 내려온 공이 같은 높이로 올라가는 이유에 대해 설명하지 않았는데 그 이유가 바로 에너지 보존법칙에 의한 것이다. 일정 높이에서 위치에너지만을 가지고 있던 공이 바닥에 내려왔을 때 모두 운동에너지로 전환되고, 다시 그 에너지로 같은 높이까지 올라가게 되는 것이다. 물론 공기와의 저항, 바닥과의 마찰 등 외부 요인으로 그 높이까지 올라갈 수는 없겠지만 말이다.

## 엔트로피

타자가 친 야구공은 포물선을 그리며 운동한다. 그런데 야구공의 운동 과정을 녹화하여 거꾸로 재생하면 어떻게 될까? 야구공은 공기의 저항으로 완벽한 포물선의 궤적을 보이지는 않으므로 반대로 재생된 야구공의 운동은 확실히 부자연스럽다. 그렇다고 아주 거부감이 느껴질 정도는 아니다. 그 이유가 바로 자연계는 시간 진행 대칭에 의한 효과가 존재하기 때문이다.

그래도 마냥 동의하기는 어렵다. 마치 궤변을 늘어놓는 것 같아 반발심도 든다. 반대의 목소리를 높일 수 있는 근거로 확실히 제시할 수 있는 사례가 물에 떨어진 푸른색 잉크 방울이 서서히 퍼져가는 과정이다. 물을 파랗게 물들이는 과정을 촬영한 영상을 마찬가지로 반대로 돌려보면 퍼졌던 잉크 방울이 다시 하나의 방울로 뭉쳐지게 된다. 도저히 자연계에서 일어날 수 없는 일이다. 또 세월에 따라 늙어가는 우리의 육체에서도 마찬가지다. 결코 벤자민 버튼* 처럼 젊어질 수 없다. 일일이 따져보면 우리 눈에 보이는 자연계에서 벌어지는 일은 사실상 모두 비가역 현상에 해당한다. 미래와 과

---

* 영화 〈벤자민 버튼의 시간은 거꾸로 간다〉에서 주인공 벤자민은 시간이 흐를수록 젊어지는 육체를 지니고 있다.

거가 대칭이어야 가역 반응이 일어날 조건이 될 수 있는데 자연 현상에서 눈 씻고 찾으려야 찾을 수 없다. 이쯤 되면 시간 진행 대칭이 자연계에 존재한다는 주장 자체를 도저히 받아들이기가 힘들다. 분명 우리가 경험하는 현실은 과거와 미래가 다르다. 어떻게 자연 현상이 시간에 대해 대칭이라고 말할 수 있는 것인가?

결론을 이야기한다면 우리가 감각하며 살고 있는 현실 세계에서는 시간 진행 대칭이 성립하지 않는다. 시간 진행이 비대칭일 수밖에 없는 이유는 이 책 후반부 '18부'에서 자세히 다룰 예정인데 열역학 제2법칙에서 찾을 수 있다. 아래의 그림을 보자.

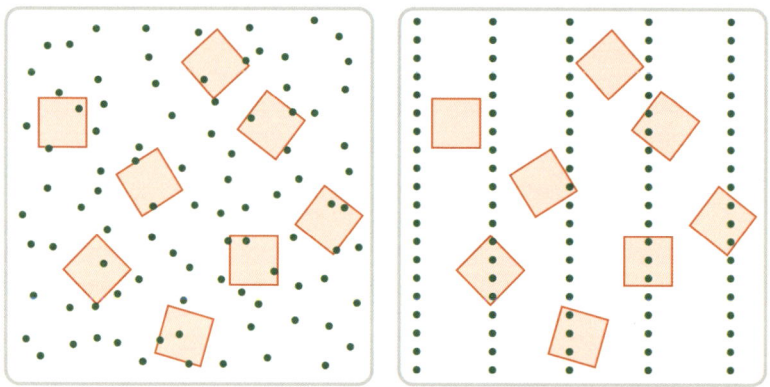

▲ 그림 3.11 왼쪽의 그림은 100개의 초록색 점들이 무작위로 분포되어 있고, 오른쪽 그림은 20개의 점들이 일렬로 나란히 5개의 줄로 질서정연하게 늘어서 있다. 이때 임의적으로 넓이가 같은 8개의 붉은 사각형의 창에 포함되는 점들의 개수를 세었을 때 왼쪽은 1~3개의 범위로 점들이 존재하지만 오른쪽은 0~4개로 편차가 크다.

여러분들이 100개의 콩을 방바닥에 흩뿌렸을 때 〈그림 3.11〉 오른쪽처럼 콩들이 질서정연하게 배치될 수 있을까? 불가능한 일이다. 오히려 무작위로 분포된 왼쪽 그림이 더 일반적이다. 물리적으로 표현한다면 훨씬 안정되어 있는 상태이다. 편차가 적은 쪽이 더 대칭적이라는 말이다. 우리는 보통 질서가 없는 것이 비대칭이고, 질서정연한 것이 대칭이라 생각하지만 사실은 그 반대이다. 편차가 더 적은 무작위 배열이 대칭성을 더 띠고 있다. 그렇기에 물에 떨어진 잉크 방울이 퍼지는 것은 대칭의 상태로 나아가는 아주 자연스러운 현상이다.

학문적인 용어로 설명하자면 모든 자연 현상은 엔트로피*가 높은 곳으로 움직이며, 〈그림 3.11〉의 무작위로 배열된 왼쪽 그림의 엔트로피가 질서 있게 배열된 오른쪽보다 더 크다. 그래서 잉크가 물에 떨어진 순간의 작은 값의 엔트로피에서 엔트로피가 더 큰 퍼진 상태로 진행해가는 것이다.

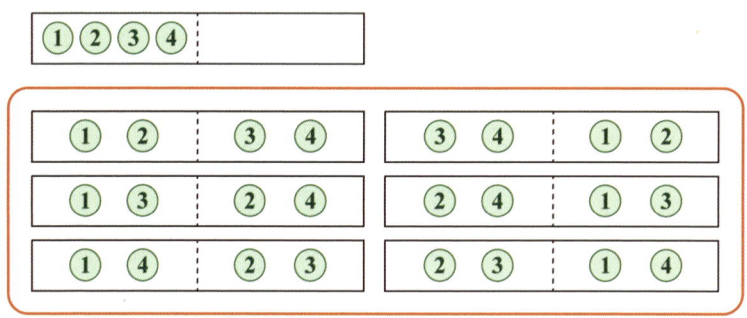

▲ **그림 3.12** 점선의 가상의 벽을 경계로 4개의 공이 왼쪽 방에 모두 놓이는 경우는 유일하지만 왼쪽에 2개와 오른쪽에 2개가 놓이는 붉은색 테두리의 경우의 수는 6이다. 여기서 공의 배열은 무시한다.

〈그림 3.12〉처럼 왼쪽 방에 공이 모두 모이는 경우보다 2개씩 분배되는 경우의 수가 더 많은 것을 알 수 있다. 경우의 수가 크다는 것은 확률이 더 높다는 것으로 그 상태가 더 안정적이고 엔트로피

---

*임의의 계에서 발생할 수 있는 경우의 수가 곧 엔트로피로 볼 수 있지만 명확하게는 틀린 설명이다. 엔트로피에 대해서는 '18부'에서 자세히 다루게 될 것이다.

도 더 높다는 의미이다. 물과 섞이게 되는 잉크 방울의 입자들도 하나로 뭉치는 경우의 수보다 물에 골고루 퍼지는 경우의 수가 훨씬 큰 것이다.

날아가는 공 자체는 시간 대칭의 성질이 있지만 공기 분자들과 같은 구성원들로 이뤄진 전체의 계는 서로 영향을 주고받기 때문에 결론적으로 시간 진행 대칭이 성립하지 않는 것이다. 말하자면 미시적인 관점, 즉 잉크 방울이나 물의 입자 하나하나는 시간 대칭 성질이 있지만 수많은 잉크 방울과 물의 입자들로 이뤄진 거시적인 관점에서는 시간 진행 대칭이 깨진다는 것이다.

이런 문제는 있다고 해도 뇌터의 이론은 시간 진행 대칭으로 명확하게 보존되는 물리량의 존재를 주장한다. 그리고 그 물리량이 앞의 장에서 다뤘던 에너지 보존법칙이다. 과거의 에너지와 현재의 에너지, 그리고 미래의 에너지가 같다는 것이다. 높이 $h$에서 떨어뜨린 공이 이론적인 속도보다 더 작은 속도로 지상에 떨어지는 것은 공기와의 충돌 등으로 에너지가 사라져 위치에너지가 온전하게 운동에너지로 바뀌지 않기 때문이다. 역학적 에너지 보존법칙에 위배된 것처럼 보이지만 사라진 에너지는 공기의 저항이나 바닥에서 충돌할 때 발생한 열 등으로 바뀐다.

앞에서 남겨놓았던 숙제 하나를 해결하고 '운동'을 다룬 3부까지의 이야기를 마무리 짓고자 한다. 2장의 〈그림 2.6〉에서 속도 $v$의 질량 $m$의 물체가 정지해 있는 질량 $2m$의 물체에 부딪힌 후 두 물체의 속도 $v_1$과 $v_2$를 구하지 않고 넘어갔다. 당시에 해결하지 않은 이유가 에너지 보존법칙을 아직 설명하기 전이기 때문이었다. 이제는 운동량 보존과 에너지 보존이라는 무기를 장착하였으므로 충돌 후 두 물체의 속도를 구할 수 있다.

운동량 보존  $mv = mv_1 + 2mv_2$          $\rightarrow v = v_1 + 2v_2$

에너지 보존  $\dfrac{mv^2}{2} = \dfrac{mv_1^2}{2} + \dfrac{2mv_2^2}{2}$      $\rightarrow v^2 = v_1^2 + 2v_2^2$

위의 2개의 식으로부터 질량 $m$의 물체는 되튀어서 $v_1 = -v/3$의 속도로 반대로 움직이고, 질량 $2m$은 $v_2 = 2v/3$로 움직인다는 것을 어렵지 않게 계산할 수 있다. 물론 바닥과 공기와의 마찰, 충돌 시 발생되는 열 등 엔트로피가 더 큰 상태로 진행되기에 위의 두 식과 같이 완벽하게 운동량과 에너지 보존의 법칙이 성립되지는 않겠지만 말이다.

**4**부

# 함수 이야기

10장 소수의 세계

11장 좌표계는 함수의 놀이터

" 

입력과 출력의 관계인 문자와 수로 표현된 함수를 시각적으로
드러내게 한 데카르트. 그가 창안한 좌표계는 기하학과 대수를
하나의 장으로 옮겨 수학의 폭발적인 발전을 이루는 원동력이 되었다.

"

기하학과 대수학의 만남의 장인 좌표계를 만들어낸 데카르트

# 10장 소수의 세계

## 변덕스러운 소수

36이라는 수가 있다. 이 수를 나눠 떨어지게 하는 수를 적어보자. 1이 제일 먼저 떠오르고 그다음을 나열하면 2, 3, 4, 6, 9, 12, 18, 36이 있다. 이런 수들을 36의 약수라 한다. 다른 수들의 약수도 찾다 보면 공통점이 존재한다. 어느 수이건 1은 항상 약수로 포함된다. 또 36이 36의 약수이듯 항상 자기 자신의 수도 약수로 가진다. 그래서 1과 자기 자신의 수는 약수로 당연히 포함되기에 자명한 약수라 하며, 그 외의 약수들을 고유한 약수라 칭한다. 그런데 2, 3, 5, 7처럼 고유한 약수는 없고 오직 자명한 약수만 있는 수들이 있다. 이러한 수들을 소수(素數)라 한다.

소수는 변덕스러운 수이다. 규칙이라고는 찾아볼 수가 없다. '1부'에서 수학이 대칭으로 이뤄진 자연의 세계를 기술하는 최적의 언어라는 것을 살펴보았다. 대칭성을 가장 잘 표현하고 어떤 패턴을 인간의 언어로 나타내는 데에 수학은 아주 제격이다. 수학은 대칭의 언어이자 대칭을 다루는 학문이다. 하지만 수학의 영역에 속한 소수는 유독 반항적이다. 〈그림 4.1〉에 1부터 1,000 사이에 있는 소수를 적어보았다. 소수가 얼마나 규칙을 싫어하는지 쉽게 확인할 수 있다.

| 2 | 3 | 5 | 7 | 11 | 13 | 17 | 19 | 23 | 29 |
|---|---|---|---|---|---|---|---|---|---|
| 31 | 37 | 41 | 43 | 47 | 53 | 59 | 61 | 67 | 71 |
| 73 | 79 | 83 | 89 | 97 | 101 | 103 | 107 | 109 | 113 |
| 127 | 131 | 137 | 139 | 149 | 151 | 157 | 163 | 167 | 173 |
| 179 | 181 | 191 | 193 | 197 | 199 | 211 | 223 | 227 | 229 |
| 233 | 239 | 241 | 251 | 257 | 263 | 269 | 271 | 277 | 281 |
| 283 | 293 | 307 | 311 | 313 | 317 | 331 | 337 | 347 | 349 |
| 353 | 359 | 367 | 373 | 379 | 383 | 389 | 397 | 401 | 409 |
| 419 | 421 | 431 | 433 | 439 | 443 | 449 | 457 | 461 | 463 |
| 467 | 479 | 487 | 491 | 499 | 503 | 509 | 521 | 523 | 541 |
| 547 | 557 | 563 | 569 | 571 | 577 | 587 | 593 | 599 | 601 |
| 607 | 613 | 617 | 619 | 631 | 641 | 643 | 647 | 653 | 659 |
| 661 | 673 | 677 | 683 | 691 | 701 | 709 | 719 | 727 | 733 |
| 739 | 743 | 751 | 757 | 761 | 769 | 773 | 787 | 797 | 809 |
| 811 | 821 | 823 | 827 | 829 | 839 | 853 | 857 | 859 | 863 |
| 877 | 881 | 883 | 887 | 907 | 911 | 919 | 929 | 937 | 941 |
| 947 | 953 | 967 | 971 | 977 | 983 | 991 | 997 | | |

▲ 그림 4.1 1부터 1,000 사이에 존재하는 168개의 소수들

그런데 1,000 이하의 소수들은 어떻게 찾아낸 것일까? 규칙이라고는 찾아볼 수 없는 변덕스러운 소수를 찾기가 결코 쉽지만은 않아 보이기 때문이다. 일일이 각각의 수들에 대해 조사하는 방법도 있겠지만 좀 더 쉽고 능률적으로 찾아내는 방법이 있다면 훨씬 효율적일 것이다. 그런 방법을 알고리즘이라 부르는데, 소수를 찾는 대표적 예가 '에라토스테네스(기원전 279~194)의 체'이다.

이 방법으로 1,000 이하의 소수를 찾아보자. 1부터 1,000까지의 정수를 모두 나열한 다음 제일 먼저 2를 제외한 2의 배수를 모두 지운다. 2의 배수는 곧 2를 약수로 가지는 수이므로 삭제시키는 것이다. 자연스레 2를 제외한 모든 짝수는 소수의 자격이 상실된다. 지워지지 않고 남아 있는 다음의 수인 3에 대해서도 3만 남기고 3의

배수를 지워준다. 짝수는 없으므로 3의 배수인 홀수의 수들이 대상이 될 것이다. 다음에 선택될 수는 4이겠지만 이미 소거되었으므로 5가 배턴을 이어받게 된다. 5가 남았다는 것은 앞의 수들의 배수가 아니므로 소수의 자격을 지니고 있다는 의미이다. 이런 과정을 거쳐 살아남는 수들이 소수이고 〈그림 4.1〉의 수들이 1,000 이하의 소수이다.

1,000까지는 이 방법을 이용해도 문제가 없다. 그러나 수의 세계는 무한하기에 '에라토스테네스의 체'는 명확한 한계가 있다. 가령 1,000,000 이하의 수들에서 소수를 찾는다고 할 때 1,000,000까지의 정수를 나열할 생각만 해도 눈앞이 깜깜하다. 이렇게 수가 커질수록 소수를 찾아내는 것은 굉장히 어려운 문제가 된다. 더군다나 천방지축인 소수의 개수는 무한하기까지 하다.

소수의 개수가 무한하다는 것을 증명하는 가장 대표적인 증명법이 귀류법이다. 어떤 주장이 참이라고 가정한 후 이치에 닿지 않는 내용이 발생한다는 모순을 이끌어내 가정이 잘못되었음을 증명하는 방법이다. 그러니까 소수의 개수를 유한하다고 가정하면 그릇된 결과가 나오는 것을 찾으면 되는 것이다. 가령 소수가 2, 3, 5, 7로 4개만 있다고 가정하자. 그런데 4개의 수들을 모두 곱하여 1을 더한 211은 2, 3, 5, 7의 4개의 소수로 나눠지지 않는다. 새로운 소수이다. 소수의 개수가 4개밖에 없다고 해놓고 새로운 소수가 발견되었다는 것은 앞뒤가 맞지 않다. 실제 수로 보였지만 일반화하면 소수가 $p_1, p_2, \cdots, p_N$의 $N$개라 가정하고, 이런 모든 소수들을 곱하여 1을 더한 수 $p_1 p_2 \cdots p_N + 1$은 기존의 소수 $p_1, p_2, \cdots, p_N$에도 나눠지지 않으므로 새로운 소수의 등장을 말한다. 소수의 개수가 유한하다고 해놓고 또 다른 소수가 존재한다는 것은 모순이다. 결론은 유한하지 않다는 뜻이므로 무한할 수밖에 없다.

소수가 무한하므로 모든 소수를 찾는 것은 원천적으로 불가능한 일이다. 하지만 수학자들은 소수 찾는 일을 멈추지 않는다. 그곳에는 우리가 알지 못하는 매력적인 일들이 넘쳐나고 있기 때문이다. 잠시 그 세계에 살짝 발만 담가보자.

엄청나게 큰 수들에서 소수를 찾는 것은 사실상 모래사장에서 바늘 찾는 격이다. 예를 들어 147,573,952,589,676,412,927이 소수인지 아닌지 판별할 수 있겠는가? 21자리나 되는 수가 소수인지 아닌지 판별하기란 쉽지 않다.

수학자들은 보통 메르센 수들에서 소수들을 찾아낸다. 메르센 수란 $2^n - 1$꼴의 수를 말하며 보통 $M(n)$으로 간략하게 표기한다. 이때 $n$은 소수이다. 이 규칙으로 $n = 2, 3, 5$를 대입하였을 때 $M(2) = 3$, $M(3) = 7$, $M(5) = 31$이 되고 이들 모두는 소수이다. 소수가 아닌 4를 $n$에 대입하면 15가 되므로 소수가 아님을 쉽게 알 수 있다. 메르센 수를 이용하면 소수 찾기는 너무도 쉽다. $n$에 소수만 대입하면 소수가 새롭게 만들어진다. 그런데 왜 수학자들은 새로운 소수 찾는 일에 그렇게 열중하고 있을까? 여기에는 중요한 함정이 숨어 있었기 때문이다. 모든 메르센 수가 소수가 아니었다. 그 사례는 바로 등장하는데 11이라는 소수를 $n$에 대입한 값 $M(11)$은 2,047이고, 이 수는 뜻밖에도 23과 89의 곱으로 이뤄진 수이다. 소수가 아닌 것이다. 만약 모든 메르센 수가 소수라면 더 큰 소수를 찾는 것은 분명 의미가 없었겠지만 이처럼 소수가 아닌 수가 존재하여 메르센 수들 하나하나에 대해 소수의 여부를 판정해야 하는 힘든 검증 작업이 필요하게 되었다.

이러한 패턴의 수들이 소수가 될 가능성이 크다는 것을 제안한 수학자는 마랭 메르센(1588~1648)이다. 그래서 그의 이름을 빌려 메르센 수라 불리게 되었다. 그는 $M(n)$이 소수가 되도록 하는 소수 $n$을 2, 3, 5, 7, 13, 17, 19, 31, 67, 127, 257이라 하였다. 하지만 $M(31)$까지는 어느 정도 소수의 여부를 정확하게 판정할 수 있었지만 이후부터는 소수 판정에 오류가 있었다. 그가 소수라 주장한 $M(67)$과 $M(257)$은 소수가 아니었고, 오히려 $M(61)$, $M(89)$, $M(107)$이 소수라고 판명된 것이다. 이렇게 수가 커질수록 오류가 발생하지만, 엄청나게 큰 수에서 소수를 찾을 때 메르센 수가 소수일 확률이 가장 높기 때문에 수학자들은 메르센 수를 디딤돌 삼아 소수를 찾는 고행을 마다하지 않고 있다. 그 결과 2018년 기준으로 $M(82589933)$이 가장 큰 소수로 등재되어 있다. 자릿수만 2,486만 2,048이라고 하니 도내체 이 수가 얼마나 엄청난 수인지 감조차 잡히지 않는다. 300쪽 분량의 책 한 권에 글자가 20만 자 못 미치게 들어간다고 하니 아무리 수를 빼곡하게 적더라도 이 수를 모두 적는 데 50권은 족히 넘는 분량이 필요할 것이다.

수학자들은 최근에도 소수 찾기를 포함하여 소수 연구를 활발히 진행 중이다. 소수가 수학자들의 관심을 끌고 있는 이유 중 하나는 암호 체계에 소수가 엄청난 능력을 발휘하기 때문이다. 앞에서 여러분에게 소수인지 아닌지 판정해보라고 제시하였던 바로 그 수, $M(67)$인 147,573,952,589,676,412,927의 경우, 메르센은 처음에 이 수를 소수로 생각했지만 193,707,721과 761,838,257,287의 두 소수의 곱이라는 것이 밝혀져 소수 목록에서 빠졌다. 이렇듯 자릿수가 어마어마한 수를 소인수 분해하는 것은 컴퓨터를 동원해도 결코 쉬운 일이 아니다.* 그래서 소수 판정이 쉽지 않고 또 이 점이 암호 체계에 아주 적합한 특징이 되어 RSA 암호라는 것이 만들어졌다.** 암호란 것은 언젠가 풀리기는 하지만 해독되기까지 시간을 최대한 지연시키는 목적으로 이용된다. 그렇기에 소수는 아주 유용한 암호화 도구로서의 기능을 지니고 있다. 또 하나의 이유는 소수에 우주의 신비와 관련해 거대한 무언가가 숨겨져 있을 것이라고 기대하기 때문이다. 도대체 변덕스러운 소수와 대칭의 법칙에 의해 지배되는 우주가 무슨 관계가 있다는 것일까? 수학자들에게 이러한 의문을 품게 한 근원은 아래의 수식에서 본격적으로 시작되었다.

$$\langle \text{식 4.2} \rangle \quad \frac{2^2}{2^2-1} \times \frac{3^2}{3^2-1} \times \frac{5^2}{5^2-1} \times \frac{7^2}{7^2-1} \times \frac{11^2}{11^2-1} \times \cdots = \frac{\pi^2}{6}$$

## 소수 계단

소수들로만 이루어진 위의 〈식 4.2〉를 찾아낸 인물이 위대한 수학자 레온하르트 오일러(1707~1783)이다. 뉴턴 역학의 핵심인 《프린키피아》와 데카르트의 수학과 철학의 관계에 대한 연구로 석사 논문을 작성한 그의 이력에서 충분히 예상할 수 있겠지만, 오일러는 세상이 커다란 기계처럼 작동한다는 '기계론적 세계관'을 가진 수학자였다. 그러한 그의 철학과는 달리 그는 뜻밖에 불규칙한 소수의 매력에 푹 빠져들었다. 소수에 숨어 있는 규칙성을 찾으면 세

---

* 1903년 미국 수학자 학회에서 넬슨 콜 교수가 $M(67) = 2^{67} - 1$을 직접 계산하여 147,573, 952,589,676,412,927을 얻어낸 후, 여백에 193,707,721과 761,838,257,287을 곱한 값임을 보이자 온 강의실이 박수갈채로 메워졌다. (나무위키)
** 《작은 수학자의 생각실험 3》에서 RSA 암호 체계가 자세히 수록되어 있다.

상의 진리에 조금 더 가까이 갈 수 있을 것이라는 확신이 있었기 때문이다.

도대체 그는 변덕스럽게만 보이는 소수에 규칙성이 내재되어 있다는 생각을 어떻게 하게 되었을까? 바로 오일러 자신이 발견한 〈식 4.2〉 때문이었다. 이 식에는 특별한 점이 있었다. 결과 값이 $\pi^2/6$로 나온 것이었다. 무수히 많은 변덕스러운 소수로만 이뤄진 곱의 결과 값에 우주에서 가장 아름답고 완벽한 대칭인 원에서 탄생한 원주율 $\pi$가 포함되어 있다는 사실은 매우 기괴스러운 결과였다. 이유는 모르지만 결과적으로 소수가 대칭과 밀접한 관계가 있다는 의미로 해석될 수 있었기 때문이다. 그렇기에 〈식 4.2〉는 소수가 정복 불가능한 존재가 아닌 인간이 극복할 수 있는 존재라는 가능성을 보여준 식이었다. 또한 소수의 진정한 본질이 밝혀진다면 자연이 지닌 비밀도 밝혀낼 수 있다는 희망의 불꽃을 쏘아올린 계기가 되었다. 수학자들은 이때부터 한껏 기대감을 안고 소수라는 바다에 본격적으로 뛰어들었다.

▲ 그림 4.3 오일러가 상상한 소수 계단[*]

오일러는 소수를 찾는 여정에서 머릿속으로 기묘한 상상을 하였다. 소수가 나올 때만 한 칸씩 높아지는 상상의 소수 계단을 만들어 한 발 한 발 나아갔다. 당연히 소수가 나타나는 곳은 완전히 불규칙해서 어떤 영역은 소수가 빈번하게 나와 계단이 자주 등장했지만 또 어떤 영역은 소수가 한참 나오지 않아 평평한 모양이 계속되었다.

오일러 이후 또 한 명의 위대한 천재 수학자 요한 카를 프리드리히 가우스(1777~1855) 역시 소수의 매력에 빠져들어 그 누구도 오르기를 꺼려한 소수 계단을 등정하여 300만까지 존재하는 모든 소수를 오직 수작업만으로 찾아냈다. 그런데 상상이 가시나? 무려 300만이다. 글보다 수를 먼저 깨우쳤다고 스스로 말할 정도로 인간의 능력을 뛰어넘는, 우리가 이해할 수 있는 범주를 뛰어넘는 인물이지만, 그는 왜 이렇게 소수 찾기에 매진한 것일까? 그는 불규칙한 소수를 찾는 과정에서 수의 세계와 동화되어 무엇인가를 보았던 것이다.

〈표 4.4〉는 N보다 작은 소수의 개수이다. 가우스가 알고자 한 것은 N보다 작은 소수의 개수를 정량화시킬 수학 법칙이었다. 그러니까 소수를 일일이 찾아 헤아리는 것이 아니라 1억이라는 수를 입력하면 1억 이하의 소수 개수가 5,761,455개임이 단박에 나오게 하는 관계식, 수학적인 용어로 설명한다면 임의의 수 N에서 소수의 개수를 연결시키는 규칙인 함수를 찾아내고자 한 것이다. 그렇게 가우스는 자신이 얻어낸 300만까지의 결과만으로 역사상 최초로 소수의 패턴을 찾아내었다.

---

＊유투브 ‘https://www.youtube.com/watch?v=d6_7EUreN30&t=1112s’《리만가설, 천재들의 150년의 도전 NHK》에서 참조

〈표 4.4〉는 가우스가 얻은 결과보다 훨씬 큰 수까지의 결과를 포함하고 있다. 그러니까 여러분은 가우스보다 더욱 많은 정보를 가지고 있는 셈이다. 어떤 패턴이 보이시는가?

▼ 표 4.4 $N$보다 작은 소수의 개수

| $N$ | $N$보다 작은 소수의 개수 |
|---|---|
| 10 | 4 |
| 100 | 25 |
| 1,000 | 168 |
| 10,000 | 1,229 |
| 100,000 | 9,592 |
| 1,000,000 | 78,498 |
| 10,000,000 | 664,579 |
| 100,000,000 | 5,761,455 |
| 1,000,000,000 | 50,847,534 |
| 10,000,000,000 | 455,052,511 |

## 소수 계량 함수

가우스의 이야기를 이어가기에 앞서 수학에서 가장 중요한 함수의 개념을 살펴보자. 함수는 하나의 수를 다른 수로 연결시키는 통로와 같은 역할을 한다. 하지만 그 통로는 임의적이거나 무작위적이지 않다. 분명한 규칙에 따라 한 집합의 원소 $x$와 다른 집합의 원소 $y$를 연결시키는데 이 관계가 바로 함수이다.

가우스는 1부터 300만까지의 엄청난 범위에서 소수들을 찾으면서 〈표 4.4〉 왼쪽의 $N$이라는 수와 오른쪽의 '$N$보다 작은 소수의

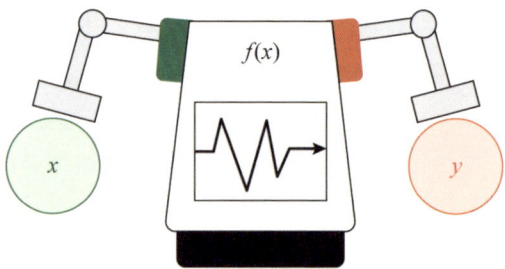

▲ **그림 4.5** 입력되는 임의의 수 $x$(변수) 이하에 존재하는 소수의 개수 $y$(함숫값)처럼 $x$와 $y$를 연결시켜주는 관계 $f(x)$가 함수이다. 즉, 함수 $f(x)$란 임의의 변수 $x$에 특정한 규칙으로 변환된 함숫값 $y$를 대응시켜주는 규칙이다. 보통 변수 $x$를 독립 변수, $y$를 종속 변수라고도 부른다.

개수'를 연결시켜주는 함수를 찾고자 하였다. $N$이라는 독립 변수에 $N$보다 작은 소수의 개수를 종속 변수로 연결시켜주는 관계식 말이다. 이 함수를 수학에서는 소수 계량 함수라 부르고 $\pi(N)$으로 표기한다. 여기 쓰인 기호 $\pi$는 원주율과는 전혀 무관하고 단순히 함수의 이름을 지칭할 뿐이다.

과연 불규칙한 소수에서 두 관계를 연결시켜주는 함수의 식이 있기나 할까? 〈표 4.4〉를 아무리 뜯어봐도 그런 수식은 존재하지 않을 것만 같다. 더군다나 가우스의 자료보다 훨씬 더 큰 100억까지의 소수의 정보를 담고 있는데도 말이다. 하지만 가우스의 눈에는 그렇지 않았던가 보다. 오일러가 만든 상상의 소수 계단을 올라가던 가우스는 계단의 높이에 너무도 중요한 비밀이 있음을 통찰한다. 그는 계단 하나의 높이를 1이라 놓고 소수 계단의 높이를 측정하였다. 높이라 하였지만 사실 그 수 이하의 소수의 개수이기도 하다.

하나하나 계단을 밟아나가던 가우스는 997이라는 소수 계단에 이르자 자연로그표를 꺼내들고 $\ln 997^*$이 약 6.905임을 확인하였다. 그리고 이 값으로 997을 나눠 계산된 144를 계단의 높이로 하였다. 계단의 높이는 곧 소수의 개수와 일치하므로 이 값은 997 이하의 소수의 개수가 144개임을 뜻한다. 그런데 정확한 소수의 개수 $\pi$(997) = 168과는 15% 정도의 상당한 오차가 있다. 하지만 가우스는 개의치 않았다. 더욱 높은 곳을 바라보며 올라가던 그가 다시 자연로그표를 펼쳐본 위치는 999983이었다. 앞서와 마찬가지 방법으로 계산하니 약 72357이었다. 실제의 높이 $\pi$(999983) = 78498과 비교하면 격차는 커졌지만 비율로는 8%의 차이로 전보다 확연히 줄어들었다. 이즈음에 가우스는 소수 계단을 계속 오르다보면 주어진 수 $N$을 자연로그 $\ln N$으로 나눈 $N/\ln N$의 값과 실제 소수의 개수 $\pi(N)$의 비율이 점점 줄어들게 될 것이라 확신하였고, 언젠가는 두 값이 같아지지 않을까 하는 추측에 이르렀다.

〈식 4.6〉 $\pi(N) \sim \dfrac{N}{\ln N}$

가우스의 주장은 어느 정도 타당할까? 무한한 수의 세계에서 한 줌도 되지 않는 300만까지의 수의 결과만으로 감히 위의 관계식이 성립할 것이라고 주장하는 것은 납득이 가지 않는다. 그래서 〈표 4.4〉보다 훨씬 더 큰 1000조까지에서 가우스가 제시한 위의 식의 타당성을 알아보았다. 다음 표의 초록색 바탕인 $\pi(N)$은 $N$보다 작은 실제 소수의 개수이고, 붉은색 바탕인 $N/\ln N$은 가우스가 추측한 소수의 개수이다.

확실히 가우스의 주장은 맞아떨어지고 있다. 실제의 소수 개수와 계산된 값과의 오차의 비율이 0으로 가까워지고 있다. 물론

---

* 수학 기호 ln은 '자연로그'로 ln997 ≈ 6.905이다. '10장'에서 자세히 다룰 것이고, 로그에 대해 모르는 분들은 결과 값을 믿고 진행하도록 하자.

▼ 표 4.7 $\pi(N)$과 $N/\ln N$의 비교[*]

| $N$ | $\pi(N)$ | $\dfrac{N}{\ln N}$ | 오차(%) |
|---:|---:|---:|---:|
| 1,000 | 168 | 144 | 13.8 |
| 1,000,000 | 78,498 | 72,382 | 7.8 |
| 1,000,000,000 | 50,847,534 | 48,254,942 | 5.1 |
| 1,000,000,000,000 | 37,607,912,018 | 36,191,206,825 | 3.8 |
| 1,000,000,000,000,000 | 29,844,570,422,669 | 28,952,965,460,217 | 3.0 |

1000조라는 수가 엄청난 수이긴 하지만 무한한 수의 세계에서 이후에도 계속 이 추세를 이어갈지는 절대 단정할 수는 없다. 가우스가 주장한 〈식 4.6〉은 그럴 것이라는 추측이지 입증된 사실은 아니다. 과학에서는 이렇게 검증되지 않은 채 예측할 수 있는 주장을 가설이라 한다. 그리고 이 주장이 검증되었을 때 가설이란 모포를 벗고 비로소 이론으로 빛을 발하게 된다. 뉴턴 역시 위대한 의문을 밝히기 위해 중력에 대한 가설을 이끌어낸 다음, 이후 실험과 수학적 계산을 통해 사물이 낙하하는 근본적인 이유를 설명하여 이론으로 완성시켰듯이 말이다. 가설은 수많은 정보를 바탕으로 자신이 연구하는 주제의 결론이 어떻게 될지를 미루어 알아보는 예측이다. 흔히 가설을 세우는 것보다 검증하는 것이 더 어렵다고 생각할 수 있겠지만, 가설 설정은 문제를 꿰뚫어보는 능력 없이는 이루어내기 힘들다. 다시 말해 가설을 세우는 것은 사건을 예리하게 관찰하고, 깊이 성찰하여 주제에 대한 완벽한 통찰이 이뤄지지 않고서는 쉽게 이끌어내기 힘든 산물이다. 깜깜한 어둠의 무에서 유를 창조하는 것과 비슷하다고나 할까.

---

[*] 표의 수치들은 위키백과에서 참조

가우스가 세운 가설의 진위는 후대의 수학자들에 의해 진리임이 증명되었으며* 위의 식은 소수 정리**라는 이름을 부여받게 되었다. 이로써 오일러가 밝혀낸 원주율 $\pi$와의 연관성과 함께 자연로그 ln에 붙어 있는 수학계의 또 다른 중요한 상수인 '자연 상수 $e$***'와도 소수가 밀접한 관계가 있음을 나타낸 혁명적 사건으로 수학사에 길이 새겨졌다. 소수는 자연과 공존하고 있었다. 불규칙한 소수가 수학의 대표적인 상수 원주율 $\pi$와 자연 상수 $e$와 밀접한 관련이 있다는 사실은 소수가 자연계를 구성하는 중요한 요소임을 더욱 공고히 하였다.

---

\* 1896년에는 자크 아다마르와 샤를장 드 라 발레푸생이 각각 독립적으로 증명하였다.

\*\* 어떤 양수 이하의 소수가 몇 개나 있는지 그 값을 어림해주는 정리이다.

\*\*\* 10부에서 자연 상수의 의미를 소개한다.

# 11장 좌표계는 함수의 놀이터

## 대수학과 기하학

수학의 한 분야인 대수학은 수 대신 문자를 써서 수의 관계, 수의 성질, 수의 계산 법칙 등을 연구하는 분야이다. 여러분들은 일차 방정식이나 이차 방정식을 배우는 동안 가장 기초적인 수준에서 대수학을 익혔고, 물리학 시간에 힘을 $F$, 속도를 $v$라는 문자로 표현할 때도 대수학의 체계를 따라가고 있었다.

방정식은 중학교 교과 과정에서 다루지만 최근에는 초등학생들도 수학을 더 잘하겠다는 욕심으로 방정식을 배우고 있다. 실제적인 수가 아닌 추상적인 문자를 처리하는 것은 단기간에 획득할 수 있는 능력이 아니다. 초등학교 저학년 때에는 기하학을 통해 수학적 직관을 쌓고 덧붙여 간단한 사칙연산을 통해 수에 내재된 관계를 자연스레 심어주는 것만으로도 엄청난 수학의 내공이 쌓인다. 이 단계를 충분히 밟지 않고 고학년에 가서야 접할 대수학을 미리 배우게 되면 역효과가 발생한다.

방정식을 가지고 노는 대수학은 매우 체계적이어서 어느 정도 수준이 되면 특별히 머리를 굴릴 필요 없이 정해진 계산 절차를 밟아 수월하게 답을 얻어낼 수 있다. 이런 과정에 익숙해지다 보면 답은 얻어냈지만 왜 이런 결과가 나오는지에 대해서는 생각하지 않게 된다. 그저 기계적인 연산으로 답만을 도출하면서 사고력이 떨어지게 되는 것이다. 특히 대수학 중심의 선행학습이 학생들을 문제 푸는 기계로 전락시킨다.

데카르트의 '$xy$ 좌표계'는 방정식이 지닌 이와 같은 단점을 해소할 수 있는 수학의 놀이터라고 할 수 있다. 침대에 누워 있던 데카르트가 천장을 이리저리 날아다니면서 멈추기를 반복하던 파리의 움직임을 보며 좌표계를 떠올렸다는 일화는 잘 알려져 있다. 그가 만들어낸 2차원의 $xy$ 평면은 두 변수 $x$와 $y$의 관계를 시각화하는 스케치북이다. 수의 관계를 표현하는 방정식에 담긴 물체의 운동 함수를 2차원 좌표계에 기하학으로 시각화함으로써 살아 움직이듯 생생하게 우리의 눈앞에 드러내게 해주는 것이다. 이곳에서 하나가 다른 것에 어떤 영향을 미치는지 보여주는 수들 사이의 관계를 시각화함으로써 방정식에 내재된 의미를 추출해낼 수 있다. 좌표계는 바로 대수학과 기하학의 만남의 장이다.

"기하학을 모르는 자는 이 문을 들어서지 말라." 기원전 387년 고대 그리스 플라톤이 세운 학당인 '아카데미아'의 입구에 적힌 글이다. 삶에 직결되는 농경, 건축의 필요성과 궤를 같이하며 컴퍼스와 자를 이용한 작도를 기반으로 발달된 기하학은 유클리드가 '공리'를 도입하여 체계화시킨 수학의 분야이다. 우리는 중학교 교육과정에서 도형의 닮음 등을 이용해서 각의 크기나 변의 크기를 구하는 법 따위의 기하학을 배운다. 그런데 간단한 기하학 문제는 별 어려움이 없이 풀 수 있지만 어떤 문제는 어디서부터 시작해야 할지 단서가 없어 애를 먹는 경우가 다반사다. 특히 여러 보조선을 활용해야 풀리는 문제를 접하다 보면, 기하학은 천재적인 번득임이 필요한 영역이라고 여기기 십상이다.

그런데 대수학과 기하학이 좌표계에서 서로 만나자 각각의 장점은 극대화되고 동시에 각각의 단점이 최소화되는 놀라운 시너지 효과를 발휘하게 된다. 천재성이 필요한 어려운 기하학 문제에 대수학의 기호를 입히자 기발한 발상 없이도 수월하게 계산이 가능해진다. 반면에 대수 방정식에 기하학의 옷을 입히자 무미건조한 식에 의미가 충만한 새로운 세상이 펼쳐진다. $xy$ 좌표계는 기하 문제를 대수적으로, 역으로 대수적 문제를 기하학으로 해석이 가능하게 함으로써 수학계에서 혁신적인 발전을 불러일으킨 엄청난 산물이다.

앞으로 좌표계의 효과를 충분히 접하겠지만 앞서 다뤘던 소수의 정리를 통해 미리 확인하는 시간을 가져보겠다. 〈표 4.7〉의 정보를 이용하여 실제의 소수 개수 $\pi(N)$과 가우스가 찾아낸 $N/\ln N$의 비율을 시각화한 결과가 아래의 그래프이다.

〈그림 4.8〉그래프는 〈표 4.7〉의 정보 외에 $10^{28}$까지의 추가적인

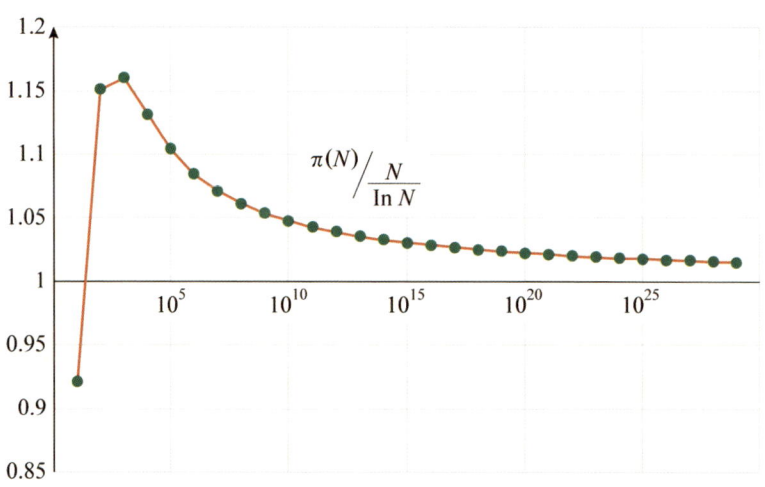

▲ **그림 4.8** 소수계량함수 $\pi(N)$을 $N/\ln N$으로 나눈 값을 $N$의 값에 대해 도식화한 그래프.

정보로 계산된 값을 나타내고 있다. 그래프는 $10^3$ 이후부터 $\pi(N)$을 $N/\ln N$으로 나눈 값이 속도는 느리지만 1로 꾸준하게 가까워짐을 보여준다. 그래프만의 추이로 보면 $\pi(N)$과 $N/\ln N$이 무한한 $N$에 대해서 사실상 같아지게 됨을 말하고 있다. 시각화는 머릿속으로만 생각하는 한계를 뛰어넘으면서 직관적인 효과를 극대화시켜 단숨에 놀라운 사실을 우리에게 보여주는 것이다. '백문이 불여일견'이라는 말이 있지 않나! 앞으로 여러 사례를 통해 확인하겠지만, 과학의 시작은 관찰에서 비롯된다고 하듯 시각화를 가능케 하는 좌표계는 수학 세계에서 엄청난 마력을 지니고 있다.

## 멀어지는 달

함수와 관련된 또 다른 사례를 알아보면서 이번 장을 마무리하자. 1960년대 미국의 고생물학자 존 웰스는 고생대 산호 화석을 연구하다가 기이한 점을 발견했다.[*] 3억 년 전의 석탄기 산호에서 390개의 성장선이 있었기 때문이다. 산호나 조개류의 성장선은 나무의 나이테와 비슷하게 하루에 한 개씩 생성되므로 1년 동안의 성장선이 365개여야 정상인데, 390개는 이해하기 힘든 개수였다.

산호초의 성장선 개수가 의미하는 것은 3억 년 전에는 1년이 390일이고 하루가 약 22시간 30분으로 지금보다 짧았다는 사실이다. 현재에 비해 과거에는 하루의 시간이 짧았다는 것은 미래에는 하루의 시간이 길어진다는 것으로 해석이 가능하다. 왜 이런 일이 발생하는 것일까?

---

[*] Coral growth and geochronometry, Nature 948 (vol. 197), 1963

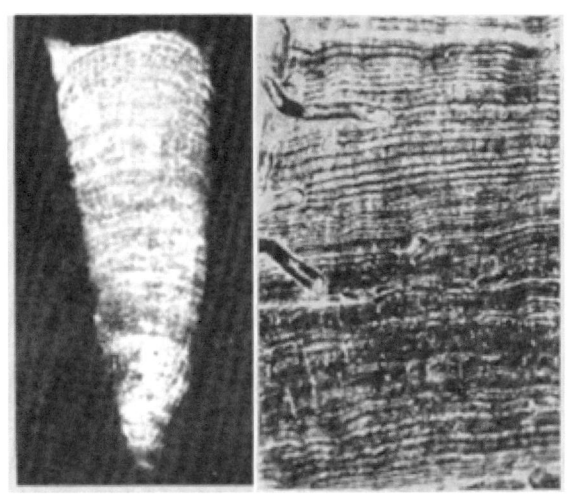

▲ 그림 4.9 존 웰스의 연구에 사용된 산호초

하루를 결정하는 요인은 지구의 자선 속도이다. 그러므로 하루가 길어진다는 것은 자연계의 어떤 현상이 지구의 회전 속도를 느려지게 한다는 해석으로 이어진다.

지구의 자전 속도 감소 현상은 놀랍게도 달의 인력 때문이었다. 달과 가까운 쪽의 부풀려진 바닷물이 아주 약하지만 달의 인력으로 쏠리면서 지구와 마찰을 일으켜 지구의 자전 속도를 늦추게 한다. 이것이 하루의 시간을 늘리는 효과로 작동하고 있는 것이다. 그런데 달의 인력으로 인한 지구의 자전 속도 감소는 더욱 놀라운 효과를 낳는데, 바로 달이 지구에서 멀어지게 하는 원인이 된다는 점이다.

1971년 아폴로 15호의 승무원이 달에 레이저 역반사 거울*을 설치하였다. 이 거울은 빛이 온 방향에 정확히 반대 방향으로 반사시

───────────────

＊레이저 거리측정 반사장치(Laser Ranging Retro-Reflector)

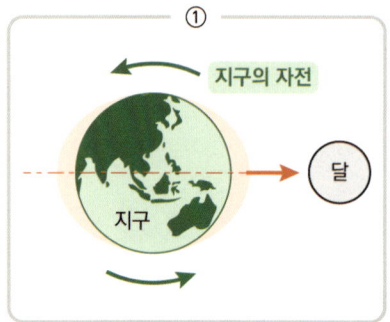 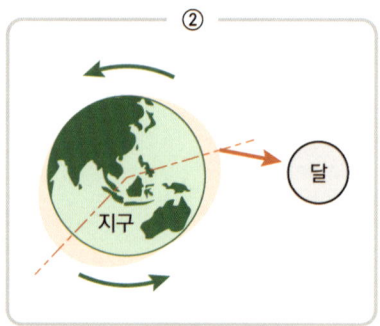

▲ **그림 4.10** ① 액체인 바다는 달의 인력(붉은색 화살표)으로 지구와 달의 중심을 지나는 직선 방향으로 부풀어 있다. ② 달과 가까운 바다는 달의 인력으로 지구 자전 방향의 반대 방향의 힘을 받게 되고, 이때 바닷물과 해저 바닥과의 마찰이 발생하여 지구의 자전 운동을 감속시킨다.

키는 매우 특별한 반사체다. 이 거울을 이용해서 지구에서 쏘아준 레이저빔이 왕복하는 시간 측정이 가능하게 되었고, 빛의 속도를 이용해 달과 지구 사이의 거리를 1mm 이하의 오차 범위에서 정확하게 거리를 측정할 수 있게 되었다.

측정 결과 정말로 달은 1년에 약 3.8cm씩 지구로부터 멀어지고 있었다. 현재 달은 지구에서 약 38만 4,400km 떨어진 거리에 있다. 달이 지구에서 멀어지는 속도가 지금과 같이 유지된다면 다음의 함수식을 세울 수 있다.

〈식 4.12〉 $x = 3.8\text{cm} \times t(\text{년}) + 384{,}000\text{km}$

위의 함수식으로 앞으로의 추이를 예측할 수 있다. 10년 후에는 38cm, 100년 후에는 3.8m 더 멀어진다. 이처럼 자연의 현상을 관측하여 만들어낸 함수식은 과거와 미래를 들여다보는 창의 역할을 수행한다.

입사된 빛에 수직한 방향으로
빛을 반사시킨다.

아폴로 14호가 설치한 LR3 ⓒ NASA

▲ 그림 4.11 달에 설치된 레이저 역반사 거울

그런데 달의 인력이 지구에 미치는 효과로 자전 속도의 감소로 하루의 길이를 길어지게 한다는 것은 어렵지 않게 이해되지만 왜 달과 지구 사이의 거리까지 멀어지게 하는 것일까? 직접 측정을 통해 사실임이 입증되었지만 그 이유가 자못 궁금하다. 또한 〈식 4.12〉는 과연 수억 년 전이나 수십억 년 전의 과거에도 혹은 수억 년 후나 수십억 년 후의 미래에도 적용이 가능한 식일까?

# 5부

# 미적분의 전략,
# 분할과 조립

12장 회전의 원리

13장 분할과 조립

14장 불가분량

"

곡선의 길이, 곡면의 넓이, 곡면으로 구성된 입체의 부피 등을 구하는
문제는 오랫동안 수학자들에게 난공불락이었다. 그러나 위대한
수학자 아르키메데스가 분할과 조립으로 곡선의 문제를 직선으로
환원하여 해결하면서 수학자들은 곡선과 직선 사이에 다리를
놓으려는 도전을 시작하였다. 비록 이 과정에서 발생한 무한이라는
개념은 모호함과 통제하기 힘든 속성으로 까다로움을 안겨주었지만,
일단 그 다리가 완성된다면 직선을 다루는 방법으로 곡선의 수수께끼를
풀 수 있을 것이라는 희망을 품을 수 있게 되었다.

"

지렛대의 원리 등 너무도 많은 업적을 이룬 위대한 수학자 아르키메데스

# 12장 회전의 원리

## 회전력

완벽한 대칭 도형은 단연코 원이다. 원은 그 중심을 지나는 선에 대해 좌우 대칭이기도 하거니와, 원의 중심에서 임의의 각도로 회전시켜도 모양이 전혀 왜곡되지 않는다. 그렇다! 물리학을 더욱 아름답게 꾸며주는 또 하나의 대칭이 존재하니 그것이 바로 회전 대칭이다.

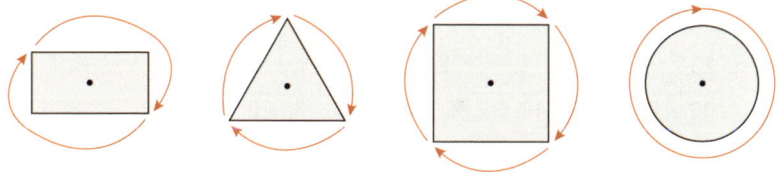

▲ **그림 5.1** 각각의 다각형의 중심에 대해 순서대로 180°, 120°, 90°의 회전에 대칭이고 마지막 원은 모든 각에 대해 회전 대칭이다.

그렇다면 뇌터의 정리에 따라 회전 대칭에 대응되어 반드시 보존되는 물리량이 존재할 것이 아닌가! 그 답은 각운동량이다. 앞장에서 다룬, 달이 지구에서 매년 조금씩 멀어지는 이유가 각운동량 보존으로 설명된다. 각운동량은 뒤에서 자세히 다루기로 하고, 이장에서는 각운동량의 씨앗인 회전력에 대해 먼저 알아보자.

어렸을 때 시소를 타고 놀았던 경험은 누구나 있다. 시소를 재미나게 즐기려면 시소의 양쪽에 체중이 비슷한 친구들이 타면 된다. 반면 어느 한쪽의 체중이 훨씬 나가면 시소가 잘 작동되지 않는다. 그때는 체중이 더 나가는 친구가 시소의 중심부로 이동해야 시소 놀이를 즐길 수 있다. 그런데 왜 그래야 할까? 이런 질문을 받게 되면 대부분 머릿속이 하얘진다. 어린아이들도 직감적으로 알고 있는 현상을 물리와 수학의 언어로 표현하라는 요청이기 때문이다. 시소에 숨어 있는 핵심적인 원리를 어떻게 수학의 언어로 나타낼 수 있을까? 균형을 유지하기 위해서는 양쪽의 무게가 어떤 관계를 이뤄야 하는지에 주안점을 두어 아래의 사고 실험을 진행해보겠다.

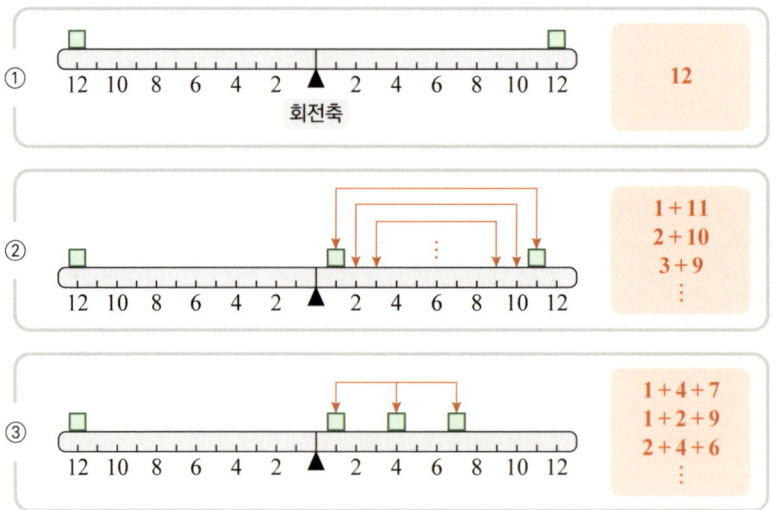

▲ 그림 5.2 ① 양팔 저울의 회전축을 중심으로 양쪽에 무게 1의 물질이 같은 거리 12에 있으면 평형을 이룬다. ② 왼쪽은 그대로 유지하고, 오른쪽에 같은 무게의 물체 2개를 놓을 때는 1과 11, 2와 10, 3과 9에 위치할 때 균형을 이룬다. ③ 3개의 경우에는 (1, 4, 7)에 놓여야 한다. 그 외에도 (1, 2, 9), (2, 4, 6) 등 여러 경우가 있다.

직접 실험을 통해 확인해야겠지만 위의 사고 실험의 결과가 직감적으로도 타당하다고 받아들일 수 있을 것이다. 자, 그럼 어떨 때 평형을 이루는지 규칙을 찾아내셨는가? 어렵지 않게 물체가 놓인 위치의 합이 12가 되면 평형을 이룬다는 규칙을 찾아내셨으리라. 그래서 4개를 놓을 때도 (1, 2, 3, 6) 혹은 (1, 2, 4, 5) 등 물체가 놓인 위치의 수들을 더한 값이 12가 되면 평형을 이루게 된다. 여기서 사고 실험을 더 발전시켜보겠다.

▲ 그림 5.3 무게 1의 2개의 물체를 모두 6의 위치에 놓은 것이나 무게 2의 물체 1개만을 6의 위치에 놓은 것은 동치

이제 무엇을 말하려 하는지 눈치 채셨을 것이다. 양쪽에서 물체의 무게*와 회전축과의 거리의 곱이 12로 같을 때 평형을 이룬다는 사실을 알리기 위해 위의 과정을 거친 것이다. 그림처럼 무게 2의 물체를 6의 위치에 놓았을 때 두 수를 곱한 값이 12가 되면 평형을 이루게 된다. 이 관계를 수학의 언어로 일반화하면 〈그림 5.4〉와 같다.

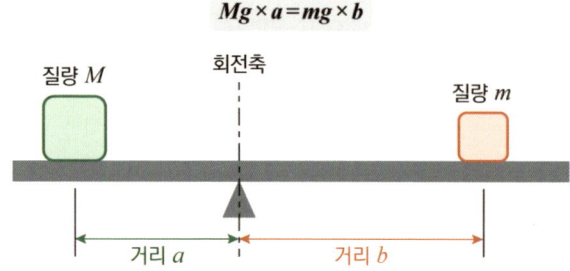

▲ 그림 5.4 왼쪽에 질량 $M$의 물체가 회전축으로부터 거리 $a$에 위치하고, 오른쪽에는 질량 $m$의 물체가 거리 $b$에 있다. 무게 $Mg$와 $mg$가 각각 놓인 회전축의 거리 $a$와 $b$를 곱한 $Mga$와 $mgb$의 값이 같을 때 평형을 이룬다.

---

* 무게는 물체의 질량 $m$에 지구가 당기는 중력가속도 $g$를 곱한 $mg$이다.

시소를 탈 때 더 무거운 친구가 앞으로 이동해야 하는 이유를 이제 수학으로 설명할 수 있게 되었다. 자연에 엄연히 존재하는 이런 대칭성을 무게와 거리를 곱한 회전력*이라는 물리량으로 정의하고 있다.

## 지구를 들어 올리는 아르키메데스

회전력을 논할 때 빠질 수 없는 위인이 아르키메데스(기원전 287~기원전 212년)이다. "아이스킬로스**는 잊히겠지만 아르키메데스는 영원히 기억될 것이다. 왜? 언어는 소멸하지만 수학적 아이디어는 불멸하기 때문이다"라고 저명한 수학자 해럴드 하디(G. H. Hardy, 1877~1947)***가 경외심을 표현하였듯, 다양한 문제에서 섬세하고 우아하게 결론을 이끌어낸 아르키메데스의 업적을 보노라면 누구나 감탄을 금치 못한다. 무엇보다 지금 교육 과정에서 배우는 수학의 상당 부분이 2,000여 년 전 그가 이뤄낸 이론이라는 사실에 더욱 놀라게 된다. 수학계의 노벨상인 필즈 메달에는 그의 얼굴이 새겨져 있다. 아르키메데스는 지금도 여전히 살아 숨 쉬고 있는 수학자이다.

아르키메데스의 대표적 업적 중 하나가 방금 시소 놀이에서 다룬 회전력이다. 다르게 칭하자면 지렛대의 원리이다.

---

* '돌림힘'이라 부르기도 한다.
** 아이스킬로스(Aeschylus 기원전 525~456)는 고대 그리스의 대표적인 비극 작가이다. 비극예술의 창조에 기본적인 형태를 부여한 80여 편의 작품을 만들었다. (위키백과)
*** 해석학, 해석적 정수론 분야에서 전설적인 업적들을 남긴 영국의 수학자

▲ **그림 5.5** 지렛대의 원리

아르키메데스는 "나에게 충분한 길이의 막대기만 있다면 지구도 들어 올릴 수 있다"라고 했다. 이 일을 실제로 행할 수는 없겠지만, 그의 말처럼 충분한 공간과 막대기만 존재한다면 가능하다. 아르키메데스가 발견한 지렛대의 원리는 생활 곳곳에서 찾을 수 있다. 병마개를 따는 오프너, 손톱깎이, 가위 등 주변에서 흔히 볼 수 있는 물건에서부터 숱하게 이용된다. 지렛대의 원리가 이처럼 많이 활용되는 이유는 힘을 절약할 수 있다는 커다란 장점이 있기 때문이다. 우리가 들어가거나 나가는 곳에 예외 없이 존재하는 문의 손잡이 위치로 그 이유를 확인할 수 있다.

우리는 손잡이가 문의 끝에 있어야 문을 열거나 닫을 때 힘이 덜든다는 사실을 직감적으로 알고 있는데, 〈그림 5.6〉으로부터 회전력을 통해 손잡이의 위치에 따라 얼마나 힘이 필요한지도 정확하게 알게 되었다. 이렇듯 회전에서 발생하는 추상적인 개념을 수학의 언어로 나타냈을 때 그 개념을 훨씬 분명하게 이해할 수 있다.

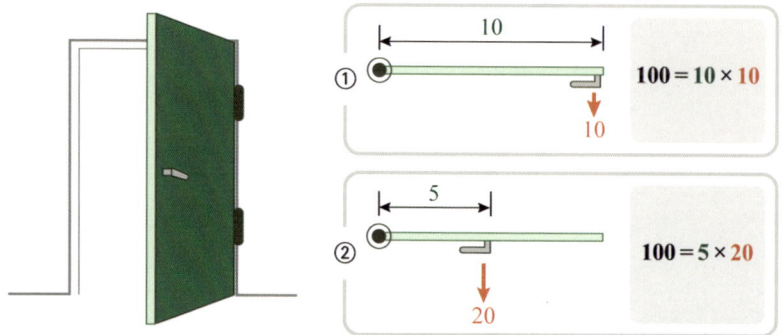

▲ 그림 5.6 ① 문을 여는 데 100이라는 회전력이 필요하다고 할 때 손잡이의 위치가 문의 회전축에서 10의 거리에 있으면 10의 힘으로 밀어야 문이 열린다. ② 반면 손잡이가 5의 위치에 있으면 20의 힘으로 밀어야 한다.

## 무게중심

사고 실험을 통해 회전력이라는 중요한 개념을 얻었지만 아직까지는 논리적 엄밀성이 부족하다. 왜냐하면 무게와 거리의 곱인 회전력이 평형을 이루는 본질이려면 무게중심이라는 개념이 필요하기 때문이다. 시소를 탈 때 무게가 많이 나가는 사람이 앞으로 이동해야 하는 까닭이 양쪽의 회전력을 같게 하기 위함이라는 해석을 다르게 표현하면 시소 양쪽에 있는 두 사람의 무게중심이 회전축에 위치하도록 하는 것이라고 말할 수 있다. 아르키메데스는 무게중심을 이용하여 회전력이 같아야 평형을 이룰 수 있다는 것, 즉 지렛대의 원리를 추출해냈다.

〈그림 5.7〉 공처럼 공이나 정육면체 등 대칭 형태의 도형에서 무게중심이 어디에 위치하는지는 누구나 쉽게 찾아낼 수 있다. 그런데 정삼각형이 아닌 일반적인 형태의 삼각형은 대칭의 형태에서 벗어나기 때문에 무게중심을 바로 알기 힘들다.

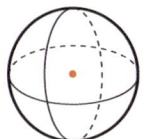 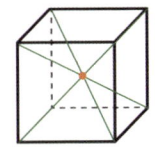 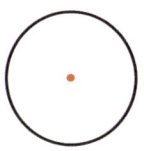 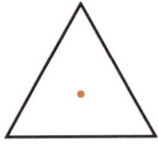

▲ **그림 5.7** 대칭형 물체에 대한 무게중심은 기하학적 중심이 곧 무게중심이다.

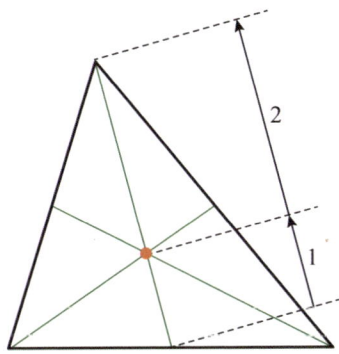

▲ **그림 5.8** 꼭짓점에서 대응되는 변의 중점을 이은 세 중선이 만나는 점이 무게중심으로, 각 중선의 2:1의 위치에 있다.

각 꼭짓점에서 대응되는 변의 중점을 잇는 선분이 삼각형의 넓이를 이등분한다는 당연한 사실로부터 어렵지 않게 삼각형의 무게중심을 구할 수 있다. 덧붙여 무게중심은 각 중선의 2:1 지점에 위치한다는 사실 또한 중요한 수학적 진리이다. 그런데 이렇게 배웠던 많은 분들에게 잘못된 개념이 뇌에 자리 잡는 경우가 의외로 많다. 바로 넓이를 이등분하는 선들의 교점이 무게중심이라는 잘못된 개념을 갖는 것이다.

잠시 무게중심의 정확한 정의를 살펴보자. "지구 중력이 질량을 가진 어떤 물체에 작용할 때 물체가 넘어지지 않고 안정적으로 서 있을 수 있는 지점"이다. 이렇게 정의된 무게중심은 질량중심인 질점과 혼동의 소지가 있는데, 이유는 무게중심은 중력을 고려해야 하고 질점은 그렇지 않다는 점 때문이다. 하지만 중력가속도가 위치마다 다른 상황에서만 질량중심과 무게중심이 동일하지 않을 뿐 나머지 경우는 같으므로 우리는 동일하다고 생각해도 무리가 없겠다.

무게중심을 알아낼 수 있는 손쉬운 방법 중 하나가 물체의 한 점을 실에 매달아보는 것이다. 정의만 생각해도 당연한 사실인데 중력으로 늘어진 줄의 연장선 위에 무게중심이 놓여야 한다.

여러분이 직접 삼각형으로 실험해보면 확실하게 느끼겠지만 실의 연장선이 무게중심을 지나야 평형을 이루게 될 수밖에 없다. 이제 삼각형을 실의 연장선이자 $y$축인 점선으로 분할하고, 왼쪽의 초록색 사각형과 오른쪽의 붉은색 삼각형의 넓이를 구해보자. 각각 5와 4로 실의 연장선이 삼각형의 넓이를 이등분하는 선이 아님을 알

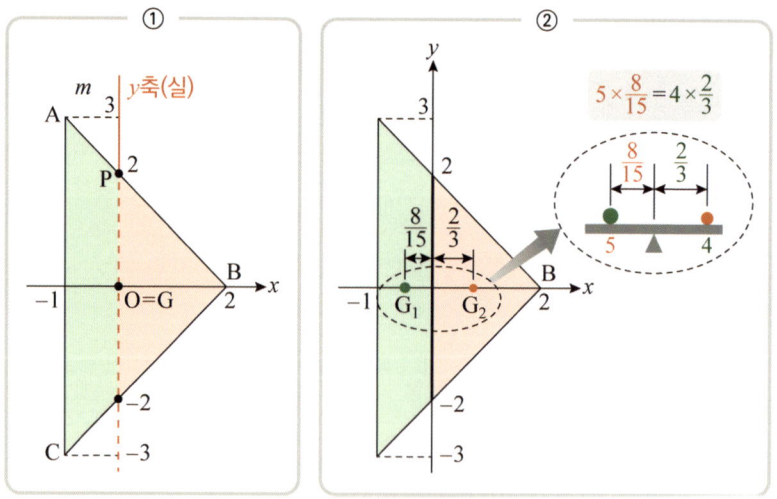

▲ **그림 5.9** ① $\overline{AB}=\overline{BC}$인 이등변삼각형의 한 변 AB를 1:2로 내분하는 점 P에 검은색의 실($y$축)을 묶고 매달았을 때, 실의 연장선(검은색 점선)이 무게중심 G를 지나 균형을 이룬다. ② 넓이 5인 초록색 사각형의 무게중심은 $x=-8/15$, 오른쪽 붉은색 삼각형의 넓이는 4이고 무게중심은 $x=2/3$이다.

수 있다. 무게중심을 구할 때 넓이를 이등분하는 선의 교점으로 구한다는 것은 아주 엉뚱한 논리임이 밝혀졌다. 그럼 무게중심은 어떻게 찾아내야 하나? 답은 양쪽의 회전력이 같도록 하는 선들의 교점이다.

넓이 5인 왼쪽의 초록색 사각형의 무게는 중력가속도 $g$를 곱한 $5g$이고 무게중심 $G_1$은 $y$축의 왼쪽 8/15지점이므로 회전력은 두 수를 곱한 $8g/3$이다. 한편 넓이 4의 붉은색 삼각형의 무게중심 $G_2$는 원점에서 2/3의 거리에 위치하므로 회전력은 $8g/3$이다. 이로써 원래 삼각형의 무게중심 G가 실의 연장선 위에 놓여 있다는 것을 알수 있게 되었다. 이렇게 실에 매달린 삼각형은 마치 그림의 점선의 원 안의 양팔저울과 같다. 그건 그렇고 사각형의 무게중심 $G_1$이 8/15라고 했는데 어떻게 구한 것일까?

# 13장 분할과 조립

## 분할의 이점

〈그림 5.9〉에서 초록색 사각형의 무게중심을 두루뭉술하게 넘어가며 대뜸 8/15로 확정하였다. 이야기의 흐름을 끊지 않으면서 무게중심이 회전력에 있다는 점을 알려주기 위해 특별한 언급 없이 결정하고 진행하였다. 이제 사각형의 무게중심을 구하는 방법을 살펴보겠다.

지혜는 무에서 유로 창조되는 경우가 거의 없다. 문제의 해답은 기존의 정보에서 찾아내야 한다. 알고 있는 사실을 적절하게 활용할 수 있는 능력이 곧 지혜이다. 그렇기에 우리도 이미 알고 있는 정보에서 시작해보자. 무게중심에 관해 우리가 알고 있는 정보는 무엇인가. 바로 삼각형의 무게중심을 구하는 방법, 추가로 회전력으로 무게중심을 구한다는 정보를 가지고 있다.

〈그림 5.10〉의 붉은색과 초록색 삼각형의 무게중심을 구하는 것은 문젯거리가 되지 않는다. 이 지점이 질점으로 위의 그림의 설명처럼 각각의 삼각형의 무게중심에서 사각형의 무게중심 G의 위치를 찾는 것은 계산의 문제일 뿐 전혀 어려운 과정은 아니다. 굳이 식으로 보여주지 않아도 충분히 이해할 수 있다.

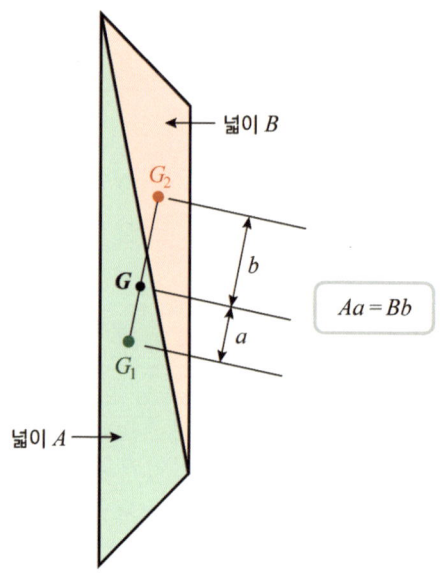

▲ **그림 5.10** 사각형을 2개의 삼각형으로 조각내어 각각의 삼각형의 넓이 A와 B가 모두 무게중심 $G_1$과 $G_2$ 에 놓인 질점으로 처리한다. 이때 사각형의 무게중심 $G$는 두 무게중심을 이은 선분 위에 놓이고, 그 위치는 양쪽의 회전력 $Aa$와 $Bb$가 같은 지점이다.

　이 방법이라면 직선으로 이뤄진 다각형은 어떤 모양이더라도 삼각형으로 분할하여 구할 수 있다. 그런데 부수적으로 따라오는 문제가 있다. 삼각형의 개수가 늘수록 계산이 복잡해진다는 점이 엄청나게 부담이 된다. 물론 아무리 변의 개수가 많더라도 무게중심을 구하는 것은 가능하다.

　그렇다면 곡선의 도형에서는? 이 질문을 듣고 다시 한번 머릿속이 하얘졌다면 너무도 당연한 반응이다. 물론 현대의 수학에서는 그 해결책을 찾아냈고 그것이 바로 이 책의 주제인 미적분이다. 그런데 미적분이 탄생하기 전의 수학자들도 여러분과 비슷한 당혹감을 느꼈을 것이다. 더군다나 곡선의 넓이의 문제도 채 해결되지 않은 상황에서 무게중심이라니 첩첩산중이다. 현재 정보로는 삼각형

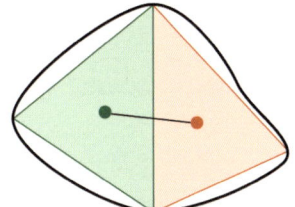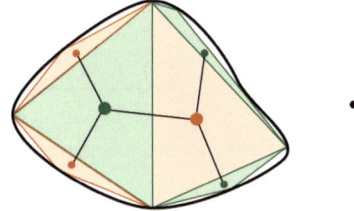

▲ **그림 5.11** 곡선의 도형을 2개의 삼각형으로 분할하고 각각의 무게중심에서 지렛대의 원리를 이용하여 두 삼각형의 무게중심을 구한다. 여분의 영역에 4개의 삼각형을 추가로 분할하여 총 6개의 삼각형을 이용하여 무게중심을 구한다.

의 조각으로 분할하는 방법 외에 딱히 길이 보이지 않는다.

〈그림 5.11〉처럼 곡선의 무게중심을 구하는 방법이 딱히 틀렸다고 할 수는 없지만 도무지 받아들이기 힘들다. 아무리 많은 삼각형으로 분할해도 분명 오차가 존재할 것이다. 무엇보다 분할된 삼각형들의 무게중심들을 재조립하여 원래 곡선의 무게중심으로 환원하는 계산의 복잡성은 상상을 초월할 정도이다. 하지만 놀랍게도 작은 조각으로 분할하여 조립하는 이 원리가 씨앗이 되어 미적분의 탄생을 이끌었다. 바로 이 '분할과 조립'이라는 개념이 미분과 적분의 첫걸음이자 핵심 개념이고, 미직분을 이해하는 최고의 전략이다.

이야기를 계속 이어가기에 앞서 일단 이번 절 서두에서 제시했던, 아르키메데스가 회전력이 거리와 무게를 곱한 것이라는 주장을 어떤 논리로 전개했는지 〈그림 5.12〉로 살펴볼 수 있다.

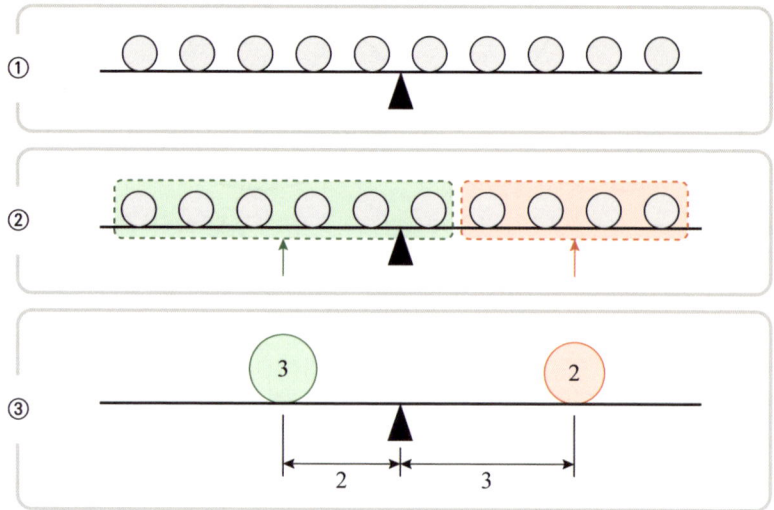

▲ **그림 5.12** ① 무게가 0.5인 추 10개가 같은 간격으로 일렬로 놓여있을 때 무게중심은 그 중간 지점인 받침점의 위치이다. ② 6개의 공을 묶은 초록색 영역과 4개의 공을 묶은 붉은색 영역의 무게중심은 초록색과 붉은색의 화살표이다. ③ 각각의 무게중심에 3의 무게(초록색의 원)와 2의 무게(붉은색의 원)로 대체해도 전체적으로 균형이 유지된다.

## 분할과 조립

직선으로 이뤄진 도형의 길이나 넓이, 부피, 무게중심 등은 초등학교 시절에 다룬다. 곡선으로 구성된 경우는 그렇지 않다. 원이나 원뿔 등 원을 기반으로 하는 대칭 형태의 도형을 제외하고는 배우지 않는다. 더구나 원의 넓이를 구할 때에도 반지름의 제곱에 3.14를 곱한다고 주입식으로 배우지 왜 그렇게 해야 하는지에 대해서는 놓치기 십상이다. 직선으로만 구성된 경우보다 곡선이 포함되어 있을 때에는 그만큼 이해하기가 어렵기 때문이다.

고대의 수학자들에게도 곡선으로 구성된 길이나 넓이 문제는 도저히 건널 수 없는 강과 같은 존재였다. 근사치 정도는 구하였지만 정확도와는 거리가 멀었다. 그럼에도 천체 관측이나 실생활에 필요한 곡선의 문제는 극복해야 할 과제였다. 수많은 시도 끝에 수학자들이 곡선의 문제를 해결하기 위해 쥐어짜낸 아이디어가 분할과 조립의 방법이다. 왜 분할과 조립의 방법을 택할 수밖에 없었던 것일까? 그것은 해결이 불가능하게 보이는 곡선을 근사적인 직선으로 바꿔서 해결하자는 발상에서 나온 고육지책이었다.

앞서 다뤘던 〈그림 5.11〉의 무게중심을 구하는 과정이 그러하다. 곡선으로 구성된 도형의 무게중심을 구하기 위해 충분히 구해낼 수 있는 삼각형을 이용하는 것이 바로 곡선을 직선으로 해결하자는 발상이다. 하지만 이 방법에는 뚜렷한 한계가 존재한다. 제아무리 분할해도 곡선은 곡선이지 직선이 될리 만무하기에 오차가 엄연히 존재할 수밖에 없다. 더군다나 수많은 삼각형으로 분할하면 반대급부로 발생하는 엄청난 수의 삼각형들의 무게중심들로부터 원래 도형의 무게중심을 구하는 조립의 과정이 상상하기 힘들 정도로 복잡한 계산을 뒤따르게 한다. 또한 오차를 더욱 줄이기 위해서는 더욱 더 많은 분할을 해줘야 하는데 이 과정은 끝없는 순환의 고리에 빠지게 만든다. 결론적으로 분할과 조립에 맞닥뜨린 거대한 벽의 정체는 '무한'이다. 발상은 훌륭했지만 무한의 괴물이 만들어낸 늪에 빠질 수밖에 없다. 분할된 수많은 조각들을 합쳐 다시 조립하여 곡선의 도형으로 복원시키는 일은 수학자들에게는 감히 엄두도 내지 못할 난공불락의 수수께끼였다.

그렇다면 분할과 조립이 아닌 다른 방법으로 해결책을 모색하면 되지 않을까라고 생각할 수도 있겠다. 하지만 이보다 더 나은 방법은 나오지 않았다. 무엇보다 이 발상을 놓지 못한 결정적 이유가 있었다. 아르키메데스가 분할과 조립이 곡선의 비밀을 풀 수 있는 열쇠가 될 수 있음을 입증하는 몇 가지 사례를 성공적으로 제시했기 때문이다.

곡선 문제 해결의 성패를 결정짓는 잣대는 완벽한 대칭의 도형이자 곡선의 왕인 '원'의 정복 여하에 달려 있다. 가장 이상적인 곡선의 도형인 원조차 분할과 조립으로 해결하지 못한다면 다른 곡선은 불가항력이다. 그러한 원의 비밀을 처음으로 밝혀낸 인물이 지렛대의 원리를 발견한 아르키메데스였다. 그가 작성한 《원의 측정》이라는 논문에서 그의 참신하고 놀라운 발상을 엿볼 수 있다.[*] 그는

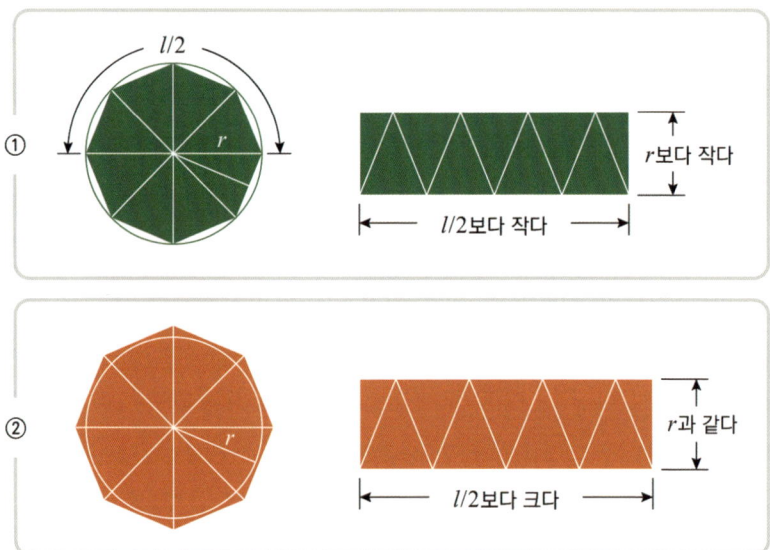

▲ 그림 5.13 ① 반지름 $r$의 원에 내접하는 정팔각형을 8개의 삼각형으로 분할하여 오른쪽과 같은 직사각형을 만들었을 때 높이는 원의 반지름 $r$보다 작고 밑변은 원의 둘레의 길이 $l$의 1/2보다 작다. ② 원에 외접한 정팔각형을 8개의 삼각형으로 분할하여 조립한 오른쪽 직사각형의 높이는 원의 반지름 $r$과 같고, 밑변의 길이는 $l$/2보다 크다.

---

[*] T.L. Health (ed.) The Works of Archimedes (London: C.J. Clay and Sons, 1897): 91~98

원에 내접하는 정다각형과 외접하는 정다각형의 넓이의 사이에 원의 넓이 값이 있다는 사실을 이용했다.

〈그림 5.13〉의 직선으로 구성된 내접한 정팔각형과 외접한 정팔각형의 각각의 넓이 $s$와 $S$는 직선으로 구성된 다각형이므로 값을 구하는 데 어려움이 없다. 따라서 실제 원의 넓이가 두 값 $s$와 $S$ 사이에 있다는 정도는 충분히 알 수 있다. 하지만 두 값의 범위가 클 경우 오차도 상당하기에 이 오차를 줄이는 것이 당면한 과제이다. 그리고 이 목적을 달성하는 최선의 방법이 변의 개수가 더 많은 정다각형으로 분할하는 것이다. 물론 그렇다고 완벽한 원의 넓이를 구할 수 없겠지만 말이다.

〈그림 5.13〉을 참조하며 원을 분할하는 내접 정다각형의 변의 개수를 계속 확장하며 이들로 만들어지는 직사각형을 상상해보자. 변의 수가 늘수록 직사각형의 밑변과 높이는 각각 $l/2$과 $r$에 가까워지는 것이 그려질 것이다. 즉, 내접한 정다각형으로 만들어지는 직사각형의 넓이는 $rl/2$보다 작은 값이지만 변의 수를 늘릴수록 이 값에 한없이 가까워진다. 이번에는 외접 정다각형으로 같은 상상을 해보자. 역시 변의 개수가 늘수록 분할된 삼각형으로 만들어진 직사각형의 높이는 원의 반지름 $r$로 항상 일정하고 밑변은 $l/2$에 접근하므로 이 경우 역시 $rl/2$에 가까워진다. 내접과의 차이점은 더 큰 값에서 가까워진다는 것일 뿐이다. 따라서 원의 넓이는 내접보다 크고 외접보다는 작은데 두 경우 모두 $rl/2$에 가까워지므로 원의 넓이가 $rl/2$이라는 점이 명백하다. 이것이 분할과 조립의 핵심 원리이다. 어차피 정확한 값은 구하지는 못해도 어떤 값에 접근하는지를 알면 그것이 곧 구하고자 하는 정답이라는 우회적인 접근법이다.

## 원주율의 값

원의 반지름 $r$과 원의 둘레의 길이 $l$의 절반을 곱한 값 $rl/2$이 원의 넓이라는 아르키메데스의 결과만으로 완전히 문제가 해결된 것은 아니다. 반지름 $r$은 직선의 꼴이므로 문제될 것은 없지만 원의 둘레 $l$의 길이는 곡선이라 또 다른 수수께끼이다. 이것을 어떻게 풀까?

이미 커다란 산을 하나 넘었으니까 이를 경험으로 해결책을 모색해볼 수 있다. 원의 둘레의 길이를 구하는 문제로 바뀌었을 뿐 앞서 내접과 외접 정다각형을 이용하여 원의 넓이를 구한 방법으로 해결할 수 있을 것이기 때문이다. 분명 내접과 외접 정다각형의 둘레가 앞서 넓이의 경우처럼 어느 한 값에 가까워질 것이 당연하다.

내접과 외접의 정다각형의 둘레는 원의 반지름에 의해 결정된다는 점 그리고 모든 원은 닮았으므로 원의 둘레와 지름의 비율이 일정하다는 점에 착안하면 문제 해결의 실마리에 확실히 다가갈 수 있다. 그러니까 최종적으로 구해지는 원의 둘레는 직선의 반지름으로 표현될 수밖에 없기에 원의 둘레가 지름의 몇 배인지 그 비율만 알면 되는 것이다. 이 비율이 수학에서 가장 유명한 상수인 원주율 $\pi$로, 원의 반지름이 $r$이라 할 때 지름은 $2r$이고, 따라서 원의 둘레는 지름의 $\pi$배이므로 $2\pi r$이며 동시에 넓이는 $\pi r^2$이 되는 것이다. 우리가 잘 알고 있는 원의 공식이다. 이제 무엇을 해야 할지 목표가 명확해졌다. $\pi$의 정확한 값만 얻어내면 원을 완벽하게 정복하게 되는 것이다.

대칭을 기반으로 움직이는 자연의 세계에서 원의 대칭성을 품은 운동은 흔하다. 뉴턴 역시 원운동의 해석으로 우주의 법칙을 이끌어냈듯 원은 자연계를 해석하는 가장 근본이 된다. 그러기에 원에서 잉태되어 태어난 원주율은 대칭의 틀 안에서 움직이는 우주를 설명할 때 의외의 지점에서 툭툭 튀어나오곤 한다. 변덕스러운 소수에서조차 등장했듯이 말이다. 원주율의 등장은 대칭의 속성을 지니고 있음을 방증하며, 동시에 자연의 비밀을 담고 있고, 또한 우리 인간이 해결 가능한 현상임을 의미하기도 한다. 원에서 태어난 자식인 원주율 $\pi$는 자연계를 해석할 때 항상 빠지지 않고 등장하는, 수들 중에서 가장 으뜸인 '수의 왕'이다. 이번 절에서는 원주율 $\pi$의 비밀을 아르키메데스가 어떻게 밝혀냈는지를 알아본다.

원의 둘레도 곡선이다 보니 원주율을 정확하게 알아내기는 쉽지 않다. 기원전 2000년경 바빌로니아인들은 원주율을 25/8인 3.125로, 이집트인들은 $256/81 \approx 3.16$으로 사용하였지만 우리가 알고 있는 근삿값 3.14와는 다소 차이가 있다. 사실 원주율은 무리수이다 보니 십진법 체계에선 값을 표현할 길이 없기에 소수점 이하 몇 자리까지 알아내느냐가 중요하다. 그나마 원주율이 3.14라는 꽤 정확도가 높은 근삿값을 처음으로 계산해낸 이가 아르키메데스이다. 그는 원의 넓이를 구한 방법처럼 '분할과 조립'의 방법을 사용하였다. 원의 경우만이 아니다. 그는 곡선의 꼴을 담고 있는 모든 문제에 대해 항상 더욱 작은 조각으로 분할하고 무한히 생성된 조각들을 조립하는 방책으로 해결하였다.

그는 원주율 $\pi$를 알려진 두 수 사이에 가두어 점점 조여가는 방법으로 근삿값을 찾아냈는데, 이 방법을 조임법 또는 실진법이라 부른다. 앞서 원의 넓이를 구한 방법이다.

그런데 넓이와 달리 원의 둘레는 쉽지 않다. 넓이는 〈그림 5.14〉처럼 분할된 조각들을 조립하면 직사각형으로 모양이 만들어져 쉽

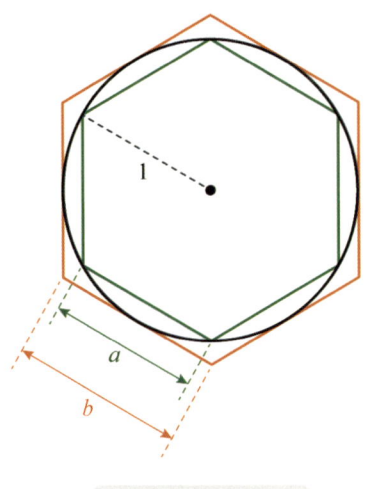

$6a <$ 원의 둘레 $< 6b$

▲ **그림 5.14** 반지름이 1인 원에 내접한 정육각형(초록색)과 외접한 정육각형(붉은색)을 위치시 킨다. 이때 원의 둘레의 길이는 내접한 정육각형의 둘레의 길이 $6a$보다 크고 외접한 정육각형의 둘레의 길이 $6b$보다 작다.

게 결과가 도출되었지만 위의 그림처럼 분할에 사용된 정다각형의 변들로 특별히 할 것이 없다. 정다각형의 변들을 조립하는 일은 결 코 녹록치가 않은 것이다. 방법은 오직 변의 길이를 일일이 계산하 는 방법밖에 없다.

그림과 같이 반지름 1인 원에 내접 및 외접한 정육각형의 변의 길이로부터 원주율이 어느 구간에 놓이는지를 구하고, 서서히 변의 수를 늘리면서 구간의 폭을 줄여 원주율의 실제 값에 가까워지는 방법은 훌륭하다. 그러나 정육각형의 내접과 외접의 변의 길이를 구하는 것은 그나마 낫지만 변의 수가 늘어날수록 변의 길이를 구 하는 것은 꽤나 힘든 작업이다. 정12각형이나 정24각형, 나아가서 정48각형이나 정96각형의 길이를 구하려고 해보라.

아르키메데스는 이 어려움을 놀라운 아이디어로 극복했다. 그의 논문을 보면 정육각형에서 시작하여 변의 개수를 두 배 늘려 내접과 외접한 정12각형의 변의 길이를 구했고, 나아가서 정24각형, 이어서 정48각형 등 차츰차츰 변의 개수를 늘리며 정96각형까지 같은 과정을 수행하여 원주율의 값이 놓일 간격을 줄여나갔다.

▼ 표 5.15 아르키메데스가 원에 내접 및 외접하는 정다각형을 이용하여 계산한 원주율의 근삿값

| 정$n$각형 | 내접 다각형 | 외접 다각형 |
|---|---|---|
| 6 | 3 | 3.46415 |
| 12 | 3.10577 | 3.21541 |
| 24 | 3.13245 | 3.15973 |
| 48 | 3.13922 | 3.14619 |
| 96 | 3.14091 | 3.14283 |

위의 표와 같이 변의 개수가 많아질수록 실제의 원주율의 값이 놓이는 구간의 폭을 줄여가면서, 마지막 정96각형에서 원주율이 3.14091보다 크고 3.14283보다 작은 값임을 알게 되었다. 정확한 값은 모르지만 최소한 원주율이 3.14라는 유효숫자를 가진다는 것은 명백하다. 그런데 여기서 한 가지 커다란 의문점이 생긴다.

분할의 관점에서 변의 수가 많은 정다각형을 이용하는 것이 근사치를 얻는 좋은 방법인데 왜 아르키메데스는 여러 개의 정다각형의 변을 일일이 구하는 조임법으로 원주율의 근사치를 구하였을까? 어차피 변의 길이를 계산해야 한다면 처음부터 정96각형을 이용하면 될 것이 아닌가? 굳이 정육각형에서부터 차례대로 계산하는 것은 너무 쓸데없는 과정이지 않나? 그리고 이왕이면 96각형이 아닌 그 이상의 다각형으로 하면 될 것이 아닌가?

이런 의문을 품고 우리가 직접 정96각형을 이용한다고 하자. 그런데 원에 내접하는 그리고 외접하는 정96각형의 변의 길이를 구하는 작업이 상상외로 굉장히 어렵다. 원주율을 구하는 문제를 떠나 또 다른 커다란 장벽이 앞에 놓인 격이어서 문제의 본질에서 벗어난 꼴이 된다. 그렇다면 그는 어떻게 정96각형의 변의 길이를 구한 것일까? 이 의문점을 가지고 다시 위의 표를 보면 한 가지 규칙이 눈에 확 들어온다. 정다각형의 변의 수가 6, 12, 24 등 2를 곱한 다각형만이 선택되었다. 어떤 의도가 숨어 있는 것일까?

## 점화식

정96각형 등, 변의 수가 많은 정다각형의 한 변의 길이를 구하는 것은 정말로 어렵고 불가능한 작업일 수 있다. 그것을 충분히 인지하고 있던 아르키메데스는 놀라운 발상으로 이 문제를 해결하였다.

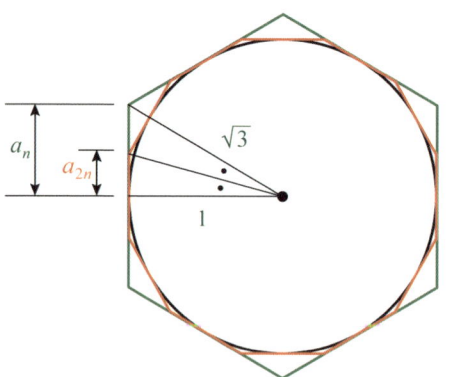

▲ 그림 5.16 반지름 1인 원에 외접하는 정$n$각형(초록색의 정육각형)과 정$2n$각형(붉은색의 정12각형)이 있다. 이때 정$n$각형과 정$2n$각형 각각의 한 변의 길이는 $2a_n$과 $2a_{2n}$이다.

정$n$각형의 둘레의 길이와 변의 수가 2배가 더 많은 정$2n$각형의 둘레의 길이 사이의 관계식을 이용하는 우회 전략을 사용한 것이다.

〈그림 5.16〉에서는 편의상 정육각형과 정12각형을 그렸지만 일반화라는 취지를 살리기 위해 다각형을 각각 정$n$각형과 정$2n$각형이라 생각하고 정$n$각형의 한 변의 길이의 1/2을 $a_n$, 정$2n$각형의 한 변의 길이의 1/2을 $a_{2n}$이라 할 때 두 변은 아래와 같은 관계식이 성립한다.

$$\langle 식\ 5.17 \rangle\ a_{2n} = \frac{a_n}{\sqrt{a_n^2 + 1} + 1}$$

위 식은 유클리드《원론》에 제시된, 그리고 우리가 중학교 때 배우는 매우 단순한 기하학 정리만으로 간단하게 유도가 가능하다. 전혀 어려운 수학 기법이 사용되지 않는다. 유도 과정이 어렵지는 않으므로 직접 증명하는 것도 나쁘지 않겠다.

이제 아르키메데스의 의도를 알아채셨으리라. 그는 변의 길이의 정보를 모두 쉽게 구할 수 있는 정육각형을 시작점으로 취하여 $a_6 = \sqrt{3}/3$을 직접 구하였다. 그리고 다음 단계로 정12각형의 변의 길이 $a_{12}$를 구하여야 하는데 정12각형에서 직접 구하려고 애를 쓸 필요가 없다. 단지 〈식 5.17〉에 $a_6$을 대입하면 된다. 다음은 정24각형의 $a_{24}$의 값인데 $a_{12}$를 알고 있으므로 역시 〈식 5.17〉로부터 알아낼 수 있다. 같은 방법으로 $a_{48}$과 $a_{96}$의 값을 차례대로 구할 수 있다. 산술적인 계산이 귀찮지만 각각의 정다각형의 한 변의 길이를 일일이 구하지 않고 〈식 5.17〉만으로 도미노처럼 해결이 되고 있다. 놀랍지 않으신가? 이 기법을 처음 접하신 분들은 저절로 감탄사가 튀어나올 것이다. 얼마나 훌륭한가! 인간의 지혜가 이렇게 아름다울 수 있다는 사실에 말이다.

아르키메데스가 구한 원주율의 값은 정밀도 면에서도 우수성이 뛰어나지만 무엇보다 원하는 만큼 얼마든지 더 정밀한 값을 산출해 낼 수 있다는 질적인 면에서 비교할 수 없는 탁월한 연구 결과이다. 수학에서는 〈식 5.17〉을 통칭하여 점화식이라 부른다. 순서대로 나열된 수들의 앞과 뒤의 수들 사이의 관계를 나타낸 식이다.

조임법을 완성하기 위하여 내접하는 정다각형의 경우를 살펴볼 차례이다. 앞서 외접과 마찬가지로 점화식을 구해야 한다.

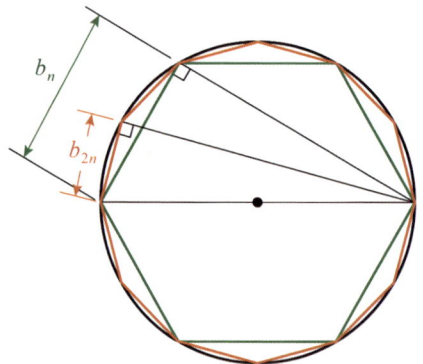

▲ **그림 5.18** 반지름 1인 원에 내접하는 정$n$각형(초록색의 실선)과 정$2n$각형(붉은색의 실선)의 한 변의 길이는 각각 $b_n$과 $b_{2n}$이다.

두 정다각형의 한 변의 길이인 $b_n$과 $b_{2n}$의 관계식인 점화식 역시 중학교 기하학 수준의 실력이면 충분히 유도가 가능하다.

$$\langle 식\ 5.19 \rangle\ b_{2n}^2 = \frac{b_n^2}{2 + \sqrt{4 - b_n^2}}$$

내접하는 정육각형의 한 변의 길이는 1이므로 $b_6 = 1$이고, 내접하는 정12각형의 한 변의 길이는 위의 점화식으로 $b_{12} = 1/(2 + \sqrt{3})$이다. 자연스레 $b_{24}$, $b_{48}$, $b_{96}$의 값 역시 차례대로 구해낼 수 있다. 이렇게 완성한 것이 앞의 〈표 5.15〉이다.

한편 그는 외접과 내접 모두 정육각형을 계산의 출발점으로 삼았기에 $\sqrt{3}$의 값을 필요로 하였다. 하지만 당시 제곱근 $\sqrt{\phantom{x}}$의 기호가 없었기에 그는 계산을 위해서 $\sqrt{3}$의 값을 내접에서는 265/153($\approx 1.7320261$), 외접에서는 1351/780($\approx 1.7320513$)의 값을 사용했다. 그가 이 근삿값을 어떻게 구했는지에 대한 자세한 언급이 없다는 점이 아쉽지만 실제 $\sqrt{3}$($\approx 1.7320508$)과 비교하면 상당히 정확하다는 것을 알 수 있다. 그는 외접용과 내접용 $\sqrt{3}$의 두 근삿값과 2개의 점화식을 이용해서 정96각형으로부터 원주율이 22/7($\approx$ 3.1429)와 223/71($\approx 3.1408$)의 사이에 놓였다는 최종 결과를 얻어냈다. 점화식의 속성상 더욱 정확한 값을 얻어낼 수 있었겠지만 그는 정96각형 정도만으로도 충분하다 여겼을 것이다.

여기서 자연스러운 의문점은 $\sqrt{3}$의 근삿값으로 왜 외접용과 내접용으로 나눴는지가 될 수 있겠다. 여기에서는 아르키메데스의 치밀성을 엿볼 수 있다. 각 사용된 근삿값을 보면 외접용이 $\sqrt{3}$보다 약간 더 크고, 내접용이 더 작은 값이다. 만약 외접다각형에 내접용 근삿값을 사용하면 정다각형의 변의 수를 늘리면서 자칫 실제의 원주율보다 더 작아지는 치명적인 문제가 발생하게 될 소지가 있다. 그래서 아르키메데스는 오차가 있을지언정 외접 다각형의 변의 길이가 원주율보다 더 작아지는 문제를 원천적으로 봉쇄하기 위해 다른 근삿값을 사용한 것이다.

수학계에서는 3월 14일을 특별하게 기념하고 있다. 바로 원주율 값인 π의 근삿값 3.14에 착안하여 'π day'라고 부르며 원주율 자릿수 외우기 같은 이벤트를 즐긴다. 원주율의 자릿수는 2019년 기준으로 31조 자릿수까지 얻어내는 데 성공하였다고 한다. 아마 조만간 그 이상의 자릿수도 경신하게 될 것이다. 그런데 끝없이 뻗어나가는 원주율 π를 왜 이렇게까지 구하려고 애쓰는 걸까. 지금도 계속해서 팽창하고 있는 우주처럼 원주율 π로 끝없이 펼쳐지는 무한 세계에 조금이라도 더 깊숙이 들어가고 싶은 갈망 같은 것일까. 더 큰 이유 중 하나는 원주율 값을 구하는 것이 수학적 지혜의 경연장이라고 생각하기 때문이기도 하다. 최고 성능의 컴퓨터에 지금 소개한 아르키메데스의 알고리즘을 장착하여 원주율의 자릿수를 1조 자리까지 계산하려면 아마도 엄청난 시간이 걸릴 것이다. 하지만 수학의 발전과 더불어 더욱 우수한 알고리즘의 개발로 단 몇 시간만에 계산을 끝낼 수 있다. 누가 더 뛰어난 알고리즘을 개발하느냐가 하나의 목적이 된다. 수학은 그러한 지혜의 싸움 속에서 발전해왔고, 이후에도 그렇게 발전해나갈 것이다.

아르키메데스의 업적을 배우는 것은 수학을 배우는 학생들에게 교육적으로 대단한 가치가 있다. 그가 연구한 무게중심, 원의 넓이, 원주율, 입체도형의 부피 등은 현재 중학교의 기하 영역에서 다루는 수준만으로 충분히 이해할 수 있다. 아르키메데스는 가장 기본적이라 할 지식들을 창의적이고 치밀하게 조합하여 도형에 내재한 숨은 비밀을 밝혀낸 천재적 인물이다. "구슬이 서 말이어도 꿰어야 보배"라는 속담처럼 알고 있는 지식을 활용할 수 있는 지혜의 중요성을 아르키메데스가 우리에게 알려주고 있다.

수학자들은 아르키메데스의 업적에서 희망을 보고 무한한 분할과 조립으로 곡선과 직선 사이에 놓인 강에 다리를 놓으려는 야심찬 계획을 계속 밀어붙였다. 비록 직선으로 바꾼 과정에서 자연스레 발생하는 무한이라는 괴물의 모호함과 통제하기 힘든 속성에 따라 어려운 작업이 되겠지만, 일단 그 다리만 완성되면 직선을 다루는 방법을 이용해서 곡선의 수수께끼를 풀 수 있을 것이라 기대한 것이다. 목표는 뚜렷해졌다. 무한을 건너는 다리의 건설이다. 이를 위해서는 추상적인 존재의 무한에 엄밀성과 체계성을 지닌 논리의 옷을 입혀 직선과 곡선을 잇는 다리를 만들어야 한다.

## 스타인메츠 다면체

이 책 전반에 걸쳐 뉴턴, 아르키메데스, 데카르트 못지않게 중요한 인물을 미리 소개하겠다. 양자전자기학* 이론을 개발한 공로로 1965년 노벨 물리학상을 받은 천재 물리학자 리처드 파인만 (1918~1988)이다. 11부에서도 잠깐 등장하겠지만 특히 14부에서 맹활약할 인물이다. 그는 한 인터뷰에서 이렇게 말했다.

> 저는 사고의 대부분을 구체적인 그림을 만드는 작업에 몰두하죠. 그리고 수학이 등장합니다. 수학은 나의 사고로 만들어진 그림을 전달하는 데 가장 효과적인 도구이기 때문입니다.

파인만의 말은 나에게 대학 시절의 한 친구를 떠오르게 한다. 그 친구는 구를 8등분하였을 때 하나의 조각을 머릿속에 그려보거나 그것을 그림으로 표현하는 것을 매우 어려워하였다. 심지어 $x$, $y$, $z$ 축으로 자르면 8등분이 되는 것도 이해를 잘 못했다. 나에게는 명백한 사실을 이해하지 못하는 친구가 나는 도무지 이해되지 않았다.

---

\* 전자기적 현상 또는 물체와 전자기파의 상호 작용 등 거시적인 입장에서 다루는 고전적인 전자기학에 대하여 전자 또는 전기를 띤 입자와 같은 미시적인 계(系)와 전자기파의 상호 작용을 양자화하여 다루는 학문

"왜 상상을 못 해? 사과 자를 때를 생각해봐!"

3차원 형태를 종이 위에 구체화하는 것은 사실 꽤 어렵다. 하지만 내면에 있는 감각을 동원하여 형상화하는 작업은 수학이나 물리 등 모든 학문에서 문제의 통찰로 이끄는 통로 같은 역할을 한다. 좌표계의 등장이 기하학과 대수학의 만남을 이루게 하여 수학의 폭발적인 발전을 이뤄냈듯이, 사람들은 눈으로 볼 때 이해의 폭도 넓어진다. 형상화가 힘든 분들에게는 잠시나마 핸드폰을 내려놓고 눈을 감고 상상하는 훈련을 통해 경험치를 늘리라고 조언할 수밖에 없다. 눈에 보이지 않는 소립자의 운동의 세계를 그림으로 형상화한 파인만의 경이로운 능력은 새로운 신세계를 창조하여 세상의 물리학자들을 안내하였다.

기하학에 스타인메츠 다면체가 존재한다. 반지름이 같은 원기둥이 직각으로 교차되어 만들어진 다면체이다. 특별히 원기둥 2개가 직각으로 교차하면서 겹쳐진 다면체를 바이실린더, 원기둥 3개가 직각으로 교차되어 겹친 부분을 트라이실린더라고 부른다. 이때 바이실린더이건 트라이실린더이건 각각의 입체의 부피의 계산은 여간 까다로운 일이 아닐 수 없다. 이 입체가 머릿속에서 잘 그려지지 않기 때문이다. 당연히 그림으로 표현하는 것은 더욱 어렵다. 머릿속에 그려내기도 어려운 이들 입체의 부피를 찰스 프로테우스 스타인메츠(1865~1923)라는 전기공학자가 계산해냈기 때문에 그의 이름을 따와서 스타인메츠 다면체라 불리게 되었다.[*]

상상하기도 힘든 이 다면체, 반지름이 $r$인 두 원기둥이 교차하였을 때 겹쳐진 부분의 바이실린더의 부피를 풀어보겠다. 문제는

---

[*] Howard Eves, Slicing it thin, in: David Klarner, The Mathematical Gardner, Wadsworth International 1981, S. 111

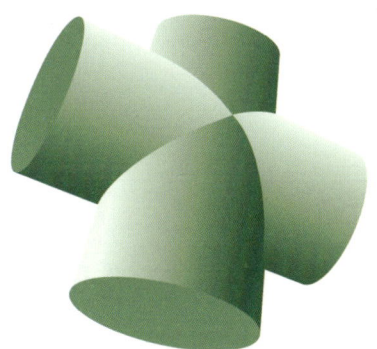

▲ 그림 5.20 직각으로 교차된 두 원기둥

간단하지만 확실히 막막함이 먼저 다가온다. 성패여부는 최소한 겹쳐진 부위의 입체가 머릿속에 어느 정도 형상화되어야 한다. 더 나아가 이를 종이 위에 그려낼 수 있으면 금상첨화이겠다. 어떤 모양일까?

두 원기둥이 만나서 만들어내는 바이실린더의 입체의 모양은 위와 같다. 입체를 평면에 도시하다보니 명백한 한계가 있어 어떤 모양인지 이해하는 데 어려움은 있겠다. 어쩔 수 없다. 각자 최대한 상상력을 발휘해 위의 도형을 머릿속에 형상화해보도록 노력하자. 물

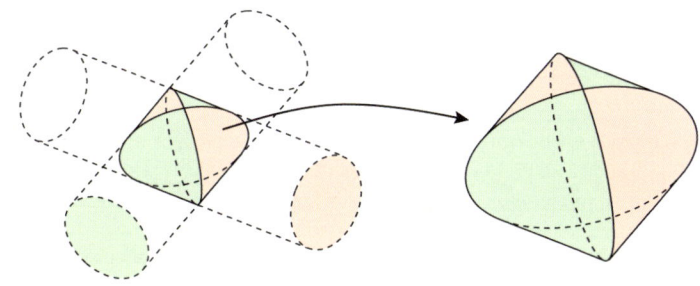

▲ 그림 5.21 두 원기둥이 겹친 입체

론 형상화 작업이 성공적으로 마무리되었다고 쉽사리 해법의 문은 열리지 않지만 그것만으로도 문제의 반 이상은 해결한 셈이다.

## 카발리에리의 원리

바이실린더의 부피 문제는 미적분을 이용해서 풀 수 있다. 그런데 미적분 없이 누구나 이해할 수 있는 쉽고 참신한 방법으로 이 문제를 해결할 수 있다. 또한 이 방법에는 중요한 미적분의 초기 개념이 담겨 있기도 하다. 해법의 열쇠는 이탈리아의 수학자인 보나벤투라 카발리에리(1598~1647)의 이름을 딴 카발리에리의 원리*에

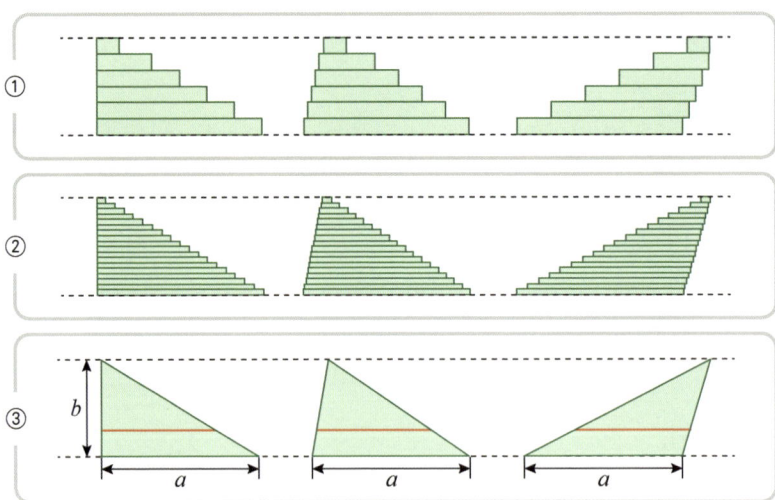

▲ 그림 5.22 ① 순차적인 크기로 쌓여 있는 사각형들의 조각들이 어떻게 정렬되어 있건 각각의 사각형의 넓이의 합은 변하지 않는다. ② 더욱 작은 높이의 사각형들두 마찬가지이다 ③ 사각형의 높이가 0에 가까워지면 쌓인 사각형의 탑은 삼각형의 모양에 가까워진다.

* 1635년에 출판된 책《Geometrica indivisiblibus continuorum nova quandam ratione prometa》에서 '불가분량'이라는 개념을 이용해서 2개의 주어진 도형의 넓이와 부피의 측정을 위해 방법

있다. 원리라고 해서 대단한 내용이라 생각할 수 있지만 이 개념은 초등학교 때부터 우리 머릿속에 자리 잡혀 있는 아주 기초적인 개념이다.

〈그림 5.22〉의 추세를 따라가다 보면 모양에 구애됨이 없이 삼각형의 넓이는 왜 밑변과 높이를 곱한 값을 2로 나눠야 하는지를 단박에 알 수 있겠다. 누구나 알고 있지만 대부분 별 의심 없이 받아들였던 삼각형의 넓이가 이런 논리에 의해 얻어진 결과이다. 이때 같은 높이에서 밑변과 평행한 직선으로 잘린 그림 ③의 붉은 선분에 주목하자. 세 선분의 길이가 같을 것임은 너무도 당연하다. 이를 역으로 생각하면 임의의 높이에서 잘린 선분의 길이가 같으면 삼각형

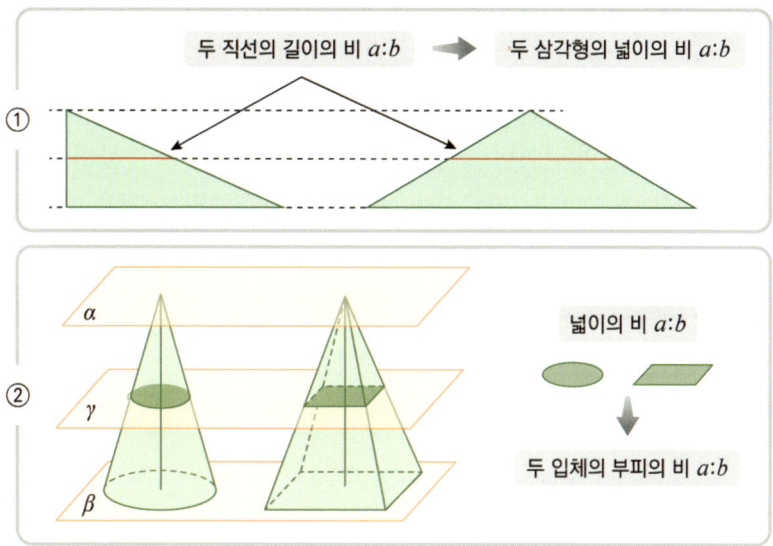

▲ **그림 5.23** ① 밑변이 평행하고 높이가 같은 두 삼각형에 대해, 밑변과 평행한 직선과 만난 두 직선의 길이의 비가 $a:b$이면 두 삼각형의 넓이의 비도 $a:b$이다. ③ 3차원의 두 입체 도형이 한 쌍의 평행한 평면 $\alpha$와 $\beta$ 사이에 있고, 이 두 평면과 평행한 평면 $\gamma$로 잘린 두 단면의 넓이의 비가 $a:b$이면 두 입체도형의 부피의 비도 $a:b$이다.

의 넓이도 같다는 논리이다. 이것이 카발리에리의 원리이다.

쉬운 내용이라 수학에서 '원리'라는 거창한 이름을 달고 있다는 사실이 오히려 의아스럽다. 하지만 카발리에리의 원리는 활용도 측면에서 엄청난 힘을 발휘하여 난공불락의 곡선의 문제를 직선으로 해결하는 길잡이 역할, 즉 곡선과 직선을 연결하는 다리의 기초를 다지게 하는 잠재력을 지니고 있다.

## 불가분량의 개념

〈그림 5.23〉에서 카발리에리의 원리를 설명하고 있는 선분이나 단면을 '불가분량'이라고 부른다. 한문으로는 '不可分量', 영어로는 'the indivisibles'로 쓰고 '더 이상 나눌 수 없는 양'의 의미를 가지고 있다. 아마 대부분 이 용어가 생소할 것이다. 이 단어가 낯선 이유는 모순점이 많은 개념이라 수학에서 잘 사용하지 않기 때문이다. 그럼에도 미적분의 가장 원시적인 개념으로 모순점만 잘 다스리면 유용하게 사용할 수 있다.

카발리에리 원리는 활용 측면에서 매우 유용하지만 잘못 사용하면 커다란 문제에 봉착할 수 있는 위험한 원리이다. 〈그림 5.23〉을 잘 들여다보면 길이의 비로 넓이의 비를, 단면의 비로 부피의 비를 얻어내는 방법임을 감지할 수 있다. 도형을 더 낮은 차원의 요소, 즉 평면 도형은 잘린 선분들, 입체도형은 잘린 단면들로 비교한다. 여기에서 모순이 존재하여 여러 역설을 초래하게 되는 구조적인 문제를 안고 있다. 단면과 입체는 엄연히 다른 차원의 존재이다. 높이가 없는 단면으로 입체를 구성할 수 있을까? 불가능하다. 그럼에도 카발리에리의 원리는 단면들로 입체를 비교하므로 모순이 내재하게 된 것이다. 그래서 엄밀성을 요하는 수학의 세계에서 카발리에리의 원리는 크게 환영받지 못하였다. 여기서 역설에 해당하는 하나의 사례를 살펴보고 가자.

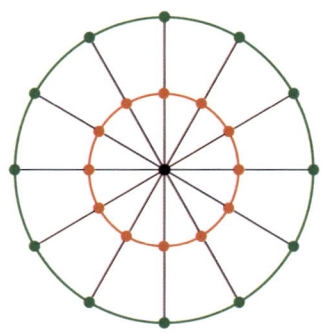

▲ 그림 5.24 동심원의 서로 다른 반지름을 지닌 두 원 위의 점들은 모두 일대일 대응이 가능하므로 두 원의 둘레의 길이는 같다.

〈그림 5.24〉두 원 위의 점들은 확실히 일대일 대응을 한다. 원의 둘레에 있는 점들은 무한하므로 모든 점들을 서로 빠짐없이 대응시키는 것이 가능하다. 무한이 가지는 통제하기 힘든 속성에서 나온 결과이다. 반지름이 다른 두 원의 둘레의 길이가 같다는 위의 주장은 말도 되지 않는다. 그렇다고 딱히 반박할 논리를 찾는 것 역시 쉽지 않다. 하지만 분명 말도 되지 않은 주장이므로 적절한 반박을 가해야 된다. 어떻게?

0차원의 점으로 1차원의 둘레의 길이를 비교해서 발생한 모순이라는 점으로 이의를 제기해야 한다. 길이는 길이라는 단위에서 비교해야 옳은 것인데 길이가 아닌 점과 점의 대응으로 비교하니 나온 역설이다. 길이가 없는 0차원의 점을 아무리 모아본들 단 1mm의 선분도 절대 만들어낼 수 없다.

비록 카발리에리 원리가 지닌 기본적인 모순을 이야기하였지만 실용적인 효과는 분명하다. 그 원리를 통해 부피 계산에 필요한 복잡한 과정을 숨길 수 있기 때문이다. 이 개념이 바이실린더의 부피를 구하는 데 기가 막히게 이용된다.

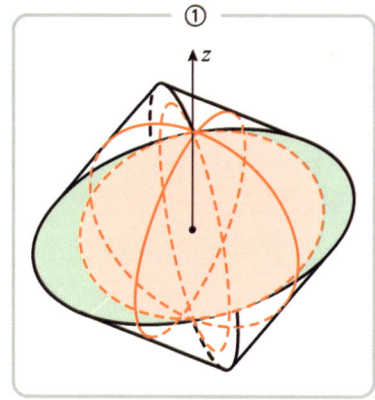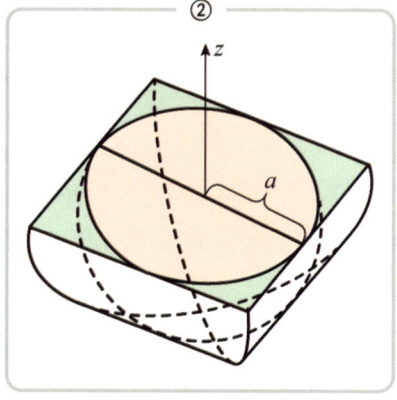

▲ **그림 5.25** ① 2개의 원기둥이 교차하는 바이실린더 중앙에 공(붉은색의 단면과 점선)을 내접시킨다. ② 그림의 $z$축에 수직한 평면으로 잘린 임의의 단면은 정사각형 안에 원이 내접한 형태이다.

바이실린더의 모양도 쉽사리 상상하기 힘든데 그 속에 공까지 집어넣었으니 꽤나 그려내기가 쉽지 않다. 더 이상 어떻게 설명할 길이 부족하므로 스타인메츠를 믿고 따라가보도록 하자. 반지름이 $a$라 할 때 붉은색 그림 ②의 원과 초록색 정사각형 넓이의 비는 $\pi a^2 : 4a^2$, 즉 $\pi : 4$이다. 이 비율은 $z$축에 수직한 평면으로 자를 때 그 위치에 상관없이 잘린 단면에서 항상 적용되는 비율이다. 카발리에리의 원리가 작동되고 있다. $z$의 값에 상관없이 잘린 단면의 비가 항상 $\pi : 4$이므로 공과 바이실린더의 부피의 비 역시 $\pi : 4$이다. 그리고 공의 부피가 $4\pi a^3/3$이므로, 바이실린더의 부피는 바로 계산된다.

$$\frac{4}{3}\pi a^3 \times \frac{4}{\pi} = \frac{16}{3}a^3$$

## 평형법

불가분량의 개념은 카발리에리가 처음 사용한 것은 아니다. 이미 고대 시절부터 존재한 개념으로 아르키메데스 역시 불가분량의 개념으로 놀라운 수학적 업적을 이뤄놓았다. 팔림프세스트*라 불리는 그의 저서 《The Method》**에는 당시 최첨단의 문제였던 곡선의 모양을 지닌 포물선의 문제를 해결한 내용이 실려 있다. 이 책에 실린 '평형법'이라 불리는 기법은 놀라울 정도의 통찰력을 발휘한 착상의 창의성과 명료함으로 기득 채워져 있어 최고의 걸작으로 인정받고 있다. 그는 이 저서에서 불가분량의 개념과 자신이 발견한 지렛대의 원리를 독창적인 방법으로 결합하여 평면과 입체도형에 대한 정보를 끄집어낸다.

평형법은 우리가 이미 정보를 알고 있는 도형과 미지의 도형을 양팔저울에 매달아 평형을 유지하게 함으로써 미지의 도형의 넓이, 부피 등을 불가분량과 지렛대의 원리로 구하는 방법이다. 〈그림 5.26〉은 구의 부피의 공식을 알지 못한다는 설정에서 이미 알고 있는 원기둥과 원뿔의 부피 정보로부터 미지의 반지름 $R$인 구의 부피

---

* 영어로 palimpsest이다. '원래의 글 일부 또는 전체를 지우고 다시 쓴 고대 문서'라는 뜻으로 사본에 기록되어 있던 원 문자 등을 갈아내거나 씻어 지운 후에, 다른 내용을 그 위에 덮어 기록한 양피지 사본을 말한다. 1907년 덴마크의 문헌학자 하이베르크(Johan Ludvig Heiberg, 1854~1928)가 콘스탄티노플(즉 지금의 이스탄불)에서 찾아낸 한 도서의 양피지에 미세한 흔적으로 남아 있던 글을 해독한 결과, 원래 아르키메데스의 책이었음을 알아냈다.

** 《Geometrical Solutions Derived from Mechanics: A Treatise of Archimedes》, The Method: English translation (Heiberg's 1909 transcription)

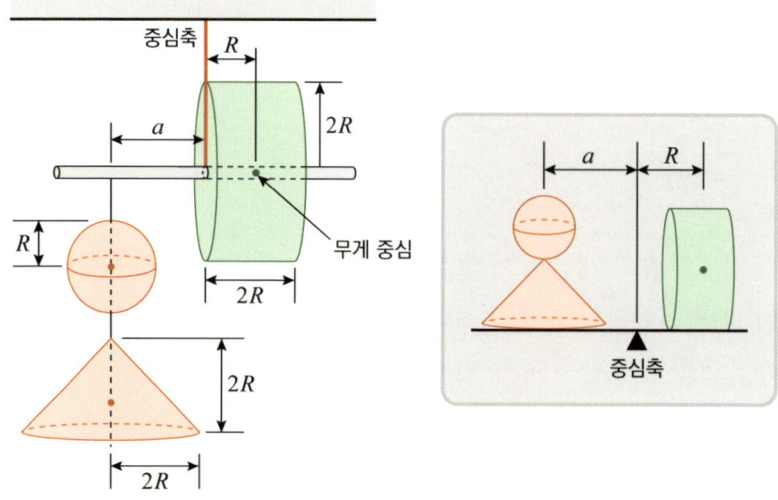

▲ 그림 5.26 반지름 $R$인 구가 밑면의 반지름 $2R$, 높이 $2R$인 원뿔과 함께 중심축 왼쪽의 거리 $a$에, 그리고 오른쪽에는 밑면의 반지름과 높이가 모두 $2R$인 원기둥이 평형을 이루고 있다.

를 평형법으로 구하는 사례이다.

　양쪽에 놓인 입체도형들이 평형을 이룬다는 것은 양쪽의 회전력이 동일함을 뜻한다. 상자 안의 그림과 같이 입체들이 양팔 저울에 올라간 상황과 동일하다. 부피가 곧 무게라 생각하고, 오른쪽 원기둥에 의한 회전력을 구한다면 부피는 $8\pi R^3$**$^*$**이고 무게중심은 중심축에서 $R$의 위치에 있으므로 회전력은 $8\pi R^4$이다. 왼쪽 역시 동일한 회전력이 나와야겠지만 원의 부피를 모르고 있기 때문에 바로 구할 수는 없다. 일단 미지의 구의 부피를 $V$라 놓고 원뿔의 부피는 $8\pi R^3/3$**$^{**}$**이므로 회전력은 두 부피의 합에 중심축과의 거리 $a$를 곱

---

$^*$ 원기둥의 단면은 반지름 $2R$인 원이므로 넓이가 $4\pi R^2$, 높이는 $2R$이므로 부피는 $8\pi R^3$이다.

　$^{**}$　　　　　　　　　　　　　원뿔의 부피는 밑면의 넓이와 높이를 곱한 값의 1/3이다.

한 값이다. 평형을 이룬다는 것은 이렇게 구한 양쪽의 회전력이 같음을 뜻한다.

$$\langle\text{식 5.27}\rangle \ \left(V+\frac{8\pi R^3}{3}\right)a = 8\pi R^4$$

이제 구의 부피 $V$를 구해야 하는데 중심축과의 거리 $a$에 대한 정보가 없다. 미지수가 2개이므로 하나의 식이 더 필요하다. 여기에 아르키메데스의 비범한 의도가 숨어 있다. 그는 〈그림 5.28〉처럼 각각의 입체의 한 끝에서 거리 $x$의 단면의 넓이를 무게로 생각하는, 즉 입체를 단면으로 비교하는 카발리에리의 원리를 부지불식간에 이용하였다. 앞서 바이실린더의 부피를 구하는 과정을 생각하면 되겠다.

각각의 도형의 한쪽 끝인 A, B, C에서 동등한 거리 $x$의 지점에서

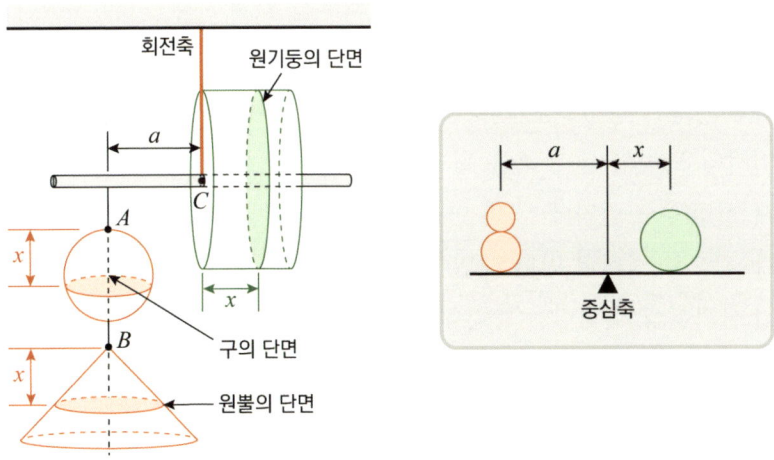

▲ **그림 5.28** 각각의 도형의 한 쪽의 끝 A, B, C에서 임의의 $x$ 지점의 단면으로 이뤄진 평형

잘린 단면들을 상자의 그림처럼 양팔저울로 옮겨놓은 것과 같다. 그리고 양팔저울이 평형을 이루는 $a$의 값을 구하였다. 각각의 입체에서 잘려진 원, 원뿔, 원기둥의 단면의 넓이는 각각 $\pi(2Rx - x^2)$, $\pi x^2$, $4\pi R^2$이고 양쪽의 회전력이 같으므로 아래처럼 식이 정리된다.

$$2\pi Rx \times a = 4\pi R^2 \times x, \quad \therefore \quad a = 2R$$

왼쪽에 놓인 구와 원뿔이 중심축으로부터 $a = 2R$의 위치에 있을 때 오른쪽에 위치한 원기둥과 평형을 이룬다. 자연스레 〈식 5.27〉로부터 구의 부피를 계산할 수 있다.

$$\therefore \quad V = \frac{4}{3}\pi R^3$$

단순하게 수식만 쫓아왔다면 답은 구했을지 몰라도 아르키메데스가 왜 저런 과정을 거쳤는지, 그 의도를 간파하지 못할 수 있다. 만약에 $a$가 상수가 아닌 위치 $x$에 따라 달라지는, 즉 $x$의 함수라고 하면 어떻게 될까? 당연히 구의 부피를 구할 수가 없다. 회전력으로 미지의 도형의 부피 혹은 넓이를 구하기 위해 도형의 배치를 어떻게 설정할 것인지에 대해 연구를 거듭하면서 찾아낸 방법일 것이다. 참으로 경탄할 만한 해법이지 않은가! 그는 입체에서 잘린 단면인 불가분량의 개념을 충분히 인지하고서 이를 적극적으로 활용하여 구의 부피를 계산해낸 것이다.

## 포물선의 넓이

아르키메데스는 자신이 고안한 위의 '평형법'을 이용해 곡선으로 된 포물선 조각의 넓이를 구하는 쾌거를 이루었다. 앞의 절의 내용과 비교하면 넓이를 구하는 것으로 바뀌었을 뿐 새로울 것이 없다. 아르키메데스가 포물선의 넓이를 구하는 과정을 여기에서는 좀 더 이해하기 쉽도록 각색하여 정리하였다. 그가 구한 본래의 과정은 원문을 참고하면 되겠다.

왜 그림 ①과 같이 포물선과 직각삼각형을 배치시킨 것일까? 아르키메데스도 처음에는 포물선 조각을 똑바로 매달거나 뒤집은 형태로 시도하는 등 아마도 여러 시행착오를 거쳤을 것이고, 그 결과 위와 같은 배지가 포물선 조각의 넓이를 구할 수 있는 해결책이 됨

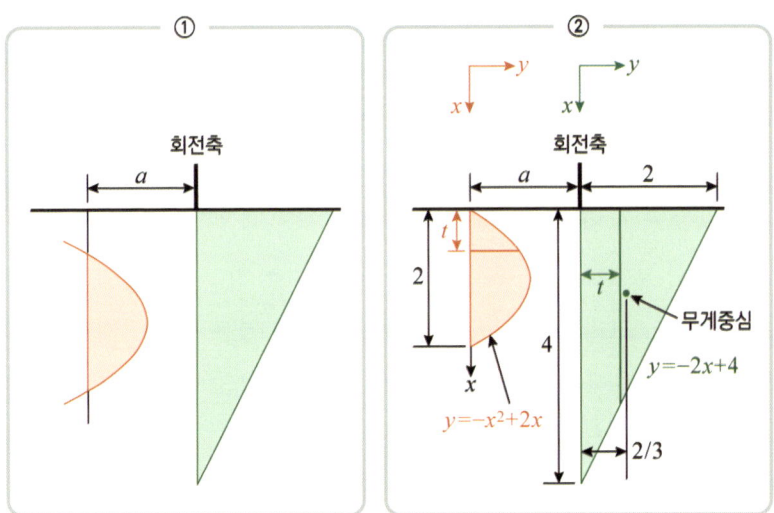

▲ **그림 5.29** ① 회전축의 왼쪽 $a$ 지점에 포물선을, 오른쪽에는 직각삼각형을 위치, ② 실제의 예를 통한 포물선의 넓이 구하는 방법

을 알았을 것이다. 갑작스레 툭 튀어나와 여러분들을 어리둥절하게 만들었다고 할 수 있겠지만 아르키메데스가 여러 경험을 통해 찾아낸 포물선 조각의 넓이를 구할 수 있는 최적의 배치였다고 보면 되겠다.

그림 ②와 같이 실제의 예로 들여다보면 이해가 더욱 쉬울 것 같다. 좌우에 붉은색과 초록색의 분리된 좌표계를 설정하여 왼쪽에 $y = -x^2 + 2x$가 $x$축으로 잘린 붉은색 영역의 포물선 조각을, 오른쪽에는 $y = -2x + 4$의 직선으로 구성된 초록색 영역의 삼각형을 배치시켰다. 이때 각각 원점에서 $x = t$에서 잘린 포물선과 삼각형의 선분의 길이는 각각 $-t^2 + 2t$, $-2t + 4$이다. 이 선분의 길이를 무게로 하여 양쪽의 회전력을 비교하겠다. $x = t$에서 포물선의 잘려진 굵은 붉은색 선분은 회전축에서 $a$만큼 떨어져 있으므로 회전력은 $a(-t^2 + 2t)$, 마찬가지로 오른쪽 직사각형에서 $x = t$에서 잘려진 굵은 초록색 선분의 회전력은 $2(-t^2 + 2t)$이다. 균형이 잡히기 위해서는 양쪽의 회전력이 같아야 하므로 $a = 2$이다.

즉 포물선 조각이 중심축으로부터 2만큼 떨어져 있을 때 $x = t$에서 포물선과 삼각형에서 잘린 선분들이 항상 평형을 이루므로 원래의 포물선과 직각삼각형 역시 평형을 이루게 된다. 직각삼각형의 넓이는 4, 그리고 무게중심은 $x = 2/3$이므로 직각삼각형의 회전력은 8/3이다. 그리고 회전축에서 2의 위치에 있는 포물선의 넓이를 $S$라 하면 회전력은 $2S$이다. 따라서 $2S = 8/3$으로부터 포물선의 넓이는 $S = 4/3$이다.

달리 말하면, 삼각형의 넓이가 4이므로 포물선의 넓이는 삼각형의 넓이의 1/3이라 해석이 되므로, 결국 삼각형의 넓이로 곡선으로 구성된 포물선의 넓이를 구할 수 있게 된 것이다. 힘들게 곡선의 형태를 지닌 포물선의 넓이를 구하는 것이 아니라 직선으로 구성된 삼각형의 넓이만으로 목적을 달성시킨 것이다.

그런데 의문점 하나는 임의로 주어질 포물선에 대해 위의 논리에 적합한 직각삼각형은 어디에서 찾을 것인가? 하는 것이다. 당연히 밑도 끝도 없이 불쑥 튀어 나올리는 없다. 포물선과 삼각형이 평형을 이룬다는 것은 이미 하나의 뚜렷한 규칙으로 두 도형이 설정되어야 함을 뜻하기 때문이다. 두 도형의 관계를 밝히기 위해 다른 좌표계에서 그려진 〈그림 5.29〉의 포물선과 삼각형을 같은 좌표계에 도시한 〈그림 5.30〉을 보면 두 도형의 명확한 관계가 드러난다.

임의의 포물선 조각의 넓이는 〈그림 5.30〉의 설명대로 만들어지

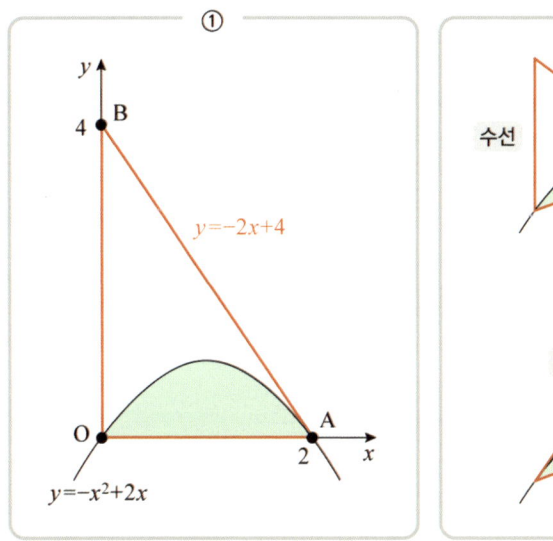
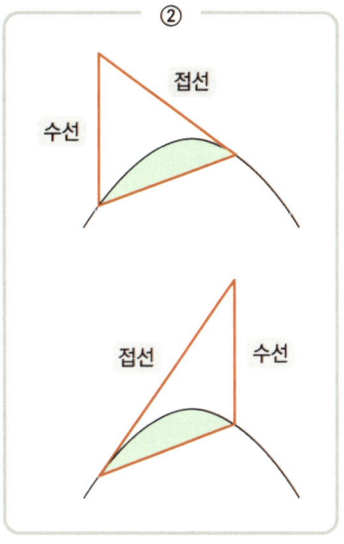

▲ **그림 5.30** ① 포물선 조각 $y = -x^2 + 2x$의 조각과 $x$축과 만나는 두 점 O와 A에서 각각 $x$축에 수직한 직선과 접선으로 구성된 붉은색 테두리의 삼각형. ② 초록색 포물선 조각의 넓이는 선분 양 끝점 중 어느 한 점에서는 수선, 또 다른 한 점에서는 접선으로 만들어진 붉은색 선분으로 구성된 삼각형 넓이의 1/3이다.

는 삼각형의 넓이만 구하면 된다. 물론 이 관계는 엄밀한 증명이 뒤따라야겠지만, 모든 것이 옳다면 참으로 대단한 아이디어이지 않은가! 미적분이 개발되지 않고 오직 다각형의 넓이만 구할 수 있던 시절에 주어진 정보를 최대한 활용하여 문제의 해법을 찾아냈다. 아르키메데스는 각 도형에 내재되어 있는 속성을 정확히 꿰뚫어보고 이들을 통제하고 조율할 수 있는 능력을 지니고 있었다.

원의 넓이, 원주율, 포물선의 넓이 등, 아르키메데스는 이 문제를 모두 분할하여 재조립하는 방식으로 해결하였다. 그렇기에 곡선의 수수께끼를 푸는 해법은 손에 잡힐 듯 눈앞에 놓인 것 같았다. 하지만 아르키메데스의 해법은 원이나 포물선 등 특정한 형태의 곡선에만 적용 가능한 방법으로 임의의 형태의 곡선으로 이뤄진 도형의 해법은 아니다. 일반적이며 보편적이지 않아 아직은 곡선이라는 늪에서 완전히 빠져 나올 수 없었다. 그럼에도 분할과 조립은 늪에서 빠져 나올 수 있는 유일한 통로였다. 이제 이 전략에 생명을 불어넣어야 할 때가 왔다.

**6**부

# 무한소는
# 미적분의
# 유전자

15장 극한을 상상하다
16장 단위에 대하여
17장 불가분량인 순간속도
18장 극한의 수학적 의미

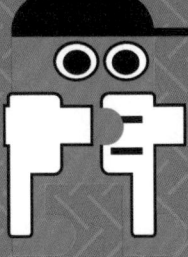

66

분할과 조립에 내재된 불가분량이 지닌 한계를 극복한 개념인

무한소는 수학의 꽃인 미적분의 탄생을 이끌게 하였고,

미적분의 본질을 이해하는 안내자로서의 역할을 수행한다.

99

무한소의 원시개념인 불가분량을 이용하여 수학적 원리를 세운 카발리에리

# 15장 극한을 상상하다

## 속도와 거리의 관계

1부와 2부에서 뉴턴이 삼라만상에서 펼쳐지는 모든 운동을 설명하는 힘의 법칙을 '왜 사과는 옆으로 움직이지 않고, 달은 아래로 떨어지지 않는가'라는 위대한 의문을 통해 찾아냈으며, 그 힘의 법칙이 우주의 운동을 조율하는 심오한 비밀을 해석하는 열쇠라는 것을 다루었다. 그런데 상식 퀴즈에서나 접할 단편적인 지식에 불과한 것 같은 힘의 법칙으로 어떻게 행성의 궤도가 타원임을 설명했다는 것일까? 물리학자들이 그렇다고 하니까 별 생각 없이 받아들인 것일 뿐이지 그 과정을 직접 확인해본 분들은 거의 없으리라. 행성의 궤도는 정말 타원일까?

이때 등장하는 것이 바로 수학이다. 행성이 타원 궤도를 회전하는 것처럼 대부분의 물리 현상들을 직접 눈으로 확인할 수 없기에 수학의 언어를 사용해서 현상을 설명하고 가설을 검증한다. 우리가 책에 쓰인 언어를 통해 타인의 경험을 공유하듯 자연의 현상은 수학을 통해 간접적으로 경험하는 것이다. 이 책에서 다루는 행성의 궤도 같은 물리 현상을 이해하는 데에는 아주 어려운 수학이 요구되지 않는다. 이 책의 목표가 독자들에게 단순한 상식을 전하는 것이 아니라 과학 지식을 직접 확인하는 경험의 장이 되도록 꾸미는 것이므로, 이제부터 반드시 필요한 기본적인 수학의 언어를 습득하도록 하자.

그렇다면 어떤 수학의 언어가 필요할까? 뉴턴이 힘의 법칙을 만들 수 있었던 것도 거기에 걸맞은 수학이 있었기에 가능했고, 모자란 것은 직접 창안한 수학으로 해결하였다. 바로 미분과 적분이다. 뉴턴은 변화하는 운동을 기술할 수 있는 수학의 개발에 힘을 쏟았고, 마침내 이 책에서 다루고자 하는 물리적 현상의 설명을 해석하기 위해 필수불가결한 미적분을 만들어냈다.

이런 탄생 배경을 지닌 미적분의 본질에 가까이 가기 위해서는 역동적으로 변화하는 운동의 관점에서 세상을 바라봐야 한다. 미적분은 변화하는 세계를 묘사하는 수학의 언어이기 때문이다.

10초의 간격으로 속도가 측정되지만 거리 계기판의 고장으로 실제 움직인 총 거리는 알 수 없는 자동차가 있다. 그러면 속도의 정보만으로 자동차가 실제 움직인 거리를 알아낼 수 있을까? 당연히 정확한 값은 알 수 없겠지만 근삿값 정도는 구할 수 있다. 〈그림

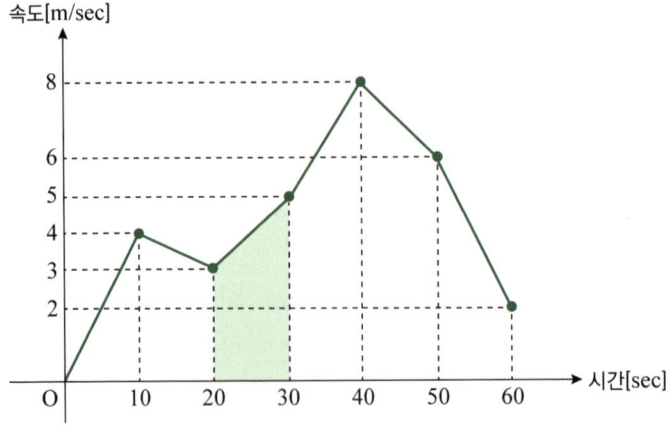

▲ 그림 6.1 10초의 간격으로 측정된 자동차의 속도 기록

6.1〉의 그래프에서 20초와 30초 사이의 초록색 영역만 뜯어내어 살펴보자. 20초 시점에서 속도는 3m/sec이고 30초일 때는 5m/sec이다. 10초라는 시간 간격 동안 자동차가 어떤 속도 변화를 겪었는지는 알 수 없지만 그리 큰 변화가 있기는 힘든 시간 간격이라 차선책으로 평균 4m/sec의 속도로 주행했다고 가정한다고 해도 크게 오차가 날 것 같지 않다. 그래서 20~30초간 자동차가 움직인 정확한 거리는 아니겠지만 10초 동안 4m/sec의 속도로 40m를 주행했다고 봐도 큰 무리는 없겠다.

이때 눈여겨볼 점은 구한 거리가 그림의 초록색 영역의 사각형의 넓이와 같다는 것인데, 그래프의 가로축이 시간, 세로축이 속도이므로 사각형의 넓이는 자연스레 시간과 속도의 곱으로 계산된 값이기에 움직인 거리가 되는 것은 당연하다. 이렇게 나머지 시간의 구간에서도 같은 방법으로 자동차가 움직인 거리를 구한 결과를 〈그림 6.2〉의 그래프로 시각화하였다.

그림 ①은 10초의 시간 간격마다 자동차가 움직인 거리이다.

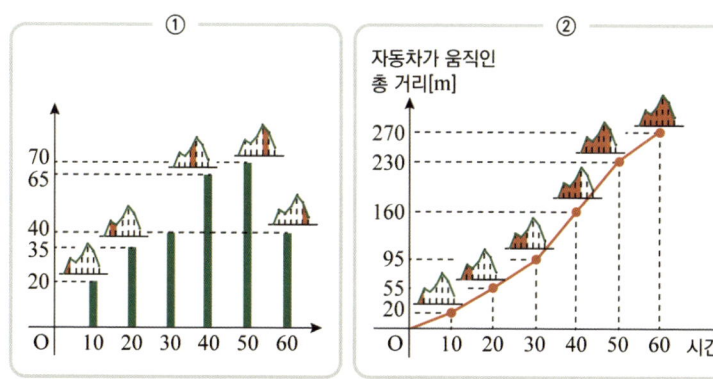

▲ 그림 6.2 ① 10초의 시간 간격에서 자동차가 움직인 거리 ② 시간의 함수로 자동차의 누적된 움직인 거리

20~30초간 움직인 거리를 구한 방법과 동일하므로 〈그림 6.1〉의 구간별 사각형의 넓이를 각각 구한 셈이다. 그림 ②는 누적된 자동차의 움직인 총 거리로 자동차가 1분 동안 움직인 총 거리는 약 270m이다. 물론 10초마다 기록된 속도의 정보로부터 계산했기에, 근사치는 될지언정 실제 자동차가 움직인 거리는 아니다.

그럼 정확한 주행거리를 알기 위해서는 어떻게 해야 할까? 거리 계기판을 고치거나 새것으로 교체하면 그만이지만 다른 대안을 제시한다면? 연속적인 시간에서의 속도의 정보를 얻어낼 수 있는 속도계로 바꾸면 된다. 그것으로 시간-속도 좌표계에 도시된 그래프로 둘러싸인 넓이가 곧 자동차의 움직인 거리이기 때문이다.

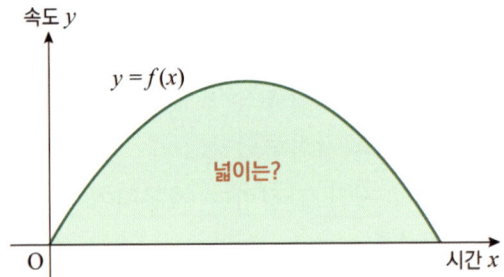

▲ 그림 6.3 속도계기판에 기록된 속도의 함수 $y = f(x)$의 곡선으로 둘러싸인 도형의 넓이가 자동차가 움직인 총 거리이다.

〈그림 6.3〉의 곡선은 연속적인 시간에서 속도의 그래프로, 넓이가 자동차의 움직인 거리가 된다. 그런데 놀랍게도 자동차의 주행거리와 같이 변화하는 운동을 해석하기 위해 다각도로 연구하던 뉴턴이 마주친 문제는 수많은 세월 동안 수학자들을 괴롭히고 있는 곡선의 수수께끼와 동일한 문제였다. 당연히 곡선으로 둘러싸인 넓이를 구하는 해법은 존재하지 않았던 시대였기에 뉴턴 역시 다른

수학자들과 똑같은 고민에 휩싸일 수밖에 없었다. 어떻게 할 것인가? 이때 뉴턴은 이 늪에서 빠져나올 수 있는 탈출구를 아르키메데스의 또 다른 업적에서 발견하였다.*

## 등비급수

아르키메데스는 《포물선의 구적법》이란 논문을 통해 포물선 조각의 넓이를 구하는 내용을 실었다. 앞절에서 설명한 평형법이 아니고 '분할과 조립'의 방법으로 구하였다. 이는 미적분의 제1전략에 해당하는 방법으로 미적분 탄생의 밑거름이 된 연구 결과이다.

그는 포물선의 조각을 삼각형으로 무한히 분할해나갔다. 우리는 원의 넓이나 원주율의 경험으로 무슨 의도로 삼각형들을 분할해 가는지를 짐작할 수 있다. 분할된 삼각형들의 넓이의 합이 가까워지는 값이 조각의 넓이가 될 것이기 때문이다. 그런데 삼각형으로 포물선의 조각을 무작위로 분할하는 것은 너무도 무책임한 결과를 초래하게 된다. 각각의 삼각형의 넓이를 구히는 것은 가능하지만 일일이 구하는 작업이 만만치 않을 것이고, 더군다나 무한히 생성될 엄청난 양의 삼각형의 넓이를 합할 때 통제할 수 있는 정도를 벗어나 도저히 계산이 불가능해질 것이기 때문이다.

아르키메데스는 이 점을 충분히 인지하고 있었다. 반드시 분할된 삼각형의 통제가 가능해야 한다는 점을 말이다. 그는 원주율을 구할 때처럼 이미 구한 삼각형의 넓이로부터 이어지는 또 다른 삼

---

* 뉴턴이 실제로 이런 사고의 과정을 거쳤다는 것은 아니다. 그러나 아르키메데스의 연구가 뉴턴에게 큰 영향을 미친 것은 분명하다.

각형의 넓이를 바로 계산이 가능하도록 구상해야한 다는 점을 깨닫고 있었다. 그래서 그는 자신이 정한 규칙에 따라 또한 자신이 정한 위치에 삼각형들이 놓일 수 있게 규칙을 만들었다. 차후 무한하게 늘어날 삼각형의 넓이가 일정한 규칙을 지녀야 합하는 조립 문제의 장벽을 뛰어넘을 수 있기 때문이다.

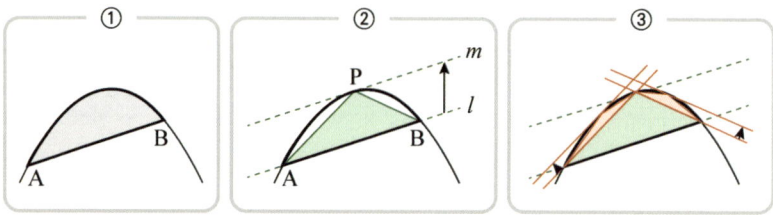

▲ 그림 6.4 ① 굵은 검은색 테두리의 포물선 조각의 넓이를 구하고자 한다. ② 점 A와 B를 잇는 직선 $l$에 평행하며 포물선에 접하는 직선 $m$과 만나는 접점 P로 이뤄진 초록색의 첫 번째 삼각형을 채운다. ② ①의 과정으로 남게 된 2개의 포물선 조각에 대해서도 같은 방법으로 붉은색의 두 삼각형을 채워 넣는다.

그림처럼 명확한 규칙하에 포물선 조각의 빈자리를 삼각형으로 조금씩 메꿔가고 있다. 이렇게 규칙을 가질 때에는 대부분 상관관계가 존재하기 마련이다. 그리고 그 예상은 아르키메데스를 실망시키지 않았다. 그림 ②의 초록색 삼각형의 넓이를 1이라 할 때 포물선의 성질을 이용하여 그림 ③의 2개의 붉은색 삼각형의 넓이를 구하면 각각 1/8이 된다.* 이때 붉은색의 삼각형은 2개이므로 두 붉은색 삼각형의 넓이의 합은 초록색 삼각형 넓이의 1/4이다.

그럼에도 채워지지 않은 〈그림 6.4〉 ③의 4개의 조각에 대해 같은 방법으로 새로운 4개의 삼각형으로 비어 있는 자리를 채울 수 있

---

\* 이 계산의 증명은 다음을 참조하라. John Abbot, 《Archimedes' quadrature of the parabola and the method of exhaustion》, https://www.math.mcgill.ca/rags/JAC/NYB/exhaustion2.pdf

다. 앞서와 같은 방법으로 만들어질 것이라 각각의 삼각형의 넓이는 분명 하나의 붉은색 삼각형의 넓이의 1/8이므로 1/64가 될 것임은 자명하다. 그리고 총 4개의 삼각형이므로 모두 더한 합은 $1/4^2$이 된다. 이 규칙에 따라 반복해서 만들어지는 무한개의 삼각형의 넓이의 합 $S$가 곧 포물선 조각의 넓이로 아래의 식과 같게 된다.

$$\langle 식\ 6.5\ ① \rangle\ S = 1 + \frac{1}{4} + \frac{1}{4^2} + \frac{1}{4^3} + \cdots$$

놀라운 방법으로 얻어낸 위의 계산 결과가 바로 포물선의 넓이이다. 그런데 의문점 하나가 떠오른다. 위의 계산이 가능한 것일까? 계산의 끝이 보이는가? 끝없이 계속 더해지므로 계산되는 값 역시 끊임없이 변하지 않을까? 그렇다면 원주율의 근사치를 구하는 것처럼 조임법을 이용할 필요가 있지만 그는 거기까지는 다루지 않았다. 왜냐하면 굳이 그렇게 하지 않더라도 위의 식은 충분히 계산 가능하기 때문이다.

실제 우리는 고등학교 교과 과정에서 위의 계산을 배운다. 등비급수*라 불리는 급수 계산은 교과 과정에서 배우는 방법을 따르면 어렵지 않게 구할 수 있다. 먼저 위의 〈식 6.5 ①〉에 1/4을 양변에 곱해준다.

$$\langle 식\ 6.5\ ② \rangle\ \frac{1}{4}S = \frac{1}{4} + \frac{1}{4^2} + \frac{1}{4^3} + \cdots$$

---

＊수학에서의 급수는 수들이 나열된 수열의 모든 항의 수들을 합한 값을 말한다. 특히 무한급수는 수들의 항이 무한한 수열의 합을 말한다. 한편 나열된 수들이 위의 급수처럼 1/4로 곱해져 앞의 항과 뒤의 항이 항상 일정한 비율의 급수를 등비급수라 한다.

그리고 〈식 6.5 ①〉에서 〈식 6.5 ②〉를 변변 빼줘서 정리하면 넓이의 값 $S$가 구해진다.

$$\therefore \quad S = 4/3$$

이 계산의 결과는 앞서의 '평형법'과도 일치하니 매우 만족스럽다. 하지만 아르키메데스는 이 계산을 좋아하지 않았다. 천재적 능력을 지니고 있던 그의 눈에는 논리적 결함이 있는 접근법으로 보였기 때문이다. 그는 '무한'이라는 괴물이 지닌 속성을 깨닫고 있었던 것이다. 그렇다면 그가 생각한 결함은 무엇이었으며 위의 방법이 아닌 어떤 방법으로 위의 급수를 계산하였을까? 먼저 그의 계산 방법부터 살펴보도록 하자.

## 낙타 나누기

세상에서 가장 오래된 수학책인 '린드 파피루스*'에는 부친의 유언에 따라 낙타 17마리를 3형제에게 분배하는 문제가 실려 있다.

> 옛날에 한 상인이 자식 세 명에게 낙타 17마리를 나눠 가지라는 유언을 남겼다. "너희들에게 낙타 17마리를 남기는데, 첫째는 낙타의 1/2, 둘째는 1/3, 셋째는 1/9을 가지도록 해라." 세 아들은 낙타를 각각 몇 마리씩 받게 될까?

그런데 17이라는 수가 1/2이나 1/3, 1/9로 나눠떨어지지 않다

---

* 고대 이집트 수학 체계를 정리한 파피루스 중 하나이다.

보니 형제들은 상당히 난감해졌다. 물건이라면 잘라서라도 가능하겠지만 살아 있는 낙타를 그렇게 할 수 없는 노릇이다. 이때 낙타 1마리를 끌고 가던 한 노인이 상황을 지켜보다가 형제들에게 1가지를 제안하였다.

"내가 낙타 1마리를 빌려줄 테니 다시 한번 나눠보는 게 어떻겠소?"

형제들은 노인의 의견에 따라 낙타 18마리로 다시 계산을 해보니 정확하게 딱 떨어져서, 첫째는 낙타 18마리의 1/2인 9마리, 둘째는 1/3인 6마리, 셋째는 1/9인 2마리를 가질 수 있게 되었다. 더 신기한 것은 낙타 1마리가 남아 원래의 주인인 노인에게 돌려줄 수 있었다는 점이다.

한번쯤 들어봄식한 이 이야기에서 무슨 마술이 일어난 듯한 놀라운 반응을 보였을 것이다. 왜 저런 계산이 가능하게 된 것일까? 호기심을 갖고 면밀히 문제를 들여다본 이라면 문제에 분명한 함정이 숨어 있음을 찾아내셨으리라. 형제들에게 나눠주는 배분의 양 1/2, 1/3, 1/9의 세 수를 더해보면 17/18이다. 형제들의 아버지는 자신의 재산을 100% 물려주신 것이 아니고 1/18을 포함하지 않은 것이다. 유언이 잘못된 것일까?

형제들은 두 가지 선택길에 놓이게 되었다. 첫 번째는 남아 있는 1/18이 형제들에게 돌아가지 않는 경우이다. 이때는 정말로 낙타를 잘라야 할지도 모른다. 돈이나 물건이라면 문제가 되지 않겠지만 살아 있는 생명체를 그렇게 할 수는 없다. 두 번째는 형제들이 포함되지 않은 1/18도 각자에게 할당된 배분의 비율로 나누자고 합의한다면 상황은 전혀 달라져 지나가던 노인의 마술이 가능해진다.

낙타의 문제를 단순화해 보자. 낙타를 땅으로, 그리고 형제도 둘로 제한하여 첫째에게는 1/2, 둘째에게는 1/4을 나눠주는 것으로 살펴보겠다. 두 분수를 더한 값이 3/4이므로 1/4이 비어 원래의 문제와 비교하여 숫자만 달라졌을 뿐 완전히 동일한 상황이다. 그리고 낙타가 아닌 땅이다 보니 생명체를 나눠야 하는 문제점도 발생하지 않아 생각하기가 훨씬 수월해졌다. 하지만 유언에 포함되지 않은 1/4의 처리가 역시 아리송하게 된다. 첫 번째 경우처럼 1/4을 포기하면 더 이상 논의할 것이 없지만 이 땅 역시 두 형제가 주어진 비율로 나눠가진다고 하면 생각할 거리가 더 추가된다. 편의상 땅의 넓이를 4인 사각형으로 생각하자.

〈그림 6.6〉의 과정을 끝없이 수행할 때 둘째는 처음 조각에서 1, 두 번째에서 1/4, 세 번째는 $1/4^2$의 넓이를 지닌 조각 등을 가지게 된다. 이들의 합은 〈식 6.5 ①〉의 등비급수와 같다는 것을 확인할 수 있다. 아르키메데스는 자신이 관심을 가지고 있던 급수의 합을 바로 위의 그림에서 찾았다.

반복되는 과정에서 남겨지는 조각의 넓이는 달라지겠지만 4등분하였을 때 〈그림 6.6〉처럼 첫째는 2개, 둘째는 1개의 조각을 항상 가지게 된다. 2:1의 비율이 고정되어 있다는 의미로, 수만 번의 과정에서 남겨질 아무리 작은 조각이어도 이 규칙은 깨지지 않는다. 결과적으로 첫째는 전체 사각형의 2/3, 둘째는 1/3을 가지게 됨을 뜻한다. 따라서 사각형의 넓이가 4이므로 둘째가 가지게 될 사각형의 총 넓이는 4/3이다. 이 값이 아르키메데스가 얻어낸 〈식 6.5 ①〉의 급수의 합이자 포물선 조각의 넓이이다. 마술과 같은 전략으로 원하는 답만을 얻어내는 위의 과정에서 다시 한번 그의 천재적 지혜를 느낄 수 있다.

아르키메데스가 포물선의 넓이를 구한 위의 해법은 임의의 포물

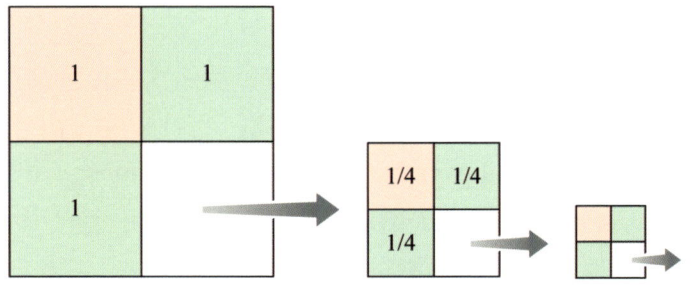

▲ **그림 6.6** 넓이가 4인 사각형을 4등분하였을 때 비율에 따라 초록색 두 조각은 첫째가, 붉은색 한 조각은 둘째가 가진다. 남아 있는 넓이 1/4 조각 역시 4등분하여 두 형제가 같은 비율로 나눈다.

선 조각의 넓이 $S$를 구하기 위해서는 〈그림 6.4〉 ①에서 만들어질 초록색 삼각형의 넓이에 4/3를 곱하면 된다는 것을 의미한다. 직선으로 구성된 초록색 삼각형의 넓이를 구하는 것은 큰 문제가 되지 않기 때문에 어떤 포물선이 되었건 넓이를 구할 수 있다.

아르키메데스가 '분할과 조립'의 전략으로 포물선의 넓이를 구하는 과정이 뉴턴에게 결정적 아이디어를 제공하였다. 곡선의 넓이를 구하기 위해 분할된 삼각형의 넓이를 합산한 값은 아무리 많이 분할하여 합치더라도 결코 실제의 포물선의 넓이에 도달하지는 않는다. 하지만 무한한 조각들의 합이 도달하기 위해 무진장 노력을 하고 있는 값은 알아낼 수 있다. 바로 정확한 값을 구하려고 할 것이 아니라 분할된 조각을 계속 합쳐 나갔을 때 다가가는 값을 구하는 것으로 사고의 전환을 하는 것이다. 뉴턴은 아르키메데스가 포물선의 넓이를 구한 해법을 도약대로 삼아, 곡선의 넓이를 구하는 진정한 해법을 무수히 분할된 조각을 조립하였을 때 도착하려고 하는 목적지를 찾는 여정으로 전환하였다.

이제 남은 것은 일반화 작업이다. 사실 아르키메데스가 포물선의 넓이를 구한 방법은 놀라운 영감을 발휘한 것이긴 하지만 포물선을 제외한 다른 곡선에 대해서는 적용되지 않는다. 일회성 방법인 것이다. 엄청나게 다양한 형태로 모습을 드러낼 곡선에 대해 포물선처럼 경우마다 최적의 분할을 찾아내는 것이 쉬운 일일까? 너무도 고통스럽고 힘겨운 일로 무한의 늪에 뛰어 들어가는 꼴이다. 목적은 뚜렷해졌다. 어떤 곡선에도 적용이 가능한 분할과 조립의 보편적이고 일반화된 방법을 찾는 것이다.

# 16장 단위에 대하여

## 물리의 기초, 단위

미적분 이야기를 본격적으로 하기에 앞서 '속도' 개념을 짚어보고 가자. 속도를 수학 기호로 표현하는 법은 미적분 이해를 위한 기초 지식에 해당한다.

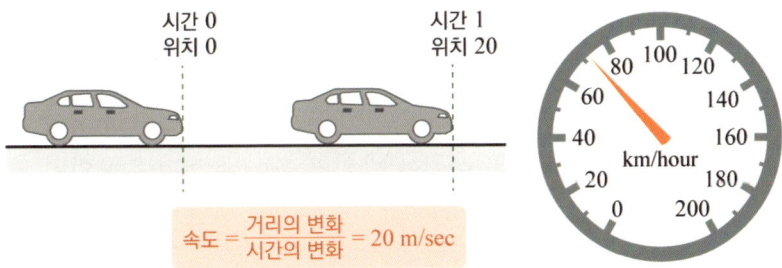

▲ **그림 6.7** 자동차가 1초 동안 20m 움직였을 때 속도는 20m/sec이다. 계기판에는 1시간 동안 움직인 거리로 환산한 72km/hour를 바늘이 가리킨다.

보통 시간은 영어 'time'의 첫 글자인 '$t$', 속도는 'velocity'의 '$v$'의 문자로 대체하고, 거리는 상황에 따라 다양한 문자를 사용하는데 거리를 '$x$'라고 하면, 속도 $v$는 시간당 얼마나 움직였는지의 빠르기를 나타내는 척도로서 단순히 거리 $x$를 시간 $t$로 나눈 $v = x/t$로 표기한다. 그런데 이렇게 간단한 속도 개념을 의외로 어려워하는 분들이 많다. 그 이유는 문자 사용에 서툴러서라기보다는 단위에 익숙하지 않아서이다. 위의 그림처럼 1초에 20m를 가는 자동차의 속도는 20m/sec이다. 이를 1시간으로 환산하면 3,600초 동안 72,000m를 움직인 셈이므로 72km/hour의 속도이기도 하다. 수치와 단위는 다를지언정 같은 속도이다. 이렇게 단위를 넘나들며 달라지는 수치 때문에 속도 사용이 쉽지 않다. 이것에 익숙해지기 위해서는 연습뿐이다.

하지만 단위에 관련해서 넘어가야 할 장벽이 또 있다. 과학에서는 우리가 쉽게 접하는 m, kg 외에도 A, Cd, mol 등 각종 기호로 표시되는 단위가 존재하여 마치 암호를 보는 것 같다.

내가 여러분에게 100이라는 수를 불쑥 말하였다면 어리둥절하시리라. 100이 무엇을 의미하는지에 대한 정보가 전혀 없기 때문이다. 100원인가? 이왕이면 100달러가 낫겠다. 아니면 수학시험에서 100점을 받았다는 것인가? 100이라는 숫자가 무엇을 뜻하는지 파악이 되어야 말하는 사람의 의도를 알 수 있다. 100이라는 숫자 자체는 아무런 의미가 없다. 여기에 단위가 붙어야 생명력을 얻어 의미를 띤다. 물리량을 측정하고, 물리량 사이의 관계를 밝혀내는 학문인 과학에서 단위가 얼마나 중요할지 더 이상 언급할 필요가 없겠다.

과학에서는 엄청나게 많은 단위들이 사용된다. 하지만 세 가지의 공리로 자연을 설명하는 뉴턴의 법칙처럼 단위에는 공리의 역할을 하는 총 7개의 단위*들이 서로 조합하여 나머지 단위들을 만들어낸다. 빛의 세기나 온도 등의 물리량은 시간이나 질량과 확연히

---

\* 기본 단위는 미터 [m], 킬로그램 [kg], 초 [s], 암페어 [A], 켈빈 [K], 몰 [mol], 칸델라 [cd]의 총 7개이다.

다르기 때문에 자체적으로 새로운 단위가 필요하다. 이런 연유로 7개의 단위가 만들어졌다. 이중 필요한 몇 개만 차근차근 알아보도록 하겠다.

가장 쉽게 떠오르는 단위로는 m, sec와 kg을 사용하는 각각 거리, 시간과 질량이 있다. 혼돈을 막기 위해 미리 언급하자면 속도는 공리가 아니다. 거리를 시간으로 나눈 속도의 단위는 'm/sec'로 7개의 공리의 단위 중 2개로 이뤄진 단위이다. 그러면 뉴턴이 정의한 힘의 단위는 무엇일까? 질량과 가속도의 곱이므로 복잡하게 생각할 필요 없다. 질량이 'kg'이고, 가속도는 속도 'm/sec'를 시간 's'으로 나눈 $m/sec^2$이므로 자연스레 $kg \cdot m/sec^2$이 된다. 3개의 공리의 단위가 조합되었다. 그런데 이렇게 길게 쓰기 번거롭고 또 뉴턴의 업적을 기릴 겸 힘의 단위를 N('뉴턴'으로 읽는다)으로 축약하여 나타내고 있다. 그래서 1N은 1kg의 물체에 $1m/sec^2$의 가속도가 발생하게 하는 힘이다.

무게가 곧 중력이라는 사실에서 무게의 단위 역시 N이다. 중력 가속도가 $9.8m/sec^2$이므로 1kg의 질량은 9.8N의 무게를 갖게 된다. 그런데 우리가 몸무게를 재는 데 사용하는 저울의 수치는 원래 힘의 단위인 N의 수치로 표현해야 하지만 편의상 질량의 값으로 대치하고 있다. 그러니까 저울의 수치가 60이라고 하면 질량이 60kg이고 9.8을 곱한 588N이 실제적인 무게가 된다.

## 단위의 오해가 부른 참사

기본 단위가 7개만 있어 그나마 다행이라 할 수 있겠지만 현실은 그렇지 않다. 같은 길이만 해도 종류가 여러 개 있기 때문이다.

가장 흔하게 사용하는 시간의 단위는 sec, min과 hour 등이 있고, 거리의 단위도 m 외에 mm, cm, km 등이 존재한다. 앞서 자동차의 속도에서 m/sec 혹은 km/hour냐에 따라 수치가 달라지는 것을 이미 확인했다. 이렇게 된 대표적 이유는 큰 숫자나 혹은 아주 작은 숫자를 나타내는 표기의 편리성 때문이다. 72,000m보다는 72km로 적는 것이 훨씬 낫다. m 앞에 붙은 'k'라는 접두어가 1,000을 곱하라는 의미이기 때문에 km를 m의 단위로 환원할 때에는 1,000을 곱하게 되는 것이다. 단위에 접두어들을 붙이는 역사는 의외로 그리 오래 되지 않았는데, 1793년 처음 'k'와 'm' 두 접두어가 등장하였고 이후 우후죽순으로 숫자가 늘면서 2022년에 국제도량형국이 프랑스 파리에서 열린 제27차 국제도량형총회에서 새로운 도량형 국제 단위계 접두어 4개를 추가하기로 의결하면서 접두어의 개수는 무려 24개[*]에 이르고 있다.

하지만 mm, m, km 등의 '미터법'에 속하는 길이의 단위는 같은 가족에 해당하지만 in, ft, yd 등 잘 사용하지 않는 단위도 존재한다. 인간이 집단생활을 하면서 다른 물리량에 비해 길이나 무게를 재야 할 경우는 빈번하게 발생했고 각각의 단위에 대한 기준이 필요해졌다. 초기에는 사람들의 키나 손, 발 길이가 대체로 비슷하다는 데서 사람의 몸이 기준이 되었다. 골프 등에서 지금도 활발히 사용하는 '야드(yd)'는 12세기 영국 헨리 1세가 팔을 뻗었을 때 코끝에서 엄지손가락 끝까지의 길이에서 유래되었다고 한다. 무게도 길이 못지않

---

[*] 대표적인 몇 가지만 소개한다면 기가(G=$10^9$), 메가(M=$10^6$), 킬로(k=$10^3$), 밀리(m=$10^{-3}$), 마이크로($\mu$=$10^{-6}$), 나노(n=$10^{-9}$) 등이 여기에 속한다. 이들 단위의 접두어는 7개의 단위 혹은 그들의 조합에 붙어서 수치를 간략하게 표현하는 데 커다란 이점을 제공한다. 가령 $10^{-6}$g, $10^{-6}$sec, $10^{-6}$m은 각각 1$\mu$g, 1$\mu$sec$\mu$, 1$\mu$m로 축약하여 표기된다.

| 길이 | 미터 [m] | 인치 [in] | 피트 [ft] | 야드 [yd] | 마일 [mile] |
|---|---|---|---|---|---|
| 미터 [m] | 1 | 39.370 | 3.281 | 1.094 | 0.0006 |
| 인치 [in] | 0.025 | 1 | 0.083 | 0.028 | 0.000016 |
| 피트 [ft] | 0.309 | 12 | 1 | 0.333 | 0.00012 |
| 야드 [yd] | 0.914 | 36 | | 1 | 0.00057 |
| 마일 [mile] | 1609.344 | 63360 | 5280 | 1760 | 1 |

| 질량 | 그램 [g] | 온스 [oz] | 파운드 [lb] |
|---|---|---|---|
| 그램 [g] | 1 | 0.035 | 0.002 |
| 온스 [oz] | 28.349 | 1 | 0.063 |
| 파운드 [lb] | 455.592 | 16 | 1 |

게 다양한 단위가 존재하는데 대표적인 mg, g, kg 외에 고대 로마 시대의 중량 단위인 '리브라 폰도(libra poundo)'에서 유래된 '파운 드'가 있다. '무게로'라는 뜻을 가진 '폰두스(pondus)'와 저울을 뜻하 는 '리브라(libra)'의 라틴어가 합성되어 만들어진 단위로, 시간이 흐르면서 지금의 '파운드(pound)'로 변형되었고, 단위는 'Libra'에서 따온 'lb'로 표기하게 되었다. 우리 문화권에서는 사용하지 않는 무 게 단위인 데다 표기도 발음과는 동떨어져 익숙하지 않다. 영국에 서 유래된 '야드'와 '파운드'는 현재까지도 영국과 미국에서 사용되 는 단위계로 야드와 파운드를 합쳐 '야드파운드법'이라고도 한다.

당연히 같은 길이 혹은 무게여도 단위에 따라 수치가 달라진다. 마치 원화를 달러로 혹은 달러를 원화로 바꿀 때 환율에 의해 결정 되는 것과 같은 이치다. 그나마 다행스럽게도 환율은 항상 변동이 되지만 단위를 바꾸는 비율은 고정되어 있다는 점이다.

덧붙여 야드파운드법에서 무게는 '파운드힘' 또는 '파운드중량'

으로 lbf 또는 lb<sub>f</sub>의 기호로 쓰인다. 미터법과 비교하면 아래와 같다.

$$\langle 식\ 6.9 \rangle\ 1\,lbf = 0.45359237\,kg \times 9.80665\,m/sec^2$$
$$= 4.4482216152605\,N$$

문제는 이렇게 다양한 단위들이 존재하다 보니 크고 작은 사고의 원인이 되었다는 것이다. 가장 대표적인 사례가 미국항공우주국에서 발생한 어처구니없는 사고가 아닌가 싶다. 화성 탐사를 목적으로 NASA에서는 1988년 '화성 기후 궤도선(Mars Climate Orbiter)'을 발사시켰다. 궤도선의 임무는 화성 극지에 착륙하여 기상에 따른 화성 표면의 변화 등, 주로 화성의 기후를 조사한 관측 데이터를 지구로 전송하는 일이었다. 궤도선이 화성까지 가는 경로는 지구의 궤도를 따라 항해한 후 호만 전이 궤도를 따라 화성의 궤도에 진입하는 방식이었다.

몇 번의 수정된 경로를 따라 9개월에 걸쳐 날아간 궤도선은 마침내 1999년 9월 23일 계획대로 화성 궤도에 순조롭게 진입하는 데 성공하였다. 그런데 어찌된 일인지 화성 뒤쪽을 지나 다시 교신을 취할 예정이었던 궤도선이 감쪽같이 사라져버렸다. 예상치 않게 궤도선이 화성으로 추락하는 사고가 발생한 것이었다.

실패 원인에 대한 조사 결과는 참담하게도 '야드파운드법'을 '미터법'으로 변환하지 않아서 생긴 오류로 인한 것이었다. 나사에서 단위 오류를 범했다고? 도저히 믿기지 않은 일이었다. 궤도선은 자세를 제어하는 분사기 형태였는데 궤도에서 벗어나지 않고 안정적으로 유지하기 위해 얼마나 오랫동안 분사하여야 되는지에 관한 데

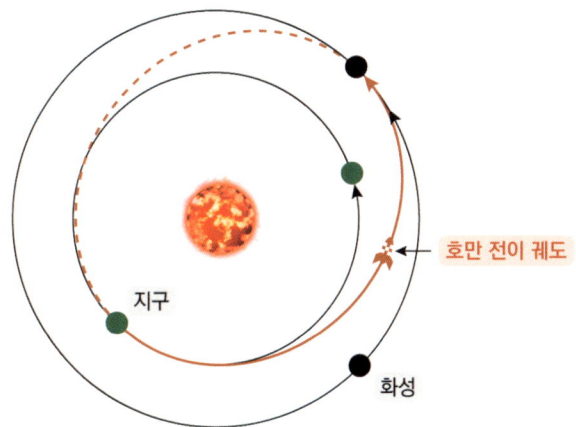

지구

호만 전이 궤도

화성

▲ 그림 6.10 호만 전이 궤도는 서로 다른 두 원의 궤도를 이동할 때 이용되는 타원궤도

이터가 NASA에 전송된다. 그런데 궤도선에 장착된 소프트웨어가 계산한 힘의 단위는 lbf였지만 NASA 엔지니어 팀이 이 수치를 미터법인 N으로 오인했다. 〈식 6.9〉를 보면 1lbf가 4.44822N이므로 실제 필요한 힘보다 훨씬 적은 힘으로 인식한 것이다. 그 결과 궤도선이 화성을 안정적으로 공전하기 위해서는 150~170km의 고도를 유지하여야 한에도 훨씬 적은 힘으로 분사되다 보니 1/3 정도의 높이에 불과한 57km 상공에 머물게 되자 화성이 당기는 중력을 못 견디고 추락한 것이다.

궤도선 개발비, 발사 비용, 임무 수행에 필요한 비용 등에 투입된 총 3억 2760만 달러가 고작 단위 변환 착오로 한순간에 물거품이 되었다.

# 17장 불가분량인 순간속도

## 제논의 역설

속도의 정의를 잘 곱씹으면 그 값을 얻기 위해서는 주어진 시간의 간격 동안 발생한 변위로 구한다는 것을 알 수 있다. 그렇기에 속도를 수학의 언어로 표현하기 위해서는 시간 $x$에 따른 자동차의 위치의 함수 $y = f(x)$에서, $\Delta x^{*}$의 시간 간격 동안 자동차가 $\Delta y$ 혹은 $\Delta f(x)$만큼 움직였다고 했을 때 아래와 같이 표현된다.

〈식 6.11〉 속도 $v(x) = \dfrac{\Delta y}{\Delta x} = \dfrac{\Delta f(x)}{\Delta x}$

자동차 내부에 장착되어 있는 속도 계기판이라고 특별할 것은 없다. 움직인 거리를 시간으로 나눈다는 〈식 6.11〉의 속도의 정의를 충실히 따른다. $\Delta x = 1$초 간격으로 속도를 읽어내는 계기판이라 할 때 속도의 측정이 가능하기 위해서는 자동차의 움직인 거리 $\Delta y$가 필요하고, 바퀴의 지름을 알고 있으므로 1초 동안의 바퀴 회전수로 움직인 거리를 산출해내게 된다.

이렇게 자동차의 속도 계기판에서 표시된 속도는 수학적 정의를 충실하게 이해하여 산출된 값이다. 정확하게 보면 $\Delta x$의 시간 동안

---

* '$\Delta$'는 그리스어로 '델타'라고 읽으며 차이 혹은 간격을 나타낼 때 주로 사용된다.

속도가 어떤 변화를 가졌는지는 모두 무시한 평균속도만을 표시한 것이다. 하지만 이 정보로 자동차의 정확한 주행거리를 알 수 없다는 것은 앞서 다뤘다. 정확한 값을 알려면 연속적인 모든 시간에서의 값이 기록된 속도의 함수가 만들어낸 곡선의 넓이를 구해야 한다.

그런데 여기에서 우리가 곡선의 넓이를 구해야 한다는 강박관념에서 벗어나 속도만 살펴볼 때 의심스러운 점이 눈에 띈다. 연속적인 시간에서 속도의 함수를 만들어낼 수 있는 것인가? 반드시 두 시점의 정보로 속도를 구할 수 있다면 특정 시점에서의 순간속도는 구할 수 없지 않은가! 어느 특정한 하나의 시점에서의 속도라는 의미인 순간속도에는 무심결에 넘어갔을 수도 있겠지만 엄청난 모순적 개념이 내포되어 있다는 것이다.

**속도를 구할 수 없다**

▲ **그림 6.12** 그림 속의 자동차의 순간속도는 얼마일까?

만약 여러분에게 〈그림 6.12〉을 보여주면서 자동차의 속도가 얼마인지 물어보면 답할 수 있겠는가? 스냅사진과도 같은 그림 속 자동차는 마치 얼어붙은 것처럼 움직이지 않고 있다. 전진하는지 후진하는지도 알 수 없다. 속도를 구할 수 없는 이유는 간단하다. 속도는 〈식 6.11〉과 같이 어느 시간의 간격 동안 움직인 거리의 정보로 얻어지는 물리량으로 변화의 속성을 지니고 있다. 그래서 최소한 2개의 시점이 필요한데 그림 한 장만 달랑 들이밀고 속도가 얼마냐고 묻는 것은 말이 되지 않는다. 하지만 곰곰이 생각해보면 자동차가 분명 그 순간에 빠르게 움직이고 있다는 것도 명백한 사실 아닌가! 여기서 불현듯 떠오르는 개념이 하나 있다. 바로 불가분량이다. 두 시점에서의 정보가 필요한 속도를 하나의 시점만으로 구한다는 것은 2차원의 단면에서 차원이 낮은 1차원의 선분을 뽑아내려고 하는 것처럼 불가능한 일이다. 수많은 선분으로 단면을 구성하는 것이 불가능하듯 순간을 아무리 합쳐봐야 연속되는 시간을 표현할 수 없다. 순간속도는 불가분량과 동일한 개념인 것이다.

널리 알려진 '제논의 역설'을 얼른 반박하지 못하는 이유도 이런 속성에서 비롯된다.

이 역설은 누가 보더라도 모순으로 가득한데 이상하게도 분명 말도 되지 않는 이 주장에 잘못된 점을 지적하기가 힘들다. 그저 고개만 갸우뚱하고 넘어가기 십상이다. 하지만 속도의 개념과 순간속도의 모순점만 잘 이해하고 있다면 반박의 실마리를 찾을 수 있다. 왜냐하면 제논의 역설은 물체의 움직임을 논하면서 특정한 시각에

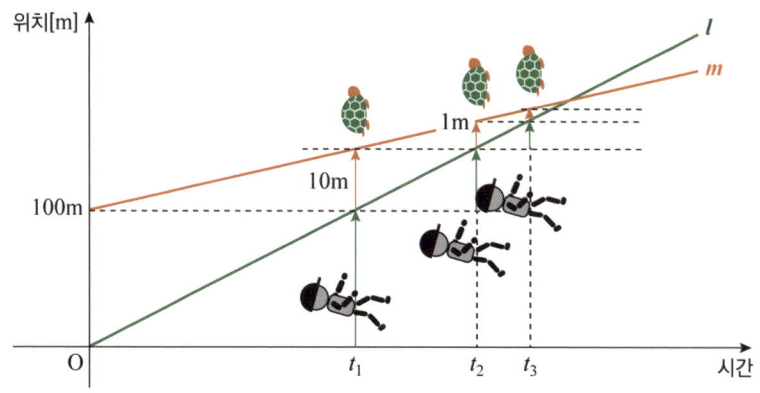

▲ 그림 6.13 아킬레우스보다 100m 앞에서 출발하는 거북이는 아킬레우스가 100m 가는 동안 10m를 진행한다. 다시 아킬레우스가 10m를 더 달려 나가면 그 사이 거북이는 1m를 이동한다. 이와 같은 상황은 끊임없이 반복될 것이므로 아킬레우스가 거북이를 따라잡는 건 불가능하다.

서의 위치만을 따질 뿐 변화에 대해 전혀 고려하지 않고 있기 때문이다.

핵심은 시간의 축을 따라 운동하는 아킬레스와 거북 중 누가 더 빠른지를 논하면서 시간의 간격을 뺀 채 특정한 하나의 시점에서의 위치만을 따지고 있다는 점에 있다. $t_1$, $t_2$, $t_3$ 등 각각의 시각에서 촬영한 스냅사진만을 끊임없이 들이대면서 아킬레스가 영원히 거북을 추월할 수 없다고 말하는 것과 동일하다. 스냅사진만으로 누가 더 빠른지 알 수 없지 않은가! 속도가 변화라는 2차원의 속성을 지님에도 1차원 스냅사진의 정보로 우기는 것이다.

제논의 역설은 5장의 〈그림 5.24〉에서 반지름이 다른 두 동심원의 둘레의 길이가 같다고 주장하는 것과 마찬가지이다. 둘레는 길이로 비교해야지 점으로 비교하는 자체가 잘못된 접근이듯 말이다. 이처럼 제논의 역설은 순간속도가 근본적으로 지닌 모순을 그대로 가지고 있다.

그렇다면 순간속도는 폐기해야 할 물리량인가? 하지만 카발리에리의 원리가 실용성에서 대단히 유용한 것처럼 함정에만 빠지지 않는다면 순간속도 역시 아주 유용하게 활용할 수 있다. 무엇보다 순간속도를 빼놓고 운동을 얘기하는 것은 속 빈 강정처럼 공허하게 들린다. 순간속도는 분명 오해를 야기할 소지가 있는 단어의 조합이지만 의미는 충분히 전달되기에 운동학적인 관점에서뿐만 아니라 언어적 미학이나 수학적 활용 측면에서도 이 단어를 계속 살릴 필요가 있다.

모순적인 순간속도의 의미를 살리자는 주장을 변론하기 위해 불가분량의 모순으로 가득한 수학의 잘못된 정의를 하나 들어보겠다. 원은 '평면 위의 한 점에 이르는 거리가 일정한 평면 위의 점들의 집합'으로 정의한다. 어떻게 길이가 없는 점들로 원을 만들어낼 수 있는가? 잘못된 정의이다. 하지만 우리는 큰 의심 없이 받아들이고 있지 않는가.

## 거인의 어깨 위에서 본 세계

거리의 정보를 취득하기 위해서는 속도의 곡선으로 둘러싸인 넓이를 구해야 하는 문제에 봉착한 뉴턴은 완전히 다른 발상이 필요하다는 것을 인지하고 있었다. 천 년 이상의 세월에 걸쳐 수많은 천재들이 도전했는데도 해결하지 못했다는 것은 기존의 접근 방식이 아닌 뭔가 특별한 발상으로 돌파해야 한다는 의미였다. 운동에 대해 통찰하고 있던 뉴턴은 거인들의 업적을 차분히 복기하며 수학자들이 바라보았던 정적인 상태의 곡선에 운동 역학적인 색채를 입혀나가며 변화의 관점에서 문제를 바라보았다.

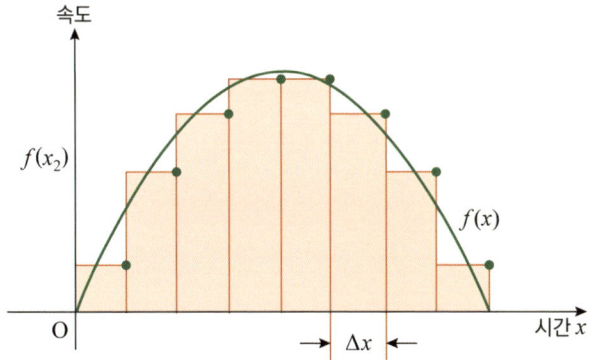

▲ 그림 6.14 초록색 곡선이 자동차의 순간속도로 만들어진 곡선이고, 초록색 점이 시간 간격 $\Delta x$로 측정한 평균속도이다. 자동차가 움직인 실제거리는 초록색 곡선으로 둘러싸인 넓이이지만 측정된 속도로 계산된 거리는 붉은색 사각형의 넓이로 오차가 발생한다.

모든 시간에 대한 속도의 정보를 가지고 있다고 가정하더라도 거리를 구하려고 하는 것은 곡선의 넓이를 구하는 것과 동치이다. 〈그림 6.14〉에서 시간 $x$에 대한 초록색 곡선의 속도 함수 $f(x)$가 정확한 속도의 정보이고 이 곡선으로 둘러싸인 넓이가 거리이다. 그림처럼 속도에 시간의 간격 $\Delta x$로 측정된 속도의 정보인 평균속도로 거리를 구하는 것은 확연히 오차가 있다. 그래서 이 오차를 없애려고 시간 간격 $\Delta x$를 0에 가깝게 하여 계기판의 측정 속도가 순간속도에 가까워지도록 분할된 직사각형의 조각의 개수를 증가시키면 된다.

하지만 분할과 조립으로 곡선의 넓이를 구하는 것은 그 누구도 정복하지 못한 미션이었듯 속도의 정보를 모두 취합한 상태여도 거리를 구하는 것은 뉴턴에게도 수수께끼였다. 분할된 조각들을 조립하는 방법은 아르키메데스 시절부터 존재하였는데도 아무도 그 방법을 찾지 못했기 때문이다. 17세기 접어들어서는 다항함수의 곡선 $y = x^n$에 대한 연구가 활발히 이뤄지면서 카발리에리*를 비롯하여 여러 수학자가 각기 독립적인 방법으로 넓이를 구하는 데 성공했으나 임의의 곡선의 넓이를 구하는 일반적인 대수법칙을 이끌어내지는 못하였다.

분할과 조립이라는 기존의 방법이 아닌 다른 방법을 강구하는 것이 낫지 않겠느냐고 생각할 수 있겠지만 아무리 생각해도 이 방법 말고는 달리 생각할 길이 없다. 확실히 곡선의 넓이를 구하는 방법인 분할과 조립은 계륵과 같은 존재이다. 이렇게 곡선으로 둘러싸인 넓이 문제 해법을 찾기 위해 숱한 고심을 거듭하던 뉴턴은 어

---

*그가 해결한 방법은 '35장'에서 소개한다.

느 순간 너무도 중요한 사실을 깨달았다.

'방향이 틀렸다!'

그동안 수많은 수학자들이 고심하던 속도의 함수에서 거리의 정보를 얻어내는, 그러니까 곡선으로 둘러싸인 넓이를 구하는 길은 어쩌면 성공 가능성이 0일 수도 있다는 생각에 이른 것이다. 아르키메데스 이후의 엄청난 시간이 그 답을 말하고 있다고 볼 수 있기 때문이었다. 그런 헛된 노력에서 벗어나 거꾸로 거리의 함수에서 속도의 정보를 얻어내는 방법을 생각하는 것은 어떨까? 그러니까 뉴턴은 거리의 정보에서 속도를 추출하는 역의 과정을 떠올린 것이었다. 사실 속도의 곡선 함수로 둘러싸인 넓이를 구하는 해법을 찾는 것도 중요하지만 반대로 거리의 곡선 함수에서 속도를 구하는 방법역시 필요하지 않겠는가. 시간대별로 기록된 거리의 정보로 속도를 알아내는 것도 충분히 발생할 수 있다. 이 순간 거인들의 어깨 위에 올라선 뉴턴에게 그 누구도 보지 못한 저 너머의 세계가 눈에 들어오게 되었다.

속도의 정보에서 거리를 구하는 순방향의 과정(초록색 실선의 화살표 방향)이 지금까지 고민하고 있는 방향이다. 왼쪽의 속도의 함수 $f(x)$로 시간 $x$의 넓이의 함수인 $S(x)$를 구하는 과정이었다. 무

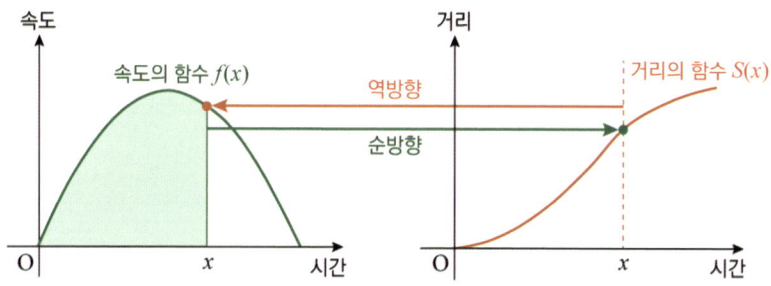

▲ **그림 6.15** 시간 $x$에 대해 왼쪽의 그림은 속도의 함수 $f(x)$이고, 오른쪽은 거리의 함수 $S(x)$

한히 분할된 조각들을 조립하는 합의 극한값으로 구하는 곡선 $f(x)$의 넓이의 함수 $S(x)$를 구하는 문제는 긴 세월 동안 수학자들을 눈물짓게 한 극복하기 힘든 여정이었고, 어쩌면 속도의 함수 $f(x)$에서 거리의 함수 $S(x)$를 구하는 것은 불가능한 작업일 수 있다. 그러면 생각을 전환하여 거리의 함수 $S(x)$에서 속도의 함수 $f(x)$의 역방향(붉은색 실선의 화살표 방향)은 가능할까? 뉴턴의 머릿속은 빠르게 회전하며 이 방법을 찾아낼 수 있을 거라는 확신이 생겼다. 단순히 역의 방향임에도 순방향과 비교하여 결정적인 차이가 있음을 단번에 알아챈 것이다. 무엇이 다르다는 것일까?

# 18장 극한의 수학적 의미

## 역방향

거리의 함수 $S(x)$에서 속도의 함수 $f(x)$를 구하는 역방향은 순방향과 확실히 상황이 달라진다. 두 방향의 차이는 아래의 그림에서 찾아볼 수 있다.

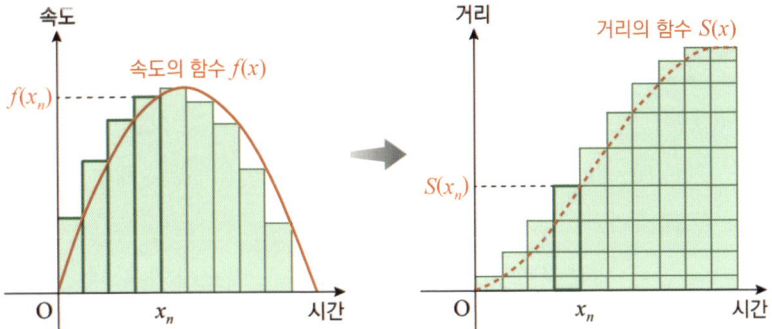

▲ 그림 6.16 거리의 함수 $f(x)$를 분할한 사각형의 넓이의 합으로 얻어지는 거리의 함수 $S(x)$

속도의 함수 혹은 곡선의 함수 $f(x)$의 정보로부터 미지의 거리의 함수 혹은 넓이의 함수 $S(x)$를 알기 위해서 함수 $f(x)$를 등분하고 등분된 직사각형의 합으로 거리의 함수 $S(x)$를 구하는 것이 분할과 조립이다. 가령 오른쪽의 $S(x_n)$의 값을 구하기 위해서는 왼쪽의 함수 $f(x)$를 등분한 직사각형 중 굵은 실선의 직사각형들의 넓

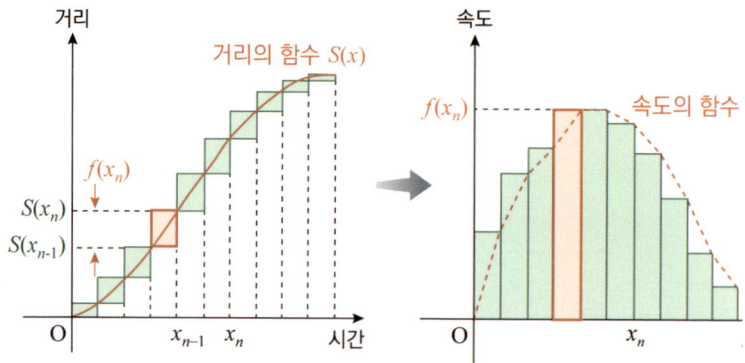

▲ 그림 6.17 거리의 함수 $S(x)$를 분할한 각각의 사각형이 곧 속도의 함숫값인 $f(x)$

이의 합이다.

반면 역방향은 속도 혹은 곡선의 함수 $f(x)$를 모르고 거리의 함수 혹은 넓이의 함수 $S(x)$를 알고 있는 상황으로, $S(x)$로부터 $f(x)$를 구하는 과정이다. 이때는 $S(x)$를 〈그림 6.17〉과 같이 분할하였을 때 각각의 직사각형의 넓이가 곧 함수 $f(x)$의 근삿값이다. 그림에서 $f(x_n)$은 거리의 함수 $S(x_n)$에서 $S(x_{n-1})$의 값을 빼는 것만으로도 구해진다.

이와 같이 개략적으로 순방향과 역방향을 비교하였을 때 결정적 차이는 바로 조립의 유무이다. 순방향은 분할하여 만들어진 사각형들의 합을 계산해야 하는 곤란한 일이 발생하지만 역의 방향은 분할된 사각형 하나만 필요하므로 합이라는 과정이 결정적으로 생략되는 엄청난 이점이 있다. 그러니까 순방향은 분할과 조립이 모두 필요한 과정으로 합치는 조립의 문제에서 막혀버려 뉴턴 시대 전까지 그 해법을 찾아내지 못했으나, 역방향은 분할의 과정만으로 해결될 수 있기에 충분히 방법을 찾아낼 수 있다는 큰 차이가 있다. 무엇보다 거리에서 속도를 구하는 과정의 해법 통로가 분할된 무한한 조각을 합쳐야 하는 속도에서 거리를 구하는 통로와 동일하기에 순방향의 해법을 역방향에서 찾아낼 수 있을 것이라는 기대감이 있었다. 이 발상이 미적분의 문을 열리게 하는 결정적 한 방이었다. 거인의 어깨 위에서 뉴턴은 다음 21장에서 이야기할 '미적분의 기본 정리'를 깨닫고 있었던 것이다.

## 거리에서 속도로

정말로 거리의 함수에서 속도의 함수를 구하는 과정이 더 쉬운지 직접 확인하는 시간을 가져보자. 이를 위해 속도계가 고장 났고 거리의 기록만이 가능한 자동차로부터 얻어진 위치의 함수로 속도를 구해보자. 이왕이면 직접적인 예로 시간 $x$를 변수로 $f(x) = -2x^3 + 12x^2$이고 이 정보로 $x = 1$초에서의 속도 $v(1)$을 구하도록 하겠다.

그런데 $x = 1$초에서의 속도란 의미상 순간속도를 구하는 것인데 순간속도는 불가분량의 속성이 내재된 개념이라 구할 수가 없다고 하였다. 속도란 것은 반드시 2개의 시간과 거리의 정보에서 얻어질 수 있기 때문이다. 그럼 구할 수 없는 것인가? 이쯤에서 아르키메데스가 포물선의 넓이를 구하였던 과정이 커다란 자산이 되겠다. 직접적으로 구하려고 애쓸 필요 없이 어느 값에 가까워지는 지, 즉 우회적 발상인 극한값으로 해결할 수 있는 길을 찾으면 된다.

$x = 1$초일 때 위치 $f(1) = 10$이다. 이 시점의 속도를 구하기 위해서는 2개의 시간과 거리의 정보가 필요하다. 그래서 $\Delta x$의 시간의 차이가 있는 $x = 1 + \Delta x$의 위치 $f(1 + \Delta x)$의 정보를 이용해서

속도의 정의를 따라 구해보겠다.

$$\langle\text{식 6.18}\rangle\ v(1+\Delta x)=\frac{\Delta f}{\Delta x}=\frac{f(1+\Delta x)-f(1)}{(1+\Delta x)-1}$$

이제 위의 식에 $\Delta x$를 0에 접근시켜가면서 속도를 구해보겠다.

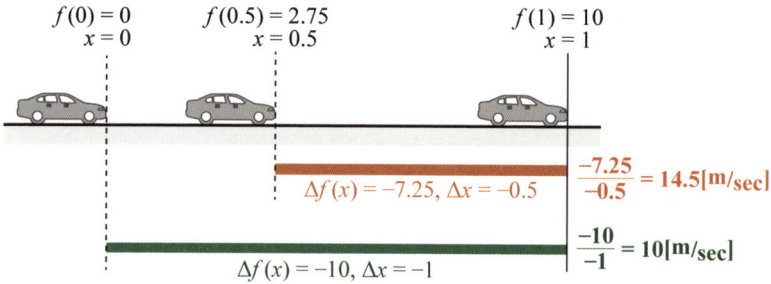

▲ 그림 6.19 $\Delta x =-1$초 및 $-0.5$초의 2개의 간격에서 얻어진 거리의 정보로 $x=1$초의 지점에서 속도를 각각 측정

　연속적인 시간에서 간격 $\Delta x$는 임의적으로 선택이 가능하므로 그림에서는 $\Delta x$를 $-1$초와 $-0.5$초의 두 경우로 $x=1$초일 때의 속도를 각각 구하였다. '$-$'의 음의 부호는 $x=1$초의 이전 정보로 구하다 보니 붙은 것일 뿐이다. 우리는 직감적으로 $\Delta x=-0.5$초 간격의 속도계에서 얻은 속도의 값 14.5가 $\Delta x=1$초의 10보다 실제의 속도에 더 가까운 값이라는 것을 알 수 있다. 이제 시간의 간격 $\Delta x$를 0으로 조금씩 이동시켜 아르키메데스가 포물선의 넓이를 구하였을 때처럼 속도가 접근하는, 그러니까 속도가 통과할 수 없는 벽인 극한의 값을 구하여 보겠다. 아래의 표는 $\Delta x$의 값을 $-0.1$, $-0.01$, $-0.001$초씩 시간의 간격을 줄이면서 〈식 6.18〉로 속도를 구한 결과이다.

| $\Delta x$ | $f(1+\Delta x)$ | $f(1)$ | $\Delta f(x)$ | $v(1)$ |
|---:|---:|---:|---:|---:|
| $-1$ | 0 | 10 | $-10$ | 10 |
| $-0.5$ | 2.75 | 10 | $-7.25$ | 14.5 |
| $-0.1$ | 8.262 | 10 | $-1.738$ | 17.38 |
| $-0.01$ | 9.820602 | 10 | $-0.179398$ | 17.9398 |
| $-0.001$ | 9.982006 | 10 | $-0.017994$ | 17.994 |

표에서 얻어진 속도의 추이로 보아 확신할 수 없지만 18에 계속 다가가고 있다. 뉴턴의 생각대로 거리의 함수에서 속도를 구하는 역의 과정은 조립이 빠지다 보니 정확하지는 않지만 바로 답이 나오고 있다. 시간을 더욱 많이 조각내어 0에 근접하였을 때 평균속도가 도달하고자 하는 목적지, 바로 순간속도를 구하는 데 무리가 없다. 어찌 보면 우리가 구하는 것은 순간속도이지만 변화의 속성을 지닌 속도의 개념을 충실히 따르는 평균속도를 무한의 탈로 위장시켜 목적을 달성시킨 셈이다. 무한이 마술을 부려 개념적으로 동떨어진 순간과 변화라는 두 개념을 기가 막히게 하나로 묶어버린 묘책이다. 생명체처럼 꿈틀거리는 시간 간격이 0에 근접하면서 평균속도를 안내한 곳이 바로 불가분량인 순간속도이다. 실제의 목적지인데 모순 때문에 접근이 불가했던 순간속도는 궁극적으로는 도달할 수 없고 얻지도 못하지만 절대로 그 값을 넘어서지 못한다는 발상으로 문제점을 극복한 방법이다.

그런데 시간의 간격 $\Delta x$를 0에 가깝게 하면서 구해지는 $x = 1$초에서의 속도의 극한값이 정말로 18이 맞긴 한 것일까? 직감적으로 그런 것 같지만 그렇다고 확신할 수는 없는 것이 혹시 18에 매우 근접한 다른 값이 될지도 모르기 때문이다.

잠시 뉴턴의 가상 대화를 들어보자. 뉴턴의 접근법에 의구심을 지닌 내가 17.999999가 극한값이 되지 않겠느냐고 그에게 조심스럽게 질문을 하였다. 그러자 뉴턴이 0.000001초의 시간 간격의 속도계를 장착하자 17.99999939의 값을 도출시켜 나의 주장을 간단히 꺾어버렸다. 한 방 먹은 내가 18에 더욱 가까운 또 다른 값을 제시하며 다시 한번 우겼다. 뉴턴은 씩 웃으면서 더욱 성능이 우수한 속도계로 나의 주장을 다시 한번 무너뜨렸다. 그럼에도 내가 계속 반복적으로 18이 아닌 다른 값이 극한값이 될 수 있다고 끊임없이 주장하였지만 그럴 때마다 뉴턴은 매번 새로운 속도계로 나의 주장을 꺾어놓았다. 오기가 발동한 내가 뉴턴에게 감히 질문하였다.

"저 역시 직감적으로 18이 극한값이라고 생각합니다. 하지만 18이라는 명백한 증거가 없지 않나요? 정말로 18보다 극히 작은 어떤 수가 극한값이 될 수도 있지 않을까요?"

뉴턴은 당황하였다. 확실히 나의 무한 반복되는 질문을 차단할 방법을 가지고 있지 않았다. 두 사람은 무한의 회귀에 빠져 있었다. 그리고 바로 이 점이 아르키메데스가 걱정한 부분이었기에 그는 이 문제를 대신 낙타 나누기 기법으로 해결한 것이다.

인류 최고의 천재인 뉴턴에게 한낱 범인에 불과한 내가 대들고 있는 웃기지도 않는 가상의 이야기이지만 정말로 18이라 단정하기에는 중대한 결함을 가지고 있는 것은 사실이다. 불가분량의 속성을 지닌 순간속도의 모순을 무한으로 위장한 극한으로 해결한 듯 보였지만 아직도 무한은 장난을 계속 치며 우리를 늪에서 벗어나지 못하게 하고 있다.

반대로 접근해도 마찬가지이다. 속도계가 미래의 시점을 미리 알고 있다는 가정에서 거리의 함수 $f(x)$로 〈표 6.20〉을 구한 과정을 되풀이하였을 때의 결과를 아래의 표에 정리해놓았다.

▼ 표 6.21 미래의 정보로부터 구한 $x=1$초에서의 속도

| $\Delta x$ | $f(1+\Delta x)$ | $f(1)$ | $\Delta f(x)$ | $v(1+\Delta x)$ |
|---|---|---|---|---|
| 1 | 32 | 10 | 22 | 22 |
| 0.5 | 20.25 | 10 | 10.25 | 20.5 |
| 0.1 | 11.858 | 10 | 1.858 | 18.58 |
| 0.01 | 10.1806 | 10 | 0.180598 | 18.0598 |
| 0.001 | 10.018006 | 10 | 0.018006 | 18.006 |

## 수학적 귀납법

〈표 6.20〉와 〈표 6.21〉의 두 결과는 아르키메데스의 조임법처럼 작동하여 $x=1$초에서 속도가 18m/sec라고 강력하게 주장하고 있다. 직감적으로도 극한값은 18이고 실제로도 그러하다.

> 시간의 간격 $\Delta x$가 0에 한없이 가까워짐에 따라 수렴하는 18이 극한값이다.
>
> $$\lim_{\Delta x \to 0} v(1+\Delta x)= \lim_{\Delta x \to 0} \frac{f(1+\Delta x)-f(1)}{\Delta x}=18$$

이 식은 고등학교 과정에서 배우는, 매우 익숙한 식이라 반가울 수 있다. 하지만 "한없이 가까이 간다"라는 모호한 표현이 눈에 거슬린다. 수학자들 역시 이 문구를 영 마음에 들어하지 않았다. 직관적으로 이해는 되지만, 멈춤 없이 계속 진행되는 무한의 굴레에서 벗어나지 못한 채 결코 잡히지 않는 유령을 쫓아가는 듯한 느낌을

주었기 때문이다. 명확함을 선호하는 수학의 성격상 확실히 위의 두 표는 무한한 과정을 어느 선에서 생략하고 그냥 18을 극한값으로 처리하고 끝내자는 방식으로 보인다.

무한은 분명 수학자들에게도 다루기 힘든 무시무시한 괴물이다. 그래서 0으로 다가간다는 모호한 표현으로 무한이 마음대로 날뛰도록 방치하였다. 집합론을 통해 무한의 기초를 세우는 데 혁혁한 공을 세운 게오르크 칸토어(1845~1918)조차 무한의 괴물에 잡혀 우울증으로 정신과 치료를 받았을 만큼 무한은 두려움의 존재이다. 이 책에서는 무한을 깊이 있게 다루지는 않고, 극한을 현대 수학에서 어떻게 정의하고 있는지 개념적인 수준에서 다뤄보겠다.

무한의 괴물은 극한에서만 나타나는 것이 아니다. 수학 여러 곳에서 불쑥불쑥 등장한다. 그래서 극한이 아닌 다른 영역에서 무한을 어떻게 처리하는지 하나의 사례를 통해 배워보자. 이리저리 날뛰는 무한을 성공적으로 잠재운 대표적인 사례가 수학적 귀납법으로, 모든 자연수에 대해 주어진 명제가 성립함을 증명하는 방법이다. 가령 1부터 $n$까지의 자연수의 합이 $n(n+1)/2$이라는 명제를 증명하는 문제를 만났다고 하자.

〈식 6.22〉 $1+2+\cdots+n = \dfrac{n(n+1)}{2}$

$n=1, 2, 3, \cdots$ 등의 수를 직접 대입하면 위의 식이 정당하다는 사실을 알 수 있다. 그런데 문제는 자연수의 개수가 무한하다는 점이다. 모든 수를 대입하여 양변이 같다는 것을 보이는 것은 무한의 입 속에 들어가는 꼴이다. 그래서 대략 10 정도의 수까지 계산하고

위의 식은 모든 자연수에 대해 정당하다고 주장하는 것은 어떨까? 상당히 억지스럽지만 대충 받아들일 수도 있겠다. 하지만 이런 것은 수학이 아니다. 누구나 인정할 만한 논리적 뒷받침이 있어야 한다. 이때 위의 문제를 해결할 묘책이 바로 수학적 귀납법이다.

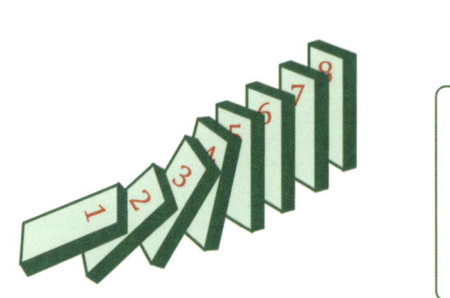
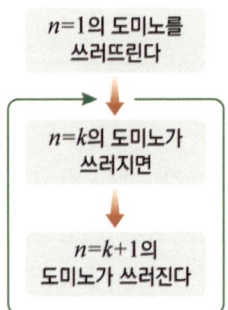

▲ **그림 6.23** 수학적 귀납법은 "어떤 자연수 $n=k$에 대해 만족할 때 다음의 자연수 $n=k+1$에 대해서도 성립됨을 증명"하는 논법

그림처럼 자연수가 적힌 도미노 $n=k$가 쓰러지면 바로 뒤에 세워져 있는 $n=k+1$의 도미노가 쓰러지도록 한 치의 오차 없이 배열되었다고 하고, 맨 앞의 $n=1$ 도미노를 쓰러뜨리자. 그러면 자연스레 바로 뒤의 $n=2$의 도미노가 쓰러지게 된다. 또한 그 뒤에 놓인 $n=3$의 도미노도 쓰러지면서 연쇄 반응에 의해 모든 도미노가 자연스럽게 쓰러진다. 도미노의 개수가 무한하더라도 앞의 도미노가 쓰러지면 뒤의 도미노도 반드시 쓰러진다는 사실만 입증하면 모든 도미노는 쓰러진다는 것이 입증된다. 이것이 수학적 귀납법의 핵심으로 무한한 개수의 자연수를 무한의 회귀에 가둬서 주어진 명제를 증명하는 방법이다. 모든 자연수를 대입하는 끊임없이 생성되는 무한의 과정을 하나의 시스템으로 묶어버린 꼴이다.

귀납법을 처음 소개한 사람은 프란체스코 마우롤리코(1494~

1575)이다. 그가 1575년에 발표한 《산술의 두 책》에 1부터 $2n-1$ 까지의 홀수를 모두 더하면 $n^2$이 됨을 증명하였다고 한다. 〈식 6.22〉를 수학적 귀납법으로 증명하는 과정은 교과서에도 소개될 정도로 그리 어렵지 않으므로 여러분들에게 넘기도록 하겠다.[*]

## 무한을 무한으로 다스리는 엡실론-델타 논법

앞서 뉴턴과의 가상 대화에서 느꼈겠지만 "한없이 다가간다"라는 모호한 말로 18을 극한값으로 정한 것은 분명 엄밀성과는 거리가 있다. 그렇기에 뉴턴 역시 나의 질문을 멈출 완벽한 논리가 없어서 둘의 대화는 끝없이 이어질 수밖에 없었다. 이때 지나가던 프랑스의 수학자 오귀스탱 루이 코시(1789~1857)가 무한의 늪에서 헤매는 둘의 대화에 끼어들어 한 가지 제안을 하였다.

"0이 아닌 실수를 $\epsilon$(엡실론)이라 하겠습니다. 그리고 극한값이 18이 아닐지도 모른다고 의심하시니 $18+\epsilon$을 극한값이라고 하여 당신에게 $\epsilon$을 자유롭게 선택할 수 있는 권한을 주겠소."

무한의 늪에 빠져 허우적거리고 있던 나는 처음부터 다시 시작하는 기분으로 일단 적당한 값을 하나 선택하였다.

"좋습니다. 저는 $\epsilon$을 $-0.0001$, 그러니까 극한값이 17.9999라고 주장하겠습니다."

"그러면 저는 0.0001을 8로 나눈 값 $\delta$를 시간 간격으로 하는 속도계로 자동차의 속도를 측정하겠습니다. 당신이 제시한 값보다 18

---

[*] 이광연, 《수학적 귀납법》, 네이버캐스트. https://terms.naver.com/entry.naver?docId=3569015&cid=58944&categoryId=58970

에 더 가까운 17.999900006…의 값이 나오네요."

응? 8로 나눈다고? 그의 의도가 사뭇 의심스러워지면서 동시에 뭔가 중요한 의미가 담겨 있는 것 같다는 생각이 들었다. 자신만만하게 인류 최고의 천재 뉴턴에게 밀어붙이던 나의 오만은 급격히 수그러지기 시작했다. 그의 의도를 파악하기 위해 0에 훨씬 더 가까운 또 다른 실수 값으로 $\epsilon$을 택하였다. 그러자 코시는 마찬가지로 내가 제시한 값을 8로 나눈 값을 시간 간격으로 하는 속도계기판으로 바꾸었고, 결과는 당연히 18에 더 가까운 속도의 값이 나왔다.

"선생님, 제가 $\epsilon$으로 무슨 값을 제시하건 항상 8로 나눈 값으로 시간 간격을 잡으시려는 의도가 무엇인가요?"

"예, 맞습니다. 저는 속도계의 시간 간격 $\delta$를 $\delta = \epsilon/8$의 관계식으로 묶어놓고 있습니다. 그리고 $\epsilon$은 당신이 지유롭게 선택할 수 있지만 제가 $\delta = \epsilon/8$의 간격의 속도계로 측정하면 항상 $\frac{\epsilon}{4} + \frac{\epsilon^2}{3\gamma}$의 양만큼 18에 더 가까운 값이 나오게 됩니다."

옆에서 두 사람의 이야기를 듣던 뉴턴이 감탄하며 외쳤다.

"정말로 완벽합니다!"

어떤 $\epsilon$을 선택해도 $\delta = \epsilon/8$의 관계의 $\delta$를 속도간격으로 하는 속도계로 측정하면 항상 18에 더 가까운 값이 나온다는 코시의 의도는 무엇일까? 핵심은 이러하다. $\epsilon$과 $\delta$를 $\delta = \epsilon/8$으로 일대일 대응시킴으로써 $\epsilon$이 0을 제외한 어떤 실수를 취하더라고 더 가까운 극한값을 제시할 수 있는 $\delta$가 항상 존재함을 입증한 것이다. 그러니까 0이 아닌 모든 실수의 영역에서 임의적으로 $\epsilon$을 택하여 $18 + \epsilon$을 극한값으로 제시해도 $\delta = \epsilon/8$의 관계로 18에 더 근접한 값을 만들어낼 수 있게 하는 속도계기판은 항상 존재한다는 의미이다. 0을 제외한 무한한 실수의 $\epsilon$ 집합과 무한한 $\delta$ 집합의 원소끼리 서로 1:1 대응시켜 무한의 수고를 일거에 제거한 것으로 더 이상 어떤 $\epsilon$의 값도 제시할 수 없게끔 코시는 나를 꽁꽁 묶어놓은 것이다. 이렇게 되면 18이 궁극적인 극한값이라고 인정할 수밖에 없다. 수학적 귀납법에서 무한한 개수의 모든 자연수에 대해 성립함을 도미노 현상의 시스템에 가둬버렸듯이, 선택할 수 있는 $\epsilon$의 무한의 집합과 거기에 대응되는 $\delta$의 무한의 집합을 1:1로 대응시킴으로써 '다가간다'라는 극한의 모호한 개념을 없애고 완전히 재탄생시킨 것이다. 무한을 무한으로 다스리는 이 전략으로 극한을 새롭게 정의한 논법을 수학에서는 '엡실론－델타($\epsilon - \delta$) 논법'이라 한다.*

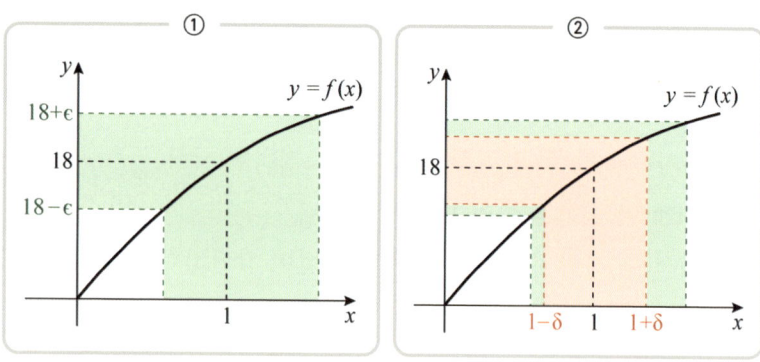

▲ 그림 6.24 ① 속도의 극한값이 적당한 $\epsilon$으로 설정된 초록색 범위에 위치한다고 할때, ② $\delta = \epsilon/8$의 시간 간격으로 얻어낸 속도는 붉은색 범위로 초록색 범위 안에 들어간다.

'엡실론－델타 논법'을 창안한 수학자는 코시이다. 그가 이 논법을 완성하기 전 미적분학은 극한 등 무한의 개념이 아직 완성된 상태가 아니었다. 그런 허점이 있었음에도 당시 수학자들은 미적분학의 실용적인 측면에 매우 매료되어 마구잡이식으로 사용하였고, 이로 인해 잘못된 결과도 많이 발생하곤 하였다. 이러한 세태에 코시

---

\* $\delta = \epsilon/6$의 관계식은 엡실론-델타 논법의 정의를 이용하여 얻어낸 식이다.

는 여러 저서를 통해 모호한 극한의 개념을 비롯하여 직감에 의존한 수학을 강도 높게 비판하며, 엄밀성을 기준으로 수학의 개념을 바로잡아야 한다고 주장하였다. 그리고 글로만 주장한 것이 아닌 자신의 철학을 실제로 보여준 업적이 바로 '엡실론-델타 논법'이다. 그야말로 철저하고 빈틈없는 이 정의는, 극한은 물론이고 다른 정리의 증명까지 쉽게 만들어버릴 수 있는 마법과 같은 힘을 제공하였고, 더 나아가서 해석학*이라는 새로운 수학 분야의 탄생을 이끌어냈다.

솔직히 '엡실론-델타 논법'을 단편적인 위의 사례로만으로 이해하였다고 말하는 것은 어불성설이다. 뉴턴은 극한의 애매한 정의를 충분히 알고 있었지만 자신의 목적인 운동을 해석하는 데 전혀 상애가 되지 않았기에 깊게 생각하시 않았다. 극한이라는 모호한 존재를 코시가 명확하게 정의하기까지 뉴턴 이후 100년이 넘는 세월이 걸렸다는 점이 극한의 개념이 얼마나 난해한지를 말해준다. 나의 경험을 얘기한다면 이 논법을 대학에서 처음 배우면서 "그래서 어쩌라고?" 하는 말이 절로 나왔다. 분명 어려워 보이지 않고 말장난하는 것 같았지만 왜 그렇게 정의해야 하는지에 대한 깊은 의미를 파악하지 못해 실전에 적용하는 데 상당한 시간이 필요했다. 그런 점에서 '엡실론-델타 논법'은 심화된 미적분학을 배우는 경우가 아니면 이해를 못 했다고 해서 크게 문제될 것은 없다. 이 책에서도 가볍게 소개하는 수준으로 마치겠다. 뉴턴이 이 내용을 모른 상태에서 우주의 법칙을 설명하는 데 부족함이 없는 미적분을 창안할 수 있었듯이 말이다.

---

* 대수학과 기하학에 대하여, 미분과 적분의 개념을 기초로 함수의 연속성에 관한 성질을 연구하는 수학의 분야 (출처: 위키백과)

# 7부

# 미적분학의 기본 정리

19장 미적분 기호의 창시자, 라이프니츠
20장 통찰에서 이끌어낸 도함수의 기호
21장 미적분학의 기본 정리

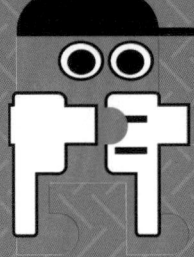

미적분학의 기본 정리로 미분과 적분이 같은 경로를 오가는
연산 관계임이 밝혀지고, 이 관계를 표현한 수학의 기호가
스스로 진화하며 미적분을 만들어내는 과정을 통해 수학이나
물리의 기호에는 수많은 고뇌와 지혜가 담겨 있다는 사실을
깨달을 수 있다.

뉴턴과 함께 미적분의 창안자이자 미적분의 핵심적 본질을
그대로 함유한 기호의 체계를 고안한 라이프니츠

# 미적분 기호의 창시자, 라이프니츠

## 기호의 대가, 라이프니츠*

인간이 만물에 '이름'을 붙이는 것은 더불어 사는 개체로서의 위상을 부여한다는 의미이다. 이름을 가진 개체는 사회의 일원으로 존재적 가치를 부여받고 실체화된다. 우리가 기르는 강아지에게 이름을 지어주는 것도 가족의 일원으로 인정하는 상징적인 의식이다. 사람들은 저마다 이름을 가지고 유일한 존재로 세상 속에서 살아간다. 그렇기에 어떤 대상의 이름을 짓는다는 것은 '의미화 작업'이다.

수학이나 물리 등 여러 학문 분야에서도 작명은 매우 중요한 작업이다. 수식이라는 기호로 이루어진 이름은 수학의 세계를 설계하고 구성하는 구심적 역할을 한다. 그 대상은 주로 우리의 머릿속에서 상상하여 이끌어낸 추상적 개념이다. 불활성 상태의 아이디어는 수학의 언어인 수식의 형태로 표현되어 상상의 영역에서 벗어나 실체화된 채 세상에 등장하게 되는 것이다.

뉴턴이 미적분을 알아낸 시점은 그가 23세였던 1665년이라고 알려져 있다. 그리고 1666년 10월에《The October 1666 Tract on Fluxion》으로 불리는 원고를 통해 그동안의 미적분학 연구 결과를

---

*Joseph Mazur의 저서 'Enlightening Symbols: A Short History of Mathematical Notation and Its Hidden Powers'. 국내 번역도서는《수학 기호의 역사》

발표하였다.* 당시 그가 만들어낸 미적분은 완전한 모습이 아니었다. 왜냐하면 그의 관심사는 운동에 있었고, 자신이 만들어낸 힘의 법칙을 해석하는 수학적 도구의 필요에 따라 미적분을 창안하였기 때문이다. 그래서 뉴턴은 자신의 목적 달성의 수단으로 충분한 만족감을 느낀 후에 아주 엄밀한 연구를 이어가지는 않았다. 어쨌든 뉴턴은 미적분학을 만들면서 추상적인 아이디어를 실체화하기 위해 유율법(流率法)이라 불리는 기호를 만들었다. '流'는 흐른다, '率'은 비율이라는 뜻에서 의미가 전달되듯 간편성이나 효율적 측면에서 변화의 개념인 속도와 가속도를 매우 훌륭하게 나타내는 표기법이었다. 거리의 변수를 $x$라 할 때 속도는 $\dot{x}$, 가속도는 $\ddot{x}$으로 표기하여 운동과 같이 변화가 일어나는 대상을 기술하는 뉴턴의 표기법은 그가 사망한 뒤인 1736년에 출판된《유율법과 무한급수 (Method of fluxions and infinite series)》**에서 소개되었다. 하지만 유율법은 운동이 아닌 다른 상황에서 활용하기에는 매우 불편한 표기법으로 확장성 면에서 확실히 부족한 점이 많았다.

미적분의 표기법으로만 보면 뉴턴보다 라이프니츠가 훨씬 뛰어났다. 어릴 때부터 천재적 어학 능력을 발휘하며 20세에 법학박사 학위를 받았던 그는 독학으로 파스칼, 페르마, 윌리스, 데카르트 등의 수학을 공부하였다. 이때 그는 의미가 제대로 부여되지 않은 잘못된 수학 기호가 불필요한 설명을 이어가게 하여 수학을 복잡하게 만든다는 것을 깨닫고, 수학적 아이디어를 실체화하는 기호화 작업에 의미가 빠져 있다면 전혀 생명력이 없는 기호라고 여기고 있었다.

---

* D. T. Whiteside,《The Mathematical Papers of Isaac Newton》, Vol. 7, 400~448, Cambridge (1976)

** 원제목은 라틴어로《Methodus fluxionum et infinitorum》.

기호가 수학을 변화시키는 진정한 힘을 지니고 있음을 알아본 그의 가장 큰 업적이 바로 미적분을 만든 핵심 개념인 무한소에 $dx$ 라는 이름을 작명한 것이다. 미적분이 유용성과 효율성, 확장성 등 모든 면에서 무소불위의 힘을 떨칠 수 있게 된 것은 오로지 라이프니츠가 작명한 기호 덕분이었다. 그래서 지금까지도 인류가 만들어낸 최고의 기호로 칭송받고 있다. 그 역시 자신의 기호에 대해 엄청난 자부심을 느끼며 아래와 같이 말했다.

　　이 작업의 완수는 인간 의식의 마지막 노력일 것이고, 이로써 모든 사람이 행복해질 것이다. 왜냐하면 시력을 완벽하게 만드는 망원경처럼 지적 능력을 찬양한 수단을 가진 것이기 때문이다.[*]

　라이프니츠는 자신의 기호 체계로 완성한 미적분 논문을 1674년에 영국의 왕립학회에 보고했다. 그런데 이미 뉴턴이 미적분의 원리를 발견했다는 사실이 알려져 있었기에 그의 업적은 인정받기 힘든 상황이었다. 그럼에도 언어학의 천재가 만들어낸 기호의 편리성은 뉴턴의 표기법을 훨씬 능가하였기에 당시 뉴턴의 조국 영국을 제외한 유럽 각국에서는 라이프니츠가 고안한 미적분학의 기호를 더 많이 사용하였다.

　이를 굉장히 못마땅하게 여겼던 영국에서 라이프니츠의 미적분학은 뉴턴의 결과를 표절한 것이라 주장하면서 이때부터 미적분을 누가 먼저 창시했느냐를 두고 양국의 분쟁이 시작되었다. 표절과 관련된 저작권 문제는 지금도 매스컴에서 논란이 되는 민감한 사항

---

[*] lessandro Padoa 'La Logique déductive dans sa dernière Phase de Développement' 의 내용을 번역한 《수학 기호의 역사》에서 발췌

인데 하물며 수학뿐 아니라 모든 학문에 가공할 영향을 끼친 최고의 이론인 미적분이라면 상황은 더욱 달라진다. 한 하늘에 두 태양이 있을 수 없듯 미적분 창시자 논쟁은 너무도 중요한 문제였다.

## 미적분의 창시자

미분과 적분이 세상 밖에 막 모습을 드러냈을 당시 스위스 출신의 수학자 요한 베르누이(1667~1748) 역시 미적분이 지닌 잠재력에 감동하였다. 무엇보다 그를 괴롭혀온 어떤 문제가 미적분을 이용하니 놀라울 정도로 완벽하게 해결되는 것을 경험하면서 앞으로 미적분이 인류의 역사를 뒤바꿀 것이라 갑자기 엉뚱한 행동을 하였다. 자신이 해결한 이 문제를 유럽 최고의 여러 수학자들에게 풀어볼 것을 요청하는 편지를 보낸 것이었다.[*]

> "나, 요한 베르누이는 전 세계를 향해서 가장 훌륭한 수학문제를 꺼내겠다. 이것에 비할 문제는 없고, 매우 도전적인 성격의 난제로 사람을 강하게 끌어당긴다. 또한 이 문제를 해결다면 역사에 그 이름을 길이 남길 최고의 명성을 얻을 것이다."

그는 위와 같은 내용과 함께 문제를 동봉하며 시한을 6개월로 정해두고 각국의 유명 수학자에게 서한을 보냈다. 하지만 이는 수학자가 수학자를 평가하는 다소 무례한 행동이 아니었을까? 사실 베르누이의 의도는 미적분학의 창시자를 구분해내기 위함이었다.

---

[*] EBS 컬렉션 – 사이언스, 《뉴턴 vs 라이프니치의 미적분 이야기 l 문명과 수학》, https://www.youtube.com/watch?v=GJO-52Xm6JU&t=643s

베르누이 자신 역시 미적분의 통찰 후에야 해결이 가능하였기에 진정한 미적분학의 창시자라면 이 문제를 어렵지 않게 해결할 것이고, 그렇지 못하면 표절을 했다고 볼 수 있다고 여겼기 때문이었다. 대체 어떤 문제이기에 베르누이가 미적분의 창시자를 판결할 문제라고 기대했을까?

"높은 곳에서 낮은 곳으로 물체가 가장 빠르게 내려오게 하는 선은 무엇인가?"

문제는 의외로 간단하다. 위의 문제가 얼른 이해되지 않는다면 〈그림 7.1〉의 내용처럼 생각해도 된다.

이 편지를 받아본 라이프니츠는 단 며칠 만에 문제를 풀어 답장을 보냈다고 한다. 그리고 베르누이의 의도를 간파하며 편지의 내용에 문제풀이 기한을 1년 더 연장할 것을 조언하였다. 이유는 교통이 발달하지 않은 시대라 배달사고가 잦았기 때문에 미적분의 창시자로 자신과 논쟁을 일으키는 또 다른 경쟁자가 편지를 받지 못할 소지가 있어 충분한 시간적 여유를 주어야 한다고 본 것이다. 라이

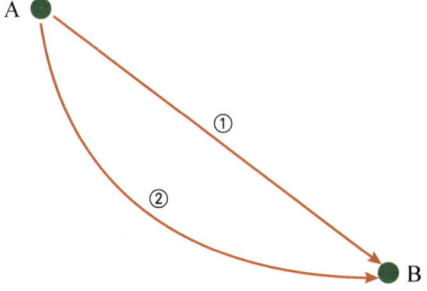

▲ 그림 7.1 스피드의 스릴을 만끽할 수 있도록 A 지점에서 B 지점으로 가장 빠른 시간에 도달하는 미끄럼틀을 만들려고 한다. ①의 직선일까? ②의 곡선일까? 곡선이면 어떤 모양일까?

프니츠 이후 속속 문제의 해법이 적힌 답장이 베르누이에게 도착하였다. 발신인은 그의 형인 야콥 베르누이(1654~1705), 그리고 그에게 수학을 배운 로피탈 정리의 창시자 기욤 로피탈(1661~1704)이었다. 그런데 정작 받아야 할 한 사람에게서 답장이 오지 않았다. 어쩔 수 없이 라이프니츠의 조언대로 마감 기한을 늘려야 했다.

알려진 일화에 의하면 당시 영국까지의 교통수단이 좋지 않아 라이프니츠의 우려대로 편지 배달이 매우 늦었다고 한다. 꽤 오랜 시간이 걸렸지만 베르누이가 답장을 받고 싶어 했던 당사자에게 편지가 무사히 배달되었고, 그는 편지의 내용을 확인 후 하룻밤 사이에 풀어 다음 날 아침 베르누이에게 정답이 적힌 편지를 보냈다고 한다. 발신인의 이름도 없이 말이다. 그리고 그 편지를 받아든 베르누이는 '사자는 발톱만 봐도 알 수 있다'라며 익명의 편지의 주인이 누군지를 바로 알아보았다. 그가 바로 뉴턴이다.

결론적으로 라이프니츠와 뉴턴 둘 다 미적분의 개념을 정확하게 꿰뚫고 있음이 확인된 셈이다. 그러나 이 문제만으로 누가 미적분의 창시자인지 여부는 밝힐 수 없었다.

이 문제의 해법은 만만치 않다. 미적분과 운동 역학 개념을 정확하게 이해하지 않으면 풀기가 어렵다. 이 책에서 해법을 다루지 않겠지만 독자 여러분 중 미적분에 충분히 자신감이 생긴 분이라면 베르누이가 보낸 편지를 받았다고 생각한 후 도전해봐도 좋겠다. 여기서 답을 간단히 언급하고 넘어가면, 이 문제는 '최단 강하 문제*'로 알려진 유명한 문제로 그것을 구하는 답은 사이클로이드이다.

---

\* 영어로 'The Brachistochrone Problem'이라 하며 '최단강하선', '최속강하선' 또는 '최단시간강하곡선'이라 번역된다.

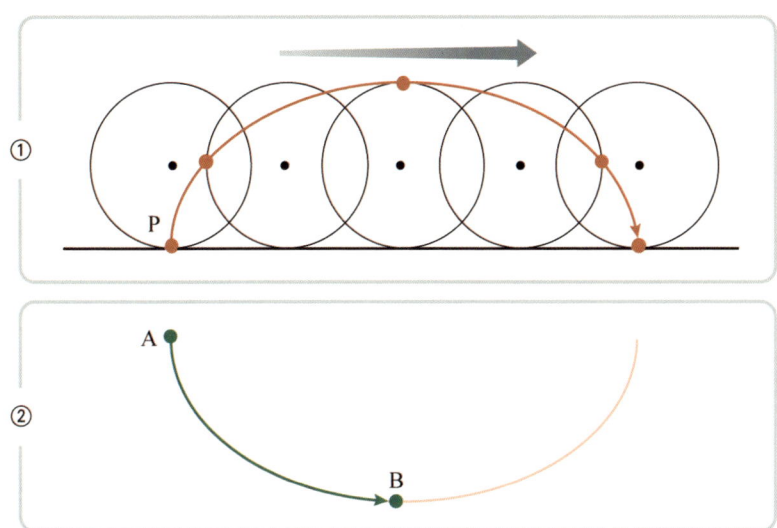

▲ 그림 7.2 ① 사이클로이드는 직선 위로 원이 한 바퀴 회전할 때 원 위의 점 P가 만들어내는 자취로서 붉은색의 곡선을 말한다. ② A 지점에서 B 지점으로 가장 **빨리** 도달하는 곡선은 사이클로이드 곡선을 뒤집은 초록색의 곡선이다. 정확하게는 A 지점에서 출발할 때 사이클로이드 곡선 위 모든 점이 가장 빨리 도달하는 지점이다.

영국과 독일은 미적분학의 창시자를 둘러싸고 아직도 해묵은 논쟁을 벌이고 있다. 하지만 오늘날에는 뉴턴과 라이프니츠 둘 다 미적분의 창시자로 인정받고 있다. 뉴턴은 운동 역학인 물리학적인 측면에서, 라이프니츠는 함수의 기반에서 수학의 기호로 미적분을 발견했기에 누가 누구 것을 표절했다고 할 근거가 전혀 없기 때문이다.

## 미분과 적분의 차이

거듭 반복해서 말했듯이 곡선으로 만들어진 영역을 조각내어 합하는 일은 심히 어렵다. 아르키메데스가 포물선이나 원 등을 삼각형으로 조각내어 넓이를 구하는 천재적인 방법들을 개발했지만 모두 임시변통의 방식이다. 각 도형의 내재적 특성을 활용한 번뜩이는 아이디어로 해결한 것이라 도형이 바뀌면 다시 처음부터 어떻게 분할하고 합해야 할지를 생각해야만 한다. 어떤 종류이건 해결이 가능한 일반적이고 보편적인 해법은 찾아내지 못한 것이다. 그리고 드디어 뉴턴이 수학계의 염원인 곡선 문제의 해법을 찾는 획기적 방법인 미적분을 개발해냈다.

그는 운동과 곡선은 동일한 문제임을 깨달았지만, 고대 시절부터 이어진 수많은 수학자들의 도전에도 곡선으로 둘러싸인 넓이를 해결하지 못했다는 데서 해법 자체가 불가능한 문제는 아닐지 의심했다. 그래서 뉴턴은 직접적인 해법의 길을 포기하고 우회적인 방법으로 거리에서 속도로 가는 통로를 찾는 역의 발상으로 접근하였다. 그가 이런 발상을 착안한 이유 중 하나는 역의 과정에 넓이를 구해야 하는 조립의 과정이 제외되고 분할의 전략만 포함되어 어떤 형태의 거리의 곡선이라도 속도를 구해낼 수 있다는 확신에서 비롯된 것이었다. 이 과정이 바로 미분이다. 조립의 과정이 생략된 미분은 보편적으로 적용되는 기술이 되어 어떤 종류의 함수이건 접근이 가능하다는 엄청난 힘을 지니고 있다.

분할된 조각들을 합치는 일보다 이미 조립된 완성품을 해체시키는 일이 일반적으로 더 쉽다는 것은 우리의 일상에서도 발견할 수 있다. 1,000개의 퍼즐 조각을 맞추는 작업을 해본 적이 있는가? 나는 직접 해본 경험이 있는데 한 달 가까이 걸린 듯하다. 저녁마다 짬을 내 퍼즐을 맞추면서 이 어려운 일을 왜 하고 있는지 후회가 밀려왔다. 허리도 아프고 눈도 침침했다. 한참 만에 완성된 퍼즐작품을 보면서 '다시 해체해서 처음부터 진행해볼까?'라는 생각이 스쳐갔지만, 이를 떨쳐내고 노력의 결실을 액자에 담아 벽에 걸어놓으며 흐뭇해하던 기억이 있다.

그런데 처음부터 다시 진행하겠다는 어리석은 생각을 실행에 옮겨 1,000개의 조각을 해체한다고 하자. 그건 한순간이다. 조립하는 데 소요된 한 달의 노력이 사라지는 데 걸리는 시간은 단 1분도 걸리지 않는다. 이것이 미분과 적분의 차이라고나 할까? 미분은 완성된 퍼즐작품을 해체하는 일과 비슷하다. 반면 적분은 낱개로 분리된 퍼즐 조각을 다시 합치는 일이다. 걸리는 시간이 어려움의 정도를 나타내고 있다. 우리는 곡선의 무게중심을 구하는 예에서 조립이 꽤나 어려운 과정이 될 거라고 예상했다. 삼각형으로 분할하는 것은 가능하겠지만 각각의 무게중심을 구하고 또 모든 무게중심들로부터 원래 곡선의 무게중심으로 되돌리는 직업은 결코 쉬운 일이 아니다.

이렇게 까다로운 조립에 해당하는 것이 적분이다. 적분은 전체적인 연산에 해당한다. 적분이 비교대상인 미분보다 훨씬 어려운 이유는 국지적인 것만 살피는 것과 전체를 합하는 것 사이에서 오는 차이이다. 그렇기에 보편적인 방법이 존재하는 미분과 달리 적분은 그렇지 않다. 불가능한 적분이 대부분이고, 가능한 적분조차 저마다 푸는 스타일이 다를 수 있다. 이렇게 분할된 조각을 조립하는 보편적인 해법이 존재하지 않았기에 아르키메데스 때부터 '분할과 조립'은 몇 가지 특정 문제만 해결이 가능한 수학 분야의 독특한 이론에 불과하였던 것이다.

## 불가분량의 껍질을 벗고 탄생한 무한소

뉴턴이 발견한 역의 발상은 너무도 놀라워서 인류 최고의 위대한 업적 중 하나로 꼽힌다. 거리에서 속도를 구하는 과정에서 얻어낸 통로가 속도에서 거리로 가는, 그러니까 해결이 불가능한 곡선의 넓이를 구하는 통로도 될 수 있다는 사실을 깨우친 뉴턴은 분명 남들보다 더 멀리 본 사람이었다. 그런데 뉴턴과 동시대에 저 너머의 세계를 멀리 내다본 사람이 또 있었다. 바로 뉴턴과 함께 미적분의 창시자로 인정받는 라이프니츠이다. 지금부터는 라이프니츠도 이 책의 또 다른 주인공으로 삼아 뉴턴과 라이프니츠에게만 보였던 저 너머의 세계에 대한 이야기를 시작하겠다.

18장에서 $x = 1$초에서 속도를 구한 과정을 대수학적인 방법으로 계산해보겠다. 시간의 간격 $\Delta x$ 동안, 즉 $x = 1$초와 $x = 1 + \Delta x$의 두 시점에서 각각의 거리의 정보 $f(1)$과 $f(1 + \Delta x)$로 자동차가 움직인 거리는 아래와 같다.

$$\langle \text{식 } 7.3 \rangle \ \Delta y = \Delta f(x) = f(1 + \Delta x) - f(1)$$
$$= 18(\Delta x) + 6(\Delta x)^2 - 2(\Delta x)^3$$

위의 식 $\Delta x$에 ±1초부터 시작해서 ±0.5, ±0.1, ±0.01, ±0.001을 대입하면 〈표 6.20〉과 〈표 6.21〉의 $\Delta f(x)$와 정확하게 일치함을 확인할 수 있겠다. 이제 시간 간격 $\Delta x$를 더욱 0으로 가깝게 보낼 때 〈식 7.3〉의 각각의 항들 중 $6(\Delta x)^2$과 $2(\Delta x)^3$의 항의 값이 $18\Delta x$보다 훨씬 더 급격하게 0에 가까워짐을 확인할 수 있다. 이 점이 매우 중요하다. $\Delta x$가 0에 가까운 값이 될수록 $(\Delta x)^2$과 $(\Delta x)^3$

이 포함된 항은 $\Delta x$의 항에 비해 너무도 빠르게 0으로 다가가게 되어 전체 계산에 큰 의미를 띠지 못한다. 무시해도 전혀 상관이 없다. 따라서 〈식 7.3〉의 거리의 함수의 변화량 중 1차 항인 $18\Delta x$만 남게 된다.

이것이 미분학의 핵심적인 통찰로 다음과 같은 명령을 지닌 것과 같다. "시간의 간격 $\Delta x$를 0에 가까이 하였을 때 거리의 변화 $\Delta f(x)$에서 $\Delta x$의 일차항을 제외한 모든 항을 무시하라!" 입력에 일어난 작은 변화 $\Delta x$가 출력 $\Delta f(x)$에 미치는 효과는 차수가 1차인 $\Delta x$ 항만 남기고 자질구레한 2차 항 이상의 것은 무시하라는 명령서이다. 2차 항 이상을 생각하지 않아도 되니 계산이 얼마나 간편하게 되겠는가! 이 명령서에 따라 〈식 7.3〉의 거리의 변화량 $\Delta f(x) \approx 18\Delta x$기 될 것이고, 이것을 시간 간격 $\Delta x$로 나눈 18이 $x$ = 1초에서의 속도이다.

시간의 조각 $\Delta x$가 0으로 다가갈 때 거리의 변화량 $\Delta f(x)$에서 1차 항을 제외한 나머지 항은 모두 무시한다는 것은 직감적으로 이해되시리라. 이렇게 식으로는 당연하지만 2차 항 이상을 삭제한다는 것은 무슨 의미가 있을까? 직선은 일차함수이고 이차함수 이상이 곡선이므로 변화량 $\Delta f(x)$에서 곡선을 걸러내고 1차 항인 직선으로 단순화한다는 것이다. 비유한다면 곡선을 현미경으로 보는 것과 같다.

육안으로 보았을 때 굽어진 〈그림 7.4〉 ①의 검은색의 곡선을 현미경에서 바라보게 되면 초록색 사각형의 영역만을 보게 되어 그림 ②의 검은색의 곡선과 같다. 굽은 정도는 줄어들었지만 아직도 곡선의 성질을 담고 있다. 다시 훨씬 배율이 높은 현미경으로 그림 ②의 붉은색 영역만을 들여다보면 이제는 거의 직선으로 보이게 된

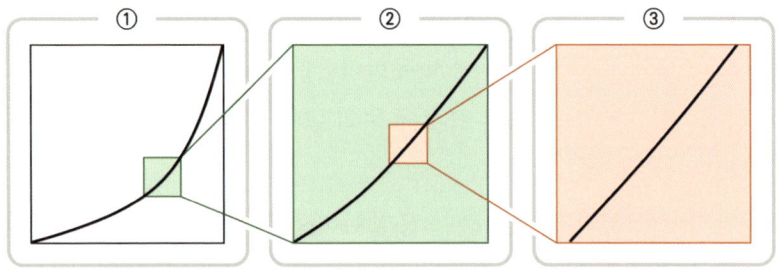

▲ 그림 7.4 ②는 ①의 초록색 영역을, ③은 ②의 붉은색 영역을 확대

다. $\Delta x$를 0으로 접근시킨다는 것은 배율이 높은 현미경으로 바라보는 것과 동일한 것으로 거의 0의 간격의 시간의 세계에서는 만물이 모두 직선이 되어 직선의 분석 도구로 세상을 읽을 수 있게 된 것이다.

정리한다면, 곡선을 직접적으로 다룰 수 있는 기술은 없다. 그래서 곡선을 직선으로 처리가 가능한 아주 작은 영역으로 분할하는 방법을 취하여 직선을 다루는 기술로 곡선을 해석하는 것, 이것이 바로 미적분의 본질이다. 시간이라는 변수를 아주 작은 부분들로 쪼개 $\Delta x$를 0에 가깝도록 하는 급진적이고 극단적인 전략은 배율이 높은 현미경으로 곡선을 직선으로 바라보겠다는 것이다. 이렇게 굽이치는 곡선을 달래서 통제가 가능한 직선으로 탈바꿈시키는 핵심 인자인 $\Delta x$가 바로 미적분의 핵심 개념의 저변을 구축한 미적분의 본질을 한껏 담고 있는 무한소이다. 무한소는 곡선을 직선으로 탈바꿈시키는 가교의 역할을 하는 것이다.

## 미적분의 유전자 '$d$'

무한소는 불가분량의 이점을 그대로 가지면서 동시에 불가분량의 모순을 제거한 개념이다. 앞에서 다뤘던 거리의 함수 $f(x)$로 $x$ = 1초에서 불가분량인 순간속도를 어떻게 구할 것인지에 대해 생각해보자. 이것은 마치 아킬레스와 거북이의 달리기 경주 과정에서 어떤 한순간을 찍은 스냅사진만의 정보로 누가 더 빠른지를 구별하라는 것과 같다. $\Delta x$의 시간의 간격에서 얻어진 2개의 정보로 충분히 속도를 구할 수 있다. 단지 정확한 속도는 아니라는 것이 문제였지만, 이 문제는 $\Delta x$를 0에 접근시키면서 2차 이상의 항들을 제거하여 일차항만 남게 한 놀라운 전략으로 극복하게 되었고, 얻어진 결과물은 바로 불가분량인 순간속도의 값이 된다. 2마리 토끼를 동시에 잡은 격이다.

하지만 한 단계 진화한 수학적 개념인 무한소는 구체적이지 않은 추상적인 허구의 존재였다. 무한소를 뜻하는 '$\Delta x$가 한없이 0으로 접근한다'는 결코 수학자들이 사용하는 언어로 만들어진 문장이 아니다. 철학적 색채를 띠기도 하는 무한소는 어느 정도 계산을 한 후 그냥 그렇게 정하자고 한 것과 같다. 우리도 경험하지 않았던가. 18장에서 $x$ = 1초에서의 속도를 구하기 위해 수치를 일일이 대입하며 계산하였지만 도대체 어디까지 0으로 접근해야 할지도 정해지지 않았고, 극한값을 결정하는 과정에서 상당히 모호한 점이 있었다. 아르키메데스도 이 점 때문에 자신만의 방법으로 극한값을 구하였다. 그런 태생적 한계로 무한소 역시 가끔 역설 문제를 불러올 때가 있다. 무한소는 편리성을 주었지만 모순점도 양산하는 이중적인 존재였다. 그래서 모순을 지닌 무한소는 더욱 엄밀성을 추구한

'엡실론－델타 논법'으로 대체된 것이다.

　그런데 이 논법을 모른다고 해서 미적분을 이해하는 데 걸림돌이 되지는 않는다. 미적분이 탄생할 당시의 초창기에 뉴턴과 라이프니츠가 어떻게 미적분을 만들어냈는지 그 씨앗이 되는 개념을 가지고 들여다보는 것이 오히려 훨씬 더 많은 이해를 가져올 수 있다. 생각해보면 이 논법은 미적분이 발견된 이후에 나오지 않았는가.

　또 무한소가 심술을 부리는 것이 자주 발생하는 일은 아니다. 〈식 7.3〉의 경우처럼 $\Delta x$의 이차항을 제거하는 것만으로 간단하게 극한값을 구할 수 있는데 굳이 '엡실론－델타 논법'까지 들먹일 필요가 없다. 수학을 전공하거나 깊은 내용을 다루는 경우 말고는 무한소가 모순을 야기하는 사례를 접하기 힘들다. 오히려 무한소는 수학자들에게 수많은 난제의 해결사 역할을 자처했고, 무엇보다 뉴턴과 라이프니츠 역시 무한소가 지닌 위험을 알았지만 거부할 수 없는 매력을 지니고 있다고 이야기하면서 적극 활용하여 미적분을 창시하였다. 무한소는 그들에게 무한한 힘을 제공한 것이다.

　앞절에서 이차항 이상의 계산을 불필요하게 만든 것처럼, 무한소의 장점은 계산의 간결함에 있고 정답으로 가는 지름길을 제공한다는 것이다. 라이프니츠는 계산의 굴레에서 해방시켜 작은 것을 무시할 수 있도록 하면서 도달할 수 없는 상상의 극한의 값을 실체화해주는 무한소를 미적분의 심장으로 칭하였다. "0보다 크지만 어떤 실수보다 더 작은 수"로 정의되기도 하는 너무도 모호한 불활성 상태의 무한소가 미적분의 기둥이 된 근본적인 계기는 라이프니츠가 붙여준 이름 때문이었다. '두 변수 $x$의 간격 $\Delta x$가 0으로 한없이 다가갈 때'의 상황을 압축적으로 표현한 '$dx$'라는 기호이다.

　무한소의 기호 $dx$에서 더 핵심은 '$d$'이다. 그리스어 '$\Delta$'는 수학에서 보통 변수 사이의 특정한 간격의 고정된 값으로 많이 사용하기에 라이프니츠는 간격이 고정되어 있지 않고 0으로 한없이 가까이 간다는 추상적인 무한소의 속성을 반영할 수 있도록 새로운 기호로 'difference(차이)'의 영어 단어에서 따온 '$d$'를 기호로 택하였다. 정확하게 말한다면 그의 기호는 '$dx$'가 아닌 '$d$'인 것이다. 뒤에 어떤 변수가 따라오건 두 값의 차이를 0으로 몰아넣는다는 의미가 내포되어 $d$의 뒤에는 $x$가 아닌 다른 변수가 와도 무방하다. $dy$나 $d(\sin x)$도 되고 $d(2x^2+1)$도 상관없다. 중요한 것은 '$d$'라는 존재로 뒤에 붙는 다양한 변수의 간격을 0으로 몰아넣는 것으로, 분할의 개수를 무한히 하라는 의미를 한껏 담고 있다.

그런 점에서 '$d$'를 살아 있는 유기체로 생각해도 나쁘지 않겠다. $dx$에서 $d$는 독립 변수 $x$의 간격을 0으로 끊임없이 놀아가도록 연료를 공급하는 존재인 것이다. 극한값은 유기체처럼 0으로 접근하는 독립 변수 $dx$의 영향을 받는 종속 변수 $dy$가 도달하려는 값이다. '$d$'는 생명체이자 미적분의 유전자인 것이다. 이렇게 기호의 본질적인 기능인 최적화라는 본연의 임무를 완벽하게 수행하는 '$d$'가 펼치는 향연의 무대가 미적분이고, '$d$'라는 존재는 미적분이 인류 최고의 이론이라는 찬사를 이끌어냈다. 또한 이 기호의 창안자 라이프니츠를 인류 최고의 수학자이자 언어학의 대가로 우뚝 서게 하였다.

# 20장 통찰에서 이끌어낸 도함수의 기호 $dy/dx$

## 무한소의 넓이 $dS(x)$

우리가 진정 알고 싶어하는 수수께끼의 함수, 수많은 수학자들을 눈물짓게 했던 해묵은 문제, 우주의 운동에 질서를 부여하려는 뉴턴이 반드시 넘어서야 할 장애물, 바로 곡선의 넓이를 구하는 문제 앞에 라이프니츠 역시 도착해 있었다. 그는 어떤 발상으로 이 장애물을 넘어 미적분학을 완성했을까? 그의 발상은 확실히 뉴턴과는 달랐지만 두 사람 모두 무한소를 이용하였다는 점은 같았다. 그도 불가분량이 지닌 모순점을 익히 알고 있었고 이를 피하기 위해 아주 작은 폭을 가지는 사각형으로 분할하여, 곡선의 넓이를 무한소의 폭을 가지는 직사각형의 합으로 이해하였다. 물론 여기까지는 라이프니츠나 뉴턴 말고도 이미 숱한 수학자들이 밟아왔던 길이었고 동시에 극복하지 못한 벽이기도 했다.

그런데 모든 이들이 넘지 못한 이 장애물을 그는 뉴턴과 함께 넘어섰다. 어떻게? 수학적인 재능 역시 엄청나게 뛰어났지만 무엇보다 무한소 같은 추상적인 개념들을 의미가 담긴 기호로 실체화하는 데 천부적인 능력을 소유한 덕분이었다. 그는 무한소라는 렌즈 $dx$를 통해 곡선의 넓이 문제를 들여다보았다.

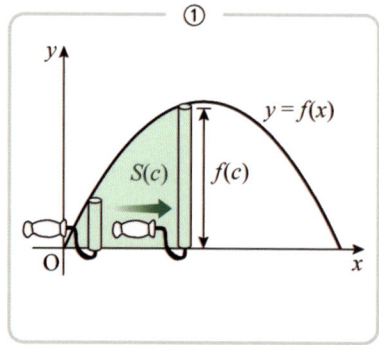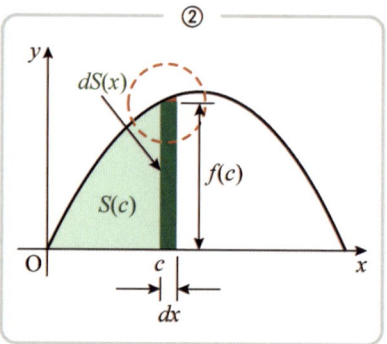

▲ **그림 7.5** ① $x$축을 따라 움직이며 높이가 $y = f(x)$로 달라지는 롤러가 엷은 초록색으로 칠해가고 있다. ② $x = c$에서 롤러가 무한소 $dx$만큼 이동할 때 칠해진 무한소량의 넓이 $dS(x)$는 폭이 $dx$를 지닌 진한 초록색의 직사각형과 그 위의 붉은색 두 영역의 넓이의 합이다.

곡선 $y = f(x)$를 따라 길이가 변하는 가상의 롤러를 상상하며, 그림 ②와 같이 롤러가 $c$의 지점까지 훑어가며 칠한 초록색 영역의 넓이를 $S(c)$라 하겠다.[*] 이제 '$d$'라는 미적분의 유전자가 장착된 무한소 $dx$만큼 롤러가 칠한 넓이의 변화에 주목하자. 당연히 롤러가 칠한 넓이 역시 무한소의 변화 $dS(x)$를 겪을 수밖에 없다. 여기서 라이프니츠의 강력한 기호의 체계를 느낄 수 있다.

$$dS(x) = S(c + dx) - S(c)$$

무한소의 기호에 익숙하지 않으신 분들에게는 아직은 어색할 수 있겠지만 미적분의 유전자 '$d$'가 임의의 함수 $f(x)$의 변화량이 0에 한없이 다가가도록 하는 $df(x)$라는 생명체를 만들어낸다는 본질적 의미를 충실히 따른 표기법이다. 그림 ②의 기하학적으로 본 넓이의 무한소 $dS(x)$는 진한 초록색의 직사각형과 그 위에 위치한 곡

---

[*] 3BULE1BROWN 유튜브 참조

선으로 구성된 붉은색의 영역의 넓이이다.

무한소 $dx$는 미적분의 유전자 $d$의 명령에 의해 변수 $x$의 차이 $(c+dx)-c$를 끊임없이 0에 근접하게 채찍질하면서 이차 이상 항들의 존재가치를 상실하게 만들어 곡선의 문제를 직선으로 단순화시키게 만들 것이다. 그러면 그림에서 무시되는 부분, 즉 $dx$의 이차항 이상은 어디에 해당할까? 직감적으로 곡선으로 구성된 그림 ②의 붉은색 영역일 것으로 판단할 수 있고, 이 판단이 옳다면 넓이의 무한소 $dS(x)$는 직사각형 넓이와 같다고 놓아도 무방하기에 아래의 식으로 근사시킬 수가 있다.

〈식 7.6〉 $dS(x) \approx f(c)dx$

붉은색 영역이 정말로 무한소 유전자 '$d$'가 무시하게 만들어낸 2차 이상의 영역에 해당할까? 이를 확인하기 위해 위의 〈그림 7.5〉②의 붉은색 점선의 원을 확대하여 살펴보겠다.

그림의 굵은 붉은색 테두리가 $dS(x)$에서 이차항 이상으로 무시

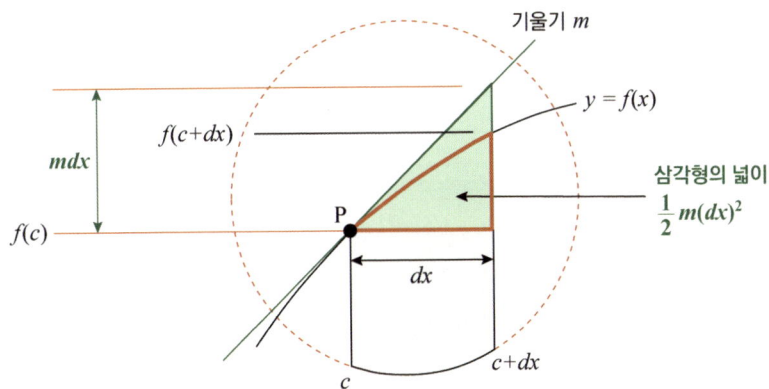

▲ 그림 7.7 굵은 붉은색 테두리로 둘러싸인 넓이를 초록색 직각삼각형의 넓이로 근사시킨다.

할 수 있다고 예상하는 영역이다. 라이프니츠는 자신이 만든 $dx$의 마법을 기대하면서 0에 가까이 다가가는 상상을 하였다. 그러자 점 P에서의 접선으로 만든 초록색 삼각형의 넓이로 근사시켜도 아무 런 문제가 없다는 것이 점점 그에게 또렷이 보였다. 그림에서야 차이가 있게 그렸지만 실제 $dx$가 0에 근접하면 두 도형의 넓이가 비슷할 것이라는 점은 충분히 공감하시리라.

이때 삼각형의 넓이는 어떻게 될까? 삼각형의 밑변이 $dx$이고 점 P에서의 접선의 기울기가 $m$이라 할 때 높이는 $m\,dx$가 될 것이므로 삼각형의 넓이는 $m(dx)^2/2$이다. $dx$의 2차 항이다. 삼각형도 무시할 수 있는데 더 작은 붉은색 테두리의 영역은 당연지사이다. 이로 써 넓이의 무한소 $dS(x)$는 〈식 7.6〉임이 확실해졌다.

## 너머의 세계

라이프니츠가 개발한 무한소의 열차는 본질적인 모순을 지니고 있어서 가끔 정차하는 문제가 발생하기는 하겠지만 우리를 미적분의 목적지에 도착하게 하는 데에는 전혀 문제가 없다. 물론 개발하는 방법은 다르지만 뉴턴 역시 동등한 기능을 가지는 무한소의 열차를 개발하였기에 우리가 탑승한 라이프니츠의 기차로 뉴턴이 진정 추구하는 힘의 법칙을 설명하는 수학의 도구인 미적분을 얻는 데에는 전혀 문제가 없다. 오히려 기호학적인 측면에서는 더 훌륭한 시설을 담고 있는 기차이므로 훨씬 많은 여행지를 둘러볼 수 있다. 자, 어느 곳을 먼저 들를까? 미적분의 지도를 펼치자 도함수라는 첫 번째 정류장이 눈에 들어온다.

앞에서 라이프니츠의 사고의 과정을 상상해서 서술하였지만, 그가 무한소의 개념으로 〈식 7.6〉을 얻은 상황에서 무엇이 떠올랐을까? 아마 뉴턴이 거인의 어깨 위에서 본 '너머의 세계'를 보게 되었으리라. 넓이의 함수 $S(x)$로 롤러의 높이의 함수 $f(x)$를 구하는 미분의 통로를 만들어내는 것이 훨씬 쉬울 것이고, 동시에 그 통로가 넓이의 문제를 해결하는 적분의 통로가 될 수 있을 것이라는 점을 말이다. 뉴턴이 운동역학적인 관점에서 보았다면 라이프니츠는 그가 고안해낸 기호로 본 것이다.

두 명의 천재가 본 '너머의 세계'를 우리도 탐험하기 위해서 일단 기울기를 수학에서 어떻게 정의하고 있는지부터 살펴보겠다. 기울기는 단어의 의미 그대로 직선이 기울어진 정도를 나타내는 수치로 〈그림 7.8〉과 같이 표현된다.

위의 정의로부터 기울기를 구하기 위해서는 반드시 2개의 점이

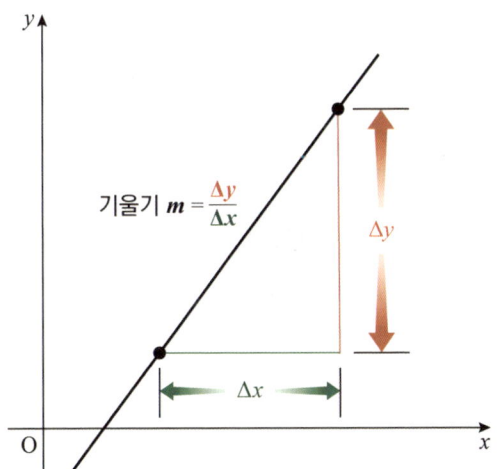

▲ **그림 7.8** 직선의 기울기는 독립 변수 $x$의 변화량 $\Delta x$에 대한 종속 변수 $y$의 변화량 $\Delta y$의 비율 $m$이다.

$$m = \frac{\Delta y}{\Delta x}$$

필요하다는 점에서 속도와 같은 개념임을 알 수 있다. 그림에서 $x$축이 시간이고 $y$축이 자동차가 움직인 거리라면 기울기가 곧 속도이기 때문이다. 뉴턴과 라이프니츠는 시작 지점은 달랐지만 결국 같은 경로를 밟고 있었다.

이제 구체적으로 역의 과정인 함수 $S(x)$에서 $f(x)$를 구하는 과정을 알아보자. 앞의 절에서 사용한 거리의 함수를 롤러가 시간 $x$에 따라 칠하는 넓이의 함수 $S(x) = -2x^3 + 12x^2$으로 놓고 보면 속도가 곧 롤러의 높이 $f(x)$이다. 이제 함수 $S(x)$의 $x = 1$에서 접선의 기울기를 구하는 과정을 기하학의 관점에서 들여다보겠다.

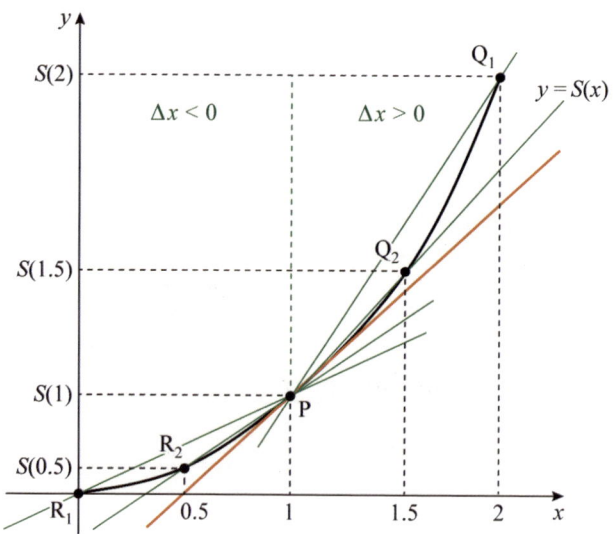

▲ **그림 7.9** 점 P를 기준으로 곡선 위의 점들과의 직선의 기울기가 속도이다. $\Delta x$의 값이 작아짐에 따라 붉은색 접선에 가까워진다.

기하학적으로는 살펴보니 무엇을 말하는지 명료해진다. 이것이 기하학의 장점이다. 수치 계산으로만 설명하는 것과 다르게 직감적인 감각을 얻는 데 크게 도움을 준다. 위의 그림으로부터 $x = 1$에서의 접선의 기울기가 곧 순간속도임을 바로 알 수 있다. 이 값을 미적분학에서는 미분계수라고 부른다. 라이프니츠는 〈그림 7.9〉의 미분계수를 구하는 사고과정을 자신이 애지중지하는 무한소의 기호로 표현하여 보았다.

$$\langle\text{식 7.10}\rangle \quad \frac{dS(1)}{dx} = \lim_{\Delta x \to 0} \frac{S(1 + \Delta x) - S(1)}{\Delta x}$$

위의 식으로 얻어지는 극한값이 $x = 1$초에서의 순간속도 혹은 접선의 기울기이자 또한 미분계수이다. 좌변에 $dx$는 우변의 시간의 차이 $\Delta x$를 0에 다가가게 하는 명령을 내리는 존재로 이로 인해 종속 변수의 차이 $S(1 + \Delta x) - S(1)$ 역시 0에 가깝게 되므로 함수의 무한소 $dS(1)$의 기호로 표현할 수 있다. 그러면서 극한으로 도달할 수 있다는 상상을 통해 최종 목적지인 $dS$와 $dx$의 비율을 찾아내는 것이다. 이것이 미분이 하는 일이다.

우리는 이 방법으로 모든 지점에서 상상의 목적지를 찾아낼 수 있다. $x = 1$에서의 미분계수를 구하였듯 $x = 2$초, 2.3초 등 모든 실수에서 미분계수를 구할 수 있다. 따라서 임의의 $x$에서 미분계수 $dS(x)/dx$가 항상 대응되어 함수의 기능이 작동되므로 미분계수를 함숫값으로 하는 함수를 정의할 수 있다. 이 함수를 도함수(導函數, derivative)라 부르고 $dS(x)/dx$로 표기하거나 혹은 $S'(x)$로 간단하게 나타내기도 한다. 도함수가 주어진 함수에서 매 접선의 기울기의 값으로 파생되는 것이므로 '이끌다'라는 의미의 한자 '導'를 사용하고 있고, 영어로는 '파생'의 의미를 지닌 'derivative'라고 한다. 넓이의 함수이자 거리의 함수인 $S(x)$의 접선의 기울기로 만들어지는 함수, 즉 순간속도의 값으로 이뤄진 함수가 바로 $f(x)$이므로 다음과 같은 식으로 정리가 된다.

$$\langle 식\ 7.11 \rangle \quad \frac{dS(x)}{dx} = \lim_{\Delta x \to 0} \frac{S(x + \Delta x) - S(x)}{\Delta x} = f(x)$$

처음에 주어진 넓이 혹은 거리의 함수 $S(x)$를 원시함수라 하고 속도 혹은 높이의 함수 $f(x)$는 $S(x)$를 미분으로 얻어진 함수이므로 원시함수의 도함수인 셈이다. 미분은 결국 도함수를 구하는 일로 우리가 실제에 도달하지 못하지만 상상에 의해 도착할 극한의 지점이 어떤 곳인지를 알려주는 값들로 구성된 함수이다.

## $dx$ 진법

라이프니츠가 '0으로 다가간다'라는 추상적인 개념을 무한소 $dx$로 명기화한 기호 체계가 얼마나 대단한 것인지를 진법의 관점에서 잠시 살펴보자. 길이 1의 막대기를 7등분한 조각 한 개의 길이인 1/7이 0.142857142857…이라는 나눗셈 계산은 초등학교 시절에 이미 익혔던 것이라 일도 아니다. 이와 같은 나눗셈의 원리를 기하학적인 관점에서 보겠다.

우리가 10진법을 사용하고 있으므로 그림 ①처럼 길이 1의 막대기를 10등분한 1/10의 조각(옅은 붉은색)으로 비교하는 것이 첫 단계이다. 이때 1/7 길이의 초록색 막대기는 1/10의 한 조각보다는 더 길어서 약간 남게 된다. 두 번째 단계로 붉은색 점선 부위만 확대한 그림 ②는 1/10의 조각을 다시 10등분한 $1/10^2$의 길이의 조각으로 분할하여 초록색 조각과 비교한다. 이때 4개의 조각이 필요하지만 아직 여분이 있다.

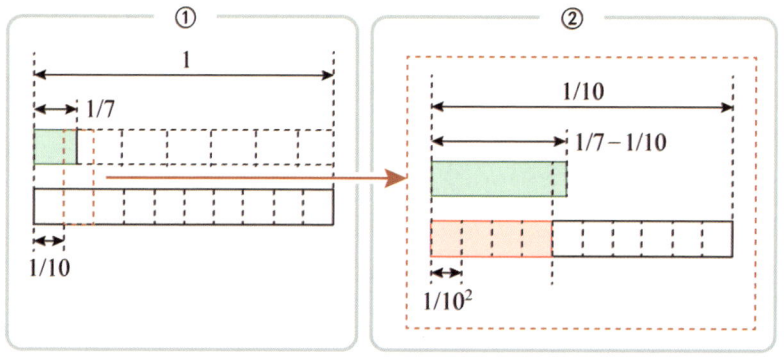

▲ **그림 7.12** 1/7의 길이의 조각을 재는 방법

그림의 결과만으로 1/7은 1/10의 조각이 1개, $1/10^2$은 4개가 필요하다. 여분의 조각에 대해서 같은 작업을 반복하면 $1/10^3$의 조각이 2개가 필요하고, 이렇게 남게 될 조각에 대해서 마찬가지로 계속 작업을 반복하다 보면 1/7이 왜 0.142857…가 되는지 명확하게 보여준다.

$$\frac{1}{7} = 1 \times \left(\frac{1}{10}\right) + 4 \times \left(\frac{1}{10^2}\right) + 2 \times \left(\frac{1}{10^3}\right) + \cdots\cdots$$

초등학교 때 접했을 법한 위의 나눗셈 이야기는 도함수가 무한소 $dx$에 의한 함수의 변화량 $df(x)$가 왜 일차항만 고려하게 되는지의 의미를 이 관점에서 해석하기 위함이다. $f(x+dx)$와 $f(x)$의 차이인 $df(x)$를 1/7로, 그리고 무한소 $dx$를 1/10의 조각으로 생각하여 $dx$가 몇 개 필요한지를 살펴본다. 완벽히 채워지지 않은 여분의 부분은 $(dx)^2$의 조각으로, 그래도 남는 조각은 $(dx)^3$ 등 계속적으로 같은 작업을 반복한다. 결과적으로 $df(x)$는 $dx$와 그 딸림인 $(dx)^2$, $(dx)^3$ 등의 항들로 구성된다.

〈식 7.13〉

$$df(x) = f(x + dx) - f(x) = a_1(dx) + a_2(dx)^2 + a_3(dx)^3 + \cdots$$

위의 식처럼 함수의 변화량 $df(x)$는 $dx$진법으로 표현되고 있다. 여기에서 $a_1$, $a_2$ 등은 $dx$의 각각의 항에 대한 계수로 $x$의 함수인 $a_1(x)$, $a_2(x)$이다. 이때 한없이 0에 가까워지는 무한소의 속성으로 $(dx)^2$과 $(dx)^3$ 등 2차 이상의 항은 $dx$의 1차항과 비교하여 훨씬 빠르게 0에 접근하여 무시할 수 있다. 결국 $dx$의 일차항만 살아남게 되므로 미분은 $df(x)$에서 $dx$의 2차 항 이상은 모두 제거하고 $dx$의 1차 항의 계수 $a_1$만을 찾는 과정이라고 갈음할 수 있고, 이때 $a_1(x)$가 접선의 기울기이자 미분계수이다.

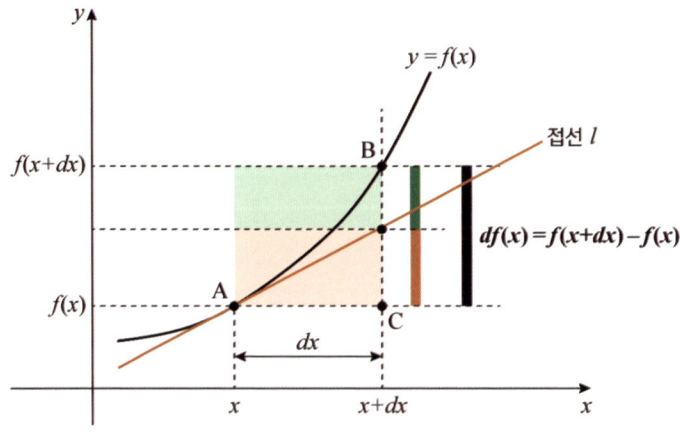

▲ **그림 7.14** 점 A에서 접선 $l$의 기울기가 미분계수

점 A에서 무한소 $dx$의 변위에 대한 함수의 실제적인 변량 $df(x) = f(x + dx) - f(x)$은 굵은 검은색 선분이다. 그리고 점 A에서 접선 $l$로 만들어진 굵은 붉은색의 선분이 $dx$의 조각으로 나타낼 수 있는 양으로 $dx$진법의 〈식 7.13〉의 $a_1 dx$에 해당한다.

# 21장 미적분학의 기본 정리

## 미분과 적분은 역연산 관계

라이프니츠가 고안한 기호 무한소 $dx$는 미적분의 유전자 $d$의 명령에 따라 $x$의 두 지점의 간격을 없애줄 정도로 0에 가깝도록 계속 접근시킨다. 이제 그가 만들어낸 이 기호가 그에게 선사한 엄청난 선물을 개봉할 순간이다. 라이프니츠는 접선의 기울기가 독립변수 $x$의 변화량에 대한 종속 변수 $S(x)$의 변화량이라는 점에 착안하면서, 함수 $S(x)$의 변화량 $dS(x)$를 $x$의 변화량 $dx$로 나눈 $dS(x)/dx$를 도함수의 기호로 채택하였다.

그런데 도함수의 기호인 $dS/dx$는 분수의 꼴이라 초기에는 수학자들에게 거부감을 일으켰다. 하지만 사용할수록 너무도 매력이 넘치는 기호였다. '분할'과 '조립'으로 곡선의 문제를 해결하기 위한 모든 추론의 길을 일일이 생각할 필요를 제거함은 물론, 무엇보다 단순히 하나의 함수를 나타내는 $dS(x)/dx$임에도 상황에 따라 $dx$와 $dS(x)$는 별개의 개체인양 따로 떨어져서 더하고 곱하는 등 개별적인 수처럼 취급이 가능하게 해주었다. 유연성이나 확장성 면에서 더할 나위 없는 기호 체계였던 것이다. 그러니까 무한소 $dx$를 0으로 계산해도 되지만 또한 완전히 0이 아니라는 사실로부터 더하거나 곱하는 등의 사칙연산이 가능하다. 무한소는 0의 언저리에서 상황에 따라 변신을 거듭하는 것이다. 그래서 넓이의 함수 $S(x)$의 도함수를 나타내는 〈식 7.11〉 $dS(x)/dx = f(x)$의 양변에 $dx$를 곱해 줄 수 있다.

$$dS(x) = f(x)dx$$

그런데 이 식은 롤러의 높이 함수 $f(x)$를 알고 있을 때 분할과 조립의 방법으로 롤러가 칠하는 넓이의 변화량을 표현하는 〈식 7.6〉과 동일한 식이지 않은가! 결론적으로 넓이의 함수 $S(x)$의 도함수가 롤러의 높이의 함수 $f(x)$라는 사실을 강력하게 주장하고 있다. 이치에 맞는 것이 일정 시간의 간격 $dx$에서 롤러의 길이 $f(x)$가 길수록 더 많은 넓이 $S(x)$를 칠하므로 넓이 $S(x)$의 시간의 변화율 $dS(x)/dx$은 그 시각의 롤러의 높이에 해당하는 함숫값 $f(x)$에 비례하는 것은 너무도 당연하다 하겠다. 이 순간 모든 것이 명료해졌다.

$S(x)$의 도함수는 $f(x)$, 그리고 $f(x)$를 분할하여 조립한 함수가 $S(x)$라는 관계가 성립한다는 비밀의 문이 열린 것이다. 뉴턴이 확신했던 거리에서 속도로 가는 통로는 또한 속도에서 거리로 가는 통로와 같다는 사실을 라이프니츠 역시 찾아내었다. 이런 결과가 펼쳐질 수 있었던 것은 바로 라이프니츠가 창안해낸 기호 체계의 덕이다. '0으로 다가간다'는 무한소에 $dx$라는 이름이 붙여지자 추상적이고도 모호한 개념은 실체화된 생명체로 변신하여 종횡무진 활약을 하게 된 것이다. 그리고 그 존재의 가치를 발휘하며 미분과 적분이 같은 경로라는 결과를 내놓았다. 수학에서 수식이 얼마나 중요한 의미를 내포하고 있는지 절실하게 경험하는 순간이다.

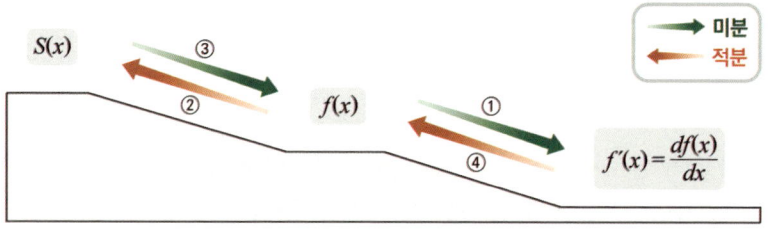

▲ **그림 7.15** 미분과 적분의 경로

이미 알고 있는 함수 $f(x)$로부터 도함수 $df(x)/dx$를 구하는 ①의 과정은 보편적인 해법이 존재하는 미분의 경로이다. 그리고 $f(x)$의 곡선이 만들어내는 영역의 넓이의 함수 $S(x)$로 가는 붉은 화살표의 경로 ②가 적분이자 수수께끼의 경로이다. 그런데 $S(x)$의 도함수가 $f(x)$라는 사실에서 ③의 경로와 ①의 경로는 동일한 미분의 경로이다. 그렇기에 도함수 $df(x)/dx$에서 함수 $f(x)$로 가는 ④의 과정 역시 적분이다.

$f(x)$를 기준으로 접선의 기울기로 만들어지는 도함수 $df(x)/dx$와 곡선의 넓이 $S(x)$를 구하는 적분은 서로 상반된 방향으로 선혀 나른 성질을 지닌 것으로 보았지만 이 둘은 방향만 다를 뿐 같은 경로에 있는 것으로 드러난 것이다. 단지 미분은 힘이 덜 드는 내리막길, 적분은 힘이 드는 오르막길을 걷는다는 것뿐이다. 미분과 적분은 방향만 다르지 같은 경로에 존재하는 역연산 관계에 놓여 있다는 가장 내밀하고 중요한 천상의 비밀을 밝힌 것이다. 라이프니츠가 추상적인 무한소의 개념에 의미가 충만한 이름을 부여하자 무한소는 그에 보답하듯 위대한 선물을 그에게 선사한 것이었다.

# 미적분의 기본 정리 1

넓이의 함수 $S(x)$를 알고 있다고 하자. 그러면 미분을 통해 $f(x)$를 구할 수 있다. 그리고 또 한 번의 미분으로 $df(x)/dx$도 구할 수 있다. 하지만 $df(x)/dx$만을 알고 있다고 하자. 이때에는 역으로 $f(x)$와 더 나아가 $S(x)$로 가는 적분 경로는 알기가 어렵다. 한마디로 아래로 가는 순방향은 가능하지만 위로 가는 역방향은 쉽지 않은 비가역 반응이다. 여기가 중요하다. 분명 아직 적분의 과정은 해결되지 않았다. 하지만 생각해보자. 함수 $S(x)$를 가지고 도함수 $f(x)$를 구하여 $S(x)$와 $f(x)$의 동반자 함수의 쌍을 얻어내었다. 그런데 우연히 곡선 $f(x)$ 아래의 넓이를 구하는 문제에 접하였다고 했을 때 $f(x)$를 적분한 함수, 즉 곡선의 넓이의 함수를 알아야 하는데 우리는 이미 동반자 함수 $S(x)$를 알고 있기에 문제가 바로 해결되었다. 굳이 $f(x)$를 적분하여 넓이의 함수를 어떻게 구할지 고민할 필요가 없는 것이다.

그런데 어째 좀 허점이 많아 보인다. 먼저 곡선의 함수 $f(x)$로 둘러싸인 넓이를 동반자 함수 $S(x)$로 하는 것이 정말 타당한 것인지 의심스럽다. 라이프니츠의 기호 체계로 얻어낸 것이기에 분명 틀리지 않다는 확신이 들지만, $S(x)$의 도함수가 $f(x)$일 때 $f(x)$를 적분한 함수가 꼭 $S(x)$만 나오라는 법이 있을까? 다른 함수의 꼴인 $T(x)$도 나올 수도 있지 않을까? 그렇다면 $T(x)$의 도함수도 $f(x)$가 되어 동반자 쌍을 만들 수도 있다. 확실히 의구심을 지우기 어렵다.

물론 이런 우려는 기우이다. 미분과 적분이 서로 역연산의 관계가 있음이 논리적으로 타당함이 입증되었기 때문이다. 증명 과정은 생략하겠지만 그 이론이 미적분학의 제1기본 정리로 $S(x)$와 $f(x)$

는 서로 미분과 적분으로 얻어질 수 있는 유일한 함수인 것이다. 즉 $f(x)$를 적분하면 $S(x)$만 존재할 뿐 다른 함수인 $T(x)$가 나올 수가 없다. 이제 적분은 보편적인 해법이 존재하는 미분이 만들어주는 통로만 사용하면 된다.

그렇다고 찜찜함이 해소되었을까? 아니다. 함수의 개수는 무한하기 때문이다. 그래서 무한한 종류의 함수들을 동반자 쌍으로 해결한다는 것은 어불성설이다. 미분을 이용하여 아무리 많은 통로를 개발했다 하더라도 뚫어야 할 통로는 무한히 남아 있다. 엡실론－델타 논법처럼 무한을 무한으로 덮어버리는 신묘한 기법이나 적분도 미분처럼 보편적인 산술법이 만들어지지 않는 한 불가능한 작업이다. 그런데 이 불가능을 그대로 두고서도 해결이 된다. 무슨 말인가?

찜찜함을 뒤로하고, 이 방식의 성공 확률을 높이기 위해 우리가 접할 가능성이 농후한 수많은 함수 $S(x)$에 대해 일일이 도함수 $f(x)$들을 구하여 상당히 많은 양의 동반자 쌍 $(S(x), f(x))$을 구축하였다고 하자. 한마디로 데이터베이스화하자는 것이다. 도대체 얼마나 많은 양으로 데이터베이스화해야 할 것인가? 수백 수천 개의 동반자 함수 쌍을 만들었다 한들 무한한 함수의 세계에서는 티끌도 되지 않는 양이기 때문이다. 그런데 이런 불완전함에도 어느 정도의 양만으로 충분하다. 왜냐하면 자연계의 현상에서 마주하게 될 문제들은 규칙과 대칭의 틀 안에서 움직이므로, 이들을 기술하기 위해 필요한 함수는 아무리 복잡해봐야 한정적일 수밖에 없기 때문이다. 자연의 법칙을 설명하는 모든 함수는 데이터베이스화된 우리의 그물망에 대부분 걸리게 된다. 설혹 그물망에 빠져나가는 함수도 있겠지만 크게 걱정을 할 필요가 없다. 비록 적분을 하는 보편적인 방법이 존재하지 않지만 뒤에서 다룰 적분의 몇 가지 기교만 숙달되면 해결의 폭을 더욱 확대할 수 있다. 이렇게 동반자 함수끼리 쌍을 지어 만들어진 데이터베이스가 '적분표*'이다. 이제는 더 이상 애쓸 필요가 없다. 원하는 답이 바로 거기에 있으니까.

미적분학 완성의 초석을 제공한 '미적분학의 기본 정리'의 중요성은 새삼 다시 강조할 필요가 없다. 보편적인 적분의 기법은 만들어내지 못했지만 미분으로 만들어진 통로를 충분히 만들어놓음으로써 적분의 문제를 해결하는 통로로 사용해도 된다는 허가증이기 때문이다. 사실 인류는 뉴턴 전에 이미 미적분의 코앞에 이르러 있었지만 그 열매를 따지 못하고 있었다. 17세기까지 아르키메데스부터 시작하여 도형의 넓이를 분할과 조립의 방법으로 구한 여러 성공적인 사례가 있었고, 반면 곡선을 직선으로 근사시키기 위해 접선을 찾아내는 방법도 충분히 연구가 되어왔다. 그리고 이 둘이 서로 깊이 연결되어 있다는 발상을 처음 한 사람은 스코틀랜드의 수학자이자 천문학자인 제임스 그레고리(1638~1675)였다. 뉴턴도 라이프니츠도 아니었다. 곡선을 직선으로 근사시키기 위해 접선을 찾아내는 방법과 도형의 넓이를 작게 쪼개어 더하는 식으로 구하는 방법이 역으로 연결되어 있다는 생각을 처음 제시한 것이다. 이후 그레고리의 생각을 발전시켜 더욱 일반적인 경우를 증명한 이가 영국의 기독교 신학자이자 수학자 아이작 배로(1630~1677)로, 그는 자신의 제자 중에서 오만하지만 똑똑하고 천재적 기질이 다분했던 뉴턴에게 자신의 수학적 기법을 넘겨주었다. 그리고 뉴턴은 함수의 종류에 관계없이 미분과 적분을 적용할 수 있는 미적분학이라는 통합적인 산법을 완성하여 위대한 인물로 남게 되었다.

---

*이번 장 뒤에 실린 '적분표'는 대표적인 몇 가지만 소개하였다. 더욱 많은 내용은 미적분에 대해 자세히 설명한 다른 자료나 인터넷 등에서 충분히 확인할 수 있다.

## 미적분의 기본 정리 2

미적분의 기본 정리에 '제1'이 있다면 당연히 '제2'의 정리도 존재한다. 미적분의 두 번째 정리를 알기 위해 우리는 아르키메데스가 원과 포물선의 넓이를 구할 때 무한히 분할된 도형의 넓이의 합의 극한값으로 구하였던 과정을 떠올릴 필요가 있다. 그의 방법은 지금의 '구분구적법(區分求積法)'이라 하는 초기 버전이자 또한 적분의 원형이겠다.

〈그림 7.16〉은 임의의 함수 $f(x)$에서 구간 $a$와 $b$의 붉은색의 테두리로 둘러싸인 영역의 넓이를 $n$개로 분할된 직사각형의 넓이의 합으로 근사시킨 것이다. 함수 $f(x)$를 자동차의 속도로, 넓이를 움직인 거리로 생각해도 되겠다. 시간의 간격이 0에 가까운 속도계에서 얻은 정보일수록 훨씬 정확한 거리를 알 수 있듯 자동차가 움직인 실제의 거리는 분할의 개수 $n$을 무한대로 늘려 직사각형의 폭

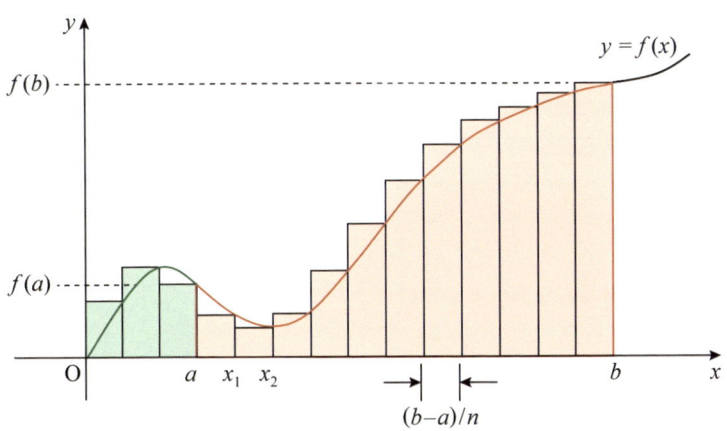

▲ 그림 7.16 곡선 $y = f(x)$의 $[a, b]$ 구간을 $n$등분한 간격으로 분할한 직사각형

$(b-a)/n$가 0에 수렴할 때 직사각형의 넓이의 합의 극한값이 됨은 더 설명할 필요 없이 받아들일 수 있는 진리가 되겠다. 위의 사고의 과정을 복잡한 수학의 언어로 표현하면 아래와 같다.

$$\langle \text{식 7.17} \rangle \quad S = \lim_{n \to \infty} \sum_{i=1}^{n} f\left(a + \frac{b-a}{n}i\right)\frac{b-a}{n}$$

구분구적법의 계산과정을 표현한 위의 수식은 〈그림 7.16〉에서 이끌어낼 수 있지만 우리는 '아, 저렇구나' 하는 정도로 넘어가도록 하겠다. 그렇다고 무시하지는 말자. 적분의 씨앗이 되는 개념이기에 더 많은 미적분 내용을 알고 싶은 분이라면 반드시 알아둘 필요가 있다.

형편없이 만든 기호가 수학을 매우 복잡하게 만들고 본질적인 의미를 퇴색시켜 수학의 진전을 방해하는 요인이 된다는 점을 간파하고 있던 라이프니츠의 눈에는 구분구적법의 장점이 발현되지 못하고 한계에 부딪히는 이유가 〈식 7.17〉에 있다고 느꼈다. 이 식이 너무 복잡해서 편리성이나 확장성 면에서 상당히 미흡하게 보였다. 그래서 이런 단점들을 보완하기 위해 새로운 기호의 도입의 필요성을 절감한 그는 이 식을 단순화함과 동시에 의미도 내포하고 확장성의 기능도 구현될 수 있도록 정리하는 작업을 시작하였다.

함수 $f(x)$로 둘러싸인 넓이 혹은 적분하여 얻어지는 함수 $S(x)$는 보통 원점을 기준으로 생각하는 것이 일반적이다. 〈그림 7.18〉은 〈그림 7.16〉의 함수 $f(x)$를 분할한 사각형을 누적으로 쌓아가면서 얻은 넓이의 함수 $S(x)$의 개형이 되겠다. 따라서 곡선 $y = f(x)$의 $[a, b]$ 구간의 넓이는 함수 $S(x)$에 $a$와 $b$를 대입한 값의 차

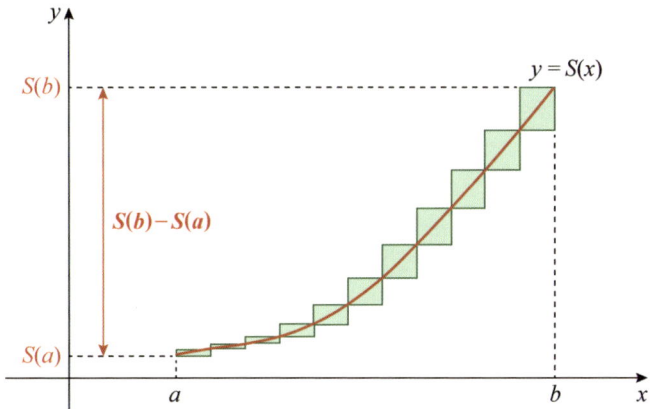

▲ **그림 7.18** 〈그림 7.16〉의 조각난 각각의 직사각형을 순차적으로 쌓아 형성된 곡선이 $S(x)$이다.

$S(b) - S(a)$임은 너무도 당연하게 보인다.

　라이프니츠는 위의 과정들을 정교하게 기호화하는 작업에 돌입하였다. 구분구적법으로 넓이를 구하는 〈식 7.17〉은 비록 복잡하지만 '분할과 조립'이라는 가장 기본적인 미적분의 본질에 충실한 결과로 곡선의 넓이를 구하는 모든 과정을 담고 있다. 그렇기에 그는 자신이 고안한 무한소 $dx$와 미분과 적분이 역연산이라는 미적분의 기본 정리를 결부하여 함축적인 기호로 바꾸기 시작하였다.

　직사각형의 폭 $(b-a)/n$이 $n$이 커질수록 0에 수렴하므로 이 항이 미적분 탄생의 씨앗이 되며 무한소의 기호 $dx$에 정확하게 대응되고, 임의의 사각형의 위치가 $x$일 때 높이는 $f(x)$가 되므로 이 직사각형의 넓이를 무한소 $dS$인 $f(x)dx$라는 기호로 정리하였다. 그리고 무한소들의 합인 $\lim_{n\to\infty}\sum$는 무한한 등분의 합을 뜻하는 것이기에 '합'의 뜻을 지닌 라틴어 'summa'의 첫 글자 's'를 길게 늘어뜨린 모양인 '$\int$'(인테그랄)\*로 당시까지 수학의 세계에 존재하지 않앴던 새로운 기호로 대체하였다. 이렇게 '분할과 조립'의 의미를 내포한 구분구적법의 복잡한 〈식 7.17〉은 마침내 무한소 $dx$와 $f(x)$의 넓이의 함수 $S(x)$를 결합된 기호로 단순화되었다.

$$\langle \text{식 } 7.19 \rangle \quad S(b) - S(a) = \int_a^b dS(x) = \int_a^b f(x)dx$$

곡선의 넓이를 구하는 영역의 범위를 간단하게 표현함과 동시에 $f(x)$의 곡선을 $a$와 $b$의 범위에서 $dx$의 간격으로 등분하여 구성된 직사각형의 넓이 $f(x)dx$의 합의 극한값을 구하라는 의미를 하나의 식으로 함축적으로 표현한 위의 식이 미적분의 제2기본 정리이다.

라이프니츠가 미적분 개발에 성공한 결정적 이유는 누차 말하지만 기호이다. 특히 '0으로 다가간다'라는 추상적인 개념을 기호로 현실화시킨 미적분의 유전자 '$d$'는 인간의 지혜를 언어로 구현하는 기호학적인 측면에서 역사상 가장 완벽하다고 인정받고 있다. 어떤 종류의 변수이건 무한소로 탈바꿈시켜 사칙연산 등의 연산이 가능하게 하여 수학의 세계에 편입시키는 마법을 발휘하고, 미분과 적분이 역연산의 관계에 있다는 통찰을 라이프니츠에게 선사하였고, 도함수 $dy/dx$와 적분의 기호 '$\int$'이라는 기호의 탄생을 촉진시켰고, '$d$'의 기호와 서로 조합을 이뤄 새로운 개념들을 만들어내면서 마침내 수학계의 가장 큰 골칫덩어리인 곡선의 넓이를 구하는 적분법을 완성하는 길에 이르렀다. 동시에 뉴턴의 '힘의 법칙' 등 인간이

---

\* 1675년에 독일 수학자 고트프리트 빌헬름 라이프니츠가 사적인 문서에서 처음 표기. Gottfried Wilhelm Leibniz, Sämtliche Schriften und Briefe, Reihe VII: Mathematische Schriften, vol. 5: Infinitesimalmathematik 1674–1676, Berlin: Akademie Verlag, 2008.

맞닥뜨린 여러 문제들의 해결을 자처하는 새로운 수학의 세계를 만들어내었다.

이 책에서 그의 기호 체계를 말이나 글로 아무리 칭찬한들 공허한 메아리에 불과하다. 여러분이 직접 기호를 사용하면서 미적분을 좀 더 깊이 파고들어 가다 보면 그의 기호가 얼마나 대단한지 감탄하게 될 것이다.

우리가 수학 기호를 학습하는 목적은 기호의 의미를 파악해 수학 공동체에서 약속한 규칙을 올바르게 사용하는 데 있지만, 수학 기호 속에 담겨 있는 인류의 수많은 천재들의 고뇌와 통찰을 헤아려보는 데서 배우는 점도 많다. 그런 맥락에서 저자로서 라이프니츠가 어떤 고뇌를 거쳐 미적분의 기호의 체계를 완성하였는지를 상상을 가미하여 글을 적어나갔시만 온전히 전달하는 데 분명한 한계를 느꼈다. 논리의 전개에서 조금이나마 그의 생각과 일치하는 면은 있을 것이라고 나 자신을 위로하며 적었음을 고백하는 바이다.

**기본 적분표** ($C$는 적분상수)

(1) $\displaystyle\int cf(x)dx = c\int f(x)dx$

(2) $\displaystyle\int [f(x)\pm g(x)]dx = \int f(x)dx \pm \int g(x)dx$

(3) $\displaystyle\int kdx = k\int dx = kx + C$

(4) $\displaystyle\int x^n dx = \frac{1}{n+1}x^{n+1} + C \ (n \neq -1)$

(5) $\displaystyle\int \frac{1}{x}dx = \ln|x| + C \ (x \neq 0)$

(6) $\displaystyle\int e^{ax}dx = \frac{1}{a}e^{ax} + C$

(7) $\displaystyle\int c^{ax}dx = \frac{1}{a\ln c}c^{ax} + C$

(8) $\displaystyle\int \sin ax dx = -\frac{1}{a}\cos ax + C$

(9) $\displaystyle\int \cos ax dx = \frac{1}{a}\sin ax + C$

(10) $\displaystyle\int \tan x dx = \ln|\sec x| + C$

(11) $\displaystyle\int \cot x dx = \ln|\sin x| + C$

(12) $\displaystyle\int \sec x dx = \ln|\sec x + \tan x| + C$

(13) $\displaystyle\int \csc x dx = \ln|\csc x - \cot x| + C$

(14) $\displaystyle\int \sec ax \tan ax dx = \frac{1}{a}\sec x + C$

(15) $\displaystyle\int \csc x \cot a dx = -\csc x + C$

(16) $\displaystyle\int \sec^2 ax dx = \frac{1}{a}\tan ax + C$

(17) $\displaystyle\int \csc^2 ax dx = -\frac{1}{a}\cot ax + C$

(18) $\displaystyle\int \frac{1}{x^2 + a^2}dx = \frac{1}{a}\tan^{-1}ax + C$

(19) $\displaystyle\int \frac{1}{\sqrt{1 - a^2 x^2}}dx = \frac{1}{a}\sin^{-1}ax + C$

## 8부

# 함수의 미분법

22장 미분법칙
23장 유리함수와 무리함수

덧셈의 법칙, 곱의 법칙, 합성함수의 법칙을 통해
복잡한 형태의 함수를 미분하는 방법에 대해 알아본다.

변덕스러운 소수에 규칙이 존재한다는 사실을 발견하고 바젤 문제를 해결하는 등
수학의 여러 영역에서 많은 업적을 이룬 오일러

# 22장 미분법칙

## 미적분과 함수는 정신과 육체의 관계

뉴턴의 힘의 법칙 $F = ma$를 단적으로 정의한다면 지상에서 벌어지는 단진자 운동, 우주에서 펼쳐지는 행성의 운동 등 자연에서 벌어지는 모든 물체의 운동을 조율하는 신의 명령이라 하겠다.

여러분들은 힘의 법칙의 위대성에 얼마나 공감하시는가? 아마 물리학 전공자가 아니라면 힘의 법칙의 본질을 깨달은 사람들은 그다지 많지 않을 것이다. 그저 책에서 얻은 지식으로 힘이란 질량과 가속도의 곱이라는 정도에서 크게 벗어나지 않는다.

우주에서 벌어지는 모든 운동을 서술할 수 있는 힘의 법칙은 천년 이상 숙성하여 발효되어 얻어진 결과이기에 함의되어 있는 내용이 책 몇 권의 분량에 해당할 수 있다. 하지만 결정적인 간단한 사례를 접하는 것만으로도 왜 힘의 법칙이 칭송받는지를 공감할 수 있다. 잠시 주제에서 벗어나 다른 이야기를 해보겠다.

예로부터 철학자들은 인간을 영혼과 신체로 구분하였다. 영혼은 에테르로 가득 채워진 완전무결한 천상의 세계에 비유하여 완전성과 불멸성을, 반면 언젠가는 죽음을 맞이하는 유한성과 불완전한 지상의 세계를 신체에 대비시켜, 신체는 영혼으로부터 생명력을 잠시 얻었다가 영혼이 떠나면 다시 대지로 돌아가는 천한 운명의 존재로 격하하였다. 특히 뉴턴의 거인 중 한 사람인 데카르트는 영혼보다는 지적 능력을 표현하는 정신이라는 말을 사용하면서 이런 이분법적인 사고를 더 분명하게 했다. 그 후 육체적인 감각은 더욱 경멸의 대상이 되어 여기에서 탈피하여 정신으로만 순수한 인식을 얻고자 하는 후세의 철학자들에게 지대한 영향을 미쳤다. 그런데 신체가 정말 정신보다 열등할까? 철학자인 바뤼흐 스피노자(1632~1677)는 자신의 저서 《에티카》에서 "사람들은 많은 것이 정신의 결단에 달려 있다고 말하지만, 경험은 반대로 신체가 활발하지 못할 때 정신이 적합한 사유를 하지 못함을 보여주지 않는가?"라며 신체를 하찮게 여기는 자들을 비판하였다. 또한 프리드리히 니체(1844~1900)는 《신체를 경멸하는 자들에 대하여》라는 저서를 통해 스피노자와 같이 정신보다 신체의 중요성을 강조하였다. "형제여, 너희의 사상과 생각과 느낌 뒤에는 더욱 강력한 명령자 알려지지 않은 현자가 있다. 이름하여, 그것이 바로 자기이다. 이 자기는 너의 신체 속에 살고 있다. 너의 신체가 바로 자기이다."

정신과 육체에 대해 철학적으로 논할 능력은 없지만, 정신과 육체의 상호 보완적인 관계로 지금의 내가 존재한다는 사실만큼은 분명하기에 스피노자와 니체의 말을 인용한 것이다. 우리가 쓰는 컴퓨터는 하드웨어와 소프트웨어와 구성되어 있다. 각각 몸과 정신으로 비유되는 하드웨어와 소프트웨어가 있어야 컴퓨터를 작동시킬 수 있다. 또 하드웨어를 구성하는 부품에 따라 컴퓨터의 성능이 결정된다. 즉 하드웨어가 소프트웨어의 성능을 결정한다. 수천만 자리의 메르센 소수를 찾는 알고리즘을 최첨단 컴퓨터를 이용하는 것과 10년 전 컴퓨터를 이용하는 것이 전혀 다르듯이 말이다.

5장에서 카발리에리의 원리로 바이실린더의 부피 문제를 해결한 방법을 소개하였다. 이 사례는 문제를 정확하게 꿰뚫어본 통찰이 만들어낸 아름다운 해법이다. 그런데 생각해보시라. 새롭게 접하는 문제마다 이처럼 통찰에 의한 천재적 영감이 필요하다면 과연 해결할 수 있는 문제가 몇 개나 될까? 카발리에리의 원리를 이용해 부피를 구하는 해법은 극히 일부분에만 적용되지 보편적인 방법은 아니다. 오히려 바이실린더 문제는 미적분으로 해결하는 것이 훨씬 쉽다. 미적분이라는 체계적인 방법을 습득하여 활용하는 능력을 갖추면 웬만한 문제는 미적분이라는 알고리즘에 넣어 저절로 답을 얻을 수 있기 때문이다. 미적분이 지닌 가공한 위력은 일회성이 아닌 통일된 체계를 제공하여 상당한 문제들을 특별한 고민 없이도 답을 이끌어내게 하는 마법의 힘을 가지고 있다. 바이실린더의 문제뿐만 아니라 행성의 궤도, 진자의 운동 등 미적분으로 해결할 수 있는 문제는 너무도 다양하게 널려 있다. 사실상 가장 일반적이고 보편적인 방법이다. 아마 수천 년간 쌓인 인간의 지혜의 결정체이기에 어떤 난관도 뚫어낼 수 있는 강력한 힘을 지니게 되지 않았을까? 천재 수학자 가우스는 미적분학의 심오한 가치를 깨달으며 이렇게 말했다.

누구든지 미적분에 숙련된다면 천재적 영감 없이는 건드리기 힘든 문제들조차 기계적으로 풀어낼 수 있다.

이런 점 때문에 미적분은 컴퓨터의 소프트웨어이자 인간의 정신 활동에 비유할 수 있다고 생각한다. 바이실린더 문제를 미적분으로 풀려면 식 하나만 만들어내면 된다. 식을 만든 후에는 특별히 머리를 굴릴 필요 없이 미적분의 기계에 넣어주면 해결이 된다. 바로 이 식이 미적분의 놀이터이자 하드웨어에 해당한다. 그런 점에서 뉴턴의 힘의 법칙은 하드웨어이다. 미분방정식의 하나인 힘의 법칙의 해를 구하기 위해서는 미적분 없이는 불가능하다. 하지만 힘의 법칙이 없다면 미적분도 존재할 이유가 없다. 힘의 법칙이 컴퓨터의 하드웨어에 비유된다면 컴퓨터의 부품이 필요한데 바로 함수이다. 인간 지혜의 끝판왕인 미적분을 제대로 활용하기 위해서는 물체의 운동을 결정하는 힘 $F$를 구성하는 함수, 바이실린더 문제에 해당하는 함수, 사회 문제에서 분석하고자 하는 주제에 들어맞는 함수 등 분석할 대상의 현상을 함수로 구성된 수식으로 나타낸 우아한 수학의 모형을 만들어내는 일이 가장 우선시된다. 이후는 가우스의 말처럼 미적분의 기계에 집어넣으면 만사형통이다.

그런데 문제에 최적화된 함수를 찾는 작업이 만만치는 않다. 부동산 시장의 전망을 예측할 수 있는 함수를 찾아내는 일은 어떨까? 부동산 시장은 유동 자본, 인구수, 금리, 국가 정책 등 여러 가지 변수가 복합적으로 영향을 미치기 때문이다. 어쩌면 부동산 시장을 완벽하게 기술할 수 있는 함수는 존재하지 않을지도 모른다. 그럼에도 누군가가 꿰뚫어볼 수 있는 혜안과 통찰력을 발휘해 가장 최적의 함수를 얻어낸다면? 만약 그런 함수가 존재한다면 그 함수를 미적분이라는 만능의 프로그램에 넣어서 1년 후, 10년 후의 미래 시장에 대한 분석 보고서를 얻게 될 것이다.

이렇듯 상호 보완적인 힘의 법칙, 미적분, 함수를 제대로 잘 활용하면 과거를 이해하여 미래를 예측하는 일이 가능하다. 그렇기에 우리는 힘의 법칙과 미적분을 제대로 활용하기 위해서라도 무엇보다 중요한 재료인 함수를 충분히 습득할 필요가 있다.

## 다항함수의 도함수와 원시함수

분할된 작은 조각들을 조립하여 합치는 미적분의 핵심 전략은 비단 미적분이라는 수학의 영역을 떠나 과학을 비롯한 여러 사회 분야에서 맞닥뜨리는 난제들을 곡선의 넓이로 환원시켜 해결한다. 마치 자동차의 움직인 거리를 알기 위해서는 속도의 곡선으로 둘러싸인 넓이를 구하는 문제로 바꾸듯이 말이다.

시간에 따라 변화하는 측정 대상의 누적되는 양, 백신 접종의 유무에 따른 향후 바이러스에 확진될 비율, 유동적인 자본과 부동산 가격과의 상관관계, 의학에서 사용되는 CT(컴퓨터 단층 촬영, computed tomography)의 원리, 영화의 애니메이션 제작, 주식 시상에서 주가의 변화, 출생률과 사망률에 따른 전체 인구수의 추이 등 수많은 분야에서 '분할과 조립'이라는 전략이 사용되면서 곡선의 넓이 문제로 전환된다. 물론 문제의 핵심과 운선 순위를 가려낼 수 있는 통찰력이 뒷받침되어야 대상 문제를 곡선의 넓이로 바꿀 수 있다. 따라서 곡선의 넓이의 해법은 수학과 물리학에 국한되지 않고 사회 전반적인 영역에서 문제의 해법을 제공해주는 황금 열쇠가 된다. 그 해법의 중심에 미적분이 있다. 이번 편에서는 미적분에 필요한 필수적인 소양을 익힌 후에 실제적으로 적용되는 사례를 통해 미적분의 위력을 체감해보려고 한다.

미적분을 잘하기 위한 첫 단계에서는 주어진 함수의 도함수를 구하는 방법을 알아야 한다. 적분이야 미적분의 기본 정리로 그 역의 과정이므로 문제될 것이 없다. 먼저 가장 간단하면서 다루기가 매우 용이한 다항함수이다. 그런데 갈릴레이가 알아낸 낙하법칙만으로 일차함수 $x$와 이차함수 $x^2$의 도함수를 계산 과정 없이도 충분히 유추해낼 수 있다. 모든 물질은 중력가속도 $g(=9.8\,\mathrm{m/sec^2})$의 영향을 받고 떨어지므로 속도는 초당 $g$만큼 증가하여 $v=gx$이다. 그리고 거리는 시간－속도가 만들어낸 곡선의 넓이이다.

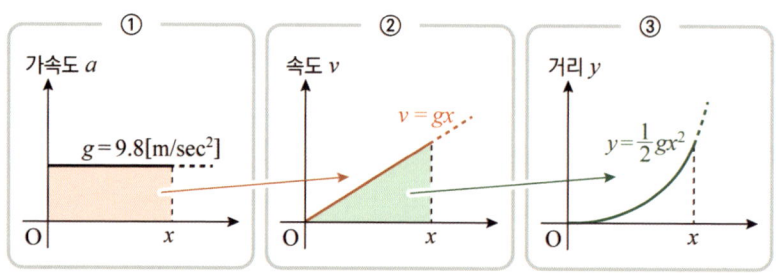

▲ 그림 8.1 ① 중력가속도 $g$는 시간에 관계없이 일정하다. ② ①의 시간-가속도의 그래프의 붉은색 영역의 넓이가 속도 $v=gx$이다. ③ 거리 $y$는 ②의 시간-속도 그래프의 초록색 영역의 넓이로 $y=gx^2/2$이다.

함수로 둘러싸인 넓이를 구하는 과정이 곧 적분이므로, ①에서 ②, ②에서 ③의 과정이 적분이다. 먼저 시간－가속도의 그래프 $a=g$를 적분하면 속도 $v=gx$를 얻는 ①에서 ②의 과정, 속도의 함수 $v=gx$를 적분하면 거리의 함수 $y=gx^2/2$으로 ②에서 ③의 과정이다. 또한 미적분의 기본 정리로부터 ③에서 ②, ②에서 ①의 역의 순서가 미분이기도 하다. 내용을 적다보니 어째 적분부터 구하고 미분을 구하였다. 어쨌든 시간에 대한 거리의 변화율이 속도, 속도의 변화율이 가속도로 거리 $gx^2/2$의 도함수가 속도 $gx$, 속도 $gx$의 도함수가 가속도 $g$인 것이다. 이 관계를 도식화하면 〈그림 8.2〉

▲ 그림 8.2 가속도, 속도, 거리의 관계도

와 같다.

중력가속도 $g$는 상수라 현재의 논의에 큰 요소로 작동되는 것은 아니기에 $g = 1$로 놓고 처리하고 흐름만 살펴보도록 하겠다. 오직 $x$의 변수에만 초점을 맞춰 위의 그림을 다시 정리하면 아래와 같다.

$$\langle\text{식 8.3}\rangle \quad 1 \underset{\text{미분}}{\overset{\text{적분}}{\rightleftarrows}} x \underset{\text{미분}}{\overset{\text{적분}}{\rightleftarrows}} \frac{1}{2}x^2 \underset{\text{미분}}{\overset{\text{적분}}{\rightleftarrows}} ?$$

유추는 우리가 알고 있는 현상에서 새로운 이해의 세계로 넘어 갈 수 있는 도약대의 역할을 담당하는 매우 유용한 인간의 지혜이다. 뉴턴이 위대한 의문에서 중력이 달과 태양까지도 미친다는 유추를 하였듯이 우리도 여기서 소박한 유추를 할 수 있다. 자, 여러분 각자 나름대로 〈식 8.3〉으로부터 패턴을 찾아내 $x^2$을 적분한 원시함수, 즉 도함수가 $x^2$인 함수가 무엇인지 유추해보자.

아마 $x^2$의 원시함수는 $x^3$에 밀접한 관계가 있음을 쉽게 유추하여 수수께끼의 함수가 $x^3/3$이라는 결론을 이끌어냈으리라. 우리는 갈릴레이가 얻어낸 법칙에서 유추를 통해 얻어낸 이 결론에 분명 확신은 한다. 하지만 정말 옳은 것일까? 엄밀한 증명은 되지 않았기에 현재로서는 가설에 불과하다. 이제 여기에 논리의 옷을 입혀 정당성을 부여할 필요가 있다.

이를 위해 먼저 $x^2$의 도함수가 $2x$가 됨을 입증해보도록 하겠다. 도함수를 구하는 방법은 7장의 〈식 7.11〉을 이용하여 구하는 것이 가장 보편적이고 일반적인 방법이다. 보기 편하게 다시 적어놓겠다.

$$\langle 식\ 8.4 \rangle\ \frac{df(x)}{dx} = \lim_{\Delta x \to 0} \frac{f(x + \Delta x) - f(x)}{\Delta x}$$

위의 식에 $f(x)$를 $x^2$으로 놓고 계산하면 $x^2$의 도함수가 $2x$라는 점은 그렇게 어렵지 않기에 여러분에게 넘기도록 하겠다. 그런데 단순 계산에 의해 나온 결과라서 그러한지 $x^2$의 도함수가 $2x$라는 점이 솔직히 직관적으로 와 닿지는 않을 것이다. 그래서 나는 여러분에게 이 단점을 보완할 기하학적인 방법으로 유도하는 방법을 소개하려 한다.

변의 길이 $x$에 무한소 $dx(> 0)$의 변화가 일어나면서 발생되는 넓이 $y$의 변화량 $dy$를 구해보겠다. 가로와 세로의 길이 모두 $dx$ 만큼 변화가 발생하므로 그림 ②의 초록색 도형의 넓이가 $dy$이다. 이제 이 도형을 그림 ③과 같이 넓이가 $xdx$인 2개의 초록색 직사각형과 넓이가 $(dx)^2$인 붉은색 정사각형으로 분할하여 넓이의 변화 $dy$를 식으로 표현해보겠다.

$$dy = 2xdx + (dx)^2$$

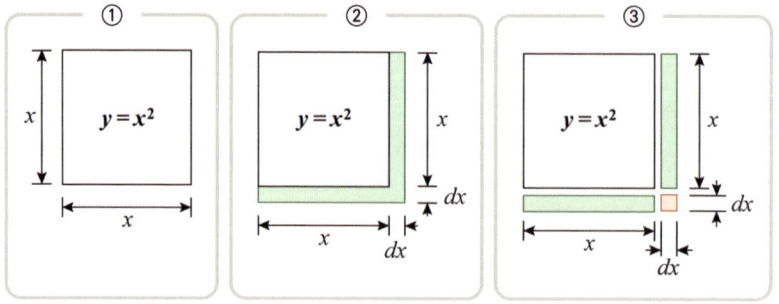

▲ **그림 8.5** ① 변의 길이가 $x$인 정사각형의 넓이 $y$는 $x^2$이다. ② 변수 $x$에 $dx$의 무한소의 변화가 있을 때의 넓이의 변화, ③ 넓이의 변화량 중 붉은색의 모서리 부분의 넓이 $(dx)^2$

$dy$가 앞의 절에서의 〈식 7.13〉의 꼴과 같이 $dx$와 $(dx)^2$인 $dx$진법으로 구성된 것을 확인할 수 있겠다. 이때 무한소 $dx$의 속성에 의해 $(dx)^2$은 무시될 것이므로 $dy$는 $dx$의 일차항인 $dy = 2xdx$이고, 0이 아닌 $dx$를 양변에 나눈 $dy/dx = 2x$로부터 $x^2$의 도함수가 $2x$임이 자연스레 입증되었다. 이처럼 대수학은 기계적으로 답을 얻는 데 유리하지만 직관적인 면은 약하고, 기하학은 반대로 정확한 답을 얻어내는데 약하지만 본질을 이해하는 직관력을 키워주는 데 강점이 있다.

## 적분상수

$y = x^2$의 도함수가 $2x$임을 기하학으로 구해낸 〈그림 8.5〉의 방법은 매우 유용하여 이번 장에서 종종 이용될 것이다. 그렇다고 도함수를 정의한 〈식 8.4〉으로 도함수를 구하는 것이 어렵고 복잡할 것이라서 되도록 피하자는 것은 아니다. 〈그림 8.5〉처럼 도함수를 구하는 방법이 바이실린더 문제 등 극히 제한적으로 사용되는 원리라면 〈식 8.4〉로 도함수를 구하는 방법은 매번 천재적인 해법을 떠올리려고 노력할 필요 없이 약간의 계산 능력만 보유하면 어렵지 않게 도함수를 구할 수 있어 더욱 일반적이고 보편적인 해법이다. 그래서 미적분을 제대로 활용하기 위해서는 반드시 익혀야 하는 기법이다. 단지 되도록 직관적으로 이해할 수 있게 꾸미고자 하는 것이 이 책의 목적 중 하나이므로 수식이 포함된 방법을 되도록 피하고 싶었을 뿐이다. 어쨌든 〈그림 8.5〉의 방법으로 $x^3$의 도함수를 구하는 것을 한 번 더 연습해보겠다.

위의 그림에 대한 추가적인 설명에 앞서 라이프니츠의 미적분의 기호 체계를 다시 한 번 칭송하지 않을 수가 없겠다. 도함수는 명백히 독립 변수 $x$의 무한소의 증분 $dx$에 대해 함수 $f(x)$의 무한소의 증분 $df(x)$의 비율의 극한값을 구하는 것이다. 이때 $df(x)$를 $dx$ 진법으로 전개한 식에서 $dx$의 일차항만 살아남고 그 계수가 미분계수인 $f'(x)$라는 점에서, $df(x)$는 $f(x)$의 도함수 $f'(x)$에 무한소 $dx$를 곱한 $df(x) = f'(x)dx$로 표현이 가능하다. 그런데 단순한 수학 기호에 불과한 이 표기법은 상황에 따라 변신이 가능하게 하는 놀라운 힘을 부여하면서 미적분을 더욱 강력하게 하였다. $df(x) = f'(x)dx$의 등식이 성립한다는 점에서 무한소를 꼭 $dx$로만 잡을 필요가 없다. 상황에 따라 무한소를 $df(x)$로 놓고 해석할 필요가 상당히 존재한다.

다시 〈그림 8.6〉으로 돌아가겠다. 세로의 길이의 함수가 $x^2$이라

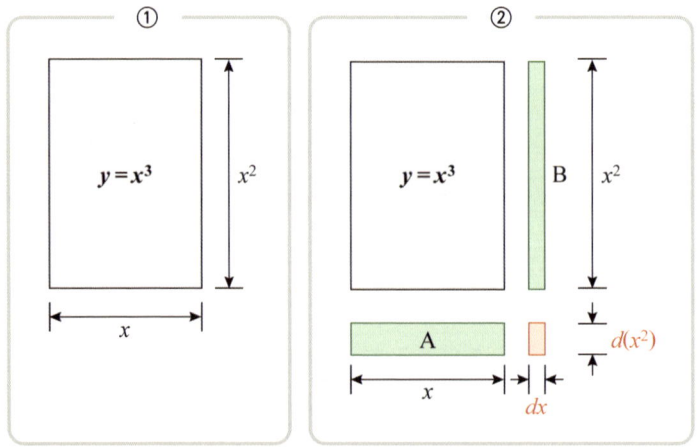

▲ **그림 8.6** ① 가로가 $x$, 세로가 $x^2$인 넓이 $f(x) = x^3$인 사각형이 있다. ② 독립 변수 $x$가 무한소 $dx$만큼 변화되었을 때 가로는 $dx$, 세로는 $d(x^2)$의 변화가 일어난다.

는 점에 무한소 $dx$의 변화에 의해 $d(x^2)$의 변화가 발생한다. 이 결과는 〈그림 8.5〉의 정사각형의 넓이 $x^2$의 변화와 동일하므로 $df(x) = f'(x)dx$라는 표기법에 따라 $d(x^2) = 2xdx$임을 바로 알 수 있다. 이제 증가한 넓이를 앞서와 마찬가지로 조각냈을 때 그림 ②의 귀퉁이에 있는 붉은색의 사각형은 $dx$의 2차항이 되어 무시되므로 넓이의 변화는 초록색의 두 직사각형의 넓이의 합이다. 결론적으로 $d(x^3) \approx 3x^2dx$으로 $x^3$의 도함수는 $3x^2$이다. 미적분의 기본 정리로 $x^2$을 적분하여 얻어지는 원시함수가 $x^3/3$으로 〈식 8.3〉의 수수께끼의 함수에 해당함을 확인할 수 있겠다.

더 나아가서 $x^4$, $x^5$ 등의 도함수도 마찬가지 방법으로 구할 수 있겠다. 하지만 어떤 패턴으로 진행되는지 한 눈에 알 수 있기에 굳이 일일이 구하는 수고를 덜 수 있다. $d(x^4)$은 $4x^3dx$, $d(x^5)$은 $5x^4 dx$이다. 이를 일반화하면 임의의 $n$에 대한 $x^n$의 도함수는 $d(x^n) = nx^{n-1}dx$이다.

〈식 8.7〉 $y = x^n$의 도함수 $\dfrac{dy}{dx} = nx^{n-1}$

당연히 $x^n$을 적분한 함수는 $x^{n+1}/(n+1)$이다. 그런데 여기서 조심할 점이 있다. 예를 들어 $x$를 적분한 원시함수가 $x^2/2$이라고 했는데 부분적으로는 맞지만 명백하게는 잘못되었다. $x$를 도함수로 가지는 원시함수는 $x^2/2$만 있는 것이 아니기 때문이다. $x^2/2 + 1$, $x^2/2 + 2$ 등 $x^2/2$에 어떤 상수가 추가되든 모두 미분하여 얻어지는 도함수는 어김없이 $x$로 동등하다. 상수는 변수 $x$와 상관없이 항상 일정하므로 무한소 $dx$에 대한 변화량이 0이어서 소거되기 때문이다. 그럼 $x$의 원시함수는 하나로 특정할 수 없는 것인가? 맞다. 모두 원시함수로 자격이 충분하다. 그래서 적분한 함수에는 항상 상수가 추가되어 $x$를 적분하여 얻어지는 원시함수는 $x^2/2 + c$으로 놓는다. 이러한 $c$를 적분상수라 부른다. 따라서 〈식 8.7〉로부터 얻어진 사실과 미적분의 기본 정리로 $y = x^n$의 원시함수는 아래와 같이 항상 적분상수를 포함시켜야 한다.

$$\langle \text{식 } 8.8 \rangle \; y = x^n \text{의 원시함수} \int x^n dx = \frac{1}{n+1} x^{n+1} + c$$

$$(c는 \text{ 적분상수})$$

## 합과 곱의 미분법

현상에 최적화된 함수를 찾아내는 목적을 달성하기 위해서는 여러 종류의 함수들에 대한 정보가 우선적으로 필요하다. 이미 알려진 함수들을 충분히 익혀놔야 이들로 최적화된 함수를 구성할 수 있을 것이기 때문이다. 어떤 함수들이 있을까? 대표적으로 $x$, $x^2$ 등으로 묶인 다항함수와 이어서 소개될 삼각함수, 그리고 지수함수와 로그함수이다. 이 정도로 충분할까? 수많은 자연 현상을 설명하기에는 턱없이 부족하게 보이기도 하다.

뇌터의 이론으로 입증되었듯이 자연계의 복잡하게 보이는 운동의 속살은 가장 깊고 가장 심오한 대칭들의 세계였다. 갈릴레이의 낙하의 법칙, 케플러가 발견한 행성의 궤도 등 인류가 알아낸 위대한 발견들에는 항상 대칭이 숨어 있다. 이렇게 가장 근본적인 방식으로 자연을 통제하는 대칭의 종류는 그 속성상 병진 대칭, 시간 대칭, 회전 대칭 등 한정적이라는 점이 다행스럽다. 그래서 함수의 스펙트럼 역시 제한적이라 다항함수와 삼각함수, 지수와 로그함수 정도만으로도 세상의 대부분의 많은 현상들의 모델링이 가능하다. 아무리 복잡한 자연 현상이어도 이들 함수들을 가지고 서로 다양한 방식으로 결합시켜 최적화된 새로운 함수를 재생산할 수 있기 때문이다.

그런데 함수들을 결합시킨다는 것은 무슨 의미일까? 바로 함수들을 묶는다는 것이다. 어떻게? 지금부터 이어질 내용은 서로 다른 함수들을 묶는 방법과 묶인 함수의 도함수를 구하는 방법에 대한 것이다.

함수의 결합이라 무슨 특별한 방법이라 짐작할 수 있겠지만 앞서 벡터에서 서로 다른 벡터들을 하나의 벡터로 묶게 하듯 함수에서도 서로 연결시켜주는 사칙연산과 같은 연산자가 존재한다. 가장 기본적인 연산은 더하거나 빼고, 또 곱하거나 나눠 새로운 함수를 생성해낸다. 그런 의미에서 이차함수인 $x^2$도 결합된 함수이다. $x$와 $x$를 곱하여서 만들어진 함수이기 때문이다. 결합된 $x^2$과 일차함수 $x$를 더한 $x^2 + x$도 또 다른 결합된 함수이다. 뒤에 다룰 삼각함수 $\sin x$와 지수함수 $2^x$을 더하거나 곱한 $\sin x + 2^x$와 $2^x \sin x$ 역시 마찬가지이다.

이렇게 사칙연산만 있으면 좋으련만 수와는 분명히 다른 특성을 지닌 함수이기에 합성이라는 또 다른 연산자가 존재한다. 아직 다루지 않았지만 벡터에서 내적과 외적이라는 연산이 존재한다고 하였듯이 말이다. 합성이라는 연산자는 함수를 더욱 복잡해지게 하는 단점도 있지만 동시에 함수의 유연성과 활용성을 증폭시켰다는 점에서 가장 중요한 연산자이다. 합성 연산자에 대해서는 다음 절에서 다루기로 하겠다.

함수들은 사칙연산과 합성의 연산자들로 결합되어 또 다른 함수를 무수히 만들어낸다. 무엇보다 이런 결합에는 한계가 없어 엄청나게 복잡한 형태의 함수가 탄생된다. 당연히 하나의 함수의 도함수를 구하는 것보다 몇 개의 함수가 결합된 함수의 도함수를 구하기 힘들다. 하지만 연산자도 규칙에 의해 움직이는 수학의 도구이다. 그러므로 연산자의 결합으로 묶인 함수의 도함수를 구하는 방법만 익히면 어떤 형태이건 가능하다. 이번 장의 목표는 곱과 합성 등으로 만들어진 함수의 미분법들에 대해 최대한 도식화하여 직관적으로 이해가 되도록 꾸밀 것이다. 물론 작은 증분의 변화에 대한 주어진 함수의 증분의 비율이라는 미적분의 가장 기본적인 본질을 충실히 따르면서 말이다.

두 함수 $f(x)$와 $g(x)$가 있다. 두 함수는 다항함수일 수도, 삼각함수일 수도, 이미 결합된 함수일 수도 있다. 아직 결합된 함수의 도함수는커녕 삼각함수나 지수함수의 도함수도 알지 못하지만 일단 두 함수에 대한 도함수 $f'(x)(=df(x)/dx)$와 $g'(x)(=dg(x)/dx)$를 알고 있다는 가정에서 시작하겠다. 이제 두 함수를 더한 $f(x)+g(x)$의 도함수를 알아보자. 이것은 직감적으로 살펴보더라도 크게 고민할 거리가 되지 않는다.

$$d(f(x)+g(x))= f'(x)dx + g'(x)dx$$

각각의 함수의 도함수를 더해주면 끝이다. 뺄셈도 합과 성격이 동일하므로 덧셈처럼 처리하면 된다. 위의 식에서 '+' 기호가 '−'로 바뀔 뿐이다. 이런 미분법을 합의 미분법이라 부른다.

다음은 두 함수 $f(x)$와 $g(x)$를 곱한 함수 $h(x) = f(x)g(x)$이다. 그런데 상당한 분들이 합의 미분법칙처럼 무한소 $dx$의 증분에 의한 함수의 증분 $dh(x)$를 단순히 두 도함수 $df(x)$와 $dg(x)$를 곱한 것이라 생각할 수 있는데 그것은 너무도 어리석고 단순한 생각이다.

$$dh(x) = df(x) \cdot dg(x) = f'(x)g'(x)(dx)^2$$

위와 같이 단순하게 두 도함수를 곱하면 $dh(x)$는 $(dx)^2$의 이차항이 된다. 그런데 두 함수를 곱하여 결합된 $h(x)$도 엄연한 함수이므로 도함수 $dh(x)$ 역시 $dx$의 일차항에 비례해야 한다. 그래서 위와 같이 처리하면 $(dx)^2$의 이차항이 나오므로 두 함수를 곱한 새로운 함수인 $h(x)$의 도함수는 항상 0이 되는 어처구니없는 결과가 도출된다. 우리도 익히 알고 있는 $x$와 $x$라는 두 함수를 곱한 $x^2$의 도함수는 $2x$이지 0이 아니지 않은가! 이제 제대로 된 도함수를 알기 위해 앞서 $x^2$의 도함수를 유도했던 〈그림 8.5〉의 직사각형법을 다시 활용하겠다.

〈그림 8.5〉의 진행 과정을 새삼 일일이 설명할 필요까지는 없겠다. 바로 아래의 결과가 나오는 것을 이해하시리라.

<식 8.9> $h'(x)dx = f(x) \cdot g'(x)dx + f'(x)dx \cdot g(x)$

결론적으로 $f(x)$와 $g(x)$를 곱한 함수 $h(x)$의 도함수 $h'(x)$는 $f(x)$와 $g(x)$의 도함수 $f'(x)$와 $g'(x)$를 엇갈려 곱한 것을 더한 것이다.

〈식 8.9〉는 3개의 함수 $f$, $g$, $h$를 곱한 $fgh$의 도함수를 구하는

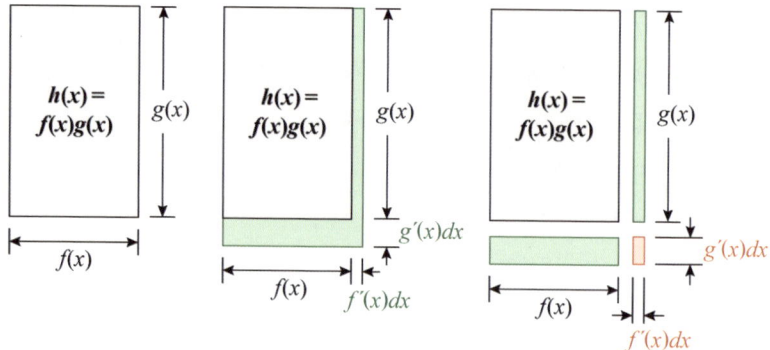

▲ **그림 8.9** 각 변이 $f(x)$와 $g(x)$로 구성된 직사각형의 넓이는 $h(x) = f(x)g(x)$이다

방법에도 적용된다. $fgh$를 $f$와 $gh$의 두 함수의 곱으로 생각하면 $fgh$의 도함수는 $f(gh)'$와 $f'(gh)$의 합이 되고, 또한 $(gh)'$은 $g'h + gh'$이므로 아래와 같이 정리된다.

$$(fgh)' = f'gh + fg'h + fgh'$$

위의 방법으로 유추를 통해 다항함수 $x^n$의 도함수가 $nx^{n-1}$임에 정당성을 부여할 수 있다. 먼저 $x$의 도함수가 1이라는 사실에서 $x^n$의 도함수는 $x^{n-1}$의 함수를 $n$번 더한 $nx^{n-1}$임을 나무도 쉽게 알수 있다. 나눗셈은 곱셈과 성격이 동일하기에 같은 방법으로 도함수를 구할 수 있다. 그런데 분수 꼴의 도함수를 구할 때 합성함수의 미분법의 도움을 받으면 훨씬 이해하기 편하므로 나눗셈의 미분법은 일단 뒤로 미루겠다.

## 합성함수의 미분법칙

합성은 단어의 의미 그대로 두 함수를 합쳐서 새로운 함수를 만들어내는 연산으로 연쇄 반응과 비슷하다. 가령 2개의 함수 $f(x) = 2x + 2$와 $g(x) = x^2 - 1$를 합성한다는 것은 $g(x)$의 결과를 $f(x)$에 적용하라는 의미로, $x = 2$일 때 $g(2)$의 결과인 3을 함수 $f(x)$에 적용시킨 $f(3) = 8$이 두 함수를 합성하여 계산된 값이다. 기호로는 $(f \circ g)(x)$(혹은 $f(g(x))$로 표기)로 표기하며 합성한 결과는 아래의 식과 같다.

$$(f \circ g)(x) \rightarrow f(g(x)) = 2g(x) + 2 = 2x^{2*}$$

그런데 합성된 함수를 보면 $2x^2$이므로 도함수는 $4x$가 되어 합성함수의 도함수를 따로 배울 필요가 있겠는가 하는 의구심을 들게 한다. 하지만 지금은 간단한 사례의 하나라 그렇지, 만약 함수 $h(x) = x^{10}$와 $f(x)$를 합성한 $(h \circ f)(x)$는 $(2x + 2)^{10}$의 도함수는 어떻게 구할까? 주어진 식을 전개해야 도함수를 구할 수가 있는데 전개야 가능하겠지만 생각만 해도 어려운 일이다. 합성함수의 미분법은 이런 문제를 간단하게 해결하는 길을 제공한다.

합성함수의 미분법을 이해하기 위해 우리는 몇 개의 단계를 거쳐서 목적에 도달하도록 하겠다. 그 과정에서 라이프니츠의 표기법의 위대성도 느낄 기회가 된다. 먼저 기존의 $dx$의 무한소가 아닌 $d(2x)$의 무한소의 변화에 대한 도함수부터 알아보자. 그러니까 무

---

\* 먼저 $f(x)$에 적용하여 $g(x)$에 대입하는 역의 합성도 가능하다. $((g \circ f)(x)$ 혹은 $g(f(x))$로 표기하지만 결과값은 다르게 나온다. $(g \circ f)(x) = (2x + 2)^2 - 1 = 4x^2 + 8x + 3$으로 $(g \circ f)(2) = 35$

한소 $dx$에 대한 도함수 $df(x)/dx$가 아닌 $d(2x)$에 의한 $df(x)/$
$d(2x)$를 구하자는 것이다. $dx$에 추가된 2가 도함수에 어떤 변화를
불러올까? 최대한 수식을 배제하고 도식화로 설명을 진행해보겠다.

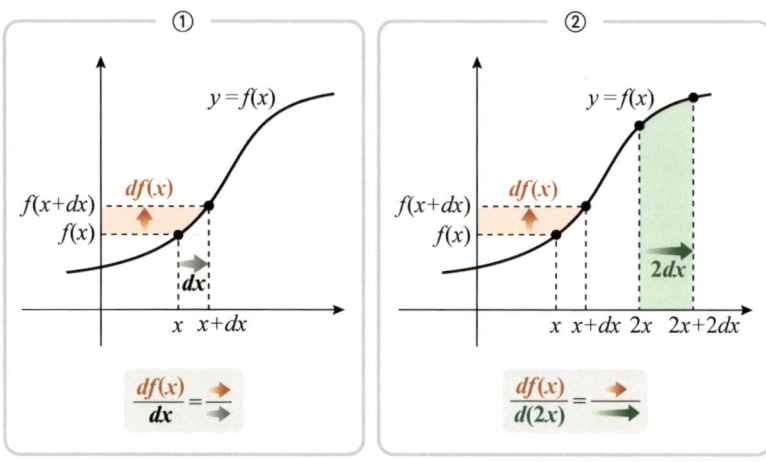

▲ **그림 8.10** ① $df(x)/dx$는 $x$에서 $x+dx$의 $dx$의 변위에 대한 $f(x)$와 $f(x+dx)$의 함수의
변위 $df(x)$의 비율로, 붉은색의 화살표를 검은색 화살표로 나눈 값이다. ② $df(x)/d(2x)$에서 분
자 $df(x)$는 ①의 변위 $df(x)$와 동등하다. 하지만 분모의 $d(2x)$는 $x$의 변화를 2배로 확장했으므
로 $2x$와 $2(x+dx)$의 변위로, ①과 비교해서 2배 확장된 초록색의 화살표이다.

$f(x)$를 자동차가 움직인 거리, $x$를 시간이라 놓고 이제는 친숙
하게 느껴지는 속도를 구하는 상황으로 위의 그림을 들여다보겠다.
그림의 ①은 속도를 측정하는 기존의 방법을 도시한 것이므로 우리
가 충분히 알고 있는 사실이다. 그런데 그림 ②는 상황이 달라진다.
$df(x)/d(2x)$의 분모 $d(2x)$는 시간 간격이 두 배로 늘어난 속도계
인 격이다. 반면 거리의 정보는 기존의 시간 간격에서 거리의 변화
$df(x)$를 그대로 이용하고 있다. 그래서 붉은색 화살표의 길이는 변
화가 없지만 초록색 화살표의 길이만 2배가 되어 전체적으로 속도
의 값이 1/2로 줄어든 결과를 초래한다. 수식으로만 보면 $d(2x)$를

바로 $2dx$로 바꿔 원래의 도함수 $df(x)/dx$를 2로 나눈 것이다. 하지만 그림을 통해 2로 나눌 수밖에 없다는 사실을 직관적으로 이해하는 데 도움이 될 것이고 이어질 내용을 이해하는 감각도 끌어올릴 수 있을 것이다.

이번에는 $f(x)$가 아닌 $f(2x)$에 대한 $df(2x)/dx$는 어떤 차이가 발생하는지를 살펴보자.

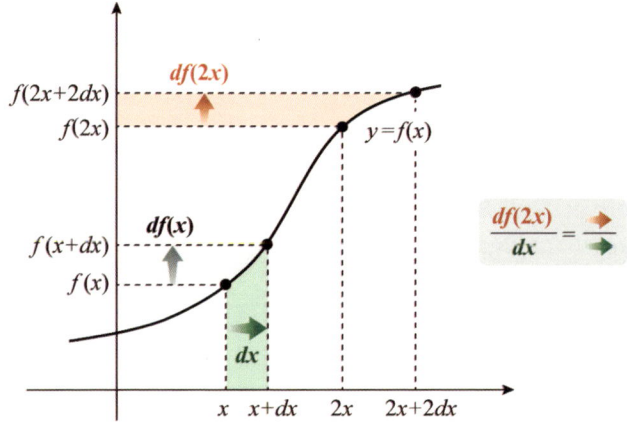

▲ **그림 8.11** 붉은색의 화살표의 길이가 $f(2(x+dx))-f(2x)$인 $df(2x)$이다.

$d(2x)$는 $dx$가 2배 확장된 것으로 해석이 가능하다고 $df(2x)$를 $2df(x)$로 처리하는 것은 매우 경솔하다. $df(2x)$의 붉은색 화살표의 길이는 명백히 $df(x)$의 2배가 아니다. 함수 $f(x)$의 곡선의 형태에 의해 $df(2x)$가 결정되기 때문이다.

시간과 함수의 간격이 같은 지점이 아니고 동떨어져 있어서 우리가 알고 있는 도함수와는 완전하게 일치하지는 않는다. 그러나 분명한 것은 〈그림 8.11〉에서 표현되어 있듯 $df(2x)/dx$는 붉은색 화살표의 길이를 초록색 화살표의 길이로 나눈 비율로 $dx$가 0으로 가까워질 때 이 비율이 수렴하는 값이다.

기하학적으로 표현된 위의 그림을 통해 $df(2x)/dx$가 무엇을 구하는 것인지 확연하게 드러났다. 그럼 이것을 어떻게 대수적으로 쉽게 계산할 것인가? 어떤 문제이건 완전히 새로운 해법을 창조해 내는 경우는 드물다. 항상 기존에 알고 있던 정보를 조합하여 해결점을 모색하는 것이 보통이다. 지금은 지혜가 필요할 때이다.

당면한 문제점을 해결하기 위해서는 시간과 거리의 간격을 일치시킬 필요가 있다. 함수의 변화량 $df(2x)$가 $f(2x+2dx)$와 $f(2x)$의 차라는 점에 착안하여 $x$의 구간도 $2x$와 $2x+2dx$인 $d(2x)$로 바꾼 $df(2x)/d(2x)$를 생각해보겠다. 이때는 시간과 거리의 간격의 위치가 서로 완벽히 대응되어 기존에 우리가 알고 있는 도함수의 정의 안에 들어온다.

〈그림 8.12〉의 ①은 $df(2x)/d(2x)$는 2배로 확장한 시간의 간격에서 읽은 거리의 정보로 속도를 읽어내는 속도계로 붉은색 화살표를 검은색 화살표의 길이로 나눈 비율이다. 기존의 도함수의 정의와 비교할 때 $x$가 $2x$로 바뀌었을 뿐 동일하다. 가령 $2x$를 $u$로 치환하면 $df(2x)/d(2x)$는 $df(u)/du$로 문자만 달라진 것이기 때문이다. 한편 그림 ②의 $d(2x)$의 검은색 화살표는 그림 ①의 $d(2x)$의 검은색 화살표와 동일하다. 이제 ①의 $df(2x)/d(2x)$와 ②의 $d(2x)/dx$를 단순히 곱해보자. 우리가 목표로 하는 $df(2x)/dx$의 붉은색 화살표를 초록색의 화살표로 나눈 값이다.

지금까지의 과정을 일반화시켜 함수 $f(x)$와 함수 $g(x)$를 합성시킨 함수 $f(g(x))$의 도함수 $df(g(x))/dx$를 구하는 것을 생각하자. 위와 비교할 때 단순히 $2x$가 $g(x)$로 바뀐 것뿐이다. 그리고 〈그림 8.12〉의 과정을 그대로 답습하면 $df(g(x))/dx$란 $df(g(x))/$

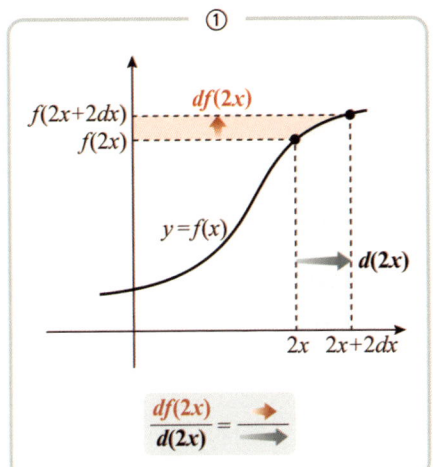
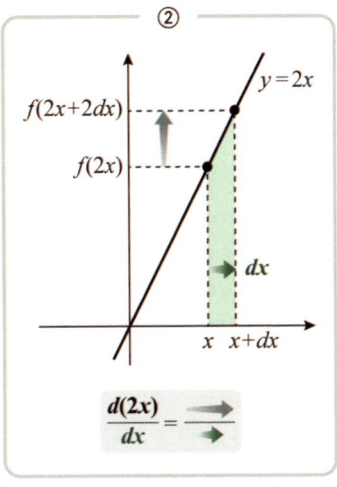

▲ **그림 8.12** ① $d(2x)$에 대한 함수의 변이 $df(2x)$의 변화율 $df(2x)/d(2x)$, ② $d(2x)/dx = 2$

$dg(x)$와 $dg(x)/dx$를 곱한 것임을 알 수 있다.

$$\langle 식\ 8.13 \rangle\ \frac{df(g(x))}{dx} = \frac{df(g(x))}{dg(x)} \times \frac{dg(x)}{dx}$$

이것이 두 함수 $f(x)$와 $g(x)$가 합성된 합성함수 $f(g(x))$의 미분법이다. 공식을 보면 기호의 체계가 대단하다고 느껴지지 않으신가? 도함수를 나눗셈의 기호로 표현하여 이토록 유연성 있게 처리할 수 있는지 너무도 신비롭다. 라이프니츠가 개발한 미적분 기호의 장점을 여지없이 표출하고 있다. 합성함수의 개념에 대한 통찰과 창의적인 사고가 뒷받침되지 않고서는 나올 수 없는 너무도 정교한 기호의 체계이다. 그가 개발한 미적분의 기호는 상황에 맞게 변신이 가능하다. 여러분이 더욱 심화된 미적분의 내용을 들어갈수록 그가 개발한 기호의 체계의 위대함을 새삼 느낄 수 있을 것이다.

우리는 그에게 감사하며 경의를 표해야 마땅하다.

앞서 남겨뒀던 나눗셈의 미분법을 다루고 이번 장을 마무리하겠다. 함수 $f(x)$를 또 다른 함수 $g(x)$로 나눈 $f(x)/g(x)$의 도함수를 구하는 것인데, 곱의 미분법과 합성함수의 미분법을 이용하면 어렵지 않게 구할 수 있다. 이때 각각의 함수의 도함수 $f'(x)$와 $g'(x)$는 구해진 상태로 가정한다. 단순한 대수적 계산의 열거이다 보니 보기 갑갑하겠지만 라이프니츠의 기호 표기법이 얼마나 변화무쌍하게 작동하는지를 감상하는 차원으로 보도록 하자. 먼저 곱의 미분법을 적용해보겠다.

$$\frac{d}{dx}\left(\frac{f}{g}\right) = \frac{d}{dx}\left(f \times \frac{1}{g}\right) = \frac{df}{dx} \times g + f \times \frac{d}{dx}\left(\frac{1}{g}\right)$$

$df/dx$는 알고 있다고 하였으므로 남은 것은 $d(1/g)/dx$의 처리이다.

$$\frac{d}{dx}\left(\frac{1}{g}\right) = \frac{d}{dg}\left(\frac{1}{g}\right)\frac{dg}{dx} = -\frac{1}{g^2}\frac{dg}{dx}$$

정리하면 교과 과정에서 배웠던 나눗셈 공식이 나오게 됨을 확인할 수 있다.

$$\frac{d}{dx}\left(\frac{f}{g}\right) = \frac{df}{dx} \times g - f \times \frac{1}{g^2}\frac{dg}{dx} = \frac{f'g - fg'}{g^2}$$

# 23장 유리함수와 무리함수

## 충격력

2017년 4월 영국 런던의 고층 아파트에 원인불명의 화재가 발생했다. 런던 서부 래티머 로드에 위치한 24층의 그렌펠 타워 2층에서 시작된 불이 순식간에 건물 꼭대기까지 번지자 화재를 진압하기 위해 많은 소방차와 소방관이 긴급 투입되었다. 긴박한 상황에서 건물 안의 몇몇 사람은 자신의 생명을 지키기 위해 매트리스를 건물 밖으로 던져 그 위로 뛰어내리기를 감행했다.

우리는 경험적으로 그리고 감각적으로 당연히 매트리스 위에 떨어지는 것이 맨바닥보다 부상의 위험도가 현저히 떨어질 것임을 안다. 이유는 매트리스가 맨땅보다 충격력을 현저히 줄여주기 때문이다.

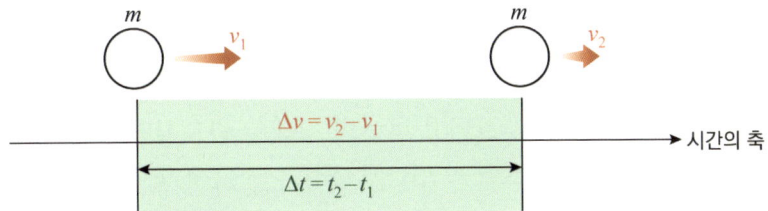

▲ **그림 8.14** 시간 $t_1$에서 질량 $m$의 속도가 $v_1$인 사건이 발생하고, 시간 $t_2$에서 속도가 $v_2$로 사건이 끝났을 때 물체에 가한 충격력 $F$는 $m\Delta v/\Delta t$이다.

충격력 $F = \dfrac{m\Delta v}{\Delta t}$ ($\Delta v$는 속도의 변화량 $v_2 - v_1$, $\Delta t$는 시간의 변화량 $t_2 - t_1$)

충격력은 단어에서 의미가 충분히 전달되듯 어떤 물체에 가해진 충격이 얼마나 강한지를 나타내는 척도이다. 그런데 〈그림 8.14〉에서 충격력을 정의한 식이 충격의 정도를 제대로 수치화하는지 일말의 의구심이 생긴다. 정말로 저 식 하나만으로 얼마나 강한 충격이 가해졌는지를 알 수 있는 것일까? 충격력을 정의한 식 $F$를 살펴보자. 분자 $m\Delta v$가 상당히 낯이 익다. 바로 운동량의 식이다. 변화량을 나타낼 때 사용하는 기호 $\Delta$가 있는 것으로 보아 $\Delta v$는 속도의 변화량, 즉 처음 속도와 최종적인 속도의 차이로 $m\Delta v$는 사건 전후의 운동량의 변화량을 뜻한다. 2장에서 운동량이 우리에게 가하는 실제 충격의 강도라는 사실을 상기한다면, $m\Delta v$는 사건의 대상에 얼마나 많은 충격을 가하였는지를 알려주는 척도라는 점에서 충분히 일리가 있다. 따라서 $\Delta v$가 크다는 것은 속도의 변화가 많았다는 것이므로 충격이 그만큼 많이 발생한 것이고, 작으면 충격이 적다는 의미가 된다. 이 물리량 $m\Delta v$를 충격량(衝擊量)이라 한다.

충격력 $F$는 물체에 가해진 충격량 $m\Delta v$를 $\Delta t$라는 시간의 차이로 나눈 것이다. 왜 나눈 것일까? $\Delta t$에 어떤 물리적 의미가 있는지 달걀로 사고 실험을 진행하겠다. 1m의 높이에서 하나의 달걀은 맨땅에 떨어뜨리고, 다른 달걀은 푹신한 방석 위에 떨어뜨린다.

맨땅이건 방석이건 같은 높이에 떨어진 2개의 달걀이 바닥에 도달할 때의 속도는 갈릴레이의 낙하법칙에 따라 동일한 속도이다. 그 속도를 $v$로 놓겠다. 그리고 바닥의 상태는 다르지만 두 달걀은 되튀지 않고 그대로 속도가 0으로 되었다고 하면 속도의 변화량 $\Delta v = v$가 같으므로 바닥이나 방석 모두 각각의 달걀에 가한 충격량은 같다. 하지만 맨땅에 부딪히는 달걀은 깨지기 십상인 반면 푹신한 방석 위로 떨어뜨렸을 때는 잘하면 깨지지 않을 수도 있다. 이

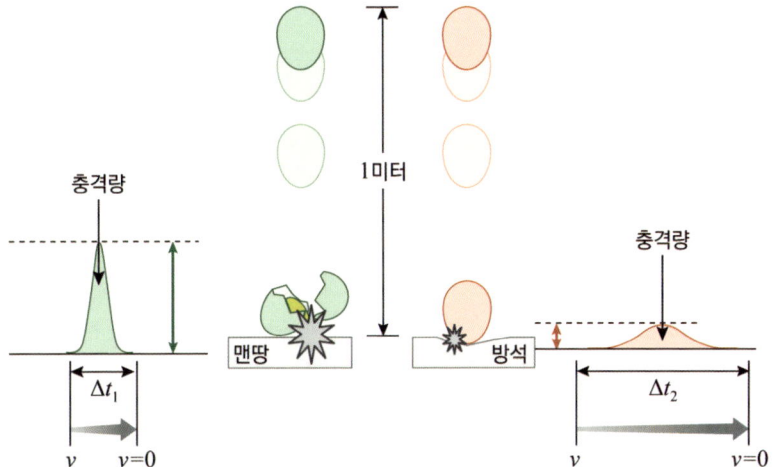

▲ 그림 8.15 맨땅에 떨어뜨린 달걀은 깨지는 반면, 방석 위로 떨어진 달걀은 깨지지 않는다.

유는 달걀에 가해지는 충격력에 차이가 있기 때문으로 분모에 있는 시간의 변화량 $\Delta t$가 이야기해주고 있다. 맨땅에서 속도 $v$가 0에 이르는 시간 $\Delta t_1$에 비해 방석 위에 떨어진 달걀이 멈추는 데 걸리는 시간 $\Delta t_2$가 크기 때문에 충격력이 작아지게 된다.

그림에서 곡선으로 둘러싸인 맨땅의 초록색 곡선의 넓이와 방석의 붉은색 곡선의 넓이는 충격량으로 곡선의 모양은 다를지언정 곡선으로 둘러싸인 넓이는 같다. 그런데 더 작은 시간 $\Delta t_1$으로 곡선을 그리게 되면서 맨땅에서의 곡선이 날카롭게 솟아오를 수밖에 없다.

맨땅과 방석에서 멈추는 데 소요된 시간이 각각 $\Delta t_1 = 0.1$초와 $\Delta t_2 = 11$초라 할 때 충격량을 맨땅이나 방석 모두 같지만 충격력은 맨땅이 방석보다 10배가 더 크다. 불이 난 빌딩에서 매트리스 위로 떨어질 때 부상의 위험이 줄어드는 것도 같은 이치다. 가해지는 총 충격량은 줄일 수 없지만 시간을 늘려 충격력을 줄이는 전략인 것이다. 충격력 $F$와 소요시간 $\Delta t$는 서로 반비례 관계이다.

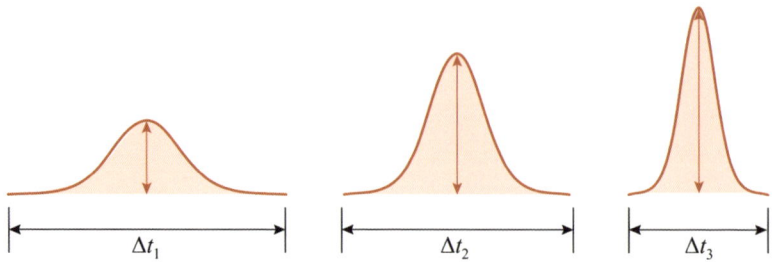

▲ **그림 8.16** 세 곡선 모두 넓이는 같지만 시간의 간격이 작을수록 화살표로 표현한 높이가 크다. 넓이가 충격량이고 높이가 충격력이다.

## 유리함수의 도함수

자연계에서는 충격력과 소요시간처럼 반비례 관계가 되는 사례가 상당히 많다. 압력과 넓이의 관계도 그러하다. 복잡한 지하철이나 버스 안에서 어떤 여성의 하이힐이 나의 발등을 밟으면 어떨까? 무지하게 아프다. 그런데 그 여성이 운동화를 신고 와서 나의 발등을 밟았다면? 아프긴 하겠지만 하이힐보다는 훨씬 덜 아프다.

여성의 몸무게가 같으므로 하이힐이건 운동화이건 나의 발등에 가하는 무게는 동등하다. 하지만 하이힐의 경우는 여성의 무게가 좁은 뒷굽(그림의 붉은색 원)에 무게가 집중되고, 운동화는 넓은 면

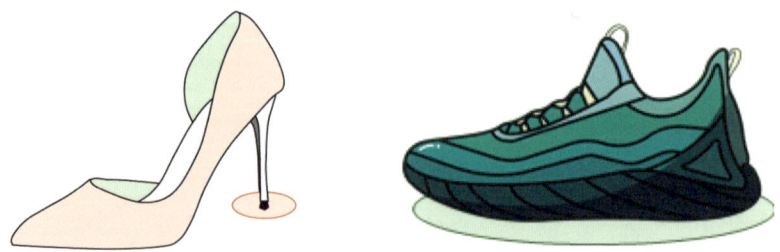

▲ **그림 8.17** 바닥에 닿는 하이힐의 뒷굽과 운동화의 넓이의 차이

적(그림의 초록색 원)의 바닥에 분산되므로 상대적으로 운동화가 덜 아픈 것이다. 가해지는 힘과 넓이에 따른 이 관계를 설명할 수 있는 물리량이 바로 압력이다. 수식으로 나타내면 여성의 무게는 밟아서 가하는 힘에 해당하므로 $F$, 뒷굽이나 운동화 등의 넓이를 $A$라 할 때 압력 $p$는 넓이에 반비례하는 $p = F/A$이다.

충격력과 시간, 압력과 넓이처럼 서로 반비례의 관계가 유리함수로 기본형은 $y = 1/x$이다.

자연계의 현상을 힘의 법칙으로 표현할 때 이처럼 반비례 관계인 사례는 흔하다. 그래서 함수라는 부품으로 하드웨어를 구축하기 위해서 유리함수는 너무도 중요한 부품인 것이다. 따라서 유리함수 $y = 1/x$을 어떻게 미분하고 적분하는지 알아두는 것은 중요하다.

앞서 다항함수의 도함수와 원시함수를 구하는 방법을 익혔다. 이 방법으로 유리함수의 미분으로 도함수를 구하는 데 어려움은 없

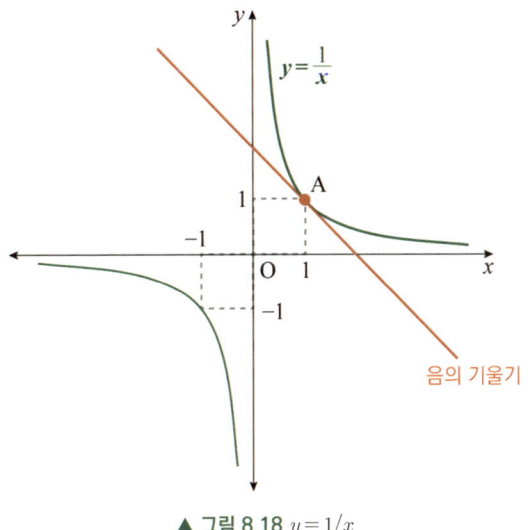

▲ 그림 8.18 $y = 1/x$

는데 적분으로 원시함수를 구할 때 상당한 혼돈을 야기한다. $y = 1/x$을 지수꼴로 바꾸면 $y = x^{-1}$이고, 도함수 공식 〈식 8.7〉로부터 유리함수의 도함수는 바로 $dy/dx = -1/x^2$임을 바로 얻어낼 수 있다. 마이너스 부호가 나타나 당황할 수 있겠지만 도함수의 값들이 곧 접선의 기울기라는 점에서 위의 그림 점 A에서의 접선의 기울기가 충분히 답을 주고 있다.

하지만 유리함수의 적분은 우리를 매우 난감하게 만든다. 다항함수의 적분법인 〈식 8.8〉에 대입해 보시라. 놀랍게도 분모가 0이 나온다. 연산 자체가 불가능한 것이다. 보편적인 해법이 존재하지 않는 적분의 특성상 유리함수의 도함수는 없는 것일까? 있다면 유리함수의 동반자 함수는 어디에 있는 것일까?

## 진자의 주기와 무리함수

1부에서 갈릴레이가 밝혀냈던 진자는 실의 맨 끝에 추를 달아서 연직면 내에서 진동하게 만든 것으로, 일정한 주기로 진동운동을 반복한다. 어렸을 때 놀이터에서 많이 타는 그네가 진자를 활용한 놀이기구의 대표적인 예이다.

진자가 왕복하는 데 걸리는 시간, 즉 주기는 매달린 물체의 질량과 관련 없고 오직 실의 길이에만 관계되며, 실의 길이가 4배로 늘어날 때 주기는 2배, 9배일 때 왕복에 걸리는 시간이 3배가 됨을 갈릴레이가 실험적으로 입증하였다. 이후 뉴턴의 힘의 법칙으로 진자의 운동의 수수께끼가 해결되어 진자의 주기 $T$는 아래와 같음이 밝혀졌다.

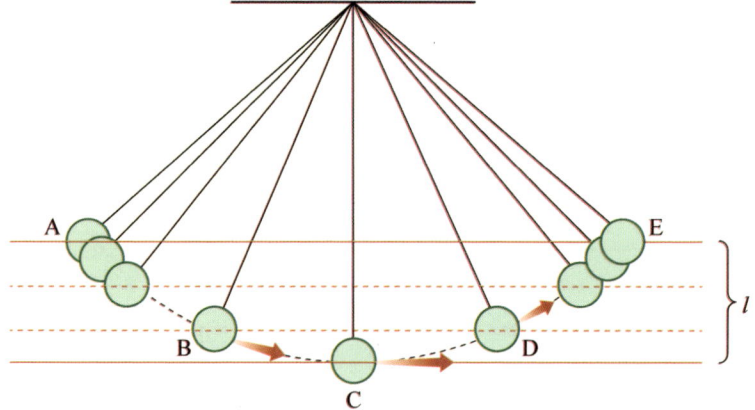

▲ **그림 8.19** 줄에 달린 추는 정지된 A에서 서서히 속도가 증가하면서 C의 지점에서 가장 빨라지고 이후 속도가 줄면서 E에서 멈춘다. 그리고 반대 방향으로 같은 운동을 한다.

〈식 8.20〉 $T = 2\pi\sqrt{\dfrac{l}{g}}$

이 식의 유도는 40장에서 다룰 것이므로 호기심은 잠시 접어두시고, 식이 지닌 의미만 해석해보자. 질량 $m$이 포함되어 있지 않다는 점에서 추의 질량과 주기 $T$는 완전히 무관하고 오직 진자의 길이의 제곱근 $\sqrt{l}$에 비례하고 있다. 갈릴레이가 실험적으로 알아낸 사실이 정당함을 〈식 8.20〉은 대변해주고 있다. 이렇게 주기 $T$와 길이의 제곱근 $\sqrt{l}$의 관계를 지닌 함수를 무리함수라 한다.

진자와 관련하여 추가적인 사실의 하나는 주기가 실의 길이에만 관련된다고 하였지만 엄밀하게는 중력가속도가 상수가 아니어서 주기는 중력의 함수이기도 하다. 당연한 것이 뉴턴이 입증하였듯 중력은 거리의 역제곱에 비례하기 때문이다. 하지만 우리가 사는 지상에서 중력가속도는 거의 같은 값이라 진자의 주기는 지구 어디

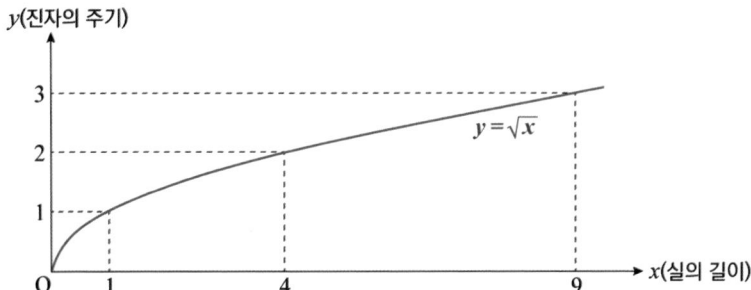

▲ 그림 8.21 무리함수의 가장 간단한 형이 $y = \sqrt{x}$ 이다. $x$축을 길이, $y$축을 주기라고 보면 된다.

에 위치하건 같은 주기로 진동하게 된다.* 하지만 달에서 진자의 주기는 달라진다. 실제 달의 중력이 지구의 중력의 $g/6$ 정도이기에 달에서 진자의 주기는 지구보다 $\sqrt{6}$ 배 더 길게 걸린다. 진자 관련하여 또 하나의 추가적인 이야기가 있는데 이 내용은 삼각함수에서 다루도록 하겠다.

남은 과제는 무리함수의 도함수와 원시함수인데 유리함수와는 달리 〈식 8.9〉와 〈식 8.10〉으로 구할 수 있다. $y = \sqrt{x}$ 를 지수꼴로 바꾼 $y = x^{1/2}$을 두 식에 대입하면 무리함수의 도함수와 원시함수는 각각 $1/2\sqrt{x}$ 와 $2x^{3/2}/3 + c$ ($c$는 적분상수)임을 쉽게 이끌어낼 수 있다.

---

＊정확하게는 극지방의 중력가속도가 가장 크고 적도지방이 가장 작기 때문에 적도지방에서 진자의 주기가 더 크다.

# 9부

# 삼각함수

24장 삼각비

25장 삼각함수는 삼각비의 확장

26장 푸코의 진자

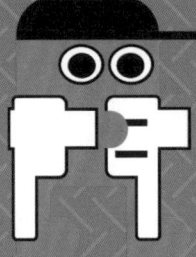

직각삼각형을 활용하여 엄청나게 멀리 떨어진 거리 등을
측정하기 위해 탄생한 삼각비는 호도법과 단위원 개념의 도입으로
삼각함수로 진화하였고, 미적분과의 조우로 우주의 비밀을 밝히는
강력한 도구가 되었다.

최고의 천재 수학자로서 소수 정리 외에도 정17각형의 작도법, 정수론 등에서
엄청난 연구 업적을 이룬 '수학의 왕자'라 불리는 가우스

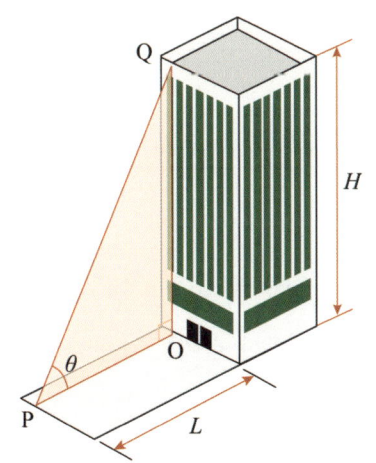 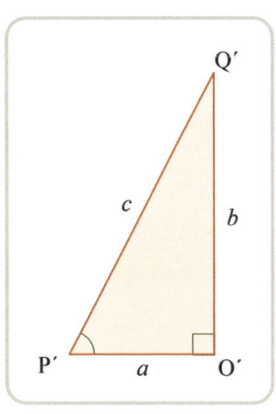

## 24장 삼각비

### 빌딩의 높이 측정

하늘을 찌를 듯이 높은 고층 빌딩을 마천루(摩天樓)라고 부른다. 2023년 기준으로 세계에서 가장 높은 마천루는 두바이에 위치한 '부르즈 칼리파'로 높이가 828m에 이른다. 우리나라는 555m인 롯데월드타워가 가장 높은데 세계적으로는 5위에 해당한다. 물론 시간이 지날수록 고층건물은 증가일로에 있어 이 순위는 의미가 없다. 그리고 여기서도 빌딩의 순위에 관심은 없고 높이를 어떻게 측정하는지의 방법에 대한 이야기를 풀어나가기 위해 꺼냈을 뿐이다.

▲ **그림 9.1** 빌딩의 그림자 길이 $L$만큼 떨어진 점 P에서 빌딩의 상층 Q를 바라보는 각도가 $\theta$이다. 이 두 정보로 빌딩의 높이 $H$를 구할 수 있다.

고대 사람들에게 이런 빌딩이 존재하지는 않았겠지만 토지 측량이나 바다에서 길을 잃지 않기 위한 항해술 등 먹고 살기 위한 목적을 위해 꽤나 먼 거리를 측정할 필요가 많았다. 그래서 그들이 개발한 방법이 〈그림 9.1〉의 삼각법*이었다. 아리스타르코스가 태양의 크기를 측정할 때 사용한 방법이다.

원리는 간단하다. 위의 그림의 빌딩에서 만들어진 붉은색 직각삼각형과 박스 안의 초록색 직각삼각형은 빗변과 밑변이 이루는 각도가 $\theta$로 같기 때문에 크기는 다르지만 닮은 직각삼각형이라는 점만 이용하면 된다. 왼쪽의 붉은색 직각삼각형의 $L : H$와 닮은꼴인 오른쪽 붉은색 직각삼각형의 $a : b$의 비는 같다. 우리는 종이 위에다 그리며 통제가 가능한 크기의 오른쪽 직각삼각형으로부터 쉽게 $a : b$를 구할 수 있고, 빌딩과 점 P의 거리 $L$의 측정은 가능하므로 높이 $H$는 간단한 산술 계산으로 구할 수 있다.

〈식 9.2〉 $L : H = a : b, \quad \therefore \quad H = \dfrac{b}{a} L$

중학교 과정에서 배우는 닮음의 법칙만으로 빌딩의 높이를 구할수 있다. 솔직히 기초적인 계산이라 너무 어렵게 생각하신 분들에게 허탈감만 안겨줄 정도이다. 이런 손쉬운 방법으로 다른 빌딩의 높이, 더 나아가 산의 높이나 행성의 거리도 계산해낼 수 있다.

그런데 몇 번 시행하다보면 상당히 불편한 점이 발생한다. 빌딩의 높이는 다양한데다가 같은 빌딩이어도 태양의 위치에 따라 그림

---

* 'Trigonon(삼각형)'과 'metron(측정)'의 단어 2개가 합쳐져 'Trigonometria(삼각법)'이라 부른다.

자 길이가 달라져서 바라보는 각도 $\theta$가 측정할 때마다 달라진다는 점이다. 매번 달라지는 각도 $\theta$에서 직각삼각형에서 $b/a$의 값을 계산해야 할 것인데 이 일은 여간 번거롭고 쉬운 일이 아니다. 어떻게 하면 일을 줄일 수 있을까? 누군가가 수고로움을 마다하지 않고 미리 모든 각도에서 $b/a$의 값들을 기록한 표를 만들어냈다면? 그렇게만 되면 너무 고마운 일이다. 우리는 각도 $\theta$와 길이 $L$만 측정하고 이미 만들어진 표에서 거기에 맞는 $b/a$의 값을 사용하여 위의 〈식 9.2〉로 높이 $H$의 계산이 가능하게 될 것이기 때문이다.

## 삼각법

빌딩의 높이와 같이 직접 측정이 곤란한 산의 높이, 강의 폭 능 지금도 엄청나게 활용되는 위의 기법은 고대의 시절부터 천문학자들이 엄청나게 떨어진 별의 거리나 두 별 사이의 거리 등을 측정하기 위해 적극적으로 사용한 삼각법이다. 이론적으로는 초등수준에 불과하여 누구나 쉽게 이해되는 기법이지만, 아마 sin, cos, tan의 기호를 시작으로 여러 공식들의 등장으로 대부분의 분들을 '수포자(수학을 포기한 사람)'로 안내했던 삼각함수로 입성하는 관문이다.

빌딩의 높이 측정법을 알아보았으니 새로운 과제에 도전한다는 의미에서, 여러분들이 특별한 장비의 도움 없이 오직 우리의 감각기관과 삼각법만을 이용하여 지구의 반경 R 을 측정하려 한다면 어떻게 할 것인가?

이 질문에 대한 해답은 고대 그리스의 천문학자 히파르코스(기원전 190년~기원전 120년)를 통해 확인할 수 있다. 물론 기술이 덜 발달되었던 시절이라 오직 눈을 통한 관측에만 의존해야 했기에 측정오차가 클 수밖에 없었겠지만, 그의 측정 방법을 통해 또 하나의 뛰어난 지혜를 알아볼 수 있다는 점에서 가치는 충분하다 하겠다.

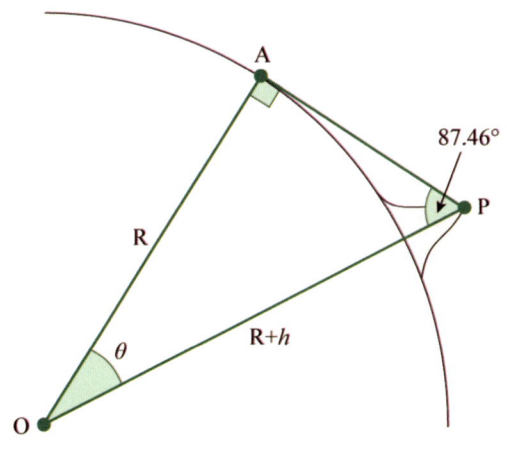

▲ **그림 9.3** 삼각법으로 지구 반경 R의 측정법

빌딩의 높이를 측정한 방법으로 높이 $h$를 알고 있는 산의 정상 P에 올라가 수평선 위의 한 점 A를 바라보았다. 당연히 지구의 중심 O와 점 P, 그리고 A는 직각삼각형을 형성하게 된다. 히파르코스는 매우 세심하게 OPA의 각이 $87.46°$라는 사실을 측정했다. 그리고 직각삼각형 OPA와 닮은 직각삼각형을 이용하여 빗변과 높이의 비가 약 0.99924라는 계산 결과를 얻었고, 아래의 식을 통해 지구의 반경이 약 6,311km임을 계산했다. 이때 그가 올라간 산의 높이 $h$는 4.8km이다.

$$\frac{R}{R+h} = 0.99924 \rightarrow R = 6311 \,[\text{km}]$$

단순히 눈으로만 측정한 결과였음에도 실제 지구의 반경 6,371km

와 비교하면 상당히 유사한 값을 얻어냈다는 점에서 대단한 결과이다. 히파르코스는 산의 높이나 지구의 반경 측정에서 삼각법의 위력을 충분히 체험하면서 자연스레 빌딩의 높이 측정에서 발생했던 우리와 같은 고민에 쌓이게 되었다. 그 역시 각도에 따른 직각삼각형의 변의 비율을 미리 계산된 값들의 존재의 필요성을 절감하고 직접 표의 제작에 들어갔다.

반지름 1인 원을 그린 다음 원 위의 두 점 A와 B를 연결한 현을 긋고, 원의 중심 O에서 현에 수선을 그어 이뤄진 직각삼각형 OAH에서 빗변과 높이 $h$의 비율을 계산하였다. 이렇게 각도 $\theta$에 따른 원의 반지름과 현의 절반의 길이의 비율을 정리한 표가 현재의 삼각함수표*의 원형에 해당한다. 지금도 활용되는 삼각함수표의 업적과 함께 직접 측정이 곤란한 시구의 반지름 외로 지구와 달의 거리도 측정하는 등 삼각법의 위력을 알린 히파르코스를 '삼각함수의 아버지'라고 칭하고 있다.

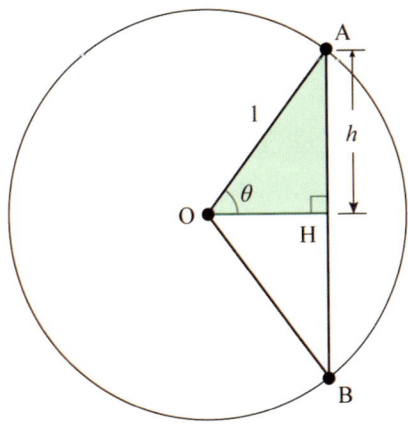

▲ **그림 9.4** 각도 $\theta$의 직각삼각형에서 빗변인 원의 반경 1과 높이 $h$의 비율 측정

*현의 길이를 통해 비율을 정리했다고 해서 '현표'라고 부르기도 한다.

## 삼각법의 기호[*]

라이프니츠의 업적을 통해 수학에서 기호의 중요성을 이제 더 강조할 필요가 없이 충분히 공감하시리라. 삼각법이라 다를 리 없다. 그래서 〈그림 9.4〉에서 각도 $\theta$의 직각삼각형에서 높이를 빗변으로 나눈 값을 $\sin\theta$로 하는 기호가 탄생했다. 그런데 이 기호는 라이프니츠가 사고의 흐름을 잇는 의미화 작업으로 구성되어야 한다는 목적에는 거리가 멀었다.

산스크리스트어로 'jya‒ardha'는 현의 절반이라는 의미를 가졌기에 〈그림 9.4〉의 각도 $\theta$의 직각삼각형에서 빗변인 원의 반지름과 현의 절반의 길이의 비율로 불렸다. 단어 자체에 충분히 의미가 부여되어 있어 이 시점까지는 기본적인 임무에 충실한 수학의 기호라 할 수 있다. 그리고 아랍어로 같은 의미를 지닌 'jiba'로 바뀌는 것까지는 문제가 없었지만, 이 단어가 다시 유럽에 전파되는 과정에서 'jaib'로 잘못 전해졌다고 한다. 그런데 하필 이 단어가 '옷의 주름'이라는 명확한 뜻을 가졌고, 라틴어로 번역되는 과정에서 주름이나 꼬불꼬불한 길을 뜻하는 sinus로 변하게 되었고, 현재의 sin에 이르게 되었다고 한다. 물론 sin의 수학적 의미가 현의 절반을 뜻하는 것은 아니지만 계속 이 기호를 사용한 세월의 힘이 기호가 가져야 될 기본적인 본분을 밀어내기에 충분한 힘을 가지고 있었나보다.

또 다른 기호인 cos은 sin의 기호에서 파생되어 생겨났다.

삼각법을 이용하여 여러 길이나 거리 등의 계산을 하다보면 $\sin\theta = b/c$ 외에 높이를 빗변으로 나눈 $a/c$의 값을 사용해야 할 일이

---

[*] 《수학 기호 다시 보기》(박교식‒수학사랑(1999))에서 참조

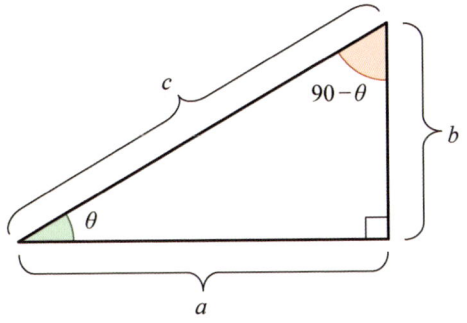

▲ **그림 9.5** $\sin\theta = b/c$, $\sin(90-\theta) = a/c$

빈번하게 발생하게 된다. 그래서 $a/c$에도 적절한 이름을 지어야 하였고, 비록 sin이 잘못 명기된 데서 비롯된 기호였지만 cos은 나름대로 의미화 작업을 거쳐 탄생한 기호이다. $a/c$를 가만히 들여다보면 sin을 정의한 각 $\theta$가 아닌 남아 있는 다른 각인 $90-\theta$에서 정의되는 $\sin(90°-\theta)$에 해당됨을 알 수 있다. 그래서 영국 수학자 에드먼드 건터가 sin의 어원인 sinus에 여각*을 의미하는 complementary를 붙인 co·sinus $\theta = a/c$를 표현하였다. 이 기호가 1729년 오일러에 의해 현재 사용하는 $\cos\theta$로 단순화되어 정착되었다.

오일러는 500편 이상의 논문을 발표하여 18세기 후반 모든 수학 논문의 약 3분의 1을 저술했다는 말이 있을 정도로 위대한 수학자이며 오늘날 우리가 사용하고 있는 수학 기호를 가장 많이 고안해 낸 인물이기도 하다. 라이프니츠를 수학 기호의 대가로 소개했지만 오일러 역시 수학 기호를 만들어내는 데 전혀 뒤떨어지지 않는 능력을 지니고 있었던 것이다. 오히려 연금술사라 할 정도로 양적으로는 최고의 수학자이다. 수학의 능력치로 최고의 그였지만 일반

---

＊여각(餘角)은 직각삼각형에서 직각을 제외한 남아 있는 다른 각

수학책을 집필할 때는 독자들이 수학에 대한 이해력을 가지고 있지 않다는 전제하에 명료하고 알기 쉬운 기호로 개념을 설명하려고 노력했다고 한다. 나 역시 이 책을 쓰면서 그의 지침에 따라 최소한의 수학의 기호로 미적분의 개념을 전달하려고 노력하고 있지만 과연 잘 따르고 있는지 심히 걱정되기는 하다.

오일러가 만든 가장 유명한 기호는 앞서 소수 정리에서 소개된 자연로그의 밑을 나타내는 수의 여왕인 자연 상수 '$e$'이다. 1736년 발행된 오일러의 '역학'이라는 저서에서 처음 등장하였는데 아마도 지수의 영문 'exponential'이라는 단어의 머리글자에서 따온 것으로 추정되고 있다. 이외로 허수의 단위 '$i$', 수열의 합 $\sum$, 함수 $f(x)$ 등이 그가 고안해낸 가장 잘 알려진 수학 기호들이다. 또한 원주율 $\pi$는 그가 처음 사용한 것은 아니었지만 표준적인 표기로 자리 잡는 데 지대한 공헌을 하였다. 이렇게 그가 만들어낸 대표적 기호 자연 상수 $e$와 허수 $i$, 그리고 원주율 $\pi$ 모두가 한 자리에 모여 식으로 표현된 '$e^{i\pi} + 1 = 0$'는 그의 이름을 따서 '오일러의 식*'으로 명명되었고, 영화**에서도 등장할 정도로 수학에서 가장 아름다운 식으로 첫손에 꼽힌다.

이제 삼각법 기호로 남은 것이 tan이다. '접촉하다'는 의미의 라틴어 'tangent'에서 유래되어 만들어진 기호로 16세기에 이르러 덴마크 수학자 토마스 핀케에 의해 정착되었다. 앞서 빌딩의 높이를 측정할 때 사용했던 〈식 9.2〉에 해당한다. tan는 기하학에서 접촉하

---

* 삼각함수와 지수함수의 관계를 매우 간단하게 서술하는 공식으로, 1748년 출판된 자신의 책 'Introductio in analysin infinitorum'에서 처음 소개되었다.

** 오가와 요코의 소설 《박사가 사랑한 수식》을 코이즈마 타카시 감독이 동명의 제목으로 영화화했다.

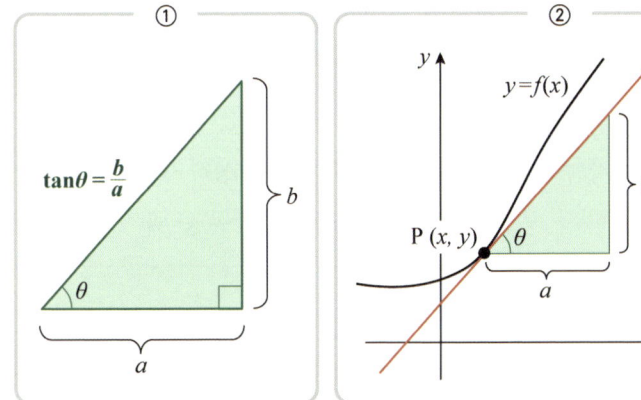

▲ 그림 9.6 ① 빗변과 밑변이 이루는 각도 $\theta$인 직각삼각형의 높이 $b$를 밑변 $a$로 나눈 $b/a$의 값이 $\tan\theta$이다. ② 함수 $y = f(x)$의 임의의 점 P에서 접선이 $x$축과 이루는 각이 $\theta$일 때 직선의 기울기는 $\tan\theta$이다.

는 선을 의미하는 집신의 의미도 지니고 있다. 함수 $f(x)$의 임의의 점에서의 접선이 $x$축과 이루는 각도가 $\theta$일 때 직선의 기울기가 $\tan\theta$이기 때문이다. 이때 문득 우리에게 익숙한 개념 하나가 뇌리를 스친다. 바로 미분계수이다. 미분계수는 함수 $f(x)$ 위의 어느 한 점에서의 접선의 기울기의 값이었다. $\tan\theta$의 정의와 완전히 일치한다. 거리, 높이 등의 측정을 직각삼각형의 닮음의 원리로 계산하기 위해 탄생한 sin, cos, tan는 삼각법이라는 이름으로 수학의 한 분야에 명실공히 자리 잡았다.

### 연주시차

히파르코스로부터 삼각법의 위대성을 알게 된 천문학자들이 그의 표를 적극적으로 활용하며 태양계를 넘어 저 너머에 있는 별들의 거리를 본격적으로 측정하기 시작하였다. 빌딩의 높이나 지구의 반지름보다는 훨씬 먼 거리를 측정하는 것이라 더 까다로운 면은 있었지만 삼각법은 공간을 초월하여 위력을 떨쳤다. 그런데 우리가 직접 측정이 불가능한 별까지의 거리 측정을 달성하기 위해 우선적으로 필요한 수학적 정보가 3장의 화성의 역행 운동 때 나왔던 '시차(視差)'에 대한 이해가 필요하다.

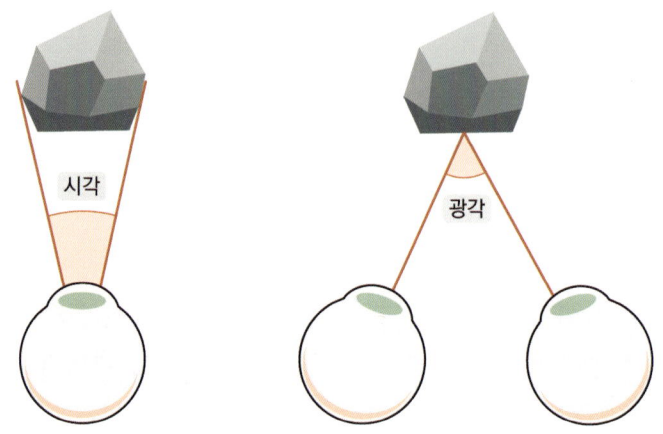

▲ 그림 9.7 하나의 눈으로 볼 때는 바위의 양끝 사이의 시각으로 크기만 판단이 가능하고, 두 눈으로 보아야 물체의 한 점 사이의 광각으로 거리까지 판단이 가능하다.

위의 그림에서 설명하였듯이 한쪽의 눈으로만 바위를 볼 때는 크기만 느낄 뿐 얼마나 떨어져 있는지 알기가 어렵다. 주변의 모든 물체가 텔레비전의 스크린을 보듯 입체감이나 거리감이 없이 이차원의 평면 형태로 보이게 된다. 하지만 약 10cm 정도 떨어져 있는 두 눈으로 볼 때는 그림과 같이 광각이 형성되어 물체를 입체적으로 느끼게 되고 거리감도 알 수 있다.

그런데 별같이 엄청나게 멀리 떨어진 물체를 바라볼 때 우리의 두 눈이 만들어내는 광각은 사실상 존재가치를 상실하여 하나의 눈으로 보는 것과 같아지기에 거리감을 전혀 느낄 수가 없다. 가령 태양이 달보다 375배나 멀리 위치함에도 태양과 달을 바라볼 때 무엇이 더 멀리 위치하고 있는지 눈으로 확인이 매우 어렵듯이 말이다. 실제로 여러분이 밤하늘에 떠 있는 무수한 별들을 보면 어떤 별이 가깝고 멀리 있는지 분간이 불가능할 것이다. 별들을 바라볼 때 우리의 눈이 만들어내는 광각은 0이 되어 모든 별들이 천구라 불리는 가상의 구체 스크린에 위치하는 것으로 보이게 되면서 모두 같은 거리로 인식되는 것이다. 화성의 역행 운동이 발생하는 이유가 우리의 눈으로는 화성이 천구에 붙어 있는 것처럼 보이기 때문이다.

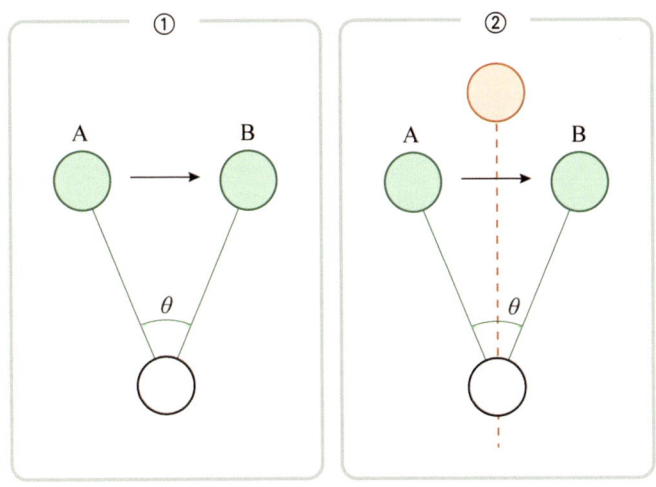

▲ 그림 9.8 초록색의 별이 만들어낸 각도 $\theta$

광각이 가진 의미 외로 또 하나의 기본적인 사실을 하나 알아둘 필요가 있다. 위의 그림 ①을 보자. 먼저 A의 지점에서 별을 바라보았고 어느 정도 시간이 지나 B의 지점에 위치하였을 때 다시 바라보았다 별이 A에서 B로 움직였다는 사실을 인식할 수 있을까? 판단하기가 매우 힘들다. 망망대해에서 멀리 떨어진 배의 위치를 확인하고 몇 분 후에 다시 배를 쳐다보는 것과 같다. 여러분이 제대로 상상하였다면 배가 움직였는지 판단이 되지 않는다는 나의 주장에 표를 던지시리라. 이유는 기준이 없기 때문이다. 주변에 섬이라도 있다면 배의 움직임의 변화를 눈치 챌 수 있겠지만 배 한 척 외로 아무 것도 없을 때 배가 움직였는지 확인하기는 매우 힘들다.

그림 ②에서 붉은색의 별은 초록색의 별보다 훨씬 멀리 떨어져 있어 위치의 변화가 거의 없다고 하자. 망망대해에서 보이는 하나의 섬과 같이 위치가 고정되어 있기에 붉은색 별은 좌표계의 기준으로 삼기에 매우 적합하다. 붉은색의 별을 기준으로 보자 그림 ②의 초록색 별의 상대적 위치가 살짝 이동해 있음이 쉽게 판별이 된다. 관찰자가 이동하면서 여러 그루의 나무를 볼 때 가까운 나무일

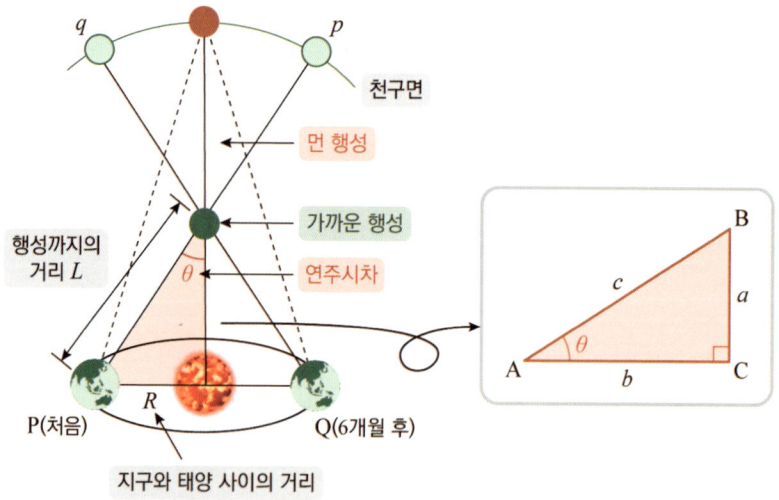

▲ **그림 9.9** 멀리 있는 별(붉은색)을 기준으로 하여 지구의 공전을 이용해 가까운 별(초록색)이 만들어내는 각도

수록 상대적 위치의 변화가 더 크게 보이는 효과와 같다. 이렇게 얻어진 각도 $\theta$를 시차(視差)라 부른다. 시차는 아주 멀리 떨어진 물체를 바라볼 때는 인간의 눈으로 형성되는 광각이 거의 0이라 제구실을 못하므로 무시하고 대신 광각의 효과를 대신할 수 있는 시차로 거리감을 느끼자는 것이다. 그래서 별의 거리를 측정해내기 위해서는 반드시 시차가 필요하다. 시차는 측정하고자 하는 별보다 멀리 있는 별을 기준점으로 측정 대상의 별의 상대적 위치의 변화로 확인할 수 있다.

〈그림 9.9〉의 점 P에 위치한 지구에서 초록색 별은 천구라는 허상의 위치인 $p$에 위치한 것처럼 보인다. 공전으로 6개월이 지나 지구가 Q에 있을 때는 $q$에 위치하는 것으로 보이게 된다. 위치의 변화를 감지할 수 있는 이유는 당연히 더 멀리 위치한 붉은색 별을 기준으로 하였기에 가능한 것이다. 그리고 이렇게 형성된 시차 $\theta$를 연주시차라 하고 이후에는 삼각법을 이용하여 지구와 행성간의 거리 $L$을 계산해낼 수가 있다.

## 삼각비의 계산

삼각표에 기록된 sin, cos, tan의 값들을 어떻게 계산하여 나온 값일까? 〈그림 9.10〉의 각도가 15°인 직각삼각형의 sin15°의 값만 해도 계산하는 일이 만만치 않음을 직감할 수 있다. 높이와 빗변의 길이를 알아야 할 것인데 이 두 길이를 어떻게 구해야 할지 막막하다. 그렇다고 자로 대충 측정하는 것은 용납할 수 없다. 15°에서만 그러할까? 다른 각도에 대해서도 계산해 내기 쉽지 않다.

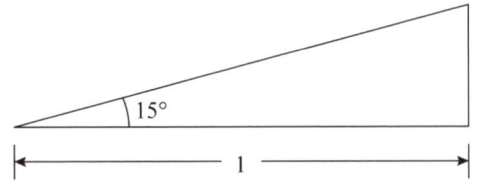

▲ **그림 9.10** 각도가 15°, 밑변의 길이가 1인 직각삼각형에서 sin15°, cos15°, tan15°는?

다행이라면 몇 개의 각도에 대해서는 어렵지 않게 구할 수 있다는 점이다. 30°, 45°, 60°의 직각삼각형에 대해서 피타고라스의 정리를 이용하면 명확하게 모든 변의 길이를 알 수 있어서 sin, cos, tan의 값을 구함에 어려움이 없다.

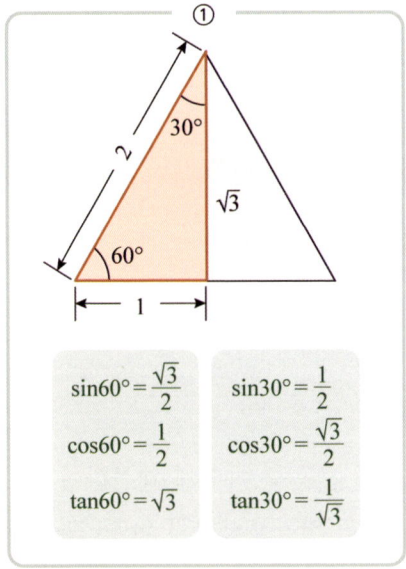
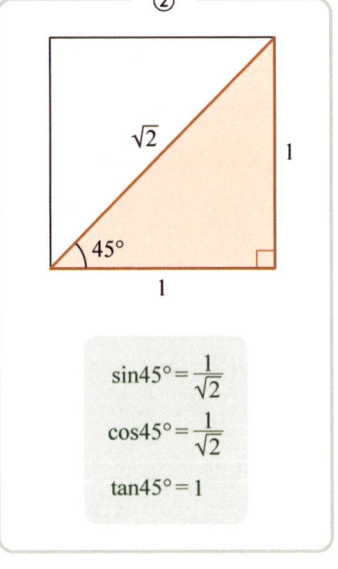

$$\sin 60° = \frac{\sqrt{3}}{2} \qquad \sin 30° = \frac{1}{2}$$

$$\cos 60° = \frac{1}{2} \qquad \cos 30° = \frac{\sqrt{3}}{2}$$

$$\tan 60° = \sqrt{3} \qquad \tan 30° = \frac{1}{\sqrt{3}}$$

$$\sin 45° = \frac{1}{\sqrt{2}}$$

$$\cos 45° = \frac{1}{\sqrt{2}}$$

$$\tan 45° = 1$$

▲ **그림 9.11** ① 한 변이 2인 정삼각형의 높이는 피타고라스 정리로부터 $\sqrt{3}$ 이다. 반으로 나눈 붉은색의 직각삼각형으로부터 60°와 30°의 삼각비의 정보를 획득할 수 있다. ② 대각선의 길이가 $\sqrt{2}$ 인 변의 길이 1인 정사각형에서 뜯어낸 붉은색의 직각삼각형으로부터 45°의 삼각비의 값의 계산이 가능하다.

확실히 이들 각에서 삼각비를 계산하는 것은 어렵지 않다. 그래서 30°, 45°, 60°의 각도를 '특수각'이라 별도로 칭하고 있다. 하지만 나머지의 각에 대해서는 정말로 막막하다.

아르키메데스가 정96각형을 이용하여 원주율을 구했던 과정을 떠올려보자. 그는 정96각형의 한 변을 어떻게 구했었나? 직접적으로 구한 것이 아닌 정육각형의 정보와 재귀적용법을 활용하여 해결하였다. 지금 처해진 상황을 여기에 적용해보자. 임의의 하나의 각도에 대해 직접적으로 삼각비를 계산해내는 것은 매우 어렵다면 위의 〈그림 9.11〉의 정보를 씨앗으로 얻어내는 것이 좋은 해법이다. 그러기 위해서는 서로 다른 각들을 연결시켜주는 다리를 건설할 필요가 있다. 그래서 수학자들은 sin, cos, tan의 정의로부터 덧셈 정리, 배각과 반각의 공식 등 여러 공식을 이끌어냈다. 그 중 몇 가지만 적어보겠다.

| | |
|---|---|
| 특성 공식 | $\sin^2 a + \cos^2 b = 1$ |
| 덧셈 정리 | $\sin(a+b) = \sin a \cos b + \cos a \sin b$ |
| 2배각 공식 | $\cos 2a = 1 - 2\sin^2 a$ |
| 반각 공식 | $\sin^2 \dfrac{a}{2} = \dfrac{1 - \cos a}{2}$ |

삼각함수에는 위에서 소개한 공식 외에도 상당히 많은 공식들이 뒤따른다. 그래서 삼각함수에 대해 거부감을 느끼며 어려워하는 경우가 많다. 심지어 미적분보다 훨씬 더 까다롭다고 생각할 정도다. 미적분은 삼각함수를 재료로 하는 것이므로 삼각함수를 얼마나 잘 다루느냐가 미적분의 실력을 좌우하는 하나의 요소이다. 아마 미적

분이 더 쉽다고 여기는 분들은 다항함수만 다루는 정도만 배운 데에서 오는 착각일 것이다. 그렇기에 위의 공식을 포함하여 여기에서 소개되지 않은 여러 공식들의 암기는 당연하고 유도도 할 수 있어야 한다.

위의 공식 중 반각 공식을 이용해 $\sin 15°$ 값을 구해보겠다.

$$\sin^2 15° = \frac{1 - \cos 30°}{2} = \frac{2 - \sqrt{3}}{4}$$

$$\therefore \ \sin 15° \approx 0.259$$

30°에서 15°의 정보를 얻을 수 있었으니 7.5°에서도 삼각비의 값을 추출해낼 수 있겠다. 또한 소개한 공식에 빠졌지만 삼배각 공식을 이용하여 30°에서 10°의 값을 얻어낸 후 이배각 공식을 거꾸로 사용하여 20°, 40°, 80°에서 삼각비의 값도 구해낼 수 있다. 이처럼 특수각에서 얻어진 삼각비의 값을 씨앗으로 여러 공식을 활용하여 각도별로 삼각비의 값을 구해낼 수 있다.

# 25장 삼각함수는 삼각비의 확장

## 기하학의 울타리에서 벗어난 삼각비

삼각비는 2개의 혁신적인 아이디어로 기하학에서만 갇혀 있던 울타리를 벗어나 수학의 세계에 입문하면서 수학뿐만 아니라 물리학과 공학에서도 혁명적인 성과를 이루는 밑거름이 되었다. 그 첫 번째가 단위원 개념으로부터 모든 각에서 삼각비를 확장한 지혜의 발상이고, 두 번째는 우리가 알고 있는 각도의 개념에서 탈피한 라디안이다. 먼저 단위원 개념부터 살펴보자.

$120°$, $300°$ 등 $90°$ 이상의 각도뿐만 아니라 $-30°$와 같은 음의 각도도 있다. 그런데 직각삼각형을 기반으로 정의된 삼각비는 $0°$에서 $90°$까지만 가능하다. 그 이외의 각도에서는 정의할 수 없다.

삼각비가 $0°$에서 $90°$라는 한계에서 머물고 그 외의 각에서 정의하지 못한다면 극히 제한적으로 활용되는 수학 이론으로 그쳤을 것이다. 수학자들은 다른 각도에 대해서도 정의할 수 있다면 삼각비의 숨겨진 잠재력을 끄집어내어 자신들의 학문의 발전에 기름을 붓는 역할을 할지도 모른다고 여겼다. 제한적인 용도로 사용되는 수학의 이론을 이미 자신들이 구축한 수학의 세계에 편입시켜 수학이 다룰 수 있는 영역을 확장하여 활용도를 증대시켜 수학을 발전시켜 왔다. 삼각비 역시 사칙연산 등 이미 만들어진 수학의 세계에 들어오기 위해서는 모든 각도에 대해서 정의가 될 수 있도록 함수의 기능을 추가해야 한다고 여겼던 것이다. 우리는 앞으로 다루게 될 로그, 감마함수, 제타함수 등에서 수학자들이 어떻게 처음 품었던 간단한 아이디어가 확장되어 수학계의 하나의 큰 축으로 발전되었는지를 살펴볼 기회가 있을 것이다

　우리가 교과 과정에서 삼각함수를 배우고 있다는 것은 이 문제를 극복하여 $0°$에서 $90°$ 이외의 각도에서도 삼각비의 값이 정의되었다는 의미이다. 이렇게 말하니 삼각함수를 배울 수밖에 없는 현세대가 불행하다고 해야 하나? 하지만 삼각함수가 존재하지 않았다면 단언컨대 미분, 적분도 완성되지 못했을 것이고, 첨단의 물리학 이론은 존재하지 않게 되어 당연히 현재와 같은 과학의 발전은 있을 수 없다. 여러분이 손에서 떼놓지 않은 핸드폰이나 컴퓨터 등도 삼각함수 없이 만들어낼 수 없는 전자제품이다. 삼각함수는 미

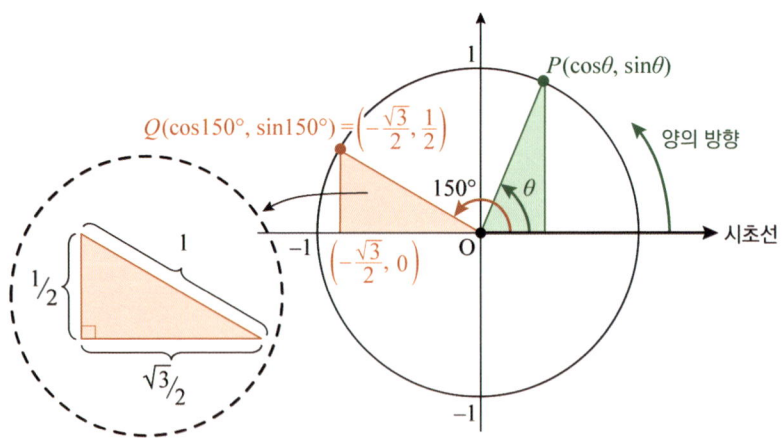

▲ 그림 9.12 원점을 중심으로 반지름 1인 단위원에서, $x$축을 시초선으로 하여 반시계 반대 방향을 양의 방향의 각도로 한다. 그리고 단위원 위의 점 $P$에서 선분 $OP$와 시초선 $x$축과 이루는 각도를 $\theta$라 할 때, 점 $P$의 $x$축의 좌표를 $\cos\theta$, $y$축의 좌표를 $\sin\theta$로 정의한다.

적분을 매우 풍성하게 만들었을 뿐만 아니라 물리학 및 공학 등 학문 분야에서 절대적인 위치를 차지하고 있다.

이제부터 시초선과 $\theta$의 각을 이루는 단위원 위의 점 $P$의 $x$좌표의 값이 $\cos\theta$, $y$의 좌표가 $\sin\theta$인 것만 기억하면 된다. 그렇다면 기존의 삼각비의 정의를 완전히 무시한 것인가? 전혀 그렇지 않다. 〈그림 9.12〉에서도 명확하게 표현되어 있듯이 $\cos\theta$와 $\sin\theta$가 탄생하던 삼각비의 정의를 손상하지 않고 있다.

새롭게 단위원으로 정의된 sin과 cos 등은 $0°$에서 $90°$ 범위의 울타리에서 벗어나 모든 각도에 대해서도 정의가 가능하게 되었다. 한 예로 위의 그림에서 시초선과 이루는 각도 $150°$인 단위원의 위의 점 Q의 좌표는 $(-\sqrt{3}/2, 1/2)$이므로, 단위원의 정의를 따라 자연스레 $x$축과 $y$축의 좌표 $-\sqrt{3}/2$과 1/2는 각각 $\cos150°$와 $\sin150°$의 값으로 결정된다.

무엇보다 단위원으로 정의된 삼각비는 기존의 정의를 유지함과 동시에 각을 독립 변수로 하는 함수를 만들어내는 확장성을 이루게 되면서 진정한 수학의 세계에 자리를 잡게 되었다. 직각삼각형으로 제한한 허물을 벗어던지고 비로소 함수로서의 기능을 가지는 삼각함수로 환골탈태하면서 당당히 수학계에서 한 축을 담당하며 물리학 등 과학 전반에 걸쳐서 반드시 필요한 존재로 부각되었다.

무엇보다 삼각함수는 단위원으로 정의하였기에 원이 지닌 대칭성을 고스란히 품고 있다는 중요한 특성을 지님으로써 대칭성을 분석할 때 가장 중요한 몫을 담당하게 되었다. 오일러가 〈식 4.2〉의 소수만으로 구성된 급수의 합에서 찾아낸 원주율 $\pi$의 값으로 이미 이 식에는 원의 대칭성을 품고 있다는 결정적 증거가 되고 동시에 식을 해석하기 위해 결정적 열쇠는 삼각함수라는 점을 알리고 있다.

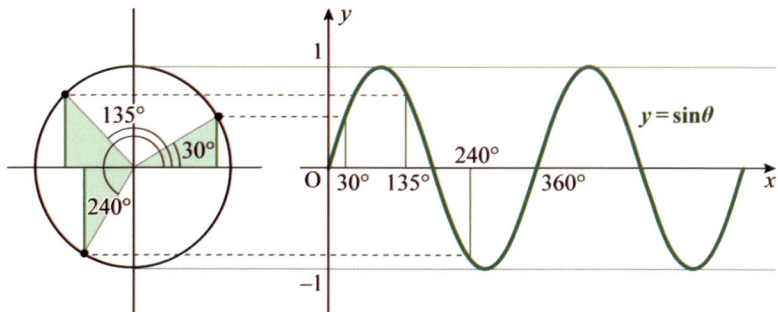

▲ **그림 9.13** 각도 $x$에 대한 $y = \sin x$의 그래프

　　사인함수의 그래프를 보면 그 어떤 함수보다도 많은 대칭성을 지니고 있음을 한 눈에도 확연히 들여다보인다. 좌우대칭, 점대칭 등이 반복적으로 이뤄지면서 좌표계 전체를 덮고 있다. 360°로 한 바퀴 회전한 뒤에는 다시 시작하는 것과 같으므로 당연히 처음의 모양이 반복될 수밖에 없다. 무엇보다 1과 −1의 범위에서 벗어나지 않는 것도 특별한 성질이라 할 수 있다. 이 모든 것이 원이 가진 대칭성에 기인한다. 참고로 아래의 그래프는 $y = \cos x$로 $y = \sin x$와 같은 방법으로 충분히 그려낼 수 있다.

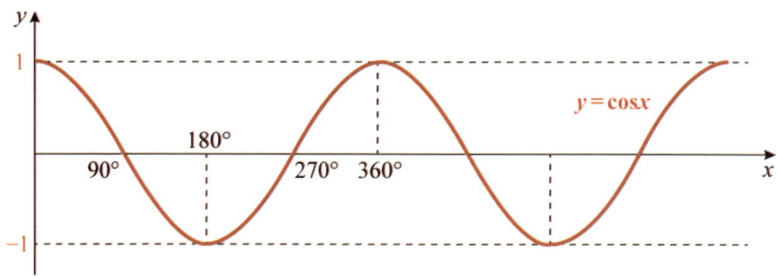

▲ **그림 9.14** $y = \cos x$의 그래프

## 호도법

두 번째의 혁신적 개념을 알아보자. 한 바퀴 회전한 각도가 $360°$ 라는 것은 누구나 알고 있다. 이런 각도법을 60분법이라 하는데 여 기서 질문을 하나 던져보겠다. "왜 1회전이 $360°$일까?"

이 질문에 대한 명확한 유래는 알려져 있지 않다. 다만 360이라 는 숫자가 1년의 길이와 거의 같기 때문이라 추정하는 이야기가 있 고, 또 2, 3, 5라는 소수로 나뉘는 수이므로 1회전을 360등분하였다 는 설도 있다. 어쨌든 그런 이야기들은 한 가지로 귀결된다. 1회전 을 $360°$로 정의한 것은 임의적이라는 것이다. '임의적'이라는 단어 의 뜻대로 그냥 편의상 360등분하였다는 것으로 수학적으로 의미 가 없는 것이기에 1회전을 $100°$ 혹은 $1,000°$로 징의힐 수도 있다는 것이다. 실제 1회전을 400등분한 하나의 각을 '1 gradian'이라고 한 다. 공학용 전자계산기로 삼각함수의 값을 계산할 때 각도의 단위 를 'DEG', 'RAD' 혹은 'GRAD' 중 어느 하나로 선택해야 하는 경험 을 가졌을 것이다. 'DEG'는 우리가 잘 아는 60분법의 각도 체계이 고, 'RAD'는 이번 절에 설명할 내용이고, 'GRAD'가 'gradian'에 해 당하는 단위이다.

그런데 1회전을 360등분하여 각각의 등분 하나를 $1°$로 정하였 음에도 이름은 '360분법'이 아니고 '60분법'이라고 하는 이유는 무 엇일까? 우리가 길이를 재기 위해 흔히 사용하는 자는 cm 단위로 등분되어 있고, 더 정밀한 길이의 측정을 위하여 1cm를 10등분으 로 더욱 세분화된 mm의 단위까지 표시되어 있다. 각도 역시 $1°$보 다 더 세밀한 측정을 위해 $1°$를 60등분한 각을 이용하는데 이 단위 가 '분'이다. 즉, $1/60°$가 1분인 것이다. 그래서 '60분법'의 이름으로 불리게 되었다. 덧붙여 10등분이 아닌 60등분한 이유를 추가한다면 고대 바빌로니아 시대에는 우리가 지금 사용하는 수의 체계인 '10진법'이 아닌 '60진법'을 사용한 데서 기인한 것이다. 1시간을 60분, 1분을 60초로 나누는 것 역시 바빌로니아 시대부터 유래되었다.

수학적으로 별 의미가 없는 '60분법'이라는 각도의 체계를 던져 버리고 의미 있게 정의하는 방법을 수학자들은 원주율 π에서 찾아냈다. 원주율은 원의 둘레의 길이 $l$을 지름 $2r$로 나눈 값이다. 즉, $l = 2\pi r$이다. 이 관계는 원의 크기와 무관하게 적용되는 본질적인 원의 속성이다. 어떤 원이건 반지름 $r$의 $2\pi$배의 길이인 실로 정확하게 원의 둘레를 덮을 수 있다. 이 점에 착안하여 등장한 각도의 개념이 '라디안'이다. 영어로는 'radian'으로 쓰는데 반지름인 'radius'와 각도 'angle'의 합성어이다. 전자계산기의 각도 단위 중 'RAD'에 해당한다.

위와 같이 각도를 반지름의 길이와 같은 호의 길이의 비로 정의하는 방법을 호도법(弧度法)이라 한다. 원의 호의 길이를 이용해서 각도를 표시하는 방법이라 붙여진 이름이다.

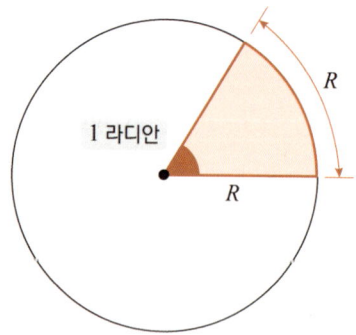

▲ **그림 9.15** 1라디안은 반지름과 같은 길이의 호로 이뤄진 각도이다. 60분법의 각도로 약 57.295°이다.

## 실생활에서는 60분법, 수학에서는 라디안

삼각비의 장구한 역사에 비해 라디안은 너무도 늦게 세상에 모습을 드러냈다. 라디안은 뉴턴의 제자인 영국의 수학자 로저 코츠에 의해 처음 등장하였는데, 아직 이름 없이 개념적인 수준인 추상적인 상상의 세계에 머물러 있는 단계였다. 그가 발견해낸 각도의 개념이 수학적으로 의미가 있다는 것을 알아챘던 세인트앤드루스 대학교수였던 토머스 뮤어는 1869년 내내 이 개념에 라드(rad), 라디알(radial), 라디안(radian) 중 어떤 것으로 이름을 정할지 고민했었다고 한다. 그리고 1873년 퀸스 대학교 벨파스트의 물리학자였던 제임스 톰슨은 자신이 낸 시험 문제에 〈그림 9.14〉와 같이 정의된 각도를 라디안으로 처음 사용하였고, 이후 두 학자는 긴밀한 협의 끝에 1874년 마침내 라디안의 이름으로 결정하면서 실체화되었다.

이런 탄생배경을 지닌 라디안은 생소하기도 하고 개념적으로도 혼돈을 주는 반갑지 않은 손님이었지만 주인인 60분법을 내치고 그 자리를 차지하게 된다. 솔직히 1라디안과 $30°$ 중 어떤 것이 더 감이 오는가? $30°$는 직각을 3등분한 각도에 해당한다는 것이 쉽게 이해가 된다. 이런 불청객인 라디안이 왜 살아남아 수학의 한 축으로 활약을 하고 있는 것일까? 라디안이 3가지 분명한 장점이 있다.

첫 번째는 라디안이 호의 길이를 반지름의 길이로 나눈 비율이기에 무차원의 실수라는 점에 있다. 60분법은 자신의 태생적 한계로 애매한 단위를 지니고 있어 사칙연산이 되지 않는다는 단점을 지니고 있다. 아마 여러분들은 60분법 체계의 각도를 더하거나 빼는 것은 해보았겠지만 곱했던 경험이 없었으리라. 왜냐하면 곱하거나 나누는 것은 불가능하기 때문이다. $30° \times 30°$의 계산과 마주하였을 때 잠시 주저하다 900°라고 답을 할 수 있겠지만 뭔가 께름칙하다. 그럴 수밖에 없는 것이 1회전을 720°로 정의하였다면 30°는 60°로 바뀌어서 30°×30°가 아닌 60°×60°로 계산해야 된다. 1회전을 몇 도로 하느냐에 따라 다른 숫자가 등장한다. 이래서는 수학의 세계에서 들어올 수 없다. 벡터와 같이 자신이 가꾼 각도의 세계에서 연산을 통해 서로 연결이 되어야 하는데 임의적으로 각도를 정한 결과 덧셈과 뺄셈 외로는 연산으로의 기능이 없다. 그 점에서 호의 길이를 반지름의 길이로 나눈 무차원의 실수인 라디안은 사칙연산의 기능을 가지고 있어 최고의 선택이다.

두 번째는 호의 길이나 넓이를 계산할 때 라디안은 유용하게 쓰인다. 반지름 $r$인 원의 둘레와 넓이는 각각 $2\pi r$과 $\pi r^2$이다. 원은 각도로 보면 완전히 1회전한 $2\pi$라디안에 해당하므로, 둘레는 반지름 $r$에 간단하게 각도 $2\pi$를, 넓이는 $r^2/2$에 $2\pi$를 곱하면 된다. 각도가 60분법으로 표현되어 있으면 다시 라디안으로 바꾸는 수고를 해야 한다. 세 번째가 가장 결정타인데 삼각함수가 미적분과 조우하게 되면서이다. 그 이유는 다음 절에서 다루도록 하겠다.

하지만 수학적 의미가 없다고 60분법을 버리기에는 아까운 카드이다. 수학이라는 범주를 벗어나면 오히려 사용하는 사람들의 수가 라디안을 사용하는 수보다 훌쩍 뛰어넘기에 앞으로도 꾸준히 사용할 방법이다. "사람이 180° 바뀌었네."처럼 우리가 흔히 사용하는 말을 "사람이 $\pi$라디안 바뀌었네."라고 하면 너무 어색하지 않은가!

이쯤에서 잠시 숙제 하나를 해결하고 이야기를 계속 진행하여야 겠다. 7장에서 뉴턴은 중력이 거리의 역제곱에 비례한다는 사실을 달의 공전 주기로 확신을 가졌다고 하였다. 이때 이 문제를 삼각함수에서 다루겠다고 약속한 바가 있었는데 지금이 적기이다.

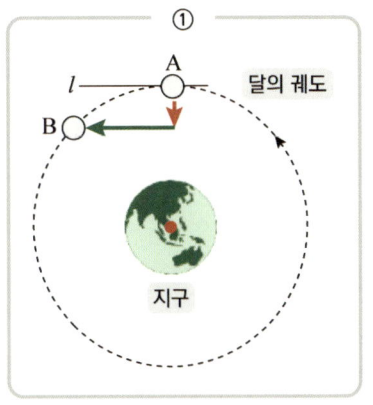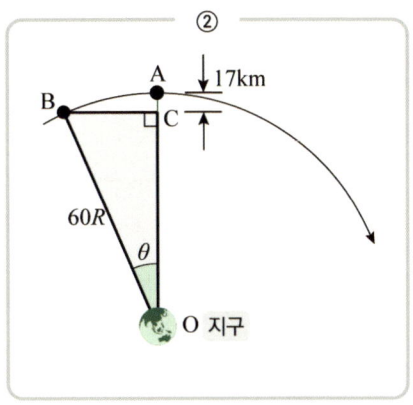

▲ 그림 9.16 ① 달이 중력으로 지구 쪽으로 낙하(붉은색의 화살표)하고 동시에 관성으로 점 A의 접선 $l$의 방향(초록색의 화살표)으로 움직인다. ② 이 과정을 더 세밀하게 보았을 때

달은 관성과 중력의 두 효과로 그림 ①과 같이 항상 원의 궤도에 안착하게 된다. 뉴턴의 위대한 의문인 날이 몰락하시 않은 이유이다. 뉴턴은 이렇게 해석한 달의 운동으로 달의 공전 주기를 계산한 결과 실제의 수치와 일치한다는 결과를 손에 넣음으로써 자신의 추론이 한 치의 오차가 없음을 확인하게 되었다.

지구 주위를 공전하는 달의 궤도 반경은 약 384,400km로 지구 반지름 $R(=6,370\text{km})$의 약 60배로, 그림 ②처럼 달이 A의 지점에서 B의 지점에 위치할 때 직각삼각형 OBC가 만들어지고 빗변의 길이 OB는 지구와 달의 거리가 되므로 $60R$이다. 이때 중력이 거리의 역제곱에 비례한다고 가정한다면 지구 반지름의 60배 떨어진 달을 지구가 당기는 중력가속도는 지상의 중력가속도 $9.8\ \text{m/sec}^2$보다 $60^2$만큼 작은 $2.7 \times 10^{-3}\text{m/sec}^2$으로 굉장히 천천히 낙하한다. 워낙 가속도가 작으므로 중력에 의해 떨어지는 거리는 매우 작을 것이라 동안 지구가 달에 미치는 중력가속도는 거의 변하지 않는다고 해도 무방하겠다. 그래서 갈릴레이의 낙하법칙 혹은 〈그림 8.1〉로부터

가속도가 $g$일 때 시간 $t$초 동안 낙하하는 거리는 $s = gt^2/2$이므로 달이 1시간 동안 낙하한 거리는 약 17km이다. 한편 달은 접선 방향의 관성으로 원의 궤도에 다시 재진입해야 하므로 〈그림 9.16〉②로부터 변 BC의 길이를 삼각법으로 구할 수 있다.

$$\cos\theta = \frac{60R - 17}{60R} = 0.999955729\cdots,$$

$\cos\theta$의 값이 0.999955729의 값이 나오는 각도 $\theta$가 약 0.00941 라디안이므로 달은 1시간에 0.00941라디안으로 회전한다는 뜻이 된다. 그리고 1회전이 $2\pi$라디안이므로 $2\pi$를 0.00941로 나눈 값 667.7이 달이 지구를 한 바퀴 회전하는 데 걸린 시간이다. 달이 지구를 한 바퀴 공전하는 데 약 27.8일이 소요된다는 것이다. 약간의 오차를 고려하더라도 실제 달이 지구를 한 바퀴 공전하는 시간 27.3일과 정확하게 일치한다. 그러므로 중력이 거리의 역제곱에 비례한다는 뉴턴의 가설은 실제 관측 결과와 일치하므로 이론으로 자리를 잡게 되었다.

## 접선의 기울기로 삼각함수 도함수 구하기

삼각함수에 대해 어느 정도 익혔으니 이 책의 목적에 맞춰 도함수를 알아볼 차례다. 먼저 $y = \sin x$의 도함수인데 이를 기하학적으로 유추해보도록 하겠다. 물론 도함수의 정의를 이용한 대수적 계산으로 얻어낼 수 있겠지만 오일러의 지침에 따라 어쩔 수 없을 때 사용하는 카드로 남겨두고, 가능한 범위에서는 기하학을 통한 시각적 효과를 극대화하여 독자들에게 명료하고 직관적으로 이해가 될 수 있도록 소개하려 한다. 그러한 정점은 복잡하고 난해한 추상적인 물리의 세계를 도식화하여 수많은 물리학도들에게 행복을 안겨 주었던 파인만이 아주 기본적인 사실을 바탕으로 그림을 통해 행성의 궤도가 타원이 될 수밖에 없음을 시각화하여 증명해내는 이 책의 14부에서 펼칠 마법이기도 하다.

$y = \sin x$의 도함수를 시각적인 방법을 우선으로 두면서 절제된 수식을 사용하여 도함수를 구하는 방법 두 가지를 소개하겠다. 첫 번째는 도함수가 주어진 함수의 각 점에서의 접선의 기울기의 값으로 이뤄진 함수라는 점을 이용하는 것이다.

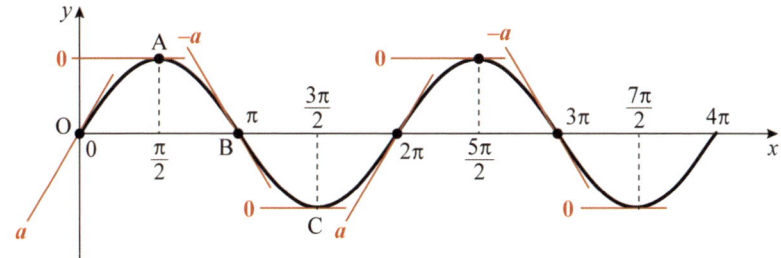

▲ **그림 9.17** 원점 O에서 점 A, B, C를 따라 변화하는 기울기의 추이

위의 그림은 $y = \sin x$ 위의 점들의 접선의 기울기의 추세로, $0 \leq x \leq \pi/2$의 구간, 즉 원점 O에서 점 A로 진행하는 과정에서 기울기를 보면, $x = 0$에서 접선의 기울기를 당장 알 수 없지만 $a$라고 할 때 $a$에서 0으로 서서히 감소하는 추세를 보이고 있다. 원의 대칭성의 속성을 그대로 함유하고 있는 $\sin$ 함수의 그래프의 특성상 $\pi/2 \leq x \leq \pi$의 구간은 $0 \leq x \leq \pi/2$의 구간에서의 개형과 좌우대칭의 형태를 가지므로 점 A에서 B로 진행하면서 기울기는 0에서

$-a$로 감소하는 추세를 보이는 것은 당연하겠다. 여기까지 추이를 따라왔다면 다음은 문제가 되지 않는다. 원점을 시작으로 $x = \pi$까지 기울기는 $a$에서 0, 0에서 $-a$로 지속적으로 감소하다가, $x = \pi$를 기점으로 이제는 역으로 증가하여 0을 거쳐 다시 $a$의 값까지 증가한다. 그리고 이후는 완전히 똑같은 과정의 연속이다. 따라서 $y = \sin x$ 위의 모든 지점에서 접선의 기울기가 곧 미분계수이고 이를 함숫값으로 하는 $y = \sin x$의 도함수 $y = d(\sin x)/dx$는 아래와 같은 개형이 예상된다.

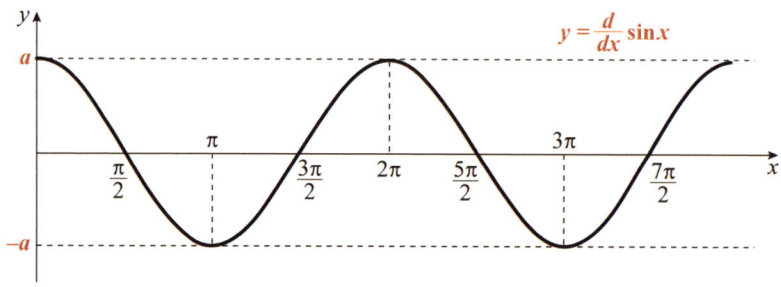

▲ 그림 9.18 $\sin x$의 도함수 $d(\sin x)/dx$로 추정되는 개형

　도함수 역시 $0 \leqq x \leqq \pi/2$ 구간에서 곡선의 모양이 좌우 대칭 혹은 점대칭으로 끊임없이 반복되고 있다. 당연하다 할 수 있는 것이 $\sin x$의 특성을 그대로 전달받게 될 것이기 때문이다. 그런데 $\sin x$의 도함수 $d(\sin x)/dx$의 개형은 또 다른 삼각함수 〈그림 9.14〉의 $y = \cos x$와 매우 흡사하다. 혹시 $\sin x$의 도함수는 $\cos x$? 충분히 납득이 갈 만한 유추이겠지만 엄밀성은 없기에 확신할 단계는 아니다.

## 무한소를 이용하는 방법

기하학적인 유추만으로 $y = \sin x$의 도함수가 $y = \cos x$가 될 것 같다는 기대감을 가지면서, $y = \sin x$의 도함수를 구하는 또 다른 방법에 대해 살펴보도록 하자. 이번에 소개할 방법은 삼각함수의 탄생의 근원인 단위원에 미적분의 유전자를 심는 방법이다. 첫 번째 방법보다는 어려운 느낌이 들겠지만 미적분 탄생의 기원이 되는 무한소의 개념에서 이끌어낸 것이라 충분히 쫓아갈 수 있을 것이다.

도함수를 구하는 방법은 정의인 〈식 7.11〉을 이용해도 되고, 또 다른 방법은 함수의 무한소, 즉 함수 $\sin x$에 무한소의 유전자 $d$가 붙은 $d(\sin x)$를 $dx$진법으로 나타냈을 때 $dx$의 일차항이 곧 $y = \sin x$의 도함수가 된다. 이때 $d(\sin x)$는 $\sin(x + dx) - \sin x$을 말하는 것이다. 그런데 이 식의 전개는 삼각함수에 익숙하지 않은 상태에서는 만만한 작업은 아니다. 그래서 우리는 삼각함수의 탄생을 불러낸 단위원의 도움을 받아 접근하는 것이 좋겠다.

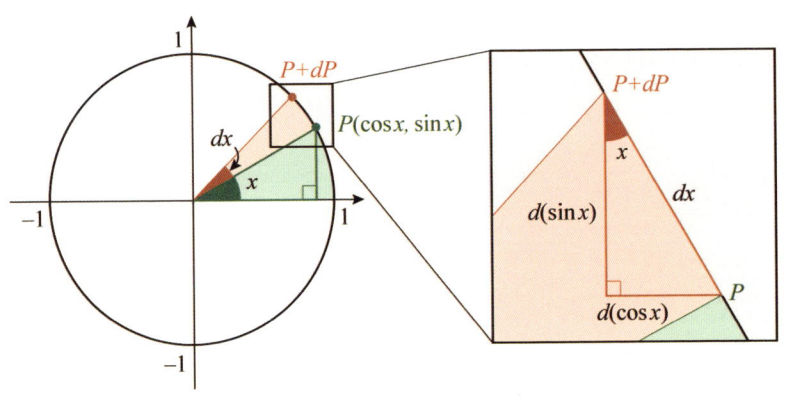

▲ **그림 9.19** $x$와 $x + dx$의 두 각도의 좌표 변화량

〈그림 9.19〉에서 각도 $x$가 $dx$만큼의 증분의 변화가 일어났을 때 각도 $x$에 위치한 점 P($\cos x$, $\sin x$) 역시 무한소의 변위 $dP$가 발생하는데, 기호로 표현하면 각도 $x + dx$에 점 P $+ dP$가 위치하는 셈이다. 좌표별로 정리하면 아래와 같다.

〈식 9.20〉     P         →         P $+ dP$
  $(\cos x,\ \sin x)$     $(\cos(x + dx),\ \sin(x + dx))$

우리는 $y = \sin x$의 도함수를 구하는 것이 목적이므로 $x$축은 생략하고 $y$축 좌표의 변화량 $\sin(x + dx) - \sin x$, 즉 $d(\sin x)$에만 초점을 맞추겠다. 이제 $dx$가 무한소라는 실체로 발현되는 상황을 상상하자. 원래는 P와 P $+ dP$의 두 점은 곡선으로 연결되어 마땅하지만, 무한소 $dx$가 곡선에서 직선으로 건너가게 하는 통행증이라는 사실을 알고 있기에 곡선의 성분이 빠진 직선의 성분만이 남게 된다. 그런 상상의 완성도가 확대한 〈그림 9.19〉의 오른쪽 그림이다. 이렇게 만들어진 붉은색 테두리의 직각삼각형과 왼쪽 그림의 초록색 삼각형이 서로 닮은 직각삼각형이라는 점을 적극 활용하면, 붉은색 직각삼각형의 빗변의 길이는 $dx$, 그리고 밑변은 $\sin x\, dx$, 높이는 $\cos x\, dx$라는 사실을 어렵잖게 얻어낼 수 있다.

결과적으로 각도 $dx$의 변화에 대해 $y$축의 좌표의 변화량은 $\cos x dx$임을 알 수 있다. 이것이 곧 $y$축 좌표 $\sin x$의 무한소의 변위 $d(\sin x)$와 정확하게 대응된다.

$$d(\sin x) = \cos x dx \ \text{혹은} \ \frac{d(\sin x)}{dx} = \cos x$$

첫 번째 방법으로 $\sin x$의 도함수가 $\cos x$이지 않을까 하는 추론이 가능했지만 확신은 가지지 못했다. 그러나 두 번째 방법을 통해 보다 직접적으로 $\sin x$의 도함수가 $\cos x$임을 명확하게 확인할 수 있게 되었다. 첫 번째 방법이 직감적인 면에서 장점이 있었다면 두 번째 방법은 직감적인 면은 떨어지나 수학적 엄밀성이 무장된 결과이다.

$\sin x$의 도함수를 구했으니 다음은 $\cos x$이다. 그런데 이것은 이미 구한 것과 진배없다. $\sin x$의 도함수를 접선의 기울기로 추정한 방법으로도 충분히 유추할 수도 있겠지만, 무엇보다 이미 〈그림 9.19〉에 답이 적혀 있다. 점 P의 $x$축의 무한소 변위 $d(\cos x)$가 붉은색 직각삼각형의 밑변의 무한소 변위 $\sin x\, dx$에 해당하기 때문이다. 그런데 조심할 것은 방향이 반대로 되어 있다는 점 때문에 음의 부호가 붙어야 한다.

$$\frac{d(\cos x)}{dx} = -\sin x$$

정리하자면 $\sin x$의 도함수가 $\cos x$, $\cos x$의 도함수가 $-\sin x$로 두 함수는 서로 모습을 주고받고 있다. 이런 특성은 당연히 단위원에서 두 함수가 탄생했기 때문에 미뤄 짐작할 수 있다. 세상이 양과 음의 조화로 구성되었듯이 sin과 cos이 그런 관계로 단위원으로 삼각비를 정의한 데에서 비롯된 것이다.

다음 할 일은 sin과 cos을 적분한 함수, 즉 원시함수를 찾아야하는데 고민거리도 되지 않는다. 미적분의 기본 정리로 $\sin x$를 적분하면 $-\cos x$, $\cos x$를 적분하면 $\sin x$가 될 것이기 때문이다.

$$\int \sin x dx = -\cos x + c$$

$$\int \cos x dx = \sin x + c$$

$\sin x$와 $\cos x$의 도함수가 각각 $\cos x$와 $-\sin x$로 처리할 수 있게 한 공신이 라디안이다. 각도 $x$가 60분법의 각도라면 $\sin x$의 도함수는 $\cos x$의 꼴은 되겠지만 상수가 추가되어 더 복잡해진다. 삼각함수의 미적분에 관련하여 남은 하나는 $\tan x$의 도함수이다. 그런데 기하학적인 첫 번째 방법인 기울기로 추론해내기가 매우 까다롭다. 곡선의 개형까지는 어느 정도 알아낼 수 있지만 이 곡선이 도대체 어떤 함수인지 알기가 참 요원하다. 다행인 점은 무한소를 활용한 두 번째 방법으로 $\tan x$의 도함수를 성공적으로 얻어낼 수 있다.

$\tan x = \sin x / \cos x$는 $\sin x$를 $\cos x$로 나눈 것이므로 22장에서 다뤘던 나눗셈 공식에 그대로 대입하면 어렵지 않게 유도가 가능하다.

$$\frac{d}{dx}\left(\frac{\sin x}{\cos x}\right) = \frac{1}{\cos^2 x}$$

$\tan x$의 도함수가 $1/\cos^2 x$라는 것은 확인했는데 적분이 문제이다. 그러니까 무슨 함수를 미분해야 $\tan x$가 나오는지 알아내기가 어렵다. 하나의 숙제를 해결하였는데 $\tan x$를 적분하여 얻어질 원시함수의 정체에 관련한 또 다른 수수께끼가 숙제로 남게 되었다.

# 26<sub>장</sub> 푸코의 진자

## 각속도

기억하실지 모르겠지만 갈릴레이의 진자로 무리함수를 설명하면서 진자와 관련한 또 하나의 이야기를 삼각함수에서 다루겠다고 약속을 한 바가 있었다. 이번 장에서 그 이야기로 삼각함수 편을 마무리하고자 한다.

우리는 지구가 자전한다는 사실을 아무 의심 없이 받아들이고 있지만 솔직히 어느 누구도 지구가 회전하고 있음을 인지하지 못한다. 코페르니쿠스 이전 모든 사람이 지구는 움직이지 않고 우주의 중심이라는 천동설을 믿을 수밖에 없었던 가장 큰 이유이다. 하지만 지동설이 발표된 이후 이제 모든 사람들은 지구가 스스로 하루에 한 번 지축을 중심으로 회전한다는 사실을 받아들이고 있다. 그렇다면 지구가 어느 정도의 속도로 회전하고 있기에 우리가 인식하지 못하는 것일까?

위의 질문에 답을 얻기 위해 우리는 또 하나의 중요한 물리량인 각속도에 대해 이해하고 시작해야겠다. 회전속도라고도 하는 각속도는 주어진 시간 간격 동안 어느 정도의 각도로 회전했느냐를 나타내는 척도로 통상 $\omega$(오메가)라는 기호를 사용한다. 1초를 기준으로 1바퀴 회전하였다고 하면 $2\pi$라디안을 회전한 셈이므로 각속도는 $2\pi \text{rad/sec}$이다. 이 각속도의 정의에 따라 지구의 각속도 $\omega_e$가 얼마가 될지 알아보자. 지구는 하루에 한 번 회전하므로 $2\pi\,\text{rad/day}$ 이다. 그리고 하루가 86400초이므로 $\omega_e$는 약 $7.17\times10^{-5}\,\text{rad/sec}$으로 꽤나 느리게 회전한다.

잠시 일반적으로 다뤄왔던 속도와 비교할 필요가 있겠다. 먼저 각속도의 용어와 혼선을 줄 우려가 있어서 직선 운동의 속도를 선속도라 구분하여 부르기도 한다. 그런데 같은 속도라는 명칭이 붙어있지만 결정적으로 두 물리량의 단위가 다르다는 점에 주목할 필요가 있다. 각속도는 회전한 각도 'rad'를 시간 'sec'로 나눈 것인데 각도의 단위인 'rad'가 차원이 전혀 없는 단위이기 때문에 사실상 각속도의 단위는 '/sec'의 단위인 셈이다. 그래서 각속도를 선속도와 같은 단위가 되기 위해서는 거리의 항이 곱해져야 한다. '4부'의 13장에서 접했었던 회전력이 중력에 회전축과의 거리를 곱한 것이었는데 회전력과 각속도는 같은 형제이다.

해머를 되도록 멀리 던지려면 어떻게 해야 할까? 핵심은 해머를 손에서 놓는 순간 접선 방향의 선속도를 최대화하는 방법이다. 직감에 맡겨서 생각한다면 회전하는 속도, 즉 각속도가 빠를수록 선속도가 커지게 될 것이다. 너무 당연하다. 선속도에 영향을 끼칠 또 다른 인자는 해머의 회전 반경이 되겠다. 길이 1m와 2m의 줄에 매단 해머를 같은 각속도로 회전시키면 어떤 해머를 더 멀리 던질 수 있겠는가? 당연히 2m이다. 같은 각속도로 회전한다는 전제하에서 줄의 길이가 길수록 해머는 더 멀리 날아간다. 물론 현실적으로는 인간의 육체가 지닌 한계가 있어서 줄의 길이가 길수록 회전시키기가 버거워져 각속도가 줄어들게 되겠지만 말이다.

어쨌든 해머를 멀리 던지기 위해서는 각속도와 줄의 길이를 크게 할수록 해머의 선속도도 커진다는 우리의 직감은 현실과도 당연히 일치한다. 그리고 물리학에서는 이 관계를 명확한 언어인 수식으로 구체화하였다. 각속도를 $\omega$rad/sec, 줄의 길이이자 회전 반경을 $r$m이라 할 때 선속도 $v$는 $r\omega$m/sec로 된다.

비록 지구의 자전 각속도 $\omega_e$가 작다고 할 수 있지만 실제 물체가 느끼는 속도는 반지름 $r$을 곱한 값 $r\omega_e$이 되므로 상당한 속도가 된다.

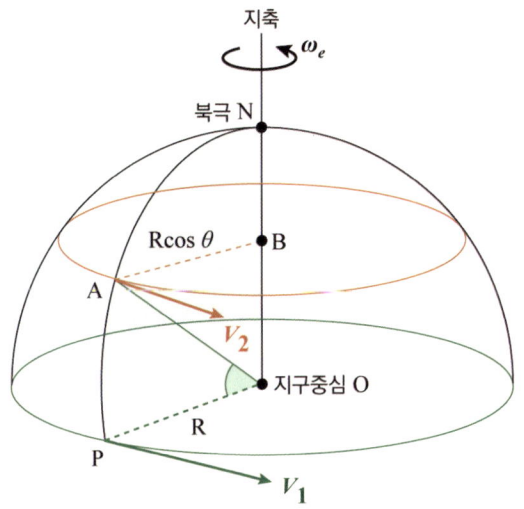

▲ **그림 9.21** 지구 위 N, A, P와 지축과의 거리에 따른 선속도

북극 N에 있는 사람과 적도 P에 위치한 사람은 같은 지구 위에 있으므로 지구 자전에 의해 발생한 각속도는 동일할 것임은 자명하다. 하지만 선속도는 그렇지 않다. 선속도는 지구의 자전이 갑자기 멈췄다고 가정하였을 때 이후의 발생 상황을 떠올리면 쉽게 판단이 가능하다. 지구의 자전은 북극 N와 남극 S를 잇는 선을 중심축으로 회전한다. 그래서 북극 N에 있는 사람은 제자리에서 빙빙 회전하므로 지구의 자전이 멈췄다고 어느 한쪽으로 기울어지지 않는다. 지구의 자전 각속도가 너무 느려서 아마도 지구가 멈췄는지조차 모를

수 있다. 하지만 적도 A에 있는 사람은 다르다. 적도 P의 지점의 선속도는 지구의 각속도 $\omega_e$에 지구의 반경인 $R$을 곱한 $R\omega_e$이다. 지구의 반지름 $R$은 약 6,370km, 지구의 각속도 $\omega_e$는 $7.17 \times 10^{-5}$ rad/sec이므로 적도 P에 위치한 사람의 선속도는 456.7m/sec이다. 시속으로 따지면 1,644km/hour에 해당하여 비행기나 소리의 속도*보다도 더 빠른 속도로 회전하고 있다. 지구의 자전이 갑자기 멈춘다면 극지방에 있는 사람은 문제 없겠지만 적도에 있는 사람은 상상을 초월하는 속도로 날아가게 된다. 지구의 각속도가 작아서 선속도도 작은 값이라 생각되었겠지만 지구의 반경이 상당한 크기라 의외로 엄청난 선속도의 성분을 지니고 있다.

적도와 북극의 선속도가 차이가 있듯 일반적으로 위도 $\theta$에 따라 선속도는 모두 다르다. 〈그림 9.21〉의 A에 위치한 관측자는 붉은색의 원을 회전하게 되고 이때 이 원의 반경은 $R\cos\theta$이므로 선속도는 $R\omega_e \cos\theta$가 된다.

## 코리올리 효과

해머 던지기의 원리처럼 회전하는 원판 위의 물방울이 중심에서 멀리 떨어질수록, 또 각속도가 클수록 더 많이 원판에서 밀려나가는 현상이 우리 지구 위에서도 벌어지고 있는 것이다. 특히 적도에서는 상당한 선속도였다. 그럼에도 지구 밖으로 날아가지도 않고 회전조차 느끼지 못하는 것은 분명 지구가 당기는 중력의 크기가 상당하기에 그러할 것이다. 지구의 자전과 중력의 관계에 대한 자

---

*평균적으로 비행기의 속도는 800km/hour, 소리는 1,200km/hour

세한 내용은 뒤에서 다시 다룰 기회가 있다.

이렇게 빠른 선속도를 가지고 있음에도 우리가 지구의 자전을 직접 느낄 수 없다면 실험으로 확인할 수밖에 없다. 어떻게? 지구의 자전으로 영향을 받는 실험을 구성하여야 하는데 쉽게 떠올려지지 않는다. 당장 생각해낼 수 있는 것은 과거 사람들이 지동설을 믿지 못했던 이유인 위로 던진 물체가 제자리로 떨어진다는 점에 착안하여 엄청나게 높은 위치에서 떨어뜨린 물체가 연직선 위치에 도착하느냐로 판별할 수도 있겠다. 하지만 공기라는 제어하기 힘든 존재로 현실적으로 불가능하다. 우리의 머리로는 해결책을 찾기 힘들지만 시대마다 희대의 천재는 있기 마련이다.

1851년 프랑스의 과학자 장 레옹 푸코(1819~1868)가 인류 최초로 지구의 자전을 실험석으로 증명하는 개과를 올렸다. 그의 증명을 이해하기 위해서는 코리올리 효과*라 부르는 전향력에 대해 우선적으로 이해할 필요가 있다. 전향력이란 자전하는 지구에서 살고 있는 우리가 운동하는 물체를 볼 때 가해지는 힘이 존재하지 않음에도 이동 방향을 바꾸게 하는 가상의 힘을 일컫는다. 말이 어려우니 〈그림 9.22〉를 보며 이해하도록 하자.

북극 N에서 A 지점을 향해 속도 $v$로 포탄이 발사되었다. 뉴턴이 힘의 법칙을 발견하는 데 혁혁한 공을 세웠던 바로 그 포탄으로 지구 주위를 원의 궤도로 회전할 수 있는 속도로 발사되었다고 하겠다. 포탄은 발사된 순간 지상에서 벗어났기에 더 이상 지구와 같이 움직이지 않고 발사된 그 순간의 속도로 관성에 의한 직선 운동과 지구가 당기는 중력에 의한 낙하 운동을 하며 원운동을 하게 된다.

---

*프랑스의 수학자, 기계공학자이자 과학자인 가스파르 귀스타브 코리올리(1792~1843). 이번 절에서 설명될 전향력의 존재를 처음 찾아냈다.

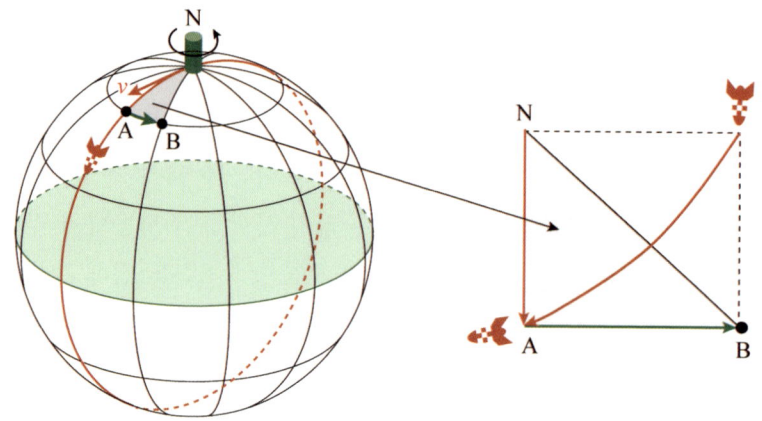

▲ 그림 9.22 북극 N에서 점 A를 향해 발사된 포탄의 운동

달의 운동과 같다. 물론 공기로 불가능하지만 무시하기로 하겠다. 지구 밖 우주에 있는 와트너가 보는 포탄은 흔들림 없이 처음 목표로 한 A의 지점을 향해 NA의 붉은색 원의 궤도를 따라 정확하게 움직인다.

하지만 지구 위 A의 지점에 있는 관측자가 보는 포탄의 운동은 전혀 다르다. 포탄은 실제 처음 자신이 위치한 A의 지점으로 운동하겠지만 지구의 자전으로 관측자는 포탄이 목표 지점 A에 오는 동안 B의 지점으로 이동하게 되기 때문이다. 그래서 자신이 정지해 있다 여기는 관측자는 오른쪽 그림과 같이 서서히 왼쪽으로 꺾어지는 붉은색의 곡선 경로를 따라 포탄이 운동하는 것처럼 보이게 된다. 포탄은 달과 같은 원운동할 뿐임에도 말이다.

지구 위에 있는 관측자 입장에서 포탄의 운동을 어떻게 해석해야 할까? 우주의 운동을 관장하는 뉴턴의 힘의 법칙으로 포탄의 궤적을 설명하기 위해서는 중력 외로 포탄을 휘어지게 하는 힘의 존재를 상정하지 않고서는 해석할 수가 없다. 그런데 그런 힘이 있는가? 명백하게 실재하지 않는다. 포탄은 오직 중력과 관성에 의한 운동만 할 뿐이다. 하지만 A에 있는 관측자 입장에서 포탄의 운동을 해석하기 위해서는 어쩔 수가 없다. 실재하지 않지만 오른쪽 그림과 같이 포탄을 휘게 만드는 가상의 힘이 존재한다는 설정 하에서만 포탄의 운동의 설명이 가능하다. 이렇게 전혀 존재하지 않지만 도입된 가상의 힘인 전향력을 물리학에서는 관성력(inertial force, 慣性力) 혹은 겉보기힘으로 칭하고 있다. 관성력은 가속으로 운동하는 공간 안에 있는 관찰자의 착각으로 마치 존재하는 것처럼 느껴지는 가상의 힘으로 지금 다루고 있는 전향력과 함께 원심력이 대표적으로 속한다. 아인슈타인이 일반상대성 이론을 만들어내는데 결정적 기여를 한 물리량이기도 하다.

이번에는 포를 적도로 이동시켜 억시 A의 시점을 향해 발사된 포탄의 운동이다.

적도 위의 점 P에서 발사된 포탄은 생각해야 할 점이 한 가지 추가된다. 북극과는 달리 포의 발사로 인해 생긴 속도 $v$ 외에 지구 자

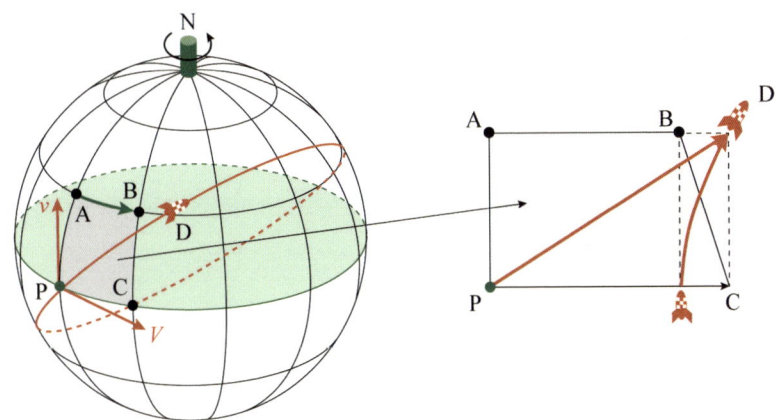

▲ 그림 9.23 적도 위의 점 P에서 점 A로 포탄이 날아가는 경우

전에 의한 선속도 $V$가 추가되기 때문이다. 발사되기 전의 포탄은 지구 위에 놓였으므로 지구 자전에 의해 궤도 방향의 선속도 $V$를 이미 간직하고 있는 것이다. 그래서 포탄은 발사속도 $v$와 선속도 $V$의 두 벡터의 합에 의한 속도로 붉은색의 원의 궤도를 따라 운동을 하게 된다.

한편 적도보다 위도가 더 높은 점 A에 있는 관측자의 자전방향의 선속도는 적도에 위치한 포탄보다 작은 선속도를 가진다. 두 지점의 선속도의 차이는 포탄이 관측자와 동일한 위도 선상에 도착하였을 때, 즉 관측자가 점 B에 도달할 때 포탄은 점 D에 도착하게 된다. 결과적으로 오른쪽 그림과 같이 관측자는 포탄이 붉은색의 곡선 궤도를 움직이는 운동으로 보인다. 극에서 쏘아올린 포탄처럼 전향력이 존재한다고 해야 해석이 가능한 포탄의 운동 궤적이다. 물론 지구 밖 와트너가 보는 포탄의 운동 궤적은 포에서 발사된 속도 $v$와 지구 자전의 궤도 방향의 각속도 $V$가 합성된 방향의 관성운동을 하면서 중력에 의해 방향을 바꾸는 붉은색의 원의 궤도이다.

북극이든 적도이든 지구 어느 위치에 있건 회전하는 지구 위에 있는 우리의 입장에서는, 위도에 따른 접선 방향의 속도 차이로 인해 포탄은 휘어지게 되고, 이 현상을 해석하기 위해 어쩔 수 없이 전향력이라는 가상의 힘이 존재하는 것으로 하여 포탄의 운동을 해석해야 하는 것이다.

## 회전하는 푸코의 진자

전향력에 의한 자연 현상은 쉽게 관측이 가능하다. 우리나라를 기준으로 북쪽에서 불어오는 바람은 중국 쪽으로, 남쪽에서 오는 바람은 일본 쪽을 향하는 데서 찾아볼 수 있다. 태풍이 우리나라를 향하다가 일본으로 방향을 틀게 되는 이유가 지구의 자전에 의한 전향력 때문이다. 단적으로 말하면 움직이는 모든 물체는 전향력에 의해 오른쪽으로 항상 휘어지게 된다. 반면 관측자의 입장에서는 왼쪽으로 방향이 틀어지며 운동하는 것으로 보인다. 조심할 것은 우리가 북반구에 위치하다보니 그렇지 남반구의 경우는 반대 방향으로 전향력이 발생한다.

전향력의 효과는 여러분의 가정에서도 쉽게 찾아낼 수 있다. 욕조나 세면대에 물을 받아놓고 잔잔해질 때까지 기다린 후 물을 빼면 항상 반시계 방향으로 소용돌이치면서 물이 빠지는데 그 이유가 전향력 때문이다. 물론 남반구에서는 반대로 시계 방향으로 물이 빠지게 된다. 이것만으로 지구가 자전한다는 것을 입증하는 셈이

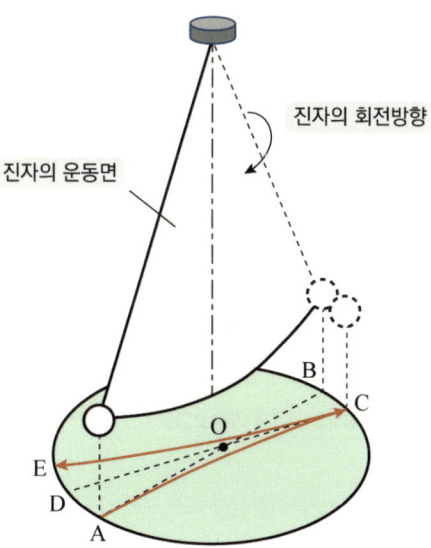

▲ 그림 9.24 실에 매달린 추는 A에서 B로 이동하는 동안 전향력에 의해 오른쪽으로 약간 치우친 C의 지점에 도달한다.

다. 하지만 더 극적으로 보여준 실험을 푸코가 보여주는 데 성공했다.

지구의 자전에 의해 발생되는 전향력을 충분하게 인지하고 있던 푸코는 지구의 자전을 입증할 실험 기구로 갈릴레이의 진자를 사용하였다. 뜬금없이 진자를 통해 전향력의 존재를 증명하겠다니 무슨 말인가 의아해하시리라. 하지만 단진자에 숨겨진 또 다른 비밀을 꿰뚫어본 푸코의 생각을 엿본다면 그의 비상함에 감탄할 수밖에 없다.

진자의 추는 지상에서 떨어져 운동하므로 지구와 같이 움직이지 않고 포탄처럼 전향력에 의해 진행 방향의 오른쪽으로 휘어진다. 따라서 점 A에서 움직이기 시작한 추는 원래는 중심 O를 지난 점 B를 향해야 되겠지만 전향력에 의해 오른쪽으로 약간 치우친 C의 지점에 도달하게 된다. 마찬가지로 C에 도착한 추는 중심 O를 지나 반대 지점인 점 D를 향해야겠지만 역시 전향력에 의해 오른쪽으로 치우쳐진 E의 지점에 도달한다. 이렇게 조금씩 오른쪽으로 추가 이동하는 운동을 연속적으로 보았을 때가 아래의 그림이다.

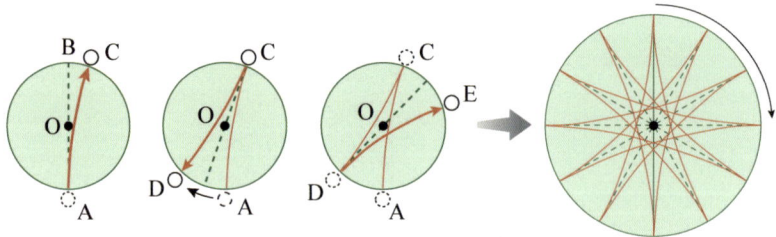

▲ 그림 9.25 위에서 바라보았을 때 추의 운동 궤적

그림만으로 추의 운동을 충분히 알 수 있다. 푸코는 진자가 위와 같이 시계 방향으로 한 바퀴 회전하게 되는 현상을 실험적으로 보임으로써 지구 자전에 의한 전향력의 존재를 입증하려 한 것이다.

그는 실험에서 가장 위험한 존재인 공기의 저항을 최소화하고 오랫동안 진동이 가능하면서 동시에 전향력의 크기를 느끼도록 구성하기 위해 28kg의 납과 구리로 된 금속구를 길이 67m의 줄에 매단 진자를 제작하여 1851년 프랑스 파리의 판테온 신전에 설치하였다. 그리고 그의 진자는 자신의 기대를 저버리지 않고 32시간 만에 한 바퀴 회전함으로써 지구의 자전에 의한 전향력의 존재를 입증하는 데 성공하였다.

그런데 이상하지 않나? 지구의 자전은 24시간인데 왜 32시간인가? 이유는 위도에 따른 전향력의 차이에 기인한다. 앞서 〈그림 9.22〉와 〈그림 9.23〉에서 전향력으로 인해 포탄의 휘어지는 정도가 북극에서 더 크게 그려진 것을 볼 수 있다. 단순히 그림으로 표현하다 보니 우연찮게 그려졌다고 할 수 있겠지만 실제에 부합되게 그려진 것이다. 위도가 높은 지역일수록 전향력의 세기가 크다는 것을 뜻한다. 이처럼 전향력의 차이가 발생되는 근본적 이유는 지구 자전에 의한 선속도가 $\cos\theta$의 함수이기 때문이다.

위도 $\theta$에서 선속도 $v_\theta$는 〈그림 9.21〉에서 잘 설명되었지만 $R\omega_e \cos\theta$이다. 반지름 $R$과 각속도 $\omega_e$는 고정된 값이라 생각할 필요가 없으므로 선속도는 오직 $\cos\theta$에 비례한다. 이제 $0 \leq \theta \leq 90°$의 범위에서 cos 함수를 생각하시라. $\theta = 0$도, 즉 적도에서 가장 큰 값 1이고 이후 꾸준히 감소하다가 북극에 해당하는 $\theta = 90°$일 때 가장 작은 0의 값을 가지므로 선속도 역시 적도에서 가장 크고 북극에선 0이 된다. 그런데 주목할 것이 그래프의 모양이다. 분명 1에서 0의 값으로 꾸준히 감소하지만 $\theta$가 90°에 가까워질수록 감소되는 양이 커지고 있다.

적도 A, 위도 $\theta_B$의 B, 위도 $\theta_C$의 C, 그리고 북극 N의 4개의 지점

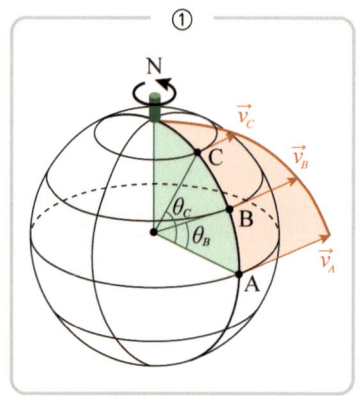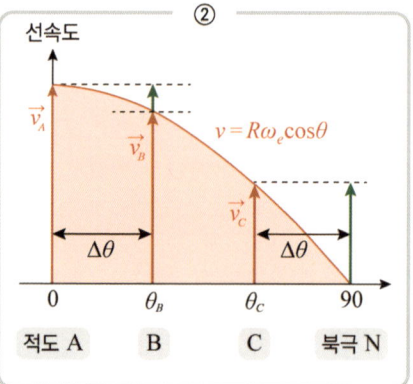

▲ 그림 9.26 북극과 적도에서 각각 같은 간격의 $\Delta\theta$의 위도에서의 전향력의 차이

이 같은 경도(굵은 검은색의 곡선)에 놓여 있고, 각 지점에서 선속도는 $\vec{v}_A$, $\vec{v}_B$, $\vec{v}_C$이다. 북극에서는 선속도는 0이다. 4개의 점이 모두 같은 경도에 있으므로 선속도의 방향은 같고, 크기만 차이가 있을 뿐이다. 그림 ①의 붉은색의 영역이 선속도들이 놓인 곡면으로, 이 곡면을 평면으로 펼친 모양이 그림 ②이다. 선속도의 크기가 위도 $\theta$일 때 $R\omega_e\cos\theta$이므로 위도에 따라 배열된 선속도가 만들어내는 곡선은 $y = \cos\theta$의 모양을 따르게 된다. 이때 A와 B, 그리고 C와 N의 각도 차이가 $\Delta\theta$로 동일할 때 그림으로도 명확하게 보이지만 적도 근처의 구간에서의 선속도의 차이인 초록색의 화살표 크기가 더 적다. 이 차이가 고스란히 전향력의 크기와 밀접하게 연결되므로 극지방에서 전향력이 더 클 수밖에 없는 것이다.

이런 이유로 적도에서는 전향력이 거의 0이어서 단진자의 회전이 일어나지 않는다. 반면 전향력이 가장 큰 북극에서는 지구가 자전하는 시간과 동일한 24시간 만에 진자의 1회전이 가능하다. 실제 위도가 $\theta$인 곳에서 진자의 진동면이 회전하는 데 걸리는 시간은

24/sin θ이다. 푸코가 실험한 프랑스 파리의 위도가 49°이고, sin49°는 약 0.75이므로 이론적으로 1회전 하는 데 32시간이 소요된다. 이 사실을 인지하고 있던 푸코는 자신의 진자가 32시간 만에 한 바퀴 회전하는 것으로 지구의 자전을 실험적으로 입증하는 데 성공한 것이었다.

# 10부

# 지수와
# 로그함수

27장 세상에서 가장 큰 수

28장 지수와 로그

29장 수의 여왕 자연 상수

30장 로그함수의 도함수

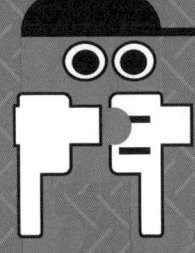

> 천문학적인 숫자들의 곱과 제곱근의 계산을 단순한 덧셈으로
> 환원시킬 뿐더러 미적분의 빈틈을 메꿔 완전체를 이루게 한
> 로그 이야기를 담았다.

로그의 창안자 네이피어

# 27<sub>장</sub> 세상에서 가장 큰 수

## 기하급수

어떤 일꾼이 만석꾼에게 30일 동안 일을 해주는 조건으로 첫날에는 쌀알 한 톨, 둘째 날에는 두 배인 두 톨, 다음날은 그 두 배인 네 톨, … 이렇게 품삯으로 전날의 2배의 쌀알을 요구하였다, 잠시 생각에 잠기던 만석꾼은 흔쾌히 동의하였다. 일주일 지나도 하루 품삯으로 대충 쌀알 100톨 정도에 불과하니 너무도 자신에게 유리한 계약이라 판단하였다. '아주 멍청한 일꾼 덕에 인건비 하나 크게 줄이겠군.'이라고 생각하면서.

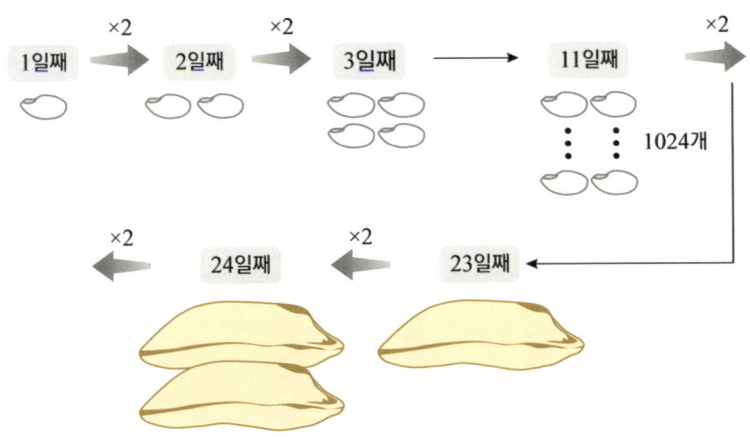

▲ **그림 10.1** 일꾼은 매일 2배씩의 쌀알을 받으므로 11일째에는 1,024개의 쌀알을 받는다. 이후 10일이 더 지나면 이번에는 100만 개가 넘는 쌀알, 23일째면 쌀 한 가마니 정도를 너끈히 받는다. 다음날은 쌀 두 가마니, 이렇게 6일만 지나면 쌀 100가마니를 훌쩍 넘어선다.

과연 그러할까? 한 번 계산해보자. 쌀 한 톨의 무게가 0.01~0.02g 정도이고 쌀 한 가마니는 80kg이므로, 한 가마니에 있는 쌀알의 개수는 대략 500만 톨 정도이다. 따라서 23일째이면 쌀 한 가마니를 받게 된다. 이후는 쌀 한 가마니가 2배씩 증가하니 엄청난 양이 된다.

매일 2배로 증가하는 것이 얼마나 대단한지 알려주는 풍자적 이야기다. 한 달이 아닌 1년으로 했으면 쌀가마니의 수가 어느 정도일지 가늠도 되지 않는다. 수학에서 이러한 증가를 기하급수라 칭한다. 아마 충분히 들어봤음 직한 이 단어는 위의 이야기처럼 폭발적으로 증가하는 것을 가리킬 때 쓰인다. 그런데 원래 기하급수의 정확한 뜻은 '무언가의 성장이 크기나 양에 비례한다'이다. 현재의 수준에 의해 다음의 양이 결정된다는 것으로 기하급수의 핵심을 잘 축약한 문장이다.

그림에서 증가분에 해당하는 붉은색의 막대기는 정확하게 전날의 양에 비례하여 결정되며, 기하급수의 의미를 잘 따르고 있다. 그 결과 전체의 양이 매일 $1+a$배씩 증가하고 있고, 쌀알의 경우를 위

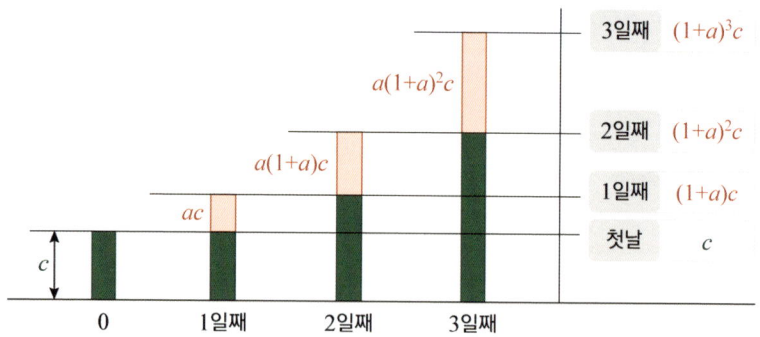

▲ **그림 10.2** 처음 크기가 $c$이고, 전일의 양의 $a$배만큼 증가되는 물질이 있다. 1일째는 $c$의 $a$배인 $ac$가 증가해 총 량은 $(1+a)c$, 2일째는 1일째의 양 $(1+a)c$의 $a$배인 $a(1+a)c$가 추가되어 총량은 $(1+a)^2c$이다. 같은 방법으로 3일째는 $(1+a)^3c$이다.

의 그림으로 해석하면 첫날의 쌀알의 수가 1개이므로 $c=1$, 그리고 매일 2배씩 증가하므로 $a$는 1이 되어 날짜별로 받게 될 쌀알의 개수는 $1, 2, 2^2, 2^3$씩 증가한다.

잠시 수학의 표기법 하나를 소개하자면 $2 \times 2 \times 2 \times 2 \times 2$와 같이 같은 수를 거듭해서 곱해지는 거듭제곱의 꼴을 $2^5$으로 간단하게 표현한다. 수학에 관심 없는 분들도 충분히 알만한 표기법으로 이때 2를 밑이라 하고 위첨자 5를 지수라 부른다. 2를 5번 곱할 때 적어야 되는 불편을 곱해지는 횟수인 5를 위첨자로 한 간단히 표기할 수 있는 너무도 편리한 기호 체계이다. 이렇게 편의성만으로 도입된 지수는 삼각비가 삼각함수로 진화하여 수학의 중요한 한 축을 담당하게 되었듯 자신의 탄생 배경의 한계를 뛰어넘으며 수학을 더욱 풍부하게 만드는 일등공신이 되었다. 이번 장은 이런 지수의 이야기이다.

기하급수가 얼마나 빠르게 수를 증가시키는지 또 하나의 사례를 소개하겠다. 두께가 0.1mm이라 하고 사이즈가 210mm×297mm인 A4 용지를 반으로 접었을 때 두께는 0.2mm가 된다. 두 번 접으면 0.4mm, 세 번 접으면 0.8mm가 되고, 이렇게 접어나가면 7번까지는 어찌어찌해서 접을 수 있지만 8번째는 불가능에 가까워진다. 7번까지 접었을 때 두께는 계속 증가해 12.8mm가 되지만 반면 사이즈는 계속 감소하여 대략 26mm×19mm 정도로 작아진다. 여기서 한 번 더 접으려고 할 때 두께가 오히려 종이 사이즈를 넘어가게 되기 때문에 불가능한 작업이 되는 것이다. 무리하게 시도하게 되면 아마 종이가 터지는 일이 발생하리라. 기하급수가 가지는 위력을 체감하기 위한 것이므로 이제 종이 사이즈의 제한을 없애고 항상 반으로 여유롭게 접을 수 있다고 가정하고 두께만 신경 쓰겠다.

누구나 계산할 수 있겠지만 36번 만에 접혀진 종이의 두께는 지구의 반경 6,371km보다 더 큰 6,872km값이 나오게 될 것이고, 50번 접으면 지구와 태양 사이의 거리 $1.5 \times 10^8$km와 비슷한 약 $1.125 \times 10^8$km이다. 대단하지 않은가. 물론 50번 접을 만한 종이는 존재하지 않아 불가능한 작업이지만 단지 두께가 0.1mm에 불과한 종이만으로 지구와 태양 사이의 거리를 가볍게 뛰어넘는다는 사실은 기하급수가 엄청난 수의 세계로 우리를 안내하고 있는 것이다.

## 그레이엄 수 $g(64)$

그러면 세상에서 가장 큰 수는 무엇일까? 질문이 잘못되었다. 무한한 수의 세계에서 가장 큰 수라는 것은 존재하지 않는다. 그래서 질문 자체를 살짝 비틀어서 다시 질문하겠다. 여러분들이 알고 있는 가장 큰 수는?

미국의 수학자 에드워드 캐스너와 그의 조카 밀톤 시로타는 1938년 세상에서 가장 큰 수에 대해 이야기를 나누다가 $10^{100}$정도면 인간이 인지할 수 있는 가장 큰 수가 아닐까 하면서 이 수에 '구골(googol)'[*]이라는 이름을 지어주었다. '구골'은 1 뒤에 0이 100개가 붙는 수인데 캐스너와 시로타는 아예 0을 쓰다가 지칠 정도로 또 평생을 써도 쓸 수 없는 수로 10의 '구골' 제곱 $10^{구골} = 10^{10^{100}}$인 '구골 플렉스(googol plex)'라는 또 다른 수를 만들어냈다.

---

[*] 이 이름에 관련한 재밌는 일화가 있다. 검색사이트 '구글(google)'이 광대한 정보를 모두 담겠다는 취지로 '구골'을 사이트명으로 사용하려 했지만 구글의 공동 창업자인 래리 페이지와 세르게이 브린에게 수표를 써주던 한 투자자가 실수로 '구글'이라 적으면서 이 이름으로 고착화되었다는 얘기가 있다.

이 수는 얼마나 클까? 0의 개수가 '구골'만큼 있는 수이므로 가령 컴퓨터를 이용해 1초에 1억 개보다도 훨씬 많은 $10^{20}$개의 0을 적어도 $10^{80}$초, 약 $10^{72}$년 이상의 시간이 필요하다. 너무 큰 수라 감흥도 오지 않는다. 그런데 특별히 의미가 부여된 수가 아니므로 여러분도 그 이상의 수를 바로 만들어낼 수 있다. 10의 '구골 플렉스' 제곱은 어떤가?

이런 식이라면 한정이 없다. 아무래도 질문을 바꿔야겠다. 수학적으로 의미가 있는 가장 큰 수는? 그러니까 어떤 해법을 통해서 얻어지는 의미 있는 값으로 가장 큰 수를 말한다. 지금 소개하려는 이수는 수학적 증명을 통해 구해진 가장 큰 수라는 타이틀을 획득한 수로 천문학적인 수인 '구골 플렉스'나 기하급수적 증가라는 말을 부끄럽게 만들 성노이다. 노내체 어떤 수이기에 상당히 과장된 표현을 쓰고 있는 것일까?

> $n$차원 초입방체의 $2^n$개의 꼭짓점을 연결한 모든 대각선들을 2가지 색으로 칠할 때, $n$이 충분히 크다면 한 평면에 있는 4개의 점을 연결한 선이 모두 같은 색인 것이 반드시 존재한다.

수학자 로널드 그레이엄(1935~2020)이 조합론의 램지 이론을 연구하던 중 마주친 문제라고 하는데 솔직히 문제 자체도 이해하기 힘들다. 그렇기에 우리는 문제의 이해나 풀이까지 할 필요는 없고, 문제의 해답인 위의 조건을 만족하는 충분히 큰 $n$값인 그레이엄 수(Graham's number)가 어떤 수인지만 알아보기로 하겠다.

수를 급격하게 커지게 하는 최고의 방법은 구골처럼 지수의 층을 쌓는 방법이다. $2^2$은 4이지만 한 층을 더 올린 $2^{2^2}$은 16, 한 층을

올린 4개의 층은 $2^{16}$이 되어 65,536, 5층은 265,536으로 자릿수만 2
만 자리에 가까운 엄청난 수이다. 여기까지는 그럭저럭 쫓아갈 수
있고 어느 정도 큰 수인지 약간은 감이 오지만 6개의 층을 쌓은 수
는 도대체 어느 정도 큰 수인지 얼른 계산이 되지 않는다. 그러면 2
의 수로 100개의 층을 쌓은 수는?

　미국의 수학자 도널드 커누스가 엄청나게 큰 수를 표기하는 방
법으로 1976년에 개발한 '윗화살표 표기법'이 이와 같은 지수의 층
을 쌓는 표기법을 개발하였고, 이것을 알아야 그레이엄 수를 이해
할 수 있다. 커누스는 거듭제곱의 반복 연산을 표기하는 방법, 즉 지
수의 탑을 쌓는 방법으로, 먼저 $a$의 $n$의 거듭제곱 $a^n$을 '윗화살표
↑'의 기호를 사용하여 $a \uparrow n$으로 표현하고, '윗화살표'를 추가하면
서 지수의 탑을 쌓는 테트레이션이라고 부르는 '↑↑'의 기호를 도
입하였다. 덧셈을 1차 연산, 덧셈으로 만들어진 곱셈을 2차 연산,
곱셈의 거듭제곱으로 만들어진 거듭제곱을 3차 연산이라고 하면,
거듭제곱을 거듭하는 테트레이션은 4차 연산이라고 할 수 있다.

　$10 \uparrow \uparrow 2$는 10으로 2층의 지수 탑 $10^{10}$, $10 \uparrow \uparrow 3$은 3층의 지수
탑 $10^{10^{10}}$을 쌓으라는 것이다. 문자로 대변하면 $a \uparrow \uparrow n$이란 $a$로 $n$
층의 지수 탑을 쌓아서 계산된 값이라는 뜻으로 직접적인 예를 통
해 살펴보겠다.

$$a \uparrow \uparrow 2 = a^a \qquad\qquad 10 \uparrow \uparrow 2 = 10^{10}$$

$$a \uparrow \uparrow 3 = a^{a^a} \qquad\qquad 10 \uparrow \uparrow 3 = 10^{10^{10}}$$

$$\vdots \qquad\qquad\qquad\qquad \vdots$$

$$a \uparrow \uparrow n = \underbrace{a^{a^{\cdot^{\cdot^{\cdot^a}}}}}_{n} \qquad\qquad 10 \uparrow \uparrow n = \underbrace{10^{10^{\cdot^{\cdot^{\cdot^{10}}}}}}_{n}$$

그런데 아직 '윗화살표'의 위력은 시작도 하지 않았다. '윗화살표'를 하나 더 추가한 $a \uparrow \uparrow \uparrow n$(펜테이션)은 $n$개의 $a$로 '$\uparrow \uparrow$'의 탑을, 더 나아가 $a \uparrow \uparrow \uparrow \uparrow n$(헥세이션)은 $n$개의 $a$로 '$\uparrow \uparrow \uparrow$'의 탑을 쌓는 것이다. 이런 '윗화살표'는 얼마든지 붙일 수 있다. 그래서 '윗화살표'의 개수가 $k$개일 때 $\uparrow^{k}$로 간단히 축약해서 나타낸다. 우리는 이런 정의로 탄생한 수가 얼마나 엄청난 것인지 아래의 예로 확인할 수 있겠는데 아마 실감되지 않을 것이다.

$$3 \uparrow 3 = 3^3 = 27$$
$$3 \uparrow \uparrow 3 = 3 \uparrow (3 \uparrow 3) = 3^{3^3} = 3^{27} = 7,625,597,484,987$$
$$3 \uparrow \uparrow \uparrow 3 = 3 \uparrow \uparrow (3 \uparrow \uparrow 3) = 3 \uparrow \uparrow 7,625,597,484,987$$

$3 \uparrow \uparrow \uparrow 3 = 3 \uparrow^3 3$은 3으로 7,625,597,484,987층의 지수의 탑을 쌓은 수로 우리의 상식의 범위에서 벗어난 수이다. 우리가 흔히 사용하는 단층의 지수 표기법으로 표현조차 불가능한 수준이다. '그레이엄 수'가 바로 '윗화살표' 표기법으로 커누스가 개발한 수가 $g(64)$로, 3을 기반으로 하여 $g(1) = 3 \uparrow^4 3$로부터 시작한다. 위에서 계산된 $3 \uparrow \uparrow \uparrow 3 = 3 \uparrow^3 3$에 화살표가 하나 더 추가된 수이다. $g(1)$은 3을 우리의 인지체계에서 벗어난 $3 \uparrow^3 3$만큼 탑을 쌓아서 계산된 수이니 더 이상 무슨 말을 할 수 있겠는가. 다시 말하지만 그냥 '그렇구나'라고 넘어가는 것이 상책이다. 하지만 그레이엄 수에는 이제 한 발자국 띤 상황이다. $g(2)$는 $g(1)$개만큼의 '윗화살표'를 가지는 수 $3 \uparrow^{g(1)} 3$이다. 어처구니가 없다. 그냥 감상만 하자.

$$g(3) = 3 \uparrow^{g(2)} 3, \ g(4) = 3 \uparrow^{g(3)} 3, \ \cdots, \ g(64) = 3 \uparrow^{g(63)} 3$$

# 28장 지수와 로그

## 지수의 확장

    그레이엄 수를 다룬 앞의 장은 인간이 어떻게 큰 수를 표현하는 기호를 개발해낼 수 있는지의 아이디어 차원에서 살펴보는 것으로 충분하겠다. 가령 3이라는 수 3개를 사용하여 어떻게 하면 큰 수를 만들어낼 수 있는지의 경연이라고나 할까? $3+3+3$, $3\times3\times3$, $3^{3^3}$, $3\uparrow^3 3$ 등 3개의 3의 수로 가장 큰 수를 만들어낼 수 있는 기호 표기법을 정의하는 지혜의 경연장으로 말이다. 다시 원래의 주제로 돌아가자.

    지수가 넘어야 할 장벽은 무엇일까? $0°$에서 $90°$에서만 정의되었던 삼각비를 단위원을 이용하여 완전히 재탄생시켜 모든 각도에 대해 정의하였듯 자연수에 한정된 지수 역시 모든 수에 대해 확장되도록 새롭게 정의될 필요가 있다. 그러니까 $2^{-3}$, $2^{3/7}$, $2^{\sqrt{3}}$, $2^\pi$ 등에서도 값이 존재하도록 지수의 체계를 단장해야 한다. 이유는 단순하다. 수를 다루는 학문이 수학인지라 모든 수들과 어울릴 수 있어야 수학의 가족으로 받아들여질 수 있는 자격을 가지기 때문이다. 이를 위해 지수는 새로운 규칙을 세워가면서 실수의 범위까지 확장하게 되었다.

    $2^5$과 $2^3$의 곱을 생각해보자. 2를 총 8번 곱한 격이니 $2^5\times2^3=2^{5+3}$

이다. 지수 꼴로 이뤄진 수들의 곱셈은 각각의 지수끼리의 덧셈으로 처리할 수 있다는 점에서 첫 번째 지수 법칙으로 자격을 지녔다. 동일한 방법으로 $2^5 \div 2^3$의 나눗셈은 $2^2$이 됨은 기본적인 사칙연산만으로 구해진다. 지수에 초점을 맞춰 이 결과와 일치시키기 위해서는 지수끼리 빼주는 연산 $2^5 \div 2^3 = 2^{5-3} = 2^2$이 성립해야 함을 말한다. 이 뺄셈의 관계를 지수의 두 번째 규칙으로 정할 수 있겠다. 2개의 규칙은 단순한 사칙연산 계산 결과와 비교했을 때 너무도 필연적이고 자명한 법칙이라 할 수 있다.

그런데 뺄셈은 자연수에 대해 닫혀 있지 않다. 뒤에서 빼주는 수가 더 크면 자연수에서 벗어난 수인 음수가 나오기 때문이다. 앞서 두 수를 반대로 나누는 $2^3 \div 2^5$은 사칙연산으로 $1/2^2$임을 바로 알 수 있다.

$$2^3 \div 2^5 = \frac{2^5}{2^3} = \frac{2 \times 2 \times 2}{2 \times 2 \times 2 \times 2 \times 2} = \frac{1}{2^2}$$

$2^3 \div 2^5$을 두 번째 지수법칙으로 계산한 $2^{-2}$과 위의 연산이 일치하기 위해서는 $2^{-2}$을 $1/2^2$이 라고 정의해주면 된다. 즉 $a^{-n} = 1/a^n$와 같다고 놓음으로써 지수가 음의 정수까지 자연스럽게 확장이 되었다. 동시에 $2^2 \div 2^2 = 2^0$으로 계산 결과가 1이 나와야 하므로 어떤 수 $a$이건 지수가 0이면 $a^0 = 1$이 된다는 사실까지 덤으로 알아낼 수 있게 되었다.

$2^3$을 4번 거듭제곱한 $2^3 \times 2^3 \times 2^3 \times 2^3$을 지수로 표현하면 $\left(2^3\right)^4$이다. 또한 이 계산은 2를 총 12번 곱한 $2^{12}$이기도 하다. $\left(2^3\right)^4$과 $2^{12}$이 같다는 것은 괄호의 안과 밖의 지수 3과 4를 서로 곱하여 $\left(2^3\right)^4$

$= 2^{3 \times 4} = 2^{12}$이 성립되면 된다. 이것이 세 번째 지수법칙이다

방금 얻은 너무도 자명한 세 번째 법칙으로 지수는 유리수를 넘어 무리수까지 마침내 영역을 확장할 수 있게 되었다. $\sqrt{2}$는 제곱하여 2가 되는, 즉 $(\sqrt{2})^2 = 2$이다. 이때 무리수 $\sqrt{2}$를 $2^x$의 지수의 꼴로 표현이 가능한지 살펴보자. $(\sqrt{2})^2 = (2^x)^2$이고, 세 번째 지수법칙에 따라 $(2^x)^2 = 2^{2x} = 2$이므로 $x = 1/2$, 즉 $\sqrt{2} = 2^{1/2}$이다. 지수가 유리수일 때 어떤 수를 표현하는지 충분히 알 수 있게 되었다.

지금까지의 결과를 조합하면 지수가 유리수까지 확장되었음이 자연스레 입증되었다. $2^{1/3}$은 이 수를 세 번 곱해서 2가 되는 수 $\sqrt[3]{2}$이고, 또한 $2^{2/3}$은 세 번째 지수법칙으로부터 $(2^2)^{1/3}$이므로 세제곱하여 $2^2$가 되는 $\sqrt[3]{2^2}$이다.

## 뉴턴-랩슨 방법

이쯤이면 지수는 무리수도 가능하리라 것을 확신할 수 있다. 샘플로 $2^{\sqrt{2}}$가 값을 가지는지 확인해보겠다. 이때 지수에 위치한 숫자 $\sqrt{2}$는 제곱하여 2가 되는 무리수이다. 그런데 현 목적에 벗어난 이야기가 되겠지만 $\sqrt{2}$는 어느 정도의 수일까? 먼저 이 의문에 대해 다뤄보고 다시 돌아오도록 하자.

가장 쉽게 생각할 수 있는 방법은 1.4의 제곱이 1.96, 1.5의 제곱이 2.25이므로 1.4와 1.5 사이, 한 발 더 나아가 1.41과 1.42의 제곱이 각각 1.9881과 2.0164이므로 1.41과 1.42의 사이에 위치한다는 식으로 $\sqrt{2}$의 근삿값을 알아낼 수 있다. 하지만 자릿수가 하나씩 늘어날 때마다 이 방법이 얼마나 지루하고 번잡하겠는가! 당장

1.41 다음에 올 수를 알아내려면 1.411에서 1.419까지 제곱해야 한다. 이 방법으로 소수점 10자리, 100자리까지 알아내는 것은 정말로 끔찍한 일이다. 해법은 맞지만 가장 낮은 수준이다.

지식이 사물에 대해 외형적인 이치를 아는 것으로 정보를 습득하는 일이라면 지혜는 내면적인 이치를 깨우치는 것으로 얻어진 정보를 활용하는 능력이다. 그만큼 지식보다 지혜가 중요하다. 물론 지혜가 발현되기 위해서는 지식이 머릿속에서 충분히 숙성되지 않고서는 이뤄질 수 없다. $\sqrt{2}$ 의 근삿값도 지혜를 발휘해야 더 쉽게 얻어낼 수 있다.

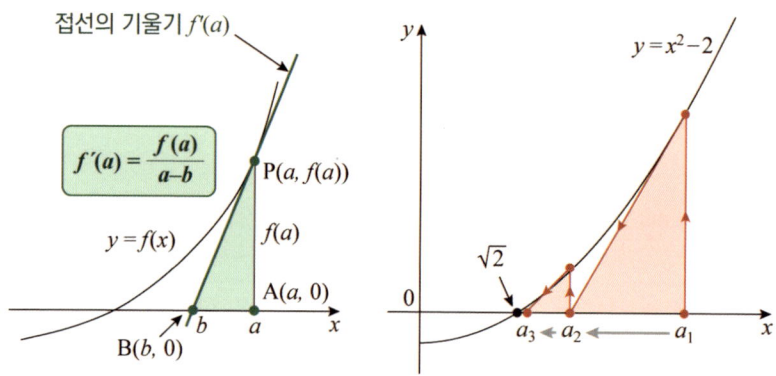

▲ 그림 10.3 왼쪽의 그림에서 점 P에서의 미분계수이자 접선의 기울기의 값은 초록색 직각삼각형의 높이를 밑변의 길이로 나눈 값이다.

그림 ①부터 살펴보겠다. 임의의 함수 $f(x)$(검은색의 실선)가 있고, $x$축 위에는 점 A$(a, 0)$이 있다. 그러므로 점 P의 좌표는 $(a, f(a))$이고, 점 P에서 접선이 $x$축과 만난 점을 B$(b, 0)$이라 하면 초록색의 직각삼각형 ABP가 만들어진다. 이때 삼각형의 높이는 $f(a)$이고, 밑변의 길이는 $a - b$이다. 그런데 점 P에서의 접선의 기울기는 미분계수 $f'(a)$이고, 또한 직각삼각형의 높이 $f(a)$를 밑변

$a - b$로 나눈 값과 동일하다. 초록색 상자 안의 수식이 이 관계를 나타낸 것이다. $f(x)$와 도함수 $f'(x)$를 모두 알고 있다면 $a$의 값으로부터 $b$의 값을 구할 수 있다.

이 점에 착안하여 그림 ②를 들여다보겠다. 함수 $y = x^2 - 2$는 $x$축과 만나는 점이 $\sqrt{2}$와 $-\sqrt{2}$이다. $\sqrt{2}$에만 초점을 맞춰 이 값보다 큰 임의의 $x = a_1$에서 시작점으로 하여 붉은색 화살표 방향이 그림 ①의 과정을 답습하는 것으로 차례대로 $a_2$와 이어서 $a_3$의 값이 구해진다. 그림에서도 명확하게 도시되었지만 수열 $a_1$, $a_2$, $a_3$, $\cdots$는 $\sqrt{2}$에 확연히 가까워지고 있다. 상당히 그럴싸하다. 그런데 이 방법이 얼마나 효율적으로 $\sqrt{2}$의 근삿값을 구해낼 수 있을까?

그림 ①의 과정을 직접적인 함수 $y = x^2 - 2$으로 적용하면 $x = a$에서 $x = b$의 관계는 다음과 같다.

$$b = \frac{1}{2}\left(a + \frac{2}{a}\right)$$

이 관계로 그림 ②에서 순서대로 얻어질 $a_1$, $a_2$, $\cdots$의 수열에서 $n$번째 항 $a_n$과 $n+1$번째 항 $a_{n+1}$은 아래와 같다.

$$\langle \text{식 } 10.4 \rangle \quad a_{n+1} = \frac{1}{2}\left(a_n + \frac{2}{a_n}\right)$$

이제 이 수식의 위력을 감상하자. 시작점 $a_1$만 잡으면 차례대로 값이 구해질 것인데 되도록 $\sqrt{2}$와 가까운 값으로 정해주는 것이 좋다. 사실 이 경우는 $\sqrt{2}$보다 큰 어떤 값을 취해도 상관없다. 어쨌든

$a_1$을 2로 하여 〈식 10.4〉로부터 $a_2$, $a_3$, $\cdots$를 구해보겠다.

$$a_2 = 3/2 = 1.5$$
$$a_3 = 17/12 \approx 1.41666 \cdots$$
$$a_4 = 577/408 \approx 1.4142156862745 \cdots$$
$$a_5 = 665857/470832 \approx 1.4142135623746 \cdots$$

실제 $\sqrt{2}$가 약 $1.4142135623731\cdots$이므로 단 4번의 수행으로 구해진 $a_5$가 소수점 11번째 자리까지 정확하게 일치하고 있다.

기존의 정보들로 지혜를 발휘하여 이런 너무도 놀라운 알고리즘을 사용하는 과정이 너무도 우아하다고 느껴지지 않은가! 그렇다고 이 과정에서 새로운 것이 있었나? 이것이 바로 지혜이다. 창의적 아이디어는 무에서 유를 창조하는 것이 아니고 취합된 정보를 조합하여 활용하는 능력이다. 인류의 대천재인 뉴턴 역시 거인의 어깨 위에 있었기에 가능하다 하지 않았는가!

$\sqrt{2}$의 근삿값을 구하는 위의 방법이 '뉴턴－랩슨 알고리즘'이다. 1690년 요셉 랩슨[*]의 저서 《Analysis Aequationum Universalis》에 실려 있던 방법인데, 그에 앞서 1671년 뉴턴의 또 다른 저서인 《Method of Fluxions》에서 유사한 방법이 이미 소개되어 있었다. 하지만 뉴턴의 이 저서는 1736년까지 발간되지 않았고, 또한 랩슨의 방법이 훨씬 간단하고 우수해서 두 사람의 이름을 따서 불리게 되었다.

---

[*] 그의 생애에 대해서는 거의 알려져 있지 않고 "Reviews of Joseph Raphson's books" (MacTutor. Retrieved 14 March 2022)에 따르면 1668년에 태어나 1715년에 사망한 것으로 추정하고 있다. 영국의 수학자였던 그의 대표적 업적이 '뉴턴-랩슨' 방법이다.

## 지수법칙

〈식 10.4〉를 4번 반복하여 구한 $a_5$의 유효자리가 11자리라고 하였다. 그런데 유효자리가 11자리라는 것을 어떻게 확신할 수 있을까? 이미 알려진 $\sqrt{2}$의 값과 비교하여 확인한 것이지만 순서가 바뀐 격이다. 그러니까 이런 질문을 던져보겠다. $\sqrt{2}$의 값에 대한 정보가 전혀 없다고 하였을 때 $a_5$가 얼마나 정확한 값이라고 판단할 수 있을까?

그것을 알기 위해서는 아르키메데스가 사용했던 조임법'이 필요하다. $\sqrt{2}$보다 더 작은 곳에서 '뉴턴 – 랩슨' 방법으로 값을 구하여 $\sqrt{2}$가 놓일 범위를 축소시키는 것이다.

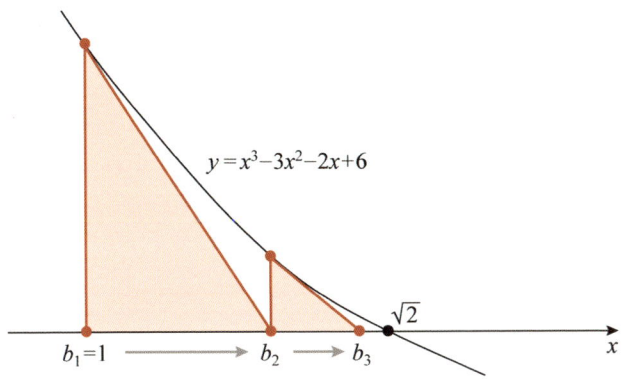

▲ 그림 10.5 함수 $y = x^3 - 3x^2 - 2x + 6$을 이용한 '뉴턴-랩슨' 방법

임의적으로 선택한 함수 $y = x^3 - 3x^2 - 2x + 6$으로 '뉴턴 – 랩슨' 방법을 사용하여 얻어낸 수열 $b_1$, $b_2$, $b_3$, ⋯에서 $b_5$가 약 1.414213562373⋯을 얻어낼 수 있다. 이 값과 앞서 구한 $a_5$로부터 $\sqrt{2}$는 다음의 두 수의 사이에 놓이게 된다.

$$1.414213562373 \cdots < \sqrt{2} < 1.414213562375 \cdots$$

양쪽의 두 값을 비교하면 소수점 11자리까지 서로 일치한다는 사실로부터 유효자리가 11자리임이 확인된다. 물론 단계를 진행할수록 유효자리는 급증하리라. 미분기법이 추가적으로 사용되었다는 것 외로는 4장에서 원주율의 근삿값을 구한 아르키메데스의 방법과 정확히 일치한다. 그런 점에서 뉴턴 – 랩슨 방법은 완전히 새로운 이론이 아닌 기존의 방법을 조합하여 엮어낸 지혜의 산물이다.

다시 지수가 무리수인 $2^{\sqrt{2}}$의 값도 존재하는지에 대한 원래 주제로 돌아오자. $\sqrt{2}$의 정확한 값을 모르는데도 가능할까? '뉴턴 – 랩슨' 알고리즘으로 얻어지는 수열 $\{a_n\}$과 $\{b_n\}$은 명백히 유리수이며 각각 $\sqrt{2}$보다 크거나 작다. 지수가 유리수를 취할 수 있고 $\sqrt{2}$가 유리수 $a_n$과 $b_n$의 사이의 값이므로 당연히 $2^{\sqrt{2}}$도 $2^{a_n}$과 $2^{b_n}$의 사이의 값이라는 점은 명확하다. 그러므로 지수가 무리수에서 허용될 수밖에 없다.

▼ **표 10.6** $m$, $n$이 실수이고 $a$, $b$가 양수일 때의 지수법칙

① $a^m \times a^n = a^{m+n}$

② $a^m \div a^n = a^{m-n}$

③ $\left(a^m\right)^n = a^{mn}$

④ $(ab)^n = a^n b^n$

⑤ $\left(\dfrac{a}{b}\right)^n = \dfrac{a^n}{b^n}$

지수가 실수의 영역까지 확장되었다는 점은 마치 삼각함수에서 단위원의 개념으로 $0°$에서 $90°$ 이외의 모든 각도에서 삼각비를 새

롭게 정의한 것과 마찬가지로 중요한 의미를 지닌다. 단순히 기호와 계산의 편의를 넘어서 수학에서 다루는 모든 수의 영역에서 작동되므로 이미 만들어진 미적분을 포함한 수학의 세계에 풍덩 뛰어들 수 있는 자질을 가졌음을 뜻하기 때문이다.

이로써 $2^x$의 지수 $x$가 모든 실수의 범위로 확장됨에 따라 $2^x$은 함수로서의 기능을 가질 충분한 자격을 획득하게 되었다. 아래의 그림은 $y = 2^x$에 대한 그래프의 개형으로 $x$가 음의 값을 가지더라도 항상 양의 값을 가지며 또한 항상 증가하는 모양이 됨을 알 수 있다.

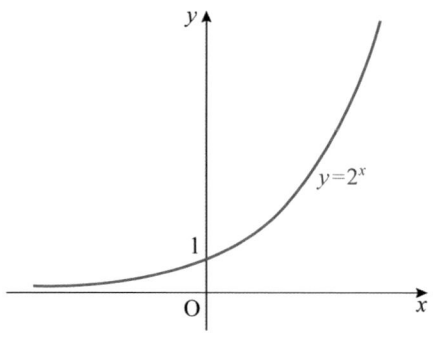

▲ 그림 10.7 $y = 2^x$의 그래프

삼각함수와 지수가 우리가 다루는 실수의 영역에서 모두 정의되었다고 하지만 사실 수의 세계는 실수 외에 결정적으로 또 하나의 수가 있다. 모든 실수의 제곱은 항상 양수이지만 음수가 나오는 수가 있는데 이 수는 실수의 세계에서 벗어난 또 하나의 수인 허수 $i$이다. 여기서 허수까지 이야기할 수 없어서 다루지 않지만 실수와 허수를 합한 복소수*가 수의 끝판왕이다. 그래서 삼각함수와 지수

---

＊실수와 허수가 섞여 있는 수로 두 실수 $a$, $b$와 허수 $i$를 이용해서 $a + bi$ 형태의 수를 복소수라 한다. 17부 아인슈타인의 상대성 이론을 설명할 때 더 구체적인 이야기를 할 것이다.

도 복소수까지 정의되어야 완벽히 수학의 세계에 입문하게 된다. 실제 $\sin i$도 하나의 수로 약 $1.1752\cdots i$*이다. 그리고 지수의 꼴 $a^x$에서 $a$와 $x$는 실수만이 아닌 복소수여도 제대로 기능하여 $1^i$ 혹은 $i^i$이라는 수도 가능하다. 복소수에 대해 사전 지식이 있는 분들은 도전해볼 만한 계산 문제가 될 수 있을 것이다. 제대로 계산했다면 $1^i$은 허수, $i^i$은 실수가 나오고 또한 무한히 많은 답이 도출된다는 점에 의아하게 여길 것이다. 우리야 허수까지 확장할 필요는 없고 실수의 영역에서만 고려해도 충분하겠다.

## 네이피어의 마법의 상자

앞의 풍자적 얘기에서 일꾼이 계약을 1년으로 했다면 몇 가마니를 받게 될까? 20여 일 후부터 1가마니를 받게 되므로 300일 이상 매일 전날의 쌀가마니 수의 2배를 지급받게 된다. 계산의 편의상 일꾼이 받는 총 가마니 수를 $2^{300}$이라 하겠다. 이 수는 어느 정도의 수일까? 지수 형태라 엄청난 수일 것이라 생각될 뿐 감이 잘 오지 않는다. 계산이 힘들어서 그렇지 그레이엄 수처럼 우리의 인식 너머에 존재하는 수는 아니고 충분히 표현이 가능한 영역의 수이다.

여러분이 이 수를 현대 문명의 도움 없이 계산해야 하는 상황이라고 가정하자. 상상하기 힘들 정도의 수이지만 수작업으로 분명 계산은 가능하다.

사실 가우스 등 엄청난 계산 능력을 보유한 극히 일부를 제외하고는 대부분의 수학자들 역시 저런 계산을 별로 좋아하지 않는다.

---

*정확하게는 $(e-1/e)i/2$로 '21장'에서 오일러가 찾아낸 식 $e^{i\theta}=\cos\theta+\sin\theta$으로 유도할 수 있다.

그래서 그들은 더욱 편하고 쉽게 처리할 수 있는 방법이 없는가에 대해 연구를 하여 그 방법을 찾아낸다. 그런데 아이러니하게도 수학자들이 지혜를 짜내어 찾아낸 해결 방법을 일반인들은 어려워하는 편이다. 수학자들이 요상한 수학 기호로 마치 자신들이 뛰어난 천재임을 과시하기 위해 그들의 영역을 두꺼운 성곽으로 에워쌌다고 불평하면서 말이다. 하지만 전혀 그렇지 않다. '뉴턴 – 랩슨' 방법만 하더라도 〈식 10.4〉의 점화식을 구하려고 생각하면 머리가 아플 수도 있지만, 이 식 덕분에 $\sqrt{2}$ 라는 무리수의 근삿값을 얼마나 효과적으로 구할 수 있는지를 경험하지 않았는가! 수학자들은 자신들의 생각을 최대한 쉽고 문제의 처리가 가능하도록 수학의 언어로 만들다 보니 기호에 생소한 우리가 이해하는 데 어려움을 겪어 마치 암호와 같은 기호로 여겨지는 것뿐이다. 우리가 수학을 한다는 것은 그들의 언어를 이해하고 사용하는 노력으로 그들의 지혜를 습득하는 것이다.

　16세기까지의 수학은 실용적인 면보다는 철학적인 색채가 더 강하였다. 하지만 점차 상업과 항해술 등의 발달이 이어지고, 망원경이 발명되면서 수학도 점차 실용적인 측면이 강화되었다. 특히 나라 간의 교역이 활발해지면서 나라와 나라 사이의 거리 측정의 필요성이 대두되어서 삼각법을 활용하여 별과 별 사이의 거리의 비율을 통해 거리를 측정하곤 하였다. 그런데 별 사이의 거리도 상당하여 큰 수의 계산이 따르고, 덧붙여 삼각법 혹은 제곱근 등과 같은 정밀한 계산을 해야 하는 일이 뒤따르게 되었다. 며칠 밤낮을 이런 의미 없는 계산에 몰두하게 되는 일이 다반사라 정작 천문학자들은 자신들의 본 연구에 매진하지 못하는 때가 허다하였다. 그들에게는 굉장한 고통스러운 일이었다. 복잡한 계산에 넌더리가 나던 시기에 천재적인 해법을 창안한 구세주 같은 이가 등장하였으니 그가 존 네이피어(1550~1617)였다.

네이피어가 복잡한 계산을 처리하는 방법을 찾는 착상의 아이디 어로 삼은 것은 누구나 알고 있는 덧셈과 곱셈의 연산이다. $2^{300}$은 2 를 300번 곱해야 하는 고난의 길이지만 반면 2를 300번 더하는 것 은 바로 답이 600임을 알 수 있다. 분명 보통의 곱셈의 연산은 덧셈 에 비해 훨씬 복잡하고 시간도 걸린다. 그렇다면 곱셈의 연산을 덧 셈으로 바꿔서 계산하는 방법을 찾아내면 어떨까?

네이피어는 곱셈을 계산하기 훨씬 편한 덧셈으로 환원시키는 방 법에 골몰하였을 것이고, 마침내 마법을 만들어내었다. 〈그림 10.8〉은 12345와 54321의 두 수의 곱에 대한 네이피어의 아이디어 에 대한 개략도이다.

왼쪽의 붉은색 상자에서 이뤄질 곱셈을 오른쪽의 초록색 상자의 덧셈의 영역으로 옮겨 계산이 가능하도록 한 마법의 상자가 네이피 어의 구상을 실체화하는 핵심이다. 그런데 마법의 상자에는 어떤

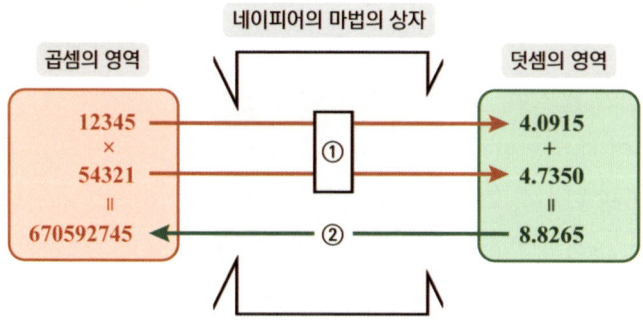

▲ 그림 10.8 ① 붉은색 상자 안의 두 수 12345와 54321이 붉은색 화살표를 따라 마법의 상자 를 통과하여 반대편 초록색 상자에 도착하면 각각 4.0915와 4.7350으로 바뀐다. ② 이 두 수를 더한 8.8265의 값을 이번에는 반대 방향인 초록색 화살표를 따라 붉은색 상자에 다다르면 660592745로 변한다. 이 수가 바로 12345와 54321의 곱의 값이다.

비밀이 숨어 있기에 곱셈을 덧셈으로 환원시킬 수 있을까?

앞에서 소개한 지수법칙에 모든 것이 담겨 있다. 12345와 54321을 10의 거듭제곱으로 표현하는 것이다. 두 수는 각각 $10^{4.0915}$과 $10^{4.7350}$이다. 물론 정확한 수치는 아니고 근삿값이다. 어쨌든 12345와 54321의 곱은 $10^{4.0915}$과 $10^{4.7350}$의 두 수의 곱으로 바뀌었고, 지수법칙으로 두 수의 지수를 더한 $10^{8.8265}$가 계산된 결과이다. 그리고 이번에는 반대로 $10^{8.8265}$가 마법의 상자를 지나면 66059274로 바뀐다. 이 값이 곧 12345와 54321을 곱한 값이다. 방금 설명한 이 과정을 지수함수를 이용하여 시각화한 것이 〈그림 10.9〉이다.

한 마디로 지수함수에서 $y$축은 곱셈의 영역이고 $x$축은 덧셈의 영역이다. 그리고 지수함수는 곱셈과 덧셈의 영역을 넘나드는 다리 역할을 하며 복잡한 곱셈의 계산을 덧셈으로 환원시켜주고 있나.

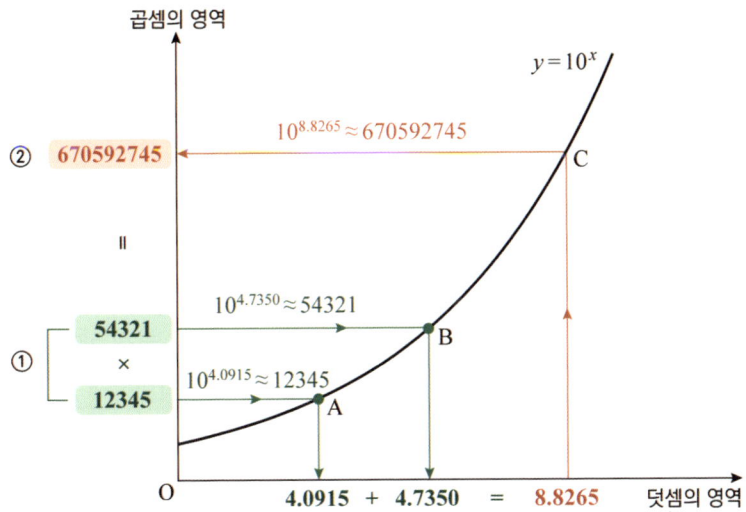

▲ 그림 10.9 ① 지수함수 $y = 10^x$ 에서 $y$축에 위치한 12345와 54321은 각각 점 A와 B를 경유하여 $x$축의 값 4.0915와 4.7350에 대응된다. ② 대응된 두 $x$의 값을 더하여 나온 값 8.8265을 역의 과정으로 C를 지나 $y$축의 값 660592745에 도착한다.

## 상용로그

"오히려 더 난해한 것 아니야?" 개략적인 아이디어만을 보았을 때 이런 불만을 표출하는 분들이 상당수 있을 것이다. 너무 당연하다. 12,345가 10의 몇 제곱인지를 계산하는 것이 오히려 훨씬 더 어렵지 않을까? 맞다! 네이피어의 아이디어는 기발했지만 이런 치명적인 단점이 내재되어 있다. 하지만 만약 삼각비처럼 모든 수들을 10의 지수 형태로 바꿔놓은 값을 표로 만들었다면 얘기는 달라지지 않을까?

그런데 한두 개의 수도 아니고 얼마나 많은 수들을 계산해야 할 것이며 더군다나 각각의 계산이 매우 복잡할 것인데 어떻게 이 작업을? 그런데 네이피어는 누구도 엄두 내기 힘든 이 지루한 작업을 자신이 직접 하기로 결심을 하였다. 왜 그랬을까? 자신의 아이디어가 꽃을 피우기 위해서? 그 어떤 이유보다 이 표가 인류 발전에 막강한 힘을 떨칠 것으로 확신했기에 스스럼없이 자신을 희생하며 이런 고난의 여정에 뛰어들었던 것이다. 그는 당시 유명한 천문학자이자 케플러의 스승인 티코 브라헤에게 자신이 하는 작업의 중요성에 관한 편지를 보낸 후 무려 20년 동안 자신의 인생을 송두리째 바쳐가며 계산에 매달렸다.

그리고 그는 마침내 자신이 이룩한 모든 결과를 묶어 1614년에 《경이로운 로그법칙의 서술》이라는 책을 출간하였다. 잠시 로그(log)라는 단어의 유래를 살펴보자. 로그는 'logarithm'의 단어에서 앞의 세 글자를 따온 것인데, 이 단어는 'logos(비율)'과 'arithmos(수)'의 합성어이다. 즉 'logarithm'은 '수의 비율'로 해석될 수 있겠다. 그가 이 단어를 사용한 이유는 1.01의 거듭제곱을 계산한 값들로 표를 완성하였기 때문이다.

▼ 표 10.10 네이피어가 계산하여 수록한 표의 일부

| | | | | | | | |
|---|---|---|---|---|---|---|---|
| $1.01^0$ | 1 | $1.01^{19}$ | 1.2081 | $1.01^{167}$ | 5.2683 | $1.01^{0188}$ | 6.4926 |
| $1.01^1$ | 1.01 | $1.01^{20}$ | 1.2202 | $1.01^{168}$ | 5.3210 | $1.01^{189}$ | 6.5575 |
| $1.01^2$ | 1.0201 | $1.01^{21}$ | 1.2324 | $1.01^{169}$ | 5.3742 | $1.01^{190}$ | 6.6231 |
| $1.01^3$ | 1.0303 | $1.01^{22}$ | 1.2447 | $1.01^{170}$ | 5.4279 | $1.01^{191}$ | 6.6893 |
| $1.01^4$ | 1.0406 | $1.01^{23}$ | 1.2572 | $1.01^{171}$ | 5.4822 | $1.01^{192}$ | 6.7562 |
| $1.01^5$ | 1.0510 | $1.01^{24}$ | 1.2697 | $1.01^{172}$ | 5.5370 | $1.01^{193}$ | 6.8238 |
| $1.01^6$ | 1.0615 | $1.01^{23}$ | 1.2824 | $1.01^{173}$ | 5.5924 | $1.01^{194}$ | 6.8920 |
| ⋮ | ⋮ | ⋮ | ⋮ | ⋮ | ⋮ | ⋮ | ⋮ |

위의 표처럼 1.01에서 시작하여 순서대로 1.01을 계속 곱하여 갔는데, 1.01의 곱은 1%의 비율로 수를 증가시킨다. 이것을 가장 잘 표현할 수 있는 단어가 'logarithm'이었기에 네이피어가 '로그'라는 단어를 도입한 연유다.

그가 만들어낸 표의 위력을 123.24와 5482.2의 두 수를 곱하는 간단한 사례로 느껴보도록 하겠다. 표를 활용하기 위해 먼저 123.24를 $1.2324 \times 10^2$으로, 5482.2를 $5.4822 \times 10^3$으로 10의 바꿔 곱해주면 10의 거듭제곱의 꼴로 쓰인 수들은 지수법칙으로 $10^5$이 되므로 남은 것은 1.2324와 5.4822의 곱일 뿐이다. 이때 이 두 수는 표에서 초록색 영역에 해당하여 표로부터 1.01의 지수의 꼴이 $1.01^{21}$과 $1.01^{171}$이므로 곱은 $1.01^{192}$이다. 그리고 이 값은 표로부터 6.7562(붉은색 영역)임을 바로 알 수 있다. 정리하면 아래와 같다.

$$123.24 \times 5482.2 = (1.2324 \times 10^2) \times (5.4822 \times 10^3) = 6.7562 \times 10^5$$

실제 두 수의 곱은 675,626.328이고 네이피어의 표로 환산한 값은 675,620이므로 약간의 오차는 있지만 상당히 유사한 값을 얻어낸 것이다. 그런데 참신한 발상과 불굴의 의지로 만들어낸 네이피어의 걸작에는 결정적인 단점이 있었다. 다시 12,345와 54,321의 곱을 위의 표로 할 때 좀 전의 계산과 같은 방법으로 12,345를 $1.2345 \times 10^4$, 54,321은 $5.4321 \times 10^4$으로 바꿔 1.2345와 5.4321의 곱만 계산하고, 나중에 $10^8$만 붙이면 그만이다. 그런데 위의 표에서 1.2345와 5.4321의 정확한 값이 수록되어 있지 않다는 점이 문제이다. 앞의 수와 뒤의 수의 간격의 비율이 1%이다 보니 수의 값이 커질수록 수들의 간격이 더욱 벌어져서 빠진 이가 너무 많다는 결정적 단점이 있는 것이었다. 대략적으로 계산할 수도 있겠지만 오차가 얼마나 커질지 예측이 어렵다.

그러면 이 단점을 최소화하기 위해서 여러분들이 네이피어에게 던져줄 조언은 무엇일까? 혹시 1.01이 아닌 1.001, 더 나아가 1.0001 등 되도록 1에 가까운 수를 택하여 마찬가지 방법으로 표를 만들면 크게 개선될 것이라고 얘기할 수 있지 않을까? 수들 간의 간격을 좁힘으로써 크게 개선될 것이기 때문이다. 아주 훌륭한 제안이지만 위의 표의 완성에 소요될 시간을 생각하면 정답이 될 수 없다. 위의 표의 완성에도 20년이라는 엄청난 세월이 필요했는데 1/10로 더 간격을 좁힌 1.001은 그 10배의 시간이 필요하여 표의 완성에 200년, 1.0001이면 2000년이 걸릴 수 있기 때문이다. 차라리 계산기가 발명될 때까지 기다리는 편이 낫겠다.

이 문제를 극복하는 데 일등공신을 한 수학자가 네이피어의 저서를 보고 감탄한 옥스퍼드 대학의 교수 헨리 브리그스(1561~1630)이다. 표가 지닌 장점과 단점을 충분히 간파한 브리그스는 네이피어를 직접 찾아가 우리가 사용하는 수의 체계인 10진법에 맞게 표를 제작할 것을 제안하였다. 브리그스의 아이디어를 경청한 네이피어는 크게 공감하면서 그의 제안을 흔쾌히 수락하였다. 20년 간의 자신의 노력을 휴지통에 버리고 또한 자신만의 업적이 공동의 업적으로 퇴색될 수도 있기에 선택하기 쉽지 않았음에도 말이다. 안타깝게 네이피어는 그 작업을 시작한 지 2년 후 사망하였지만 그의 유지를 받든 브리그스는 이후 혼자의 힘으로 표를 완성하였다.

브리그스의 아이디어를 현대의 수학에 맞춰서 표현하면 10진법 체계로 표를 바꾼 것이고 또한 1.01을 곱할수록 수들의 간격이 커져 이가 빠지는 수들이 크게 증가되는 문제를 막기 위하여 역으로 접근하였다. 그러니까 네이피어는 지수를 순차적으로 증가시켰다면 브리그스는 니온 결과의 값을 순차적으로 증가시켰다. 정리한다면 네이피어는 1.01의 거듭제곱을 하나씩 증가시킨 결과의 값 $y$로 표를 만들었고, 브리그스는 역으로 1, 1.01, 1.02 등의 값이 10의 몇 제곱인지를 표로 만든 것이다.

위의 발상을 함수로 나타낸다면 임의의 수 $x$가 10의 몇($y$) 제곱인지, 즉 독립 변수 $x$와 종속 변수 $y$의 값을 대응시켜주는 함수 $x = 10^y$의 개념이다. 그런데 보통 함수는 $y = f(x)$의 꼴의 표기가 일반적인지라 'log'라는 기호를 도입하여 $y = \log_{10}x$인 로그함수를 만든 것이다. 즉, $y = \log_{10}x$는 주어진 입력값 $x$가 10의 몇 제곱인지를 물어보는 것으로 $x = 10^y$과 동치이다. 특히 우리가 상용으로 사용하는 10진법 체계를 따르기에 $y = \log_{10}x$를 상용로그라 부르고, 브리그스가 만든 표 역시 상용로그표라는 이름으로 불리게 되었다.

브리그스가 만들어낸 상용로그표의 잠재력은 엄청났다. 행성의 법칙을 이끌어냈던 요하네스 케플러는 로그가 없었더라면 태양계의 구조는 커녕 계산만 하다 생을 마감했을 것이라며 로그를 극찬하였다. 또한 프랑스의 수학자인 피에르 시몽 라플라스는 로그에 대해 이렇게 평가하였다.

> 몇 개월 치 노동이 단 며칠로 줄었고, 천문학자의 수명이 로그의 발명으로 배나 연장되었고, 실수와 욕지기가 절감되었다.

상용로그는 독립 변수 $x$가 10의 거듭제곱의 지수가 함숫값이 되지만 일반적으로는 10이 아닌 임의의 수 $a$의 거듭제곱의 지수를 함숫값으로 취한다. 이 경우는 $y = \log_a x$로 나타내며 $a$를 밑이라고 부른다. 아래의 그림은 상용로그함수 $y = \log_{10} x$의 개형이다.

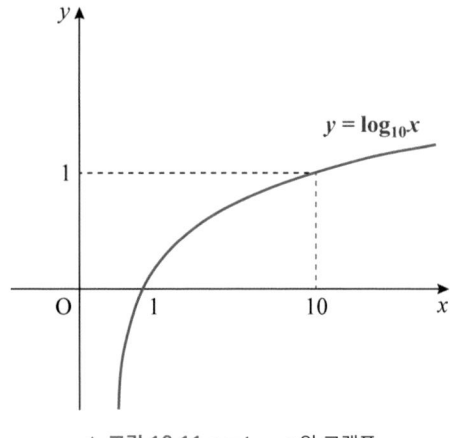

▲ 그림 10.11 $y = \log_{10} x$의 그래프

## 베버-페히너 법칙

로그가 계산이라는 굴레를 벗어나기 위한 목적으로 탄생하여 그 목적을 이뤘다면 컴퓨터 등의 발전으로 이제는 그 본질이 퇴색하여 네이피어의 아이디어만 남고 역사의 한 페이지로 기록되었을 것이다. 하지만 아직도 로그는 수학의 중요한 한 분야로, 교육 과정에서 배우고 있다는 것은 로그가 계산의 편의성을 도모하는 것 외에도 또 다른 잠재력이 있다는 뜻이 된다. 그래서 로그가 지닌 잠재력의 한 예를 살펴보면서 현대의 수학과 사회에서 중요한 자리를 차지하게 된 이유를 알아보도록 하겠다.

오랜만에 사고 실험을 하나 해보도록 하자. 여러분이 도서관에서 사서로 일하면서 총 30권으로 구성된 백과사전의 위치를 바꿀 필요가 발생했다. 옮겨지는 거리는 크게 상관없고 오직 몸을 이용해서만 작업을 한다고 하겠다. 처음에는 한 권만 옮기니 일의 효율성이 떨어진다 생각되어 다음에 두 권을 한꺼번에 옮겼다. 확실히 무게의 차이를 느낄 수가 있었지만 그렇게 힘이 들지 않았다. 그래서 욕심내어 이번에는 다섯 권을 한꺼번에 옮겨보았다. 제법 무거웠지만 해볼 만했다. 한 권을 더 추가한 여섯 권을 들자 다섯 권과 비교하여 더 무거워졌는지 크게 무게 차이를 느끼지 않았다.

사고 실험의 목적은 이러하다. 한 권과 두 권을 들 때 그리고 다섯 권과 여섯 권을 들 때 각 경우는 모두 한 권의 차이만 있는데 어떤 경우가 한 권의 차이가 있는지를 확실히 알 수 있겠는가이다. 모두가 같은 답을 택할 것으로 기대된다. 한 권과 두 권을 들었을 때가 확실하게 한 권의 책이 더 추가되었음을 알 수 있다. 대체로 그냥 넘어갈 수 있는 이 현상에 어떤 과학적인 역학관계가 존재하지 않을까하는 의구심을 품은 과학자가 있었다. 독일의 생리학자인 에른스트 베버*였다. 그는 인간의 감각과 외부의 자극과의 상관관계를 알아보기 위해, 피실험자의 손바닥 위에 미리 100g 추를 올려놓고 그 위에 몇 그램을 올렸을 때 무게변화를 느끼는지 알아보는 실험을 하였다. 그 결과 5g을 올렸을 때 무게의 차이를 인지했다. 그런데 200g 추로 바꿔 미리 손바닥 위에 올려놓고 똑같이 5g의 추를 올리자 무게의 차이를 인식하지 못하였고, 10g을 올려야 느꼈던 것이다. 수차례 행한 실험을 통해 이미 작용하고 있는 무게와 그 변화를 느낄 수 있는 무게 사이에 상관관계가 있음을 확신하였고, 감각기에서 자극의 변화를 느끼기 위해서는 처음 자극에 대해 일정 비율 이상으로 자극을 받아야 한다는 사실을 발견했다.

이러한 베버의 발견 내용을 바탕으로 물리학자였던 구스타프 페히너**는 "감각의 양은 그 감각이 일어나게 한 자극의 물리적인 양에 비례한다."는 베버-페히너 법칙을 유도하였다.*** 자극의 변화를 느끼기 위해서는 처음 자극에 대해 일정 비율 이상으로 자극을 받아야 된다는 이론이다.

청각과 시각도 이 법칙에 영향을 받는 대표적인 감각 기관이다. 조용한 카페에서 옆 사람의 말소리는 귀에 상당히 거슬리지만 시끄

---

* 독일의 해부학자이자·생리학자인 에른스트 하인리히 베버(Ernst Heinrich Weber, 1795~1878)는 1826년경 기존의 생리학자들이 별로 관심을 갖지 않았던 촉각과 물리적인 자극의 관계를 정량적으로 기술하려는 연구를 수행하였다. 그리고 여러 연구를 통해 2개의 유사한 자극 간에 차이를 느낄 수 있는 최소한의 자극 변화량에 대한 개념을 도입하여 베버의 법칙을 주장했다. (위키백과)

** 구스타프 테오도어 페히너(Gustav Theodor Fechner, 1801~1887)는 독일의 물리학자로 자극과 감각의 세기의 관계를 양적으로 연구하고 '페히너의 법칙(베버-페히너의 법칙)'으로 알려진 공식을 정리하여, 정신물리학 및 이후의 실험심리학의 개척자가 되었다. (네이버 지식백과)

*** Gustav Theodor Fechner (1860). Elemente der Psychophysik (Elements of Psychophysics).

러운 축구 경기장에서는 전혀 귀에 들어오지도 않는 것도 같은 이치이다. 또 낮에는 달이 보이지 않고, 밤에만 눈에 보이는 이유도 같은 원리가 작용된다. 놀랍게도 우리의 감각 기관은 베버-페히너 법칙을 따르고 있었다.

이제 우리가 지금까지 이야기했던 내용을 바탕으로 베버의 실험 결과를 수학의 언어로 표현하도록 해보자. 그런데 그 전에 베버-페히너 법칙을 설명하는 내용에서 기하급수의 정의와 일치하고 있다는 점이 떠오르지 않으셨나? 이미 작용하는 자극의 크기에 비례한다는 점에서 말이다. 따라서 이 법칙은 분명히 지수의 법칙을 따를 것이라는 점에서 우리는 이미 답을 알고 시작하는 셈이다.

베버-페히너의 실험에서 변수는 외부의 자극인 추의 무게와 그 자극에 반응하는 우리의 감각이므로 각 변수를 $S$와 $p$로 놓겠다. 즉 무게 $S$가 독립 변수이고 감각 $p$가 종속 변수이다. 이제 두 변수들의 관계를 함수로 엮어보겠다. 이때 무게와 감각이라는 변수들의 변화에 대한 관계를 분석한다는 점에서 뉴턴의 운동방정식을 떠올렸다면 옳은 방향이다. 그렇다. 뉴턴의 운동방정식은 힘에 의해 시간에 따른 위치의 역학 관계만 표현하는 수식이 아니라 어떤 변수가 되었건 서로 관계를 지으면서 변화하는 모든 현상을 설명할 수 있는 법칙이다. 한 마디로 뉴턴의 운동방정식은 시간, 위치, 무게, 감각 등 어떤 대상이 되었건 2개 이상의 대상이 서로 엮여서 어떤 변화를 일으켜야 하는지를 관장하는 절대적인 규범인 것이다.

각 변수에 이름을 붙였으니까 실험에서 외부의 변수가 되는 추의 무게를 변화시켰을 때 우리의 몸이 반응하는 변화량을 각각 $dS$와 $dp$로 놓을 수 있다. 이렇게 라이프니츠의 기호 체계는 상황에 맞춰서 융통성 있게 작동한다. 추의 변화량 $dS$를 인지할 수 있는 우리 몸의 감각 체계의 변화량 $dp$는 기존에 이미 손바닥 위에 올려진 추의 무게와 크게 관련이 있었다. 추의 무게 $S$가 무거울수록 변화에 덜 민감하다는, 그러니까 $dS$에 대한 $dp$는 $S$에 반비례한다는 실험 결과였다. 이들을 하나로 뭉쳐서 운동방정식으로 표현하면 다음과 같다.

〈식 10.12〉 $\dfrac{dp}{dS} = \dfrac{k}{S}$ ($k$는 비례상수)

어쨌든 위의 식에는 미분의 기호가 포함되어 있어서 미적분으로 해결해야 한다는 사실을 명확하게 보여주고 있다. 미분방정식이라고 불리는 위의 식으로부터 우리가 왜 뉴턴의 운동방정식과 미적분을 배워야 하는지를 알려주는 이 책에서 소개하는 첫 사례가 되겠다. 앞으로 변화하는 대상들을 분석하는 몇 가지 사례들은 항상 먼저 운동방정식을 세우고 미적분으로 해결하는 과정으로 진행된다. 위의 식의 해법은 30장에서 살펴보도록 하겠다.

# 29장 수의 여왕 자연 상수

## 자연 상수

돈을 은행에 예금하면 이자가 붙는다. 이때 우리의 관심사는 이자율이다. 이자율이 클수록 더욱 많은 돈을 돌려받을 수 있기 때문이다. 하지만 반대로 은행은 손해를 더 많이 보게 되므로 낮은 이자율을 책정한다. 자, 비현실적인 예이지만, 이자율이 100%인 은행이 있다고 해보자.

이자가 예금된 돈의 총 액수로 결정된다는 점에 기하급수에 해당함을 바로 알 수 있다. 이런 이자율이라면 $n$년 후에는 원금 $a$의 $2^n$배의 돈을 받게 되므로 쌀알의 경우와 정확히 일치한다. 어차피 말도 되지 않는 이자율로 이야기를 시작했으니 우스개 같은 가상의 이야기를 해보겠다.

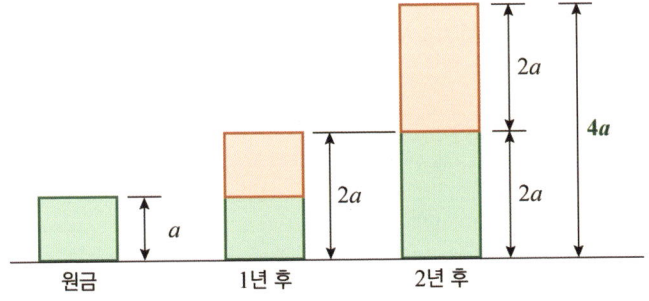

▲ 그림 10.13 원금이 $a$원일 때 1년 후에 원금의 100%인 $a$원의 이자를 받아 총금액이 $2a$원이 된다. 2년 후에는 $2a$원의 100%의 $2a$원이 이자로 지급되어 총 $4a$원이 된다.

어느 수학자가 은행에 자신의 예금을 기탁하면서 은행원과 이야기를 나누고 있다.

"이자가 100%라 했죠? 그럼 이자계산을 1년 단위로 말고 6개월마다 50%로 할 수 있나요?"

별 생각 없이 은행원은 답하였다. "예, 가능합니다."

"1년에 한 번만 이자 계산하라는 규정은 없나보네요?"

"예, 없습니다."

"그래요? 그럼 한 달, 아니 하루마다 이자를 계산해주세요."

순간 뭔가 잘못됐다는 느낌을 받은 은행원이 수학자에게 잠시 기다려 달라면서 그가 제시한 의견으로 이자를 지급하였을 때의 상황을 계산해보았다.

놀랍게도 이자를 분할하자 〈그림 10.14〉의 계산에 따라 1년 후의 예금액이 늘어났다. 당황한 은행원은 수학자의 제안처럼 이자를

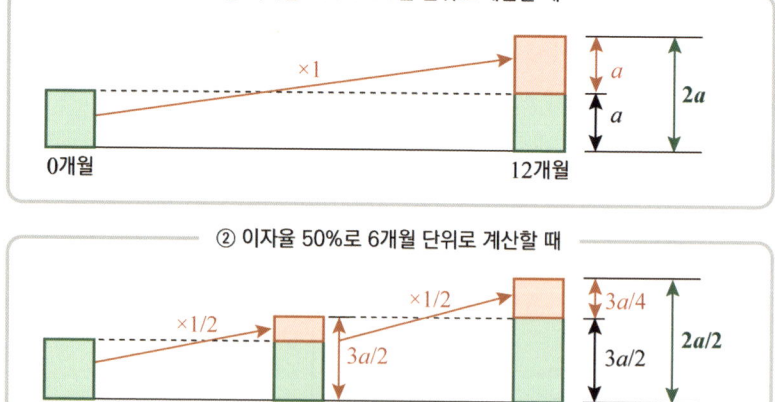

▲ 그림 10.14 ① 원금 $a$원에 대해 1년 단위로 이자를 계산하면 총 예금액은 $2a$원이 된다. ② 이자율 50%로 6개월마다 이자를 지급했을 때 6개월 후에는 $a/2$원의 이자가 붙어 $3a/2$원, 다시 6개월이 지나면 $3a/2$원의 50%가 이자가 붙어 $9a/4$가 된다.

더욱 세분화하여 지급하였을 때의 예금액을 찬찬히 계산해 나갔다. 3개월마다 이자를 계산하는 경우 이자율은 25%로 3, 6, 9, 12개월마다 총 4번의 이자가 계산될 것이다. 〈그림 10.14〉와 같은 방법으로 계산한 결과 1년 후의 예금액은 아래와 같았다.

$$\left(1 + \frac{1}{4}\right)^4 a = \frac{625}{256} a$$

은행원은 당황하기 시작했다. 이자 계산을 세분화할수록 1년 후의 예금 액수가 계속 불어나고 있어서 고객이 제시한 방식으로 이자를 계산해주면 눈덩이처럼 커질 것 같았다. 하루 단위로 계산하면? 끔찍하다. 수학자가 세분화를 요구할수록 예금액은 기하급수적으로 커질 수도 있다.

위의 이야기는 가상이지만 실제 저런 상황이 발생한다면 은행은 1년 만에 파산선고를 해야 할지도 모르겠다. 물론 이자율 100% 자체가 말도 되지 않는 허구라 그런 일이 벌어지지는 않겠지만 말이다. 그런데 은행원의 우려대로 수학자가 하루가 아닌 나아가서 1시간, 1분 등 더욱 짧은 시간 간격으로 세분화하기를 요구할수록 1년 후에는 은행원의 우려대로 예금 액수가 눈덩이처럼 커질까? 과연 그러한지 계산해보겠다.

| | |
|---|---|
| 월 단위(12개월) | $(1 + 1/12)^{12} = 2.61303529$ |
| 일 단위(365일) | $(1 + 1/365)^{365} = 2.714567482$ |
| 시간 단위(1년=8760시간) | $(1 + 1/8760)^{8760} = 2.718126692$ |
| 분 단위(1년=525600분) | $(1 + 1/525600)^{525600} = 2.718279243$ |

확실히 증가는 하지만 증가율이 뚝뚝 떨어지고 있다. 어떤 값에 수렴하는 모양새다. 다행히 은행이 파산만큼은 면할 것 같다. 이 추세를 좀 더 명확하게 보이기 위해 세분화에 따른 1년 후의 예금액과의 함수 관계를 만들어보았다. 위의 계산 추이로 1년을 $n$등분할 때 이자는 $1/n$이 되고 지급 횟수는 $n$번이 된다는 것을 쉽게 유추할 수 있다.

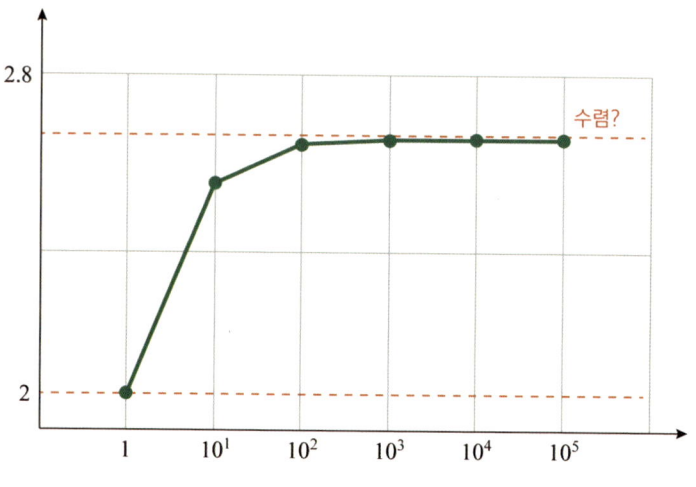

▲ **그림 10.15** 변수 $n$을 10의 거듭제곱에 대한 $y = (1+1/n)^n$의 그래프

실제로 초 단위로, 나아가 더 작은 시간으로 이자율을 세분화하면 예금액은 꾸준히 증가하지만 원주율처럼 어떤 값에 수렴하는 모양새다. 우리의 일상생활에서 접할 수 있는 이자의 복리 계산에서 나온 값이라 수학적으로 큰 의미가 없다고 판단될 수 있는 이 수렴하는 값이 원주율과 함께 절대적인 존재가 되는 '자연 상수'이다. 복리 계산에 궁금증을 가졌던 야콥 베르누이가 발견한 수로 복리 계산 외로 "다양한 경제 현상과 자연 현상에서 쉽게 발견할 수 있는

상수"라서 이렇게 이름이 지어졌다. 그래서 원주율에 $\pi$라는 기호를 쓰듯 자연 상수도 'e'라는 이름을 당당히 가지게 되었고, 수학 세계를 종횡무진 누비면서 무소불위의 위력을 발휘하고 있다. 자연 상수 $e$는 위의 계산과정의 흐름을 따라 이자 지급 간격을 0으로 접근하였을 때의 극한값으로 정의되는 무리수로 아래와 같은 값을 가지고 있다.

$$\langle 식\ 10.16 \rangle\ e = \lim_{n \to \infty} \left(1 + \frac{1}{n}\right)^n = 2.7182818284 \cdots =$$

## 지수함수의 도함수의 유추

앞에서 설명한 자연 상수 $e$가 수학계에 절대적인 존재가 될 수 있었던 결정적 이유는 라디안이 각도의 체계로 자리 잡게 된 맥락과 같아서 지수 및 로그함수의 도함수에서 이유를 찾을 수 있다. 이를 위해 삼각함수의 도함수를 접선의 기울기로 유추한 것과 같은 방법으로 $y = 2^x$의 지수함수의 도함수를 구해보겠다. 그런데 〈그림 10.3〉의 지수함수에서 각 점에서 접선의 기울기의 추세를 직접 확인해보면 알겠지만 한없이 커져 도함수의 정체가 뚜렷하지 않다. 그래서 다른 접근법이 필요한데 독립 변수 $x$를 자연수로 한정하는 방법이다. 쌀알의 경우를 다시 소환한 셈으로, 날짜에 따른 쌀알의 개수를 좌표평면에 도시한 불연속적인 점들 사이의 기울기의 변화의 추이로 도함수를 추측하자는 의도이다. 이 방법은 지수함수의 도함수를 찾아내는 데 충분한 만족감을 선사한다.

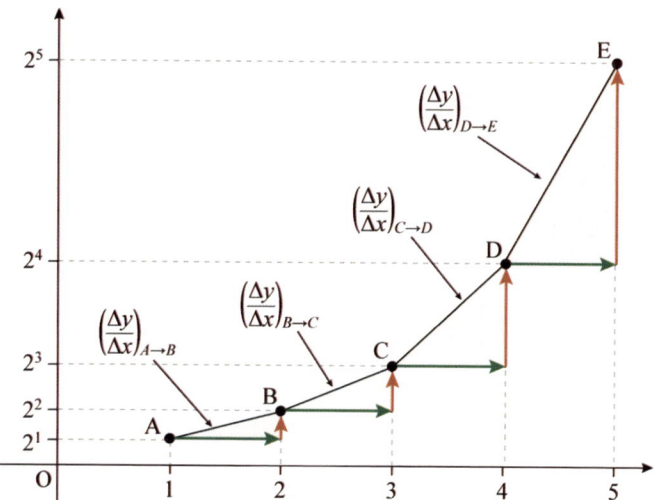

▲ **그림 10.17** 점 A에서 B로 변할 때 $x$의 변화량 $\Delta x = 1$, $y$의 변화량 $\Delta y = 2^2 - 2^1 = 2$이므로 $(\Delta y / \Delta x)_{A \to B} = (2^2 - 2^1)/1 = 2$이다. 마찬가지 방법으로 B에서 C, C에서 D, D에서 E의 변화량을 구한 결과는 아래와 같다.

$$(\Delta y / \Delta x)_{B \to C} = 2^2, \ (\Delta y / \Delta x)_{C \to D} = 2^3, \ (\Delta y / \Delta x)_{D \to E} = 2^4$$

점 A에서 B, B에서 C 등 점에서 점으로의 이동에 대한 변화율의 추이가 2, $2^2$, $2^3$ 등이다. 놀랍게도 원래의 함수 $y = 2^x$을 복제하는 듯 보인다. 혹시 $y = 2^x$의 도함수가 자기 자신인 $y = 2^x$이라는 것일까? 물론 확신할 단계는 아니다. 지수 $x$를 자연수로 한정했기 때문이지만 직감컨대 도함수가 원래의 지수함수와 상당히 유사한 모양이 될 것이라고 충분히 예상할 수 있다. 이 결과를 토대로 이제 지수 $x$를 실수의 범위로 확장하고, 어쩔 수 없이 도함수의 정의에 따라 대수적인 계산으로 진행하겠다.

〈그림 10.18〉에서 얻어진 수식을 정리할 필요가 있는데 2가지 사실에서 바라볼 때 어느 정도 쉽게 정리할 수 있다. 먼저 〈그림 10.17〉의 결과로 $y = 2^x$의 도함수는 분명 $2^x$의 꼴을 유지할 가능성

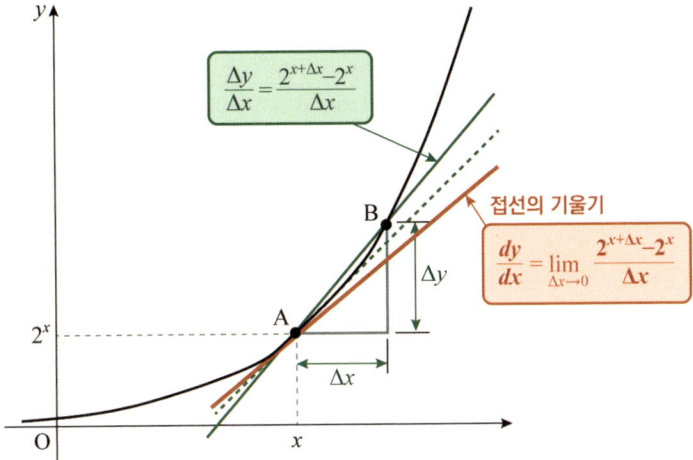

▲ 그림 10.18 지수함수 $y = 2^x$ 위의 임의의 점 $A(x, 2^x)$에서의 미분계수는 $\Delta x$만큼 떨어진 점 $B(x + \Delta x, 2^{x + \Delta x})$와의 변화율 $(\Delta y / \Delta x)_{B \to A} = (2^{x + \Delta x} - 2^x)/\Delta x$가 $\Delta x \to 0$일 때의 극한값이다.

$$\left.\frac{dy}{dx}\right|_A = \lim_{\Delta x \to 0} \frac{2^{x + \Delta x} - 2^x}{\Delta x}$$

이 농후하다는 점과, $2^{x + \Delta x}$는 지수법칙으로 $2^x \cdot 2^{\Delta x}$로 분리할 수 있다는 점에 착안하여 식을 정리하겠다.

$$\left.\frac{dy}{dx}\right|_A = \lim_{\Delta x \to 0} \frac{2^x(2^{\Delta x} - 1)}{\Delta x} = 2^x \times \lim_{\Delta x \to 0} \frac{2^{\Delta x} - 1}{\Delta x}$$

$y = 2^x$의 도함수는 자기 자신인 $2^x$에 $\lim\limits_{\Delta x \to 0} (2^{\Delta x} - 1)/\Delta x$이라는 극한값이 곱해진 꼴이라는 결론을 얻었다. 확실히 지수함수는 극한값은 아직 오리무중이지만 명확하게 자기 자신의 함수를 따르고 있다. 이 결과는 미분이라는 범주에서 한정할 때 지수함수의 도함수가 상당히 간편하게 얻을 수 있다는 점을 말한다.

## 자연 상수의 다른 얼굴

$y = 2^x$의 도함수가 자기 자신의 함수 $y = 2^x$을 복제한다는 점에서 일반적인 지수함수 $y = t^x$의 도함수는 아래와 같이 될 것임은 자명하다.

〈식 10.19〉 $y = t^x$일 때 $\dfrac{dy}{dx} = t^x \times \lim\limits_{\Delta x \to 0} \dfrac{t^{\Delta x} - 1}{\Delta x}$ *

남은 것은 곱해야 할 극한값의 정체이다. 일단 $\Delta x$가 0에 가까워짐에 따라 $(t^{\Delta x} - 1)/\Delta x$의 극한값을 여기서는 '보정상수'라 부르겠다. 하지만 보정상수를 구하기가 상당히 까다롭다. 직감적으로도 떠오르는 것이 없어서 어떻게 처리해야 할지 막막함이 앞선다. 이때는 무모하다 할 수 있겠지만 일일이 수치를 대입하여 계산하는 방법이다. 값의 추이로부터 해결의 실마리를 찾아낼 수 있으리라는 막연한 희망 속에서 진행하는 것인데, 사실 이 과정이 의외로 많은 정보를 제공해준다. 가우스가 300만이라는 엄청난 수들에서 소수를 찾다가 소수의 진정한 속살을 들여다보게 되면서 '소수 정리'를 발견한 것과 같은 이치이다. 무엇보다 수치를 일일이 대입하여 계산하는 것이 과거에는 너무도 버거운 일이겠지만 현재의 우리에게는 컴퓨터라는 강력한 무기가 있어 몇 분의 시간만으로도 많은 계산을 처리할 수 있는 환경을 가지고 있기 때문에 어려운 점이 없다. 대신 수의 감각은 얻지 못하는 면은 있다.

---

* $t$가 음수이면 $x$의 값에 따라 $y = t^x$은 양과 음을 반복하기에 정의가 불가능하다. 그래서 양의 실수여야 하는 조건이 붙어야 한다.

〈식 10.19〉에서 값을 변화시킬 수 있는 변수는 $\Delta x$와 $t$이다. 먼저 $t$의 값을 2로 고정시켜 $\Delta x$에 수치를 변화시키면서 $(2^{\Delta x} - 1)/$ $\Delta x$의 변화의 추이를 들여다보자. $\Delta x$에 0.001을 대입하여 계산하면 약 0.693387을 얻고, 0.000001에서 0.693147의 값을 얻었다. 계속 $\Delta x$의 값을 0에 가까운 값을 순차적으로 대입하면서 분명 어떤 값에 수렴은 하는 것은 확실하게 보이지만 그 수의 정체를 당장 알아내기가 만만치가 않다.

이번에는 역할을 바꿔서 $\Delta x$를 0.01에 고정시키고 $t$의 값을 변화시켜보겠다. $t$를 자연수의 범위에서 변화시켜가며 계산된 값으로 얻어진 위의 표에서 어떤 패턴이 존재하는지를 들여다보자. 수에 남다른 감각이 있으면 뭔가 보이리라. $t = 2, 4, 8$일 때의 값에 규칙이 존재한다. $t = 4$와 $t = 8$의 보정상수는 각각 $t = 2$의 보정상수의 2배 그리고 3배와 매우 비슷하다. 실제 이렇게 배수의 관계가 성립된다면 무엇 때문일까? 직감적으로 4와 8이 각각 $2^2$과 $2^3$이므로

▼ 표 10.20 $\Delta x = 0.01$로 고정한 상태에서 $t$의 값에 따른 보정상수

| $t$ | $(t^{\Delta x} - 1)/\Delta x$ |
|---|---|
| 1 | 0.000000 |
| 2 | 0.695555 |
| 3 | 1.104669 |
| 4 | 1.395948 |
| 5 | 1.622459 |
| 6 | 1.807908 |
| 7 | 1.964966 |
| 8 | 2.101213 |
| 9 | 2.221541 |

지수와 밀접한 관계에서 비롯된 것이 아닐까?

만약 이 유추가 정당하다면 2가지로 확인이 가능하겠다. 첫 번째로는 $t$의 값을 $2^4$, $2^5$ 등 더 큰 값에서 계산된 값들이 정말로 지수배가 나오는지 확인하는 것이다. 그리고 두 번째로는 2가 아닌 3, 5 등의 거듭제곱에서도 이 규칙의 성립 여부이다. 두 가지에 대해 살폈을 때 비슷한 결과를 보이면 보정상수가 지수와 밀접한 관계가 있다는 규칙은 유효할 것이다. 위의 표로만 보면 $t = 3$과 9에서 계산된 값이 2배 정도의 값이긴 하지만 오차가 어느 정도 있어서 확신하기는 이르다.

약간의 오차의 발생이 $\Delta x = 0.01$이라는 제법 큰 수라고 하면 $\Delta x$의 값을 0.001이나 0.0001 등 0에 더 가까운 값으로 계산하였을 때 오차가 줄어드는지를 확인하면 된다. 이렇게 값들을 변화시켜가면서 위의 두 가지 점을 확인하면 이 규칙이 분명 유효하다는 것을 확신할 수 있다.

엄밀함과는 멀지만 우리는 이 규칙이 정당하다 인정하고 넘어가도록 하겠다. 이렇게 가정하자 〈표 10.20〉에서 놀라운 사실을 하나 끄집어낼 수 있다. $t$에 따른 보정상수의 값을 함숫값으로 하는 새로운 함수를 생각할 때 이 규칙이 적용되는 함수가 무엇일까? 바로 로그함수이다. 그러니까 $\Delta x$를 고정된 상수로 할 때 보정상수는 $t$를 변수로 하는 로그함수라는 결론을 얻게 되었다.

〈식 10.21〉 $\displaystyle\lim_{\Delta x \to 0} \frac{t^{\Delta x} - 1}{\Delta x} = \log_c t$

이와 같이 특정 패턴을 근거로 일반화된 원칙을 이끌어내는 것은 수학이나 물리학 등을 함에 있어서 가장 자주 사용되는 방법이다. 가우스가 소수의 패턴을 인식하여 소수 정리의 가설을 발견하였듯이 패턴 인식은 과학이나 다른 학문 등 여러 분야에서 미래를 예측하는 가장 쉬우면서도 강력한 도구이다. 우리 역시 엄밀성은 없지만 보정상수의 패턴이 로그함수에 따를 것이라는 예측을 이끌어내는 데 성공했다. 논리적으로 부족한 주장인 가설의 운명은 엄밀한 입증을 통해 진실임이 밝혀졌을 때 이론이라는 명예의 훈장을 수여받게 되고, 반대로 거짓으로 판명되면 폐기 처분의 운명을 맞게 된다. 물론 판명이 계속 되지 않을 경우에는 가설로 계속 이어지겠지만.

남은 비밀은 로그의 밑인 $c$의 정체이다. $c$의 수수께끼를 풀기 위한 열쇠는 〈그림 10.22〉의 $\log_c t = 1$을 만족하는, 즉 보정상수를 1로 만드는 점 R의 $x$축의 좌표값이다. 그리고 그 값은 2와 3 사이의

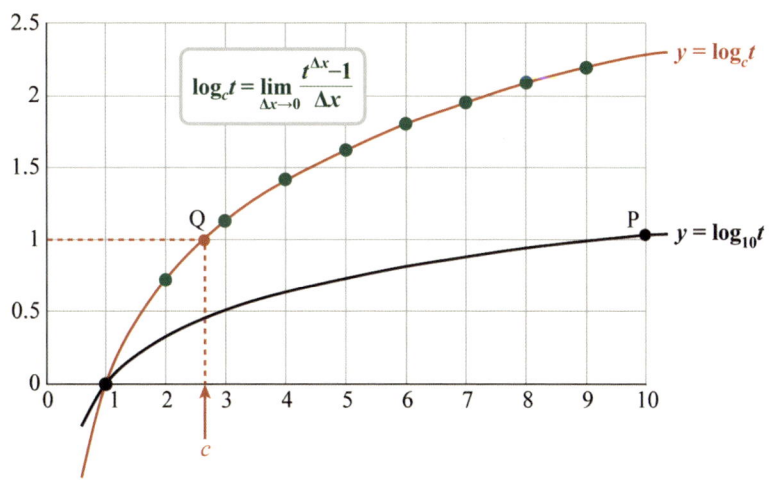

▲ 그림 10.22 로그함수의 패턴을 따르는 보정상수 $f(t) = \lim_{\Delta x \to 0} (t^{\Delta x} - 1)/\Delta x$

어떤 수임을 알 수 있다. 무슨 수일까? 이때 혹시 떠오르는 수가 하나 있지 않나? 자연 상수를 떠올렸다면 정확하다. 원주율과 함께 수학의 절대적 존재로 인정받고 있는 〈식 10.16〉으로 정의된 아주 특별한 수인 자연 상수 말이다. 그렇다는 것은 $c$ 대신 $e$로 대체했을 때 아래의 식이 성립함을 의미한다.

〈식 10.23〉 $\lim_{\Delta x \to 0} (e^{\Delta x} - 1)/\Delta x = 1$

정말 위의 식이 1일까? 그렇다. 위의 식의 증명은 자연 상수를 정의한 〈식 10.16〉에서 충분히 유도할 수 있다. 결론적으로 〈식 10.23〉은 자연 상수를 정의한 〈식 10.16〉의 또 다른 얼굴이기도 하다.

이로써 지수함수의 도함수가 어떤 꼴인지 완벽하게 알게 되었다. $y = t^x$의 도함수는 본래의 함수인 $y = t^x$에 보정상수를 곱한 함수였고, 보정상수는 자연 상수 $e$를 밑으로 하는 $\log_e t$이다.

〈식 10.24〉 $y = t^x$의 도함수 $\dfrac{dy}{dx} = \log_e t \times t^x$

한편 지수함수 $y = e^x$라는 매우 특별한 함수를 찾아낼 수도 있게 되었다. 이 지수함수의 도함수는 보정상수마저 1이 되어 정확하게 자기 자신의 함수로 회귀하는 유일무이한 함수이다. 당연히 적분한 함수 역시 자기 자신이다. 자연 상수 $e$가 왜 특별한지 그리고 왜 그렇게 중요한 상수가 된 이유가 바로 이점 때문이다.

수학적 엄밀성은 부족하였지만 패턴의 인식과 유추라는 직관적 도구만을 활용하여 너무도 만족할 만한 성과를 이루었다. 이제 미적분의 기본 정리로 지수함수를 적분한 원시함수, 혹은 어떤 함수를 미분해야 지수함수인지 어렵지 않게 이끌어낼 수 있다. 지수함수를 미분한 것은 보정상수만 차이가 있을 뿐 원래의 함수를 유지하므로 지수함수를 적분한 함수 역시 같은 지수함수의 꼴이 되어야 함은 너무도 당연하다 하겠다. 그러므로 $y = t^x$의 원시함수는 이미 위의 〈식 10.24〉에 답이 제공되어 있다.

〈식 10.25〉 $y = t^x$의 원시함수는 $\int t^x dx = \dfrac{1}{\ln t} t^x$

# 30장 로그함수의 도함수

## 역함수

남아 있는 작업은 로그함수의 도함수이다. 물론 대수적으로 증명이 가능하지만 시각적으로 보여줄 수 있으면 그 길을 우선적으로 택하기로 하였기에 이번에도 최대한 도식화하여 보이도록 하겠다. 하지만 핵심적인 수학 지식의 무장이 좀더 필요하다. 수학이라는 학문이 여러 정보를 조합해 나가면서 진화하는 누가적(累加的)인 영역이라서 그러하다.

2+3과 같이 한 자릿수의 덧셈을 배우고 다음은 두 자릿수의 덧셈을 배우면서 자릿수의 개념이 머리에 잡히고, 이후 더 복잡한 곱셈을 배우게 된다. 그런데 오히려 맨 처음 배우는 한 자릿수 덧셈의 개념 잡기가 어렵지 곱셈을 알기 위해 추가된 정보의 개념은 정작 더 쉬운 편에 속한다. 그렇기에 누구나 어렵지 않게 곱셈을 계산할 수 있다. 수학이나 물리학 등 모든 학문이 이러하다. 처음이 어렵고 이후의 추가되는 정보들이 보통 더 쉬운 편에 속한다. 그런데 곱셈은 쉬워하면서 미적분이나 뉴턴 역학을 어려워한다. 이유는 무엇일까? 숙달을 통해 이해가 완벽히 이뤄지지 않은 가운데 정보가 추가되면서 이해되지 않은 양이 누적되기 때문이다.

수들에는 덧셈과 곱셈 등의 연산이 존재한다. 벡터에도 함수에도 연산이 있지 않았는가! 예를 들어 덧셈의 항등원은 0, 곱셈의 항등원은 1이 있듯 모든 연산에는 어김없이 항등원과 역원[*]이 존재하기 마련이다. 함수의 연산의 하나인 합성함수에서도 마찬가지이다. 함수라는 범주에 해당하므로 합성이라는 연산자에 대해 항등원과 역원의 기능을 가진 함수를 항등함수와 역함수라고 부른다.

함수의 합성이라는 연산에서 항등함수는 어렵지 않게 찾아낼 수 있다. 바로 $y = x$이다. 삼각함수이건 지수함수이건, 어떤 종류의 함수이건 $y = x$와 합성되어 나오는 함수는 자연스레 자기 자신의 함수가 된다. 따라서 역함수는 임의의 함수 $f(x)$를 합성하여 항등함수 $y = x$가 나오게 하는 함수이다. 함수 $f(x)$의 역함수를 기호로 $f^{-1}(x)$로 표기하므로 두 함수를 합성하여 항등함수가 나오는 과정을 기호로 표현하면 $f^{-1}(f(x)) = x$ 혹은 $f(f^{-1}(x)) = x$가 되겠다.

그런데 합성하였을 때 항등함수가 나오는 2개의 함수가 역함수라는 관계로 묶였다는 것은 너무도 추상적인지라 명확한 의미가 전달되지 않는다. 몇 차례 언급했지만 수학적 직감을 뇌에 새겨 생각이라는 운신의 폭을 넓히는 최고의 방법은 항상 시각화하는 것이 대표적인 것이고 그것을 구체화하는 장이 $xy$좌표계이다.

어떤 함수 $f(x)$(초록색의 곡선)를 편의상 $a \leq x \leq c$의 범위에서만 정의해놓고 $x = a$에서의 함숫값을 $b$, 즉 $f(a) = b$라 하겠다. 바로 점 A에 해당한다. 함수 $f(x)$와 역함수 $f^{-1}(x)$를 합성하면 항등함수가 나온다는 의미는 $x = a$일 때 $f^{-1}(f(a)) = a$이어야 함을 말한다. 이를 풀어 해석한다면 $f(a) = b$이므로 $f^{-1}(b) = a$, 즉 그림의 ①의 화살표를 따라 이동되어진 점 A´$(b, a)$가 역함수 $f^{-1}(x)$ 위의

---

[*] 임의의 수에 0을 더하면 항상 자신의 수로 돌아가게 하는 0과 같은 특정한 수를 항등원이라 한다. 한편 역원은 임의의 수 $x$에 어떤 수 $y$를 더했을 때 항등원 0이 되게 하는 존재의 $y$를 $x$의 역원이라 한다.

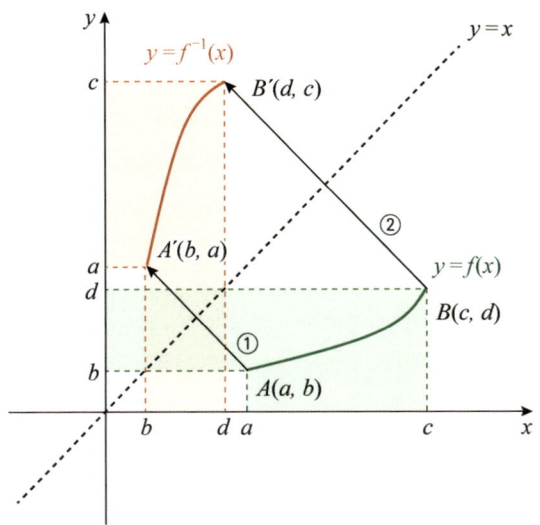

▲ 그림 10.26 원함수 $f(x)$와 역함수 $f^{-1}(x)$의 관계

점이어야 한다는 것이다. 이때 서로 대응되는 2개의 점 A$(a, b)$와 점 A′$(b, a)$은 $x$와 $y$를 자리바꿈한 격이다. 마찬가지로 함수 $f(x)$ 위의 또 다른 점 B$(c, d)$ 역시 $c$와 $d$를 자리바꿈한 B′$(d, c)$이 역함수 $f'(x)$ 위의 점이다. (그림의 ②의 화살표) 따라서 함수 $f(x)$ 위의 모든 점을 이 관계로 이동시켜 형성되는 점들이 곧 역함수 $f^{-1}(x)$ 위의 점들이 된다. 그림에서 두 함수 $f(x)$와 $f^{-1}(x)$의 관계가 명확하게 도시되어 있듯이 항등함수 $y = x$에 대칭의 관계라는 중요한 사실에 마주하였다. 역함수의 이런 특성은 로그함수의 도함수를 구하는데 혁혁한 공로를 세우게 된다.

## 로그함수의 도함수

본격적으로 밑이 자연 상수 $e$인 로그함수 $y = \ln x$의 역함수를 구해보자. 원함수 위의 점들의 $x$와 $y$의 자리를 맞바꾼 점들로 구성된 함수가 역함수라는 점과 로그의 탄생이 지수함수에서 기원하였다는 점들을 착안하면 역함수의 정체가 지수함수 $y = e^x$일 것임을 어렵지 않게 추론해낼 수 있다. 그러니까 $y = \ln x$와 $y = e^x$는 $y = x$에 대칭이다.

역함수 관계에 있는 지수와 로그함수 위의 서로 대응되는 점들은 $y = x$에 대해 대칭이다. 그러므로 $y = \ln x$ 위의 임의의 점 A $(a, \ln a)$의 $x$와 $y$의 자리를 바꾼 A´$(\ln a, a)$는 $y = e^x$ 위의 점이 된다. 너무도 자명한 사실이다. 이제 각 점에서의 접선의 기울기를 알아보자. 그런데 아직 로그함수의 도함수는 알지 못하므로 점 A에

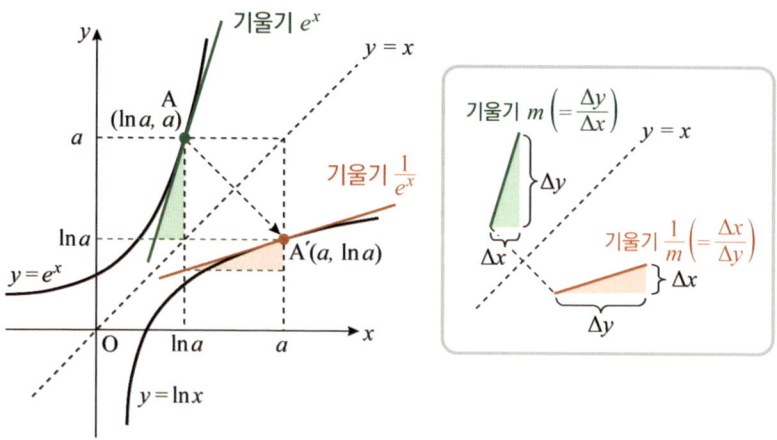

▲ 그림 10.27 지수함수 $f(x) = e^x$ 위의 점 A와 로그함수 $g(x) = \ln x$ 위의 점 A´은 $y = x$에 대해 대칭이다. 또한 A에서의 접선과 A´에서의 접선 역시 $y = x$에 대해 대칭이다.

서의 접선의 기울기는 당장 알기 어렵다. 반면 $y = e^x$의 도함수는 자기 자신인 $dy/dx = e^x$이므로 점 $A'(\ln a, a)$의 접선의 기울기는 $x = \ln a$를 도함수 $y = e^x$에 대입하여 나온 $a$이다.

지수와 로그함수가 서로 역함수로 묶여 있다는 사실로부터 점 A와 A´에서의 두 접선 역시 $y = x$에 대해 대칭임은 당연하다. 이때 $y = x$에 대칭인 두 직선의 기울기의 곱은 그림의 상자에 잘 표현되어 있듯 항상 1이 된다는 명확한 규칙이 존재한다. 비록 로그함수의 도함수를 몰라서 점 $A(a, \ln a)$를 지나는 접선의 기울기를 직접적으로 구하지는 못했지만 점 $A'(\ln a, a)$에서 기울기가 $a$라는 점에서 점 A에서의 접선의 기울기가 $1/a$임을 우회적으로 얻어낼 수 있다. 결론적으로 $y = \ln x$의 위의 임의의 점 $(a, \ln a)$의 기울기가 $1/a$임을 의미한다. 이 결과는 무엇을 뜻하는가? $y = \ln x$의 도함수가 $y = 1/x$이라고 말하고 있지 않는가!

〈식 10.28〉 $y = \ln x$의 로그함수의 도함수는 $\dfrac{dy}{dx} = \dfrac{1}{x}$

로그함수의 도함수를 구하였으니 8장에서 $y = 1/x$의 유리함수의 적분을 해결하지 못하고 남겨뒀던 그 수수께끼가 지금 자동적으로 풀렸다. $y = \ln x$의 도함수가 $y = 1/x$이므로, $y = 1/x$을 적분하여 얻어지는 함수는 다름 아닌 로그함수 $y = \ln x$이다.

단지 계산의 편의성을 위한 목적으로 탄생한 로그가 유리함수 $1/x$의 원시함수였다는 사실이 흥미롭다. 미적분은 결정적 부품이 빠져 작동되지 않는 고철덩어리에 불과할 수밖에 없을 운명을 로그가 살려낸 것이다.

그런데 지수함수에서는 도함수를 구하자마자 원시함수의 존재도 동시에 드러났지만 로그함수는 그렇지 않다. 로그함수 $y = \ln x$의 도함수까지는 알아냈지만 적분한 원시함수는 아직 베일로 쌓여 있다. 거꾸로 말하면 어떤 함수를 미분해야 $y = \ln x$가 나오느냐이다. $y = 1/x$을 적분한 함수의 수수께끼가 해결되자마자 또 다른 숙제가 앞에 놓이게 되었다. 다행스러운 점은 이 숙제의 풀이 결과를 확인하는 데 많은 인고의 시간이 필요하지 않다는 점이 위안이랄 수 있겠다. 로그함수의 적분 문제는 33장에서 다루겠다.

그리고 보니 우리는 이번 장에서 또 하나의 숙제를 남겨두고 있다. 바로 베버 – 페히너 법칙인 〈식 10.12〉를 해결하는 일이다. 그때 바로 해결하지 않은 것은 하나의 정보, 즉 로그함수의 도함수가 필요했기 때문이고, 방금 그 정보를 취득하였으므로 준비가 되었다. 또한 미적분의 하이라이트인 미분방정식의 해법을 처음으로 접한다는 점에서 향후 이 책의 내용을 이해하는 데 가장 큰 길잡이의 역할을 기대할 수 있다.

무한소인 $dp$와 $dS$는 사칙연산이 가능하므로 〈식 10.12〉의 양변에 $dS$를 곱하여 $dp = k\,dS/S$로 바꿔줄 수 있다. 즉 양변을 각각 적분한 결과가 동일하다는 의미이다.

$$\int dp = \int k\frac{dS}{S}$$

좌변을 적분하여 얻어지는 함수는 $p$이다. 우변은 유리함수 $1/S$의 적분이므로 로그함수가 되어 $k\ln S$가 된다. 즉, $p = k\ln S$로 외부의 자극 $S$와 우리 몸이 감각하는 인지력 $p$와는 로그함수의 관계가 있음을 뚜렷이 알 수 있다.

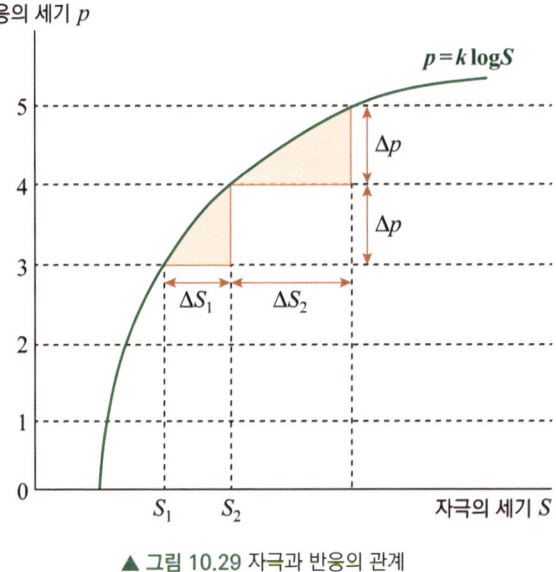

반응의 세기 $p$

$p = k \log S$

자극의 세기 $S$

▲ 그림 10.29 자극과 반응의 관계

$p = k \ln S$ ($p$는 자극을 인식하는 정도, $S$는 자극의 강도, $k$는 비례상수)

이 결과는 완벽하게 해결된 것은 아니다. 적분을 하면 적분상수가 포함되어야 하는데 방금 한 과정은 적분상수를 아예 고려하시 않은 결과이다. 따라서 우리가 얻은 결과는 완벽하지는 않지만 미분방정식의 첫 단추를 꿰는 상황에서 맥락만을 파악한다는 취지에서 일단은 만족하도록 하자. 이제 위의 그래프를 해석하자면 손에 올려 진 책의 무게를 인식하기 위해서는 감각의 변화가 $\Delta p$ 만큼 필요하다고 할 때 책의 무게가 $S_1$ 일 때에는 $\Delta S_1$, $S_2$에서는 $\Delta S_2$만큼의 세기가 추가되어야 함을 말하고 있다. 이때 $S_2$가 $S_1$보다 크므로 추가되는 자극의 세기 $\Delta S_2$도 $\Delta S_1$보다 크다는 실험적 결과와 일치하고 있음을 보여준다. 또한 $p = k \ln S$이므로 $S = e^{p/k}$로 $S$와 $p$가

지수관계이기도 한데, 앞서 손 위에 올려진 책의 무게에 비례하여 인식이 가능한 추가되는 추의 양이 결정된다는 사실에서 추의 무게와 우리의 감각 체계가 기하급수의 관계임을 눈치 채고 지수의 법칙을 따를 것이라는 우리의 예측과 정확이 일치한 결과를 얻었다.

이처럼 지수와 로그로 해석해야 가능한 현상들은 우리 주변에 널려있다. 이어질 11부에서 추가적인 사례로 두 함수의 중요성이 더욱 부가될 것이다.

# 11부

## 미분 방정식은 과거의 미래의 연결고리

31장 바젤 문제

32장 미래를 내다보는 미분방정식

33장 미분과 최적화

34장 가공할 적분의 힘

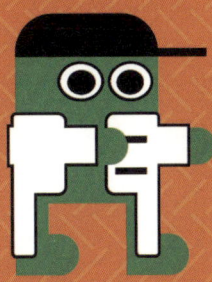

66

과거에 일어난 일과 미래에 일어날 일의 예측을 가능케 하는

미분방정식과 적분 기호 안에서 미분하는 방식으로 적분문제를

해결하는 파인만의 기법에 대해 소개한다.

99

빼어난 관찰과 문제를 꿰뚫어보는 통찰력으로 행성의 궤도가 타원임을 알아낸 케플러

# 31장 바젤 문제

## 카드의 탑과 조화급수

총 52장으로 구성된 무게가 1, 길이가 1인 한 벌의 카드가 가지런히 놓여 있다. 여기서 무게와 길이의 단위는 논의에 중요하지 않으니 생략하겠다. 이제 맨 위의 카드 1장을 바닥에 떨어지지 않게 바깥쪽으로 밀어내겠다. 얼마나 밀어낼 수 있을까?

▲ **그림 11.1** 카드의 반을 밀어낼 때까지 떨어지지 않는다.

답은 바로 알 수 있다. 정확히 카드 길이의 반이다. 그 이상 밀어내면 떨어질 것이다. 이 상태에서 두 번째 카드를 역시 떨어지지 않게 밀어내보자. 여기서 약간 헷갈릴 수 있겠지만 그렇다고 못 풀 정도는 아니다. 힌트는 무게중심이다. 〈그림 11.2〉와 같이 2장의 카드를 하나의 덩어리로 보고 그 무게중심까지 밀어내면 될 것이다.

다음에 어떤 질문이 나올지는 충분히 예상할 수 있다. 세 번째 카드는 얼마나 밀어낼 수 있을까? 이때부터 상당히 헷갈린다. 그러

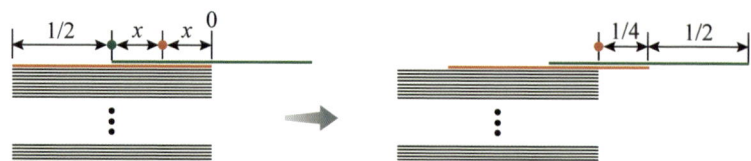

▲ **그림 11.2** 첫 번째 카드(초록색)와 두 번째 카드(붉은색)를 하나의 덩어리로 보았을 때의 무게중심의 위치는 붉은색의 점이다.

나 2장의 카드를 해결한 과정에서 해결의 실마리를 찾을 수 있다. 3장의 카드를 하나의 덩어리로 보고 그 무게중심만 구하면 된다. 그리고 이때 무게중심은 양쪽의 회전력이 같은 지점이라는 사실에 착안하여 아르키메데스의 지렛대의 원리의 공식을 이용하여 구할 수 있다.

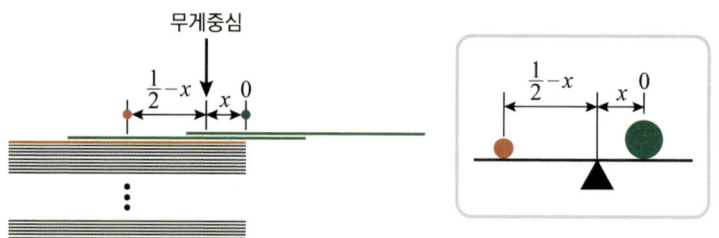

▲ **그림 11.3** 3개의 카드로 이뤄진 무게중심(굵은 검은색 화살표가 가리키는 지점)을 기준으로 양쪽의 회전력이 같아야 한다.

초록색 선분의 첫 번째와 두 번째 카드로 이뤄진 무게중심의 위치는 이미 〈그림 11.2〉를 통해 알고 있는 정보로 그림과 같이 위치를 0으로 놓겠다. 이제 세 번째 카드인 붉은색 선분까지 포함한 3장의 카드의 무게중심을 0에서 $x$만큼 떨어진 위치의 굵은 검은색 화살표가 가리키는 지점이라 할 때, 무게중심을 기준으로 2장의 초록색 카드로 만들어진 회전력과 세 번째 카드의 회전력이 같아야 할 것임은 당연하다. 이 상황을 지렛대로 표현하면 그림의 오른쪽 상자에 그려진 것과 동일하다.

$$\frac{1}{2} - x = 2 \times x, \quad \therefore \quad x = \frac{1}{6}$$

식의 우변은 붉은색의 세 번째 카드가 만들어내는 회전력이고 좌변은 초록색 2장의 카드가 지닌 회전력이다. 그리고 이 일차방정식으로 세 번째 카드를 밀어낼 수 있는 길이가 1/6임은 손쉽게 알아낼 수 있다.

네 번째 카드를 밀어낼 수 있는 길이 역시 같은 방법으로 충분히 계산할 수 있다. 내가 잘 설명했다면 모든 분들이 네 번째 카드를 밀어낼 수 있는 길이가 1/8이라는 결과를 손에 넣었을 것이다. 이쯤에서 카드를 밀어낼 수 있는 길이의 수열이 어떤 패턴인지 충분히 짐작할 수 있겠다. 카드가 쌓인 순서대로 1/10, 1/12, …이다.

총 52장으로 구성된 카드로 이뤄진 탑에서 이처럼 맨 위부터 차

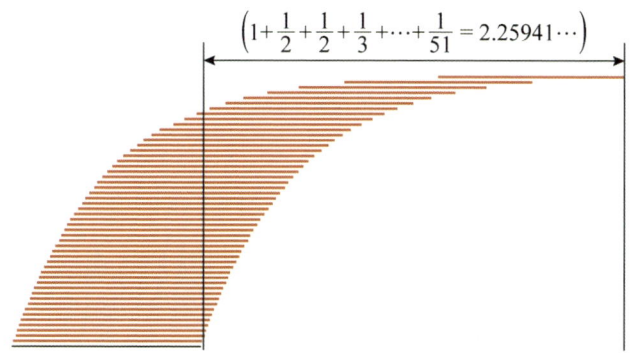

$$\left(1 + \frac{1}{2} + \frac{1}{2} + \frac{1}{3} + \cdots + \frac{1}{51} = 2.25941\cdots\right)$$

▲ **그림 11.4** 총 52장의 카드가 내밀 수 있는 길이는 약 2.259이다.

례로 밀어냈을 때의 총 길이를 구할 수 있다. 맨 밑의 카드를 제외한 51장의 카드를 밀어낼 수 있으므로 밀려진 총 길이는 〈그림 11.4〉에서 확인할 수 있겠다.

결과가 신기하지 않은가? 맨 위의 카드는 원래의 위치에서 훨씬 벗어나 있다. 그럼에도 기울어진 카드의 탑은 무너지지 않는다. 물론 이상적인 경우이지만. 내가 이 문제를 처음 접했을 때 직감적으로는 카드 한 장의 길이 이상은 벗어나지 않을 것으로 여겼다. 그런데 실상은 그렇지가 않다. 직감은 많은 부분 문제 풀이에 있어 상당한 위력을 발휘하지만 절대 맹신하면 위험하다는 사실을 새삼 느끼게 한다.

우리는 52장 이상의 카드로 이뤄진 탑을 사용하면 분명 더 벗어나게 될 것임은 자명하다. 이쯤 되면 카드의 개수에 따라 얼마나 밀어낼 수 있을까라는 의문이 생긴다. 이는 수학자들도 마찬가지여서 그들은 계산하였다, 1조 장을 쌓을 경우 얼마나 멀어질지를.

$$\frac{1}{2}+\frac{1}{4}+\frac{1}{6}+\cdots+\frac{1}{1000000000000} \approx 14.10411839$$

맨 위의 카드가 처음 위치에서 14배 이상까지 멀어진 카드의 탑은 아슬아슬하지만 무너지지 않고 있다. 확실한 사실은 더디지만 카드의 수가 늘어날수록 꾸준히 증가한다는 점이다. 그러면 무한 개의 카드를 사용하였을 때는 어떻게 될까? 답은 2가지 중 하나이다. 벗어나는 길이가 무한정 커지든지 아니면 어느 값에 수렴할 것이다. 하지만 설마 무한히 멀어지려고. 직관적으로 어떤 값에 수렴할 것처럼 여겨진다. 일단 아래와 같이 $H_n$ 을 정의하겠다.

$$H_n = 1 + \frac{1}{2} + \frac{1}{3} + \cdots + \frac{1}{n}$$

위의 $H_n$에서 $n$이 무한대일 때를 조화급수*라 하고 이 급수의 값의 1/2이 카드의 탑이 벗어나는 정도다. 수학자들이 이 급수에 이름까지 붙여준 것으로 보아 매우 특별한 급수로 여겨진다. 자, $n$이 무한대일 때의 $H_n$의 값은 발산할까 아니면 수렴할까? 결론부터 얘기하면 $H_n$은 발산한다.

$$\lim_{n \to \infty} H_n = \infty$$

## 바젤 문제

진짜? 의문스럽다. 수렴할 것으로 추측되었지만 결과는 발산이다. 맨 위의 카드는 무한정 멀리 보낼 수 있다. 직감적으로 와닿지 않지만 결과가 그렇다 하니 믿을 수밖에. 나의 직감과는 동떨어지므로 정말로 그러한지 대수적 계산을 통해 확인할 필요가 있겠다. 조화급수의 발산에 대한 증명법은 몇 가지가 존재하는데, 여기에서는 이왕이면 적분을 이용한 사례로 소개한다.

---

\* 수들을 나열한 것을 수열이라 하고, 이런 수열의 모든 항들을 더한 것을 급수라 한다. 그리고 항의 개수가 유한할 때는 유한급수(有限級數), 반면 항의 개수가 무한한 경우 무한급수(無限級數)란 한다. 무한급수의 경우, 어떤 값에 한없이 가까워지는 수렴급수와 그렇지 않은 발산급수로 분류된다.

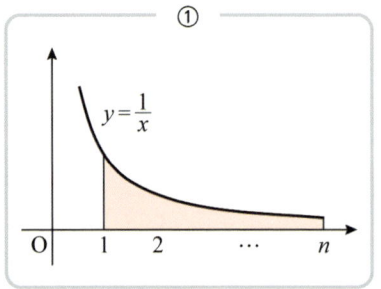 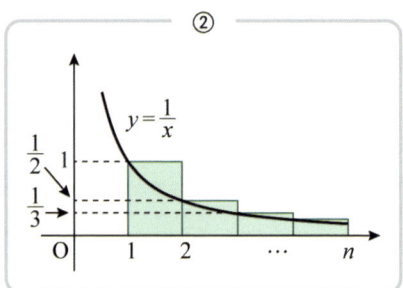

▲ 그림 11.5 ① $y=1/x$의 함수에서 1에서 $n$까지의 빗금친 영역의 넓이와, ② 간격 1로 분할된 직사각형의 넓이.

$$① \int_1^n \frac{1}{x}dx = [\ln x]_1^n = \ln n, ② 1+\frac{1}{2}+\frac{1}{3}+\cdots+\frac{1}{n-1} = H_n - \frac{1}{n}$$

①과 ②의 넓이를 비교하면 당연히 ②의 넓이가 더 크므로 아래와 같이 놓을 수 있다.

$$\ln n + \frac{1}{n} < H_n$$

카드의 개수 $n$을 무한정 늘렸을 때, 즉 $n \to \infty$이면 로그함수인 $\ln n$은 당연히 발산한다. 따라서 $\ln n$보다 큰 $H_n$은 발산하게 된다. 확실히 느낌으로는 카드의 탑을 무한정 기울이게 할 수 있다는 사실을 받아들이기 힘들지만 수학적 결과는 가능하다는 결론이 나왔다.

그런데 수학자들은 항상 하나에 만족하지 않는다. 위의 문제를 해결했지만 이 문제를 더욱 일반화해 확장하는 것을 좋아한다. 우리도 이미 삼각비에서 각도를 확장하여 삼각함수, 기하급수에서 지수와 로그함수로 확장한 사례를 경험하지 않았던가. 위의 조화급수의 문제도 그러하다. 이번에는 새롭게 다음의 급수의 호기심이 발동되었다.

〈식 11.6〉 $1^2 + \dfrac{1}{2^2} + \dfrac{1}{3^2} + \dfrac{1}{4^2} + \cdots$

수학자들의 호기심을 한껏 자극한 이 급수 풀이는 쉽게 해결의 문을 열어주지 않았다. 조화급수가 발산하는 것과는 달리 위의 급수는 분명 수렴한다는 사실까지 알아냈다. 하지만 정확한 극한값은 오리무중이었다. 그다지 어렵게 보이지 않았지만 의외로 난공불락인 것이었다. 결국 스위스 바젤대학의 수학과 교수로 재직 중이던 야곱 베르누이는 1689년 《무한급수에 관한 논문》에서 이 문제의 풀이를 세상 모든 이에게 요청하였다. 그런데 당시 천하의 대수학자인 라이프니츠를 비롯한 여러 수학자들이 도전했지만 아무도 해결하지 못하였다. 놀라울 정도로 어려운 문제였다. 마침내 100년 가까운 시간이 흘러간 후 오일러가 수학자들의 숙원을 해결하였다. 어떻게?

천재들도 해결하기 어려운 이 문제의 해법을 오일러의 손을 빌려 39장에서 다루겠다. 어쨌든 당시에 수학자들을 너무도 괴롭혀 왔기에 위의 급수 문제는 악마의 문제 혹은 베르누이가(家) 형제의 고향이자 오일러의 고향인 바젤의 이름을 따라 '바젤 문제(Basel problem)'라고 불리게 되었다.

# 32장 미래를 내다보는 미분방정식

## 빗방울의 운동방정식

구름은 다양한 높이에서 존재하는데 가장 낮은 경우는 약 1.2km 정도이다. 그러면 이 높이에 위치한 구름에서 내리는 비가 지상에 도달했을 때의 속도는 얼마일까? 공기의 저항 등 모든 요인을 무시하고 오직 중력의 영향만으로 낙하한다고 하면 어렵지 않게 구할 수 있다. 갈릴레이의 낙하법칙에 의해 $t$초 동안 빗방울이 떨어진 거리는 $gt^2/2\,(g=9.8\,\mathrm{m/sec^2})$m이다. 이 식으로 빗방울이 1,200m를 떨어지는 데 소요되는 시간 $t$를 구하면 약 15.7, 대략 15초 후에 지상에 도착한다. 이때 빗방울의 속도는 중력가속도 9.8에 15를 곱한 147m/sec초이다.

$$147\left[\frac{\mathrm{m}}{\mathrm{sec}}\right] = 147 \times \frac{3600}{1000}\left[\frac{\mathrm{km}}{\mathrm{hour}}\right] = 529.2\left[\frac{\mathrm{km}}{\mathrm{hour}}\right]$$

시속 529km의 속도는 최대 300km의 속도로 달리는 KTX보다도 훨씬 빠르다. 400m/sec의 속도를 가진다고 알려져 있는 총알보다는 작지만 147m/sec의 속도라면 웬만한 물체를 꿰뚫고 지나갈 수 있어 지상에서 생명체는 존재할 수 없을 것이다. 하지만 현실은 건물도 생명체도 빗방울을 맞는다고 아무 문제가 되지 않는다. 왜? 빗방울의 속도가 공기의 저항으로 현저히 떨어지기 때문이다. 우리가 숨을 쉬며 생명활동이 가능하게 하는 공기는 빗방울로부터 우리를 보호하는 방패로서의 역할도 수행하고 있는 것이다. 실제 지상에서 빗방울의 속도는 약 9m/sec로 공기의 저항이 없을 때와 비교해 고작 6%의 크기로 육상선수가 달리는 정도에 불과하다.

빗방울의 속도를 현저히 떨어뜨리는 데 일등공신을 하는 공기의 저항은 속도의 크기에 비례하여 증가한다. 그러니까 속도가 크면 공기의 저항도 커진다는 것이다. 쉽게 납득이 되지 않는다면 자동차의 차창 밖으로 내민 손으로 저속으로 달릴 때와 고속으로 달릴 때 느끼는 공기의 저항을 상상해보면 충분히 공감하시리라. 그런데 공기의 저항이 속도의 크기에 비례한다는 문구에서 떠올려지는 한 가지가 있지 않은가? 바로 기하급수의 의미와 일치! 그렇다는 것은 빗방울의 속도가 지수함수와 관련될 것임을 충분히 예측할 수 있다.

빗방울이 1초 동안 추가될 속도의 크기(초록색 화살표)는 중력가속도가 변하지 않으므로 항상 일정하다. 그런데 속도(회색 화살표)가 증가할수록 공기의 저항(붉은색 화살표)이 커지게 되어 실제 빗방울이 1초 동안 추가되는 속도의 양은 서서히 줄어들 수밖에 없다. 그리고 어느 순간에는 두 물리량이 같아져 빗방울의 속도가 더 이상 증가하지 않고 일정한 속도로 떨어지게 된다. 이런 과정으로 얻어진 시간에 따른 속도의 추이를 나타내는 모양이 〈그림 11.7〉의 굵은 검은색의 곡선이다. 추세로 보아 속도는 거의 증가하지 못하고 어떤 값에 수렴하는 모양새로 예상했던 지수함수의 형태인지 의심스러워 보인다.

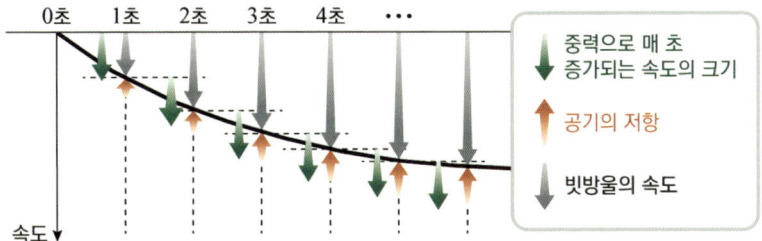

초록색 화살표: 중력으로 매 초 증가되는 속도의 크기

공기의 저항

빗방울의 속도

0초 1초 2초 3초 4초 ...

속도

▲ **그림 11.7** 초록색의 화살표는 중력가속도로 1초 동안 빗방울이 얻게 되는 속도의 양으로 시간에 상관없이 항상 일정하다. 붉은색의 화살표는 회색의 화살표인 빗방울의 속도의 크기에 비례하여 발생한 공기의 저항력이다.

빗방울의 운동을 시각적으로 분석하였으니 뉴턴의 힘의 법칙을 이용하여 대수적으로 분석해보겠다. 그리고 이 풀이의 과정에서 뉴턴의 힘의 법칙이 왜 위대하고 미적분을 반드시 습득해야 하는 이유를 고스란히 느끼게 될 것이다.

뉴턴의 힘의 법칙은 $F = ma$이고, $a$는 속도 $v$를 미분한 것이므로 $a = dv/dt$이기도 하다. 그리고 논의의 편의상 빗방울의 질량은 크게 중요하지 않으므로 $m = 1$로 처리하겠다. 여기서 눈여겨 볼 대목은 힘의 법칙에서 이미 미분이 포함되어 있다는 것이다. 뉴턴이 미적분을 창안하게 된 동기가 바로 자신이 만들어낸 힘의 법칙을 해석하기 위해서는 미적분이 필수적으로 필요했다는 결정적 방증이다.

빗방울에 미치는 힘은 중력과 공기의 저항, 2개의 힘이다. 이때 중력 $g$는 높이에 따라 거의 변하지 않는 상수이다. 한편 공기의 저항은 빗방울의 낙하속도 $v$에 의존하므로 공기의 저항력은 $bv$로 놓을 수 있다. 이때 $b$는 저항상수로 외부의 환경 등에 의해 결정되는 상수로 공기의 밀도와 접촉 단면적 등 여러 변수들이 고려되어 정해진다.

이 정도면 뉴턴의 힘의 법칙을 사용할 충분한 정보를 취득했다. 빗방울에 미치는 힘은 중력 $g$와 공기의 저항 $bv$이므로 실제 빗방울에 미치는 힘은 $g - bv$이다. 이때 공기의 저항에 음의 부호가 붙은 것은 빗방울의 방향과 반대되는 힘이기 때문이다. 따라서 뉴턴의 힘의 법칙에 따라 다음과 같은 방정식을 세울 수 있다.

〈식 11.8〉 $\dfrac{dv}{dt} = g - bv$

## 미분 방정식의 해법

미분이 포함된 〈식 11.8〉을 미분방정식이라 부른다. 그러므로 속도 $v$의 도함수인 가속도 $a = dv/dt$를 포함하고 있는 뉴턴의 운동방정식 $F = ma$ 자체는 이미 미분방정식인 것이다. 그런데 빗방울의 운동과 같이 변화무쌍한 자연의 운영체제를 미적분의 기호로 함축한 뉴턴의 미분방정식이 도대체 어떻기에 우리들은 그렇게 찬양을 하는 것일까? 제대로 맛을 보기에는 이 책의 분량으로는 한없이 부족하겠지만 〈식 11.8〉의 미분방정식만으로 조금이나마 엿볼 수 있겠다.

그런데 미분방정식의 풀이는 대학교에서 하나의 과목으로 강좌가 개설될 정도로 중요성도 있지만 풀이도 만만치 않다. 다행히 우리 앞에 놓인 미분방정식의 난이도는 가장 하급에 해당할 정도로 어렵지는 않아 미분방정식에 대해 약간의 지식만 있으면 풀어낼 수 있고, 아래의 결과를 도출해낼 수 있다.

$$v = \dfrac{g}{b}\left(1 - e^{-bt}\right)$$

공기의 저항이 속도의 크기에 비례한다는 정보로 속도가 지수함수의 꼴일 것이라는 우리의 예측은 너무도 정확하였다. 시간 $t$가 충분히 흘렀을 때 $e^{-bt}$의 항은 0에 수렴하게 되므로 속도는 $g/b$의 값에 가까워진다는 사실을 위의 식은 이야기하고 있다. 즉, 지상으로 떨어지는 빗방울이 더 이상 속도가 증가하지 않고 낙하한다. 높은 상공에서 공기의 저항을 받으며 떨어지는 빗방울의 운동 상태를 뉴턴의 운동방정식만으로 정확하게 얻어내게 된 것이다. 속도 $v$와 시간 $t$와의 관계를 나타내는 위의 식을 $xy$ 좌표계에 시각화하면 아래의 그림과 같다.

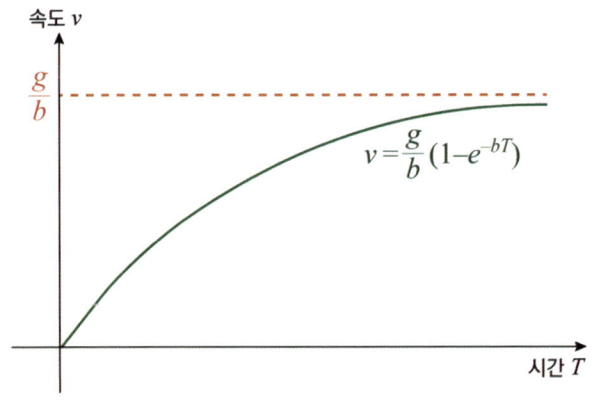

▲ 그림 11.10 시간에 따른 빗방울의 속도

자연계에서는 빗방울의 속도처럼 지수함수로 엮여진 사례는 엄청 많다. 대표적으로 세균의 번식에서 찾아볼 수 있다. 세균의 수가 많을수록 개체수의 증가가 더욱 빨라질 것은 당연하다. 또한 인간이 지수함수의 원리를 적용하여 제작한 기계들에서도 찾아볼 수 있다. 입력된 소리의 크기를 일정 비율로 증폭시켜 소리를 키우도록 하는 스피커의 증폭원리가 그 예에 해당한다. 가끔 스피커에서 삐

하는 아주 듣기 싫은 소리가 발생하는데 그 이유는 입력되는 소리의 양이 커서 증폭하였을 때 스피커에서 낼 수 있는 한계음량을 넘어섰기에 발생되는 역효과이다.

이번 장에서 가장 핵심적인 사실은 빗방울의 속도가 시간에 따라 어떻게 변하는지를 뉴턴의 운동방정식으로부터 알아냈다는 점이다. 이것의 진정한 의미는 지금 이 순간의 진실, 이전에 벌어졌었던 일, 이후에 벌어질 일 모두 뉴턴의 운동방정식이 알려주고 있다는 점이다. 이를 확대 해석하면 어느 누구도 몰랐던 우주에 관한 과거의 사실과 함께 미래에 벌어질 미지의 사실까지 예측하게 해준다는 것이다. 매 순간 모든 장소에서 무엇이 발생했고 또 무엇이 일어날지를 말이다. 빗방울처럼 운동방정식만으로 갈릴레이의 진자의 운동에서 핼리혜성의 출현 주기, 행성의 궤도에 이르기까지 우주의 모든 것을 설명할 수가 있다. 한 마디로 뉴턴의 운동방정식은 우주에서 벌어지는 모든 현상의 과거와 미래를 볼 수 있는 보물섬 지도와 같은 존재이다. 더 이상 우주는 우연으로 점철되어 만들어진 혼돈의 세계가 아닌 원인에 의해 정해진 결과로 작동하는 거대하고 정교한 시계와 같은 질서를 가지고 움직인다는 사실을 밝혀낸 신이 인간에게 선물한 초월적인 존재가 뉴턴의 운동방정식이다.

우리가 미적분을 배워야 하는 이유가 바로 여기에 있다. 비단 과학 분야만이 아닌 영화 같은 미디어에 담겨 있는 기술, 의료계, 그리고 미래의 사회상 등 너무도 다양하게 활용되어 한두 권의 책으로도 소개할 수 없을 정도이다. 우리가 알고자 하는 대상이 무엇이건 그 현상을 대변하는 미분방정식만 만들어내면 끝이다. 이후의 작업은 미적분이 해줄 것이다.

# 33장 미분과 최적화

## 로지스틱 함수

인간의 사소한 결정이 생태계 파괴를 불러온 대표적 사례의 하나가 호주에 있다. 영국 출신으로 호주에 정착한 초기 이주민이었던 토머스 오스틴이 자신의 부지 안에서 사냥 게임이나 하려고 1859년 영국에서 가지고 온 24마리의 토끼를 풀어놓은 게 발단이었다. 숨을 굴과 풀만 있으면 생존과 번식이 얼마든지 가능한 토끼가 울타리를 벗어나자 특별한 천적도 없던 호주에서 개체수가 정말로 기하급수적으로 늘어나기 시작한 것이었다. 알려진 바에 따르면 토끼는 1920년대에 1km²당 1,000마리가 넘어 전국적으로 100억 마리로 추산된다고 하였으니 기하급수라는 용어는 여기에 아주 적합한 사례이다. 급증한 토끼들이 농지 파괴 등을 비롯하여 호주의 생태계에 커다란 교란을 야기하게 되었다는 점이 문제였지만.

토끼의 개체수가 기하급수적으로 증가하는 사례를 수학의 식으로 표현해보자. 물론 우리는 쌀알의 예를 통해 그 답을 알고 있지만 이번에는 미분방정식이라는 더 수준이 놓은 기술로 기하급수의 문제를 해석적으로 들여다볼 예정이다. 토끼의 개체수 증가는 토끼가 많을수록 더 클 것이므로 기하급수의 의미와 일맥상통한다. 그래서 토끼의 개체수가 $N$일 때 시간에 따른 개체수의 증가율 $dN/dt$는 개체수 $N$에 비례하므로 아래와 같은 식으로 간단히 정리할 수 있겠다.

$$\frac{dN}{dt} = kN$$

토끼 개체수의 시간에 대한 관계식을 표현한 위의 식 역시 미분방정식이다. 상수 $k$는 상황에 따라 달라지겠지만 편의상 $k = 1$로 놓고 주어진 미분방정식을 풀면 아래의 결과를 쉽게 얻을 수 있다.

$$N = ae^t \ (a는\ 처음의\ 토끼\ 개체수)$$

예상하였듯이 지수함수의 꼴로 결과가 도출되었다. 몇 십 년 만에 호주 전역을 뒤덮은 실제의 상황을 미분방정식은 정확히 읽어내고 있다. 그런데 이런 증가속도라면 지금은 1제곱킬러미터의 넓이에 적어도 1억 마리가 넘는다는 계산이 나와 밝히는 것이 토끼여야 하는데 현실은 그렇지 않다. 위의 미분방정식은 현실을 정확하게 반영하고 읽지 못하고 있는데, 이유는 중요한 한 가지를 간과하여 나온 결과이기 때문이다.

아마 누구나 토끼의 개체수는 초기에는 기학급수로 증가하겠지만 직감적으로 일정 수준 이상의 증가는 일어나지 않으리라 추측하시리라. 비록 호주가 아주 넓은 땅덩어리지만 섬이라는 한계로 식량과 거주 공간의 제한, 그리고 생태계의 교란을 막기 위한 호주 당국의 노력 등 여러 영향을 받기 때문에 성장이 어느 한계 수준 이상은 넘어서지 않을 것이기 때문이다.

호주라는 너무 넓은 지역이 아니라 우리가 통제 가능한 작은 영역에서 토끼의 개체수 변화를 모니터링하는 실험을 한다고 하자. 토끼가 서식하기에 최적의 환경이라고 할 때 개체수는 처음에 기하급수로 증가한다. 그런데 지속적으로 늘어가는 토끼 수에 비해 한정된 영역에서 제공하는 유한한 자원은 개체수의 증가를 서서히 둔화시키게 한다. 결국 어느 시점에 토끼의 개체수는 변화가 없을 것으로 예상이 되는데, 이 추론이 타당하다 할 수 있는 것이 유한한 영역에서 제공된 자원으로 살아갈 수 있는 최대의 개체수 $N_{max}$는 분명 정해져 있을 것이기 때문이다.

이쯤에서 시간에 따른 토끼의 개체수 $N$의 곡선 개형이 무엇이 될지 예상할 수 있는가? 개체수가 적을 때는 빠르게 증가하다가 최대치에 근접할수록 둔화되는 곡선의 모양을 말이다.

이제 미분방정식을 수정해야겠다. 토끼의 개체수에 영향을 주는 힘은 두 가지이다. 첫 번째는 시간 $t$에 따른 토끼의 개체수 $N$의 변화율 $dN/dt$는 자신의 수 $N$에 비례하는 힘 $f_1$에 영향을 받는다는 것은 앞에서 설명한 그대로이다. 그리고 우리가 간과한 또 하나의 결정적 힘은 비로 $N$의 증가에 따라 한정된 자원에 의해 개체수의 증가가 약해지는 힘 $f_2$이다. 이것은 주어진 영역에서 서식이 가능한 최대의 개체수 $N_{max}$와의 차이 $N_{max} - N$에 비례하는 것으로 해석이 가능하다. 당연한 것이 개체수 $N$이 최대치 $N_{max}$에 가까울수록 $N_{max} - N$의 값은 떨어지므로 $f_2$ 역시 감소하게 될 것이기 때문이다. 이처럼 두 가지의 힘 $f_1$과 $f_2$의 영향하에 놓인 토끼 개체수의 미분방정식은 아래와 같다.

$$\frac{dN}{dt} = kN(N_{max} - N)$$

쌀알의 기하급수적 증가와 빗방울이 속도에 비례하는 저항을 받는 두 사례가 동시에 발생되는 경우인 셈이다. 토끼의 개체수에 대한 위의 미분방정식의 풀이는 여러분에게 맡기고 여기에서는 바로 결과를 적어본다.

$$\langle \text{식 11.11} \rangle \quad N = \frac{N_{\max}}{1 + ae^{-kN_{\max}t}}$$

위의 식의 상수 $a$는 적분상수로 초기 조건에서 결정된다. 식으로만 보았을 때 시간 $t$는 음수가 될 수 없겠지만 수학에서는 얼마든지 자유롭게 상상할 수 있으므로 $t$가 음의 무한대의 값을 가진다고 하면 $N$은 0에 수렴하게 되고, $t$가 무한한 값일 때는 $N$이 최댓값 $N_{\max}$에 수렴함을 쉽게 알 수 있다. 그래프의 개형은 〈그림 11.12〉와 같다.

토끼의 개체수 변화를 표현한 〈그림 11.12〉는 토끼만이 아니라 다른 생물의 성장률 등 실제의 여러 자연 현상에 아주 잘 들어맞는

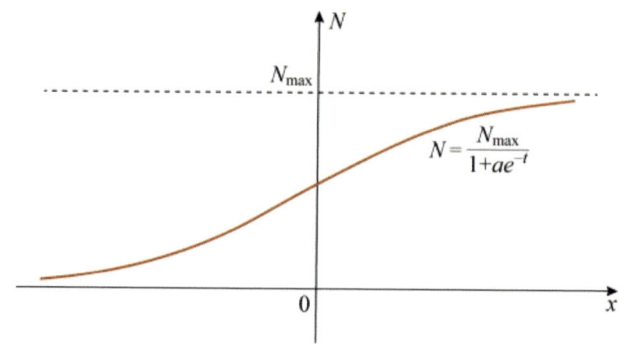

▲ **그림 11.12** 토끼의 개체수 변화를 나타내는 곡선

곡선으로 미분방정식이 만들어낸 또 하나의 쾌거이다. 무엇보다 이번 토끼의 사례를 통해 우리는 아주 중요한 교훈을 얻었다. 어떤 현상의 해석이 가능한 미분방정식을 세울 때 그 현상에 작용하는 결정적 변수들을 빠짐없이 포함시켜야 제대로 작동하여 우리에게 미래의 정보를 제공할 수 있다는 것이다. 그러한 미분방정식을 찾아내는 일은 그 현상에 대한 완벽한 통찰이 이뤄지지 않고서는 얻어내기 힘든 열매이다.

실제 자연의 현상을 잘 표현하는 위의 곡선을 나타내는 〈식 11.11〉을 로지스틱 함수라 한다. 최근 낮은 신생아 출산율로 골머리를 앓고 있는 우리나라의 경우 출산율이 계속 하락하면 대한민국이 사라질 것이라고 주장하는 기사도 있지만, 로지스틱 곡선을 따르는 증식률에 근거한 개인적인 견해는 절대 그런 일이 발생하지 않을 것으로 확신한다. 토끼의 경우와는 반대로 하락을 막아내는 힘이 축적되면서 인구감소를 막아낼 것이기 때문이다. 물론 너무 낮은 출생률은 국가적 경쟁력 약화로 여러 사회적 문제를 발생시키기에 빠른 시간 안에 해결되어야 하겠지만.

## 인공지능의 대명사 '알파고'

2016년 당대 최고의 바둑기사인 이세돌과 컴퓨터와의 세기의 바둑대결은 세간의 관심을 이끌었다. 체스에서는 이미 컴퓨터가 인간보다 우위에 있었지만, 무한한 경우의 수가 존재하는 바둑에서 컴퓨터가 인간을 제압하리라고는 상상하기 힘들었다. 단기 전략은 우수할지 몰라도 수십 수를 내다보아야 하는 바둑에서 컴퓨터가 인간을 이길 확률은 현저히 떨어질 것이라는 의견이 더 우세했다. 그런데 결과는 4:1이라는 압도적 스코어로 컴퓨터가 승리하며 세계적인 이슈가 되었다. 이세돌 개인에게는 너무도 쓰라린 패배로 자신의 은퇴를 앞당겼지만 이때부터 본격적인 인공지능의 시대가 시작된 계기였다.[*]

컴퓨터라 표현했지만 정확하게는 1,202개의 CPU와 176개의 GPU가 병렬 처리되는 슈퍼컴퓨터에 탑재된 구글 딥마인드가 개발한 인공지능 바둑 프로그램인 '알파고'는 실제 프로 바둑기사들이 둔 16만 건의 대국기보의 학습과 10만 건의 게임을 진행하며 바둑 실력이 진화되었다고 한다. 알파고의 승리는 수많은 데이터에서 학습한 일정한 패턴을 토대로 미래의 일을 예측하여 적합한 의사결정을 내리는 인공지능이 얼마나 위력적인지 그리고 앞으로 인간사회 전반에 얼마나 지대한 영향을 끼치게 될지를 만천하에 알렸고, 인공지능이 향후 인류역사의 발전 궤적을 근본적으로 변화시킬 존재임을 알리게 되었다. 이처럼 찬사를 멈출 수 없는 생명체가 아닌 인공지능이 바둑이라는 고도의 사고를 필요로 하는 게임에서 어떻게 스스로 생각하고 판단하여 가장 최적의 착수를 찾는 것일까? 도대체 기계가 학습을 하고 진화한다는 것이 가능한 일인가?

일반인 입장에서 이제 너무도 익숙한 용어가 되었지만 동시에 직접 다루기에는 생경한 분야인 인공지능은 작은 지식만을 가진 비전문가인 내가 소개하는 것은 솔직히 힘들다. 그러나 인공지능이 학습한다는 것이 미분이라는 기술을 사용한다는 점에 감히 일부분이나마 적어볼 수 있다. 한 마디로 인공지능은 미분을 접목하였기에 이세돌을 이길 수 있었다. 지금부터 인공지능이 미분을 어떻게

---

[*] 경향신문 2019년 11월 27일자에서 이세돌과의 인터뷰 내용이 실린 기사 '이세돌 "알파고 패배 정말 아팠다 … 은퇴 결심 이유"'에서

활용하는지를 알아보면서 왜 미분을 배워야만 하는지, 그리고 인공지능에 관심을 가지는 분들에게 '나도 도전할 수 있다'라는 자신감이 충전될 수 있는 시간이 되어보자.

앞에서 다뤘던 로지스틱 함수는 영국의 통계학자인 콕스가 사건의 발생 가능성을 예측하기 위해 만든 통계기법이다. 이런 로지스틱 함수가 절대적인 위용을 떨치고 있는 분야가 인공지능이다. 이를 위해서 먼저 〈식 11.11〉의 로지스틱 함수에 대해 좀 더 들여다보겠다. 식에는 상수 $a$, $k$와 $N_{max}$의 상수가 있는데 $a$와 $N_{max}$을 1로 처리하여 함수의 꼴을 단순화하겠다. 이렇게 해도 전체의 논의에 영향을 주지 않는다. 이제 남아 있는 상수 $k$의 값을 변화시켜가며 함수의 개형의 변화를 추적하겠다.

$k$의 값이 변화될 때 그래프의 개형이 어떻게 바뀌는지 위의 그림을 통해 충분히 알 수 있겠다. 물론 $k$는 음의 값도 가질 수 있는데 특별할 것은 없다. 가령 $k = -1$은 $k = 1$의 그래프의 대칭의 형태이다.

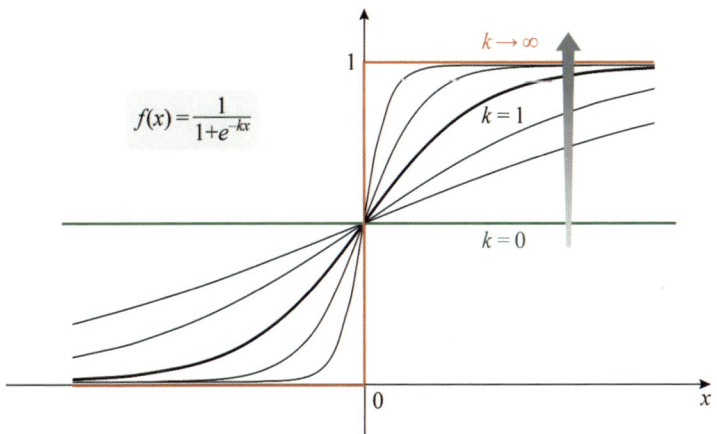

▲ **그림 11.13** $k$의 값에 따른 로지스틱 함수의 개형. 각각의 그래프에 위에 적힌 수가 $k$의 값으로 0에 가까울수록 평평한 녹색의 직선에 가까워지고, 큰 값일수록 계단형의 붉은색 직선의 꼴에 가까워진다.

# 변곡점

어느 학교에서 60점 이상이어야 합격이고 그렇지 않은 경우에는 불합격인 수학시험 결과와 학생들이 시험을 준비하기 위해 투자한 공부시간과의 상관관계를 조사하였다.

▼ 표 11.14 공부시간과 합격과의 관계

| 시간 | 5 | 6 | 7 | 7.5 | 8 | 8.5 | 9 | 9.2 | 9.5 | 9.8 |
|------|------|------|------|------|------|------|------|------|------|------|
| 합격 | N | N | N | N | Y | N | N | Y | N | Y |
| 시간 | 10.2 | 10.5 | 10.8 | 11 | 11.5 | 12 | 12.5 | 13 | 14 | 15 |
| 합격 | N | Y | N | Y | N | Y | Y | Y | Y | Y |

20명의 학생들에게 얻어진 위의 결과로부터 10.7시간 혹은 20시간 공부하였을 때 수학시험을 통과할 확률은 얼마일까? 표만을 보면 20시간 공부한 학생의 통과 확률은 거의 100%이다. 하지만 10.7시간은 애매하다. 50% 이상의 확률일 것은 같지만 어느 정도인지 단정하기가 힘들다.

공부시간이라는 변수에 대해 합격과 불합격 중 하나를 판단하는 것처럼 유한한 결과를 예측하는 경우에 로지스틱 함수는 매우 요긴하게 쓰인다. 일단 공부시간을 변수 $x$로 잡고 합격과 불합격을 종속 변수 $y$로 하여 합격은 1, 불합격은 0으로 놓고 그래프에 도시하겠다.

목적은 공부시간에 따른 합격 가능성을 판정하기 위해 검은색의 점들을 모두 지나도록 하는 수학적인 함수를 찾아내 임의의 공부시간에 대해 합격의 가능성을 예측하고자 한다. 그런데 어려움이 있다. 들쑥날쑥한 이들의 점들을 모두 지나는 함수는 존재하지 않는

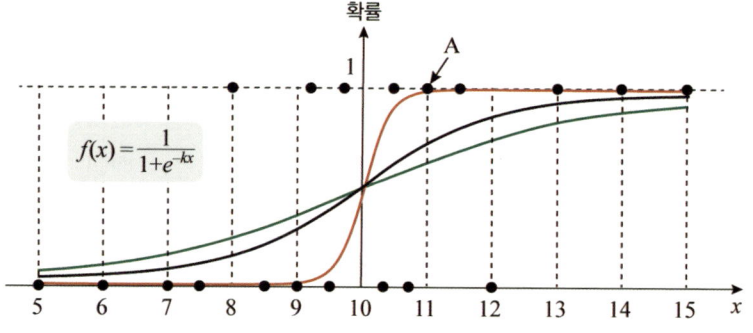

$$f(x) = \frac{1}{1+e^{-kx}}$$

▲ **그림 11.15** 검은색의 점들이 공부시간에 따른 합격 여부를 표시한 것이다.

다. 최선은 근사적인 함수를 이용하는 것이고, 그런 함수의 하나가 바로 로지스틱 함수이다. 그런데 $k$의 값에 따라 개형이 달라지는 로지스틱 함수에서 붉은색의 로지스틱 곡선이 좋을까 아니면 검정 혹은 초록? 보기에는 붉은색이 가장 좋은 거 같지만 11시간 공부한 학생의 합격 가능성(그림의 점 A)이 거의 100%라는 것은 조금 과한 듯 보인다. 그렇다고 초록색의 곡선을 선택하자니 합격률이 거의 100%인 15시간 공부한 경우를 제대로 반영하지 못하고 있다.

위와 같이 합격과 불합격의 판단을 예측해야 하는 상황은 우리 주변에서 흔하게 찾아볼 수 있다. 알파고도 그러하다. 다음 착수의 후보를 정한 후 수많은 데이터를 근거로 어느 지점이 최선인지를 판단하는 것이다. 그 외로 오늘의 날씨를 근거로 내일의 날씨를 예보한다든지, 주식 시장의 추이로 자신이 산 주식의 주가가 내일 어떻게 될 것인지, 이런 종류의 판단을 인공지능이 대신해 준다. 이때 사용하는 원시수준의 방법이 위의 사례이다.

공부시간에 따른 합격 여부를 판정할 수 있는 최적의 로지스틱 함수는 주어진 정보에서 이끌어내야 한다. 이 과정을 학습이라고 한다. 그렇게 얻어진 로지스틱 함수로 10.7시간 공부하였을 때의 합격 가능성을 판정하는 것이다. 최적의 로지스틱 함수란 달리 말하면 가장 적합한 $k$의 값을 찾아내는 일이다. 즉, 주어진 정보와 오차가 가장 적게 발생하는 $k$의 값이다. 오차는 보통 아래와 같이 계산한다.

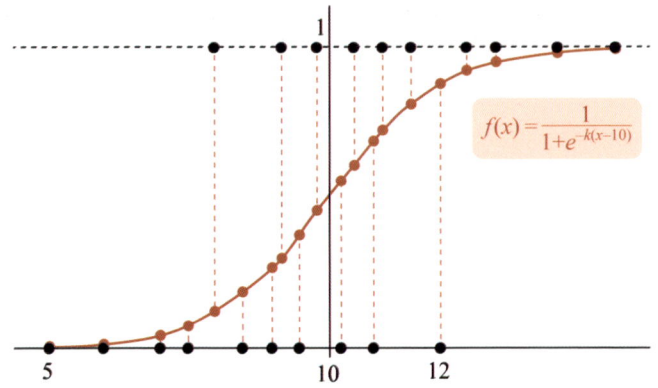

▲ **그림 11.16** 임의의 $k$에 대한 로지스틱 함수 $f(x) = 1/(1 + e^{-k(x-10)})$와 주어진 정보인 검은 색 점과의 오차는 붉은색의 점선의 길이의 제곱의 합이다.

임의의 $k$에 대한 붉은색의 점선의 길이를 제곱하여 모두 더한 값을 오차의 함수 $\Delta(k)$로 하였을 때 〈그림 11.17〉의 그래프는 $k$의 값에 대한 $\Delta(k)$의 개형이다.

$k = 0$일 때 로지스틱 함수는 $y = 1/2$인 상수함수이다. 이 함수로 오차를 계산하면 어렵지 않게 5가 됨을 확인할 수 있다. 이제 $k$를 서서히 증가시키면서 계산된 오차 함수 $\Delta(k)$는 처음에는 값이 작아졌다가 $k = 0.55$에서 가장 작은 값 3.41이 되었다가 이를 기점으로 값이 다시 커지는 모양이다. 계속적으로 $k$를 증가시킬 때 로지스틱 함수는 〈그림 11.13〉의 계단형의 붉은색 곡선에 가까워지며

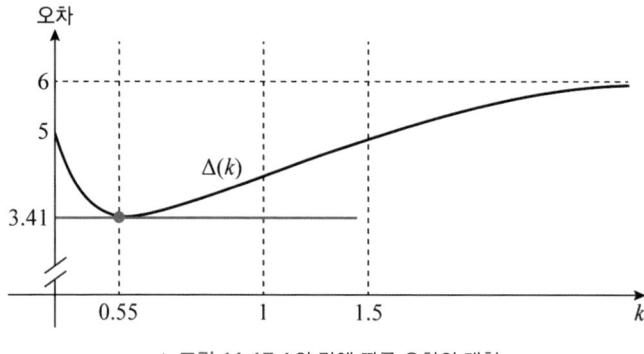

▲ 그림 11.17 $k$의 값에 따른 오차의 개형

오차는 6에 수렴하게 됨을 알 수 있다.

결론적으로 20명의 학생의 정보로 학습한 결과 $k = 0.55$일 때의 로지스틱 함수가 공부시간과 합격과의 상관관계를 가장 잘 표현해 준다. 이제 이 로지스틱 함수로 10.7시간 공부한 학생은 약 59.5%, 20시간 공부한 학생은 99.6% 합격 가능성이 있다. 물론 20명이 아닌 100명의 학생의 정보가 있다면 더욱 정확한 예측이 가능하게 된다.

이제 〈그림 11.17〉의 붉은색의 점에 초점을 맞춰보자. 이유는 $\Delta(k)$의 값이 감소하나가 이 점을 기점으로 방향을 틀면서 커지고 있기 때문이다. 오르고 내리는 굴곡의 방향을 바뀌게 하는 바로 이런 점을 미적분학에서는 변곡점(變曲點)이라 한다. 기울기로 해석하면 음의 값에서 양의 값으로 바뀌는 점으로 미분계수가 0이다. 〈그림 11.17〉처럼 변곡점에서 접선은 초록색 직선으로 $x$축과 평행하므로 기울기가 0이라는 점에서 자명한 사실이다.

변곡점은 위의 그림처럼 성장률이 감소하다가 다시 증가하는 순간의 극소점, 그리고 반대로 성장이 최고조에 이른 후 다시 감소하는 찰나의 지점인 극대점의 두 종류가 있다. 앞서의 예와 같이 공부

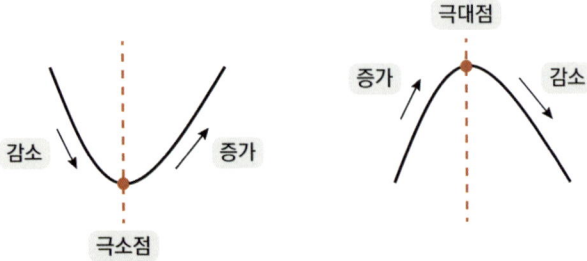

감소

극소점

증가

극대점

증가

감소

▲ 그림 11.18 감소하다 증가로 바뀌는 터닝 포인트 지점이 극소점이고 반대로 증가하다 감소되는 지점이 극대점이다.

시간과 합격과의 상관관계를 가장 잘 표현하는 함수를 찾는 과정에서 가장 최선이 되는 $k$의 값을 찾는 문제란 변곡점이 되는 지점을 찾는 것이다. 이러한 연구는 수학 분야에서 가장 오래된 영역인 최적화 이론에 대한 것으로 많은 분야에서 활용되고 있다. 생산 및 재고 관리, 교통의 흐름을 가장 원활하게 흐르기 위한 교통통제 시스템 설립, 비행기의 노선 결정, 원활한 네트워크가 형성되기 위해 어디에 통신망을 건설해야 하는지 등 최적화에 대한 연구 분야는 부지기수이다. 알파고도 다음 착수를 위해 여러 선택지에서 가장 최적의 지점을 찾는 프로그램이다.

# 34장 가공할 적분의 힘

## 적분을 이용한 무게중심 구하기

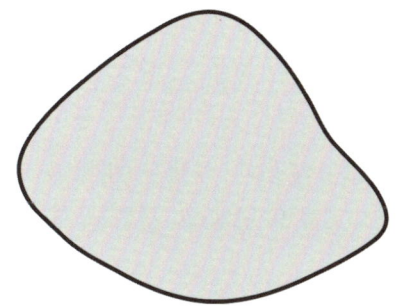

▲ 그림 11.19 곡선으로 둘러싸인 도형의 무게중심은?

어째 낯이 익은 문제 아닌가? 5장에서 무게중심에 대해 이야기할 때 예시를 든 〈그림 5.11〉과 같다. 당시 곡선으로 이뤄진 도형의 무게중심을 구하기 위해서는 수많은 삼각형의 조각으로 분할하여 각각의 무게중심을 구하고, 지렛대의 원리를 이용해 조립하여 원래로 복원시켜 해결한다고 하였다. 하지만 아무리 그 방법이 최선이라지만 매우 어리석은 일이라 판단되었다. 하나하나의 삼각형의 무게중심을 구하는 것도 번거롭지만 이들 모두를 종합할 때 발생되는 계산의 복잡성은 생각만 해도 끔찍하다. 가능할지도 의심스럽다. 그래서 고대의 수학자 입장에서는 더 이상의 진전은 바랄 수가 없었다.

그러나 이제 우리는 미적분이라는 엄청난 무기를 소지하고 있기에 그들과 다르다. 이 무기는 곡선을 완전히 궤멸시키기에 충분한 폭발력을 지니고 있다. 그래서 한편으로 〈그림 11.19〉의 문제에 당면한 우리에게는 엄청난 도전과 자존심이 걸려 있기도 하다. 비록 강력한 무기를 가지고 있어도 이 문제를 해결하지 못하면 사용하지 못하는 고철덩어리에 불과한 이론만 지닌 격이다. 그저 남들에게 미적분이라는 허상만 자랑스럽게 이야기할 수 있는 헛똑똑이에 불과하다. 엄청난 시험대에 놓였다. 어떻게 여기에 미적분의 색채를 입혀 난제를 극복할 것인가? 방법은 비슷하다. 단지 분할의 방법이 다르고 조립할 때 무한소라는 유전자를 사용하는 차이가 있다.

〈그림 11.20〉의 설명이 다소 이해가 되지 않는다면 오른쪽 박스에 그려진 그림을 참조하면 되겠다. 분할된 모든 직사각형을 순서대로 지렛대 위에 올려놓은 상황이다. 이때 무게중심 G의 $y$축 방향

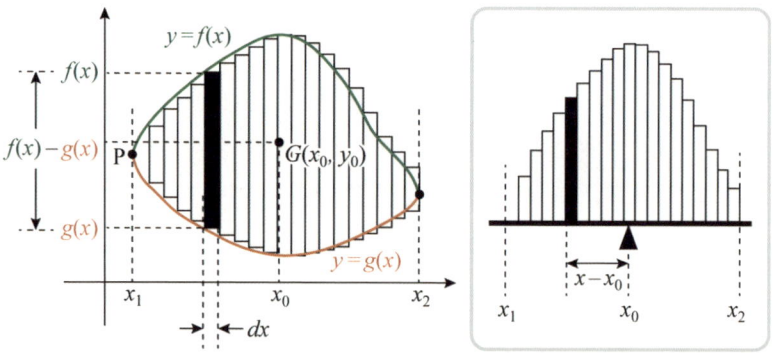

▲ **그림 11.20** 곡선으로 이뤄진 도형을 $xy$ 좌표계에 배치하고 양 끝점 P, Q를 기준으로 위의 초록색 곡선을 $f(x)$, 아래의 붉은색 곡선을 $g(x)$로 놓는다. 그리고 아직은 알지 못하는 도형의 무게중심을 $G(x_0, y_0)$라 놓겠다. 그리고 무한소 $dx$의 간격으로 $n$등분하였을 때 임의의 직사각형 (검은 직사각형)의 넓이는 $(f(x) - g(x))dx$이다. 이 직사각형의 회전력은 무게중심 G에서 $x - x_0$만큼 떨어져 있으므로 $(x - x_0)(f(x) - g(x))dx$이다.

은 고려하지 않고 있다. 왜냐하면 $x$축에서 구한 방법을 그대로 $y$축에 적용하여 구할 수 있기 때문이다. 이때 위치 $x$에 놓인 검은색 직사각형의 회전력은 $(x-x_0)(f(x)-g(x))dx$이다. 나머지 각각의 직사각형에 대해서도 마찬가지로 회전력을 구할 수 있고, 이러한 모든 직사각형에 생긴 회전력의 합이 전체 회전력이며 평형을 이루기 위해서는 0이어야 한다.

물론 분할된 직사각형이 곡선을 완벽하게 대체할 수는 없는 노릇이므로 엄연한 오차가 존재하는 것은 필연적이다. 따라서 오차를 줄이기 위해 조각을 더욱 증가시켜야 한다. 이때 무한소가 역할을 하여 아래의 적분 식이 탄생된다.

$$\langle \text{식 } 11.21 \rangle \quad \int_{x_1}^{x_2}(x-x_0)(f(x)-g(x))dx = 0$$

삼각형으로 분할하여 구하는 아득하고 불가능한 과정이 단 한 줄의 식만으로 너무도 간단하게 표현이 되어서 오히려 과연 위의 식으로 무게중심을 구할 수 있는지 의문스럽다. 이를 확인하기 위해 5장의 〈그림 5.10〉에서 사각형의 무게중심이 $x = -8/15$이었던 사례로 검증해보겠다. 삼각형으로 분할하여 구한 과정과 비교하면 적분이 얼마나 간편하게 구할 수 있는지를 여러분에게 전달하는 데 충분하다.

〈그림 11.22〉의 정적분은 가장 기본에 속하는 쉬운 계산으로, 이 식을 풀면 $x_0$는 정확하게 $-8/15$이다. 두 과정을 비교하면 적분이 얼마나 산뜻하고 놀라울 정도로 간편한지 실감이 되실 것이다. 적분은 실로 자연의 숨은 비밀을 끄집어내는 경이로운 힘을 인간에게

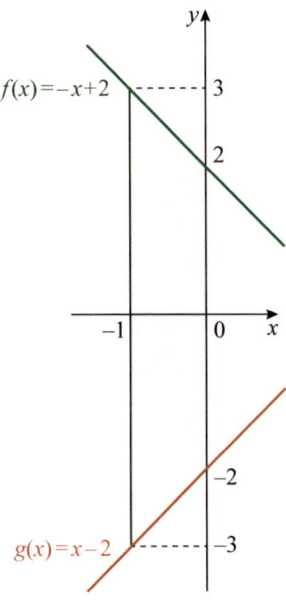

▲ 그림 11.22 직사각형은 $x=-1$에서 $x=0$까지의 영역으로 위쪽의 함수는 $f(x)=-x+2$, 아래는 $g(x)=x-2$이다. 이를 〈식 11.21〉에 그대로 대입한다.

$$\int_{-1}^{0}(x-x_0)((-x+2)-(x-2))dx = 0$$

선사한 최고의 선물이다.

## 치환적분

"내가 고등학교 때 물리 선생님이 주신 수학책으로 여러 가지 적분 기법을 배웠는데, 당시 배워본 적이 없는 적분은 선적분이었습니다. 그 책에는 적분 기호 안에 들어 있는 변수들의 미분 방법이 설명되어 있었는데, 대학교 과정에서조차 거의 가르치지 않는 방법이었습니다. 그러나 나는 그 적분법에 매료되어서 즐겨 사용을 하였습니다. 그리고 적분을 독학으로 배워서 그런지 나만의 독특한 적분법을 가지게 되었습니다. MIT나 프린스턴 시절 친구들이 어려워하는 적분 문제들은 교육 과정에서 배운 방법만으로 풀기 어려웠습니다. 만약 선적분 혹은 급수전개의 방법으로 해결이 가능하였다면 그들 역시 충분히 답을 구해냈을 것입니다. 하지만 그러한 문제들을 적분 안의 변수를 미분하는 방법으로 해결하였습니다. 기존 방법으로는 풀리지 않는 문제들을 다른 친구들과는 차별성이 있는 나만의 독특한 방법으로 해결함으로써 학교에서 명성이 대단했죠."

위의 글은 파인만이 자신의 독특한 적분 기법에 대해 인터뷰한 내용이다.[*] 그런데 적분에 대해 상당한 수준이라고 자부하던 나에게는 처음 듣는 내용이 포함되어 있다. 적분 기호 아래에서 미분을 한다고? 궁금증을 가지고 이 방법을 알았을 때 감명을 받았다.

미분은 몇 가지의 기교만 습득하면 못할 것이 없다. 하지만 적분은 그러하지 못하다. $\int e^{x^2} dx$와 같이 매우 간단하게 보이는 함수를 포함해 적분이 불가능한 경우가 허다하고, 가능하더라도 해법을 알아내기가 어렵거니와 품더라도 개인마다 다른 방법으로 답을 얻어낼 수도 있다. 그만큼 적분은 어렵다. 그렇다고 피할 수도 없지 않은가. 극복하기 위해서는 적분을 할 수 있는 적절한 기법들을 습득하고, 훈련을 통해 능수능란하게 다룰 줄 알아야 한다. 이번 절과 다음 절에는 파인만의 기법을 포함하여 가장 중요한 기법 몇 가지를 소개하려 한다.

첫 번째는 치환하는 방법이다. $\int f(x)dx = F(x)$(적분상수는 생략)가 존재한다는 것은 변수 $x$를 정의역으로 하는 함수 $f(x)$에 대

---

[*] Hamza E. Alsamraee, Advanced Calculus Explored – With Applications in Physics, Chemistry, and Beyond, Ch. 3

한 원시함수 $F(x)$가 서로 쌍으로 결합된 동반자 함수들임을 뜻한다. 그런데 변수 $x$가 달라졌다고 해보자. 이 둘의 관계는 어떻게 될까? 가령 새로운 변수 $u$를 정의역으로 하는 함수 $f(u)$를 적분한 함수는? 질문은 당황스러울 수 있겠지만 변수의 주체가 달라졌을 뿐 $u$를 무한소로 하는 $du$에 대해 적분하라는 것이므로 적분의 전체 과정이 달라질 것이 전혀 없다. 즉, $f(u)$의 동반자 함수는 $F(u)$이다.

$$\int f(x)dx = F(x) \ \text{혹은} \ \int f(u)du = F(u)$$

한 발자국 더 나아가 변수 $u$가 $x$의 함수 $u = g(x)$일 때에는? 마찬가지이다. 함수 $g(x)$를 변수로 받는 $f(g(x))$의 함수를 무한소 $du = dg(x)$ 혹은 $g'(x)dx$에 대해 적분하라는 것이다. 간단히 말하면 위의 식에서 $u$ 대신 $g(x)$로 치환되었을 뿐 달라질 것은 없다. 즉, $f(g(x))$의 동반자 함수는 $F(g(x))$이다.

〈식 11.23〉 $\displaystyle\int f(g(x))dg(x) = \int f(g(x))g'(x)dx = F(g(x))$

위의 식이 치환적분의 기법이다. 별 생각 없이 수긍하며 따라 오다 보니 이상한 결론의 덫에 걸린 듯하다. 정말 맞는 말일까? 그리고 이 식을 어떻게 활용하라는 것인가? 위의 식은 합성함수의 미분법을 역으로 적분 기법으로 바꾼 격이다. 함수 $F(x)$와 함수 $g(x)$를 합성한 함수 $F(g(x))$의 도함수는 아래와 같다는 것은 이미 우리가 알고 있는 사실이다.

$$\frac{dF(g(x))}{dx} = \frac{dF(g(x))}{dg(x)} \frac{dg(x)}{dx}$$

위의 식에서 $dF(g(x))/dg(x)$의 $g(x)$를 $u$로 치환하면 $dF(u)/du$ 이므로 $F(u)$의 도함수는 $f(u)$ 혹은 $f(g(x))$가 되고, $dg(x)/dx$는 $g'(x)$이다. 이제 위의 식을 $x$에 대해 적분을 해보시라. 〈식 11.23〉이 바로 튀어나온다. 즉 치환적분은 합성함수의 미분법의 역의 과정이다.

그럼 〈식 11.23〉을 어떻게 사용하나? 실제의 예로 살펴봄이 낫겠다. 그 예로 아직 해결하지 못한 문제 하나를 사용할 것인데 바로 $\tan x$의 적분 $\int \tan x \, dx$이다. 삼각함수 과정에서 sin과 cos은 해결했지만 tan의 적분을 생략한 것은 이때 사용하기 위해 남겨놓았다. $\tan x = \sin x / \cos x$이다. 여기서 $\sin x$를 $g(x)$로 놓고 〈식 11.23〉에 대입해보겠다.

$$\int \frac{\sin x}{\cos x} dx = \int \frac{d(\cos x)}{\cos x}$$

우변은 $1/\cos x$를 무한소 $d(\cos x)$에 대해 적분하는 것이므로 결과는 $\ln \cos x$임을 바로 알 수 있다. 물론 $x$가 실수 전 영역일 때 $\cos x$는 음의 값도 가질 수 있고 반면 로그의 정의역은 항상 양이 되어야 하므로 정확한 결과는 절댓값 기호를 사용한 $\ln |\cos x|$이다.

이러한 치환적분은 적분에서 가장 많이 사용되는 기법이다. 그런데 어떤 함수를 치환할 것인가가 의문으로 따라온다. 답은 없다. 많이 숙달되다보면 무슨 함수를 치환할지 그냥 저절로 보인다.

## 부분적분

또 다른 적분 기법을 소개하기 전에 두 함수 $f(x)$와 $g(x)$의 곱 $f(x)g(x)$의 도함수인 곱의 미분법을 떠올려보자.

$$(fg)' = f'g + fg' \text{ 혹은 } fg' = (fg)' - f'g$$

위의 식에 $x$에 대한 적분을 시행하면 바로 아래의 결과가 도출된다.

〈식 11.24〉 $\displaystyle\int fg'\,dx = fg - \int f'g\,dx$

위의 식이 적분을 해결하는 또 다른 기법의 하나인 부분적분법이다. 앞서 치환적분의 기법이 합성함수의 미분법에서 만들어진 것처럼 적분 기법이라고 특별히 새롭게 고안된 것이 아니라 기존의 미분법에 착안하여 만들어진 방법이다. 지혜는 무에서 유를 창조하는 것이 아니라 기존의 정보를 조합하여 버전 업을 하는 것임을 다시 일깨워준다.

교과과정에서 순열을 배울 때 접하게 되는 수학의 기호로 '!'이 있다. 문장에서 '느낌표'라는 기호로 사용하고 있지만 수학에서는 '팩토리얼' 혹은 '계승'이라 하여 연속된 자연수들의 수를 곱할 때 간단하게 표현하는 기호로 사용된다. 가령 '5!'이라고 하면 1부터 5까지의 수를 모두 곱하라는 것으로 $5! = 1 \times 2 \times 3 \times 4 \times 5 = 120$이다.

계승은 지수형태의 기하급수보다 증가율이 훨씬 빠르게 수들을 증가시킨다. $2^{10}$이 1,024임은 암산으로도 계산이 가능하다. $2^{100}$은 상당한 수라 직접 계산이 용이하지 않지만 인류가 만들어낸 지혜의 결정체의 하나인 상용로그표를 이용해 대략 $1.268 \times 10^{30}$정도의 값임을 간단하게 알아낼 수 있다. 31자리의 모든 자릿수를 알아내지 못하지만 유효숫자 몇 개 정도를 알아내는 데 상용로그는 아주 훌륭한 역할을 수행한다. 그러면 계승은 어떨까? 10!까지는 약간의 어려움은 있지만 직접 계산하여 3,628,800임을 계산해낼 수 있다. 하지만 100!은 수작업으로만 완성하기에는 정말로 까마득한 수이다. 29!는 약 $8.842 \times 10^{30}$으로 $2^{100}$을, 70!은 $1.198 \times 10^{100}$으로 구글을 넘어선다. 이보다 훨씬 큰 수인 100!은 $9.333 \times 10^{157}$으로 자릿수만 158자리에 이른다. 지수의 증가는 계승에 비하면 조족지혈에 불과하다.

계승의 계산을 위해서는 이렇게 광폭한 증가를 통세할 필요가 있다. 이 말은 우리가 아는 체계 안에서 계승의 계산이 가능하도록 가둬둬야 한다는 의미이다. 기존의 정보에서 이 목적을 달성하기 위해 바로 떠올려지는 것은 곱셈을 덧셈으로 환원하는 네이피어의 획기적인 아이디어에서 완성된 걸작인 로그이다.

$$\log_{10}100! = \log_{10}1 + \log_{10}2 + \cdots + \log_{10}99 + \log_{10}100$$

1부터 100까지의 곱으로 이뤄진 100!에 10을 밑으로 하는 상용로그를 취하니 위와 같이 곱셈이 덧셈으로 바뀜으로써 계산이 훨씬 용이해졌다. 따라서 상용로그표로 $\log_{10}1$부터 $\log_{10}100$의 수들을 일일이 확인하여 모두 더하면 가능하다. 100개의 수를 더하는 것이라 이 또한 번거롭기가 한이 없지만 100개의 수를 곱하는 것과 비교하면 그야말로 꽃밭을 걷는 길이다. 실제로 모두 더하면 157.97의 값이 나온다. 즉, $\log_{10} 100! \approx 157.97$로 지수의 꼴로 바꾸면 $100!$은 $10^{157.97}$이라는 것이고, 이 지수의 계산을 상용로그표로 확인하면 약 $9.333 \times 10^{157}$으로 너무도 만족스러운 값을 얻어낼 수 있다.

하지만 정말 만족스러울까? 일일이 더하여 하는 단순 작업이 너무도 귀찮고 짜증나게 하고, 만약 $1000!$ 혹은 그 이상의 값을 계산한다고 생각해보시라. 분명 곱셈을 계산하는 것보다는 훨씬 낫겠지만 더해줘야 할 횟수가 엄청나게 증가할 것이니 정말로 지루하기 짝이 없는 피하고 싶은 계산이다. 수학자들은 다시 고민에 빠졌다. 고급 스킬을 사용하더라도 아주 간단하게 해결하는 방법을 찾아야 했다. 그리고 이 문제의 해결은 카드의 탑에서 조화급수의 무한을 증명할 때 사용했던 〈그림 11.5〉와 유사한 방법이다.

$$\ln n! = \ln(1 \times 2 \times \cdots \times n) = \ln 1 + \ln 2 + \cdots + \ln n = \sum_{k=1}^{n} \ln n$$

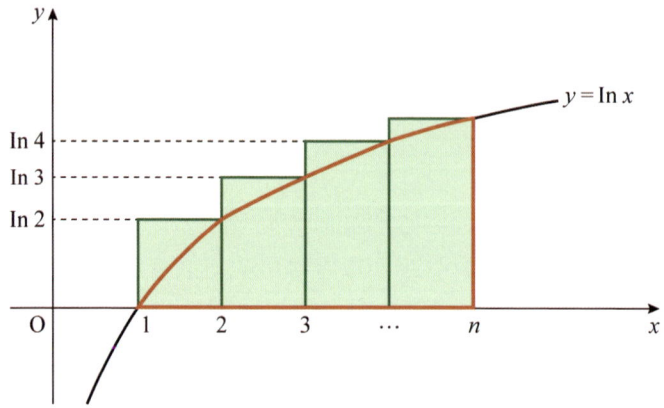

▲ 그림 11.25 초록색 테두리의 직사각형들 넓이의 합은 1에서 $n$까지 함수 $y = \ln x$로 둘러싸인 붉은색 테두리의 넓이보다 크다.

초록색 테두리의 직사각형들의 밑변은 모두 1이고, 높이가 $\ln 2$, $\ln 3$, $\ln 4$와 같이 증가하므로 직사각형들의 넓이의 합은 위의 식으로부터 $\ln n!$과 같다는 것은 바로 알 수 있다. 또한 직사각형들의 넓이의 합은 1에서 $n$까지 $y = \ln x$의 곡선으로 둘러싸인 넓이(붉은색의 테두리의 넓이)보다 더 크다는 것도 자명하다. 두 넓이의 값은 엷은 붉은색 영역만큼의 차이가 있다.

하지만 $n$이 작은 값일 때에는 눈에 띌 정도로 오차가 크지만 $n$이 굉장히 큰 값일 때는 직사각형의 넓이와의 차이인 엷은 붉은색의 영역이 거의 0에 가까워져서 직사각형들을 추가하더라도 오차는 크게 벌어지지 않을 것이다. 이 점에 착안하여 $\ln n!$의 값을 $y = \ln x$로 둘러싸인 넓이와 비슷하다고 놓아도 문제가 될 정도는 아닐 것으로 판단할 수 있다.

$$n\text{이 매우 큰 값일 때 } \ln n! \approx \int_1^n \ln n\, dx$$

여기까지는 얼추 받아들일 수 있겠다. 그런데 최종적인 목적을 달성하기 위해서는 우변의 정적분을 계산해야 하는데, 이것은 미해결로 남겨둔 로그함수의 정적분이기도 하다. 30장에서 로그함수의 미분은 해결했지만 적분은 미해결로 남겨뒀다. 다시 로그함수의 적분이 등장하였다는 것은 이번 절에서 해결책을 제공할 준비가 되었다는 것으로 부분적분이 매우 요긴하게 사용된다. 〈식 11.24〉의 $f$를 $\ln x$로, $g'dx$를 $dx$로 바꿔서 대입하면 간단하게 계산이 완료된다. $g' = 1$이라는 것이므로 $g = x$가 되겠다.

$$\int_1^n \ln x \, dx = x \ln x - x \Big]_1^n = n(\ln n - 1)$$

결론적으로 $\ln n!$의 근삿값은 $n(\ln n - 1)$이고, 지수의 꼴로 바꾸면 $n!$은 $e^{n(\ln n - 1)}$이라는 결과를 손에 쥐게 된다. 지금까지 아주 순조롭다. 지수의 꼴 $e^{n(\ln n - 1)}$을 좀 더 다듬으면 아래의 결과를 얻을 수 있다.

⟨식 11.26⟩ $n! \approx (n/e)^n$

위의 식으로부터 $n!$은 직접적인 곱셈 혹은 상용로그표로 일일이 더해야 하는 수고스러움을 떨궈내고 단순하게 $(n/e)^n$의 값 하나만 계산하면 된다. 얼마나 간편한가! 수학자들의 지혜는 대단하다 할 수 있다. 그런데 찜찜함은 남아 있다. ⟨그림 11.25⟩의 엷은 붉은색의 오차를 무시하여 얻어낸 근사치이기에 얼마나 정확도가 있는지 걱정스럽다. $n!$의 실제의 값과 $(n/e)^n$의 값을 직접 비교해보겠다.

▼ 표 11.27 $n!$과 $(n/e)^n$의 값의 비교

| $n$ | $n!$ | $(n/e)^n$ |
|---|---|---|
| 10 | $3.629 \times 10^6$ | $4.540 \times 10^5$ |
| 100 | $9.333 \times 10^{157}$ | $3.720 \times 10^{156}$ |
| 1000 | $4.024 \times 10^{2567}$ | $5.076 \times 10^{2566}$ |
| 10000 | $2.846 \times 10^{35659}$ | $1.135 \times 10^{35657}$ |
| 100000 | $2.824 \times 10^{456573}$ | $3.563 \times 10^{456570}$ |
| 1000000 | $8.264 \times 10^{5565708}$ | $3.297 \times 10^{5565705}$ |

$(n/e)^n$이 꽤나 $n!$의 값을 잘 쫓아가고는 있지만 유효숫자가 모두 다르고 또한 자릿수에서도 확실히 오차가 발생하여 솔직히 만족스럽지는 못하다. $y = \ln x$의 로그함수가 계승의 값을 완벽하게 커버하지는 못하고 있다. 급한 대로 사용할 만한 정도는 되지만 미진한 느낌이 드는 것은 어쩔 수 없다. 물론 찜찜한 마음을 그대로 놔둘 수학자들이 아니다. $n!$의 값을 더욱 근사시킬 수 있도록 수학자들이 개선한 방법은 40장에서 진행하겠다.

## 파인만의 기법

다음과 같은 $\int_0^\infty x^{10} e^{-x} dx$의 정적분 문제기 있다. 직접적인 적분이 힘드므로 부분적분이 해결의 고리가 된다. $f(x) = x^{10}$, $g'(x) = e^{-x}$로 놓고 위의 공식에 대입하여 푼 결과는 아래와 같다.

$$\int_0^\infty x^{10} e^{-x} dx = 10 \int_0^\infty x^9 e^{-x} dx$$

하지만 아직 해결되지 않았다. $x^{10}$이 $x^9$으로 차수가 하나 줄어들었을 뿐이다. 양파 껍질처럼 한 꺼풀 벗기니 또 다른 껍질이 나온 격이다. 번거로운 일의 연속이겠지만 어쩔 수 없이 위의 우변의 식을 다시 부분적분해야 한다. 그리고 얻어진 결과를 분명 또 부분적분하게 되고, 이 과정을 묵묵히 여러 번 수행해야 최종적인 답을 얻어낼 수 있다. 물론 어떤 패턴이 존재하여 굳이 반복할 필요 없이 답을 유추하여 해결할 수 있다. 부분적분은 매우 강력한 도구이지만 이 예제와 같이 불편한 경우도 간혹 발생한다. 나 역시 위의 주어진 정적분의 계산을 위해 부분적분을 하면서 속으로는 불평했지만 다른 대안을 특별히 모색하지 않았었다. 그런데 천재 물리학자 파인만은 자신만의 색다른 방법으로 해결했다. 어떻게? 다음과 같은 정적분을 생각하자.

$$\int_0^\infty e^{-tx}dx = \frac{1}{t}$$

$t$라는 문자가 눈에 거슬린다. 좀 생뚱맞아 의아한 기분도 든다. 그런데 놀랍게 $t$가 마술을 부린다. $t$를 변수로 하여 양변을 $t$에 대해 미분해보자. $x$가 아닌 $t$로 말이다.

$$\frac{d}{dt}\int_0^\infty e^{-tx}dx = \frac{d}{dt}\left(\frac{1}{t}\right) \rightarrow \int_0^\infty xe^{-tx}dx = \frac{1}{t^2}$$

계속해서 $t$로 $n$번의 미분을 진행하다보면 다음의 결과를 얻게 된다.

$$\therefore \int_0^\infty x^n e^{-tx}dx = \frac{n!}{t^{n+1}}{}^*$$

이제 위의 식에 $t=1$, $n=10$을 대입해보라. $\int_0^\infty x^{10}e^{-x}dx$의 값이 $10!$임이 바로 나오지 않은가! 이 방법을 처음 접하고서 이 문제를 부분적분하던 고생이 주마등처럼 지나가면서 자괴감도 들었지

---

* !은 '팩토리얼'이라 하며 계승, 즉 해당 숫자까지 모든 수를 곱하라는 의미이다.

만, 오히려 '헉'하는 감탄사와 함께 하나의 예술을 보는 기분이었다. 파인만이 말한 적분 기호 아래에서 미분한다는 의미를 이해할 수 있다. 그런데 내가 위의 문제만으로 파인만의 기법에 대해 찬사를 보낸 것은 아니다. 그저 '이런 방법으로도 해결할 수 있구나' 하는 정도? 나를 매우 놀라게 한 것은 아래의 적분이다.

$$\langle \text{식 } 11.28 \rangle \int_0^1 \frac{x^2 - 1}{\ln x} dx$$

적분에 대해 자신 있는 분은 위의 정적분에 도전해보시라. 아마도 커다란 벽에 부딪힌 기분이 들 수 있다. 부분적분으로, 치환하는 방법 등 이 책에서 소개하지 않는 다른 여러 적분 기법으로 시도하겠지만 만만치 않을 것이다. 자, 그럼 파인만은 어떻게 처리했을까? 그는 $t$를 변수로 하는 함수 $f(t)$를 새롭게 정의하였다.

$$\langle \text{식 } 11.29 \rangle f(t) = \int_0^1 \frac{x^t - 1}{\ln x} dx$$

원래 제기된 문제의 식과 거의 유사하지만 역시 $t$가 눈에 뜨인다. 그리고 이것이 앞의 경우처럼 마술을 부릴 것임을 바로 예측할 수 있다. 앞서와 같이 혹은 파인만처럼 양변을 $t$에 대해 미분한다. 그러면 우변의 $\ln x$의 항이 없어지면서 정적분의 계산이 가능해져 아래와 같이 간단한 식을 얻을 수 있다.

$$\frac{d}{dt} f(t) = \frac{1}{t+1}$$

그리고 위의 식을 $t$에 대해 이번에는 부정적분을 한다.

〈식 11.30〉 $f(t) = \ln(t+1) + c$ ($c$는 적분상수)

$t = 0$일 때 〈식 11.29〉의 우변의 분자에서 $x^0 = 1$이므로 $f(t) = 0$이 되므로 위의 식에서 적분상수 $c = 0$이 되어야 함을 바로 알 수 있다. 따라서 함수 $f(t)$를 정의한 〈식 11.29〉와 〈식 11.30〉은 같은 식이므로 다음이 성립한다.

$$\int_0^1 \frac{x^t - 1}{\ln x} dx = \ln(t+1)$$

원래 주어진 정적분 문제 〈식 11.29〉와 위의 식의 좌변을 비교해보시라. $t = 2$이다. 그렇기에 위의 식에 $t$ 대신 2로 바꿔서 식을 다시 적어보자.

$$\int_0^1 \frac{x^2 - 1}{\ln x} dx = \ln 3$$

무슨 일이 일어난 것이지? 갑자기 문제의 답이 튀어나오지 않았나! 그리고 "우와!"라는 감탄사와 함께 감동이 밀려온다. 이런 이유로 파인만의 기법을 '파인만의 트릭'이라고 부르기도 한다. 트릭이라는 단어로 수학인 통과의례를 거치지 않은 잔꾀와 같은 방법이고, 제한적인 문제에 대해서만 적용할 수 있는 기교로 여겨질 수 있지만 파인만의 기법은 수학적으로 엄밀히 증명되었기에 마음 놓고 사용하셔도 된다.*

---

\* Omar Hijab, Introduction to Calculus and Classical Analysis, 4th Ed. UTM Series, 2016

# 12부

# 뉴턴의
# 이항정리

35장 모든 함수는 다항함수로 통한다

36장 월리스의 보간법

37장 뉴턴의 이항정리

> 곡선의 함수를 다루기 편한 다항함수로 바꿔낼 수 있다는 사실을
> 직감적으로 알아보고, 보간법을 통해 원의 방정식의 형태를
> 다항함수로 바꾸는 방법인 이항정리에 대해 알아본다.

$$x - \frac{x^3}{3!} + \frac{x^5}{5!} - \cdots$$

모든 함수를 다항함수로 바꿔낼 수 있는 보편적인 방법을 개발한 테일러

# 35<sub>장</sub> 모든 함수는 다항함수로 통한다

## 미래의 예측

우리는 미래를 두려움과 호기심으로 바라보곤 한다. 당장 내일 혹은 1년 후에 무슨 일이 벌어질지 알 수 없기에 미래는 호기심의 대상일 수도 있지만 불안감의 원인이기도 하다. 미래의 두려움을 조금이나마 해소하는 최선의 방법은 다가올 일을 예측하는 것이다. 불확실한 미래를 현재처럼 바꾸자는 이야기이다.

미래를 예측하는 것은 인간의 능력을 넘어선 일이지만 객관적 데이터와 과학적 추론, 합리적 해석만 뒤따른다면 미래는 전혀 알 수 없는 미지의 영역에서 벗어나 어느 정도 방향을 가늠할 수 있다. 그럼 어떻게 예측할까? 자연 현상에 한정해 미래를 바라보는 창은 뉴턴의 운동방정식, 즉 미분방정식이다. 우리는 빗방울의 운동에서, 토끼 개체수의 방정식에서 미분방정식의 우수성을 느꼈다. 그런데 미분방정식을 구성하기 힘든 경우는 어떻게 할 것인가? 11장에서 소개되었던 산호 화석 사례를 보자.

지금의 하루는 24시간이다. 하지만 산호 화석의 성장선 개수로 3억 년 전의 하루는 22시간 30분이었다는 사실을 알았다. 그러면 2가지 정보만으로 20억 년 전과 지금의 하루의 시간을 알아낼 수 있을까?

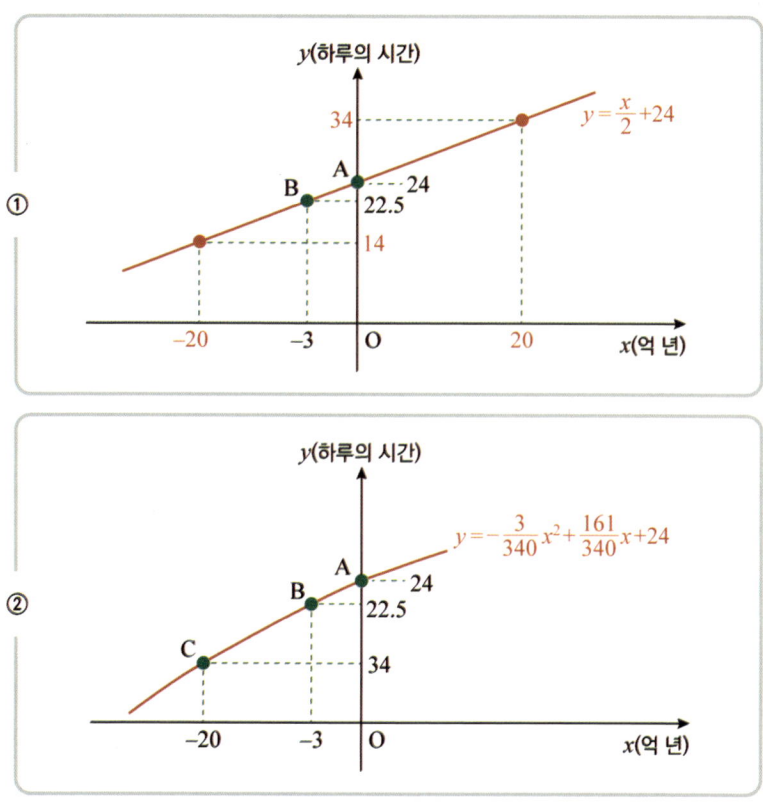

▲ **그림 12.1** ① $x$축은 1억 년을 단위로 하는 시간의 축이고, $y$축은 하루의 시간으로 하였을 때 두 점 A와 B를 잇는 직선의 방정식은 $y = x/2 + 24$이다. ② 점 C를 포함한 세 점을 모두 지나는 이차함수 $y = -3/340x^2 + 161/340x + 24$

    사실 무슨 방법이라고 할 것이 없다. 그림 ①과 같이 이미 알고 있는 두 정보에 해당하는 점을 직선으로 이어보면 된다. 산호초의 두 정보로 얻은 직선 $y = x/2 + 24$에 20억 년 전에 해당하는 $x = -20$을 대입하여 얻은 $y$의 값 14가 곧 하루의 시간이다. 마찬가지로 20억 년 후는 34시간이다. 그런데 이렇게 얻은 값이 정확할까? 솔직히 믿기 힘들다. 현재 벌어지는 일이 과거에도 그러했는지 또한 미래에도 계속 그러할 것인지에 대한확신은 없다. 2개의 정보만으로 확신을 가지기에는 부족하다. 실제 20억 년 전의 하루가 약 11시간 정도이므로 3시간의 오차가 발생했다. 제법 큰 오차이기에 20억 년 후의 시간을 34시간이라고 단정하기에는 무리가 있다. 확실히 두 정보만으로 전체의 답을 요구하기에는 한계가 있으나 시간이 흐를수록 하루의 시간이 길어지는 추세는 믿을 만한 것 같다.

그러면 20억 년 전 11시간이라는 정보가 추가된 3개로 계산하면 더욱 정확하지 않을까? 당연하다. 3개의 점을 모두 지나가는 함수의 방정식을 찾아내면 된다. 직선이 아닌 그림 ②의 이차함수의 곡선이 될 것이다. 그림 ②의 이차함수로 20억 년 후의 하루의 시간은 약 30시간으로 나온다. 앞의 경우보다 더 정확하다 하겠다. 그러면 얼마나 더 정확해졌을까? 어차피 미래는 알 수 없으므로 과거의 정보로 이 함수의 정확성을 판단할 수밖에 없다. 지구가 탄생하던 46억 년 전, 즉 이차함수에 $x = -46$을 대입하면 $-16$이라는 값이 나온다. 하루가 음수의 값이 나오다니, 이것은 아니다. 실제 지구가 탄생할 때 하루가 약 4시간이었다.

3개의 정보로 이차함수를 추정곡선으로 활용했지만 여전히 정확하지 않다. 그렇다고 이 방법을 폐기하고 다른 대안이 있을까? 솔직히 없다고 봐야 한다. 정보를 더 취합하여 더욱 정확한 추정곡선을 획득하는 길 외에는 딱히 다른 길이 보이지 않는다. 그래서 46억 년 전의 하루가 4시간이라는 또 하나의 정보를 추가하여 총 4개의 점을 지나는 삼차함수를 구하면 더 나은 예측이 가능할 것이다.

그런데 이렇게 하나의 정보가 추가될 때마다 분명 더 나은 예측곡선을 만들어낼 수는 있겠지만 계산의 복잡성이 뒤따르게 된다. 4개의 점을 지나는 삼차함수는 컴퓨터의 도움을 받는다면 몰라도 별로 구하고 싶지 않다. 얻는 것이 있으면 잃는 것이 있듯 정보가 많아질수록 예측의 정확도는 높아지지만 계산의 복잡성이 따르는 단점이 부각된다.

## 모든 함수를 다항함수로

3개의 정보로 구한 이차함수로 20억 년 후에는 하루가 30시간이라고 예측하였다. 물론 이미 과거의 시간과 오차가 나기에 믿을 수 없지만 말이다. 아무튼 이처럼 실험적 혹은 경험적으로 얻은 데이터들을 기반으로 이미 발생하였거나 아직 발생하지 않은 그 너머의 값을 예측하는 기법을 외삽법(外揷法, Extrapolation) 또는 보외법(補外法)이라 한다. 어디까지나 추측에 불과하지만 이를 통해 새로운 발견이나 자본의 흐름 등을 예측하기 위한 방법으로 꽤나 유용하다. 또한 내삽법(內揷法, Interpolation) 또는 보간법(補間法)은 알고 있는 정보들로 사이의 값들을 어림짐작의 곡선으로 예측하는 방법이다.

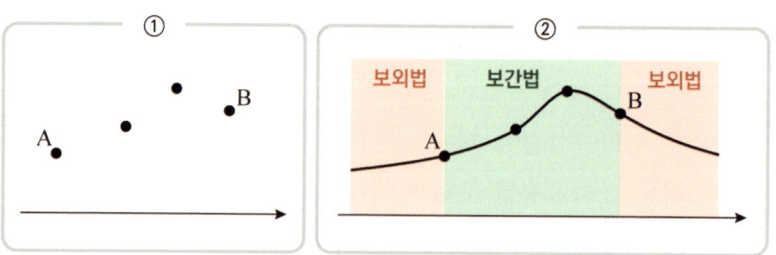

▲ **그림 12.2** ① 양 끝 점 A와 B의 안쪽에 놓인 2개의 점을 포함 총 4개의 정보가 주어졌을 때, ② 이들 점을 지나는 하나의 곡선을 통해 점 A와 B 사이의 값들을 추정하는 것이 보간법(초록색 영역), 바깥의 값들을 추정하는 것이 보외법(양쪽의 붉은색 영역)이다.

보간법에 대해서는 추후에 더 자세히 얘기하기로 하고 이 논의를 다른 관점에서 들여다보겠다. 삼각함수나 로그함수와 똑같은 다항함수는 존재할까? 갑작스런 질문이라 생뚱맞기도 하지만 도무지 말도 되지 않는 질문인 것 같다. $x$, $x^2$ 등으로 이뤄지는 다항함수가 사인함수나 로그함수와 같다?

계산의 복잡성이라는 문제점을 무시한다면 몇 개의 점이라도 모두 지나가는 다항함수를 찾아내는 것은 가능하다. 중학교 과정에서 배우는 연립방정식을 떠올리면 도움이 될 것이다. 앞서 정보가 2개일 때 두 점을 지나는 일차함수를 구하였다. 일반적인 형태의 일차함수 $y = ax + b$를 결정하기 위해서는 2개의 미지수 $a$와 $b$를 알아야 하고, 이들 미지수는 2개의 정보로 얻어지는 방정식 2개를 연립하여 구할 수 있다. 3개의 점이 있을 때는 미지수가 1개 늘어난 3개라는 차이점만 있지 같은 원리로 점들을 모두 지나는 이차함수를 찾아내는 것은 일도 아니다. 그렇기에 점들의 개수에 상관없이 $n$개

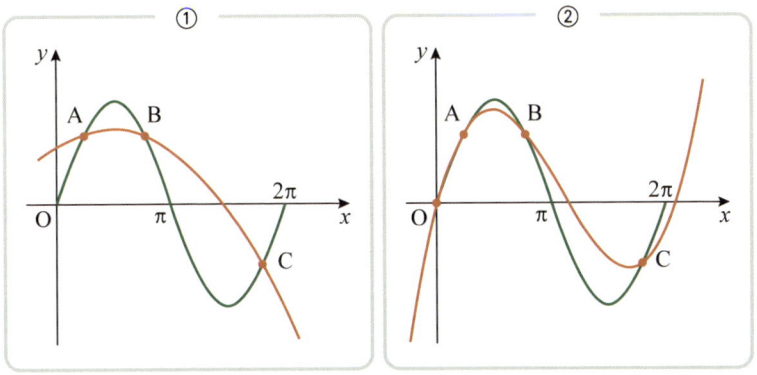

▲ 그림 12.3 $0 \leq x \leq 2\pi$ 구간에서의 $y = \sin x$(초록색의 곡선)에 대해, ① 임의의 3개의 점 A, B, C를 지나는 이차함수(붉은색의 곡선)와 ② 원점 O를 추가한 4개의 점을 지나는 삼차함수(붉은색의 곡선)

의 점을 모두 지나는 다항함수는 $n$개의 미지수를 지닌 $n-1$차의 다항함수가 항상 존재한다.

〈그림 12.3〉을 보면 확실히 3개의 점보다 4개의 점을 지나는 다항함수가 $y = \sin x$에 더 근접하다. 물론 선택되는 점의 위치에 따라 상황은 다르겠지만 점들의 개수를 늘려갈수록 더 근사적인 곡선을 얻을 수 있다는 일반적인 추세는 변함이 없다. 0에서 $2\pi$로 국한하였지만 이 구간에는 무한한 점이 존재하고, 몇 개의 점을 취하든 이들 점을 모두 지나는 다항함수를 얻어낼 수 있으므로, 점들을 한없이 늘려 가면 $\sin x$에 수렴하는 다항함수가 만들어진다. 사실상 $\sin x$를 대체할 수 있는, 다시 말하면 동일한 다항함수를 구성할 수 있다는 얘기다.

혹시 지금 거친 사고의 과정에 어떤 모순점이 있는 것은 아닐까? 하지만 그렇지 않다. 개수에 상관없이 논리적으로는 다항함수를 찾아낼 수 있으므로 $y = \sin x$ 위의 무한개의 점들을 모두 지나는 무한 차원의 동등한 다항함수가 존재하리라는 것은 당연하다. 따라서 어떤 종류의 함수이건 동등한 다항함수가 존재한다는 결론에 도달한다.

이러한 사실이 우리에게 시사하는 바는 매우 크다. 삼각함수나 로그함수로 구성된 함수의 적분이 너무도 어렵거나 불가능한 경우 이 함수와 동등한 다항함수로 적분한다면 굉장히 쉬운 일이 되지 않겠는가. 또 한 가지는 많은 변수가 포함된 자연에서 일어나는 운동을 해석할 때 근삿값으로 처리해야 하는 상황에서 그 위력은 더욱 두드러진다. 예를 들어 $\ln 2$는 무리수로 우리가 사용하는 십진법 체계로 값을 표현할 때는 어차피 근삿값으로 만족할 수밖에 없다. 그럼 어느 정도의 수일까? 로그함수가 아래의 식처럼 다항함수로 표현이 되었다고 하자.

$$\langle \text{식 12.4} \rangle \ \ln(1+x) = x - \frac{x^2}{2} + \frac{x^3}{3} - \frac{x^4}{4} + \frac{x^5}{5} - \frac{x^6}{6} + \cdots$$

위의 식이 어떻게 나왔는지는 곧 밝혀질 것이고, 지금은 성립한다고 가정하면서 진행하겠다. $\ln 2$는 $x=1$일 때의 값이다. 위의 식처럼 6개의 항까지 실제로 계산하면 약 0.617이다. 그런데 $\ln 2$의 정확한 3자리의 유효자리의 값은 0.693인지라 만족할 수도 있겠지만 꽤나 오차가 있다. 하지만 항의 수를 늘릴수록 분명 더 근사한 값이 나올 것으로 추측이 되고, 실제 100개 항까지는 0.688, 1,000개 항일 때 0.693이 나오므로 만족스러운 결과가 도출된다.

그렇다면 이제 관심은 이들을 다항함수로 바꾸는 방법에 대한 호기심이 잔뜩 생겨난다. 분명 모든 함수를 다항함수로 바꾼다는 점은 공감하지만 산호초의 사례만 봐도 4개의 정보로 삼차함수를 구하는 계산의 복잡성은 상당할 것이고, 이 정보로도 꽤나 부족하여 훨씬 많은 정보가 필요하므로 사실상 다항함수를 찾아내는 일은 불가능한 미션이다. 로그함수를 다항함수로 표현한 〈식 12.4〉가 정말로 어떻게 얻어낸 것일까? 지금부터 설명된 '테일러급수'가 바로 이 의문점을 해소하는 내용이자 갈릴레이의 진자운동의 비밀을 풀 결정적 해결책이다. 적분 기법의 하나인 부분적분법을 고안한 것으로 알려진 브룩 테일러(1685~1731)는 1715년에 펴낸 자신의 저서*에서 미분과 적분의 관계와 응용성에 초점을 맞추며 일반적인 함수를 다항함수로 변환시키는 테일러급수를 소개하였다. 그는 책의 서문에서 뉴턴이 거인의 어깨 위에서 자신의 업적을 이뤘다고 하였듯이 자신도 뉴턴의 어깨 위에서 미적분의 아이디어를 더욱 발

---

* Brook Taylor, 《Methodus incrementorum directa & inversa》, Londini (1715)

전시킨 것이라고 첨언하였다. 미적분의 본질을 통찰하여 얻어진 산물이라는 의미이다.

　나는 이 책에서 통찰이라는 단어를 수도 없이 사용하고 있다. 도 대체 통찰이 무엇일까? 그저 개인의 경험에 비추어 단순히 아는 것 과 통찰의 차이를 굳이 구분한다면 '아하!'라는 감탄사와 함께 어느 순간 갑자기 문제의 해법이 떠올려질 때를 경험하는 순간이라고나 할까? 특별히 그 문제를 생각하지 않았음에도 잠재의식에서 자신 이 알고 있는 파편화된 지식의 조각들을 조합하여 의미를 창출해내 는 것이라고 말이다. 각각의 지식이라는 정보가 지닌 심오한 의미 를 깨닫고 활용할 수 있는 수준에서 지혜가 발현되는 상태, 그것이 통찰이라고.*

　뉴턴이나 테일러처럼 통찰에 이른 이들은 창조의 요리사들이다. 그들은 자신들의 거인들이 이뤄낸 정신적 재료들을 가지고 볶고 다 지면서 각각의 재료들의 맛의 의미를 체험하며 깨달았고, 자신의 창조적인 부엌에서 다양하게 섞으면서 어떤 맛을 내게 될지 상상만 으로 알 수 있는 경지에 이르렀다. 그리고 마침내 주어진 재료를 조 합하여 각 재료의 특성을 제대로 살리고 또한 융합시켜 새로운 맛 을 내는 창조적 요리를 조리해냈다. 테일러 역시 그러했다. 그는 뉴 턴의 지침을 따르기 위해 뉴턴의 미적분 외에 여러 거인들이 이뤄 낸 업적에 대한 정확한 이해와 통찰에서 새로운 지혜를 발현한 것 이다.

---

*저자의 졸본인 《작은 수학자의 생각실험 1》에서, 원숭이가 천장에 매달아놓은 바나나를 따내기 위해 주변 사물의 이치를 이해하고 활용법을 깨달으면서 목적을 달성하는 과정을 통찰의 의미로 설명하였다.

# 36장 월리스의 보간법

## 일반화된 이항정리

뉴턴이 수학 역사에 남긴 수많은 업적 중 가장 중요한 것으로 인정받고 있는 것이 2가지이다. 하나는 책의 주제인 미적분이고, 또하나가 무한급수 이론이다. 그 중 핵심이 되는 '일반화된 이항정리'는 자신이 스스로도 언급한 창조적인 활동이 최고조에 달했던 1665년에 만들었다. '이항정리'라는 용어를 처음 들어보는 분들도 있겠지만 고등학교 과정의 확률에서 배우는 핵심으로, 2개의 항으로 이뤄진 식의 거듭제곱을 단항식들의 합으로 전개하는 정리이다. 뉴턴이 알아낸 이항정리를 현대적인 수학 기호로 약간 각색하여 표현하면 아래의 식이 된다.

$$\langle \text{식 } 12.5\rangle \; (1+x)^{\frac{m}{n}}$$
$$= 1 + \frac{m}{n}x + \frac{\left(\frac{m}{n}\right)\left(\frac{m}{n}-1\right)}{2!}x^2 + \frac{\left(\frac{m}{n}\right)\left(\frac{m}{n}-1\right)\left(\frac{m}{n}-2\right)}{3!}x^3 + \cdots$$

복잡해 보이는 식이지만 반복되는 규칙을 볼 수 있는 눈만 있으면 수식이 간명하게 보이게 된다. 먼저 식의 좌변 $1+x$는 1과 $x$의 2개의 항으로 이뤄진 식이다. 이렇게 2개의 항으로 이뤄진 식을 '이항식(二項式)'이라 한다. 또한 지수 $m/n(m$과 $n(\neq 0)$은 정수)은 $1+$ $x$의 차수에 해당한다. 그리고 우변은 $x$의 거듭제곱한 항들의 합으로 이뤄진 무한급수로서 '멱급수'라고도 한다. 즉, $x$, $x^2$ 등의 합으로 이뤄진 급수이다. 결론적으로 뉴턴의 이항정리란 $(1+x)^2$이나 $(1+x)^{1/2}$, $(1+x)^{-2/3}$ 등을 $x$의 거듭제곱으로 이뤄진 멱급수로 나타내는 방법으로, 멱급수에서 $x$의 거듭제곱 앞의 계수 '이항계수'를 구할 수 있는 방법을 제시한 것이다. 실례로 $m=3$, $n=1$인 $m/n$ $=3$인 경우이다.

$$(1+x)^3 = 1 + 3x + \frac{3\cdot2}{2!}x^2 + \frac{3\cdot2\cdot1}{3!}x^3 + \frac{3\cdot2\cdot1\cdot0}{4!}x^4 + \cdots$$
$$= 1 + 3x + 3x^2 + x^3$$

정리하자면 뉴턴이 찾아낸 일반정리는 자연수에 한정되어 알고 있었던 이항정리 $(1+x)^n$에서 지수 $n$을 유리수의 영역까지 확장시킨 것이다. 사실 무리수도 가능하다. 미적분이 나오기 전이었던 뉴턴이 〈식 12.5〉를 구할 수 있었던 큰 힘은 당시 수학계의 가장 큰 관심사인 곡선으로 둘러싸인 넓이에 관련한 여러 수학자들의 연구 결과물들에서 비롯되었다. 뉴턴의 거인들은 갈릴레이나 케플러만이 아닌 것이다. 이항정리의 탄생은 여러 수학자들의 연구를 통해 계속 진화된 결과를 뉴턴이 뛰어난 사고력으로 〈식 12.5〉를 완성시킨 것이다.

이제 미적분의 탄생이 눈앞에 있던 시대로 돌아가서 이번 36장은 곡선의 넓이를 구하기 위해 노력하였던 뉴턴의 이야기이다. 미적분이라는 지름길이 아닌 다른 길로 구한 것이었기에 훨씬 더 복잡한 산술적 계산이 뒤따른다.

## 카발리에리의 곡선의 넓이 구하는 기교

과학, 정치, 사회, 경제, 문화 등 전 영역에 걸쳐 시간이 흐를수록 중요성이 더욱 심대해지는 정보는 누가 얼마나 많은 데이터를 확보하느냐가 자신의 사업이나 일의 성패를 결정하는 가장 중요한 변수로 작동하고 있다. 그런데 이제는 정보의 범람화로 너무도 많은 데이터의 양으로 오히려 그 속에 담긴 함의를 획득하는 능력이 감소하고 있다.[*] 이제는 얼마나 많은 양의 데이터를 보유하고 있느냐가 아니라 이들을 활용하여 의미가 있는 가치를 창조하는 일이 훨씬 더 중요한 때이다. 이를 위해서는 수많은 데이터를 도식화하거나 표로 일목요연하게 정리하여 시각화할 줄 알아야 한다. 시각화는 데이터에 숨어 있는 뜻하지 않은 보석을 발굴하게 하는 원천이 되기 때문이다. 데이터의 시각화는 현재가 아닌 과거에도 커다란 업적을 달성하는 데 일조하였다. 정보의 시각화가 왜 중요하고 어떻게 하는 것인지 수학에서 이룬 업적으로 배워보면서 실제 상황에 어떻게 활용할지를 경험하도록 하자.

산술적인 계산과 기하학을 서로 비교하여 표로 작성하는 것은 적어도 아리스토텔레스 시절부터 이어져온 수학적 기교의 하나로, 삼각함수표와 로그표를 작성한 것도 그러한 기류의 대표적 성과물이다. 특히나 뉴턴이 이항정리를 발견하는 데 실제적 도움을 받은 이론은 뉴턴과 같은 시대를 살았던 영국의 신학자이자 수학자인 존 월리스(1616~1703)의 저서 《무한소의 산술(Arithmetica Infinitorum)》

---

[*] Paul Brunet, 《글로벌 칼럼 | 빅데이터를 제대로 활용할 수 있도록 돕는 "데이터 거버넌스"》, infowrld (https://www.itworld.co.kr/news/108379#csidxeb31bfe022b8501b08b6d79e4ba9330)

에 소개된 보간법으로 엄밀성은 부족하였지만 수의 흐름을 표로 정리하여 계산하지 않은 부분을 직감과 유추를 통해 채워 넣는 방법이다. 젊은 시절의 뉴턴에게 크게 감명을 준 월리스는 원주율 $\pi$가 유리수의 곱으로 표현한 '월리스의 공식'으로 유명한 사람이다.

〈식 12.6〉 월리스 공식 $\dfrac{\pi}{2} = \dfrac{2}{1}\cdot\dfrac{2}{3}\cdot\dfrac{4}{3}\cdot\dfrac{4}{5}\cdot\dfrac{6}{5}\cdot\dfrac{6}{7}\cdot\dfrac{8}{7}\cdot\dfrac{8}{9}\cdots$

월리스가 자신의 공식을 찾게 된 첫 여정은 아래와 같은 식의 비율에서 시작되었다.

〈식 12.7〉 $\dfrac{0^k + 1^k + 2^k + \cdots + n^k}{n^k + n^k + n^k + \cdots + n^k}$

알하젠*의 합의 공식으로 알려져 있는 $k$의 값에 따른 수열의 합은 교과 과정에서 배울 정도로 유명한 공식으로 아래와 같다.

▼ 표 12.8 합의 공식

$$1 + 2 + \cdots + n = \frac{n(n+1)}{2} \qquad \rightarrow \qquad \sum_{i=1}^{n} i = \frac{n(n+1)}{2}$$

$$1^2 + 2^2 + \cdots + n^2 = \frac{n(n+1)(2n+1)}{6} \qquad \rightarrow \qquad \sum_{i=1}^{n} i^2 = \frac{n(n+1)(2n+1)}{6}$$

$$1^3 + 2^3 + \cdots + n^3 = \left\{\frac{n(n+1)}{2}\right\}^2 \qquad \rightarrow \qquad \sum_{i=1}^{n} i^3 = \left\{\frac{n(n+1)}{2}\right\}^2$$

---

* 이라크 출생의 수학자이자 물리학자인 알헤이탐(ibn-al-Haitham, 965~1040). 서양에서는 알하젠으로 알려져 있다. 월리스는 그의 논문을 통해 합의 공식을 알게 되었다고 전해진다. (Victor J. Katz, 《A History of Mathematics: An Introduction》 Ch. 9, Addison-Wesley (2009))

월리스가 〈식 12.7〉에 주목하게 된 것은 카발리에리의 연구 업적에서 기인하였다. 적분법이 발견되기 전 수많은 수학자들을 눈물짓게 한 곡선 아래의 넓이의 해법에 도전한 수학자 중 한 명이기도 한 카발리에리는 1635년 출판한 자신의 저서*를 통해서 적분법의 기초에 해당하는 아이디어로 다항함수의 넓이를 구하면서 일약 스타덤에 올라서게 되었다. $y = x^2$의 넓이를 그의 아이디어로 구하는 과정을 살펴보자.

카발리에리는 〈그림 12.9〉①의 직사각형들의 넓이의 합과 ②의 직사각형들의 넓이를 비교하였다. 〈표 12.8〉의 곱셈공식을 사용하여 두 경우의 비율을 계산하면 아래와 같은 결과를 얻게 된다.

$$\frac{0^2 + 1^2 + 2^2 + \cdots + n^2}{n^2 + n^2 + n^2 + \cdots + n^2} = \frac{1}{3} + \frac{1}{6n}$$

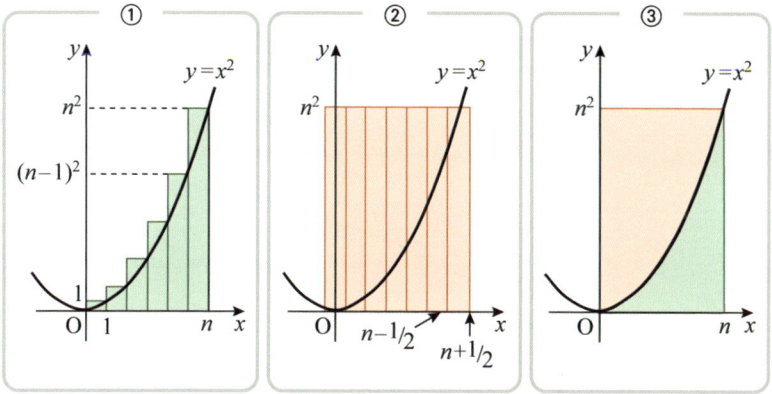

▲ **그림 12.9** $y = x^2$의 곡선에서 ① $x=0, 1, 2, \cdots$에서 각각 높이가 $0^2, 1^2, 2^2, \cdots$인 직사각형들과, ② $x=-0.5$에서 $x = n+0.5$까지 높이가 모두 $n^2$인 직사각형

* 《Cavalieri geometrica indivisibilibus continuorum》(Britannica)

이때 $n$이 충분히 크다고 하면 우변의 $1/6n$은 0에 가까워져 무시할 수 있게 되고, 동시에 직사각형들의 밑변은 불가분량에 가까워져서 그림 ③과 같은 모양에 가까워질 것으로 충분히 예상할 수 있다. 그러므로 초록색 영역의 넓이가 붉은색과 초록색 영역을 합한 전체 직사각형의 넓이의 1/3이라는 결론을 얻는다. 실제 $y = x^2$을 적분으로 직접 계산하면 그의 추론이 정확하다는 것을 쉽게 확인할 수 있겠다.

월리스는 카발리에리의 이 아이디어를 더욱 발전시켜 지수가 자연수가 아닌 유리수의 영역까지 확장한 곡선의 넓이를 구하는 데 성공하였다. 우리는 〈그림12.9〉의 ③과 같이 다항함수의 곡선 아래와 전체 직사각형의 넓이의 비는 $y = x^2$일 때 1/3, $y = x^3$은 1/4 등 $y = x^n$으로 일반화하면 $1/(n+1)$임은 굳이 카발리에리의 방법이 아닌 훨씬 고급스러운 적분을 이용하면 바로 확인이 가능하다. 그런데 확인 차원에서 적분을 활용한 것이지 현재 이야기는 월리스처럼 적분을 전혀 모른다는 설정하에서 바라보는 것이 좋겠다. 월리스는 $x^n$의 지수 $n$을 유리수까지 확장시키고자 하였다.

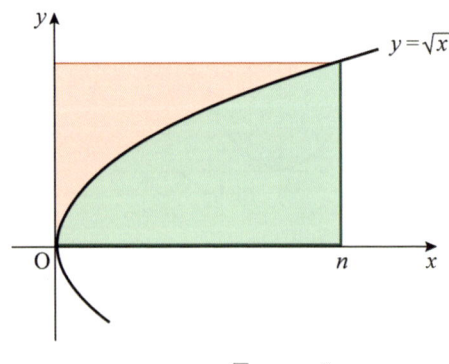

▲ **그림 12.10** $y = \sqrt{x}$는 $y = x^2$의 역함수

$y = \sqrt{x}$ 는 $y = x^2$의 역함수이므로 위의 그림은 〈그림 12.9〉 ③의 그래프를 $y = x$에 대칭인 함수로 뒤집어놓은 형태와 동일하다. 따라서 $y = \sqrt{x}$ 곡선 아래의 초록색 영역과 전체 직사각형의 넓이의 비는 2/3임을 바로 알 수 있다. $y = x^n$의 직사각형과 곡선 아래의 넓이의 비 $1/(n+1)$은 $n$이 유리수의 영역에도 적용이 된다. 그리고 월리스는 이렇게 구한 두 도형의 넓이의 비의 역수를 '특성비'라고 명명하였다.

## 월리스의 보간법

월리스가 여기에서 멈췄다면 역사에 그의 이름은 기록되지 않았을 것이다. $y = x^n$의 넓이의 비가 일정한 규칙을 가지며 움직이는 것을 보고 그는 원의 형태의 곡선에 강한 호기심을 불러일으켰다. 원의 방정식은 $x^2 + y^2 = 1$ 혹은 $y = \sqrt{1 - x^2}$ 으로 1사분면에 그려진 원의 조각은 전체의 1/4이므로 넓이가 $\pi/4$로 충분히 알 수 있지만, 그는 $x^2$의 지수 2에 한정되지 않고 이를 유리수의 범위까지 확장하였을 때 넓이의 비가 어떤 패턴을 가지게 될지에 관심을 가졌다. 그래서 원의 방정식의 지수를 변수로 하는 일반화된 방정식의 꼴 $x^{1/q} + y^{1/p} = 1$* 을 정의하고 아래의 곡선 아래의 넓이를 구하는 해법에 대해 고심하였다.

〈식 12.11〉 $y = \left(1 - x^{1/q}\right)^p$

---

*월리스는 반지름이 1이 아닌 $r$로 놓고 $x^{1/q} + y^{1/p} = r^{1/p}$의 식을 이용했다. 하지만 넓이의 비를 계산한다는 점에만 초점을 맞추면 반지름 $r$을 1로 해도 논의 전개에 아무런 영향을 주지 않는다. 본문에서는 반지름을 1로 놓고 설명을 이어가고 있다.

위의 식에서 $p = q = 1/2$을 대입하면 바로 원의 방정식임을 확인할 수 있으리라. 그런데 월리스가 방정식을 굳이 저렇게 표현한 의도가 무엇일까?

식을 보면 $p$가 자연수일 때, 가령 $p = 2$인 $y = \left(1 - x^{1/q}\right)^2$은 우변의 식을 전개만 하면 카발리에리의 연구 결과로 넓이를 구하는데 전혀 문제가 없다. 하지만 $p$가 유리수일 때는 정말로 구하기가 어렵고 구하는 방법 자체도 없었다. 그러니까 월리스는 손쉽게 계산이 가능한 $p$가 자연수일 때의 결과로부터 $p$가 유리수일 때의 넓이의 비를 보간법으로 추론해내겠다는 것이다. 그리고 보간법을 최대한 활용하기 위해서는 식을 $y = \left(1 - x^{1/q}\right)^p$로 정의하고, 또한 넓이의 비의 역수를 특성비로 잡는 것이 가장 효과적임을 깨달았던 것이다. 말로는 이해하기 힘들다. 그의 계산 과정을 하나씩 밟아 나가보자. 그러기 위해 일단 〈식 12.11〉이 어떤 개형의 곡선인지 살펴보는 것이 순서이겠다.

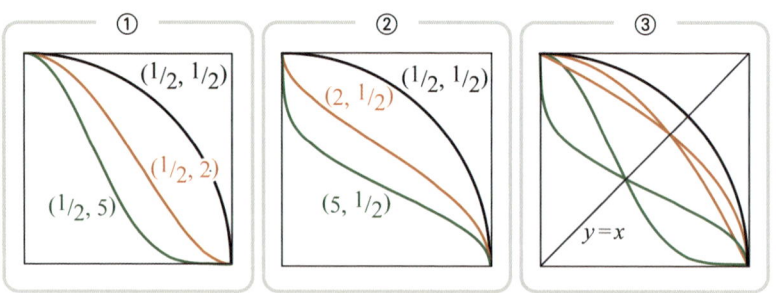

▲ **그림 12.12** ① $p = 1/2$일 때 $q$의 값을 변화시키면서, ② 반대로 $q = 1/2$일 때 $p$의 값에 따른 곡선의 개형의 변화, ③ ①과 ②는 $y = x$에 대칭인 역함수의 관계

$(p, q) = (1/2, 1/2)$일 때가 원이 되고, $p$와 $q$의 값이 커질수록 원점으로 휘어지는 특성을 보이고 있다. 또 $p$와 $q$의 값이 바뀔 때, 즉

$(p,q)$가 $(1/2,2)$와 $(2,1/2)$의 두 곡선은 서로 역함수의 관계가 되어 $y = x$에 대칭이다. 이것은 방정식의 기본형 $x^{1/q} + y^{1/p} = 1$을 보면 당연한 사실이다. 그림 ③이 앞의 2개의 그림을 하나로 모은 것으로 $y = x$에 대칭이라는 사실을 명확하게 보여주고 있다.

월리스는 $p$와 $q$의 값을 1/2씩 변화시켜 가면서 특성비를 구하였다. 이때 앞서 말했지만 $p$가 정수일 때는 어렵지 않다. 예를 들어 $p = q = 2$일 때 $y = \left(1 - x^{1/2}\right)^2 = 1 - 2x^{1/2} + x$이고, 각각의 항에 대해 직사각형과의 넓이의 비로부터 $1 - 2 \cdot (2/3) + 1/2 = 1/6$이 되므로 특성비는 역수인 6이 된다. 그는 이렇게 $p$와 $q$를 바꿔가면서 계산 가능한 특성비를 모두 구하였고, 이를 아래와 같이 표로 일목요연하게 정리하였다.

▼ 표 12.13 특성비

| $q\backslash p$ | 0 | 1/2 | 1 | 3/2 | 2 | 5/2 | 3 | $s = p+1$ |
|---|---|---|---|---|---|---|---|---|
| 0 | 1 | 1 | 1 | 1 | 1 | 1 | 1 | 1 |
| 1/2 | 1 | | 3/2 | | 15/8 | | 105/48 | |
| 1 | 1 | 3/2 | 2 | 5/2 | 3 | 7/2 | 4 | $s$ |
| 3/2 | 1 | | 5/2 | | 35/8 | | 315/48 | |
| 2 | 1 | 15/8 | 3 | 35/8 | 6 | 63/8 | 10 | $s(s+1)/2$ |
| 5/2 | 1 | | 7/2 | | 63/8 | | 693/48 | |
| 3 | 1 | 105/48 | 4 | 315/48 | 10 | 693/48 | 20 | ? |

월리스가 특성비를 넓이의 비의 역수로 취한 이유가 위의 표를 보면 확연히 알 수 있듯 명확한 패턴이 존재하기 때문이다. $p$와 $q$가 정수일 때 구한 굵은 붉은색의 특성비들을 보면 한 눈에도 수의 패턴이 보인다. $q = 0$일 때는 특성비가 모두 1이고, $q = 1$일 때는 1, 2,

3, …, $q = 2$는 1, 3, 6, 10, …으로 규칙에 따라 수가 흐르고 있다. 이때 각 행의 맨 끝이 각각의 수의 패턴으로 구한 식(초록색 테두리)이다. 가령 $q = 2$인 붉은색 바탕의 행의 수 1, 3, 6, 10, …은 $s(s+1)/2$의 관계가 있다. 이때 $s = p + 1$이다. $q = 3$의 행의 식은 여러분들이 직접 해결해보시라고 '?'로 남겨놓았다.

월리스의 목적은 이렇게 수들의 규칙과 보간법을 이용하여 아직 찾지 못한 표의 빈 칸을 채워서 곡선 아래의 넓이를 구하는 것이었다. 그리고 일차적으로 $q$가 정수인 행의 빈칸을 채우는 데 성공하였다. 예로 $q = 2$인 붉은색 바탕의 행의 수들에서의 규칙 $s(s+1)/2$을 이용하여 이들 사이의 빈칸을 채워 넣은 것이다. $p = 3/2$인 굵은 붉은색의 테두리의 값 35/8이 이렇게 얻어진 값이다. 물론 그는 검증 작업을 통해 보간법으로 채워 넣은 수들에 정당성을 부여하는 것을 잊지 않았다. 하지만 우리는 보간법으로 빈칸이 어떻게 채워지는지 수의 흐름을 읽는 데에만 초점을 맞추고, 실제 여러분들이 직접 빈칸을 채워나가면 더욱 확실한 패턴을 인지할 수 있겠다.

## 월리스의 공식

자, 이제 빠진 이처럼 남아 있는 〈표 12.13〉의 빈칸인 $p$와 $q$가 모두 유리수일 때 특성비를 알아내야겠다. 그런데 $p$와 $q$ 모두 1/2일 때(굵은 초록색 테두리)가 넓이 $\pi/4$인 1/4 조각의 원이므로 이기에 특성비가 $4/\pi$인 점을 기억하면서 $q = 1/2$인 행인 초록색 영역만을 살펴보도록 하자. 월리스는 이 행에 어떤 패턴이 존재하는지 여러 관점에서 해석하였다. 그리고 마침내 몇 번의 시행착오를 거친 끝에 찾아낸 규칙은 연속된 유리수의 곱으로 이뤄져 있다는 것을 찾아냈다.

$$\frac{15}{8} = \frac{3}{2} \cdot \frac{5}{4}, \ \frac{105}{48} = \frac{3}{2} \cdot \frac{5}{4} \cdot \frac{7}{6}, \ \frac{945}{384} = \frac{3}{2} \cdot \frac{5}{4} \cdot \frac{7}{6} \cdot \frac{9}{8}$$

위의 계산에서 945/384는 표에 명기되어 있지 않지만 $p = 4$일 때의 특성비에 해당한다. 이렇게 월리스는 명확한 규칙을 찾아내면서 $p = q = 1/2$인 곳의 특성비를 $\Omega(= 4/\pi)$로 놓고, 위의 계산에서 빠진 분수들을 곱하면서 빈 칸을 채워나갔다.

$$\Omega, \ \frac{4}{3}\Omega, \ \frac{4}{3} \cdot \frac{6}{5}\Omega, \ \frac{4}{3} \cdot \frac{6}{5} \cdot \frac{8}{7}\Omega, \ \cdots$$

월리스는 $q = 3/2$ 등 나머지 행에 대해서도 이런 규칙을 찾아내면서 빈 곳을 완벽하게 메꿀 수 있었다. 아래의 표가 최종적인 완성본이다.

▼ 표 12.14 특성비

| $q \backslash p$ | 0 | 1/2 | 1 | 3/2 | 2 | 5/2 | 3 |
|---|---|---|---|---|---|---|---|
| 0 | 1 | 1 | 1 | 1 | 1 | 1 | 1 |
| 1/2 | 1 | $\Omega$ | 3/2 | $4\Omega/3$ | 15/8 | $8\Omega/5$ | 105/48 |
| 1 | 1 | 3/2 | 2 | 5/2 | 3 | 7/2 | 4 |
| 3/2 | 1 | $4\Omega/3$ | 5/2 | $8\Omega/3$ | 35/8 | $64\Omega/15$ | 315/48 |
| 2 | 1 | 15/8 | 3 | 35/8 | 6 | 63/8 | 10 |
| 5/2 | 1 | $8\Omega/5$ | 7/2 | $64\Omega/15$ | 63/8 | $128\Omega/15$ | 693/48 |
| 3 | 1 | 105/48 | 4 | 315/48 | 10 | 693/48 | 20 |

위의 표를 채운 수들은 두 칸 위의 수와 두 칸 왼쪽의 수의 합과 같다는 법칙을 따르고 있다. 붉은색 테두리의 693/48은 두 칸 위와 두 칸 왼쪽의 붉은색 영역의 수 63/8과 315/48의 합과 같고, 마찬가지로 초록색 테두리의 64Ω/15는 초록색 영역의 8Ω/5와 8Ω/3의 합이다. 정수에서 형성되어진 패턴이 유리수에도 그대로 작동한다는 점과 다른 사례로 검증하면서 자신의 표의 타당성을 확인하는 과정을 거쳤다.

우리의 입장에서야 단순하게 월리스가 만든 표만 보면 크게 감동적이라고까지 할 수는 없겠지만 왜 방정식의 형태를 $y = (1 - x^{1/q})^p$로 놓았는지 그리고 넓이의 비의 역수를 특성비로 설정한 이유 등 그의 고민을 조금이라도 이해한다면 참으로 대단한 표라 공감할 수 있다. 이런 노력과 통찰로 얻어진 표는 그에게 놀라운 결과물을 선물하기까지 하였다. 정보를 시각화하는 것이 얼마나 중요한지를 보여주는 최고의 사례라 할 수 있지 않을까? $q = 1/2$의 행에 있는 수들을 보자.

$$1, \ \Omega, \ \frac{3}{2}, \ \frac{4}{3}\Omega, \ \frac{3}{2}\cdot\frac{5}{4}, \ \frac{4}{3}\cdot\frac{6}{5}\Omega, \ \frac{3}{2}\cdot\frac{5}{4}\cdot\frac{7}{6}, \ \frac{4}{3}\cdot\frac{6}{5}\cdot\frac{8}{7}\Omega, \ \cdots$$

어떤 패턴으로 수열이 형성되는지를 바로 알 수 있다. $\Omega = 4/\pi$의 값이고, 곱해지는 수가 항상 분모의 수 $n$보다 1이 더 큰 분자 $n+1$인 분수 $(n+1)/n$의 값이 곱해 나가는 단조 증가하는 수열이다. 이때 수의 배열이 엄청나게 진행되었다고 가정하자. 그렇게 되면 $n$의 값도 상당한 값이 되므로 곱하는 분수의 값은 1에 가까워진다. 즉, 충분히 큰 $n$일 때에는 사실 1을 곱하는 것과 진배없다. 앞의 항의 수보다 바로 이어지는 항의 수가 분명 증가는 하겠지만 무시해도 되는 양이 되어서, 결론적으로 앞뒤 항의 수는 같다고 해도 전혀 문제가 되지 않는다. 그렇게 되면 바로 아래의 식이 성립하게 된다.

$$\Omega \cdot \frac{4}{3} \cdot \frac{6}{5} \cdot \frac{8}{7} \cdot \frac{10}{9} \cdot \frac{12}{11} \cdot \cdots = \frac{3}{2} \cdot \frac{5}{4} \cdot \frac{7}{6} \cdot \frac{9}{8} \cdot \frac{11}{10} \cdot \cdots$$

$\Omega = 4/\pi$이므로 위의 식을 정리하면 바로 〈식 12.6〉의 월리스 공식이 된다. 그의 이름이 형용사로 인류사에 남게 만든 월리스 공식은 정보의 시각화가 얼마나 위대한지를 보여주는 대표적인 사례이다.

# 37장 뉴턴의 이항정리

## 음의 영역으로 확장한 이항정리

뉴턴은 월리스가 구한 결과에 착안하여 그만의 천재성을 다시 한 번 유감없이 발휘하였다. 그는 $y = (1+x)^p$의 곡선으로 둘러싸인 넓이를 생각했고 $p$에 따라 결정되는 곡선의 넓이를 $x$의 멱급수로 표현하는 방법을 개발했다. 즉, $(1+x)^{1/2}$, $(1+x)^{-3/2}$ 등의 곡선으로 둘러싸인 넓이를 $x$의 멱급수로 근사시켜 해결하는 방법을 고안해낸 것이다.

$p$가 양의 정수에서의 $(1+x)^p$의 전개식은 어려울 것이 전혀 없다. 각 계수 사이에는 명확하게 규칙도 존재한다. 그런데 $p$가 음의

▼ 표 12.15 음의 영역까지 확장한 이항계수

| $x^n \backslash p$ | −4 | −3 | −2 | −1 | 0 | 1 | 2 | 3 | 4 | 5 | 6 |
|---|---|---|---|---|---|---|---|---|---|---|---|
| 1 | 1 | 1 | 1 | 1 | 1 | 1 | 1 | 1 | 1 | 1 | 1 |
| $x$ | −4 | −3 | −2 | −1 | 0 | 1 | 2 | 3 | 4 | 5 | 6 |
| $x^2$ | 10 | 6 | 3 | 1 | 0 | 0 | 1 | 3 | 6 | 10 | 15 |
| $x^3$ | −20 | −10 | −4 | −1 | 0 | 0 | 0 | 1 | 4 | 10 | 20 |
| $x^4$ | 35 | 15 | 5 | 1 | 0 | 0 | 0 | 0 | 1 | 5 | 15 |
| $x^5$ | −56 | −21 | −6 | −1 | 0 | 0 | 0 | 0 | 0 | 1 | 6 |
| $x^6$ | 84 | 28 | 7 | 1 | 0 | 0 | 0 | 0 | 0 | 0 | 1 |

정수일 때에는 아마도 잘 접하지 않았으리라. 하지만 월리스의 보간법을 이용하면 비록 논리성은 부족하지만 전개식을 찾아내는 데에는 어려움이 없다.

　이항계수를 모아놓은 위의 표로부터 명백하게 알 수 있겠지만 붉은색의 배경에 위치한 수들은 항상 왼편의 초록색 배경의 두 수를 합한 값이라는 규칙에 의해 표가 채워진다. 위의 표는 단순하게 이 규칙만으로 음의 정수까지 확장한 표로 $y = (1+x)^p$의 꼴의 곡선의 넓이를 다항함수로 대체하여 구할 수 있다는 해법을 제공하고 있다. 그리고 뉴턴은 이 표에서 $p = -1$인 $1/(1+x)$의 전개식에서 아주 특별한 사실을 얻어낼 수 있었다.

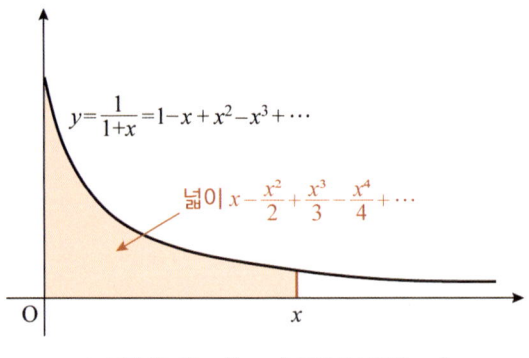

▲ **그림 12.16** $1/(1+x)$ 곡선의 넓이(Area)

　곡선 $1/(1+x)$를 〈표 12.15〉를 참조하여 전개하면 '$1 - x + x^2 - x^3 + \cdots$'이고, $x^n$의 특성비가 $1/(n+1)$이므로 0에서 $x$까지의 넓이(그림의 붉은색 영역)가 붉은색의 식이 되는 것은 당연하다. 적분을 알고 있는 우리의 기준으로 위의 그림의 결과를 식으로 나타내면 다음과 같다.

$$\int_0^x \frac{1}{1+t}dt = x - \frac{x^2}{2} + \frac{x^3}{3} - \frac{x^4}{4} + \cdots$$

이때 좌변의 유리함수를 적분하면 로그함수가 되므로 다음과 같이 정리된다.

〈식 12.17〉 $\ln(1+x) = x - \frac{x^2}{2} + \frac{x^3}{3} - \frac{x^4}{4} +$

위의 식은 $1/(1+x)$라는 곡선 아래의 넓이를 구하는 목적을 달성한 매우 만족스러운 결과이다. 가령 $1/(1+x)$의 곡선이 0과 1 구간에서의 넓이가 곧 $\ln 2$이고, 그 근삿값은 우변의 식에 $x=1$을 대입하여 계산한 값이 된다. 즉, $\ln 2 \approx 1 - 1/2 + 1/3 - 1/4 + \cdots$이다.

〈식 12.17〉은 앞의 35장에서 느닷없이 소개하였던 〈식 12.4〉와 동일한 식으로 당시 계산했던 과정이 옳다는 것이 입증되었다. 또한 모든 함수를 다항함수로 바꿀 수 있다는 중요한 샘플이기도 하다. 뉴턴 역시 25개의 항까지 전개하고 50자리 이상의 자릿수까지 정밀하게 계산하면서 위의 식이 로그함수의 특성을 정확하게 보인다는 사실을 밝혀냈고, 새로운 로그표를 만드는 데 활용되었다.[*] 정보의 시각화가 지닌 또 다른 위업이다.

개인적인 생각이지만, 천재들 대부분은 항상 기본에 충실했다는 공통점이 있다. 뉴턴 역시 가우스처럼 누구나 싫어하고 귀찮아하는 계산을 마다하지 않았다는 것이다. 물리학이나 수학 모두 수들을

---

[*] Edwards, C. H., 〈The Historical Development of Calculus〉, New York:Springer-Verlag (1979)

가지고 연구하는 학문이라는 점에서 어렸을 때 얼마나 수들을 가지고 얼마나 놀았느냐에 따라 능력이 결정되는 것이 아닌가 잠시 생각하였다.

## 뉴턴의 보간법

소기의 성과를 올린 뉴턴이 다음 표적으로 삼은 함수는 $y = (1 - x^2)^p$였다. 월리스가 다뤘던 함수와 비교하면 $q$의 값을 1/2로 고정하고 $p$의 변화에 대해서만 고찰한 것이다. 어찌 보면 오히려 더 좁은 영역에서 살피는 것이라 일반화라는 측면에서 거꾸로 가는 격이라고 생각할 수도 있지만 월리스가 단순하게 곡선과 직사각형의 넓이의 비에 초점을 맞췄다면 뉴턴은 임의의 지점 $x$까지의 실제적인 넓이의 값을 표현하는 방법을 찾았다는 것이 결정적인 차별이 있겠다. 무엇보다 $y = (1 - x^2)^p$에서 $p = 1/2$일 때 원이 되므로 원에 각별하였던 뉴턴의 관심을 끌기에 충분히 매력적인 함수였다.

뉴턴은 $p$가 유리수에서도 곡선 아래의 넓이를 구하는 해법을 찾기 위하여 $x^n$의 계수에 어떤 패턴이 존재하는지를 들여다보기 위하여 월리스가 취한 보간법과 같은 길을 따라갔다. 먼저 $p$가 양의 정수일 때이다. 우리도 약간의 수고만 들이면 누구나 가능한 계산이다. 가령 $p = 2$일 때 $(1 - x^2)^2$이므로 전개하면 $1 - 2x^2 + x^4$이 되고 넓이의 함수는 $x - 2x^3/3 + x^5/5$이다. 뉴턴은 $p$가 정수일 때 계수들의 관계를 한눈으로 들여다보기 위하여 다음과 같이 표를 만들었다.

표의 맨 왼쪽의 $x^n$의 열이 $x$, $-x^3/3$ 등으로 색다르게 나열하였는데, 뉴턴이 수많은 시행착오를 거치면서 저렇게 배열해야 보간법

**▼ 표 12.18** 미완성의 이항계수

| $x^n \setminus p$ | -1 | -1/2 | 0 | 1/2 | 1 | 3/2 | 2 | 5/2 | 3 | 7/2 | 4 |
|---|---|---|---|---|---|---|---|---|---|---|---|
| $x/1$ | 1 | | 1 | | 1 | | 1 | | 1 | | 1 |
| $-x^3/3$ | -1 | | 0 | | 1 | | 2 | | 3 | | 4 |
| $x^5/5$ | 1 | | 0 | | 0 | | 1 | | 3 | | 6 |
| $-x^7/7$ | -1 | | 0 | | 0 | | 0 | | 1 | | 4 |
| $x^9/9$ | 1 | | 0 | | 0 | | 0 | | 0 | | 1 |
| $-x^{11}/1$ | -1 | | 0 | | 0 | | 0 | | 0 | | 0 |
| $x^{13}/13$ | 1 | | 0 | | 0 | | 0 | | 0 | | 0 |

으로 수의 패턴을 읽어낼 수 있다는 노력의 결과물일 것이다. 그리고 유리수의 영역(붉은색의 영역)까지 표현하기 위하여 $p$가 정수인 영역(초록색 영역) 사이에 끼어놓았다. 이제 영역의 빈칸을 채우는 일이다. 초등학교 수준의 수학만이 필요하므로 여러분들도 충분히 도전해볼 만한 일이다. 우리는 완전한 무(無)가 아닌 뉴턴이 수많은 산고를 거쳐 만들어낸 〈표 12.18〉부터 시작하니 훨씬 나은 조건으로 수의 흐름을 찾아내는 안목만 필요하다. 하지만 특별한 노력 없이 얻어낸 결과물을 활용한 것이라 그의 천재성을 걷어냈다고 하더라도 뉴턴이 도달한 통찰까지는 도저히 다가갈 수는 없다.

뉴턴이 찾아낸 수의 패턴을 소개하겠다. $p$가 0 이상의 정수에서 계수들의 흐름을 보면 행이 하나씩 아래로 진행할 때마다 0이 아닌 수가 하나씩 밀려가면서, 첫 번째 행은 모두 1이고, 두 번째 행은 1, 2, 3, 4, …, 세 번째 행은 1, 3, 6, …으로 진행하고 있다. 지면의 한계로 $p = 4$까지만 있지만 얼마든지 값을 얻어내는 데에는 무리가 없다. 그리고 이 패턴을 가지고 뉴턴은 수의 규칙을 찾아냈다.

$-x^3/3$의 행에서 $p=0$ 이상의 부분만을 떼어내서 적어보겠다. 〈표 12.18〉의 위에 있는 굵은 검은색 테두리이다.

| 0 | | 1 | | 2 |
|:---:|:---:|:---:|:---:|:---:|
| $a$ | $a+b$ | $a+2b$ | $a+3b$ | $a+4b$ |

두 번째 행이 1, 2, 3, 4, …라는 규칙이 있다는 점에 착안하여 미지수 $b$를 $b$, $2b$, $3b$ 등으로 증가시키며 대응시켜 나간 것이다. $a=0$이 되므로 $b=1/2$이 될 것은 당연하고, 따라서 붉은색의 영역에 들어갈 수들을 모두 결정할 수가 있다.

마찬가지로 $x^5/5$의 세 번째 항도 비슷한 맥락이다.

| 0 | | 0 | | 1 | | 3 |
|:---:|:---:|:---:|:---:|:---:|:---:|:---:|
| $a$ | $a+b$ | $a+2b+c$ | $a+3b+3c$ | $a+4b+6c$ | $a+5b+10c$ | $a+6b+15c$ |

미지수 $b$는 좀 전과 같이 증가시키고, 미지수 $c$는 세 번째 행이 1, 3, 6, 10의 수열의 형태이므로 $c$, $3c$, $6c$로 증가시키면서 표와 같이 각각의 수들과 대응시켰다. 간단한 연립방정식을 풀면 $a=0$, $b=-1/8$, $c=1/4$를 얻을 수 있으므로 역시 붉은색의 영역을 채울 수 있다.

뉴턴이 각 행마다 미지수의 개수와 미지수에 붙는 계수를 어떻게 저런 규칙으로 대응시켰는지 의아하다 할 수 있겠지만, 수의 패턴을 보면 일견 이해가 가기도 한다. 이제 여러분들도 할 수 있다. 이런 방식으로 나머지 행에 대해서 적절하게 미지수로 수들을 대응시켜 간단한 연립방정식을 계산하여 〈표 12.18〉의 붉은색 영역의 빈칸을 모두 채워보자.

▼ 표 12.19 완성본의 이항계수

| $x^n \backslash p$ | -1 | -1/2 | 0 | 1/2 | 1 | 3/2 | 2 | 5/2 | 3 | 7/2 | 4 |
|---|---|---|---|---|---|---|---|---|---|---|---|
| $x/1$ | 1 | 1 | 1 | 1 | 1 | 1 | 1 | 1 | 1 | 1 | 1 |
| $-x^3/3$ | -1 | -1/2 | 0 | 1/2 | 1 | 3/2 | 2 | 5/2 | 3 | 7/2 | 4 |
| $x^5/5$ | 1 | 3/8 | 0 | -1/8 | 0 | 3/8 | 1 | 15/8 | 3 | 35/8 | 6 |
| $-x^7/7$ | -1 | -5/16 | 0 | 1/16 | 0 | -1/16 | 0 | 5/16 | 1 | 35/16 | 4 |
| $x^9/9$ | 1 | 35/128 | 0 | -5/128 | 0 | 3/128 | 0 | -5/128 | 0 | 35/128 | 1 |
| $-x^{11}/11$ | -1 | -63/256 | 0 | 7/256 | 0 | -3/256 | 0 | 3/256 | 0 | -7/256 | 0 |
| $x^{13}/13$ | 1 | 231/1024 | 0 | 21/1024 | 0 | 7/1024 | 0 | -5/1024 | 0 | 7/1024 | 0 |

$p=1/2$이 원이므로 표로부터 0에서 $x$까지의 넓이는 다음과 같다.

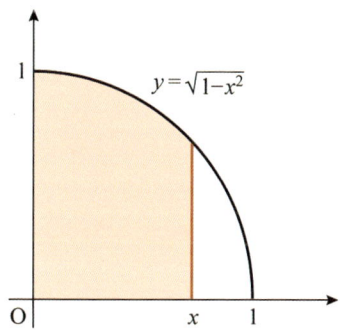

▲ 그림 12.20 반지름 1인 원을 4등분한 조각 $y = \sqrt{1-x^2}$ 에 대해 $x$의 지점까지 붉은색의 넓이 $A(x)$.[*]

$$A(x) = x - \frac{x^3}{6} - \frac{x^5}{40} - \frac{x^7}{112} - \frac{5x^7}{1152} - \cdots$$

$A(x)$는 곡선 $y = \sqrt{1-x^2}$ 의 넓이의 함수이므로 미적분의 기본 정리로부터 넓이 $A(x)$의 도함수가 곧 $y = \sqrt{1-x^2}$ 이기도 하다. 따

---

[*] 이 내용은 뉴턴의 노트에서 그 기록을 살펴볼 수 있다. https://cudl.lib.cam.ac.uk/view/MS-ADD-04000/32

라서 $A(x)$의 우변의 도함수는 $\sqrt{1-x^2}$ 자체를 나타내는 급수이기도 하다.

$$\sqrt{1-x^2} = 1 - \frac{x^2}{2} - \frac{x^4}{8} - \frac{x^6}{16} - \frac{5x^8}{128} - \cdots$$

한편 위의 〈그림 12.20〉의 넓이의 함수 $A(x)$에서 $x=1$인 경우는 곧 완전한 1/4 조각의 원의 넓이가 되어 $A(1) = \pi/4$라는 의미이므로 원주율 $\pi$의 값을 구하는 새로운 급수를 찾아낸 셈이다.

〈식 12.21〉 $\dfrac{\pi}{4} = 1 - \dfrac{1}{6} - \dfrac{1}{40} - \dfrac{1}{112} - \dfrac{5}{1152} - \dfrac{7}{2816} - \cdots$

뉴턴은 자신만의 보간법으로 찾아낸 결과가 타당한지 아르키메데스가 기하학적으로 구한 값과 또한 월리스의 결과와 일치하는지를 체크하며 정당성을 부여하였다.

## 뉴턴의 이항정리

보간법으로 얻어낸 결과는 엄밀성이 결여된 방식이라 일종의 가설이라 할 수 있다. 그러므로 교차 검증하면서 참과 거짓을 판별하는 과정은 필요하다. 확실히 보간법은 수의 내재된 패턴을 읽어내는 능력을 키우면서 수학적 직관력을 키우는 데는 매우 효과적인 방법인 것 같다. 뉴턴이 미적분을 창시할 수 있었던 것은 그의 천재성이 가장 큰 몫을 차지할 수 있었겠지만 일일이 수작업을 거치는 계산을 통해 수의 세계에 동화되어 뇌에 새겨진 직관력이 수반되지 않았다면 이루지 못할 업적이었을지도 모른다. 역으로 이 과정이 그의 천재성을 발현시켰을지 누가 알겠는가.

보간법을 통해 앞절의 표를 채우는 엄청난 수고를 마다하면서 완벽하게 수의 세계에 동화된 뉴턴은 별이 내리는 순간을 맞이하였다. 미적분과 함께 가장 중요한 업적으로 인정받는 일반화된 이항정리의 발견이다.

〈표 12.19〉에서 원을 나타내는 $p=1/2$인 열의 수들 1, 1/2, −1/8, 1/16, −15/384, …에서 놀라운 규칙을 찾아냈다. 그런데 이렇게만 적어놓으면 누구도 어떤 규칙이 숨어 있는지 알기 힘들다. 하지만 이런 수들을 일일이 직접 유도하여 얻어진 당사자라면 남다른 안목이 생겨 찾을 수 있다. 이 수들은 차례내로 다음의 계산으로 얻어진 값들이다.

$$\frac{1}{1}, \quad \frac{1}{1}\cdot\frac{1}{2}, \quad \frac{1}{1}\cdot\frac{1}{2}\cdot\frac{-1}{4}, \quad \frac{1}{1}\cdot\frac{1}{2}\cdot\frac{-1}{4}\cdot\frac{-3}{6},$$

$$\frac{1}{1}\cdot\frac{1}{2}\cdot\frac{-1}{4}\cdot\frac{-3}{6}\cdot\frac{-5}{8}$$

위와 같이 적으니 어떤 패턴으로 수들이 만들어지는지를 바로 알 수 있다. 그 다음의 수는 −7/10을 곱한 값이다. 정말 저런 패턴으로 수가 만들어지는 것일까? 뉴턴은 $p=3/2$인 열의 수들도 확인하였더니 아래의 수들이 순서대로 그리고 연속적으로 곱해지면서 만들어진 수의 배열이었다.

$$\frac{3}{2}, \quad \frac{1}{4}, \quad \frac{-1}{6}, \quad \frac{-3}{8}, \quad \frac{-5}{10}, \quad \frac{-7}{12}, \quad \frac{-9}{14}, \quad \cdots$$

이쯤 되면 도파민이 온 몸을 감싸게 되었으리라. 잠시 숨을 고를 때이다. 뉴턴은 이 규칙이 정말로 정당한 것인지에 대한 더욱 확신을 얻기 위하여 $p$가 1/3, 2/3, 3/3, 4/3 등 1/3의 간격일 때 조사하였다. 아래는 $p$가 1/3일 때의 수의 흐름이다.

$$\frac{1}{3}, \quad \frac{-2}{6}, \quad \frac{-5}{9}, \quad \frac{-8}{12}, \quad \frac{-11}{15}, \quad \frac{-14}{18}, \quad \frac{-17}{21}, \quad \cdots$$

확신에 찬 뉴턴은 $p$가 임의의 수 $m/n$일 때 이항정리의 계수는 아래의 패턴을 따른다는 사실을 찾아냈다.

$$\frac{m}{n}, \quad \frac{m-n}{2n}, \quad \frac{m-2n}{3n}, \quad \frac{m-3n}{4n}, \quad \frac{m-4n}{5n}, \quad \cdots$$

이렇게 얻어진 결과들을 함축적으로 표현한 식이 이번 12부를 시작하면서 바로 소개하였던 〈식 12.5〉로 뉴턴의 이항정리의 결과물이다.

$$(1+x)^{\frac{m}{n}} =$$

$$1 + \frac{m}{n}x + \frac{\left(\frac{m}{n}\right)\left(\frac{m}{n}-1\right)}{2!}x^2 + \frac{\left(\frac{m}{n}\right)\left(\frac{m}{n}-1\right)\left(\frac{m}{n}-2\right)}{3!}x^3 + \cdots$$

곡선의 함수를 이항식으로 표현된 다항함수의 꼴로 바꿀 수 있는 해법은 곧 넓이의 문제를 해결한 획기적인 방법을 발견한 것이기도 하다. 수천 년간 이어져온 곡선의 문제에 대한 커다란 걸음을 떼었고, 이후 이것을 발판으로 미적분의 탄생이 이어졌다.

그런데 뉴턴이 너무도 중요한 하나를 간과하지 않았을까 여겨진다. 곡선의 넓이를 구하는 해법을 찾기 위한 과정으로 얻어진 이항정리의 발견 자체만으로 분명 엄청난 성과이지만, 더 나아가서 모든 함수를 다항함수로 바꾸는 방법의 초안으로 삼았다면 어떻게 되었을까? 로그함수도 다항함수로 바꿀 수 있었는데 삼각함수 등 그 외의 함수도 다항함수로 바꾸지 못하라는 법은 없지 않는가! 그의 천재적 능력을 생각한다면 어렵지 않게 해결했을 것인데, 어쩌면 넓이의 해법을 찾는 목적 달성에 만족하여 모든 함수를 다항함수로 바꾸는 이론까지 찾아내야겠다는 생각까지는 이르지 않지 않았을까?

# 13부

# 테일러급수의
# 활용

38장 테일러급수
39장 바젤 문제의 해법
40장 수학과 물리학을 연결시키는 변덕스러운 소수
41장 계승의 근삿값
42장 갈릴레이의 단진자

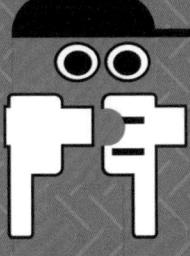

복잡한 함수를 다항함수의 꼴로 바꿔 근사적으로 처리함으로써 많은 자연의 현상을 설명할 수 있게 하는 놀라운 위력을 지닌 테일러급수에 대한 이야기를 소개한다.

빗면의 실험으로 운동의 본질인 관성을 처음 깨달은 갈릴레이

# 38장 테일러급수

## 다항함수로 바꾸는 첫 단계

테일러는 1715년에 펴낸 자신의 저서에서 미분과 적분의 관계와 응용성에 초점을 맞추며 테일러급수를 소개하였다. 그는 책의 서문에서 뉴턴과 카발리에리의 업적을 비롯하여 아르키메데스가 원주율을 구하기 위해 사용한 소진법 등을 포함한 고전적인 방법들을 익히 알고 있음을 언급한다. 그러나 고대의 소진법처럼 곡선을 다각형 등으로 근사시키는 방법을 통해 생각하는 것이 수학적으로 엄밀하지 않으므로 뉴턴의 새로운 방법인 미분을 생각하게 되었다고 설명하면서, 자신의 업적이 새로운 것이라고 주장하기보다는 뉴턴의 아이디어를 증분이라는 개념을 이용하여 발전시킨 것이라고 하였다. 테일러는 이런 아이디어에 착안하여 $y = \sin x$와 같이 어떤 종류의 함수이건 다항함수로 바꿀 수 있다는 점에 확신하였고, 뉴턴이 개발한 무한소의 증분, 즉 미분이라는 색깔을 입히면서 일반적인 함수를 다항함수로 환원시키는 방법인 테일러급수를 만들어 내는 데 성공했다.

테일러급수는 대학교에 들어가서 배우는 내용이므로 다소 어렵다고 느낄 수 있다. 그래서 이 부분을 생략할까도 생각했지만 사실 테일러급수 그 자체는 어렵지 않다. 단지 활용 범위가 고교 수준을 넘어 사용되는 경우가 많을 뿐이다. 미적분이 수학의 꽃이라면 테일러급수는 미적분의 꽃이라 할 수 있다. 무엇보다 갈릴레이가 의문시한 단진자의 운동에 대한 해석에 필요하기 때문이기도 하다.

함수 $y = f(x)$가 $\sin x$이건 $e^x$ 등 어떤 종류의 함수이더라도 무한차원의 다항함수로 표현이 가능하다는 점은 아래의 식처럼 $x$진법으로 $f(x)$를 표현하는 것과 같다. 마치 입력변수의 변화 $dx$에 대해 함수의 변화량 $df(x)$를 $dx$진법으로 나타내어 도함수를 구한 것과 같은 맥락으로 볼 수 있겠다.

〈식 13.1〉 $f(x) = a_0 + a_1 x + a_2 x^2 + a_3 x^3 + \cdots$

이제 알아야 할 것은 각각의 계수를 구하는 방법이다. 그리고 그 방법은 통일된 방법이어야지 함수마다 계수를 구하는 방법이 제각각이어서는 안 된다. 그런 점에서 뉴턴이 로그함수를 다항함수로 표현한 방법은 제외된다. 여기서 $a_0$는 $x = 0$일 때의 $f(0)$으로 전혀 어려운 일이 아니기에 남은 과제는 함수에 따라 달라질 계수 $a_1$, $a_2$ 등을 구하는 것이다. 그런데 하루의 시간을 계산했던 경험에서 넘을 수 없는 장벽이 놓여 있었다. $f(x)$ 위의 점들을 지나는 다항함수를 구성하는 것은 가능하지만 개수가 늘어날수록 복잡해질 계산의 버거움으로 사실상 각 차수의 계수들을 구하는 것은 불가능한 미션이라는 점이다.

이런 어려움을 극복하는 가장 좋은 방법은 계수들을 우리가 통제 가능한 영역으로 끌고 들어오는 것이다. 뚜렷한 패턴으로 계수들의 수열이 구성된다면 $a_1$의 값으로부터 나머지 $a_2$, $a_3$ 등의 계수들은 그 규칙에 따라 자동적으로 결정될 것이기 때문이다. 수학이라는 세계가 패턴을 다루는 최고의 기술자라는 점에 발상만 훌륭하다면 충분히 가능한 일이다. 그 일을 테일러가 해내었고, 그 산물이 이제부터 다룰 테일러급수이다.

흔히 테일러급수를 미적분이 낳은 최고의 산물이라 극찬한다는 점에 테일러가 미적분을 이용해서 방법을 찾았을 것이라는 점은 너무도 당연하다. 그래서 우리도 위의 식에 미적분의 유전자를 이식하여 분석할 필요가 있다. 이를 위해 함수 $f(x)$를 논의가 수월하도록 원점을 지나는 함수로 제한하겠다. 〈식 13.1〉의 계수 $a_0$를 0으로 놓자는 것으로 이렇게 하였다고 일반성을 전혀 잃지 않는다.

〈그림 13.2〉의 $x=0$에서 접선은 $y=f'(0)x$이다. 이때 〈식 13.1〉의 $a_1$이 일차항의 계수이고 또한 $f'(0)$이 접선방정식의 기울기이자 일차항 $x$의 계수라는 점에 $a_1 = f'(0)$으로 놓아도 일단은 큰 하자는 없겠다. 이것이 수수께끼의 계수들의 비밀을 푸는 테일

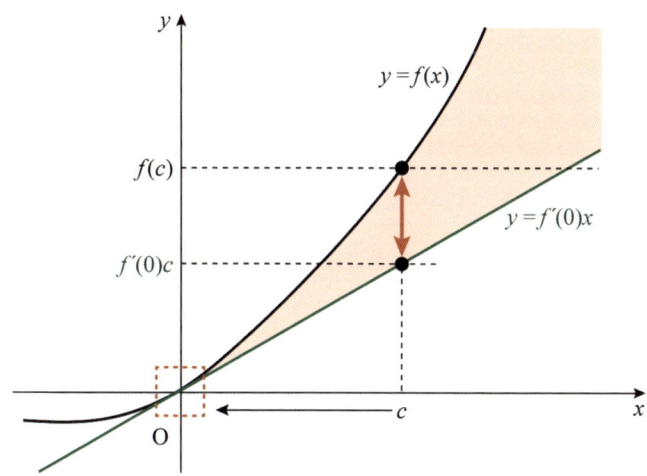

▲ 그림 13.2 원점을 지나는 임의의 함수 $f(x)$의 원점에 접하는 초록색 접선 $y=f'(0)x$

러급수를 구하는 과정의 시작이다.

그런데 우리의 목적은 함수 $f(x)$를 완전히 덮는 다항함수를 찾는 것이지 $x = 0$에서의 접선을 구하는 것이 아니다. 그러기에 0이 아닌 임의의 $x = c$에서 함숫값과 접선에서의 값과는 붉은색의 화살표 $f(c) - f'(0)c$만큼의 오차가 발생한다. 접선 $y = f'(0)x$는 함수 $y = f(x)$와 원점에서만 만날 뿐으로 그림의 붉은색 영역이 함수 $f(x)$와 접선의 방정식과의 차이이다.

이런 단점이 있음에도 왜 여기서 시작한 것일까? 첫 번째 이유는 너무 빡빡하게 보지 않는다면 원점 근처의 붉은색 점선 상자 영역 정도는 최소한 일치한다고 말할 수 있기 때문이다. 또한 어떤 종류의 함수이건 $f(x)$를 $x$진법으로 바꿀 때의 일차항 $x$의 계수 $a_1$을 미분을 이용하여 $f'(0)$으로 확정할 수 있다는 커다란 이점을 제공하고 있다. 또한 여기서 매우 중요한 의도가 숨어 있다. 바로 〈식 13.1〉의 $a_2$, $a_3$ 등의 모든 계수를 $x = 0$에서 미분을 이용하여 구하기 위함이다. 통일성을 부여하기 위한 고육지책이라 할 수도 있지만 놀랍게도 이것이 테일러급수의 첫 단추이자 해결책이다.

이제 〈그림 13.2〉의 붉은색 화살표의 오차를 어떻게 해야 처리하느냐이다. 오차의 해결책을 당장 알 수는 없지만 그 정체는 일부분 찾아냈다는 점은 소기의 성과이다. 왜냐하면 오차는 함수 $f(x)$의 일차항의 계수 $a_1$을 $f'(0)$으로 확정하면서 남은 이차항 이상의 항들로 구성되어 있을 것이기 때문이다. 다음의 일은 정해져 있다. 이차항 이상의 다항식으로 구성된 붉은색 화살표의 길이에 숨어 있는 이차항 $x^2$의 계수 $a_2$를 $x = 0$을 기준으로 결정하는 해법을 찾는 것이 두 번째 여정이다.

## 무한을 무한으로 덮다

함수 $f(x)$와 동등한 다항함수를 찾는 해법을 찾으려는 이유는 무엇일까? 가장 궁극적인 목적은 이미 언급하였지만 원래의 함수보다 미분과 적분이 훨씬 용이하다는 장점 때문이다. 하지만 무한한 차원의 다항함수로 원래의 함수를 대체한다는 것이 영 꺼림칙하다. 그럼 다른 이유가 있다는 것일까? 무리수인 $\sqrt{2}$에서 의도를 찾을 수 있다. 이 수는 십진법으로 완벽하게 나타낼 수 없으므로 대략 1.414이다. 실생활에서 직접적인 수치의 계산이 필요할 때 $\sqrt{2}$를 1.414로 놓고 계산하더라도 문제를 발생시키지 않는다. 바로 이 점 때문이다. 사실 무한한 다항함수로 함수를 표현하는 것은 한계가 있기 때문에 석낭히 두 번째 혹은 세 빈째 항에서 끊어버려 근사적인 함수로 처리하자는 중요한 의미가 내포되어 있다.

뉴턴의 보간법으로 구해진 로그함수를 다항함수로 표현한 앞 장의 〈식 12.4〉로부터 $\ln 2$의 값을 근삿값으로 구한 바가 있다. 이 식으로 $\ln 2$의 근삿값을 구할 때 항의 수를 늘릴수록 더욱 정확한 값에 근접하였다.

〈표 13.3〉은 $x$에 따른 $\ln(1+x)$의 세 자리까지의 근삿값을 계산한 것으로 항의 수를 하나씩 추가하여 계산된 값들이다. 붉은색 테두리 안의 값들이 실제 유효한 값으로 초록색 배경에 놓인 값들이 일치한다. $x$의 값이 0.2인 $\ln 1.2$의 값(표의 맨 아래의 열)은 사차항까지 포함해서 계산해야 실제의 값과 일치하고, $x$의 값이 작아질수록 더 작은 차수항만으로도 일치함을 보여주고 있다. 특히 0.025일 때는 일차항인 $x$만으로 동등한 값이 나오고 있다.

▼ 표 13.3 $\ln(1+x) \approx x - \dfrac{x^2}{2} + \dfrac{x^3}{3} - \dfrac{x^4}{4} + \cdots$

| $x$ \ 항의 수 | $x$ | $-x^2/2$ | $x^3/3$ | $-x^4/4$ | 실제 값 |
|---|---|---|---|---|---|
| 0.025 | 0.025 | 0.025 | 0.025 | 0.025 | 0.025 |
| 0.050 | 0.050 | 0.049 | 0.049 | 0.049 | 0.049 |
| 0.100 | 0.100 | 0.095 | 0.095 | 0.095 | 0.095 |
| 0.150 | 0.150 | 0.139 | 0.140 | 0.140 | 0.140 |
| 0.200 | 0.200 | 0.180 | 0.183 | 0.182 | 0.182 |

이것이 의미하는 바는 0.025보다 작은 $x$의 값에서 $\ln(1+x)$의 값은 그냥 $x$로 놓아도 아무런 문제가 없음을 의미한다. 그러니까 $x$가 0.01에 해당하는 자연로그 $\ln 1.01$의 값은 0.01이다. 어떻게 계산해야 할지 골머리를 앓을 필요가 없다. $x$가 0.025보다 작을 때는 $\ln(1+x) = x$로 놓아도 전혀 문제가 없는 것이다. 하지만 $x$가 더 큰 수인 0.05에서는 이차항까지 포함된 $x - x^2/2$여야 일치하므로, $x$가 0.025에서 0.05 사이에서는 $\ln(1+x) = x - x^2/2$로 계산해야 더 정확한 근삿값을 얻어낼 수 있다. 한 단계 더 계산해야 하는 불편함이 발생하지만 소숫점 세 자리까지의 자연로그의 근삿값을 구하는 데에는 문제가 없다.

이와 같은 추세를 도식화하여 더 극적으로 표현해보겠다.

$x = 0$에서 구한 접선 $y = f'(0)x$의 일차함수가 $y = f(x)$와 같다고 할 수 있는 영역은 그림 ①의 초록색 점선의 상자의 영역이다. 이 폭을 무한소인 $2dx$라 하겠다. 물론 완벽히 일치하는 것은 아니겠지만 발생하는 오차는 무시할 정도다. 그리고 여기에 이차항 $a_2 x^2$을 추가한 그림 ②의 붉은색 곡선인 이차함수 $y = f'(0)x + a_2 x^2$는 함수 $f(x)$와 일치하는 영역의 폭을 더 확대시킬 것으로 충분히 기대

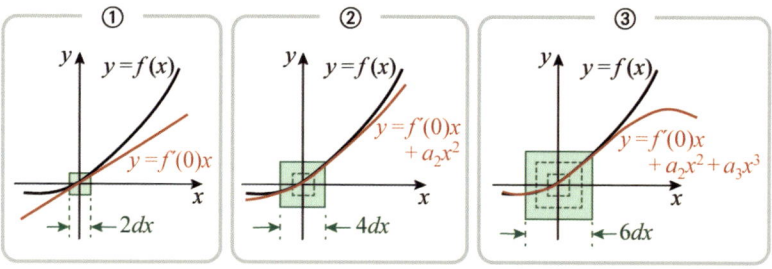

▲ **그림 13.4** ① 함수 $f(x)$와 일차함수 $y = f'(0)x$는 $-dx \leq x \leq dx$의 초록색 구간에서 일치, ② 이차항을 포함한 이차함수 $y = f'(0)x + a_2x^2$은 $y = f(x)$와 일치하는 영역을 더 확장하여 $-2dx \leq x \leq 2dx$, ③ 삼차항이 포함된 삼차함수는 $-3dx \leq x \leq 3dx$에서 일치.

할 수 있고, 실제 그 폭이 $4dx$로 넓혀졌다고 하겠다. 이 추세는 그림 ③에서도 이어지고 이후에도 계속 지속된다.

혹시 이차항 $a_2x^2$을 추가하여 오히려 일치시켜놓았던 그림 ①의 $dx$의 폭을 가진 초록색 상자 안에 변화를 일으킬 것으로 우려할 수 있겠지만 이차항은 무한소 $dx$의 제곱을 하는 것이라 변화를 발생시키기에 매우 미미하여 무시할 만한 수준이라 함수 $f(x)$와 일치하는 일차식 $y = f'(0)x$에 영향을 거의 주지 못한다. 하지만 이 구간의 폭을 넘어선 영역에서는 이차항 $a_2x^2$이 주는 효과가 미치게 된다. 이 영역에서는 $dx$의 값이 커져 약간의 변화를 일으킬 정도는 된다. 그 결과 일차식 $f'(0)x$으로 간극을 좁히지 못했던 오차를 극적으로 줄여주는 효과를 발휘한다.

그림 ③은 삼차항 $a_3x^3$이 포함된 삼차함수가 영역을 $6dx$까지 확대시킨 것으로 같은 논리가 작용된 결과이다. 이렇게 사차항, 오차항 등을 차례로 추가할수록 새롭게 만들어지는 다항함수가 함수 $f(x)$를 대체할 수 있는 영역의 폭이 $8dx$, $10dx$로 조금씩 확장될 것이고, 끊임없이 항들을 추가하여 마침내 모든 범위를 점유하게 된다. 엡실론 – 델타 논법처럼 무한소를 무한히 모아서 무한을 정복하는 전략이다.

## 오차의 근원

주어진 함수 $f(x)$와 원점에서의 접선 $f'(0)x$가 일치하는 영역은 $x=0$ 주변에 국한되어 있다. 그 외의 영역에서는 무시할 수 없는 뚜렷한 오차가 있고, 그래서 이 오차를 줄이기 위한 전략으로 이차항 이상의 항을 차례로 포함시켰을 때의 효과를 이야기했다. 일단 이차항 $a_2 x^2$의 계수 $a_2$를 구하는 것만 생각하겠다.

일차식의 계수 $a_1$이 함수 $f(x)$의 도함수 $f'(x)$의 $x=0$에서의 값 $f'(0)$의 미분계수로 정하였듯 이차항의 계수 $a_2$ 역시 $x=0$에서 미분을 이용하여 값을 정할 수 있는 일반화된 방법을 찾아야 한다. 각 계수를 정하는 기준이 제각각이면 통제가 힘들어지기 때문이다. 아르키메데스가 포물선의 넓이를 구하기 위해 특정한 규칙으로 포물선을 분할하자 넓이가 패턴에 의해 움직였듯 각각의 계수들을 구하는 통일된 방법을 얻기 위해서는 계수들이 패턴에 따라 움직이도록 통제된 규칙에 가둬둬야 한다. 그런 취지를 살리기 위해서 일차항의 계수를 접선의 기울기인 미분계수에서 찾았듯이 이차함수의 계수 역시 미분의 본질에서 해결책을 찾아야겠다. 아래의 그림은 〈그림 13.4〉 ②의 확장판이다.

무한소는 얼마든지 0으로 가깝게 할 수 있는 존재이므로 곡선의 어느 위치에 있건 함수 $f(x)$가 항상 직선으로 보이게 하는 무한소 현미경을 만들어낼 수 있다. 폭 $dx$인 무한소 현미경으로 들여다

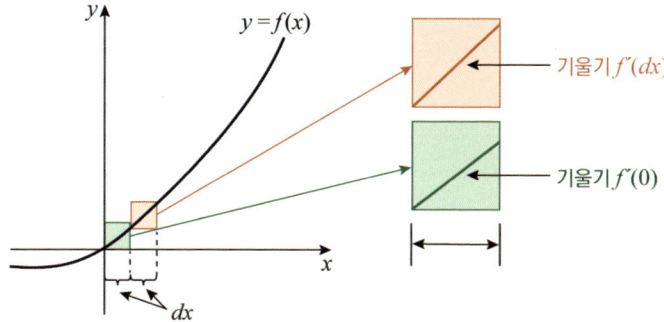

▲ **그림 13.5** $0 \sim dx$의 초록색 영역과 $dx \sim 2dx$의 붉은색 영역에서 무한소 현미경으로 들여다본 함수 $f(x)$의 개형

본 초록색 영역에서 함수 $f(x)$는 $x=0$에서의 접선 $f'(0)x$와 같다. 붉은색 영역에서도 무한소 현미경은 자신의 존재 가치를 뽐내며 함수 $f(x)$를 직선으로 보이게 만든다. 그런데 초록색과 붉은색 영역의 두 직선은 결정적으로 기울기에서 차이가 있다. 붉은색 영역의 직선은 $x=dx$에서의 접선이므로 기울기가 $f'(dx)$이기 때문이다. 위의 그림에서 변화가 일어나는 핵심적인 영역만 한 번 더 확장해서 자세히 들여다볼 필요가 있다.

　$2dx$의 폭에서 초록색과 붉은색 두 영역에서 각각 무한소 현미경으로 찍은 스냅사진을 위에서 올려다본 것으로 생각해도 되겠다. 각각의 영역에서 찍은 직선의 기울기는 차이가 있으므로 직선은 $x=dx$를 경계로 꺾인 형태를 보이게 된다. 그림의 초록색 영역은 $x=0$의 접선 $y=f'(0)x$로 함수 $y=f(x)$와 일치한다. 그런데 모든 영역을 $y=f'(0)x$로 보기에는 무리가 따른다. 바로 옆의 붉은색 영역만 넘어가도 문제가 발생한다. 초록색 영역에서 문제없었던 $y=f'(0)x$가 이 영역에서는 $y=f(x)$와 어긋나기 시작하는 것이

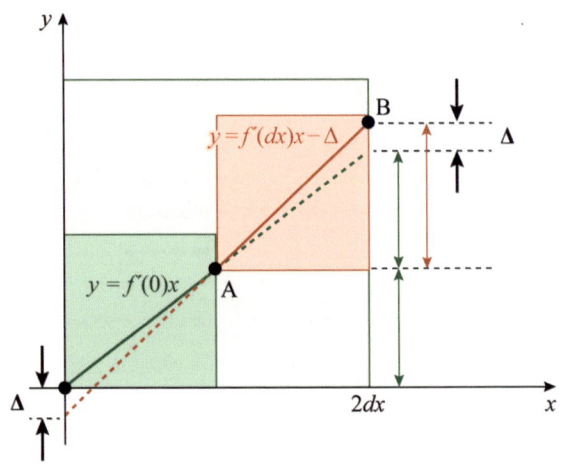

▲ **그림 13.6** $0 \sim 2dx$에 걸친 초록색과 붉은색의 두 영역

다. 당연한 것이 $x = dx$에서의 함수 $y = f(x)$의 접선의 기울기가 이 지점부터 달라지기 때문이다. 붉은색 영역에서는 기울기가 $f'(dx)$인 붉은색 직선이 $y = f(x)$를 대신할 수가 있다. 이렇게 각 영역에서 $f(x)$를 대신할 수 있는 직선이 다르게 되면서 $y = f'(0)x$로 붉은색 영역까지 커버할 수 없게 되어 오차가 발생한다. 그래서 $y = f'(0)x$로 붉은색 영역까지 처리하였을 때 $x = dx$에서의 접선의 기울기로 인한 오차의 크기인 굵은 검은색 화살표의 간격인 $\Delta$을 보정해야 한다.

잠시 논의를 계속 이어나가기 위헤 필요한 수학 기호를 소개하겠다. 함수 $f(x)$의 도함수를 표현하는 기호는 $df/dx$이다. 그런데 도함수 $df/dx$ 역시 또 다른 함수이기도 하다. 무슨 말을 하려 하는 것이냐면 $x^{10}/10$의 도함수 $x^9$도 하나의 함수이므로 이 도함수를 미분하여 얻어지는 또 다른 도함수 $9x^8$이 존재하는 것은 너무도 자명하다. 도함수의 도함수, 그 도함수의 도함수, 이렇게 연쇄적으로 도함수가 있다는 것이다. 그럼 이런 종류의 도함수는 기호로 어떻게 표기할까? 특별할 것이 없다. 라이프니츠 기호의 위대성을 다시 느껴보는 기회에 불과하다. 함수 $f$의 도함수는 $df/dx$이고 이 도함수를 $g$라 하고, 이때 $g$의 도함수는 $dg/dx$이다. $g = df/dx$이므로 함수 $f$의 도함수의 도함수 $dg/dx$는 $d(df/dx)/dx$로 자연스레 표기되어진다. 이를 이계도함수라 부르며. 기호의 표현이 투박하여 $d^2f/dx^2$ 혹은 $f''$으로 축약하여 사용한다.

$$\frac{d}{dx}\left(\frac{df}{dx}\right) = \frac{d^2f}{(dx)^2} = \frac{d^2f}{dx^2} = f'' = f^{(2)}$$

꼭 두 번까지만 미분하라는 법이 있나? 세 번 미분하여 얻어진 함수도 있을 것이다. 이를 삼계도함수라 하고 $d^3f/dx^3$ 혹은 $f'''$이나 $f^{(3)}$으로 나타낸다. 당연히 네 번, 다섯 번 등 무한정 미분할 수 있고, 그래서 일반화된 기호 체계로 통일시켜 $n$번 미분한 함수를 $n$계 도함수라 부르며 수학 기호로 $d^n f(x)/dx^n = f^{(n)}(x)$라 나타낸다. 지금까지 다뤘던 도함수 $df(x)/dx$는 일계도함수인 셈이다.

## 테일러급수

$x = 0$ 근처의 영역 외에서 발생되는 오차를 줄이는 최선의 방법은 모든 지점에서 접선의 기울기를 고려해야 한다. 앞서의 〈그림 13.6〉에서 $x = 0$과 $x = dx$에서 얻어지는 두 직선의 기울기 차이로 발생한 오차 $\Delta$는 초록색 영역에서 함수 $f(x)$와 일치하는 원점에서 접선 $y = f'(0)x$로 붉은색 영역까지 처리하려 하였기에 발생한

것이다. 이차항의 씨앗을 품고 있을 것으로 확신되는 오차 $\Delta$에서 이차항을 어떻게 발아시킬지 미분 탄생 과정의 토양에 이 식을 심어보아야겠다.

라이프니츠가 개발해낸 수학 기호이자 실제적인 미적분의 기본 단위 유전자로 두 사건의 간격을 0이라는 극한에 몰아넣는 '$d$'가 다시 한 번 강력한 힘을 발휘한다. 무한소 $dx$가 자신의 진가를 발휘하며 결코 도달하지 못하는 0을 향해 순항하며 점 B를 점 A로, 그리고 동시에 점 A를 원점 O로 밀어붙이고 있다. 이때 오차 $\Delta$에만 집중하자.

$f'(0) = df(0)/dx$는 원점에서의 접선의 기울기, $f'(dx) = df(dx)/dx$는 $x = dx$에서 접선의 기울기이다. 도함수 $df(x)/dx$를 $g(x)$라 할 때 각각 $g(0)$과 $g(dx)$로 오차인 $f'(dx) - f'(0)$가 $g(dx) - g(0) = dg(x)$이 된다. 이렇게 $g(x)$라는 함수의 입장으로 쳐다보자 이 과정은 $g(x)$의 도함수를 구하는 과정과 정확하게 일치한다. 즉 두 영역에서의 기울기의 차이로 발생한 오차 $\Delta$는 함수 $f(x)$의 도함수인 $g(x)$의 도함수, 즉 이계도함수의 미분계수 $g'(0)$ 혹은 $d^2 f(0)/dx^2$을 구하는 과정이자 수수께끼였던 이차항의 계수 $a_2$이다.

이것이 타당한 것이 함수 $f(x)$의 도함수 $df/dx$가 $dx$의 일차항에 해당하고, 도함수의 도함수 $d^2 f/dx^2$는 도함수 $df/dx$의 $dx$의 일차항이므로, 결과적으로 $d^2 f/dx^2$는 $f(x)$의 $dx$의 이차항에 비례하게 되기 때문이다.

여기서 매우 주의할 점이 $g(dx) - g(0)$, 즉 $dg(dx)$의 변위는 구간 $2dx$에서 벌어지고 있다는 사실이다. 이 점이 매우 헷갈리게 만드는 면이 있는데, 〈그림 13.6〉의 $x = dx$에서 붉은색의 접선은 당연하게도 원점과 만나지 않으므로 두 접선이 만들어내는 오차 $\Delta$는 비록 $2dx$의 구간에서 발생한 것이지만 효과는 절반만 발생한다는 점이다.

$$\frac{f'(dx) - f'(0)}{2dx} = \frac{1}{2dx}\left(\frac{df(dx) - f(0)}{dx}\right) = \frac{1}{2}\frac{d^2 f(0)}{dx^2}$$

$df$는 하나의 구간 $dx$만으로도 충분하지만 $d^2 f$는 두 배의 구간인 $2dx$에 걸쳐서야 비로소 모습을 드러낸다. 위의 수식에서 2로 나눠야 하는 부분이 궁금한 분들은 아래의 그림으로 알 수 있다.

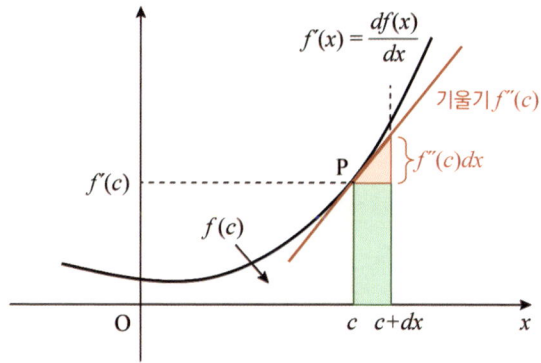

▲ **그림 13.7** 아래의 그래프는 함수 $f(x)$의 도함수 $y = f'(x)$의 그래프이다. $y = f'(x)$를 적분한 함수가 $y = f(x)$가 되므로 $y = f'(x)$와 $x$축으로 둘러싸인 회색 영역의 넓이가 곧 $f(x)$이다.

검은색의 곡선은 함수 $f(x)$의 도함수 $f'(x)$이다. 따라서 $x = 0$에서 $c$까지 곡선 $y = f'(x)$로 둘러싸인 회색의 넓이는 0에서 $c$까지의 정적분으로 얻어진다. 그러므로 도함수 $f'(x)$를 적분한 함수 $f(x)$의 함숫값 $f(c)$가 회색의 넓이가 될 것임이 자명하다.

이제 $x = c$에서 무한소 $dx$의 변위를 주었을 때의 $x = 0$에서 $c + dx$까지의 곡선으로 둘러싸인 넓이 $f(c + dx)$는 회색 영역의 넓이 $f(c)$에 초록색의 직사각형과 붉은색의 직각삼각형의 넓이를 합한 값이다. 이 계산에서 빠진 흰색의 영역은 무시할 수 있는 수준이라 계산에 포함하지 않아도 상관없다. 한편 직사각형의 넓이는 밑변의 길이 $dx$에 높이 $f'(c)$를 곱한 $f'(c)dx$이다. 붉은색의 직각삼각형의 넓이는 밑변이 $dx$이고, 높이는 점 P에서의 도함수 $f'(x)$의 미분계수이자 접선의 기울기에 $dx$를 곱한 값이다. 함수 $f'(x)$의 도함수가 이계도함수 $f''(x)$이므로 $x = c$에서 미분계수는 $f''(c)$이다. 따라서 삼각형의 높이는 $f''(c)dx$이고 넓이는 $f''(c)(dx)^2/2$이다. 결론적으로 $f(c + dx)$는 아래와 같다.

$$f(c + dx) \approx f(c) + f'(c)dx + \frac{1}{2}f''(c)(dx)^2$$

이 그림을 통해 오차를 보정하면서 포함되는 이계도함수의 미분계수가 왜 1/2이 되는지가 설명이 되겠다. 동시에 이계도함수가 $(dx)^2$과 관계가 되는지를 알 수가 있다. 그럴 수밖에 없는 것이 이계도함수의 분자 $d(df)$는 $df$와 비교하여 함수가 $f$에서 $df$로 바뀌었을 뿐 기존의 도함수를 구한 과정과 동일하기에 $dx$진법으로 나타냈을 때 일차항 $dx$만 살아남게 된다. 그런데 괄호 안의 $df$는 이미 $dx$에 비례하는 상태이다. $df$ 자체가 $dx$를 함유하고 있다는 것이므로 $d(df)$ 혹은 $d^2f$는 $(dx)^2$를 인자로 가지는 함수이다.

수수께끼였던 다항함수의 이차항의 계수 $a_2$가 바로 이계도함수 $d^2f/dx^2$에 $x = 0$을 대입하여 얻어지는 미분계수에 1/2을 곱한 값이다. 어떻게 구할지 막막하게 여겨졌던 이차항의 계수 $a_2$는 이계도함수 $d^2f/dx^2$에 $x=0$을 대입한 미분계수였다. 새로운 기교를 부린 것이 아니고 기존의 정보들을 조합하여 이끌어냈을 뿐이다.

위의 과정을 확장하여 또 하나의 구간을 추가하여 같은 과정을 거치면 이계도함수의 값의 차이에서 이끌어내어지는 삼계도함수의 정보를 뽑아낼 수 있다. 그리고 $a_3$는 삼계도함수 $d^3f/dx^3$에 $x=0$을 대입한 값이 될 것으로 충분히 유추가 가능하다. 즉, $n$차항의 계수 $a_n$이 곧 $n$계도함수 $d^nf/dx^n$에 $x=0$을 대입한 미분계수라는 일반화된 사실을 얻어낸 것이다. 마침내 우리는 모든 계수의 비밀을 밝혀냈다. 단지 이계도함수에 1/2이 곱해지듯 각각의 미분계수에 어떤 상수를 곱해줘야 한다.

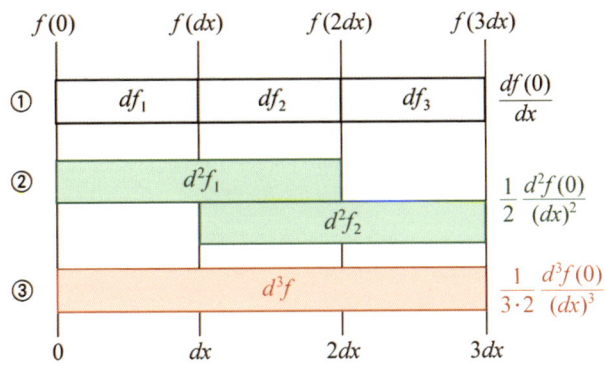

▲ 그림 13.8 일계, 이계 및 삼계도함수의 미분계수의 관계

그림 ①은 일계도함수의 미분계수를 결정하는 $df$가 $dx$의 구간에서 일어나고 있음을 보여준다. 반면 그림 ②의 $d^2f$는 두 배인 $2dx$의 구간에서 일어나므로 동일한 구간에서 $df$가 미치는 힘에 비해 절반으로 떨어진다. $[0,\,3dx]$의 구간에서 얻어지는 $d^3f$ 역시 마

찬가지다. $0 \sim 2dx$의 $d^2f_1$과 $dx \sim 3dx$의 $d^2f_2$의 차이 $d^2f_2 - d^2f_1$이 $d^3f$라는 것은 쉽게 이해가 되리라. 그리고 $d^2f$를 구할 때와 마찬가지로 $d^3f$는 $3dx$의 구간으로 확장해야만 간신히 모습을 나타내므로 1/3만큼 감소시키는 힘이 작동하게 된다. 그런데 이미 1/2로 감소된 $d^2f$라는 인자로부터 얻어지는 것이라 $d^3f$은 태생적으로 1/2이라는 힘의 영향을 받고 있는 상황에서 탄생된 것이다. 이렇게 두 가지의 힘이 $d^3f$에 가해져 $1/(2\cdot3)$만큼 보정되는 상수가 곱해진다. 따라서 함수 $f(x)$를 다항식으로 바꿀 때 삼차항의 계수 $a_3$은 $d^3f(0)/dx^3$에 $1/(2\cdot3)$을 곱한 값이다.

이렇게 티끌도 되지 않는 무한소 $dx$만큼 계속 전진을 거듭하여 영역을 넓힐 때마다 발생하는 오차는 지점마다 달라지는 기울기의 변화를 추적하면서 고차항을 단계적으로 포함시키며 함수 $f(x)$를 덮어버리게 된다. 이후에 계속될 4차항, 5차항 등의 계수 $a_4$, $a_5$ 등은 $a_2$와 $a_3$를 구한 방식이 그대로 적용되어 함수 $f(x)$를 다항식의 합으로 바꾼 최종적인 식은 아래와 같게 된다.

〈식 13.9〉 $f(x) =$

$$\frac{df(0)}{dx}x + \frac{1}{2!}\frac{d^2f(0)}{dx^2}x^2 + \frac{1}{3!}\frac{d^3f(0)}{dx^3}x^3 + \frac{1}{4!}\frac{d^4f(0)}{dx^4}x^4 + \cdots$$

이 식이 테일러급수이다. 사실 테일러급수를 설명하기 위해 지금까지의 과정은 이해하지 못해도 위의 식의 증명은 처음 제시되었던 〈식 13.1〉의 급수 자체를 계속 미분하면 아주 쉽게 〈식 13.9〉를 유도할 수 있다. 이 과정을 통해 미분의 본질을 다시 한 번 이해하는 계기가 되기를 기대해본다.

## 39장 바젤 문제의 해법

### sin$x$ 의 테일러급수

어떤 함수이건 테일러급수를 통해 다항함수로 바꿀 수 있다는 점 그리고 바꾸는 방법을 살펴보았다. 그럼에도 한편으로 아직 의문이 남아 있을 수 있다.

최댓값은 1, 최솟값은 −1로서 $2\pi$를 주기로 하는 아래와 같은 개형을 지닌 $y = \sin x$로 검증을 하도록 하자.

테일러급수가 얼마나 강력한지 확인시켜주기에 아주 안성맞춤인 함수이다. $y = \sin x$는 계속 위의 모양을 유지하며 반복할진데 $x$ 값이 커짐에 따라 무한히 발산하는 다항함수들을 −1과 1 사이로 가둘 수 있을지는 상당히 흥미진진하다 할 수 있겠다. $y = \sin x$를

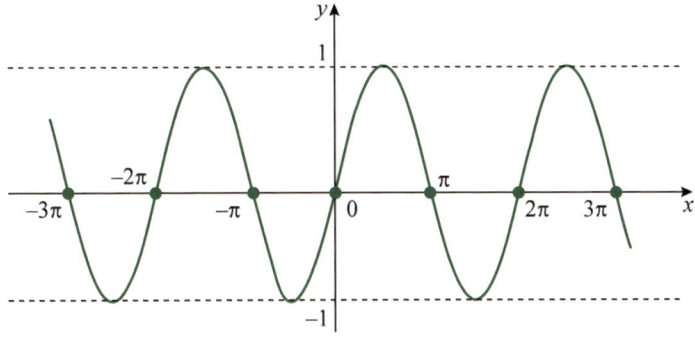

▲ 그림 13.10 $y = \sin x$의 그래프

테일러급수 〈식 13.9〉를 이용해서 다항함수로 바꾸면 아래와 같다.

$$\langle \text{식 } 13.11 \rangle \quad \sin x \approx x - \frac{x^3}{3!} + \frac{x^5}{5!} - \frac{x^7}{7!} + \cdots$$

$x^7$까지만 나타내었지만 무한한 차원까지 확장된다. 일단 눈으로 보아서는 결코 두 식이 같다고 할 수 없다. 의심의 눈을 지우기 위해서라도 몇 개의 숫자를 직접 대입하여 계산한 값을 비교해보겠다.

▼ 표 13.12 $\sin x$와 ① $x$, ② $x - x^3/3!$ 및 ② $x - x^3/3! + x^5/5! - x^7/7!$의 값의 비교

| 변수 $x$ | $\sin x$ | ① | ② | ③ |
|---|---|---|---|---|
| 0.1 | 0.100 | 0.100 | 0.100 | 0.100 |
| 0.5 | 0.479 | 0.500 | 0.479 | 0.479 |
| 1 | 0.841 | 1.000 | 0.833 | 0.841 |
| 2 | 0.909 | 2.000 | 0.667 | 0.908 |

유효숫자 3자리까지로 제한하여 비교한 위의 표에서, $x$의 일차항만으로 근사시킨 ①의 열은 $x$가 0.5에서, $x^3$까지의 급수로 근사시킨 ②의 열은 1부터, $x^7$까지의 ③의 열은 2부터 실제의 $\sin$값과 어긋나기 시작했다. 확실히 더 큰 차수가 포함된 테일러급수가 원래의 함수인 $y = \sin x$와 더 넓은 영역에서 일치한다. 물론 ③의 경우도 $x$의 값이 0에서 상당히 벗어난 값일 때는 오차가 엄청나게 커질 것은 당연하다. 그러나 우리에게 무한한 총알이 있다는 점 또한 간과할 수 없다. 테일러급수로 차수를 하나씩 추가하면 일치하는 영역이 조금씩 확장할 것이므로 무한한 차원의 다항함수를 포함시키면 −1과 1 사이에 갇혀서 무한히 뻗어 있는 $\sin$함수를 완전히 덮

을 것으로 충분히 기대할 수 있다.

산술적 계산으로 비교하다보니 와 닿는 느낌이 약하다. 도표만의 장점은 분명 있지만 이렇게 함수끼리 비교하다보니 느낌이 약하다. 이때는 뭐니 뭐니 해도 좌표 위에 도시하여 시각화를 통하는 것이 최고이다. 아래의 그림은 $\sin x$의 테일러급수의 차수를 하나씩 추가하면서 변화의 추이를 보여주고 있다.

차수가 추가될 때마다 테일러급수로 얻은 다항함수가 초록색 실선의 $y = \sin x$의 그래프를 서서히 덮어가는 〈그림 3.13〉의 모습에

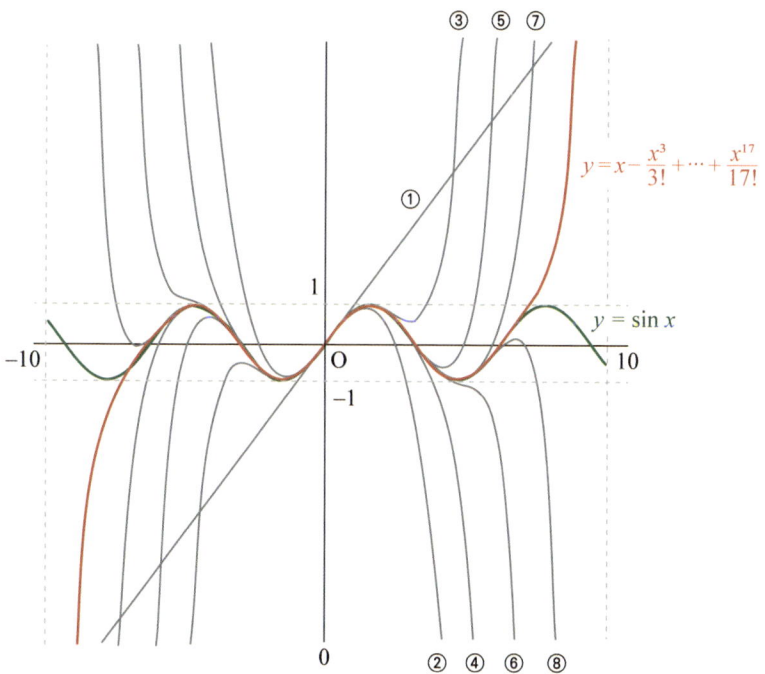

▲ 그림 13.13 ① $y = x$, ② $y = x - x^3/3!$, ③ $y = x - x^3/3! + x^5/5!$ 등 차수를 추가한 다항함수와 $y = \sin x$(초록색 곡선)를 비교하였다. 17차까지 확장한 $y = x - x^3/3! + \cdots + x^{17}/17!$의 붉은색 곡선의 다항함수가 일치하는 부분이 제일 많다.

서 테일러급수의 위력을 알 수 있다. 무한한 차원으로 확장한 다항함수가 결국에는 $y = \sin x$를 완벽하게 대체한다는 점을 동영상처럼 보여주고 있다. 지금까지 오직 머리로만 이끌고 왔던 테일러급수가 모든 함수를 다항함수로 바꿀 수 있는 황금열쇠임이 눈으로 확인되었다.

## 바젤 문제

악마의 문제라 불렸던 11장의 〈식 11.6〉의 바젤 문제*를 떠올려 보자. 그 풀이를 테일러급수를 소개하는 장에서 다루기로 했다. 이제 급수도 알게 되었으니 바젤 문제를 오일러가 어떻게 해결하였는지를 살펴보아야겠다.

〈식 13.14〉 $\dfrac{1}{1^2} + \dfrac{1}{2^2} + \dfrac{1}{3^2} + \cdots$

눈으로 보기에는 확실히 어렵지 않게 보이는 급수이다. 실제 수치를 입력하여 어느 정도의 값인지 확인하는 것도 문제의 감각을 키우는 데 좋겠다.

$$1/1^2 + \cdots + 1/10^2 = 1.549768 \cdots$$
$$1/1^2 + \cdots + 1/100^2 = \underline{1.6349840} \cdots$$
$$1/1^2 + \cdots + 1/300^2 = \underline{1.641606} \cdots$$

---

* 바젤 문제는 원래는 야곱 베르누이가 아닌 1650년 이탈리아의 수학자 피에트로 멩골리에 의해 처음 제기된 것

$$1/1^2 + \cdots + 1/1100^2 = \underline{1.644}025 \cdots$$

정확한 값은 오리무중이지만 이 급수가 수렴하는 것은 확실한 것 같다. 위의 값에서 밑줄이 유효한 값이다. 그러므로 우리는 일단 수렴한다는 사실을 받아들이고 급수의 답을 찾아보겠다. 그러나 라이프니츠를 포함한 수많은 수학자들을 굴복시켰듯이 해법을 발견하는 것은 모래사장에서 바늘 찾기와 같이 막막하다. 그래도 우리는 힌트가 주어졌으니만큼 자신이 있는 분들은 직접 도전을 권하겠지만, 그렇지 않은 분들은 문제의 해법을 발견한 오일러에게 손을 내밀 수밖에 없을 것 같다.

1735년 후반 당시 막 수학계의 스타로 발돋움하던 오일러는 바젤의 문제를 해결함과 동시에 이 급수가 완벽한 대칭의 도형인 원과 밀접하게 관련되었음을 알아내면서 수학계의 거두로 발돋움하였다. 천재적인 해석학자로서 재능을 한껏 발휘하며 그가 찾아낸 해법은 sin 함수의 테일러급수의 꼴에서 실마리를 찾아냈다. 바젤 문제와 어떤 연결고리도 없어 보이는데 그는 도대체 어떤 비범한 발상으로 풀어냈는지 헤아리기가 쉽지 않다.

$y = \sin x$의 테일러급수인 〈식 13.11〉에서 오일러는 감히 생각하기 힘든 발상으로 바젤 문제의 답을 뽑아내는 신묘한 기술을 발휘한다. 먼저 $\sin x = 0$을 만족하는 $x$의 값은 $0$, $\pm\pi$, $\pm 2\pi$, $\cdots$ 임은 특별히 언급할 필요조차 없다. 그렇다면 $y = \sin x$를 완벽하게 덮어버리는 무한차원의 테일러급수 역시 마찬가지의 근을 가져야 함은 너무도 자명한 사실이다. 즉 $\sin x$의 무한차원의 다항함수의 꼴은 다음과 같이 $x$, $x \pm \pi$, $x \pm 2\pi$, $\cdots$ 의 인수로 구성되어야 함을 의미한다.

$\langle$식 13.15$\rangle$ $x(x-\pi)(x+\pi)(x-2\pi)(x+2\pi)(x-3\pi)(x+3\pi)\cdots$

이 발상이 악마의 문제를 해결하는 결정적 실마리로 작용하였다. 일단 위의 식의 꼴을 살짝 바꿔서 $\sin x$와 같다고 놓겠다.

$$\sin x = ax\left(1-\frac{x^2}{\pi^2}\right)\left(1-\frac{x^2}{2^2\pi^2}\right)\left(1-\frac{x^2}{3^2\pi^2}\right)\cdots$$

여기서 상수 $a$는 $\sin x$의 테일러급수의 꼴인 다항함수를 위와 같은 꼴로 바꿨을 때 달라질 수 있는 비율이다. 우변의 근이 $0$, $\pm\pi$, $\pm 2\pi$, $\cdots$이므로 상수 $a$에 해당하는 정도의 차이만 존재하지 다항함수의 꼴인 $\langle$식 13.15$\rangle$와 차이는 전혀 없다. 그럼 $a$의 값이 얼마일까? 이 값을 구하기 위해 양변을 $x$로 나누어주겠다.

$$\langle\text{식 13.16}\rangle \quad \frac{\sin x}{x} = a\left(1-\frac{x^2}{\pi^2}\right)\left(1-\frac{x^2}{2^2\pi^2}\right)\left(1-\frac{x^2}{3^2\pi^2}\right)\cdots$$

$x\to 0$일 때의 양변의 극한값은 같아야 한다. 우변의 경우 극한값은 어려움 없이 $a$임을 바로 알 수 있다. 그런데 좌변의 극한값을 구하기가 만만치 않다. 어떻게 구할까? 이 극한 문제의 해결책 중 두 가지의 방법을 소개하겠다. 첫 번째로 이번 절의 주제가 주제이니만큼 테일러급수를 이용하는 방법이다.

$$\lim_{x\to 0}\frac{\sin x}{x} = \lim_{x\to 0}\frac{x-\dfrac{x^3}{3!}+\dfrac{x^5}{5!}-\cdots}{x} = \lim_{x\to 0}\left(1-\frac{x^2}{3!}+\frac{x^4}{5!}-\cdots\right) = 1$$

$\sin x$를 테일러급수로 전개하니 $x \rightarrow 0$일 때의 극한값이 1임이 단한 줄로 순식간에 구해졌다. 그러므로 $a = 1$이다. 테일러급수의 막강한 위력을 새삼 느끼게 하는 대목이다. 두 번째 방법은 일단 바젤의 문제를 완전히 해결하고 나서 소개하겠다. $a = 1$이라는 사실로 $\sin x$의 테일러급수는 아래의 식과 같은 관계가 성립된다.

$$x - \frac{x^3}{3!} + \frac{x^5}{5!} - \frac{x^7}{7!} + \cdots = x\left(1 - \frac{x^2}{\pi^2}\right)\left(1 - \frac{x^2}{2^2\pi^2}\right)\left(1 - \frac{x^2}{3^2\pi^2}\right)\cdots$$

이제 양변에서 $x^3$의 계수에만 눈길을 두겠다. 좌변의 $x^3$의 계수는 $-1/3!$이다. 그리고 우변에서 $x^3$의 계수만을 뽑아내야 될 것인데 일일이 전개를 해야 알 수 있다. 하지만 전개하면서 다소 혼돈스럽게 느낄 수 있어도 몇 개의 항에 대해서만 하면 수의 흐름의 패턴을 쉽게 찾을 수 있어 아래와 같이 정리가 된다.

$$-\frac{1}{3!} = -\frac{1}{\pi^2}\left(\frac{1}{1^2} + \frac{1}{2^2} + \frac{1}{3^2} + \cdots\right)$$

혹은

〈식 13.17〉 $\dfrac{1}{1^2} + \dfrac{1}{2^2} + \dfrac{1}{3^2} + \cdots = \dfrac{\pi^2}{6}$

실로 놀라운 발상과 독창성이 아울러져 얻어낸 작품이다. 무에서 유가 불쑥 튀어나온 것 같다. 오일러의 높은 천재성과 지략을 한껏 뿜어낸 걸작이 아니고 무엇이겠나.

## 로피탈 정리

바젤 문제를 해결하였으니 방금 약속했던 $x$가 0으로 다가갈 때 $\sin x / x$의 극한값을 테일러급수가 아닌 다른 방법을 소개할 차례이다. $f(x)/g(x)$의 분수형태의 함수에 대해 $x \to a$일 때의 극한값은 보통 $x$대신 $a$를 대입하여 바로 구한다. 그런데 $f(a)=0$, $g(a)=0$으로 0/0꼴의 부정형이 되어 더 이상의 계산이 불가한 사례가 상당히 많이 발생한다. 그렇다고 극한값이 존재하지 않는다는 의미가 아니다. $f(a)$나 $g(a)$를 계산의 편의상 0으로 놓은 것이지 실제는 $x$가 $a$에 접근하는 값이기 때문에 $f(a)$나 $g(a)$도 0에 가까운 값을 가질 뿐 0이 아니다. 그러므로 극한값은 발산하거나 0 혹은 특정한 값에 수렴하게 된다. 이렇게 바로 얻어낼 수 없는 0/0꼴의 극한값은 몇 가지 기교로 얻어내는데 이때 사용되는 대표적인 기교가 분자와 분모를 미분한 도함수 $f'(x)/g'(x)$으로 $x \to a$일 때의 극한값을 구하는 것이다. 수학식으로 나타내면 다음과 같다.

$$\langle \text{식 } 13.18 \rangle \quad \lim_{x \to a} \frac{f(x)}{g(x)} = \lim_{x \to a} \frac{f'(x)}{g'(x)}$$

이 이론이 바로 미적분을 배운 분이라면 대부분 알고 있는 로피탈 정리이다. 과연 효과가 있는지 $\sin x / x$의 극한값을 로피탈 정리로 계산해보겠다.

$$\lim_{x \to 0} \frac{\sin x}{x} = \lim_{x \to 0} \frac{(\sin x)'}{(x)'} = \lim_{x \to 0} \frac{\cos x}{1} = 1$$

테일러정리로 얻은 결과와 동일하다는 사실에 로피탈 정리가 유효하다는 것을 인정할 수 있겠다. 로피탈 정리를 사용함에 몇 가지 유의할 사항 등 제한적 조건이 붙기는 하지만, 고교 과정의 미적분 수준에서 극한값을 구할 때 이보다 강력한 기술은 존재하지 않는다. 엄청나게 유용한 기교이다.

그런데 이렇게 훌륭한 방법을 학교에서는 가르치지 않는다. 이유는 아이러니하게도 너무 막강한 힘을 지니고 있기 때문이라고 한다나? 이것을 뇌에 장착하면 문제에 대한 고민 없이 로피탈 정리로 바로 문제를 해결하는 경향을 보이기 때문에 정작 중요한 미적분의 본질을 전혀 깨우치지 못할 수 있다는 우려라고 한다. 한 마디로 학생들을 문제 푸는 기계로 만든다고나 할까? 내 입장에서는 어렸을 때 이미 수학 문제를 푸는 기계로 양산하는 교육환경이 더 큰 문제인 것 같지만 말이다. 어쨌든 로피탈 정리를 가르쳐주지 않은 이유에 대해서는 나 역시 공감한다. 하지만 그 이유를 차치하고 적어도 로피탈 정리가 왜 성립하는지의 배경을 익히는 것은 미적분의 본질을 깨우치는 데 오히려 더 중요하다. 미적분 탄생에 관련한 과정이 여과 없이 그대로 사용되니 로피탈 정리만큼 미적분의 본질을 파악하는 데 아주 좋은 대상이 있을까 할 정도이다.

로피탈 정리는 이름에서 알 수 있지만 프랑스의 수학자 기욤 드 로피탈의 저서*에 수록되었기에 그의 이름이 붙게 되었다. 그런데 이 이론은 그가 발견한 것은 아니다.

바젤 문제는 인류 역사상 유래를 찾을 수 없을 정도로 천재들을 숱하게 배출한 가문이 스위스 바젤에 있기에 붙여진 이름이라 하

---

*《Analyse des infiniment petits pour l'intellligence des lignes courbes》(1696)

였다. 이 집안은 17세기와 18세기에 수학계를 주름잡는 천재 수학자들을 다수 배출했다. 미적분의 창시자를 가리기 위해 최단강하 문제를 수학자들에게 제시하였고, 바젤 문제의 풀이를 전 세계의 수학자들에게 요청한 요한 베르누이와 야곱 베르누이를 배출한 베르누이 가문이다. 너무도 뛰어난 천재들을 숱하게 배출하여 유전학자들도 그들의 뇌에 관심을 가질 정도로 엄청나게 머리가 좋은 가문이다.

로피탈 정리는 바로 베르누이의 가문에서 배출한 요한 베르누이가 발견한 이론이다. 그런데 정작 그의 이름이 아닌 로피탈이 붙은 것에는 사연이 있다. 수학에 상당한 흥미를 가졌던 프랑스의 후작이었던 로피탈은 요한 베르누이로부터 미적분학을 배우면서 그에게 여러 논문을 제공하며 연구를 도와주었다. 이때 로피탈은 보수의 대가로 요한의 수학적 권리를 사는 계약을 맺었고, 이후 로피탈은 자신의 이름으로 첫 미적분학 책인《무한소 해석》을 발간하게 되었는데, 로피탈 정리를 비롯하여 거의 모든 책의 내용이 요한의 연구업적으로 이루어졌다. 이런 연유로 〈식 13.18〉은 저자명을 따라 로피탈 정리로 불리게 된 것이다. 필즈상을 받지는 못했어도 자신의 이름이 붙은 '뇌터의 이론'으로 수학사에 영원히 남게 될 에미 뇌터처럼 로피탈은 돈 주고도 사기 힘든 계약으로 수학사에 한 획을 그은 셈이다.

자, 이제 로피탈 정리가 왜 성립되는지를 미적분학의 본질에서 살펴보겠다.

〈그림 13.19〉와 같이 $x = a$에서 모두 0인 두 함수 $f(x)$와 $g(x)$의 분수꼴의 함수 $f(x)/g(x)$가 $x$가 $a$에 다가갈 때의 극한값을 생각하자. 이제 극한값의 의미를 충분히 이해하고 있듯 $x$가 $a$에 다가

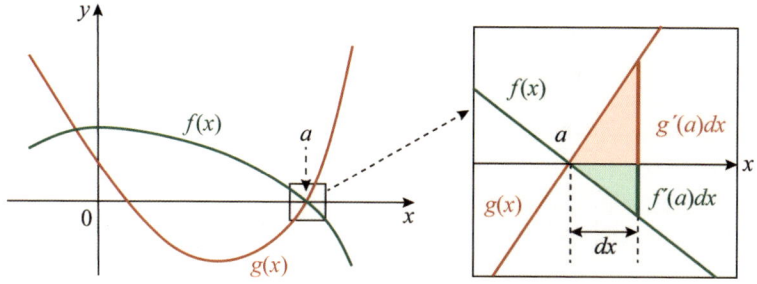

▲ 그림 13.19 $x = a$에서 $f(a) = 0$, $g(a) = 0$인 두 함수

간다는 것은 무한소의 개념이 내포된 것으로 $x$가 $a$와 같다는 것이 아니므로 함수 $f(x)$와 $g(x)$ 모두 0이 아닌 값을 가진다. 그러므로 $f(x)/g(x)$는 본질적으로 0/0이 아닌 실제 계산을 통해 얻어낼 수 있는 값이다. 즉, 극한값의 진정한 의미는 $x$가 $a$에 다가갈 때의 실제 계산이 가능한 $f(x)/g(x)$의 값이 어느 값에 가까워지는지를 찾는 것과 같다. 바꿔 말하면 $x = a + dx$에서 $dx$가 0에 다가갈 때 $f(a + dx)/g(a + dx)$가 어디에 수렴하는지를 묻는 것과 동일하다.

$$\lim_{x \to a} \frac{f(x)}{g(x)} = \lim_{dx \to 0} \frac{f(a + dx)}{g(a + dx)}$$

우리의 기대를 저버리지 않는 무한소 $dx$는 $x = a$ 근처에서 곡선의 모양을 가진 2개의 함수 $f(x)$와 $g(x)$를 직선으로 변화시키는 마법을 발휘한다. 이제 두 함수는 더 이상 곡선의 모양이 아니다. 위의 그림의 우측의 상자처럼 무한소 $dx$의 영역에서 $f(x)$와 $g(x)$는 각각 $x = a$에서의 미분계수 $f'(a)$와 $g'(a)$를 기울기로 가지는 직선 $f'(a)x$와 $g'(a)x$로 환원된다. 따라서 $f(a + dx)$는 $f'(a)dx$로 근사시킬 수 있다. 물론 $g(a+dx)$도 $g'(a)dx$로 바꿀 수 있다.

$$x = a + dx \text{에서} \quad \frac{f(a+dx)}{g(a+dx)} \Rightarrow \frac{f'(a)dx}{g'(a)dx}$$

$dx$는 소거되므로 우리가 원하던 극한값은 $f'(a)/g'(a)$으로 이 값은 $\lim\limits_{x \to a} f'(x)/g'(x)$로 얻어지는 값이지 않은가!

## 40장

# 수학과 물리학을 연결시키는 변덕스러운 소수

## 리만 제타 함수

이번 장은 본 주제와는 약간 벗어난 이야기로 시작하려 한다. 학창 시절 상당한 수학실력을 지녔다고 자부하였던 내가 이 난제를 알게 된 것은 물리학을 전공하여 박사 학위를 받고 난 한참 뒤였다. 그런데 매우 흥미로웠다. 어쩌면 고등학교 시절에 접하였다면 전공을 물리학이 아닌 수학을 택했을 거라고 할 정도로 매력적이었다. 그리고 무엇보다 이 난제가 수학과 물리학을 연결하는 가교의 역할을 하여 우주의 신비를 해결하는 중요한 단초가 될 수도 있을 것이기 때문이다.

〈식 13.14〉의 바젤 문제의 답이 $\pi^2/6$이라는 사실은 수학자들에게 상당한 의미를 부여한다. 왜냐하면 바젤의 급수가 $\pi$라는 원주율을 포함하고 있다는 것은 대칭의 왕인 원의 속성을 품고 있기 때문에 자연의 심오한 비밀을 간직하고 있는 급수로 판단하였기 때문이다. 그런데 이 문장은 이 책 어딘가에서 한 번 사용한 것 같다. 그리고 보니 $\pi^2/6$도 낯이 익다. 바로 4장에서 오일러가 찾아낸 〈식 4.2〉의 소수들로만 이뤄진 급수의 값이지 않은가! 그래서 변덕스러운 소수가 우주의 내밀한 비밀을 간직하고 있다고 하면서 말이다.

〈식 13.20〉

$$\frac{2^2}{2^2-1}\times\frac{3^2}{3^2-1}\times\frac{5^2}{5^2-1}\times\frac{7^2}{7^2-1}\times\frac{11^2}{11^2-1}\times\cdots=\frac{\pi^2}{6}$$

계산 결과가 같은 $\pi^2/6$인 것으로 보아 두 급수는 모양은 판이할 지언정 같은 급수라는 의미이다. 어떻게 같다는 것일까? 이를 입증 하기 위해 4장에서 설명하였던 변용된 '에라토스테네스의 채'의 방 법을 이용할 필요가 있다.

$$s=\frac{1}{1^2}+\frac{1}{2^2}+\frac{1}{3^2}+\frac{1}{4^2}+\frac{1}{5^2}+\frac{1}{6^2}+\frac{1}{7^2}+\frac{1}{8^2}+\frac{1}{9^2}+\frac{1}{10^2}+\frac{1}{11^2}+\cdots$$

위의 바젤 급수의 답이 $\pi^2/6$이라는 것은 이미 알고 있지만 편의 상 문자 $s$로 대체했을 뿐이다. 이제 위의 식의 양변에 $1/2^2$을 곱한 후 변변 빼주면 아래와 같이 정리된다.

$$\left(\frac{2^2-1}{2^2}\right)s=\frac{1}{1^2}+\frac{1}{3^2}+\frac{1}{5^2}+\frac{1}{7^2}+\frac{1}{11^2}+\frac{1}{13^2}+\frac{1}{15^2}+\frac{1}{17^2}+\frac{1}{19^2}+\cdots$$

분모가 짝수인 항들이 모두 제거된 급수로 바뀐다. 에라토스테 네스의 채와 동일한 효과가 작동된다. 이번에는 위의 식의 양변에 $1/3^2$을 곱한 뒤 마찬가지로 변변 빼줘보자.

$$\left(\frac{2^2-1}{2^2}\right)\left(\frac{3^2-1}{3^2}\right)s$$
$$=\frac{1}{1^2}+\frac{1}{5^2}+\frac{1}{7^2}+\frac{1}{11^2}+\frac{1}{13^2}+\frac{1}{17^2}+\frac{1}{19^2}+\frac{1}{23^2}+\frac{1}{25^2}+\frac{1}{29^2}+\cdots$$

여기까지만으로 어떤 결론이 도출될지 충분히 판단이 가능할 것이다. 위의 과정을 반복하다보면 우변은 1을 제외한 모든 항들이 차례대로 제거되어 1만 남게 된다. 그리고 좌변은 $s$와 $\left(p^2-1\right)/p^2$의 곱들로 $p$는 모든 소수이다. 확실히 바젤급수와 오일러가 찾아낸 〈식 13.20〉은 동일한 식이다.

바젤 급수의 문제는 꼭 수들의 제곱의 역수를 더하라는 법은 없다. 세제곱도 있을 것이고 네제곱도 있다. 그래서 수학계에서 다음과 같은 함수를 정의하였다. 수학자들이 좋아하는 일반화가 시작된 것이다.

〈식 13.21a〉

$$\zeta(s) = 1 + \frac{1}{2^s} + \frac{1}{3^s} + \frac{1}{4^s} + \frac{1}{5^s} + \frac{1}{6^s} + \frac{1}{7^s} + \frac{1}{8^s} + \frac{1}{9^s} + \cdots$$

혹은

〈식 13.21b〉

$$\zeta(s) = \frac{2^s}{2^s-1} \times \frac{3^s}{3^s-1} \times \frac{5^s}{5^s-1} \times -\frac{7^s}{7^s-1} \times \frac{11^s}{11^s-1} \times \cdots$$

위의 함수 $\zeta(s)$가 수학계에서 너무도 유명한 리만 제타($\zeta$) 함수이고 $s = 2$일 때가 바젤 급수이다. 오일러는 1748년에 펴낸《무한해석개론》*에서 $\zeta(4)$, $\zeta(6)$, $\cdots$, $\zeta(26)$에 대한 값들을 구한 결과를 열거하였다. 한 예로 $\zeta(26)$의 값만 소개하면 아래와 같은데 오일러는 이 값을 수작업으로만 얻어냈다고 한다.

---

*Euler, Leonhard, 《Introduction in Analysis Infinitorum》, Lausannae : M.M. Bousquet (1748)

$$\zeta(26)=\frac{1315862}{11094481976030578125}\pi^{26}$$

꼼꼼한 분이라면 홀수에 대해서는 왜 빠뜨렸느냐고 물어볼 수 있겠다. 사실 짝수인 경우에는 이차방정식의 근의 공식과 같이 일반화된 식이 존재하여 바로 값을 얻어낼 수 있다. 하지만 홀수인 경우는 일반화된 해법이 존재하지 않는다.

어쨌든 제타 함수가 수학계에서 너무도 중요하게 대접받고 있는 이유는 베른하르트 리만(1826~1866)이 제시한 인류 최고의 불가사의한 수수께끼인 '리만 가설'과 밀접하게 연결되어 있기 때문이다. 수학의 세계에서 수많은 난제들 중 최고의 난이도를 지니면서도 또한 가장 중요하다고 불리는 가설로 아직 입증되지 않아 이론이라는 '타이틀'을 얻지는 못하고 있는 가설이다.

## 리만 가설

리만은 소수들만의 곱이 원주율과 연결된다는 오일러의 식에서, 그리고 그의 스승인 가우스가 소수 정리로 자연 상수 $e$와의 관련성에서 변덕스러운 소수가 우주의 숨겨진 비밀을 밝혀주는 황금의 열쇠라고 판단하였다. 원주율 $\pi$와 자연 상수 $e$는 자연계를 설명하기 위해서 가장 중요한 수의 왕과 여왕이지 않은가! 리만은 소수가 자연계를 설명하는 중요한 열쇠임을 입증하기 위해서는 자신의 추상적인 생각을 현실화할 매개체가 필요하였고, 그래서 소수의 비밀의 문을 깨뜨리기 위해 만들어낸 병기가 앞의 절에서 소개한 제타 함수였다.

그가 만들어낸 제타 함수는 $s > 1$의 범위에서만 정의된 것과는 달리 복소수까지 모든 수로 정의역을 확장한 것이다. 우리도 이미 유사한 경험을 여러 번 겪지 않았는가. 직각삼각형의 삼각비로 sin 등이 정의되었지만 모든 수의 영역으로 확장하기 위해 단위원의 정의로 재탄생한 것과 마찬가지이다.

〈식 13.21a〉에 $s = -1$을 대입하면 $1 + 2 + 3 + \cdots$으로 완벽하게 발산한다. 하지만 그가 정의한 제타 함수로 하면 $\zeta(-1) = -1/12$ 이다.

$$1 + 2 + 3 + \cdots \overset{???}{=} -\frac{1}{12}$$

삼각비에서 정의한 sin과 단위원에서 정의한 sin이 완전히 다른 개념이듯 리만이 정의한 함수는 완전히 다르게 정의한 것이라 다른 결과가 도출된 것이라 보면 된다. 그러나 제타라는 이름을 그대로 사용하는 것은 리만의 제타 함수가 $s > 1$에 대해서는 기존의 정의를 손상시키지 않으면서 세밀하고 엄밀하면서 모순이 되지 않게 정의역을 확장시킨 것이기 때문이다. 참고로 그가 복소수 영역까지 확장시킨 제타 함수 $\zeta(s)$를 눈으로 보는 것으로 만족하자.

$$\zeta(s) = \frac{\pi^{s/2}}{\Gamma(s/2)} \left[ \frac{1}{s(s-1)} + \int_1^\infty \left( x^{\frac{s}{2}-1} + x^{-\frac{s}{2}-1} \right) \left( \frac{\theta(x)-1}{2} \right) dx \right]$$

여기서

$$\Gamma(s) = \int_0^\infty e^{-t} t^{s-1} dt, \quad \theta(x) = \sum_{n=-\infty}^\infty e^{-n^2 \pi x}$$

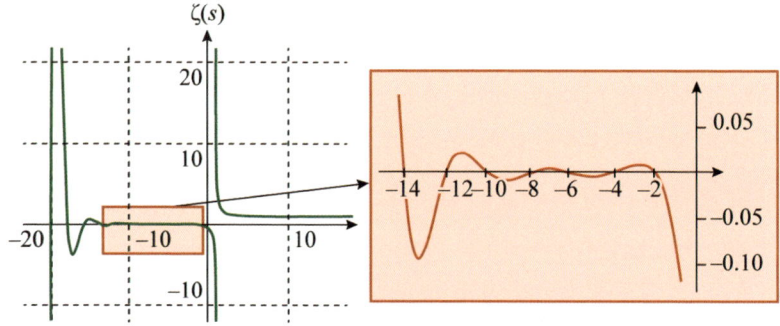

▲ **그림 13.22** 실수의 정의역에서 제타 함수의 개형

　수학적 재능은 당연한 것이지만 철학적 성향도 매우 풍부한 리만에게 제타 함수는 추상적이고 변덕스러운 소수를 통제하기 위해 만들어낸 작품으로, 그래프로 시각화한 제타 함수의 제로점, 즉 $\zeta(s)=0$이 되는 $s$의 값들의 위치를 알아보려고 했다. 제타 함수의 명확한 해는 〈그림 13.22〉의 붉은 상자 안에서도 확인할 수 있듯 −2, −4 등 음수의 짝수이다. 즉, $\zeta(-2)=0$, $\zeta(-4)=0$이다. 우리가 보기에는 이해가 힘들지만 수학자들의 눈에는 너무도 자명하다. 그래서 이 근들을 자명한 해라고 부른다. 그리고 이들을 제외한 다른 근이 제타 함수의 자명하지 않은 근들로 모두 실수와 허수로 이뤄진 복소수이다.

　리만은 자명하지 않은 제로점의 위치는 소수에서 만들어진 제타 함수이기에 불규칙할 것으로 생각했다. 그런데 예상과는 달리 그가 찾아낸 4개 제로점의 위치는 복소평면에서 허수부가 항상 1/2의 값을 갖는 일직선상에 놓였다. 이때부터 그의 눈에는 무의미하게 보이기만 하던 소수의 배열에 어떤 의미가 있는 것으로 보이기 시작하면서, 아직 발견되지 않은 다른 제로점도 전부 같은 직선상에 있는 것이 아닐까라는 생각으로 발전하였다. 만약 모든 제로점이 일 직선상에 있다면 소수의 배열에 중요한 의미가 있지 않을까? 리만 은 이에 대한 연구 결과를 1859년 《주어진 수보다 작은 소수의 개 수에 관하여》*라는 제목의 논문을 제출하면서 다음과 같은 추측을 하였다.

제타 함수의 자명하지 않은 모든 근들은 실수부가 1/2이다.

위의 주장이 바로 리만 가설이다. 이때부터 수학자들의 의문은 소수의 배열이 아닌 '모든 제로점이 일직선상에 있는가'로 바뀌게 되었다.

이런 배경을 지닌 리만의 가설은 수많은 수학자들을 고통에 시 달리게 하였다. 아무리 도전해도 증명이 불가능에 가까울 정도로 어려웠기 때문이다. 그래서 수학계에서는 "리만 가설에 맞서는 것 은 자살행위다."라는 말이 회자되기 시작했는데, 왜냐하면 여기에 몰입한 상당수의 천재 수학자들의 인생을 피폐하게 만들었기 때문 이다. 대표적 희생자가 순수수학의 세계에서 활약한 대가로 노벨경 제학상 수상자로도 알려진 존 내시(1928~2015) 박사이다. 주변에 서도 천재로 일컬을 정도로 뛰어난 내쉬 박사였지만 리만 가설을 증명하려는 시도에서 정신분열증을 일으켰다. 이때부터 리만 가설 은 수학자들이 두려워하는 문제로 변하게 되었다. 어쨌든 그의 인 생역정이 영화적으로 좋은 소재였는지 그의 일대기를 다룬 영화**

---

* Bernhard Riemann, 《Ueber die Anzahl der Primzahlen unter einer gegebenen Grosse》, Monatsberichte der Berliner Akademie(1859)

** 〈뷰티풀 마인드〉는 존 내시의 실화를 다룬 영화로 제74회 아카데미 시상식 작품상, 감독상, 여 우조연상, 각색상 등을 수상받았다.

가 만들어져 아카데미상을 수상하기도 했다.

또 다른 희생자는 2차 세계 대전에서 독일의 '에니그마'라는 암호를 해독한 천재수학자 앨런 튜링(1912~1954)이다. 그는 독특하게도 리만의 가설이 틀렸다는 것을 보이기 위해 일직선에 놓여 있지 않은 다른 제로점을 찾는 시도를 하였다. 하나라도 발견이 되면 그 즉시 리만의 가설은 종지부를 찍게 될 것이기 때문이다. 하지만 그가 찾아낸 1,000개 이상의 제로점은 모두 같은 직선 위에 놓였다. 오히려 리만 가설이 사실임을 입증하는 결과였다. 이때부터 그의 삶이 꼬이기 시작하였고, 2년 후 자택에서 숨진 채 발견되었다. 그의 옆에는 직접적인 사인이 된 청산가리가 묻은 한 입 베어진 사과 하나가 있었다.

그렇게 수학계에서 한때 기피의 대상이었던 리만의 가설은 1972년 두 연구자의 우연한 만남을 계기로 다시 한 번 수학자들의 거센 도전을 받기 시작했다. 그중 한 명인 미시간 대학의 휴 몽고메리 박사는 모든 제로점이 일직선상에 있는지가 아니라 이미 밝혀진 제로점들의 간격이 $(\sin \pi u/\pi u)^2$과 같이 매우 규칙적이라는 사실에 의문점을 가지고 있었다. 또 한 명은 소립자 등의 미시세계를 연구하던 양자물리학의 대가 프리먼 다이슨 박사였다. 그는 몽고메리와의 대화에서 그가 이 식을 보여주자 놀라움을 금치 못했다. 왜냐하면 그가 연구하고 있는 우라늄 등 원자핵 에너지 레벨의 간격을 나타내는 식과 똑같기 때문이었다.

이 얼마나 대단한 우연인가? 수학과 물리학이라는 전혀 동떨어진 배경에서, 더군다나 소수만으로 만들어진 제타 함수의 제로점의 배열과 자연계에 실제로 존재하는 원자핵의 에너지 배열이 일치하다니 믿을 수가 없었다. 오일러, 가우스, 리만이 지니고 있던 소수가 자연계와 어떤 관계가 있을 것이라는 신념이 의외의 형태로 되살아난 것이다. 그들이 찾으려 했던 소수의 배열에 숨겨진 거대한 의미는 만물의 이론, 다시 말해 창조주에 의한 우주의 설계도일지도 모른다는 확신이 수학자들의 머리에 자리를 잡기 시작하였다. 어쩌면 소수의 비밀이 풀릴 때 삼라만상을 설명할 만물의 이론도 완성될 수 있지 않을까 하는 궁금증이 생기면서 그때부터 다시 리만 가설을 증명하기 위한 수학자들의 불붙은 행렬은 지금도 멈추지 않고 있다.

## 감마함수

34장의 부분적분 편에서 우리는 계승 $n!$의 값을 $(n/e)^n$으로 근사하는 방법에 대해 설명하였다. 그럭저럭 사용할 만했지만 오차가 생각보다 커서 불만이었는데 이번 장을 통해 상당 부분을 제거하도록 하겠다.

자연수에서만 계산이 가능한 계승을 유리수 등 실수로 확장하고자 하는 논의는 1720년대에 수학자들 사이에서 본격적으로 논의가 되기 시작하였다. $1! = 1$, $2! = 2$, $3! = 6$ 등 자연수에서 정의되는 계승의 값을 유리수나 무리수에서도 정의가 되기를 수학자들은 원하였다. 삼각비에서 삼각함수, 거듭제곱에서 지수의 법칙으로, 그리고 복소수의 영역까지 확장한 제타 함수와 같은 맥락이다. 그런데 순서가 약간 바뀌었지만 〈그림 13.22〉 위에 있는 제타 함수에 포함된 $\Gamma(s)$가 감마 함수로 계승을 모든 수의 영역까지 확장시키면서 탄생한 함수이다.

계승의 정의에 따라 자연수를 제외한 다른 수에 대한 계승의 계산은 난감하기 그지없다. $(1/2)!$만 해도 그러하다.

$$\left(\frac{1}{2}\right)! = \left(\frac{1}{2}\right)\left(\frac{1}{2} - 1\right)\left(\frac{1}{2} - 2\right)\cdots$$

자연수의 경우는 끝이 정의되어 있지만 (1/2)!은 어디서 끝을 맺어야 할지 난감하다. 이 경우만 그러할까? 음의 정수인 (−2)!만 해도 도대체 알 길이 없다. 당연히 무리수인 $\sqrt{2}$!은 엄두도 나지 않는다. 이래가지고는 한 발자국도 나아가기 힘든 형국이다. 이때 삼각비를 직각삼각형의 정의에서 탈피하여 단위원 기반으로 완전히 새롭게 정의했다는 경험에 비추어, 자연수에서만 정의되는 계승의 결과를 그대로 유지함과 동시에 모든 수에서도 값을 가지도록 완전히 색다른 방식으로 정의를 해야 할 필요가 있음을 떠올렸다면 정답으로 가는 길을 찾은 것이다. 물론 새로운 길을 개척하는 것이 정녕 쉬운 일은 아니겠지만.

수학자들의 이런 논의가 오일러에게까지 넘어가게 되었고, 그는 1년에 걸친 고민 끝에 1729년 해결하였다. 바젤의 문제를 해결했듯이 매우 참신한 방법으로 계승의 계산을 모든 수에서도 가능하게 하는 함수를 찾아낸 것이었다. 감마 함수라고 불리는 이 함수는 자연수의 범위에서 계승으로 구해지는 값을 한 치의 어긋남이 없이 도출할 수 있을뿐더러 그 범위를 벗어난 수의 영역에서도 값을 가지도록 하였다. 그런데 우리는 이렇게 대단한 감마함수를 이미 부지불식간에 살짝 접하였다. 11장에서 파인만의 기법을 얘기할 때 등장하였던 〈식 11.28〉과 매우 유사한 형태로 정의된다.

〈식 13.23〉 $\Gamma(x) = \displaystyle\int_0^\infty t^{x-1} e^{-t} dt$

위의 적분을 특별히 '오일러 적분'이라고 하며, $\Gamma(x)$는 $x$에 의해 결정된 적분 기호 안의 함수 $t^{x-1} e^{-t}$의 함수로 둘러싸인 넓이의 값이다.

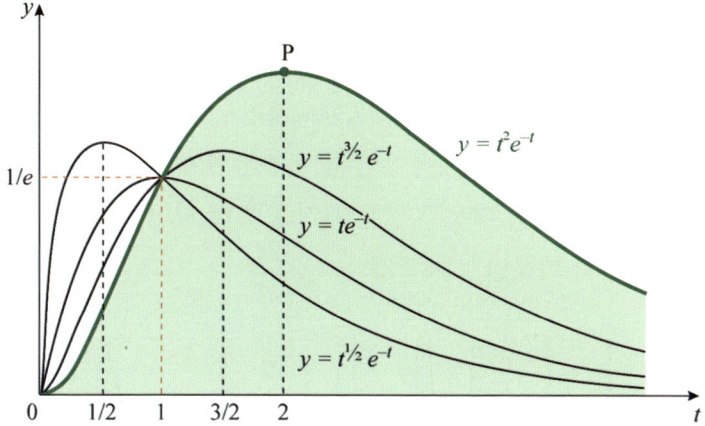

▲ **그림 13.24** $x = 3/2$, 2, 5/2, 3의 값을 갖는 4가지 경우에 대한 함수 $y = t^{x-1}e^{-t}$의 개형. 그림에서 초록색의 영역은 $x = 3$일 때의 함수 $y = t^2 e^{-t}$의 함수로 둘러싸인 영역이다.

그림에서 $x = 3$일 때의 $\Gamma(3)$은 $y = t^2 e^{-t}$의 초록색 곡선으로 둘러싸인 엷은 초록색 영역의 넓이로 2!이다. 실제 〈식 13.23〉으로 정의된 감마함수에서 $x$가 자연수일 때의 $\Gamma(x)$를 파인만의 기법으로 계산하면 $(x-1)!$이 됨을 쉽게 확인할 수 있는데 정확하게 계승의 유산을 그대로 유지하고 있다. 한편 자연수가 아닌 $x = 3/2$일 때, 즉 $\Gamma(3/2)$은 계승의 정의 $(1/2)!$로 계산이 불가능하지만 감마함수의 정의에 따르면 $\Gamma(3/2)$은 $y = t^{1/2}e^{-t}$으로 둘러싸인 넓이로 존재하는 값이다. 이렇게 $x$를 변수로 하여 만들어진 함수 $t^{x-1}e^{-t}$의 넓이로 대응시킨 것이다. 삼각비가 단위원으로 정의하여 모든 실수의 범위로 확장하였듯이 이제부터 계승의 정의는 지워버리고 오직 〈식 13.23〉의 감마함수의 정의로 해석하면 된다.

그런데 오일러의 적분을 좀 더 들여다보면 $x$가 양의 실수인 영역에서는 값이 명확하게 정의되지만 0을 포함한 음의 범위에서는 계산이 불가하다는 것을 알아낼 수 있다. $\Gamma(0)$의 값을 구하기 위해 정적분을 직접 시도해보면 바로 그 이유를 알 수 있다. 그래서 감마함수는 몇 가지 해석적 정의를 포함시키면서 $x=0$과 음의 정수에서만 값을 정의하지 못할 뿐 실수와 복소수까지 영역을 확장할 수 있다. 이런 구체적인 내용은 전문 서적을 통해 확인하고, 이 책에서는 감마함수의 개형만 소개하겠다.

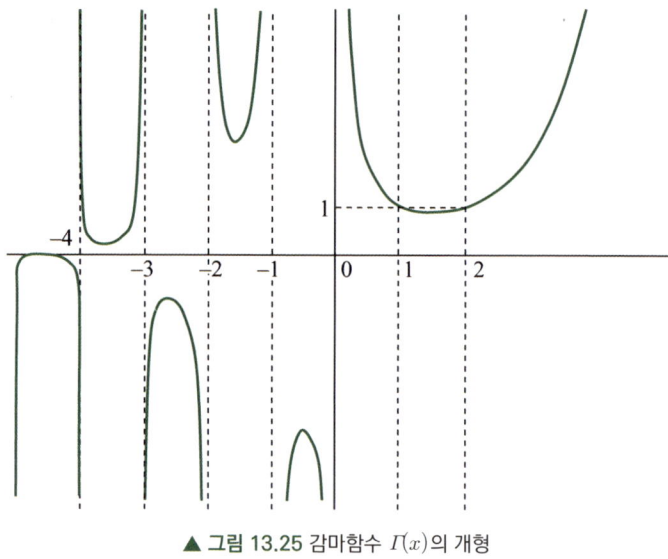

▲ 그림 13.25 감마함수 $\Gamma(x)$의 개형

## 스털링 근사

자연수에 정의되는 계승의 결과를 그대로 유지하면서 동시에 모든 수에서 가능하도록 하는 존재인 감마함수는 계승 $n!$의 근삿값으로 33장의 결과보다 더 나은 방법을 찾는다는 취지를 달성하는 데 있어 아주 훌륭한 역할을 수행하게 된다.

〈식 13.26〉 $n! = \Gamma(n+1) = \int_0^\infty x^n e^{-x} dx$ ($n$이 자연수일 때)

    $n!$의 값을 얻기 위해서는 직접 1부터 $n$까지의 모든 자연수를 곱해야 가능하다. 하지만 이것이 얼마나 무모한 짓인지는 경험하였다. $n$이 작은 수일 때도 만만치 않은데 엄청나게 큰 수라면 엄두가나지 않는다. 그래서 33장에서 로그라는 기법을 활용하여 덧셈의계산으로 환원하는 방법을 얘기하였다. 하지만 계산의 편리성은 도모했을지라도 엄청난 횟수를 반복해야 하는 덧셈의 계산은 또 다른늪에 빠져버렸다. 그래서 취한 방법이 $\ln n!$의 값과 $y = \ln n$의 곡선으로 둘러싸인 넓이가 유사하다는 점에 착안하여 $n!$의 근삿값을$(n/e)^n$의 값으로 대체하는 데 성공하였다. 그러나 이 근삿값과 실제의 $n!$의 값의 오차가 생각보다 약간 차이가 있어서 썩 만족스런결과는 아니었다. 그럭저럭 쓸 만하지만 불만족스러웠다.

    그리고 마침내 대안으로 등장한 것이 〈식 13.26〉의 감마함수이다. 그런데 $x^n e^{-x}$의 함수로 둘러싸인 넓이를 정적분으로 계산하면$n!$이 나오기 때문에 처음으로 회귀하게 된다. 완벽한 값을 출력하는 것이 오히려 영원한 반복의 루프에서 빠지게 된 격이다. 이런 딜레마에서 빠져나오는 최선의 방법은 $x^n e^{-x}$와 최대한 근사인 함수로 정적분하는 것이다. 어차피 $n!$의 모든 자리수를 알아내는 것이아니라 자릿수와 유효숫자 몇 개의 정확한 정보를 담는 근사치를구하는 정도면 충분히 만족할 것이기에 $x^n e^{-x}$ 대신 최대한 근사치함수를 이용하자는 것이고, 이 목적 달성에 정확하게 부합하는 것이 이번 장의 주제인 테일러급수이다.

    $x^n e^{-x}$에서 $x^n$은 $e^{\ln x^n}$이므로 $x^n e^{-x} = e^{n \ln x - x}$이다. 그리고 지

수만 때어낸 $n\ln x - x$에서 $x$를 $y+n$으로 치환하면 $n\ln(n+y) - (n+y)$으로 바뀌지는데, 이렇게 하는 이유는 우리가 이미 알고 있는 $\ln(1+t)$의 테일러급수를 활용하기 위함이다.

$$n\ln(n+y) = n\ln[n(1+y/n)] = n\{\ln n + \ln(1+y/n)\}$$
$$= n\left\{\ln n + \frac{y}{n} - \frac{y^2}{2n^2} + \cdots\right\}$$

$n$이 충분히 크다고 할 때 테일러급수에서 3차항 이상을 생략해도 문제가 되지 않는다고 할 때 피적분 함수 $x^n e^{-x}$은 $(n/e)^n e^{-y^2/2n}$ 함수와 근사하다는 결과를 얻게 된다.

$$x^n e^{-x} \approx (n/e)^n e^{-y^2/2n} \quad (y = x - n)$$

결론적으로 〈식 13.26〉의 정적분의 피적분함수로 $x^n e^{-x}$ 대신 근사함수 $(n/e)^n e^{-y^2/2n}$으로 대체하여 계산하자는 것이다.

$$n! = \int_0^\infty x^n e^{-x} dx = \left(\frac{n}{e}\right)^n \int_{-n}^\infty e^{-y^2/2n} dy$$

그런데 위의 적분은 불가능하다. $e^{-y^2/2n}$의 원시함수가 존재하지 않기 때문이다. 그럼 불가능한 계산일까? 아니다. 이 정적분을 교묘(?)하게 처리하면 $\sqrt{2\pi n}$ 결과를 얻어낼 수 있다.* 우리는 이 결과를 믿고 신행하겠다. 그러면 $n!$의 근삿값은 $(n/e)^n$에 $\sqrt{2\pi n}$ 만을 곱한 $\sqrt{2\pi n}(n/e)^n$이다. 마침내 도달한 목적지는 $n!$의 값을 근삿

---

* 자세한 적분과정은 '43장'에서 다룰 예정이다.

값으로 처리했던 $(n/e)^n$에 단지 $\sqrt{2\pi n}$ 만이 곱해진 꼴이다. 그런데 이것이 놀라울 정도로 부족했던 부분을 채워준다.

▼ 〈표 13.27〉 $n!$, $(n/e)^n$, $\sqrt{2\pi n}\,(n/e)^n$의 값들의 비교

| $n$ | $n!$ | $(n/e)^n$ | $\sqrt{2\pi n}\,(n/e)^n$ |
|---|---|---|---|
| 10 | $3.629 \times 10^6$ | $4.540 \times 10^5$ | $3.599 \times 10^6$ |
| 100 | $9.333 \times 10^{157}$ | $3.720 \times 10^{156}$ | $9.333 \times 10^{157}$ |
| 1000 | $4.024 \times 10^{2567}$ | $5.076 \times 10^{2565}$ | $4.023 \times 10^{2567}$ |
| 10000 | $2.846 \times 10^{35659}$ | $1.135 \times 10^{35657}$ | $2.846 \times 10^{35659}$ |
| 100000 | $2.824 \times 10^{456573}$ | $3.563 \times 10^{456570}$ | $2.824 \times 10^{456573}$ |
| 1000000 | $8.264 \times 10^{5565708}$ | $3.297 \times 10^{5565705}$ | $8.264 \times 10^{5565708}$ |

너무도 훌륭한 결과이지 않은가! 이 정도면 완벽하다 할 수 있다. 오히려 숫자가 적은 10!이나 100!에서 오차가 더 발생한 것은 $n$이 충분히 크다는 가정에서 근사를 취하였기 때문이다. 이러한 근사를 영국의 수학자 제임스 스털링(1692~1770)이 알아냈기에 스털링 근사라 부른다.

# 42장 갈릴레이의 단진자

## 훅의 법칙

로버트 훅은 영국을 대표하는 자연철학자의 한 명으로 '영국의 레오나르도 다빈치'라고 평가를 받을 정도로 뛰어난 사람이다. 우리에게는 훅의 법칙으로 익히 알려져 있지만, 세포라는 용어를 최초로 사용하였고, 성능을 개량한 현미경으로 세포나 작은 생물을 마치 사진을 보는 것으로 착각할 정도의 그림을 모은《마이크로그라피아》*를 출판하였다. 이 책은 역사상 최초의 과학 서적으로 베스트셀러가 될 정도였다고 한다. 과학혁명기에 이론과 실험 양면에서 주요한 역할을 한 인물이기도 하다.

하지만 중력의 역제곱법칙부터 많은 사안에서 뉴턴과 서로 부딪히면서 적대적인 관계를 가진 훅은 그의 천재성을 쫓아갈 수 없어서 모든 비난을 한 몸에 받게 되었다. 하지만《프린키피아》발표 이전 로버트 훅의 한 논문에서 뉴턴의 운동법칙에 관한 3가지 가설이 들어 있다는 주장도 있고**, 또 다른 일설에 의하면 훅 사망 이후 왕립학회가 다른 건물로 이전한 적이 있었는데 그때 초상화 한 점이

---

*Robert Hooke, 《Micrographia: or Some Physiological Descriptions of Minute Bodies Made by Magnifying Glasses. With Observations and Inquiries Thereupon》, Royal Society(1665)

**토마스 데 파도바 (지은이) | 박규호 (옮긴이), 《라이프니츠, 뉴턴 그리고 시간의 발명》, 은행나무(2016)

사라졌고 그것이 훅의 초상화였다는 것이다. 더욱 공교로운 점은 이때 왕립학회의 회장이 뉴턴이었다고 한다.\*

　여기에서는 물리학 분야에서 가장 대단한 그의 업적인 훅의 법칙만을 소개하기로 하겠다. 고무줄이나 용수철은 외부에서 힘이 가해지지 않았을 때 원래의 모양을 유지하고 있지만 힘이 가해지면 늘어나거나 줄어들면서 원래 모양으로 돌아오려는 복원력이 작용하게 된다. 이런 성질을 탄성이라고 하며, 탄성을 가진 탄성체가 반작용에 의해 가지는 복원력은 변형력에 비례한다는 법칙이 '훅의 법칙'으로 1678년 그의 저서\*\*에서 언급하였다.

　〈그림 13.28〉에서 설명하듯 질량 $m$의 물체를 스프링에 매달으면 중력 $mg$에 의해 스프링은 늘어나고 그 길이만큼 반작용으로 잡아당기는 복원력 $kx$가 작동하여 힘의 균형을 이루게 되고, $2m$의

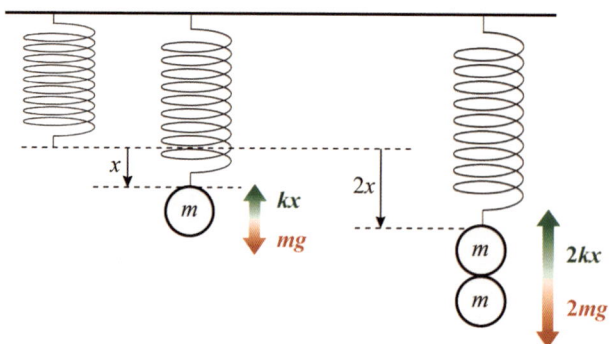

▲ **그림 13.28** 질량 $m$의 물체를 매달았을 때 스프링의 늘어난 길이는 $x$, $2m$일 때는 $2x$만큼 늘어난다.

---

\* 김찬주, 《물리학으로 세상을 보는 경이로움》, 프리미엄 스튜디오
https://contents.premium.naver.com/cjkim/knowledge/contents/23082422562
5939pd

　\*\* Robert Hooke, 《Lectures de potentia restitutiva, or of spring, explaining the power of springing bodies》(1678)

질량이면 2배의 중력으로 용수철의 길이는 2배 늘어난 $2x$로 복원력도 2배인 $2kx$가 되어 중력과 힘의 균형을 이루게 된다. 이때 $k$는 용수철 상수라고 하는데 용수철마다 탄성이 다르기 때문에 같은 질량의 물체를 매달아도 늘어난 길이는 다르지만, 각 용수철이 힘에 따라 늘어나는 길이가 서로 비례한다는 훅의 법칙은 예외 없이 성립한다.

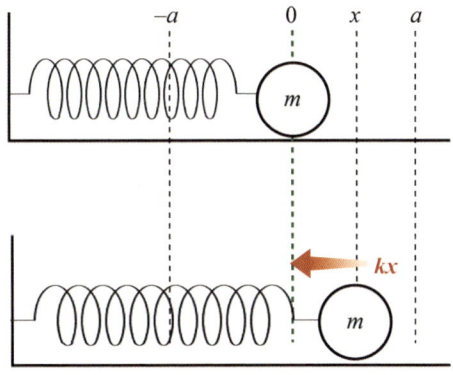

▲ 그림 13.29 스프링에 매달린 질량 $m$의 물체의 운동

질량 $m$의 물체가 연결된 스프링을 옆으로 누인 상황이다. 이때 스프링은 고유의 길이 상태이므로 탄성에 의한 복원력이 전혀 없다. 또한 $x$축의 방향으로만 움직이므로 중력을 무시하면 물체가 받는 힘은 전혀 없는 상황이다. 이때 아래의 그림과 같이 물체를 강제로 $a$만큼 잡아당긴 후 놓았을 때 이 물체는 어떤 운동을 하게 될까? 너무도 쉽게 상상할 수 있지만 스프링이 수축과 팽창을 하면서 물체는 진동 운동을 하게 될 것이다. 만약 바닥과의 마찰이나 공기의 저항 등의 소음이 전혀 없이 오직 스프링의 복원력으로만 물체가 움직이게 된다면 영원히 진동운동을 하게 된다. 이런 물체의 운동

은 수학으로 어떻게 기술할까?

진동운동을 표현하는 대표적인 함수인 sin과 cos의 삼각함수를 떠올렸다면 정확한 판단이다. 물체는 $-a$와 $a$의 구간에서만 위치하며 끊임없이 진동을 할 것이기 때문에 물체의 운동을 기술하는 함수는 삼각함수여야 마땅하다. 분명 타당한 해석이기는 하지만 추측에 의한 것이라 아무래도 찜찜함을 떨치기가 어렵다. 그럼 어떻게 해야 할까? 당연히 모든 운동을 기술하는 첫 단추인 뉴턴의 힘의 법칙, 즉 운동방정식으로 해결해야 한다.

위의 그림을 참조하여 물체가 $-a$와 $a$의 구간에서 임의의 위치 $x$에 있을 때 힘의 방정식은 훅의 법칙으로 $F = -kx$이다. 이때 좌변의 힘 $F$는 질량과 가속도의 곱이므로 $m\,d^2x/dt^2$이다. 그리고 우변에 음의 부호가 붙은 것은 늘어난 길이의 방향과 반대로 복원력이 작용하기 때문이다.

$$\langle \text{식 13.30} \rangle \quad m\frac{d^2x}{dt^2} = -kx \;\rightarrow\; \frac{d^2x}{dt^2} + \frac{k}{m}x = 0$$

용수철에 매달린 물체의 운동방정식이자 미분방정식인 위의 식을 만족하기 위해서는 $x$가 sin 혹은 cos의 함수여야 한다. $\omega^2 = k/m$으로 놓고 $x = \sin \omega t$라 하여 〈식 13.30〉에 대입해보시라. 완벽하게 만족하는 해가 됨을 확인할 수 있다. 물론 $x = \cos \omega t$도 가능하다. 그럼 무엇이 진짜 해일까? 초기조건에 따라 달라지지만 기본적으로 아래와 같이 두 함수의 꼴로 해가 이뤄지는 것은 변함이 없다.

$$\langle \text{식 13.31} \rangle \quad x = A\sin \omega t + B\cos \omega t$$

## 단진자 운동

1장에서 갈릴레이의 단진자 운동에 대해 다뤘었다. 그는 단진자 운동에 내재된 규칙성을 끄집어냈지만 왜 그런 규칙을 가지는지에 대해서는 알아내지 못했다. 갈릴레이 시대에는 뉴턴의 운동법칙이나 미적분이 개발된 상태가 아니었기 때문이다.

단진자의 수수께끼와 같은 운동을 해석하기 위해서는 빗방울의 경우와 같이 운동방정식, 즉 미분방정식을 당연히 먼저 얻어내야 한다. 이 방정식을 얻기 위해서는 단진자에 매달린 추의 역학 관계를 분해할 필요가 있다. 끈에 매달린 운동의 주체인 추의 입장에서 바라보자. 추가 느끼는 힘은 오직 중력이다.

끈에 매달린 추에 있어 원심력에 해당하는 〈그림 13.22〉의 $mg \cos\theta$의 힘은 끈이 추를 떨어뜨리지 않게 잡아당기는 초록색 화살표로 표시한 장력에 의해 상쇄된다. 바로 작용 반작용 법칙에 의한 것이다. 따라서 추는 오직 접선 방향의 힘 $mg\sin\theta$의 영향만을 받고 운동한다.

이제 뉴턴의 힘의 법칙을 적용하면 $ma = -mg\sin\theta$이다. 그런데 우변의 부호에서 음의 부호 '−'가 눈에 띈다. 이유는 〈그림 13.32〉처럼 연직선 방향을 $\theta = 0$으로 정하였고 반시계 방향을 양의 방향, 시계 방향을 음의 방향으로 정한 데서 기인한다. 가령 $\theta$가 양의 위치에 있을 때 추가 받는 힘의 방향은 음의 방향이다. 그런 연유로 음의 부호가 붙어 있는 것이다.

한편 추는 직선 운동이 아닌 원의 궤도 위에서 왕복 운동을 한다. 그래서 극좌표에서 운동을 해석하는 것이 문제의 해법에 훨씬 용이하다. 따라서 가속도의 성분 $a$는 각가속도 $l\,d^2\theta/dt^2$으로 바꿔

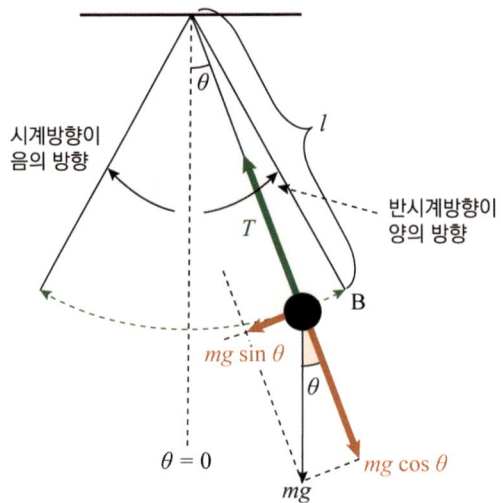

▲ **그림 13.32** 한 끝이 고정된 길이 $l$의 끈에 질량 $m$인 추가 매달려 중력 $mg$의 영향을 받는다. 이 힘은 접선 방향의 힘 $mg\sin\theta$와 실의 방향의 힘 $mg\cos\theta$로 분해된다.

표현한다. 결국 단진자 운동을 기술하는 운동방정식인 미분방정식 은 아래와 같다.

$$\langle \text{식 } 13.33\rangle \ \frac{d^2\theta}{dt^2} = -\omega^2\sin\theta \ \left(\omega^2 = \frac{g}{l}\right)$$

갈릴레이가 알고 싶어했던 진자의 비밀은 고스란히 위의 미분방 정식에 포함되어 있다. 이제 위의 미분방정식을 풀어야 하는데 만 만치가 않다. 아주 단순한 식임에도 의외로 해결의 길이 얼른 보이 지 않는다. $\sin\theta$의 처리가 고약하기 때문이다. 그렇다고 불가능한 것은 아니어서 충분히 해결 가능하지만 과정이 꽤나 복잡하다. 그 래서 위의 미분방정식을 단순화해 우리가 해결이 가능한 수준으로 난이도를 낮출 필요가 있다.

　진자의 움직임의 폭이 크지 않다고 가정하면, 즉 $\theta$가 충분히 작을 때 〈식 13.11〉의 $\sin\theta$의 근사식인 다항함수에서 $\theta$의 3차항 이상은 무시할 수 있다. $\sin\theta \approx \theta$라 해도 상관이 없다는 의미다. 따라서 위의 식은 아래처럼 더욱 단순해진다.

$$\langle\text{식 13.34}\rangle \quad \frac{d^2\theta}{dt^2} = -\omega^2\theta$$

　위의 미분방정식은 바로 훅의 법칙의 운동방정식 〈식 13.30〉과 비교하여 변수가 $x$에서 $\theta$로, 그리고 $\omega$는 $\sqrt{k/m}$에서 $\sqrt{g/l}$로 바뀌었을 뿐 완전히 동일하다. 이렇게 된 연유는 3차 이상의 항을 소거하여 $\sin\theta \approx \theta$로 처리함으로써 사실상 $\theta$가 0 근처에서 추의 운동을 곡선이 아닌 직선으로 처리한 셈이기 때문이다. 비록 추의 운동을 완벽히게 기술하는 방정식은 아니지만 어느 정도 진자의 운동을 이해하는 데 충분하다. 〈식 13.34〉의 미분방정식의 해는 훅의 법칙의 해 〈식 13.31〉과 동일한 형태의 아래의 식이다.

$$\langle\text{식 13.35}\rangle \quad \theta = A\sin\omega t + B\cos\omega t$$

　A와 B는 초기조건에 따라 결정되는 상수인데 우리는 운동의 형태만 관심을 가지기로 하겠다. 위의 식으로부터 단진자가 처음 위치로 돌아오는 데 걸리는 시간인 주기 $T$를 쉽게 얻어낼 수 있다. $\sin$의 주기가 $2\pi$이므로 $\theta = \sin\omega t$에서 $\omega T = 2\pi$이다. 그리고 $\omega = \sqrt{g/l}$이므로 단진자의 주기 $T$의 값을 끄집어낼 수 있다.

〈식 13.36〉 $T = 2\pi \sqrt{\dfrac{l}{g}}$

위의 식으로 단진자의 수수께끼들을 모두 설명할 수 있다. 같은 길이의 단진자의 주기는 진폭과 질량에 상관없이 같다고 하였다. 위의 식에서 주기 $T$가 오직 길이에 의해서 결정될 뿐 진폭이나 질량에 무관하기 때문에 당연한 결과이다. 그리고 주기 $T$가 $\sqrt{l}$에 비례하므로 길이가 길어지면 주기 역시 길어지고, 그 관계는 길이가 4배가 되면 주기는 2배, 길이가 9배일 때는 주기가 3배 길어진다. 갈릴레이의 의구심은 완벽하게 해결이 되었다.

## 힘든 여정

여기까지 함께해준 독자들께 수고와 감사의 말씀을 드리고 싶다. 물리학과 미적분의 내용을 어느 정도 아는 분들에게는 어려운 여정이 아니겠지만 그렇지 않은 분들에게는 어쩌면 이 시점의 글을 읽어보지도 못하고 중도 포기한 경우도 있지 않을까 하는 생각이 든다. 그런 분들의 포기 사유는 아마 교양서적에서는 보기 힘들었던 많은 수식과 내용에 있을 것이다. 그러나 수식을 배제하고 수학의 총아인 미적분을 소개하는 것은 불가능하다. 그러한 책들은 수박 겉핥기로 미적분으로 설명하는 책에 불과하다. 진정 미적분의 본질을 조금이라도 맛보기 위해서는 수식을 두려워해서는 안 된다. 누차 강조하지만 수식은 수학의 언어이자 지혜의 결정체이기 때문이다. 언어가 자신의 생각을 남에게 전달하게 하는 대표적인 수단이듯 수식 또한 그러한 목적을 달성하기 위해 수많은 수학자들의 고뇌와 지혜를 담은 것이다.

　이번 장은 미적분의 소개가 어느 정도 끝을 맺는 것일 뿐 또 다른 시작을 알리는 장이기도 하다. 미적분이 물리학의 폭발적인 발전을 이루게 한 이야기가 2권에서 펼쳐질 예정이기 때문이다. 무엇보다 이 책의 서두에서 제시된 행성의 궤도가 타원이라는 해결책도 소개되지 않았는가. 지금까지 미적분의 본질적인 측면만 언급되었다면 2권에서 이어질 내용은 미적분이 어떤 역할을 하는지 실제적인 활용에 대한 이야기를 물리학의 지혜에 관련한 역사의 궤에 맞춰 흥미 있게 전개될 것이다.

## 참고자료

### 1부

Bodnar, Istvan, 《Aristotle's Natural Philosophy》, The Stanford Encyclope-
dia of Philosophy (2012), https://plato.stanford.edu/archives/spr2012
/entries/aristotle−natphil/#2

토머스 새뮤얼 쿤 (지은이) | 김명자, 홍성욱 (옮긴이), 《과학혁명의 구조》,
까치 (2013)

프랜시스 베이컨 (지은이) | 진석용 (옮긴이), 《신기관》, 한길사 (2016)

갈릴레오 갈릴레이 | 이무현 번역, 《새로운 두 과학》, 사이언스북스 (2016)

Thomas Heath, 《Aristarchus of Samos: The Ancient Copernicus》, Cambri-
dge University Press (2013)

조송현, 《우주관 오디세이》, 인타임 (2020)

존 밴빌 (지은이) | 이수경 (옮긴이), 《케플러》, 이터닐북스 (2023)

Herbert Goldstein, 《Classical Mechanics》, Addison Wesley (2001)

### 2부

박민아, 《뉴턴 & 데카르트 : 거인의 어깨에 올라선 거인》, 김영사 (2006)

데카르트 (지은이) | 소두영 (옮긴이), 《방법서설/성찰/철학의 원리》, 동서
문화사 (2016)

조송현, 《우주관 오디세이》, 인타임 (2020)

Aristarchus of Samos, 《History of Greek Astronomy to Aristarchus Together
with Aristarchus's Treatise on the Sizes and Distances of the Sun and
Moon》, Oxford at the clarendon Press (1913)

벤 올린 (지은이), 이경민 (옮긴이), 《더 이상한 수학책》, 북라이프 (2021)

Siobhan Roberts, 《Genius at Play: The Curious Mind of John Horton Con-
way》, Bloombery (2015)

R. G. Keesing, 《The History of Newton' Apple Tree》, Contemporary Physics,

Vol. 39, No. 5, 377 – 391 (1998)

Steve Connor, 《The core of truth behind Sir Isaac Newton's apple》, Independent (2010). https://www.independent.co.uk/news/science/the – core – of – truth – behind – sir – isaac – newton – s – apple – 1870915.html

아이작 뉴턴 (지은이) | 이무현 (옮긴이), 《프린키피아》, 교우사, 제1권 (1998) / 제2권 (1998) / 제3권 (1999)

Ariew, R & D Garber, 《Leibniz: Philosophical Essays》, Hackett (1989)

## 3부

Emmy Noether, 《Invariant variation problems》, Transport Theory and Statistical Physics, Volume 1, 186 – 207 (1971)

Yvette Kosmann – Schwarzbach, 《Noether theorem》, Springer (2018)

노선숙, 《여성수학자 에미 뇌터의 수학적 삶의 역사》, 한국수학사학회지 Vol. 21, 19 – 48 (2008)

데이비드 보더니스(지은이) | 김희봉(옮긴이), 《$E = mc^2$》, 웅진 (2016)

Runde, V., "Noethe", 5 Jun (2002), https://arxiv.org/abs/math/0206043

빌헬름 라이프니츠 (지은이) | 윤선구(옮긴이), 《형이상학 논고》, 대우고전 총서 (2010)

## 4부

Joseph Fryer and Casey Detro, 《Mersenne Primes》, Ohio Journal of School Mathematics No. 64 (2011)

박승안 , 김응태 (지은이), 《정수론》, 경문사 (2019)

고의관, 《작은 수학자의 생각실험 3》, 궁리 (2019)

유튜브 《리만가설, 천재들의 150년의 도전 NHK》,

'https://www.youtube.com/watch?v = d6_7EUreN30&t = 1112s'

G.H. Hardy and E.M. Wright, 《An introduction to the theory of numbers》, 5th ed., Oxford (1979)

Murphy, Timothy G, 2006: Prime Numbers. Course 4281, School of Maths., Trinity College Dublin. Notes: https://maths.tcd.ie/pub/Maths/Course-ware/428/Primes − II.pdf

John W. Wells, 《Coral Growth and Geochronometry》, Nature V. 197, 948 −950 (1963)

Riemann, Bernhard (1859): 《On the Number of Prime Numbers less than a Given Quantity》, In Gesammelte Werke, Teubner, Leipzig (1892), Original manuscript and English translation at https://www.maths.tcd.ie/pub/HistMath/People/Riemann/Zeta/

## 5부

칼 B. 보이어 유타 C. 메르츠바흐 (지은이) | 양영호, 조윤동 (옮김), 《수학의 역사·상》, 경문사 (2004)

Thomas Little Heath, 《The Works of Archimedes》, Cambridge Univ Pr. (2009)

George Goe, 《Archimedes' Theory of the Lever and Mach's Critique》, Stud. Hist. Phil. Sci., Vol. 2, No. 4. 329 − 345 (1972)

Dusan Vallo, Jozef Fulier and Lucia Rumanova, 《Note on Archimedes' quadrature of the parabola》, International Journal of Mathematical Education in Science and Technology, V. 53, NO. 4, 1025-1036 (2022)

Osler, T. J., 《Archimedes' quadrature of the parabola: A mechanical view》, The College Mathematics Journal, 37(1), 24-28. (2006). https://doi.org/10.1080/07468342.2006.11922163

조정수, 《아르키메데스의 "구와 원기둥에 관하여"에 대한 고찰》, 한국수학사학회지 Vol. 19, No. 3 95 − 112 (2006)

칼 B. 보이어 유타 C. 메르츠바흐 (지은이) | 양영호, 조윤동 (옮김), 《수학의 역사·상》과 《수학의 역사·하》, 경문사 (2004)

Howard Eves, 《Two Surprising Theorems on Cavalieri Congruence》, College Math. J., Vol. 22, 118－124 (1991)

박선용, 《카발리에리 원리의 생성과정의 특성에 대한 고찰》, 한국수학사학회지 Vol. 24, No. 2, 17－30 (2011)

임레 라카토슈 (지은이) | 우정호 (옮긴이), 《수학적 발견의 논리》, 아르케 (2001)

Archimedes, 《The method of Archimedes recently discovered by Heiberg; a supplement to the Works of Archimedes》, translated by Thomas Little Heath, Cambridge University Press (1912),

The Method: English translation (Heiberg's 1909 transcription), 《Geometrical Solutions Derived from Mechanics: A Treatise of Archimedes》,

## 6부

Thomas Little Heath, 《The Works of Archimedes》, Cambridge Univ Pr. (2009)

칼 B. 보이어 유타 C. 메르츠바흐 (지은이) | 양영호, 조윤동 (옮김), 《수학의 역사·상》과 《수학의 역사·하》, 경문사 (2004)

3Blue1Brown (유튜브), https://www.youtube.com/@3blue1brown

Barry Mazur, 《On time (in mathematics and literature)》 (2009). chrome－extension://efaidnbmnnnibpcajpcglcfindmkaj/https://bpb－us－e1.wpmucdn.com/sites.harvard.edu/dist/a/189/files/2023/01/On－time－in－mathematics－and－literature.pdf

제임스 글릭 (지은이) | 노승영 (옮긴이), 《제임스 글릭의 타임트래블》, 동아시아 (2019)

D. T. Whiteside, 《The mathematical Papers of Isaac Newton》, Vol. 7, 400~448, Cambridge (1976)

César Adolfo Hernández Melo, 《Epsilon－delta proofs and uniform continuity》, Lecturas Matemàtiques, V. 36, 23－32 (2015).

Gregory Hartman, 《Calculus 4》, CreateSpace Independent (2018)

## 7부

리여우화 (지은이) | 김지혜 (옮김), 《이토록 재미있는 수학이라니》, 미디어숲 (2020)

칼 B. 보이어 (지은이) | 김경화 (옮긴이), 《미분적분학사－그 개념의 발달》, 교우사 (2004)

조지프 마주르 (지은이), 권혜승 (옮긴이), 《수학기호의 역사》, 반니 (2017)

Michael Spivak (지은이), 《Calculus》, Cambridge University Press (2006)

Guicciardini 《Newton's method and Leibniz's Calculus》 in H. N. Jahanke, 《History of Analysis》, 73－103 (2003)

Stephen Wolfram, 《Dropping In on Gottfried Leibniz》, Idea Makers: Personal Perspectives on the Lives & Ideas of Some Notable People, (2013) https://writings.stephenwolfram.com/2013/05/dropping－in－on－gottfried－leibniz/

## 8부

벤 올린 (지은이), 이경민 (옮긴이), 《더 이상한 수학책》, 북라이프 (2021)

William Dunham (지은이), 《The Calculus Gallery: Masterpieces from Newton to Lebesgue》, Princeton Univ Pr. (2018)

실바누스 P.톰슨 (지은이) | 홍성윤 (옮긴이), 《알기 쉬운 미적분》, 전파과학사 (2016)

## 9부

칼 B. 보이어 유타 C. 메르츠바흐 (지은이) | 양영호, 조윤동 (옮김), 《수학의 역사·상》과 《수학의 역사·하》, 경문사 (2004)

Newton Highlight, 《삼각함수의 세계》, 84 ㈜아이뉴턴 (2016)

Moore, K. C., & LaForest, K. R., 《The Circle Approach to Trigonometry》, Journal of Mathematics Teacher Education 107 (2014)

Parick W. Thompson, Marilyn P. Carlson, and Jason Silverman, 《The design of tasks in support of teachers' development of coherent mathematical meanings》, Journal of Mathematics Teacher Education 10 (2007)

## 10부

Edward Kasner & James Newman, 《Mathematics and the Imagination》, Dover (2001)

Knuth, Donald E. 《Mathematics and Computer Science: Coping with Finiteness》, Science 194, 1235~1242 (1976).

Graham, R. L.; Rothschild, B. L., 《Ramsey's Theorem for n−Parameter Sets》, Transactions of the American Mathematical Society 159, 257-292 (1971).

실바누스 P.톰슨 (지은이) | 홍성윤 (옮긴이), 《알기 쉬운 미적분》, 전파과학사 (2016)

## 11부

존 더비셔 (지은이) | 박병철 (옮긴이), 《리만가설》, 승산 (2012)

줄리언 해빌 (지은이) | 고중숙 (옮긴이), 《오일러 상수, 감마》, 승산 (2008)

톰 필립스 (지은이) | 홍한결 (옮긴이), 《인간의 흑역사》, 윌북 (2019)

Michael Anatoly Golosovsky, 《Models of the World human population growth－critical analysis》, Physics and Society (2009). https://www.semanticscholar.org/reader/894735aea93416558871a18 4a91b1ea4c9ed5611

실바누스 P.톰슨 (지은이) | 홍성윤 (옮긴이), 《알기 쉬운 미적분》, 전파과학사 (2016)

해나 프라이 (지은이) | 김정아 (옮긴이), 《안녕, 인간》, 와이즈베리 (2019)

Kifowit, Steven J.; Stamps, Terra A. (Spring 2006). "The harmonic series diverges again and again". AMATYC Review. American Mathematical Association of Two－Year Colleges. 27 (2): 31-43. chrome－extension://efaidnbmnnnibpcajpcglclefindmkaj/https:// stevekifowit.com/pubs/harmapa.pdf

Hamza E. Alsamraee, 《Advanced Calculus Explored － With Applications in Physics, Chemistry, and Beyond》, Curious Math Publications (2019)

Omar Hijab, 《Introduction to Calculus and Classical Analysis》, Springer Verlag (1997)

## 12부

Victor J. Katz, 《A History of Mathematics: An Introduction》, Addison－ Wesley (2009)

D. T. Whiteside, 《Newton's discovery of the general binomial theorem》, The Mathematical Gazatte 45, 175 (1961)

David Dennis and Jere Confrey, 《The Creation of Continuous Exponents: A Study of the Methods and Epistemology of John Wallis》, Researches in Collegiate Mathematics CBMS Vol. 6, 33－60 (1996)

Wallis, John | Stedall, Jacqueline 《The arithmetic of infinitesimals : John Wallis 1656》, Springer (2004)

Kirsti Anderson, 《Cavalieri's Method of Indivisibles》, Archive for History of Exact Sciences, volume 31, pages 291-367, (1985)

J. Stillwell, 《Mathematics and its history》, 3rd ed., Springer (2010)

D. Dennis, S. Addington, 《The binomial series of Issac Newton》, Mathematical Intentions, (http://www.quadrivium.info.)

### 13부

Ian Bruce, 《Brook Taylor : Methodus Incrementorum Directa & Inversa》, Part 1 and 2, https://www.17centurymaths.com/contents/taylorscontents.html

Hermann Laurent, Jeremy Staines (Author, Translator), 《Taylor Series, Partial Fractions, Laurent Series, and Residues》, Material (2020)

C. H. Edwards, David E. Penney, 《Calculus With Analytic Geometry》, 4th edition, Pearson College Div. (1994)

3Blue1Brown (유튜브), https://www.youtube.com/@3blue1brown

민은기, 이경수 《Geogebra와 수학의 시각화》, 지오북스 (2017)

Lectures de potentia restitutiva, or of spring, explaining the power of springing bodies, Robert Hooke 1678

토마스 데 파도바 (지은이) | 박규호 (옮긴이), 《라이프니츠, 뉴턴 그리고 시간의 발명》, 은행나무(2016)

윌리엄 던햄 (지은이) | 김영주·김지영 (옮김), 《우리 모두의 수학자 오일러》, 경문사 (2016)

Ayoub, Raymond, 《Euler and the zeta function》, Amer. Math. Monthly, 81, 1067-86(1974)

존 더비셔 (지은이) | 박병철 (옮긴이), 《리만가설》, 승산 (2012)

줄리언 해빌 (지은이) | 고중숙 (옮긴이), 《오일러 상수, 감마》, 승산 (2008)

Bernhard Riemann, Translated by David R. Wilkins 《On the Number of

Prime Numbers less than a Given Quantity》, Monatsberichte der Berl
iner Akademie (1996)

다케우치 가오루,《소수는 어떻게 사람을 매혹하는가? – 원자핵에서 우주까
지 세상을 움직이는 숫자》, 사람과나무사이 (2018)

## 1부 (1~3장)

| 인명 | 생애 | 업적 | 본문(장) |
|---|---|---|---|
| 아리스타고라스 | 기원전 310~230 | 태양이 훨씬 크다는 사실로 지동설을 주장 | 1 |
| 히파르코스 | 기원전 170~120 | 삼각법을 발견하고, 삼각표를 완성 | 3 |
| 아리스토텔레스 | 기원전 384~322 | 철학적 관점에서 물체의 운동론을 정립 | 1 |
| 프톨레마이오스 | 83~168 | 천동설을 기반으로 천문의 운동을 집대성한 《알마게스트》 출간 | 3 |
| 코페르니쿠스 | 1473~1543 | 수천 년간 이어져온 천동설을 뒤집은 발상으로 지동설을 주장 | 3 |
| 브라헤 | 1546~1601 | 자신이 고안한 망원경을 활용하여 엄청난 천문학적 자료를 취합 | 3 |
| 갈릴레이 | 1564~1642 | 과학적 실험의 모델을 제시하며 빗면 실험으로 운동의 본질인 관성을 처음 밝힌 과학의 아버지 | 2 |
| 케플러 | 1571~1630 | 브라헤의 제자로 그의 자료를 바탕으로 행성의 운동법칙을 발견한 천재적 인물 | 3 |

## 2부 (4~7장)

| 인명 | 생애 | 업적 | 본문(장) |
|---|---|---|---|
| 피타고라스 | 기원전 572?~492 | 직각삼각형의 변의 관계인 피타고라스 정리 | 6 |
| 유클리드 | 330?~275? | 기하학에 대한 원리를 집대성 | 4 |
| 갈릴레이 | 1564~1642 | 상대성 원리 | 4 |
| 케플러 | 1571~1630 | 행성의 운동법칙 | 5 |
| 데카르트 | 1596~1650 | 관성의 진정한 의미를 최초로 이해, 역학 원리 | 5,6 |
| 훅 | 1635~1703 | 훅의 법칙 발견자로 뉴턴과는 숙적의 관계 | 7 |
| 뉴턴 | 1642~1726 | 힘의 법칙을 유도하여 천체의 운동 원리 해석 | 6,7 |
| 핼리 | 1656~1703 | 핼리 혜성 발견 | 7 |

## 3부 (8~9장)

| 인명 | 생애 | 업적 | 본문(장) |
|------|------|------|----------|
| 갈릴레이 | 1564~1642 | 최초로 빛의 속도 측정 시도 | 8 |
| 데카르트 | 1596~1650 | 운동량 보존 | 9 |
| 뢰머 | 1644~1710 | 최초로 빛의 속도 측정에 성공 | 8 |
| 라이프니츠 | 1646~1716 | 활력의 개념 정의 | 9 |
| 뇌터 | 1882~1935 | 뇌터의 정리 및 추상대수학의 선구자 | 8 |

## 4부 (10~11장)

| 인명 | 생애 | 업적 | 본문(장) |
|------|------|------|----------|
| 에라토스테네스 | 기원전 275~194 | 소수 알고리즘인 에라토스테네스 채를 개발 | 10 |
| 메르센 | 1588~1648 | 소수, 완비수에 대한 연구. 메르센 소수로 유명 | 10 |
| 데카르트 | 1596~1650 | 좌표계를 창안하여 기하학과 대수학의 융합을 이끌어 해석학의 시조로 불리는 철학자 | 11 |
| 오일러 | 1707~1783 | 함수기호 $f(x)$를 처음 도입, 해석 기하를 발전시키는 등 다양한 분야에서 뛰어난 업적을 남긴 천재 수학자로 바젤 문제의 해법 제시 | 10 |
| 가우스 | 1777~1855 | 수학의 왕자로 불릴 정도로 수학 분야 최고의 천재로 가우스 분포, 가우스 평면 등 업적을 남김 | 10 |

## 5부 (12~14장)

| 인명 | 생애 | 업적 | 본문(장) |
|---|---|---|---|
| 아르키메데스 | 기원전 287?~212 | 원의 넓이, 원주율, 포물선의 넓이 등을 탁월한 직관과 통찰력으로 해결하면서 분할과 조립이라는 미적분의 기본적 개념을 창안 | 12,13,14 |
| 카발리에리 | 1598~1647 | 카발리에리의 원리 발견 | 14 |
| 스타인메츠 | 1865~1923 | 스타인메츠 다면체 | 14 |
| 하디 | 1877~1947 | 함수론, 정수론에서 엄청난 업적을 남긴 수학자 | 12 |
| 파인만 | 1918~1988 | 양자전기역학을 창시한 천재 물리학자 | 14 |

## 6부 (15~18장)

| 인명 | 생애 | 업적 | 본문(장) |
|---|---|---|---|
| 제논 | 기원전 490?~429? | 제논의 역설 | 17 |
| 아르키메데스 | 기원전 287?~212 | 분할과 조립의 방법으로 포물선의 넓이 해결 | 15 |
| 마우롤리고 | 1494~1575 | 수학적 귀납법 방법을 처음 소개 | 18 |
| 뉴턴 | 1642~1726 | 유율법 | 15,17,18, |
| 코시 | 1789~1857 | 입실론-델타 논법으로 극한의 현대적 정의 완성 | 18 |
| 칸토어 | 1845~1918 | 집합론의 기초를 세운 수학자 | 18 |

## 7부(19~21장)

| 인명 | 생애 | 업적 | 본문(장) |
|---|---|---|---|
| 베로우 | 1630~1677 | 분할과 조립이 접선과 넓이의 해법 가능성 제시 | 21 |
| 그레고리 | 1638~1675 | 미분과 적분이 역연산관계임을 처음으로 발견 | 21 |
| 뉴턴 | 1642~1726 | 미적분학의 발견 | 19,21 |
| 라이프니츠 | 1646~1716 | 기호의 대가로 불리는 수학자로 현재 사용하는 도함수나 적분 기호로 미적분학 창시 | 19,20,21 |
| 야곱 베르누이 | 1654~1705 | 변분법이라는 계산 방법 창시, 바벨 문제 제안 | 19 |

## 8부 (22~23장)

| 인명 | 생애 | 업적 | 본문(장) |
|---|---|---|---|
| 갈릴레이 | 1564~1642 | 단진자 운동 | 23 |
| 데카르트 | 1596~1650 | '나는 생각한, 그러므로 나는 존재한다'를 제1원리로 삼아 철학 체계 완성 | 22 |
| 스피노자 | 1632~1677 | 데카르트와 함께 근대 합리론을 대변하는 철학자 | 22 |
| 가우스 | 1777~1855 | 수학의 왕자로 불릴 정도로 수학 분야 최고의 천재 | 22 |
| 니체 | 1844~1900 | '망치를 든 철학자'라는 별명을 지닌 독일 철학자 | 22 |

## 9부 (24~26장)

| 인명 | 생애 | 업적 | 본문(장) |
|---|---|---|---|
| 히파르코스 | 기원전 170~120 | 삼각법을 발견하고, 삼각표를 완성 | 24 |
| 오일러 | 1707~1783 | 세상에서 가장 아름다운 '오일러 식' 창안 | 24 |
| 코리올리 | 1792~1843 | 코리올리 효과 | 26 |
| 푸코 | 1819~1868 | 포코의 추 | 26 |

## 10부(27~30장)

| 인명 | 생애 | 업적 | 본문(장) |
|---|---|---|---|
| 네이피어 | 1550~1617 | 로그 발견 | 28 |
| 브리그스 | 1561~1630 | 네이피어를 도와 상용로그표 완성 | 28 |
| 뉴턴 | 1642~1726 | 뉴턴-랩슨 알고리즘 | 28 |
| 랩슨 | 1668~1715 | 뉴턴-랩슨 알고리즘 | 28 |
| 베버 | 1795~1878 | 베버-페히너 법칙 | 28 |
| 페히너 | 1801~1887 | 베버-페히너 법칙 | 28 |
| 그레이엄 | 1935~2020 | 그레이엄 수 발명 | 27 |

## 11부(31~34장)

| 인명 | 생애 | 업적 | 본문(장) |
|---|---|---|---|
| 오렘 | 1320~1382 | 조화급수의 발산을 최초로 증명 | 31 |
| 야곱 베르누이 | 1654~1705 | 바젤 문제 | 31 |
| 파인만 | 1918~1988 | 파인만 기법 | 34 |

## 12부 (35~37장)

| 인명 | 생애 | 업적 | 본문(장) |
|---|---|---|---|
| 카발리에리 | 1598~1647 | 곡선의 넓이 | 36 |
| 월리스 | 1616~1703 | 월리스의 보간법, 월리스의 공식 | 36 |
| 뉴턴 | 1642~1726 | 이항정리 | 36,37 |
| 테일러 | 1685~1731 | 테일러 급수 | 35 |

## 13부 (38~42장)

| 인명 | 생애 | 업적 | 본문(장) |
|---|---|---|---|
| 갈릴레이 | 1564~1642 | 단진자에 숨어 있는 규칙성 발견 | 42 |
| 뉴턴 | 1642~1726 | 이항정리 | 38 |
| 로피탈 | 1661~1704 | 로피탈 정리 | 39 |
| 요한 베르누이 | 1667~1748 | 로피탈 정리의 실제적 발견자 | 39 |
| 테일러 | 1685~1731 | 테일러 급수 | 38,39,42 |
| 스털링 | 1692~1770 | 스털링 근사 | 41 |
| 오일러 | 1707~1783 | 바젤의 문제의 해법 제시 | 39 |
| 리만 | 1826~1866 | 리만의 가설 | 40 |
| 내쉬 | 1928~2015 | 게임 이론과 미분기하학 연구 | 13 |

### ㄱ

가상의 힘 385, 387~388

가설 41, 60, 63, 112, 116, 120, 165, 170, 229, 323, 374, 437, 524, 544, 562, 565~567, 577, 587, 591, 594

가우스, 요한 카를 프리드리히 166~170, 175, 319~320, 348, 414, 434, 437, 519, 562, 566

    소수정리 171, 348, 356, 434, 437, 562

각속도 381~384, 388, 391

각운동량 139, 183

각운동량 보존 139, 183

갈릴레이, 갈릴레오 28, 39~49, 51, 70, 74, 76~77, 80, 84~86, 93~94, 120, 128, 133, 138, 146, 151, 321, 323, 328, 340, 344~345, 374, 381, 390, 459, 464, 501, 504, 530, 532, 577, 579, 581~586

    갈릴레이 변환 77

    낙하실험 39~40, 42

    낙하법칙 49, 94, 146, 151, 321, 340, 374, 459

    빗면실험 45, 80, 85, 151

    상대성원리 74, 76~77, 133

    새로운 두 과학 41, 586

    유(U)자형 빗면실험 45, 80, 85, 151

    진자시계 42, 47~48

    진자운동 317, 501, 581~582

감마함수 366, 569~573

개기월식 57

거인 28, 70, 74, 86, 120, 253, 255, 259, 293, 318, 410, 501~502, 504, 586

거칠기 84, 93

건터, 에드먼드 355

겉보기힘 387

경우의 수 154~155, 469

계승(팩토리얼) 484~485, 489~490, 569~573, 575

곡선의 문제 182, 197, 216, 291, 301, 527

공기의 저항 42, 45, 92~93, 103, 105, 115, 152, 155, 391, 459~463, 579

공리 71~75, 81, 84~86, 92~94, 106, 108, 174, 242~243

공전 34, 52, 54~56, 59, 61~62, 64, 68, 101~102, 104~105, 110, 112~113, 128~131, 247, 360~361, 372~374

공전주기 61, 112~113, 129, 372~373

관성 71, 73, 75, 77, 79~81, 85~86, 89, 91~95, 100, 103~106, 110~111, 138, 151, 171, 373~374, 385, 387~388, 530

관성력 387

광각 358~359, 361

구골 400~401

구골 플렉스 400~401

구분구적법 307~310

국제도량형국 244

귀납법 121, 263~266, 268

귀류법 161

그레고리 306

그레이엄, 로널드 401

    그레이엄 수 400~403, 405, 414

극대점 475~476

극소점 475~476

극한 229, 231, 233, 235, 237, 239, 256~257, 259~269, 285~287, 295~296, 307~308, 310, 326, 431, 433~434, 457, 542, 552~558

근삿값 201, 203, 207~208, 230, 258, 407~410, 412, 415, 417, 488, 500, 519, 535~536, 569, 571~575

금성 67~68

기계론적 세계관 75, 86, 164

기하급수 397~401, 425, 427, 429, 448, 456, 460, 465, 467~468, 484

기하학 66, 72, 74, 81, 83, 85, 158, 173~175, 189, 205~206, 212, 269,

290, 294, 296, 324~325, 336, 356, 365, 374~375, 377, 380, 505, 524

## ㄴ

나사(NASA) 246~247
낙타 나누기 236, 262
내삽법 498
내시, 존 565
내접 198~200, 202~204, 206~207, 218
네(4)가지 원소 29, 31
네이피어, 존 396, 414, 416, 418~421, 423, 485
　《경이로운 로그법칙의 서술》 418
뇌터, 에미 126, 133, 135~136, 138, 141, 147, 151, 155, 183, 328, 556, 587
　뇌터의 정리 126, 133, 135~136, 138, 141, 151, 183
누가적 441
뉴턴, 아이작 28, 35, 46, 63, 66, 70~71, 74, 77, 83, 86, 91, 93~94, 101~110, 112~113, 115~123, 127, 129, 133~134, 137~138, 141, 147, 164, 170, 200, 211, 229~230, 232~233, 239, 242~243, 253~256, 258~259, 261~262, 266~267, 269, 272~276, 278~280, 282, 286, 289, 292~294, 302, 306, 311, 317~319, 323, 344~345, 371~374, 385~386, 407, 410~412, 415, 425~426, 441, 461~464, 495~496, 498, 500~506, 517~527, 531~532, 535, 577~578, 580~581, 586~587, 591, 593
　구각정리 113
　뉴턴－랩슨 방법 407, 412
　뉴턴의 보간법 520, 535
　뉴턴의 이항정리 496, 498, 500, 502, 504, 506, 508, 510, 512, 514, 517~527
만유인력의 법칙 102, 109~110, 118~119
유율법 274
《유율법과 무한급수》 274
위대한 의문 87, 89, 91, 93, 95, 97, 99, 101~103, 105, 107, 109, 123, 137, 170, 229, 323, 373
《프린키피아》 116~120, 164, 577, 587
힘의 법칙 46, 71~72, 74, 76, 78, 80, 82, 84, 86, 88, 90~92, 94, 96, 98, 100, 102, 104~106, 108, 110, 112~116, 118, 120~123, 134, 229~230, 274, 292, 311, 317, 320, 343~344, 385~386, 461~462, 580~581
니체, 프리드리히 318

## ㄷ

다이슨, 프리먼 566
다항함수 254, 321, 328~330, 332, 343~344, 364, 494~495, 497~501, 507~508, 518~519, 527, 530~532, 534~535, 537, 544, 547~552, 583
단위 131~132, 217, 241~247, 348, 356, 365~367, 369~371, 377, 379, 382, 405, 412, 428~430, 451, 496, 542, 552, 563, 570~571
단위원 348, 365~367, 377, 379, 405, 412, 563, 570~571
단진자 운동 317, 581~582
달 33, 35, 57~60, 101~105, 110~116, 177~179, 183, 346, 359, 372~374, 386, 425
달랑베르, 장 르롱 147
대수학 72, 135, 141, 158, 173~175, 212,

264, 269, 282, 325, 457

대칭 33, 127~139, 141~156, 159,
164~165, 183, 186, 188~189, 196,
198, 200~201, 305, 328~329,
367~368, 375~376, 443~445, 471,
509~511, 551, 559
　병진대칭 136~139, 329
　시간대칭 139, 141, 143, 145, 147,
　149, 151, 153, 155, 329
　회전대칭 139, 183, 329
덧셈정리 363
데카르트, 르네 70, 74~77, 79~86,
91~92, 94, 100, 106, 109, 116~117,
120, 138, 141, 145, 147, 149, 158, 164,
174, 211, 274, 318, 586
　데카르트의 역학원리 86
　철학원리 85
도미노 205, 265, 268
도일리, 피터 88
도함수 254, 289, 291~293, 295~297,
299, 301~305, 310, 321~327,
329~338, 342~344, 346, 374~380,
409, 431~434, 438, 441, 443~447,
462, 482~484, 523~524, 532, 538,
540~545, 554
　이계도함수 541~542, 544~545
　삼계도함수 541, 545
돌림힘 86
동시심 55, 60, 96
등비급수 233, 235, 238
등속도 운동 76~77, 79

ㄹ

라디안 365, 370~372, 374, 380~381,
431
라이프니츠, 빌헬름 13, 17, 19, 117, 141,
145~150, 272~275, 277~279,

281~283, 285~287, 289~290,
292~296, 301~304, 306, 308~311,
326, 333, 337~338, 354~355, 425,
457, 541~542, 551, 577, 587, 593
　기호의 대가 273, 355
　도함수의 기호 289, 291, 293, 295,
　297, 299, 301
　《형이상학 논고》 145, 587
라플라스, 피에르시몽 드 422
랩슨, 요셉 170, 422, 578
레이저 역반사 거울 177, 179
레티쿠스, 게오르크 요아힘 61
로그 168~169, 396, 405, 418~419,
422~423, 437, 444~445, 448, 485
　로그의 밑 356, 437
　상용로그 418, 421~422, 485~486,
　488
　자연로그 168~169, 171, 356, 536
로지스틱 함수 465, 469, 471~475
로피탈, 기욤 278
　로피탈 정리 278, 554~556
　《무한소 해석》 556
르네상스 37
리만, 베른하르트 106, 165, 197, 205,
209, 555, 559, 561~567, 587, 591, 594
　리만가설 165, 562, 565~567, 587,
　591, 594
　리만제타함수 559
　《주어진 수보다 작은 소수의 개수에
　관하여》 565
린드 파피루스 236
림프액 95

ㅁ

마우롤리코, 프란체스코 265
　《산술의 두 책》 266
마찰 42, 45, 92~93, 142, 152, 156,

177~178, 579

마천루 349

메르센, 마랭 162~163, 318
　　메르센 수 162~163

멱납수 504, 517

명제 72~75, 86, 93~94, 121, 264~265

몽고메리, 휴 566

목성 67, 128~130, 132

무게 34, 40~43, 48, 96, 142, 146,
　　184~186, 188~191, 193~197, 208,
　　220~221, 224, 243~245, 281,
　　342~343, 398, 423~426, 447~448,
　　451~452, 477~479

무게중심 188~191, 193~197, 208, 220,
　　224, 281, 451~452, 477~479

무리수 100, 163, 201, 407, 412, 415,
　　431, 500, 504, 535, 569~570

무한 161~162, 169, 176, 182, 197,
　　208~209, 217, 236, 239~240,
　　261~268, 305, 535

무한급수 235, 274, 455, 457, 503~504

무한소 228, 275, 282, 284~287,
　　289~293, 295~299, 301~303,
　　309~310, 324~328, 331, 333,
　　377~380, 446, 478~479, 482~483,
　　505, 531, 536~539, 542, 544, 546,
　　556~557

물리법칙 134, 136, 139, 141

물리학 35, 68, 71, 73, 77, 84, 96~97,
　　107, 122, 134~137, 139, 141~144,
　　173, 183, 211~212, 229, 279, 317,
　　321, 365~367, 371, 375, 383, 387,
　　424, 437, 441, 490, 506, 519, 559, 561,
　　563, 565~567, 578, 584~585

뮤어, 토마스 371

미분 122~123, 136, 195, 230, 269, 272,
　　276, 279~281, 283, 293, 295~296,
　　298, 301~306, 309~310, 322~323,
　　343, 366, 426, 433, 439, 461, 465,

470~471, 481, 490, 501, 531,
　　534~535, 538, 541
　　미분계수 295, 298, 326, 357, 376,
　　　408, 433, 475, 538, 542, 544~545,
　　　557

미분방정식(운동방정식) 122~123, 320,
　　426, 446~447, 450, 452, 454, 456,
　　459~470, 472, 474, 476, 478, 480,
　　482, 484, 486, 488, 490, 492, 495,
　　580~583

미분연산
　　곱의 미분법 328, 338, 484
　　합성함수의 미분법 332~333, 338,
　　　482~484
　　합의 미분법 331

미적분 91, 96, 98, 102, 117, 121~123,
　　141, 194~195, 214, 216, 218, 220,
　　226, 228, 230, 233, 241, 259,
　　273~279, 282, 284~287, 290,
　　292, 304, 307, 309~311, 317,
　　319~322, 325~328, 330, 337, 348,
　　356, 363, 372, 377, 379~380, 396,
　　413, 426, 441, 445~446, 461~462,
　　464, 475, 478, 501~504, 523~525,
　　527, 532~533, 542, 554~556, 581,
　　584~586, 588, 590~592, 594
　　미적분학의 제1기본정리 304
　　미적분학의 제2기본정리 310

미지수 83, 221, 499~500, 522

미터법 244, 246~247


ㅂ

바둑 469~470

바이실린더 212~214, 218, 221,
　　318~320, 325

바젤문제 316, 451, 453, 455, 457, 547,
　　549~551, 553~557, 559

반각공식 363~364

반고리관 95

받침점 196

방정식 173~175

배로, 아이작 306, 334, 336, 344, 373, 398, 470

베이컨, 프랜시스 37, 43, 586
　《신기관》 37, 586

베르누이, 야콥 430, 457, 550, 556

베르누이, 요한 276, 556

베버, 에른스트 424
　　베버-페히너 법칙 20, 423~425, 446

벡터 96~100, 138, 144~145, 329, 372, 388, 441

변곡점 472, 475~476

변수 43, 84, 105, 168, 174, 259, 274, 284, 286~287, 291, 293, 310, 320, 323~324, 326~327, 425, 430, 435~436, 461, 469, 472, 480~482, 490~491, 500, 505, 509, 532, 548, 571, 583
　　독립 변수 167~168, 287, 293, 301, 326, 367, 421~422, 425, 431
　　종속 변수 167~168, 287, 293, 295, 301, 421, 425, 472

보간법 494, 498~499, 503, 505~507, 509~513, 515, 518, 520, 524~525, 535

보외법 498

보정상수 434~439

보존법칙 84, 126, 135~136, 138~139, 141, 147, 150~151, 155

보편적 40, 56, 93, 109~110, 121, 127, 134, 226, 240, 280~281, 303, 305~306, 319, 323, 325, 344, 494

복리 430

복소수 413~414, 563~564, 569, 572

복원력 578~580

본질 42~43, 45, 49, 70~71, 77, 80~81,

86, 89, 92~93, 103, 116, 165, 188, 204, 228, 230, 272, 284, 308~309, 317, 325, 330, 502, 530, 538, 546, 555~557, 584~585

북극 113, 383~388, 391~392

분할과 조립 182, 184, 186, 188, 190, 193~209, 212, 214, 216, 218, 220, 222, 224, 226, 228, 233, 239~240, 254, 257~258, 281, 302, 306, 309~310, 321
　　분할 31, 65, 113~114, 182, 184, 186, 188, 190, 193~209, 212, 214, 216, 218, 220, 222, 224, 226, 228, 233, 239~240, 254, 256~258, 280~281, 284, 287, 289, 297, 301~302, 306~310, 321, 324, 328, 428, 430, 456, 477~479, 538, 541
　　조립 114, 182, 184, 186, 188, 190, 193~209, 212, 214, 216, 218, 220, 222, 224, 226, 228, 233~234, 239~240, 254, 256~258, 261, 280~281, 301~302, 306, 309~310, 321, 477~478

불가분량 211, 213~217, 219, 221~223, 225, 228, 249, 251~253, 255, 259, 261~262, 282, 285, 289, 508

브라헤, 티코 65, 67~68, 418

브리그스, 헨리 420~421

브린, 세르게이 400

비가역 152, 304

빗방울 63, 459~464, 468, 495, 581

빛의 속도 127~128, 131~134, 178

ㅅ

사고실험 36, 39, 41, 82, 103, 105, 123, 130, 184~185, 188, 340, 423

사과 46~47, 70, 76, 101~103, 110,
　113~116, 137~139, 212, 229, 566
사이클로이드 278~279
사인(sine) 368, 469, 499, 504, 566, 573
사칙연산 98, 173, 301, 310, 329~330,
　365, 371~372, 406, 446
산소 79, 106~107
산호화석 176, 495
삼각법 350~354, 356~358, 361, 374,
　415
삼각비 58, 348~349, 351, 353, 355, 357,
　359, 361~367, 369, 371, 373, 375,
　377, 379, 399, 405, 412, 418, 456, 563,
　569~571
삼각함수표 353, 505
상대성 이론 35, 134~135, 387, 413
　　특수 상대성 이론 134
　　일반 상대성 이론 135, 387
석탄기 176
선적분 480~481
성장선 176, 495
선속도 382~385, 388, 391~392
소수 35, 159~169, 171, 175, 201, 316,
　318, 348, 356, 367, 369, 408, 410,
　412~414, 434, 437, 559, 561~567,
　569, 572, 594
소수계단 164~166, 168~169
소수계량함수 167~168, 175
소진법 531
속도 43, 46, 55, 60~62, 76~85,
　92~101, 103~107, 115, 122,
　127~128, 130~134, 137~139, 143,
　146~151, 155~156, 173, 176~179,
　185, 190, 229~232, 241~244,
　249~263, 266~268, 274, 280,
　282~283, 285, 294~296, 302, 307,
　317, 321~323, 334, 336, 339~341,
　345~346, 373~374, 381~385,
　387~388, 391~392, 459~464, 466,

468, 580~581
　가속도 76~77, 93~94, 100~101,
　　107, 113~115, 122, 143, 147, 185,
　　190~191, 243, 274, 282, 294, 317,
　　322~323, 345~346, 373~374,
　　459~462, 466, 580~581
　등속도 76~77, 79~80, 86, 89, 91
　순간속도 249~255, 259, 261~262,
　　285, 295~296
　평균속도 250, 253~254, 261
수렴 263, 308~309, 336, 430, 435,
　454~455, 457, 460, 463, 468, 475,
　500, 551, 554, 557
수학의 언어 35, 49, 75, 96, 105, 121,
　139, 142, 184~185, 187, 229~230,
　249, 273, 308, 415, 425, 584
수학적 귀납법 263~266, 268
순방향 255~259, 304
스냅사진 250, 252, 285, 539
스칼라 96
스타인메츠, 찰스 프로테우스 212
　　스타인메츠 다면체 18, 211~212
스터클리, 윌리엄 101
스털링, 제임스 575
　　스털링 근사 572, 575
스프링 578~579
스피노자, 바뤼흐 318
시각화 97, 174~176, 231, 375, 417, 442,
　463, 505, 514~515, 519, 549, 564, 593
시로타, 밀톤 400
시차 52, 207, 357~358, 361
10진법 201, 296, 500, 535

## ㅇ

아다마르, 자크 171
아르키메데스 182, 186~188, 195, 198,
　200~208, 211, 219, 221~224, 226,

233~234, 236, 238~239, 254~255,
259~260, 262~263, 279, 281, 285,
306~307, 363, 411~412, 452, 524,
531, 538, 588
  《원의 측정》 198
    지렛대 원리 186~188, 195, 219,
    452, 477
    평형법 219~220, 223, 233, 236
  《포물선의 구적법》 233
아리스타르코스 56~60, 63, 350
아리스토텔레스 29, 31, 33~37, 39~41,
  46, 53, 55, 64, 73, 92, 110, 127, 134,
  505
    아리스토텔레스의 운동론 34
아이스킬로스 186
아인슈타인, 알베르트 77, 122, 134~135,
  387, 413
  《움직이는 물체의 전기동역학에
    관하여》 134
아카데미아 174
아킬레스 252, 285
악마의 문제 457, 550, 552
알고리즘 160, 208, 318~319, 410, 412
알파고 469~470, 473, 476
알폰소 10세 56, 61
알짜힘 107
알하젠(이븐 알하이삼) 506
RSA 암호 163~164
압력 342~343
약수 159~160
    자명한 약수 159
    고유한 약수 159
양팔저울 184, 191, 219~220, 222
에너지 122, 139, 141~147, 149~153,
  155~156, 566
    에너지보존법칙 139, 150~151, 155
    운동에너지 149~152, 155
    위치에너지 150~151, 155
에너지 – 질량 등가식 122

에니그마 566
에라토스테네스의 채 560
에테르 33, 317
엔트로피 152, 154, 156
엡실론 – 델타 논법 266, 268~269, 286,
  305, 538
역방향 256~259, 304
역설 216~217, 249, 251~252, 285
역연산 301, 303~304, 309~310
역원 442
역함수 441~445, 508~511
역행운동 51~55, 61, 358~359
연립방정식 83, 499, 522
연산 98~100, 137, 145, 173~174, 272,
  281, 301, 303~304, 309~310,
  329~330, 333, 344, 365, 371~372,
  402, 406, 416, 441~442, 446
연산자 98, 145, 329~330, 344, 442
연속성 269
연역적 81
연주시차 357, 361
열역학 제2법칙 153
오리온자리 59~60
오일러, 레온하르트 164~166, 168, 171,
  316, 355~356, 367, 374, 414, 457,
  550~551, 553, 559, 561~562, 566,
  570~571, 592~594
  《무한해석개론》 561
    소수계단 164~166, 168~169
    오일러 적분 570
왕립학회 71, 101, 119~120, 275,
  577~578
외삽법 498
외접 198~200, 202~204, 206~207
용수철 상수 579
유전자 230, 232, 234, 236, 238, 240,
  242, 244, 246, 250, 252, 254, 256, 258,
  260, 262, 264, 266, 268, 285, 287,
  290~291, 301, 310, 377, 478, 533, 542

우주 28, 33~36, 49, 51, 53~57, 59, 61, 64, 66, 70~71, 73~74, 79~81, 84~86, 91, 93~94, 100, 103~110, 116, 122, 127~128, 130, 132~134, 136, 138~139, 141~142, 144, 146, 148, 150, 152, 154, 156, 164~165, 200~201, 208, 229, 246, 269, 289, 317, 348, 381, 386, 464, 542, 559, 562, 567, 586, 594

운동 변화
　수직운동 31, 33~34, 46~47, 139
　수평운동 31, 46~47
　직선운동 85~86, 89, 100, 103, 111, 382, 385, 581
　천체운동 33, 56, 61

운동량 81~86, 94, 106~107, 136, 138~139, 141, 145~147, 149~150, 155~156, 183, 340

운동량보존법칙 84, 136, 138, 141, 147

운동방정식(미분방정식) 121~123, 425~426, 459, 462~464, 495, 580~583

원
　원의 넓이 196, 199~201, 208, 226, 233, 524
　원의 둘레 198, 200~202, 217, 252, 370, 372
　원주율 165, 168, 171, 200~204, 206~208, 226, 233, 235, 356, 363, 367, 370, 412, 430~431, 438, 506, 524, 531, 559, 562

원기둥 212~213, 218~220, 222, 588

원시함수 296, 321, 323, 327~328, 343~344, 346, 379~380, 439, 445~446, 482, 574

원운동 34, 53~55, 85~86, 94, 96, 100~101, 104, 112, 123, 200, 385~386

원뿔 196, 219~220, 222

월리스, 존 503, 505, 506, 507, 508, 509, 510, 511, 512, 513, 514, 515, 517, 518, 520, 524
　월리스 공식 506, 515
　월리스의 보간법 503, 505, 507, 509, 511, 513, 515, 518

웰스, 존 176~177

윗화살표 표기법 402

유추 34, 103, 109~110, 138, 322~323, 332, 374, 376~377, 379, 430~431, 436, 438, 489, 506, 545

유클리드 72~74, 81, 174, 205
　《원론》 72, 205
　유클리드 공리 73
　유클리드 기하학 24

육십(60)분법 369~372, 380

의미화 작업 273, 354~355

이등변삼각형 190

이(2)배각 공식 364

이심 55, 60, 65~68
　이심원 55

이오 48, 51, 53~56, 60~61, 64~65, 68, 73, 96, 128~131, 199, 216, 254, 278, 286, 351, 371, 402, 418, 538, 573, 579

이항정리 494, 496, 498, 500, 502~506, 508, 510, 512, 514, 517~527
　이항계수 504, 517~518, 521, 523
　일반화된 이항정리 503, 525

인공지능 123, 469~471, 473

인력 102, 109~111, 113~115, 118~119, 177~179

일대일 대응 135, 217, 267

일반화 82, 134, 161, 185, 205, 239~240, 327, 336, 436, 456, 503, 508~509, 520, 525, 538, 541, 545, 561~562

일식 57~58

일의 양 142, 144~146, 148, 151, 398

## ㅈ

자명한 해 564
자연로그 168~169, 171, 356, 536
자연상수 $e$ 171, 356, 427, 429~431,
  433~435, 437~439, 444, 562
자전 59, 63, 87~91, 100, 177~179, 211,
  381, 383~386, 388~393
자전거 바퀴 자국 87~88
작용 반작용 106~107, 147, 581
재귀적 363
제논의 역설 249, 251~252
제타함수 366, 559, 562~566, 569
적도 274, 346, 383~384, 387~388,
  391~392, 438, 465, 505
적분 195, 272, 276, 279, 281, 293,
  301~310, 322~323, 327, 344, 366,
  379~380, 439, 446, 455, 477,
  479~484, 489, 491, 501, 508, 531, 535

    부분적분 484, 487, 489~491, 501,
    569
    원시함수 296, 321, 323, 327~328,
    343~344, 346, 379~380, 439,
    445~446, 482, 574
    적분상수 312, 325, 328, 346, 447,
    468, 481, 492
    적분표 306, 312
    치환 적분 480, 482~484
전향력 385, 387~392
점성 93
점화식 204, 206~207, 415
접선 88~91, 100, 110, 112, 115, 225,
  292, 294~295, 298~299, 301, 303,
  306, 344, 357, 373~376, 379, 382,
  388, 408, 431, 444~445, 475,
  533~534, 536, 538~544, 581~582
접선의 기울기 292, 294~295, 298, 301,
  303, 344, 357, 374~376, 379, 408,

  431, 444~445, 538, 540~542, 544
정96각형 202~204, 207, 363
정적분 479, 487, 489~492, 543,
  572~574
제곱근 207, 345, 396, 415
제논의 역설 249, 251~252
조임법 201, 203, 206, 235, 263, 411
조화급수 451, 455~457, 486
좌표계 76~77, 158, 173~177, 179, 212,
  224~225, 232, 360, 368, 442, 463, 478
주전원 54~56, 60~62
중력 63~64, 91, 94, 103~104, 106~107,
  109~111, 113~116, 120, 134,
  138~139, 142~145, 147, 149, 151,
  170, 185, 189~191, 243, 247,
  322~323, 345~346, 372~374, 382,
  384~388, 459~462, 577~579,
  581~582
    중력가속도 114~115, 143, 147,
    185, 190~191, 243, 322~323,
    345~346, 373, 459~461
    중력상수 109, 115
지동설 28, 53, 56, 61~64, 381, 385
지수 법칙 406~407, 411~412, 417, 419,
  433
지평설 35
진공 31~32, 42, 77, 108, 424
진법 296, 298~299, 325~326, 370, 377,
  421, 534~535, 544
    십(10)진법 296, 370, 421
질량 48, 82~84, 93~94, 96, 106,
  113~115, 117, 122, 142~144,
  146~148, 155~156, 185, 189~190,
  242~243, 245, 317, 339, 344~345,
  461, 578~580, 582, 584
질점 114~115, 143~144, 189~190,
  193~194

## ㅊ

천구 52, 359, 361
천동설 28, 51~53, 55~56, 61, 64, 381
천문단위 131
초기 조건 468, 580, 583
초입방체 401
초점 66, 323, 378, 406, 409, 475, 501, 509, 512, 520, 531
최단강하문제 278, 556
최적화이론 476
추상대수학 135
충격량 135, 207, 410~411, 488, 523, 575
충격력 339~343
충돌 81~83, 106, 115~116, 155~156

## ㅋ

카드 63, 372, 375, 451~456, 486
카발리에리, 보나벤트라 214, 216~219, 221, 228, 252, 254, 318－319, 505, 507~508, 510, 531
　카발리에리의 원리 214, 216~218, 221, 252, 318－319
　곡선의 넓이 194, 239, 250, 254, 282, 289, 303~304, 309－310, 321~322, 341, 504~505, 508, 517~518, 527
칸토어, 게오르크 264
캐스너, 에드워드 400
커누스, 도널드 402~403
케플러, 요하네스 28, 51, 53, 55, 57, 59, 61, 63~68, 86, 104, 110~111, 117, 119~120, 131~132, 328, 418, 422, 450, 504
　《새천문학》 67
　행성운동의 법칙(타원궤도의 법칙, 면적속도일정의 법칙, 조화의 법칙) 68
케임브리지 118~119
코리올리 효과 384~385
코시, 오귀스탱 루이 266~269
코츠, 로지 371
코페르니쿠스 28, 56, 60~66, 73, 85, 96, 116, 127, 381
　코페르니쿠스적 전환 60, 64, 127
콘웨이, 존 88
클레로, 알렉시 120

## ㅌ

타원 62, 64~68, 71, 104~105, 111~112, 117, 119, 123, 139, 229, 247, 375, 450, 585
　이심률 65~68
　타원궤도 67~68, 105, 111~112, 139, 229, 247
탄성 579, 580
태양중심설 57, 59~60, 63~64
탄젠트(tangent) 356
테일러, 브룩 494, 501~502, 530－556, 558, 560, 562, 564, 566, 570, 572－574, 578, 580, 582, 584
　테일러 급수 501, 530－554, 556, 558, 560, 562, 564, 566, 570, 572－574, 578, 580, 582, 584
테트레이션 402
토끼 285, 465~469, 495
토성 67
톰슨, 제임스 371
톱니바퀴 61~62, 121
튜링, 앨런 566
트라이실린더 212
특성비 509~514, 518
특수각 363~364

| ㅍ | ㅎ |
|---|---|

### ㅍ

파운드 245

파인만, 리처드 12, 14, 16, 22, 24,
212~213, 376, 451, 482, 490~491,
571~572

　파인만의 기법 16, 22, 451, 482, 490,
492, 571~572

판도라 106

판테온 391

팔림프세스트 219

패턴 44, 159, 162, 166~167, 323, 327,
435~438, 453, 470, 489, 509,
511~512, 514, 520~522, 524~526,
532~533, 538, 553

팩토리얼(계승) 484, 490

퍼즐 280~281

페이지, 래리 423

펜테이션 403

포물선 19, 47~48, 139, 153, 220,
224~225, 234~236, 239~241,
260~261, 280, 308, 539

　포물선의 궤적 138, 152

　포물선의 넓이 223~226, 235,
238~239, 259~260, 307, 538

포탄의 궤적 101, 103, 386

푸코, 장레옹 381, 383, 385, 387~391,
393

　푸코의 진자 381, 383, 385,
387~389, 391, 393

프톨레마이오스 51, 53~54, 56, 60~61,
64, 73, 96

　《알마게스트》 52, 56

플라톤 174

피타고라스 정리 99, 362

핀케, 토마스 356

필즈상 135, 556

### ㅎ

하디, 해럴드 186

합성함수 316, 332~333, 337－338, 442,
482~484

함수

　로그함수 328~329, 398, 400, 402,
406, 408, 410, 412, 414, 416, 418,
420~422, 424, 426, 428,
430~432, 434, 436~438,
441~448, 456, 487, 489,
499~501, 519, 527, 532, 535

　무리함수 339, 341, 343~346, 381

　삼각함수 52, 113, 328~330, 346,
348, 350~354, 356, 358, 360,
362~382, 384, 386, 388, 390,
392, 399, 412~413, 431, 442,
456, 483, 499~500, 505, 527,
569, 580

　역함수 441~445, 508－511

　유리함수 339, 341~346, 445~446,
519

　이차함수 283, 321, 329, 496~499,
536－538

　일차함수 283, 321, 329, 499,
536~537

　지수함수 328~330, 356, 417,
431~434, 438~439, 442, 444,
446, 460, 463, 466

　합성함수 20, 317, 333~334,
338~339, 443, 483~485

　항등함수 443~444

항등원 441~442

항등함수 442~443

해석학 186, 269, 551

핼리, 에드먼드 119~122, 464

　핼리 혜성 119, 121, 464

허수 356, 413~414, 564

헥세이션 403

형상화 212~214

호도법 348, 369~370

호만전이궤도 246~247

화살표 47, 78, 89, 97, 100~101,
103~104, 106, 137~138, 178, 196,
255~256, 303, 334~336, 342, 373,
392, 403, 409, 416, 442~443, 452,
460~461, 534, 540, 581

화성 51~55, 60~61, 64~68, 109,
131~132, 246~247, 358~359

확률 92, 105, 154, 163, 305, 469, 472,
503

활력 145~150

훅, 로버트 119~120, 577~580, 583
《마이크로 그라피아》 577
코메타 120
훅의 법칙 577~580, 583

회전력 183, 186~188, 191, 193~195,
220~222, 224, 382, 452~453,
478~479

히파르코스 54, 351~353, 357

힐베르트, 다비드 134

힘의 법칙 46, 70~72, 74, 76, 78, 80, 82,
84, 86, 88, 90~92, 94, 96, 98, 100,
102, 104~106, 108, 110, 112~116,
118, 120~123, 134, 229~230, 274,
292, 311, 317, 320, 343−344,
385~386, 461~462, 580~581

# 빛과 수의 시대1

1판 1쇄 찍음 2026년 3월 17일
1판 1쇄 펴냄 2026년 3월 31일

지은이  고의관

**펴낸곳 궁리출판**  |  **펴낸이  이갑수**

등록  1999년 3월 29일 제300-2004-162호
주소  10881 경기도 파주시 회동길 325-12
전화  031-955-9818 | 팩스  031-955-9848
홈페이지  www.kungree.com
전자우편  kungree@kungree.com
페이스북  /kungreepress | 트위터  @kungreepress
인스타그램  /kungree_press

ISBN 978-89-5820-916-4  93400
ISBN 978-89-5820-918-8  93400(세트)

이 도서는 2025년 문화체육관광부의 '중소출판사 도약부문 제작지원' 사업의 지원을 받아
제작되었습니다.